中国国家标准汇编

2008 年修订-60

中国标准出版社　编

中国标准出版社
北　京

图书在版编目（CIP）数据

中国国家标准汇编：2008 年修订．60/中国标准出版社编．—北京：中国标准出版社，2009

ISBN 978-7-5066-5530-9

Ⅰ．中…　Ⅱ．中…　Ⅲ．国家标准-汇编-中国-2008　Ⅳ．T-652.1

中国版本图书馆 CIP 数据核字（2009）第 187128 号

中国标准出版社出版发行
北京复兴门外三里河北街 16 号
邮政编码：100045
网址 www.spc.net.cn
电话：68523946　68517548
中国标准出版社秦皇岛印刷厂印刷
各地新华书店经销

*

开本 880×1230　1/16　印张 38.25　字数 1 132 千字
2009 年 11 月第一版　2009 年 11 月第一次印刷

*

定价 200.00 元

ISBN 978-7-5066-5530-9

出 版 说 明

1.《中国国家标准汇编》是一部大型综合性国家标准全集。自1983年起，按国家标准顺序号以精装本、平装本两种装帧形式陆续分册汇编出版。它在一定程度上反映了我国建国以来标准化事业发展的基本情况和主要成就，是各级标准化管理机构，工矿企事业单位，农林牧副渔系统，科研、设计、教学等部门必不可少的工具书。

2.《中国国家标准汇编》收入我国每年正式发布的全部国家标准，分为"制定"卷和"修订"卷两种编辑版本。

"制定"卷收入上年度我国发布的、新制定的国家标准，顺延前年度标准编号分成若干分册，封面和书脊上注明"20××年制定"字样及分册号，分册号一直连续。各分册中的标准是按照标准编号顺序连续排列的，如有标准顺序号缺号的，除特殊情况注明外，暂为空号。

"修订"卷收入上年度我国发布的、被修订的国家标准，视篇幅分设若干分册，但与"制定"卷分册号无关联，仅在封面和书脊上注明"20××年修订-1，-2，-3，……"字样。"修订"卷各分册中的标准，仍按标准编号顺序排列(但不连续)；如有遗漏的，均在当年最后一分册中补齐。需提请读者注意的是，个别非顺延前年度标准编号的新制定的国家标准没有收入在"制定"卷中，而是收入在"修订"卷中。

读者配套购买《中国国家标准汇编》"制定"卷和"修订"卷则可收齐上一年度我国制定和修订的全部国家标准。

3. 由于读者需求的变化，自1996年起，《中国国家标准汇编》仅出版精装本。

4. 2008年制修订国家标准共5946项。本分册为"2008年修订-60"，收入新制修订的国家标准52项。

中国标准出版社
2009年10月

出版说明

目　录

ICS 71.040.30
G 61

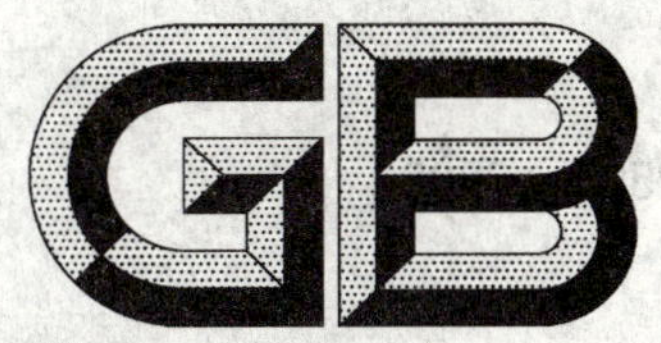

中华人民共和国国家标准

GB 12597—2008
代替 GB 12597—1990

工作基准试剂　苯甲酸

Working chemical—Benzoic acid

2008-06-18 发布　　2009-06-01 实施

中华人民共和国国家质量监督检验检疫总局
中国国家标准化管理委员会　发布

前　言

本标准第 4 章、第 5.3.1 和 5.3.2 条为强制性，其他条文为推荐性。

本标准代替 GB 12597—1990《工作基准试剂(容量)苯甲酸》，与 GB 12597—1990 相比，主要变化如下：

——标准名称修改为《工作基准试剂　苯甲酸》；

——修改了含量的测定方法(前版的 4.1，本版的 5.3)。

本标准由中国石油和化学工业协会提出。

本标准由全国化学标准化技术委员会化学试剂分会(SAC/TC 63/SC 3)归口。

本标准负责起草单位：北京化学试剂研究所。

本标准主要起草人：韩宝英、强京林。

本标准所代替标准的历次版本发布情况为：

——GB 12597—1977、GB 12597—1990。

工作基准试剂　苯甲酸

示性式：C_6H_5COOH

相对分子质量：122.12(根据2005年国际相对原子质量)。

1　范围

本标准规定了工作基准试剂　苯甲酸的性状、规格、试验、检验规则和包装及标志。

本标准适用于滴定分析用工作基准试剂　苯甲酸的检验。

2　规范性引用文件

下列文件中的条款通过本标准的引用而成为本标准的条款。凡是注日期的引用文件，其随后所有的修改单(不包括勘误的内容)或修订版均不适用于本标准，然而，鼓励根据本标准达成协议的各方研究是否可使用这些文件的最新版本。凡是不注日期的引用文件，其最新版本适用于本标准。

GB/T 601　化学试剂　标准滴定溶液的制备

GB/T 602　化学试剂　杂质测定用标准溶液的制备(GB/T 602—2002，ISO 6353-1：1982，NEQ)

GB/T 603　化学试剂　试验方法中所用制剂及制品的制备(GB/T 603—2002，ISO 6353-1：1982，NEQ)

GB/T 617　化学试剂　熔点范围测定通用方法(GB/T 617—2006，ISO 6353-1：1982，NEQ)

GB/T 6682　分析实验室用水规格和试验方法(GB/T 6682—2008，ISO 3696：1987，MOD)

GB/T 9728　化学试剂　硫酸盐测定通用方法(GB/T 9728—2007，ISO 6353-1：1982，NEQ)

GB/T 9729　化学试剂　氯化物测定通用方法(GB/T 9729—2007，ISO 6353-1：1982，NEQ)

GB/T 9739　化学试剂　铁测定通用方法(GB/T 9739—2006，ISO 6353-1：1982，NEQ)

GB/T 9741—2008　化学试剂　灼烧残渣测定通用方法(ISO 6353-1：1982，NEQ)

GB 10737—2007　工作基准试剂　含量测定通则　称量电位滴定法

GB 15346　化学试剂　包装及标志

HG/T 3484　化学试剂　标准玻璃乳浊液和澄清度标准

HG/T 3921　化学试剂　采样及验收规则

3　性状

本试剂为片状或针状结晶，能升华，难溶于水，易溶于乙醇、醚等有机溶剂。

4　规格

苯甲酸的规格见表1。

表1

名　称	工　作　基　准
含量(C_6H_5COOH)，w/%	99.95～100.05
熔点范围，℃	121.5～123.5
澄清度试验，号	≤2
灼烧残渣(以硫酸盐计)，w/%	≤0.01

表 1（续）

名　　称	工 作 基 准
氯化合物(Cl)，w/%	≤0.003
硫化合物(以 SO_4 计)，w/%	≤0.003
铁(Fe)，w/%	≤0.000 4
重金属(以 Pb 计)，w/%	≤0.000 5
还原高锰酸钾物质(以 O 计)，w/%	≤0.008
易炭化物质	合格

5 试验

5.1 警告

本试验方法中使用的部分试剂具有毒性或腐蚀性，一些试验过程可能导致危险情况，操作者应采取适当的安全和健康措施。

5.2 一般规定

本章中除另有规定外，所用标准滴定溶液、标准溶液、制剂及制品，均按 GB/T 601、GB/T 602、GB/T 603的规定制备，实验用水应符合 GB/T 6682 中三级水规格，样品均按精确至 0.01 g 称量，所用溶液以"%"表示的均为质量分数。

5.3 含量

按 GB 10737—2007 的规定测定。

5.3.1 氢氧化钠标准滴定溶液滴定标准物质邻苯二甲酸氢钾

称取 0.5 g 于 105 ℃～110 ℃干燥至恒量的标准物质邻苯二甲酸氢钾，精确至 0.000 01 g，置于反应瓶中，溶于 30 mL 无二氧化碳的水，加 4 mL"乙醇(95%)"，在搅拌下从支管向溶液中通入高纯氮气 10 min，调节氮气进气管的进气量，维持一个小的氮气流，用 231 型玻璃电极为指示电极，用 232 型饱和甘汞电极为参比电极，用氢氧化钠标准滴定溶液[c(NaOH)＝0.1 mol/L]滴定至终点。称量氢氧化钠标准滴定溶液，应精确至 0.000 1 g。同时做空白试验。

5.3.2 含量的测定

称取 0.3 g 于五氧化二磷干燥器中干燥至恒量的样品，精确至 0.000 01 g，置于反应瓶中，溶于 4 mL"乙醇(95%)"，加 30 mL 无二氧化碳的水，其后的测定方法同 5.3.1。5.3.1 与 5.3.2 的测定，应使用同一套电极。

苯甲酸的质量分数 w，数值以"%"表示，按式(1)计算：

$$w=\frac{m_1 w_b (m_4-m_{4k}) M_G}{(m_2-m_{2k}) m_3 M_B} \quad \cdots\cdots\cdots(1)$$

式中：

m_1——标准物质邻苯二甲酸氢钾质量的数值，单位为克(g)；

w_b——标准物质邻苯二甲酸氢钾的含量(质量分数)，数值以"%"表示；

m_4——滴定样品时，氢氧化钠标准滴定溶液质量的数值，单位为克(g)；

m_{4k}——滴定样品空白试验时，氢氧化钠标准滴定溶液质量的数值，单位为克(g)；

M_G——苯甲酸摩尔质量的数值，单位为克每摩尔(g/mol)[M(C_6H_5COOH)＝122.12]；

m_2——滴定标准物质邻苯二甲酸氢钾时，氢氧化钠标准滴定溶液质量的数值，单位为克(g)；

m_{2k}——滴定标准物质邻苯二甲酸氢钾空白试验时，氢氧化钠标准滴定溶液质量的数值，单位为克(g)；

m_3——样品质量的数值，单位为克(g)；

M_B——标准物质邻苯二甲酸氢钾摩尔质量的数值,单位为克每摩尔(g/mol)[$M(KHC_8H_4O_4)$=204.21]。

式(1)中:m_1、m_2、m_3、m_4 在带入公式前,应按 GB 10737—2007 中附录 D 的规定进行浮力校正。苯甲酸的密度为 1.27 g/cm³,邻苯二甲酸氢钾的密度为 1.63 g/cm³。

5.4 熔点范围

按 GB/T 617 的规定测定。

5.5 澄清度试验

称取 10 g 样品,溶于 80 mL 水及 20 mL 氨水中,其浊度不得大于 HG/T 3484 中规定的澄清度标准 2 号。

5.6 灼烧残渣

称取 10 g 样品,按 GB/T 9741—2008 中 4.2 的规定测定,结果按第 5 章的规定计算。保留残渣用于铁的测定。

5.7 氯化合物

称取 1 g 样品,置于铂坩埚中,加 5 mL 碳酸钠溶液(50 g/L),混匀,在水浴上蒸干,加热炭化,逐渐升温至 700 ℃并灼烧至白色,冷却,热水溶解(必要时过滤),用硝酸溶液(25%)中和,稀释至 20 mL,按 GB/T 9729 的规定测定。溶液所呈浊度不得大于标准比浊溶液。

标准比浊溶液的制备是取含 0.03 mg 的氯化物(Cl)标准溶液,与样品同时同样处理。

5.8 硫化合物

称取 2 g 样品,置于铂坩埚中,加 10 mL 碳酸钠溶液(50 g/L),混匀,在水浴上蒸干,加热炭化,逐渐升温至 700 ℃并灼烧至白色。冷却,热水溶解(必要时过滤),加 1 mL"30%过氧化氢",煮沸使过氧化氢分解,用盐酸溶液(20%)中和,并过量 0.5 mL,再煮沸,冷却,稀释至 20 mL,按 GB/T 9728 的规定测定。溶液所呈浊度不得大于标准比浊溶液。

标准比浊溶液的制备是取含 0.06 mg 的硫酸盐(SO_4)标准溶液,与样品同时同样处理。

5.9 铁

于测定灼烧残渣后的残渣中,加 3 mL 盐酸及 1 mL 硝酸溶解,在水浴上蒸干,加 0.2 mL 盐酸及少量水,温热溶解,稀释至 50 mL,取 5 mL,稀释至 15 mL,用氨水溶液(10%)将溶液的 pH 值调至 2 后,按 GB/T 9739 的规定测定。溶液所呈红色不得深于标准比色溶液。

标准比色溶液的制备是取含 0.004 mg 的铁(Fe)标准溶液,加 0.1 mL 盐酸溶液(10%),稀释至 15 mL,与同体积试样溶液同时同样处理。

5.10 重金属

称取 2 g 样品,加 20 mL 水,滴加氨水溶液(10%)至样品溶解,稀释至 45 mL,加 2 mL 硫代乙酰胺溶液(50 g/L)及 2 mL 氢氧化钠溶液(10 g/L),摇匀,放置 10 min。溶液所呈暗色不得深于标准比色溶液。

标准比色溶液的制备是含 0.01 mg 的铅(Pb)标准溶液,稀释至 45 mL,与同体积试样溶液同时同样处理。

5.11 还原高锰酸钾物质

称取 1 g 样品,加 100 mL 水,加热溶解,加 20 mL 硫酸溶液(20%)及 0.1 mL 高锰酸钾标准滴定溶液[$c(1/5KMnO_4)$=0.1 mol/L],摇匀。溶液所呈紫红色不得完全消失。

5.12 易炭化物质

称取 0.1 g 样品,置于干燥的比色管中,加 2 mL 硫酸,于 50 ℃水浴中搅拌溶解,并保持 5 min。与空白比较不应有暗色产生。

6 检验规则

按 HG/T 3921 的规定进行采样及验收。

7 包装及标志

按 GB 15346 的规定进行包装、贮存与运输，并给出标志，其中：

包装单位：第 3 类；

内包装形式：NB-4、NB-5；

外包装形式：用规格为 600 g/m^2 的盒板纸制盒，外层裱紫色电光纸。

ICS 01.040.19;19.100
J 04

中华人民共和国国家标准

GB/T 12604.5—2008
代替 GB/T 12604.5—1990

无损检测 术语 磁粉检测

Non-destructive testing—Terminology—Terms used in magnetic particle testing

2008-05-13 发布 2008-11-01 实施

中华人民共和国国家质量监督检验检疫总局
中国国家标准化管理委员会 发布

前言

本标准代替 GB/T 12604.5—1990《无损检测术语　磁粉检测》。

本标准与 GB/T 12604.5—1990 相比主要变化如下：

——修改了术语和定义(1990 年版的第 2、3 和 4 章；本版的第 2 章)。

本标准由中国机械工业联合会提出。

本标准由全国无损检测标准化技术委员会(SAC/TC 56)归口。

本标准起草单位：天津诚信达金属检测技术有限公司。

本标准主要起草人：张平、董艳柱、田旭海。

本标准所代替标准的历次版本发布情况为：

——GB/T 12604.5—1990。

无损检测 术语 磁粉检测

1 范围

本标准界定了磁粉检测术语，作为标准和一般使用的共同基础。

2 术语和定义

2.1

交流电磁轭 A. C. electromagnet yoke

通以交流电的磁轭。

2.2

交流电 alternating current

大小和方向随时间按正弦规律变化的电流，用符号 AC 表示。

2.3

交流磁场 alternating current field

导体通以交流电而在导体内部及其周围感生的磁场。

2.4

交流磁化 alternating current magnetization

用交流电感生的磁场而进行的磁化。

2.5

安培 ampere

电流的单位，缩写为 A 或 amp。

2.6

安培每米 ampere per meter

处于空气中的、直径 1 m 的单匝线圈，通以 1 A 电流时，线圈中心的磁场强度。缩写为 $A \cdot m^{-1}$ 或 A/m。

2.7

安匝 ampere turns

线圈匝数和所通电流安培值之乘积。

2.8

电弧 arc

电流通过气体间隙时，因放电而引起的发光。

2.9

电弧烧伤 arc strikes

因电源电路接通或断开而引起的电弧对部件的局部烧损。

2.10

轴向通电 axial current flow

将工件沿轴线夹于探伤机的两磁化夹头之间，使电流从被检工件上直接流过，在工件的表面和内部产生一个闭合的周向磁场。

2.11

黑光 black light

波长为 320 nm～400 nm(3 200 Å～4 000 Å)的紫外线，即 UV-A。

2.12

黑光滤波器　black light filter

能够吸收其他波长,但能使近紫外线透射的滤光板。

2.13

退磁场　cancel magnetic field

铁磁性材料磁化时,由材料中磁极所产生的磁场为退磁场,它对外加磁场有削弱作用。

2.14

中心导体　central conductor

穿入空心工件孔腔的导电体,通电后,在被检件上形成周向磁场。

2.15

圆周磁场　circular magnetic field

电流通过纵长的导体时,在此工件内部及其周围产生的磁场。

2.16

周向磁化　circular magnetization

电流直接通过工件或通过中心导体,在工件中建立一个环绕工件的并与工件长轴垂直的周向闭合磁场。

2.17

环形磁化　circumferential magnetization

见周向磁化(2.16)。

2.18

矫顽力　coercive force

使剩余磁感应强度降为零时所需要的反向磁场强度。

2.19

线圈法　coil method

将载流线圈环绕于零件的全部或部分,使其全部或局部磁化的方法。

2.20

线圈通电　coil shot

对环绕于零件的线圈通以电流,使零件纵向磁化的技术。

2.21

线圈技术　coil technique

见线圈法(2.19)。

2.22

彩色磁粉　color magnetic particles

以工业纯铁粉等为原料,用黏合剂包覆制成的白磁粉或其他颜色磁粉。

2.23

整流电　rectified current

通过整流的方法使交变电流变成的单向电流。

2.24

反差增强剂　contrast aid paints

为提高磁粉显示与工件表面颜色的对比度,探伤前,可在工件表面上先涂上一层白色悬浮液,该悬浮液就叫做反差增强剂。

2.25

接触夹头　contact head

为便于通电,用以夹持被检件的电极。

2.26

接触法　contact method

见通电技术(2.31)。

2.27

接触垫衬　contact pad

置于电极上的用以改善电接触和防止电弧烧伤被检件的、通常由铅或铜制造的编织物。

2.28

连续法　continuous technique

被检件在磁化的同时施加磁粉的一种程序。

2.29

交叉磁轭　crossed yoke

在同一平面(或曲面)上,由具有一定相位差(不等于 0°或 180°)而且相互交叉成一定角度(不等于 0° 或 180°)的两相正弦交变磁场相互叠加而在该平面(或曲面)上产生旋转磁场的磁粉探伤设备。

2.30

居里点　curie point

铁磁性材料在外加磁场作用下,不能被磁化并且剩磁消失时的温度(大多数金属为650℃～870℃)。

2.31

通电技术　current flow techniques

采用触头或接触夹头使电流通过零部件磁化的方法。电流可以是交流、直流或整流。

2.32

电流感应技术　current induction technique

借用交变磁场的作用,使环形被检件内感生环行电流而实现磁化的方法。

2.33

黑暗适应　dark adaptation

视觉调整到照明减弱的环境中也可见的过渡时间。

2.34

直流电磁轭　D. C. electromagnet yoke

通以直流电的磁轭。

2.35

退磁　demagnetization

使磁化后的铁磁性材料或工件上的剩磁减弱到可接受的水平。

2.36

退磁线圈　demagnetization coil

用来退磁的专用线圈。

2.37

抗磁性材料　diamagnetic material

相对磁导率略小于 1 的材料。

2.38

直流电　direct current

大小和方向都不变电流,用符号 DC 表示。

2.39

直流磁场　direct current field

由直流通过导体而产生的剩余磁场或有源磁场。

2.40

磁畴　magnetic domain

存在于铁磁材料内部的自发磁化的小区域。

2.41

干法　dry method

使用干磁粉进行磁粉检测的方法。

2.42

干磁粉　dry magnetic powder

干的、微粒状的、具有适当尺寸和形状的供检测不连续用的磁粉。

2.43

电极　electrode

一种导体，将电流引入工件或从工件引出的工具。

2.44

电磁铁　electromagnet

绕有线圈的软铁芯，当电流通过线圈时，它便成为一个暂时性的磁铁。

2.45

有效磁场　effective magnetic field

工件上的有效磁场等于外加磁场减去退磁场。

2.46

电磁体　electricity magnet

需要电源来维持其磁场的磁体。

2.47

铁磁性材料　ferromagnetic material

相对磁导率远远大于1，其随磁场强度变化的材料。

2.48

填充系数　fill factor

采用线圈法磁化时，线圈的横截面积与工件横截面积之比。

2.49

固定设备　fixed installations

固定式探伤机的体积和重量大，额定周向磁化电流一般从1 000 A～10 000 A。

2.50

瞬时磁化　flash magnetization

短时间通电磁化。

2.51

闪点　flash point

挥发性易燃物质或易燃物质挥发在空气中产生的蒸气被火焰点燃时的最低温度。

2.52

柔性线圈　flexible coil

电缆缠绕

在工件上缠绕的通电电缆。

2.53

荧光　fluorescent

物质由于吸收紫外线后所发出的可见光。

2.54

荧光磁粉　fluorescent magnetic particles

在铁磁粒子外表面包裹一层荧光物质形成的磁粉。

2.55

荧光磁粉检测　fluorescent magnetic particles testing

采用荧光磁粉在借助黑光灯观察的检测的一种方法。

2.56

磁通量密度　flux density

见磁通密度(2.85)。

2.57

漏磁场　flux leakage field

铁磁性材料磁化后,在不连续性或磁路的截面变化处,磁感应线离开和进入表面时形成的磁场。

2.58

磁通量计　flux meter

测量磁通量用的电子装置。

2.59

全波直流　full-wave direct current

由单相或三相交流整流获得的有穿透性的和定向流通的直流电流。

2.60

特斯拉　tesla

磁通密度或磁感应强度的单位,可缩写为特(T)。垂直于磁场方向的 1 m 长的导线,通过 1 A 的电流,受到磁场的作用力为 1 N 时,通电导线所在处的磁感应强度是 1 T。

2.61

特斯拉计　tesla meter

用特斯拉读取场强的磁强计。

2.62

半波整流电流　half-wave rectified current

单相交流经单相整流获得的反方向半周截止的电流,用以产生脉冲的单向磁场。

2.63

夹头　heads

接在台式磁粉检测装置上的夹钳。

2.64

高导磁性　high permeability

铁磁材料在外磁场中强烈地被磁化,产生非常强的附加磁场。

2.65

磁滞　hysteresis

当外磁场方向发生变化时,磁感应强度的变化滞后于磁场强度的变化。

2.66

磁滞回线　hysteresis loop

描述磁通密度与磁场强度之间函数关系的曲线。

2.67

冲击电流　shot impact current

一般是由电容器充放电而获得的电流。

2.68

感应通电　induced current flow

感应电流法是将铁芯插入环形工件内，把工件当作变压器的次级线圈，通过铁芯中的磁通的变化，在工件内产生周向感应电流。

2.69

感应电流技术　induced current technique

见电流感应技术(2.32)。

2.70

感应磁化　induced magnetization

不直接通电使被检件内产生磁场。

2.71

感应现象　inductance

铁磁体在某些外界磁力作用下产生磁性的现象。

2.72

提升力　lifting power

磁铁只借助其磁性的吸力，可提升起某一重量的铁素体钢块的能力。

2.73

线状显示　linear indications

长度与宽度之比大于3的磁粉显示。

2.74

磁力线　lines of force

把一块玻璃平放在条形磁铁上，再均匀撒上一层细铁屑，然后连续轻敲玻璃，使铁屑有规律地排列起来显示出磁力线的形状。

2.75

纵向磁场　longitudinal magnetic field

磁感应线按部件取向穿越，其方向基本上平行于被检件纵轴的磁场。

2.76

纵向磁化　longitudinal magnetization

以方向基本上与被检件纵轴平行的磁通，穿越被检件的磁化。

2.77

磁体　magnet

能够吸引其他铁磁性材料的物体。

2.78

磁场方向　magnetic aspect

磁力的方向为磁场方向，或磁针N极所指的方向。

2.79

磁极化强度　magnetic bally intension

单位面积上的磁极强度。

2.80

磁路　magnetic circuit

磁感应线的回路。

2.81

磁场　magnetic field

磁力作用的空间,包括被磁化部件的内部及其周围。

2.82

磁场指示器　magnetic flux indicators

用电炉铜焊将8块低碳钢与铜片焊在一起,用来粗略校验磁化方法、磁场方向和有效检测区的一种工具。

2.83

磁场强度　magnetic field strength

单位正磁极所受的力,或在某一点测得的磁场强度,用安培每米表示。

2.84

磁通　magnetic flux

磁路中存在的磁力线总数。

2.85

磁通密度　flux dendity

单位面积法向磁感应线数,以特斯拉或高斯表示。

2.86

磁悬液　magnetic ink

磁粉和载液按一定比例混和而成的悬浮液体。

2.87

磁性材料　magnetic material

能够被磁场吸引的物质。

2.88

磁介质　magnetic media

能够影响磁场的物质。

2.89

磁粉检测　magnetic particle testing

磁粉探伤

利用漏磁场与磁粉来检测铁磁性材料表面和近表面不连续的一种无损检测方法。

2.90

磁粉检测设备　magnetic particle testing equipment

磁粉探伤机

提供所需电流和磁通以实施磁粉检测的设备。

2.91

磁粉　magnetic particles

能各自被磁化并被漏磁场吸附的铁磁粉末。

2.92

磁极　magnetic poles

位于磁铁产生磁场的一端或两端以及被检件漏磁场所在位置。

2.93

磁粉显示　magnetic particle indication

由缺陷引起的漏磁场集聚磁粉而形成的磁粉积聚。

2.94

磁饱和 magnetic saturation

特定材料的磁化程度，达到饱和后，即使再增加磁场强度，磁感应强度不再增加。

2.95

磁写 magnetic writing

已磁化的工件互相接触或用一钢块在一个已磁化的工件上划一下，而形成的不相关磁粉显示。

2.96

磁性 magnetism

能够吸引铁磁性物质的性质。

2.97

磁化 magnetization

使原来没有磁性的物质得到磁性的过程，或将材料的单个磁畴按一个方向整齐排列的过程。

2.98

磁化曲线 magnetization curve

铁磁材料的磁感应强度与磁场强度之间变化的曲线。

2.99

磁化电流 magnetizing electric current

通过或接近被检件的能产生指定磁场的电流。

2.100

磁力 magnetizing force

磁场对铁磁性材料的作用力。

2.101

磁强计 magnetometer

测量磁场强度的仪表。

2.102

多方向磁化 multidirectional magnetization

用两个或多个不同方向的磁场依次快速地使被检件磁化。

2.103

近表面不连续 near surface discontinuity

不开口的位于被检件近表面的不连续。

2.104

偏心导体法 non-central conductor

如果空心工件直径太大，探伤机所提供的磁化电流不足以使工件表面达到所要求的磁场强度，可采用偏置芯棒法磁化，即将导体穿入工件，并贴近工件内表面放置，电流从导体上通过形成周向磁场。

2.105

非荧光磁粉 non-fluorescent magnetic particles

在可见光下观察磁粉显示的磁粉。

2.106

奥斯特 oersted

磁场强度的CGS制单位，现已由SI制单位安培每米(A/m)代替。

2.107

初始磁化曲线 original magnetization curve

表征铁磁性材料磁特性的曲线。

2.108

整体磁化　overall magnetization

只通电一次即完成被检件磁化的全部磁化。

2.109

平行磁化　parallel magnetization

将可磁化材料与载流导体平行放置，使前者感生磁场的磁化方法。

2.110

顺磁性材料　paramagnetic material

相对磁导率略大于1的材料。

2.111

磁粉尺寸　particle size

磁粉颗粒的大小。

2.112

永久磁体　permanent magnet

一种在外加磁场的有效作用去除后很长时间仍然保持磁性的材料。

2.113

磁导率　permeability

材料磁化难易程度的参数；或磁通密度与磁场强度之比（B/H）。

2.114

便携式设备　portable equipment

具有体积小、重量轻和携带方便的磁粉检测设备。

2.115

喷粉器　powder blower

利用压缩空气将磁粉施加到被检件表面的器具。

2.116

触头　prods

将磁化电源发出的磁化电流传送到被检件的手持式电极。

2.117

脉冲磁化　pulse magnetization

通常利用电容放电法直接或间接地对被检件施加磁场。

2.118

快速断电　quick break

用于高剩磁纵向部件磁粉检测，能突然切断磁化电流的器件。仅限制在三相交流全波整流时采用。

2.119

剩磁　residual magnetic field

外加磁场强度降为零时，铁磁材料中残余的磁场。

2.120

剩磁法　residual technique

磁场强度切断之后再给被检件施加磁粉的方法。

2.121

刚性线圈　rigid coil

形状固定线圈

将工件放在通电线圈中，形成纵向磁场。

2.122

圆状显示　rounded indications

长度与宽度之比不大于3的磁粉显示。

2.123

顽磁性　retentivity

材料保留剩磁大小的性能。

2.124

灵敏度　sensitivity

磁粉检测能显示铁磁材料表面和近表面不连续的能力。

2.125

沉淀试验　settling testing

用来测定磁悬液中磁粉浓度的一种方法。

2.126

聚肤效应　skin effect

采用交流磁化时，磁场集中于铁磁材料表层的现象。

2.127

专用检测系统　specialized testing systems

用于检测固定形状工件的磁粉检测设备。

2.128

切线磁场强度　tangential magnetic field strength

平行于被检工件表面的磁场强度分量。

2.129

环形试块　test ring

一般由工具钢制成的带有近表面人工不连续的环形试件，用以评价和对比磁粉的性能和灵敏度。

2.130

检测介质　testing medium

磁粉检测中所用的由氧化铁材料制成的粉末或磁悬液。

2.131

移动式设备　transportable equipment

移动式设备一般装有滚轮可推动，或吊装在车上拉到检验现场，对大型工件检测。

2.132

紫外线　ultraviolet radiation

波长为200 nm～400 nm(2 000 Å～4 000 Å)的电磁辐射。

2.133

载液　vehicle；carrier fluid

用来悬浮磁粉的液体介质。

2.134

可见光　visible light

波长为400 nm～700 nm(4 000Å～7 000Å)的电磁波。

2.135

湿法　wet method；wet slurry technique

采用悬浮于载液中的磁粉进行检测的方法。

2.136

磁轭　yoke

能在两极之间被检件区域感生磁场的"U"形磁铁。可以是永久磁铁、交流或直流电磁铁。

中 文 索 引

A

B

C

D

F

G

英 文 索 引

A

B

C

D

L

M

N

O

V

W

Y

ICS 01.040.19;19.100
J 04

中华人民共和国国家标准

GB/T 12604.6—2008
代替 GB/T 12604.6—1990

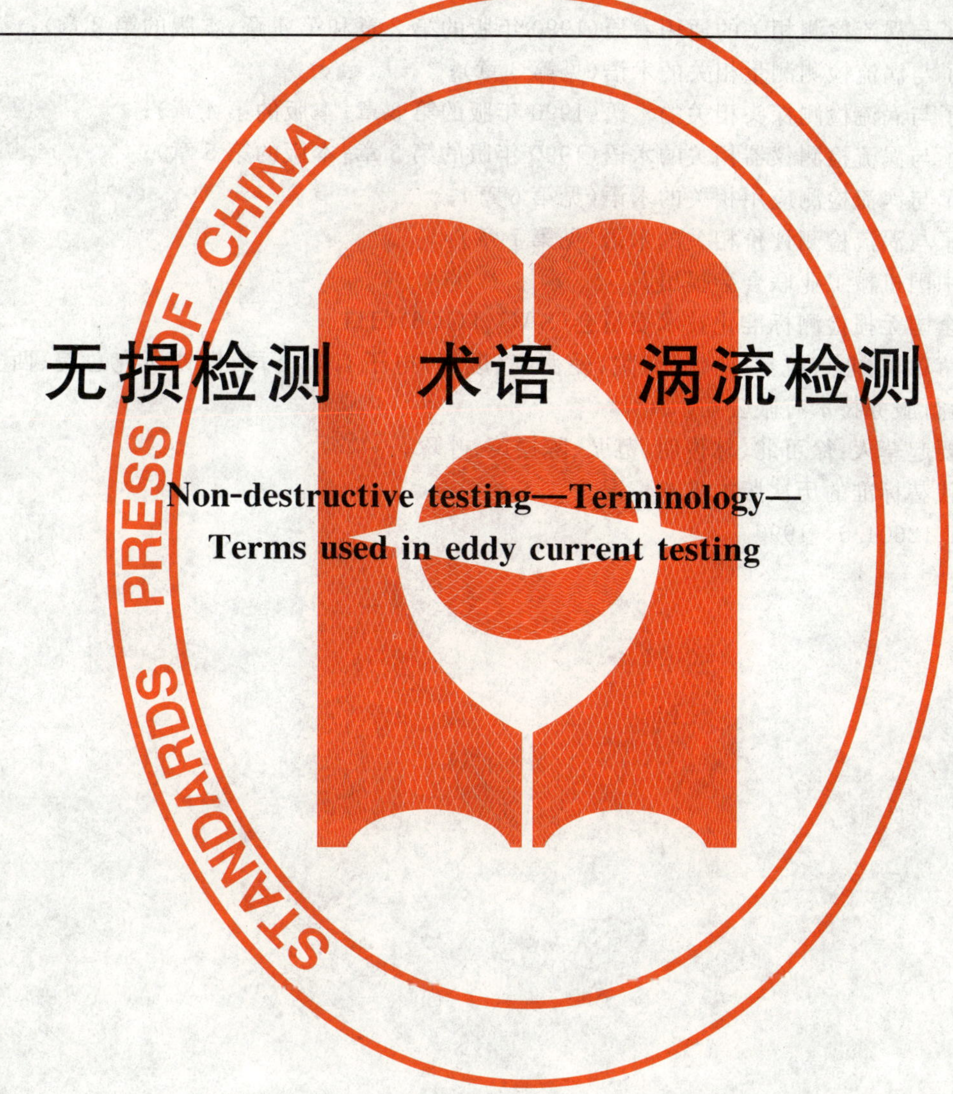

无损检测 术语 涡流检测

Non-destructive testing—Terminology—Terms used in eddy current testing

2008-07-30 发布 2009-02-01 实施

中华人民共和国国家质量监督检验检疫总局
中国国家标准化管理委员会 发布

前　言

本标准代替 GB/T 12604.6—1990《无损检测术语　涡流检测》。

本标准与 GB/T 12604.6—1990 相比主要变化如下：

——修改了与涡流检测相关的通用术语（1990 年版的第 2 章和第 4 章；本版的第 2 章）；

——增加了与涡流检测测量相关的术语（见第 3 章）；

——修改了与涡流检测探头相关的术语（1990 年版的第 3 章；本版的第 4 章）；

——修改了与涡流检测仪器相关的术语（1990 年版的第 3 章；本版的第 5 章）；

——增加了与涡流检测应用相关的术语（见第 6 章）；

——增加了与涡流检测评价相关的术语（见第 7 章）。

本标准由中国机械工业联合会提出。

本标准由全国无损检测标准化技术委员会（SAC/TC 56）归口。

本标准起草单位：北京航空材料研究院、爱德森（厦门）电子有限公司、钢铁研究总院、西安交通大学、国核电站运行服务技术有限公司。

本标准主要起草人：徐可北、林俊明、范弘、陈振茂、叶琛。

本标准所代替标准的历次版本发布情况为：

——GB/T 12604.6—1990。

无损检测 术语 涡流检测

1 范围

本标准界定了涡流检测的术语和定义。

本标准适用于涡流检测和无损检测及其他相关领域。

2 与涡流检测相关的通用术语

2.1

涡流 eddy currents

交变磁场在导电材料中感应产生的电流。

2.2

脉冲涡流 pulsed eddy currents

由脉冲电磁场感应产生的涡流。

2.3

涡流分布 eddy current distribution

涡流密度的矢量场。

2.4

涡流检测 eddy current testing

利用感应涡流的电磁效应评价被检件的无损检测方法。

2.5

电磁检测 electromagnetic testing

利用低于可见光频率的电磁场的无损检测方法。涡流检测、微波检测等均属这类检测方法。

2.6

集成电磁检测 integrated electromagnetic testing

采用两种或两种以上电磁检测技术(如涡流检测、漏磁检测和磁记忆检测等)同时对被检件进行的检测。

2.7

电磁耦合 electromagnetic coupling

两个或两个以上闭合电路之间的电磁相互作用。在涡流检测中,将被检导体视为一个闭合电路。

2.8

耦合系数 coupling factor

激励磁场通过被检件的磁通量与激励磁场的总磁通量之比,是一种表征探头与被检件之间电磁耦合状况的量度。

2.9

合成磁场 resultant magnetic field

初级磁场与次级磁场矢量叠加所得磁场。

2.10

趋肤效应 skin effect

电磁场和涡流集中于被检件表面分布的现象。它由自感引起,与频率、电导率和磁导率有关。

2.11

标准渗透深度　standard depth of penetration

磁场强度或感应涡流密度衰减至试件表面值的37%时的深度。以下计算公式适用于采用平面电磁波在半无限大金属导体中激励产生涡流的情况：

$$\delta = \frac{1}{\sqrt{\pi f \mu \sigma}}$$

式中：

δ——标准渗透深度；

σ——电导率；

μ——磁导率；

f——激励频率。

2.12

有效渗透深度　effective depth of penetration

对特定的检测装置而言，可利用涡流电磁效应实施检测的材料最大深度。

2.13

有效磁导率　effective permeability

为计算圆柱导体中由于涡流引起的磁场强度减弱而引入的复变参量，常用来计算共轴探头中次级线圈的输出电压。

2.14

激励　excitation

感应　induction

产生涡流的方式。

2.15

激励电流　excitation current

初级线圈(激励单元)中的电流。

2.16

激励频率　excitation frequency

激励电流的标称频率。

2.17

特征频率　characteristic frequency

具有频率单位的常用参量。该参量来源于贝塞尔函数建立的数学模型，用以描述圆柱导体中涡流的分布状态，其数值大小取决于影响电流分布的试件参数，如电导率、磁导率和直径。特征频率的表达式为：

$$f = \frac{1}{2\pi\sigma\mu a^2}$$

式中：

σ——电导率；

μ——磁导率；

a——圆柱体半径。

2.18

特征频率比　characteristic frequency ratio

检测频率与特征频率之比，表征电磁物理量在涡流检测中的作用，是一个无量纲的量。参见相似定律。

2.19

相似定律　law of similarity

用于描述具有相似几何形状的被检件所共同遵守的电磁感应规律的法则。若特征频率比相同,则涡流分布也相同。

2.20

空心线圈阻抗　empty coil impedance

空载阻抗　unloaded impedance

检测线圈远离导电或导磁材料时的阻抗。

2.21

负载线圈阻抗　loaded coil impedance

视在阻抗　apparent impedance

线圈与被检导体相耦合时的阻抗。

2.22

归一化感抗　normalized reactance

负载线圈感抗与空载线圈感抗之比,是一个无量纲的量。

2.23

归一化电阻　normalized resistance

负载线圈电阻和空载线圈电阻之差与空载线圈感抗之比。

2.24

阻抗平面图　impedance plane diagram

描述检测线圈阻抗随检测参数变化的轨迹图。

2.25

归一化阻抗平面图　normalized impedance plane diagram

描述检测线圈归一化阻抗值随一个或多个检测参数(如频率、电导率、磁导率、几何形状或耦合系数)变化的轨迹。

2.26

特征响应　signature

某一特定不连续或缺陷在阻抗平面上形成的信号轨迹。

2.27

相位起点　phase reference

复平面上选作相位量度的起始方向。

2.28

信号相位　phase angle of a signal;signal phase

在复平面上检测信号矢量与相位起始方向之间的角度。相位起始方向根据某一项实际操作来确定。

2.29

平衡　balance

将信号补偿至预定值,比如0,以符合工作点要求。

2.30

平衡信号　bucking signal

补偿信号　compensating signal

为了抵消一个信号以满足工作点要求而引入的信号。

2.31

同步检波　synchronous demodulation

利用与激励信号同步的参考信号对探头信号进行的检波。

2.32

相敏检波　in phase demodulation

采用同步检波技术从探头拾取信号中提取相关成分的过程。

2.33

正交检波　quadrature demodulation

采用同步检波技术从探头拾取信号中提取两个相互正交分量的过程。

2.34

解调信号　demodulated signal

检波后的涡流信号。

2.35

微分信号　differentiated signal

微分(高通)滤波器的输出信号。

2.36

带宽　bandwidth

信号线性传输或放大的频率范围。带宽由上、下限截止频率决定。依照惯例，上、下限截止频率对应于 3dB 信号幅度衰减。此定义适用于系统的任一或全部单元，例如滤波器、电缆或放大器等。

2.37

噪声　noise

任何不希望存在的干扰检测的信号。

2.38

背景噪声　background noise

由被检件几何尺寸和冶金材质变化引起的噪声(这些效应变化也可作为测试对象)。

2.39

仪器噪声　instrument noise

由涡流检测仪器自身产生的噪声。

2.40

干扰噪声　interference noise

来源于涡流检测系统之外的噪声。

3　与涡流检测测量相关的术语

3.1

绝对测量　absolute measurement

对与校准程序所确定的固定参考点之间的偏差的测量。参考点由参考线圈、参考电压或其他参考器件提供。

3.2

比较测量　comparative measurement

两相同测量方式所得信号之间的差值测量，其中一个测量作为比对的参考。

3.3

他比式测量　comparative measurement with external reference

不以被检件作为参考的比较测量。

3.4

自比式测量　comparative measurement with local reference

以被检件的某一部分作为参考的比较测量。

3.5

差动测量　differential measurement

以恒定的相对位置和相同的扫查路径实施的两测量的差值测量。

3.6

双差动测量　double differential measurement

以恒定的相对位置和相同的扫查路径实施的两差动测量的差值测量。

3.7

准差动测量　pseudo differential measurement

以恒定的相对位置和不同的扫查路径实施的两测量的差值测量。

3.8

绝对量值　absolute value

由绝对测量获得的数值。

3.9

差动量值　differential value

由差动测量获得的数值。

3.10

绝对信号　absolute signal

绝对测量系统的输出信号。

3.11

比较信号　comparative signal

比较测量系统的输出信号。

3.12

差动信号　differential signal

差动测量系统的输出信号。

4　与涡流检测探头相关的术语

4.1

探头　probe

包含激励和接收单元的涡流传感器。

4.2

排布　arrangement

用一给定仪器进行测量时，在一个或多个探头中激励线圈和接收线圈的组合和电连接方式。

4.3

绝对式排布　absolute arrangement

实施绝对式测量的排布方式。

4.4

比较式排布　comparative arrangement

与一个外部参考试样进行比较式测量的排布方式。

4.5

差动式排布　differential arrangement

实现差动测量的排布方式。

4.6

参考探头　reference probe

进行比较式测量时用作外部参考的探头。

4.7

绝对式探头　absolute probe

实施绝对式测量的探头。探头本身并不能决定测量类型。

4.8

他比式探头　comparator probe

与一个外部试样进行比较式测量的探头。

4.9

差动式探头　differential probe

实现差动测量的探头。探头本身并不能决定测量类型。

4.10

准差动式探头　pseudo differential probe

实施准差动测量的探头。探头本身并不能决定测量类型。

4.11

双差动式探头　double differential probe

实现双差动测量的探头。探头本身并不能决定测量类型。

4.12

探头填充系数　probe fill factor

对于外穿式探头，是指被检件外圆截面积与线圈内圆截面积之比；对于内穿式探头，指线圈外圆截面积与被检件内圆截面积之比。

4.13

探头位置标记　probe position mark

标注在涡流探头外壳上，用以表示探头电中心位置的标记。

4.14

芯体　core

支撑线圈并可能影响线圈磁通的物理元件。

4.15

铁氧体　ferrite

用作探头芯体和屏蔽壳的低导电率铁磁性材料。

4.16

空心探头　air cored probe

不含有影响线圈电磁场的材料的探头。

4.17

铁磁芯探头　ferromagnetic cored probe

采用铁磁芯聚集并增强磁场的探头。

4.18

永磁铁探头　permanent magnet probe

包括一个或几个永久磁铁且其磁场对检测具有重要作用的探头。

4.19

聚焦探头　focusing probe

通过特殊设计(如磁芯和辅助线圈等)实现磁场聚焦以达到提高灵敏度和/或分辨率目的的探头。

4.20

屏蔽探头　shielded probe

具有一项或多项屏蔽措施的探头。

4.21

屏蔽罩　screen shield

减小线圈或探头周围部分或全部电磁辐射的元件。

4.22

共轴式探头　coaxial probe

穿过式探头　feed-through probe

仅包含与被检件同轴线圈的探头。

4.23

内穿式探头　internal probe

插入被检件内孔的探头。

4.24

同轴内穿式探头　internal coaxial probe;bobbin coil

同心地插入被检件内孔的探头。

4.25

放置式探头/表面探头　surface probe

通常垂直于被检件表面并以局部覆盖方式扫查的探头。

4.26

T 型探头　T probe

由相互垂直的一个激励线圈和一个接收线圈构成的探头。

4.27

旋转探头　rotating probe

可做转动检测的放置式探头。

4.28

对称半圆线圈式探头　split coil probe

两个部分合在一起形成一个完整环型的探头。

4.29

扇形探头　segmental probe

用于检测诸如管、棒等产品圆周上局部区域的探头。

4.30

多元件探头　multi-element probe

包含多个激励、接收基本单元的涡流探头。

4.31

发射接收一体式探头　combined transmit receive probe

阻抗探头　impedance probe

由一个线圈同时完成激励和接收功能的探头。

4.32

发射接收分离式探头　separate transmit receive probe

由两个不同的分离元件分别实现激励和接收功能的探头。

4.33

磁通互补式探头　addictive magnetic flux probe

各激励线圈的磁通相互叠加互补的探头。

4.34

磁通相抵式探头　subtractive magnetic flux probe

各激励线圈的磁通相互排斥抵消的探头。

4.35

阵列式探头　array probe

在探头内部检测元件相对位置规则排布(直线、矩阵)的多元件探头。

4.36

探头阵列　probe array

按矩阵方式排布的探头组合。

4.37

作用区　zone of interaction

被检件上影响检测结果的区域范围。

4.38

探头作用区　zone of influence of probe

在此区域空间之外导电体和导磁体的存在、变化和运动不再影响涡流检测。此区域包括被检件本身所占空间。

4.39

激励场　excitation field

初级场　primary field

激励电流产生的磁场。

4.40

初级线圈　primary coil

激励元件　excitation element

在被检件内部激励产生磁通的线圈。

4.41

次级线圈　secondary coil

接收元件　receiving element

接收合成磁场的线圈或磁场强度测量器件。

4.42

次级场　secondary field

由感应涡流产生的磁场。

4.43

电流源激励　current driven excitation

激励电流与探头阻抗无关的激励方式。

4.44

电压源激励　voltage driven excitation

激励电压与探头阻抗无关的激励方式。

4.45

组合式线圈　coil assembly

线圈组件

一个或多个线圈的组件。

4.46

外穿式线圈　encircling coil

环绕被检件的共轴探头。

4.47

轭式线圈　yoked coil

绕制在具有一定形状(如马蹄形)的高磁导率芯体上的线圈。

4.48

补偿线圈　compensation coil

用于抑制检测中干扰信号的辅助线圈。

4.49

线圈绕组　coil winding

用导线绕制的一匝或多匝线圈。

4.50

线圈匝数　coil turns

制作线圈时缠绕导线的圈数。

4.51

线圈填充系数　coil fill factor

对于外穿式线圈,等于被检件外径横截面积与线圈内径横截面积之比。对于内穿式线圈,等于线圈外径横截面积与被检件内径横截面积与之比。

4.52

线圈宽度　coil length

线圈轴线方向上的长度。

4.53

线圈间隔　coil separation

两线圈相邻边缘之间的距离。

4.54

线圈间距　coil spacing

两线圈之间的平均距离。对于放置式探头,是指两线圈轴线之间的距离。

4.55

线圈等效直径　effective coil diameter

与一个管形检测线圈具有相同电磁效应的理想管形线圈的直径。

4.56

电中心　electrical centre

当一个涡流探头扫过一个参考缺陷时,对应特殊响应值(最大值或零)的探头取向位置,用记号在探头相应位置上标注。

4.57

感应传感器　inductive sensor

在涡流探头中能灵敏地感应磁通变化的接收元件。

4.58

磁通门传感器　flux gate sensor

在涡流探头中利用磁通门效应感应磁场的接收元件。

注：磁通门效应：沿一个铁磁芯的两个相反方向分别施加外磁场并使之达到磁饱和状态，所需使用的电流强度存在差异的现象。该差异与被测量磁场有关。

4.59

巨磁传感器　giant magnetoresistive sensor

在涡流探头中利用巨磁效应感应磁场的接收元件。

注：巨磁效应：当铁磁性和非铁磁性薄片叠放在一起，并置于磁场中时，其电阻会发生巨大变化的现象。

4.60

霍尔效应传感器　Hall Effect sensor

在涡流探头中利用霍尔效应感应磁场的接收元件。

注：霍尔效应：通电导体(或半导体)平板置于与电流方向垂直的磁场中，在导体(或半导体)平板截面中产生正比于磁场强度的电动势的现象。

4.61

磁阻传感器　magnetoresistive sensor

采用磁阻材料制作接收元件的涡流探头。

注：磁阻材料是一种电阻随磁场变化的铁磁性材料。

4.62

SQUID 传感器　SQUID sensor

在涡流探头中采用一个或多个超导量子干涉元件检测磁场的接收器件。

4.63

透射式组件　transmission assembly

应用透射检测技术的线圈组件。

4.64

反射式组件　reflection assembly

用于反射测量的线圈组件。

4.65

角灵敏度　angular sensitivity

放置式探头相对于扫查路径的取向对不连续的响应信号的影响。

5　与涡流检测仪器相关的术语

5.1

检测通道　measurement channel

输出检测量值的信号处理电路。由于复平面显示矢量信息，所以一个检测通道通过正交检波后可输出两个信号分量。

5.2

涡流检测仪　eddy current instrument

涡流检测系统中用于实施检测的部分，通常由激励单元、放大单元、检波单元和显示单元组成。

5.3

单通道检测仪　single channel instrument

仅有一个检测通道的涡流检测仪。

5.4

单频检测仪　single frequency instrument

仅实施单一频率检测的涡流检测仪。

5.5

单参数检测仪　single parameter instrument

仅实施单一参数检测的涡流检测仪。

5.6

多通道检测仪　multichannel instrument

具有多个检测通道的涡流检测仪。

5.7

多频检测仪　multifrequency instrument

可实施多频率检测并具有混频功能的涡流检测仪。

5.8

多参数检测仪　multiparameter instrument

可实施多参数检测的涡流检测仪。

5.9

涡流检测系统　eddy current testing system

利用涡流进行检测或测量的系统，至少包括涡流检测仪、探头和匹配连接电缆。

5.10

绝对式系统　absolute system

绝对式检测系统

探头以绝对式排布与仪器连接并实施绝对式检测的涡流检测系统。

5.11

比较式系统　comparative system

比较式检测系统

探头以比较式排布与仪器连接并实施比较式检测的涡流检测系统。

5.12

差动式系统　differential system

差动式检测系统

探头以差动方式排布与仪器连接并实施差动检测的涡流检测系统。

5.13

激励单元　generator unit

涡流检测仪中提供激励电压或电流的电路单元。

5.14

检测单元　measurement unit

涡流检测仪中处理来自检测探头信号的单元。

5.15

激励功率放大器　excitation power amplifier

提供与探头阻抗无关的激励电压或电流的功率放大器。

5.16

信号放大器　signal amplifier

涡流检测仪中对来自探头的高频信号实施放大的电路单元。

5.17

检波器 demodulator

涡流检测仪中对检测信号实施检波的单元。

5.18

移相器 phase shifter

涡流检测仪中对复平面显示信号进行旋转的单元。

5.19

滤波器 filter

使某一频带内信号通过并抑制其他频率信号的单元。

5.20

微分滤波器 differential filter

使低频变化信号衰减而使突变信号通过的滤波器。

5.21

高通滤波器 high pass filter

仅具有下限截止频率的滤波器。

5.22

积分器 integrater

积分滤波器

对信号进行积分运算以增强缓慢变化信号的滤波器。

5.23

低通滤波器 low pass filter

具有从零至上限截止频率的带宽的滤波器。

5.24

带通滤波器 band pass filter

具有限定带宽的滤波器,其下限截止频率大于零。

5.25

带阻滤波器 band stop filter

在限定频带宽度范围内,对下限截止频率和上限截止频率之间的信号具有抑制作用的滤波器。

5.26

显示区域 display area

复平面中被显示的区域。

5.27

窗口 window

在涡流检测仪复阻抗显示屏上对矢量信号实施监视的区域。

5.28

复平面显示 complex plane display

将一个相敏检波信号施加在 X 轴、与之正交的另一个相敏检波信号施加在 Y 轴而得到的显示方式。

5.29

时基显示 component / time display

将检波信号的某一分量施加于 Y 轴的与时间同步显示方式。

5.30

时间同步显示　time synchronous display

在水平显示轴上施加锯齿波而获得的显示方式，探头信号经检波后的选通部分施加在垂直显示轴上。

5.31

扫查路径同步显示　path synchronous display

水平显示轴施加的信号正比于探头距扫查路径上的一个参考点的位移，垂直显示轴施加的信号为经检波后的检测信号。

5.32

探头推拔装置　probe pusher puller unit

检测管材内部时推动探头前进和后退的机械装置。

5.33

旋转头　rotating head

带动一个或多个放置式探头旋转的装置。

5.34

磁饱和线圈　saturation coil

产生直流磁化场的辅助线圈，用以减小被检测区域中由磁导率不均匀引起的影响。

5.35

磁饱和装置　saturation unit

产生直流磁化场的装置，用以减小被检测区域中由磁导率不均匀引起的影响。

5.36

退磁装置　demagnetization unit

检测前或检测后用于减小或消除被检件中剩磁的装置。

6　与涡流检测应用相关的术语

6.1

单频技术　single frequency technique

以单一频率激励探头实施涡流检测的技术。

6.2

单参数技术　single parameter technique

仅利用涡流信号的一个特征量(如幅值、相位等)实施检测的技术。

6.3

多频技术　multifrequency technique

以多个频率同时或依次激励同一探头并将分别得到相应频率涡流信号进行混频的技术。

6.4

预多频技术　prediction multifrequency technique

以多个频率分时激励同一探头并分别得到相应频率涡流信号的技术。

6.5

多频混频　multifrequency combination

在多频检测技术中对多个检波信号进行线性合成，以抑制一种或多种干扰效应。

6.6

多参数技术　multiparameter technique

利用一个以上涡流信号特征量(如幅度、相位等)进行评价的涡流检测技术。

6.7

单频检测 single frequency examination

采用单频技术实施的涡流检测。

6.8

单参数检测 single parameter examination

采用单参数技术实施的涡流检测。

6.9

多频检测 multifrequency examination

利用多频技术进行的涡流检测。

6.10

多参数检测 multiparameter examination

利用多参数技术进行的涡流检测。

6.11

脉冲技术 pulse technique

利用脉冲涡流实施检测的技术。

6.12

反射技术 reflection technique

激励单元和接收单元处于被检件同一侧面实施检测的技术。

6.13

穿透技术 transmission technique

激励单元和接收单元分别处于被检件两侧的涡流检测技术。

6.14

远场技术 remote field technique

利用涡流远场效应实施检测的技术,一般用于在役铁磁材质管道的检测,该技术采用一个发射和接收分离的内穿式探头,且发射和接收线圈之间距离较远。

6.15

旋转场技术 rotating field technique

利用多个处于固定位置的激励元件在被检件中产生旋转电磁场的技术。

6.16

趋近技术 approaching technique

根据探头接近被检件时获得的信号进行检测的技术。

6.17

光点显示技术 point of return technique

在绝对检测系统中,根据响应信号显示光点的返回位置进行评价的技术。

6.18

平衡电桥技术 balanced bridge technique

以平衡电桥输出信号反映被检对象材料特性变化的交流电桥检测技术。

6.19

增量磁导率技术 incremental permeability technique

一种将高频激励磁场叠加到高强度低频交变磁场上的检测技术,适用于评价铁磁性材料的特性。

6.20

动态电流 dynamic currents

由探头与被检件相对运动而感应产生的附加涡流。

6.21

动态检测　dynamic measurement

探头与被检件相对运动时进行的检测。

6.22

静态检测　static measurement

探头与被检件相对静止时进行的检测。

6.23

提离效应　lift off

探头与被检件之间距离变化引起的涡流信号效应。

6.24

速度效应　speed effect

拖动效应　drag effect

由动态电流引起的效应。

6.25

几何效应　geometric effect

在探头作用范围内，由于探头与被检件相对位置变化引起的涡流响应。

6.26

边缘效应　edge effect

由被检件边缘引起的几何效应。

6.27

端部效应　end effect

被检件端部在共轴探头中产生的几何效应。

6.28

趋近效应　input effect

被检管、棒产品的端部接近穿过式探头时产生的端部效应。

6.29

远离效应　output effect

被检管、棒产品的端部离开穿过式探头时引起的端部效应。

6.30

材料效应　material effect

在探头作用范围内由于被检测对象电磁特性变化引起的涡流信号响应。

6.31

倾斜效应　tilt effect

放置式探头相对于被检件角度变化而引起的几何效应。

6.32

抖动效应　wobble

探头与被检件之间不受控制的相对运动(如振动)引起的几何效应。

6.33

覆盖区　area of coverage

被检件上探头可有效检测的区域。该区域测定方法应在程序中予以规定。

6.34

覆盖长度　length of coverage

被检件上沿扫查路径方向探头可有效检测的长度。该长度测定方法应在程序中予以规定。

6.35

覆盖宽度　width of coverage

被检件上垂直于扫查路径方向探头可有效检测的宽度。该宽度测定方法应在程序中予以规定。

6.36

检测参数　test parameters

为获得检测结果所需设定的参数。

6.37

相位设置　phase setting

相位调节　phase adjustment

调节移相器达到设定的工作状态,如优化检测信噪比。

6.38

检测配置　testing configuration

探头相对于被检产品的排布。

6.39

探测间隙　probe clearance

探头与被检件表面之间的空隙。

6.40

扫查设计　scanning plan

为达到检测覆盖率要求而确定扫查路径和扫查速度。

6.41

扫查路径　scanning path

探头在被检件表面完成检测所走过的路径。

6.42

表面扫查速度　surface speed

探头相对于被检件表面的扫查线速度。

6.43

工作点　operating point

复阻抗平面显示中对应于给定平衡状态下的点。

6.44

信号轨迹　signal locus

由探头与被检件之间的相对运动引起的矢量光点在涡流检测仪阻抗平面显示屏上画出的路径。

6.45

检测速度　throughput speed

被检件相对于涡流检测系统的线速度。

6.46

分选　sorting class

根据被检件某一个或几个特性参数(如硬度、材料成分或尺寸规格)对其进行的分类。

7　与涡流检测评价相关的术语

7.1

幅度分析　amplitude analysis

对信号幅度进行评价的技术。

7.2

分量分析　component analysis

在给定参考相位条件下对涡流信号分量的幅度进行评价的技术。

7.3

相位分析　phase analysis

对涡流检测信号的相位角实施测量和分析的技术。

7.4

谐波分析　harmonic analysis

对涡流检测信号谐波成分的幅度、相位或幅度和相位实施分析的技术。

7.5

调制分析　modulation analysis

对检波后的涡流信号进行频率分析的技术。

7.6

阻抗分析　complex plane analysis

研究检波后信号的幅度和相位随电磁耦合和被检件电磁特性的变化关系的分析方法。

7.7

扇区分析　sectorial analysis

对复阻抗平面上的一个扇形区域内的信号幅度进行分析的方法。

7.8

非等幅扇区分析　variable amplitude sectorial analysis

对复阻抗平面上的一个非等幅扇形区域内的信号进行分析的方法。

7.9

静态分析　static analysis

对静态检测条件下获取的与时间无关信号进行的分析。

7.10

动态分析　dynamic analysis

对动态检测信号进行的实时分析。

7.11

动态信号分析　analysis of signal dynamics

对涡流信号参数的时间变化特性进行评价的技术。

7.12

报警　gate

监控随时间变化信号的时域。

7.13

报警技术　gating technique

在一个或多个时域内对检测信号进行评价的技术。

7.14

回归分析　regression analysis

利用测量值回归技术的评价方法，如分选。

7.15

组态分析　group analysis

根据涡流检测标定出不同的物理特性，按照二维高斯分布或其他方法将材料分成组的统计技术。

中 文 索 引

B

C

D

E

英 文 索 引

A

B

C

F

G

H

I

P

Q

R

S

T

ICS 01.040.19;19.100
J 04

中华人民共和国国家标准

GB/T 12604.9—2008
代替 GB/T 12604.9—1996

无损检测 术语 红外检测

Non-destructive testing—Terminology—Terms used in infrared testing

2008-09-26 发布 2009-05-01 实施

中华人民共和国国家质量监督检验检疫总局
中国国家标准化管理委员会 发布

前言

GB/T 12604《无损检测 术语》分为九个部分：

——GB/T 12604.1 无损检测 术语 超声检测；

——GB/T 12604.2 无损检测 术语 射线照相检测；

——GB/T 12604.3 无损检测 术语 渗透检测；

——GB/T 12604.4 无损检测 术语 声发射检测；

——GB/T 12604.5 无损检测 术语 磁粉检测；

——GB/T 12604.6 无损检测 术语 涡流检测；

——GB/T 12604.7 无损检测 术语 泄漏检测；

——GB/T 12604.8 无损检测 术语 中子检测；

——GB/T 12604.9 无损检测 术语 红外检测。

本部分为 GB/T 12604 的第 9 部分。

本部分代替 GB/T 12604.9—1996《无损检测术语 红外检测》。

本部分与 GB/T 12604.9—1996 相比主要变化如下：

——修改了“红外检测一般术语”(1996 年版的第 2 章；本版的第 2 章)；

——修改了“红外检测设备、器材和材料的术语”(1996 年版的第 3 章；本版的第 3 章)；

——修改和增加了“红外检测原理和方法的术语”(1996 年版的第 4 章；本版的第 4 章)；

——增加了“检测工艺及操作的术语”(见第 4 章)。

本部分由全国无损检测标准化技术委员会(SAC/TC 56)提出并归口。

本部分起草单位：北京维泰凯信新技术有限公司、首都师范大学、中国航空工业第一集团公司北京航空材料研究院、上海材料研究所、北京航空航天大学、上海苏州美柯达探伤器材有限公司。

本部分主要起草人：王迅、郭广平、陶宁、李艳红、冯立春、金万平、金宇飞、段玉霞。

本部分所代替标准的历次版本发布情况为：

——GB/T 12604.9—1996。

无损检测 术语 红外检测

1 范围

GB/T 12604 的本部分界定了红外检测术语，作为标准和一般使用的共同基础。

本部分适用于红外检测标准的编写和应用，其他相关技术文件的编写也可参考使用。

2 红外检测一般术语

2.1

辐射能量 radiant energy

以电磁波的形式发射、传递或接收的能量，单位为焦耳(J)。

2.2

辐射通量 radiant flux

辐射功率 radiant power

$\boldsymbol{\Phi}$

单位时间内的辐射能量，单位为瓦(W)。

2.3

辐射出射度 radiant existence

辐出度

$\boldsymbol{M}$

单位面积的离面辐射通量，单位为瓦每平方米(W/m^2)，即：

$$M=\frac{d\Phi}{dA}$$

式中：

dA——面元；

$d\Phi$——面元 dA 的离面辐射通量。

注：一般来说，辐射出射度包括发射、透射和反射辐射通量。

2.4

辐射亮度 radiance

$\boldsymbol{L}$

单位投影面积在单位立体角内的离源辐射通量，单位为瓦每球面度平方米[$W/(sr\cdot m^2)$]，如图 1 所示。

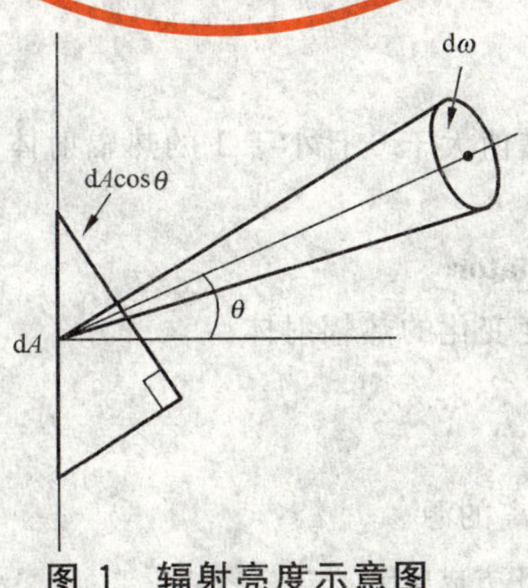

图 1 辐射亮度示意图

$$L = \frac{d^2\Phi}{d\omega \cdot dA\cos\theta}$$

式中：

$d\Phi$——投影面积为 $dA\cos\theta$ 的源发射到立体角 $d\omega$ 内的辐射通量；

θ——面积元 dA 的表面法线与观测方向之间的夹角。

2.5

辐照度　irradiance

E

投射到给定表面上单位面积的辐射通量，单位为瓦每平方米（W/m^2）。

2.6

吸收率　absorptance

吸收比

α

物体吸收的辐射通量与入射到该物体表面上的辐射通量之比。

2.7

反射率　reflectance

反射比

ρ

从物体表面反射的辐射通量与入射到该物体表面上的辐射通量之比。

2.8

透射率　transmittance

透射比

τ

透过物体的辐射通量与入射到该物体表面上的辐射通量之比。

2.9

发射率　emissivity

ε

在给定温度下，一个物体的辐射亮度与处于相同温度下黑体的相应辐射亮度之比。

2.10

黑体　blackbody

在给定温度下，能发射和吸收全部有效热辐射的理想的热辐射体，其发射率为1。

2.11

灰体　greybody

发射率不随辐射波长变化，其值大于0且小于1的热辐射体。

2.12

选择性辐射体　selective radiator

发射率随辐射波长和/或温度变化的热辐射体。

2.13

点源　point source

线尺寸远小于其至观察点距离的源。

注：点源的辐照度变化与距离的平方成反比。

2.14

扩展源　extended source

完全充满探测器视场的红外辐射源。

注：辐照度与源至观察点的距离无关。实际上，所有非扩展源都被认为是点源。

2.15

热扩散率　thermal diffusivity

热扩散系数

材料的热传导率与材料的密度和比热容乘积的比值，单位为平方米每秒(m^2/s)。

2.16

红外辐射　infrared radiation

通常是指波长从 0.75 μm 到 1 000 μm 波段的电磁波。

2.17

视在温度　apparent temperature

表观温度

采用辐射测温法测量热辐射体时的温度示值。

2.18

等效黑体辐射温度　blackbody equivalent temperature

假定物体是一个具有发射率为 1 的理想黑体时，根据实测辐射亮度所确定的物体视在温度。

2.19

红外热成像　infrared thermal imaging

将来自物体表面的红外辐射亮度的二维空间变化转变成以灰度或伪彩色显示的图像的过程。

2.20

热分辨力　thermal resolution

红外传感装置能够测出的两个黑体之间的最小温度差。

2.21

空间频率　spatial frequency

用等间隔、周期性图案表示的对细节的度量。在物体或图像平面内，可用周每毫米(cy/mm)或线对每毫米(lp/mm)等单位表示。在成像系统内，可用周每毫弧度(cy/mrad)或线对每毫弧度(lp/mrad)等单位表示。

2.22

视场　field of view

FOV

系统成像的物空间范围，用圆锥或棱锥的形状和角度描述。例如，矩形视场用宽 4°×高 3°表示。

2.23

瞬时视场　instantaneous field of view

IFOV

光机扫描系统中，探测器单元所对应的物空间的立体角。

2.24

像元视场　pixel field of view

PFOV

单个探测器单元所对应的物空间的立体角。

2.25

物平面分辨力　object plane resolution

物平面内的可分辨尺度，等于系统的像元视场和该系统至物体距离的乘积。

2.26

极限分辨力　limiting resolution

成像传感器能够分辨出的目标的最高空间频率。

2.27

调制传递函数　modulation transfer function

MTF

像面光强度分布函数与物面光强度分布函数的傅立叶变换之比的模量。

2.28

红外检测　infrared testing

基于红外辐射原理，通过红外系统观察或记录被测物体红外辐射的一种检测方法。

2.29

目标背景　target background

视场范围内被检测对象以外的部分。

2.30

热波　thermal wave

随时间周期变化的温度场。

3　红外检测设备、器材和材料的术语

3.1

红外检测系统　infrared testing system

基于红外检测原理，能独立使用的无损检测系统。

3.2

红外探测器　infrared detector

将接收到的红外辐射能量转变为电信号的器件。

3.3

红外探测装置　infrared sensing device

用于探测、显示、记录所接收到的物体热辐射信息的装置。

3.4

热成像系统　thermal imaging system

红外成像系统　infrared imaging system

将来自物体的红外辐射亮度的分布转变成以灰度或伪彩色图像显示的系统。

3.5

热像仪　infrared camera

红外热像仪

通过红外光学系统、红外探测器和信号处理系统，将物体红外辐射转换成可见图像的设备。

3.6

工作波段　working spectrum band

通常按大气窗口分为短红外波段（0.7 μm～3 μm）、中红外波段（3 μm～5 μm）、长红外波段（8 μm～14 μm）三个使用波段。

3.7

焦平面阵列探测器　focal plane array

置于光学系统像平面处的阵列探测器。

3.8

行扫描器　line scanner

沿被测物体进行单行扫描以提供该物体一维热分布图的装置。

3.9

成像行扫描器　imaging line scanner

一种沿横向扫描、纵向移动以产生二维热像图的装置。

3.10

辐射计　radiometer

一种测量辐射能量的仪器。

3.11

黑体参考源　blackbody reference

一种用于红外辐射测量或对红外装置进行标定的装置，其温度可调可控，红外发射率接近于1。

3.12

温差黑体　differential blackbody

差分黑体

一种用于建立有效发射率为1.0，温度不同的两个并列的等温平面区的装置。

3.13

最小可分辨温度差　minimum resolvable temperature difference

MRTD

评价红外成像系统能力的一种指标，它通过观察者在显示屏上辨认周期性条形目标来度量。MRTD是标准测试板(长宽比为7：1的四条条纹)与其黑体背景之间的最小温度差。在此条件下，观察者能分辨出它是一个四条条纹图形(见图2)。

图2　用于评价最小可分辨温度差的标准测试板的示意图

3.14

最小可探测温度差　minimum detectable temperature difference

MDTD

同时考虑红外成像系统与观察者的一个温度差分辨能力的综合评价指标。测试要求观察者在限定时间内能从均匀温度的大背景中找出位置未知、温度不同的目标。

注：给定目标尺寸时，MDTD是指观察者检出目标时，目标与其背景之间的最小温度差。标准目标是一个尺寸由观察角确定的圆，目标和背景两者都是等温黑体。

3.15

噪声等效温度差 noise equivalent temperature difference

NETD

热成像系统或扫描器的信噪比为1时,黑体目标与其黑体背景之间的温度差。

3.16

热激励装置 thermal exciting device

在红外检测中,用于对被测物加热以激发被测物内部缺陷的可控制热激励系统,一般由加热装置、能源提供装置和控制装置及软件构成。常见的激励方式有闪光灯、超声、激光、热风、电流或其他形式。

3.17

脉冲热源 pulsed heat source

用于对被测物施加短时间、高能量热激励的装置。

4 红外检测原理和方法的术语

4.1

红外热像法 infrared thermography

采用红外热成像方法,显示被测物体表面辐射亮度的变化(实际温度或发射率引起的变化,或两者共同引起的变化)的方法。

4.2

被动式热像检测 passive thermographic testing

通过探测物体自身辐射亮度分布而进行检测的一种红外热像法。

4.3

主动式热像检测 active thermographic testing

通过探测物体受激励后辐射亮度分布的变化而进行检测的一种红外热像法。

4.4

同侧检测 same-side thermographic testing

在主动式热像检测中,对被测物体的热激励和探测在被测物体的同一侧面进行。

4.5

对面检测 opposite-side thermographic testing

在主动式热像检测中,对被测物体的热激励和探测分别在被测物体检测表面相对的两个侧面进行。

4.6

热波检测 thermal wave testing

利用已知变化温度场在媒介中的传输及其与媒介的相互作用规律,通过控制热激励并测量材料表面的温度场变化,获取材料均匀性信息以及其表面下的结构信息,而达到检测目的的一种红外热像法。

4.7

脉冲热像法 pulsed thermography

利用脉冲热源激励进行检测的一种红外热像法。

4.8

脉冲相位热像法 pulsed phase thermography

对脉冲热像法采集到的热图序列,采用傅里叶变换提取不同频率热波成分的幅值与相位信息,进行图像显示和分析的一种红外热像法。

4.9

振动热像法 vibrothermography

用振动激励进行检测的一种红外热像法。

4.10

超声热像法　ultrasonic thremography

利用超声波激励进行检测的一种红外热像法。

4.11

锁相热像法　lock-in thermography

采用周期性激励和锁相原理对热图序列进行处理的一种红外热像法。

4.12

阶梯热像法　step heating thremography

利用阶梯式热激励进行检测的一种红外热像法。

4.13

背景辐射　background radiation

由红外传感装置接收到的,非被检测表面所发射的全部辐射。

4.14

热图　thermal image;thermogram

将物空间的红外辐射亮度分布转换成灰度或伪彩色的图像。

4.15

热图序列　thermal image sequence

有时序关系的一组热图。

4.16

一阶对数微分　first logarithmic derivative

脉冲热激励前后温度差值的自然对数相对于时间自然对数的变化率。

4.17

二阶对数微分　second order logarithmic derivative

一阶对数微分对于时间自然对数的变化率。

4.18

温度-时间对数曲线　logarithmic temperature-time plot

Y 轴为脉冲热激励前后温度差值的自然对数(Y 轴也可为辐射亮度差值的自然对数),X 轴为时间自然对数的曲线。$t=0$ 是闪光灯触发时刻。

4.19

帧频　frame rate

采集两帧热图的时间间隔的倒数,单位为帧/秒(f/s)。

4.20

热异常区域　thermal abnormal region

检测人员根据对被测物体的材料、结构等的分析,在热图中判定的与预期的辐射亮度分布或变化存在差异的区域。

4.21

宽深比　aspect ratio

缺陷的宽度与深度的比值。

5　检测工艺及操作的术语

5.1

温度标定　temperature calibration

利用黑体参考源对热像仪进行温度标定的过程。

5.2

非均匀校正　nonuniformity correct

NUC

对于焦平面阵列探测器热成像系统，用于补偿探测器单元响应不均匀而进行的校正过程。

5.3

抗反射处理　antireflection process

对被测物体表面所做的，降低其表面红外反射率和提高其表面红外发射率的处理过程。

5.4

采集频率　acquisition frequency

根据被测物体材料的热特性而设定的热成像系统单位时间采集图像的帧数。

5.5

采集时间　acquisition time

根据待测材料的热特性等因素而设定的热成像系统完成一次测试热图序列采集的总时间。

5.6

分区　sectional examination

由于热成像系统视场限制，对大尺寸物体检测时所进行的区域划分。

5.7

分区标记点　matching mark

对大尺寸物体检测时所进行的区域划分的标记。

5.8

热图拼接　thermal images composition

将分区获得的热图拼接在一起的过程。

中 文 索 引

英 文 索 引

S

T

U

V

W

ICS 19.100
J 04

中华人民共和国国家标准

GB/T 12605—2008
代替 GB/T 12605—1990

无损检测 金属管道熔化焊环向对接接头射线照相检测方法

Non-destructive testing—Test methods for radiographic testing of circumferential fusion-welded butt joints in metallic pipes and tubes

2008-05-13 发布 2008-11-01 实施

中华人民共和国国家质量监督检验检疫总局
中国国家标准化管理委员会 发布

前　言

本标准代替 GB/T 12605—1990《钢管环缝熔化焊对接接头射线透照工艺和质量分级》。

本标准与 GB/T 12605—1990 相比主要变化如下：

——对射线照相技术等级对指标进行了划定，增加了不同情况下选择射线照相技术等级的规定；

——增加了工业射线胶片系统分类的内容，将胶片分为 T1、T2、T3、T4 四类；

——增加了^{75}Se 射线源应用的规定；

——增加了材料的适用范围，将钢管环缝改为金属管道环向；

——对钢、铜及铜合金、铝及铝合金、钛及钛合金不同厚度的最高管电压图进行了修改；

——增加了镍及镍合金、铜及铜合金制承压设备对接接头射线检测质量分级内容；

——增加了附录 A 射线源最大尺寸 d 的计算方法；

——附录 B 单丝像质计中增加了不同材料的像质计的要求；

——增加了附录 D 管道环向对接接头透照次数确定方法；

——增加了附录 E 小径管椭圆透照一次成像检出范围的近似计算方法。

本标准的附录 B、附录 C 为规范性附录，附录 A 、附录 D、附录 E 为资料性附录。

本标准由中国机械工业联合会提出。

本标准由全国无损检测标准化技术委员会(SAC/TC 56)归口。

本标准起草单位：国网北京电力建设研究院、天津电力建设公司、浙江省火电建设公司、云南电力试验研究院(集团)有限公司电力研究院、山东电力研究院、海门探伤设备联营厂。

本标准主要起草人：包乐庆、严正、张学锋、吴章勤、肖世荣、郑世才、武英利、何正兵。

本标准所代替标准的历次版本发布情况为：

——GB/T 12605—1990。

无损检测　金属管道熔化焊环向对接接头射线照相检测方法

1　范围

本标准规定了金属管道熔化焊环向对接接头射线照相检测方法及质量评定分级。

本标准适用于壁厚为(2～175) mm的金属管子及管道的环向对接接头。对焊制管件(三通、弯头)、焊管(纵缝、螺旋缝)焊接接头也可参照使用。

本标准不适用于摩擦焊、闪光焊等机械方法施焊的对接接头。

2　规范性引用文件

下列文件中的条款通过本标准的引用而成为本标准的条款。凡是注日期的引用文件，其随后所有的修改单(不包括勘误的内容)或修订版均不适用于本标准，然而，鼓励根据本标准达成协议的各方研究是否可使用这些文件的最新版本。凡是不注日期的引用文件，其最新版本适用于本标准。

GB/T 9445　无损检测　人员资格鉴定与认证(GB/T 9445—2008,ISO 9712:2005,IDT)

GB 11533—1989　标准对数视力表

GB/T 12604.2　无损检测　术语　射线照相检测(GB/T 12604.2—2005,ISO 5576:1997,IDT)

GB 18871—2002　电离辐射防护与辐射源安全基本标准(neq　IAEA　安全系列)

GB/T 19348.1—2003　无损检测　工业射线照相胶片　第1部分:工业射线照相胶片系统的分类(ISO 11699-1:1998,IDT)

GBZ 98—2002　放射工作人员健康标准

GBZ 117—2002　工业X射线探伤卫生防护标准

GBZ 132—2002　工业γ射线探伤卫生防护标准

JB/T 7902—2006　无损检测　射线照相检测用线型像质计

3　术语和定义

GB/T 12604.2确立的以及下列术语和定义适用于本标准。

3.1

公称厚度　nominal thickness

T

指母材的公称壁厚。不考虑制造偏差。

3.2

透照厚度　penetrated thickness

W

以公称厚度为基础算出的射线(透照)方向上材料的厚度。

3.3

工件至胶片距离　object-to-film distance

b

射线方向上被检工件射线源一侧至胶片表面之间的距离。

3.4

源尺寸　source size

d

射线源的尺寸。

3.5

源至胶片距离　source-to-film distance

F

射线方向上射线源至胶片之间的距离。

3.6

源至工件距离　source-to-object distance

f

射线方向上射线源至射线源一侧的被检工件之间的距离。

3.7

直径　diameter

D_0

管子或管道的公称外径。

3.8

小径管　small diameter tube

D_0 小于或等于 100 mm 的管子。

3.9

透照厚度比　ratio of max and min penetrated thickness

K

一次透照长度范围内,射线束穿过母材的最大厚度与最小厚度之比。

4　射线检测人员

4.1　射线检测人员应按 GB/T 9445 或其他相关标准进行相应工业门类及级别的培训、考核,并持有相应考核机构颁发的与其级别相适应的资格证书。

4.2　射线检测人员上岗前应进行辐射安全知识的培训,并取得放射工作人员证。

4.3　射线检测人员应按 GBZ 98—2002 的规定进行身体检查,并符合要求。

4.4　从事评片的人员必须具有中、高级资格证书,其校正视力不低于 5.0,测试方法应符合 GB 11533 的规定。

5　辐射防护

5.1　放射卫生防护应符合 GB 18871—2002、GBZ 117—2002 和 GBZ 132—2002 的有关规定。

5.2　现场进行 X 射线检测时,应按 GBZ 117—2002 的规定划定控制区和管理区、设置警告标志。

5.3　现场进行 γ 射线检测时,应按 GBZ 132—2002 的规定划定控制区和监督区、设置警告标志。检测作业时,应围绕控制区边界测定辐射水平。

5.4　现场检测时,检测工作人员应佩带个人剂量计,并携带剂量报警仪。

6　透照工艺

6.1　射线透照工艺分级

6.1.1　本标准的射线检测技术分为两级:A 级——中灵敏度技术;B 级——高灵敏度技术。

6.1.2　射线检测技术等级选择应符合制造、安装、检修等有关标准及设计图样规定。金属管道对接接头的射线检测，一般采用A级技术进行检测。有较高或特殊要求时，可采用B级技术进行检测。

6.1.3 由于结构、环境条件、射线设备等方面限制，检测的某些条件不能满足A级(或B级)射线检测技术的要求时，经合同双方协商，在采取有效补偿措施(例如选用更高类别的胶片)的前提下，若底片的像质计灵敏度达到了A级(或B级)射线检测技术的规定，则可认为按A级(或B级)射线检测技术进行了检测。

6.2 表面要求和射线检测时机

6.2.1 在射线检测之前，对接接头的表面质量应经外观检查合格。表面的不规则状态在底片上的图像应不掩盖焊缝中的缺欠或与之相混淆，否则应做适当的修整。

6.2.2 除非另有规定，射线检测应在焊接全部完成后进行。对有延迟裂纹倾向的材料，至少应在焊接全部完成后24 h再进行射线检测；对有再热裂纹倾向的材料应在热处理后进行或增加一次检测。

6.3 透照方式

6.3.1 内透法

6.3.1.1 中心全周透照法

射线源置于管道的中心，胶片放置在管道环缝外表面上，并与之贴紧(见图1)。

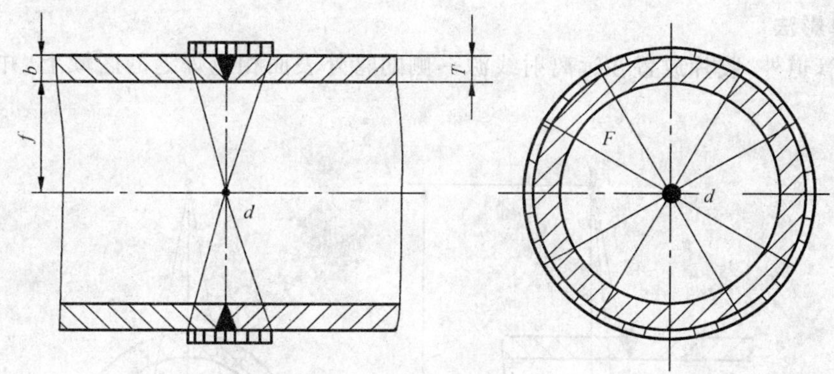

图1 中心全周透照法

6.3.1.2 偏心透照法

射线源置于管道中心以外的位置上，胶片放置在管道外表面相应环缝的区域上，并与之贴紧(见图2)。

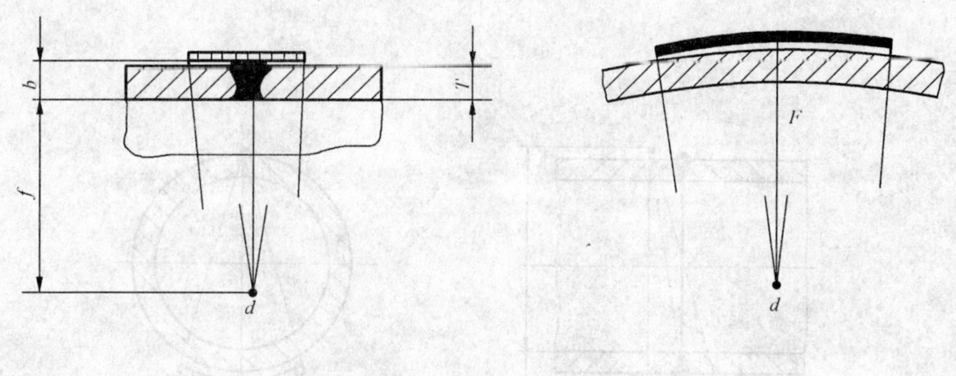

图2 偏心透照法

6.3.2 外透法

6.3.2.1 单壁外透法

射线源置于管道外，胶片放置在离射线源最近一侧管内壁相应焊缝的区域上，并与焊缝贴紧(见图3)。

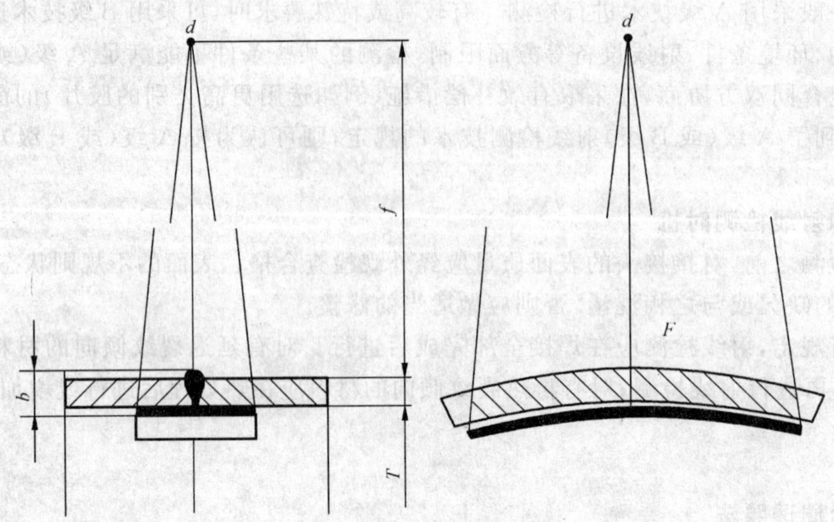

图3 单壁外透法

6.3.2.2 双壁单影法

射线源置于管道外，胶片放置在远离射线源一侧的管外表面相应焊缝的区域上，并与焊缝贴紧（见图4）。

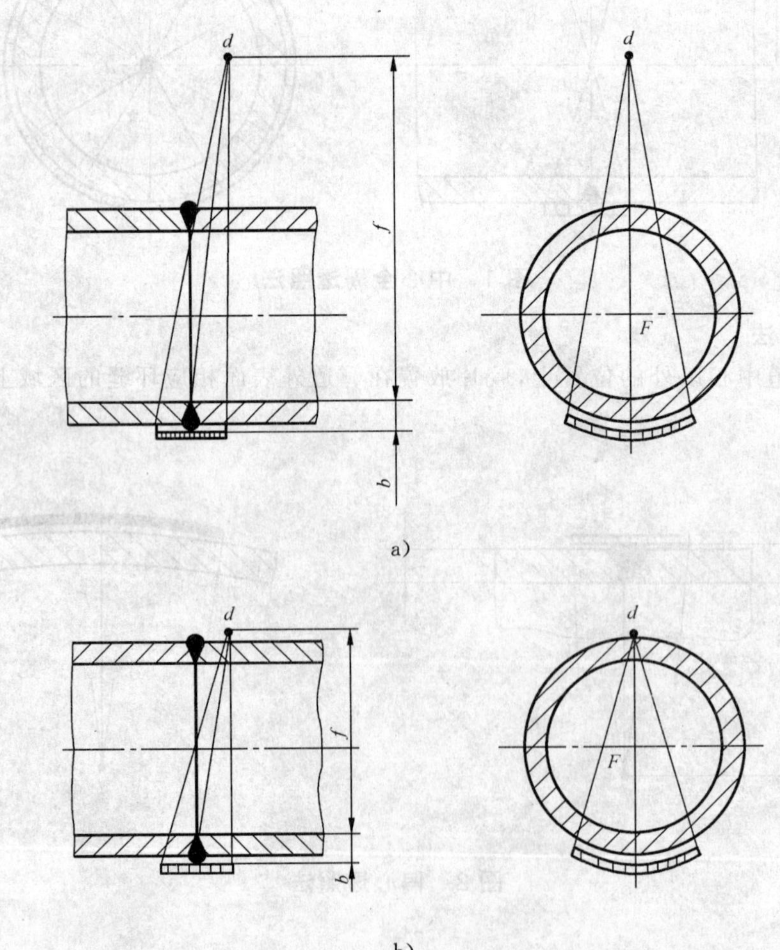

图4 双壁单影法

6.3.2.3 双壁双影法

6.3.2.3.1 椭圆成像

射线源置于管道外，且使射线的透照方向与环形焊缝平面成适当的夹角，使上下两焊缝在底片上的影象呈椭圆形显示，胶片放置在远离射线源一侧的管道外表面相应焊缝的区域上，并与焊缝贴紧[见图5a)]。

6.3.2.3.2 重叠成像

射线源置于管道外，使射线垂直于焊缝，胶片放置在远离射线源一侧的管道外表面相应焊缝的区域上，并与焊缝贴紧[见图5b)]。

6.3.2.3.3 小径管双壁双影透照

小径管采用双壁双影透照，当同时满足下列两条件时可采用椭圆成像方法透照：

a) T(壁厚)≤8 mm；

b) g(焊缝宽度)≤$D_0/4$。

采用椭圆成像时，应控制影像的开口宽度(上下焊缝投影最大间距)在一倍焊缝宽度左右。

不满足上述条件、椭圆成像有困难及对检查根部未焊透有特别要求时应采用垂直透照方式重叠成像。

a) 椭圆成像

b) 重叠成像

图5 双壁双影法

6.4 透照方式的选择

6.4.1 应根据焊接接头的特点和技术条件的要求选择适宜的透照方式。在可以实施的情况下应选用单壁透照方式，在单壁透照不能实施时才允许采用双壁透照方式。透照时射线束中心一般应垂直指向透照区中心,需要时也可选用有利于发现缺欠的方向透照。

6.4.2　为提高横向裂纹检出率,应优先采用中心全周透照法。

6.5　100%透照时最少曝光次数

6.5.1　双壁单影法的最少曝光次数

技术等级为A级时:射线源至管道外表面的距离,当小于或等于15 mm时,至少分3段透照;当大于15 mm时,至少分4段透照。

技术等级为B级时:分段透照的次数应控制透照厚度比$K \leqslant 1.1$。

整条环向对接接头所需的透照次数可参照附录D的曲线图确定。

6.5.2　单壁透照法(不含中心全周透照法)的最少曝光次数

技术等级为A级时:分段透照的次数应控制透照厚度比$K \leqslant 1.2$。

技术等级为B级时:分段透照的次数应控制透照厚度比$K \leqslant 1.1$。

整条环向对接接头所需的透照次数可参照附录D的曲线图确定。

6.5.3　小径管采用双壁双影法的最少曝光次数

技术等级选取A级时:对76 mm$< D_0 \leqslant$100 mm的管子,至少分2次透照,偏转的透照角度一般应为90°。对$D_0 \leqslant$76 mm的管子,允许一次透照成像。

技术等级选取B级时:当$T/D_0 \leqslant 0.12$时,相隔90°透照2次。当$T/D_0 > 0.12$时,相隔120°或60°透照3次。垂直透照重叠成像时,一般应相隔120°或60°透照3次。

6.6　射线胶片和增感屏

6.6.1　胶片系统按照GB/T 19348.1—2003分为四类,即T1、T2、T3和T4类。T1为最高类别,T4为最低类别。胶片系统的特性指标见表1。胶片制造商应对所生产的胶片进行系统性能测试并提供类别和参数。胶片的本底灰雾度应不大于0.3。

6.6.2　射线照相一般选用金属增感屏或不用增感屏。

6.6.3　胶片和增感屏的选用应符合表2、表3的规定。

表1　胶片系统的主要特性指标

胶片系统类别	梯度最小值 G_{min}		颗粒度最大值 σ_{max}	(梯度/颗粒度)最小值 $(G/\sigma_D)_{min}$
	D=2.0	D=4.0	D=2.0	D=2.0
T1	4.3	7.4	0.018	270
T2	4.1	6.8	0.028	150
T3	3.8	6.4	0.032	120
T4	3.5	5.0	0.039	100

表2　钢、铜和镍基合金射线照相所适用的胶片系统和金属增感屏

射线种类	透照厚度 W/mm	胶片系统类别[a]		金属增感屏类别和厚度/mm	
		A级	B级	A级	B级
X射线≤100 kV	—	T3	T2	不用屏或用铅屏(前后)≤0.03	
X射线>100 kV～150 kV				铅屏(前后)≤0.15	
X射线>100 kV～250 kV			T2	铅屏(前后)0.02～0.15	
^{169}Yb	W<5	T3	T2	铅屏(前后)≤0.03,或不用屏	
^{170}Tm	W≥5		T2	铅屏(前后)0.02～0.15	
X射线>250 kV～500 kV	W≤50	T3	T2	铅屏(前后)0.02～0.2	
	W>50		T3	前铅屏0.1～0.2[b],后铅屏0.02～0.2	

表 2（续）

射线种类	透照厚度 W/mm	胶片系统类别[a]		金属增感屏类别和厚度/mm	
		A 级	B 级	A 级	B 级
^{75}Se	—	T3	T2	铅屏(前后)0.1～0.2	
^{192}Ir	—	T3	T2	前铅屏 0.02～0.2	前铅屏 0.1～0.2[b]
				后铅屏 0.02～0.2	
^{60}Co	W≤100	T3	T2	钢或铜屏(前后)0.25～0.7[c]	
	W>100		T3		
X 射线 1 MeV～4 MeV	W≤100	T3	T2	钢或铜屏(前后)0.25～0.7[c]	
	W>100		T3		
X 射线>4 MeV～12 MeV	W≤100	T2	T2	铜、钢或钽前屏≤1[d]	
	W>100	T3			
X 射线>12 MeV	W≤100	T2	—	钽前屏≤1[e],钽后屏不用	
	W>100	T3	T2		

a 也可使用更好的胶片系统类别。

b 只要在管道与胶片之间加 0.1 mm 附加铅屏,就可使用前屏≤0.03 mm 的真空包装胶片。

c A 级也可使用 0.5 mm～2 mm 铅屏。

d 经合同各方商定,A 级可使用 0.5 mm～1 mm 铅屏。

e 经合同各方商定可使用钨屏。

表 3　铝和钛射线照相所适用的胶片系统类别和金属增感屏

射线种类	胶片系统类别[a]		金属增感屏类别和厚度/mm
	A 级	B 级	
X 射线≤150 kV	T3	T2	不用屏或铅前屏≤0.03,后屏≤0.15
X 射线>150 kV～250 kV			铅屏(前后)0.02～0.15
X 射线>250 kV～500 kV			铅屏(前后)0.1～0.2
^{169}Yb			铅屏(前后)0.02～0.15
^{75}Se			铅前屏 0.2[b],后屏 0.1～0.2

a 也可使用更好的胶片系统类别。

b 可用 0.1 mm 铅屏附加 0.1 mm 滤光板取代 0.2 mm 铅屏。

6.7　射线能量和曝光量

6.7.1　射线能量的选择取决于透照管道的材料种类、透照方式和透照厚度(W)。通常,随着射线能量的降低,透照图像的对比度将增加。因此,在保证穿透力和检测范围的前提下,应尽量采用较低的射线能量。

6.7.2　X 射线的能量选择。使用管电压为 400 kV 以下的 X 射线透照对接接头时,应根据透照厚度(W)选取管电压值,一般不应超过图 6 的规定。对某些被检区内厚度变化较大的管道透照时,可使用稍高于图 6 所示的管电压。钢最大允许提高 50 kV;钛最大允许提高 40 kV;铝最大允许提高 30 kV。

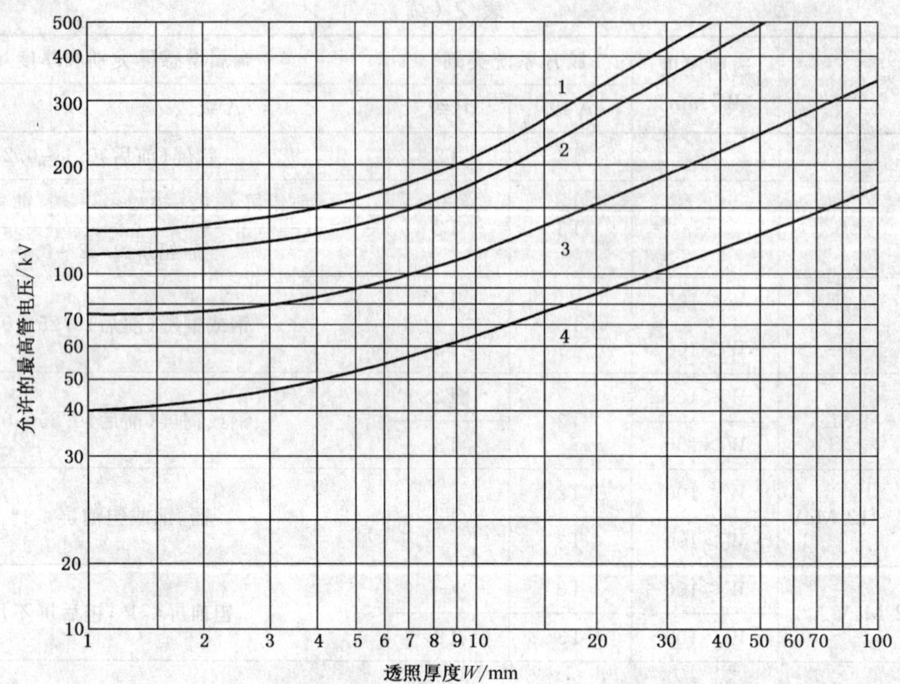

1——铜及铜合金；

2——钢；

3——钛及钛合金；

4——铝及铝合金。

图6 钢等金属材料采用X射线透照时允许采用的最大管电压

6.7.3 γ射线源和高能X射线的选择。不同种类的γ射线源和高能X射线对钢、铜和镍基合金材料所适用的透照厚度范围见表4。对于透照厚度差较大的管道，当透照厚度(W)大于或等于10 mm时，采用适宜的γ射线源透照，可获得较大的检测范围。

表4 不同种类的γ射线源和高能X射线对钢、铜、和镍基合金材料所适用的透照厚度范围

射线源名称	透照厚度 W/mm	
	A级	B级
^{170}Tm	$W\leqslant5$	$W\leqslant5$
^{169}Yb [a]	$1\leqslant W\leqslant15$	$2\leqslant W\leqslant12$
^{75}Se [b]	$10\leqslant W\leqslant40$	$14\leqslant W\leqslant40$
^{192}Ir	$20\leqslant W\leqslant100$	$20\leqslant W\leqslant90$
^{60}Co	$40\leqslant W\leqslant200$	$60\leqslant W\leqslant150$
X射线(1 MeV～4 MeV)	$30\leqslant W\leqslant200$	$50\leqslant W\leqslant180$
X射线(>4 MeV～12 MeV)	$\geqslant50$	$\geqslant80$
X射线(>12 MeV)	$\geqslant80$	$\geqslant100$

[a] 铝和钛的透照厚度为：A级时，$10\leqslant W\leqslant70$；B级时，$25\leqslant W\leqslant55$。

[b] 铝和钛的透照厚度为：A级时，$35\leqslant W\leqslant120$。

6.7.4 小径管透照时，电压选取应按公式(1)计算X射线穿透厚度，并按此选取透照电压。

$$W=0.8\times\sqrt{(D_0-T)\times T}+T \quad \cdots\cdots\cdots\cdots(1)$$

6.7.5 采用X射线照相，当焦距为700 mm时，曝光量的推荐值为不小于15 mA·min。当焦距改变时可按平方反比定律对曝光量的推荐值进行换算。

6.7.6 采用γ射线源透照时，总的曝光时间应不少于输送源往返所需时间的10倍。

6.7.7 小径管对接焊接接头由于结构原因(如有鳍片的管排)只能采用椭圆成像或重叠成像方式透照一次,应选择较高管电压,曝光量宜控制在 7.5 mA·min 以内,管子内壁轮廓应清晰地显现在底片上。

6.8 透照厚度

透照厚度 W 应根据透照方法,按表 5 确定。

表 5 透照厚度的确定

透照方法			透照厚度 W
外透法	单壁透照法		T
	双壁单影法		$2T/\cos\theta$ [a]
	双壁双影法多次透照	椭圆成像	$2T/\cos\theta$
		重叠成像	$2T$
内透法	中心全周透照法		T
	偏心透照法		T

[a] θ 为透射角。

6.9 透照的几何条件

6.9.1 f 应满足下述要求:

$$A\text{ 级}: f \geqslant 10d \cdot b^{2/3}$$

$$B\text{ 级}: f \geqslant 15d \cdot b^{2/3}$$

式中:

d——源尺寸中的最大尺寸,最大尺寸计算方法见附录 A。

射线源至管道表面的最小距离 f 也可从诺模图中直接查得。

A 级确定源至管道表面距离 f 最小值的诺模图见图 7。

B 级确定源至管道表面距离 f 最小值的诺模图见图 8。

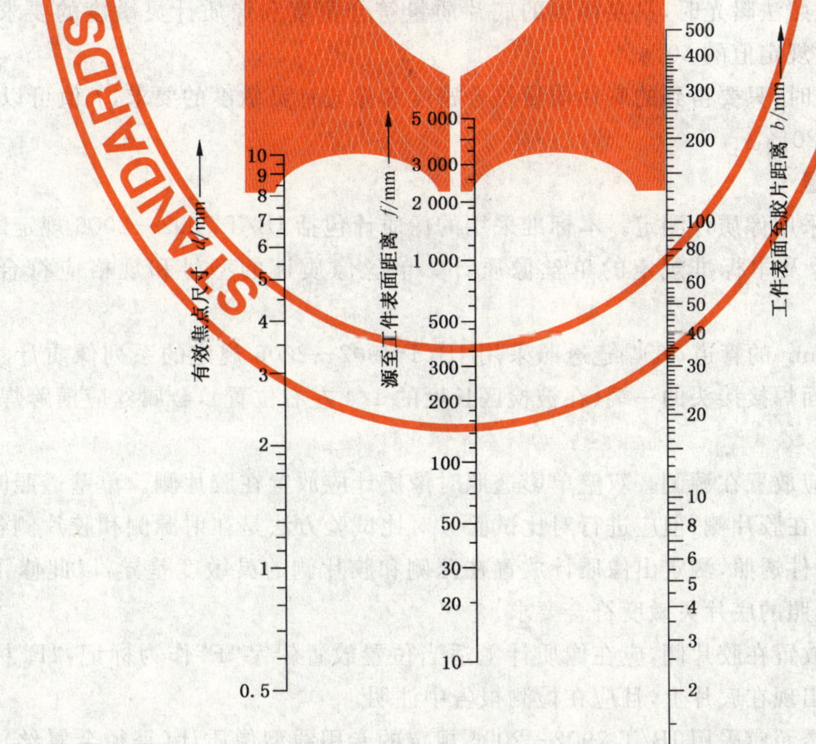

图 7 A 级确定 f 最小值的诺模图

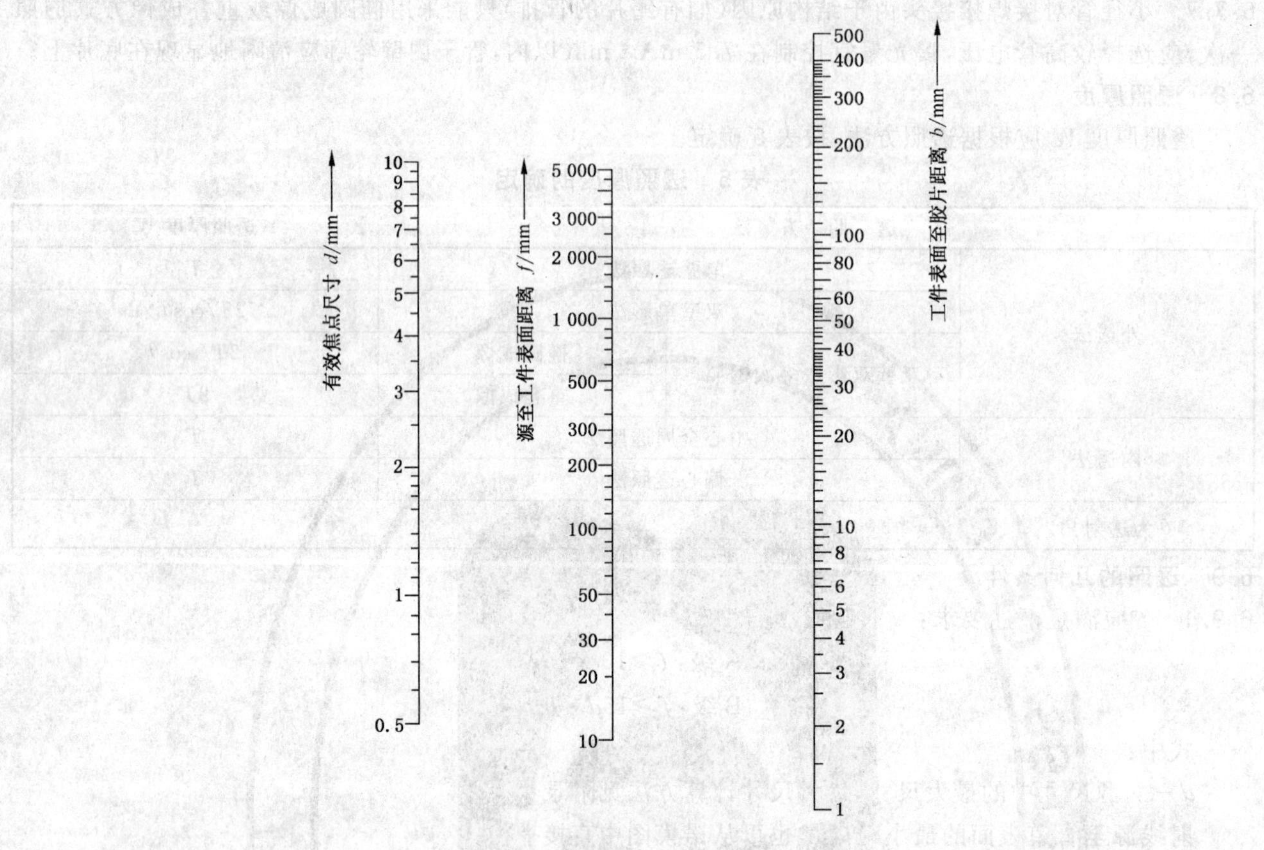

图 8 B级确定 f 最小值的诺模图

6.9.2 采用中心全周透照法曝光时，只要得到的底片质量符合密度和像质计灵敏度的要求，f 值可以减小，但减小值不应超过规定值的 50%。

6.9.3 采用偏心透照法时，只要得到的底片质量符合密度和像质计灵敏度的要求，f 值可以减小，但减小值不应超过规定值的 20%。

6.10 像质计及放置位置

6.10.1 底片影像质量采用像质计测定。本标准采用的像质计包括 JB/T 7902—2006 规定的系列线型像质计、专用线型像质计及本标准规定的单丝像质计。单丝像质计的型号和规格应符合附录 B 的规定。

6.10.2 外径大于 100 mm 的管道，其焊缝透照采用 JB/T 7902—2006 规定的系列像质计。像质计一般应放置在管道源侧表面焊接接头的一端（在被检区长度的 1/4 左右位置），金属丝应横跨焊缝，细丝置于外侧。

单壁透照时像质计应放置在源侧。双壁单影透照时像质计应放置在胶片侧。单壁透照时像质计无法放置在源侧，允许放置在胶片侧，但应进行对比试验。对比试验方法是在射源侧和胶片侧各放一个像质计，用与管道相同的条件透照，测定出像质计放置在源侧和胶片侧的灵敏度差异，以此修正应识别像质计丝号，以保证实际透照的底片灵敏度符合要求。

单壁透照时像质计放置在胶片侧，应在像质计上适当位置放置铅字“F”作为标记，“F”标记的影像应与像质计的标记同时出现在底片上，且应在检测报告中注明。

6.10.3 小径管的焊缝透照应采用 JB/T 7902—2006 规定的专用线型像质计（等径金属丝），放置于源侧管表面，金属丝应横跨焊缝放置。

6.10.4 外径小于和等于 76 mm 的小径管，当采用一次椭圆透照成像时，应采用单丝像质计评定底片的有效检测范围及底片质量。单丝像质计应紧贴焊缝边缘，围绕管子全周。有效检测范围的测量及计算方法见附录E。

6.10.5 原则上每张底片上都应有像质计的影像。当一次曝光完成多张胶片照相时，使用的像质计数量允许减少但应符合以下要求：

a) 采用源置于中心全周曝光时，至少在圆周上等间隔地放置4个像质计。

b) 一次曝光连续排列的多个小径管焊接接头时，至少在每张胶片上放置一个像质计，且像质计应放置在射线透照区一侧最边缘的焊接接头上。

6.10.6 像质计灵敏度应根据公称厚度、透照厚度和透照方式等确定(见表6)。

表6 各种透照方式应达到的像质计灵敏度

应识别丝号和线径		单壁透照 像质计置于源侧		双壁双影透照 像质计置于源侧		双壁(单、双)影透照 像质计置于胶片侧	
丝号	线径 mm	公称厚度 T mm		透照厚度 W mm		透照厚度 W mm	
		A级	B级	A级	B级	A级	B级
19	0.050	—	—	—	—	—	—
18	0.063	—	≤2.5	—	≤2.5	—	≤2.5
17	0.080	≤2.0	>2.5~4.0	≤2.0	>2.5~4.0	≤2.0	>2.5~4.0
16	0.100	>2.0~3.5	>4.0~6.0	>2.0~3.5	>4.0~6.0	>2.0~3.5	>4.0~6.0
15	0.125	>3.5~5.0	>6.0~8.0	>3.5~5.0	>6.0~8.0	>3.5~5.0	>6.0~12
14	0.160	>5.0~7.0	>8.0~12	>5.0~7.0	>8.0~15	>5.0~10	>12~18
13	0.20	>7.0~10	>12~20	>7.0~12	>15~25	>10~15	>18~30
12	0.25	>10~15	>20~30	>12~18	>25~38	>15~22	>30~45
11	0.32	>15~25	>30~35	>18~30	>38~45	>22~38	>45~55
10	0.40	>25~32	>35~45	>30~40	>45~55	>38~48	>55~70
9	0.50	>32~40	>45~65	>40~50	>55~70	>48~60	>70~100
8	0.63	>40~55	>65~120	>50~60	>70~100	>60~85	>100~175
7	0.80	>55~85	>120~175	>60~85	>100~170	>85~125	—
6	1.00	>85~150	—	>85~120	>170~175	>125~175	—
5	1.25	>150~175	—	>120~175	—	—	—

6.11 深度对比试块

为测定对接接头的未焊透和内凹、内咬边等的深度，小径管应采用附录C规定的Ⅰ型深度对比试块；当管子外径大于100 mm时，应采用附录C规定的Ⅱ型深度对比试块。对比试块应平行于焊缝放置，且距焊缝边缘大于或等于5 mm。

6.12 标记

6.12.1 透照部位的标记由识别标记和定位标记组成。标记一般由适当尺寸的铅(或其他适宜的重金属)制数字、字母、汉字和符号等构成。

6.12.2 识别标记一般包括：产品编号、对接接头编号、部位编号和透照日期。返修后的透照还应有返修标记，返修标记用R1、R2……，其中1、2……表示返修次数。

6.12.3 定位标记一般包括中心标记和搭接标记。中心标记指示透照部位区段的中心位置和分段编号的方向，一般用十字箭头“↑→”表示。搭接标记是连续检测时的透照分段标记，可用符号“↑”或其他能显示搭接情况的方法表示。

6.12.4 管道表面一般应做出永久保留的标记，以作为对每张底片位置对照的依据。通常采用钢印在管道上做出永久标记，如不适合打钢印时，可用准确的草图作标记。

6.12.5 标记一般应放置在距焊缝边缘大于或等于 5 mm 的部位，所有标记的影像不应重叠，且不应干扰有效评定范围内的影像。

6.13 防散射线措施

6.13.1 暗盒后面应放置厚度为 2 mm～3 mm 的铅板，以消除背散射线对像质的影响。对初次制定的检测工艺，或使用中检测工艺的条件、环境发生改变时，应进行背散射防护检查。检查背散射防护的方法是：在暗盒背面贴附“B”铅字标记，一般“B”铅字的高度为 13 mm、厚度为 1.6 mm，按检测工艺的规定进行透照和暗室处理。若在底片上出现密度低于周围背景密度的“B”字影像，则说明背散射防护不够，应增大背散射防护铅板的厚度。若底片上不出现“B”字影像或出现密度高于周围背景密度的“B”字影像，则说明背散射防护符合要求。

6.13.2 采用双壁双影法透照小径管焊缝时，应采用金属增感屏、铅板、滤波板、准直器等适当措施，屏蔽散射线和无用射线，提高成像质量。

6.13.3 当透照成排管子时，如因管子间散射线影响大，宜在管子间用铅板或其他高密度材料来屏蔽散射线。

7 底片质量和观察

7.1 底片质量

7.1.1 概述

底片质量是透照工艺及胶片质量的综合反映，是评定焊接质量的依据，不符合下述要求的底片均应视为废片，不得作为质量评定的依据。

7.1.2 像质计灵敏度

底片密度均匀部位(一般是邻近对接接头的母材金属区)能够清晰地看到长度不小于 10 mm 的连续金属丝影像时，则认为该丝是可识别的。专用线型像质计至少应能识别两根金属丝。底片上须显示出表 6 对应的像质计丝号。

7.1.3 标记

底片应清晰地显示出定位标记、识别标记等标记，位置正确且不掩盖被检对接接头影像。

7.1.4 伪缺欠

底片有效评定区域内不应有因胶片处理不当引起的伪缺欠影像或其他妨碍评定的伪缺欠影像。

7.1.5 底片密度

底片有效评定范围内的密度应至少符合下列规定：

a) A 级：$2.0 \leqslant D \leqslant 4.0$；

b) B 级：$2.3 \leqslant D \leqslant 4.0$。

用 X 射线透照小径管或其他截面厚度变化大的工件时，A 级最低密度允许降至 1.5；B 级最低密度可降至 2.0。

采用多胶片方法时，单片观察的密度应符合以上要求。双片叠加观察时，单片的密度应不低于 1.3。

如所使用的观片灯亮度能够满足要求，底片的密度 D 允许大于 4.0。

7.1.6 对小径管底片的特别要求

$D_0 \leqslant 76$ mm 的小径管进行 A 级检测采用一次透照时，应采取适当措施，使得检出范围达到 60%。

检出范围的近似计算方法见附录E。底片上应能清晰显示管子的内壁轮廓。

7.2 评片

7.2.1 评片应在专用评片室内进行。评片室内的光线应暗淡，室内照明用光不得在底片表面产生反射。

7.2.2 评片人员在评片前应经历一定的暗适应时间。从阳光下进入评片的暗适应时间一般为5 min～10 min；从一般的室内进入评片的暗适应时间应不少于30 s。

7.2.3 评片时，底片评定范围内的亮度应符合下列规定：

a) 当底片评定范围内的密度 $D \leqslant 2.5$ 时，透过底片评定范围内的亮度应不低于 30 cd/m^2。

b) 当底片评定范围内的密度 $D > 2.5$ 时，透过底片评定范围内的亮度应不低于 10 cd/m^2。

7.2.4 评片时允许用放大倍数小于或等于5的放大镜辅助观察底片的局部细微部分。

8 质量分级

8.1 质量分级的一般规定

8.1.1 根据焊接缺欠类型、尺寸和数量，将焊接接头质量分为四个等级。

8.1.2 长宽比小于或等于3的缺欠（包括气孔、夹杂物、夹渣、夹钨）定义为圆形缺欠。它们可以是圆形、椭圆形或其他不规则的形状。尺寸测量时应以缺欠最长部位为准。

8.1.3 长宽比大于3的缺欠定义为条形缺欠。包括气孔、夹杂物、夹渣和夹钨。

8.1.4 圆形缺欠用评定区进行评定，评定区长边应与对接接头方向平行且应置于缺欠最严重或集中处，评定区尺寸的选定应根据母材公称厚度确定。

8.1.5 当缺欠在评定区边界线上时，应把它划为该评定区内计算点数。

8.2 钢、镍、铜制管道环向对接接头射线检测质量分级

8.2.1 裂缝、未熔合缺欠的评级

Ⅰ、Ⅱ、Ⅲ级对接接头内应无裂纹、未熔合。对接接头内有裂纹、未熔合评为Ⅳ级。

8.2.2 圆形缺欠的评级

8.2.2.1 评定区应符合表7的规定。

表7 缺欠评定区

母材公称厚度 T/mm	≤25	>25～100	>100
评定区/(mm×mm)	10×10	10×20	10×30

8.2.2.2 评定时需把圆形缺欠尺寸换算成点数，并应符合表8的规定。

表8 缺欠点数换算表

缺欠长径/mm	≤1	>1～2	>2～3	>3～4	>4～6	>6～8	>8
缺欠点数	1	2	3	6	10	15	25

8.2.2.3 评定时不计点数的缺欠尺寸应根据母材公称厚度确定，并符合表9的规定。

表9 不计点数的缺欠尺寸

母材公称厚度 T/mm	缺欠长径/mm
$T \leqslant 25$	≤0.5
$25 < T \leqslant 50$	≤0.7
$T > 50$	≤1.4%T

8.2.3 评定级别

圆形缺欠的对接接头质量分级应根据母材公称厚度和评定区尺寸确定，各级允许点数的上限值符合表10的规定。

表 10　圆形缺欠允许点数的上限值

质量级别	评定区/(mm×mm)					
	10×10			10×20		10×30
	母材公称厚度					
	≤10	>10～15	>15～25	>25～50	>50～100	>100
Ⅰ	1	2	3	4	5	6
Ⅱ	3	6	9	12	15	18
Ⅲ	6	12	18	24	30	36
Ⅳ	缺欠点数大于Ⅲ级者，单个缺欠长径大于 $1/2T$ 者					

8.2.4　条形缺欠的评级

条形缺欠的对接接头质量分级应符合表 11 的规定。

表 11　条形缺欠的分级

单位为毫米

质量级别	母材厚度	条形缺欠长度	
		单个缺欠	断续缺欠
Ⅰ		0	0
Ⅱ	$T\leqslant 12$	4	在任意直线上，相邻两缺欠间距均不超过 $6L$ 的任何一组缺欠，其累计长度在 $12T$ 对接接头长度内不超过 T
	$12<T<60$	$1/3T$	
	$T\geqslant 60$	20	
Ⅲ	$T\leqslant 9$	6	在任意直线上，相邻两缺欠间距均不超过 $3L$ 的任何一组缺欠，其累计长度在 $6T$ 对接接头长度内不超过 T
	$9<T<45$	$2/3T$	
	$T\geqslant 45$	30	
Ⅳ	大于Ⅲ级者		

注 1：表中 L 为该组条形缺欠最长者的长度，T 为母材公称厚度。

注 2：当被检对接接头长度小于 $12T$（Ⅱ级）或 $6T$（Ⅲ级）时，可按被检对接接头长度与 $12T$（Ⅱ级）或 $6T$（Ⅲ级）的比例折算出被检对接接头长度内条形缺欠的允许值。当折算的条形缺欠总长度小于单个条形缺欠长度时，以单个条形缺欠长度为允许值。

注 3：当两个或两个以上条形缺欠在任意直线上且相邻间距小于或等于较小条形缺欠尺寸时，应作为单个连续条形缺欠处理，其间距也应计入条形缺欠长度，否则应分别评定。任意直线是指与对接接头方向平行的、具有一定宽度的矩形区，$T\leqslant 25$ mm，宽度为 4 mm；25 mm$<T\leqslant 100$ mm，宽度为 6 mm；$T>100$ mm，宽度为 8 mm。

8.2.5　未焊透的评级

8.2.5.1　公称外径 $D_0>100$ mm 的管子，未焊透的对接接头质量分级应符合表 12 的规定。

表 12　未焊透的分级

单位为毫米

质量级别	未焊透深度		未焊透长度	
	占壁厚百分比/%	极限深度	单个未焊透	断续未焊透
Ⅰ	0	0	0	0
Ⅱ	≤10	≤1.5	$T\leqslant 12$ 时，不大于 4； $12<T<36$ 时，不大于 $1/3T$； $T\geqslant 36$ 时，不大于 12	在任意直线上，相邻两缺欠间距均不超过 $6L$ 的任何一组缺欠，其累计长度在 $12T$ 对接接头长度内不超过 T

表 12（续） 单位为毫米

<table>
<tr><th rowspan="2">质量级别</th><th colspan="2">未焊透深度</th><th colspan="2">未焊透长度</th></tr>
<tr><th>占壁厚百分比/%</th><th>极限深度</th><th>单个未焊透</th><th>断续未焊透</th></tr>
<tr><td>Ⅲ</td><td>≤15</td><td>≤2.0</td><td>T≤9 时，不大于 6；
9<T<30 时，不大于 2/3T；
T≥30 时，不大于 20</td><td>在任意直线上，相邻两缺欠间距均不超过 3L 的任何一组缺欠，其累计长度在 6T 对接接头长度内不超过 T</td></tr>
<tr><td>Ⅳ</td><td colspan="4">大于Ⅲ级者</td></tr>
<tr><td colspan="5">注 1：表中 L 为断续未焊透中最长者的长度，T 为管壁厚度。
注 2：同一对接接头质量级别中，未焊透深度中占壁厚的百分比和极限深度两个条件须同时满足。未焊透深度的评定用同一底片上深度对比块的影像进行比对。
注 3：当两个或两个以上未焊透在任意直线上且相邻间距小于或等于较小未焊透长度尺寸时，应作为单个未焊透处理，其间距也应计入未焊透长度，否则应分别评定。
注 4：当被检对接接头长度小于 12T（Ⅱ级）或 6T（Ⅲ级）时，可按被检对接接头长度与 12T（Ⅱ级）或 6T（Ⅲ级）的比例折算出被检对接接头长度内未焊透缺欠允许值。当折算的未焊透缺欠总长度小于单个（连续）未焊透缺欠长度时，以单个（连续）未焊透缺欠长度为允许值。
注 5：采用氩弧焊打底的对接接头不允许有根部未焊透缺欠。</td></tr>
</table>

8.2.5.2 公称外径 D_0≤100 mm 的管子，未焊透的对接接头质量分级应符合表 13 的规定。

表 13 未焊透的分级

<table>
<tr><th rowspan="2">质量级别</th><th colspan="2">未焊透深度</th><th rowspan="2">连续或一直线上断续未焊透总长占对接接头周长的百分比/%</th></tr>
<tr><th>占壁厚百分比/%</th><th>极限深度/mm</th></tr>
<tr><td>Ⅰ</td><td>0</td><td>0</td><td>0</td></tr>
<tr><td>Ⅱ</td><td>≤10</td><td>≤1.5</td><td>≤10</td></tr>
<tr><td>Ⅲ</td><td>≤15</td><td>≤2.0</td><td>≤15</td></tr>
<tr><td>Ⅳ</td><td colspan="3">大于Ⅲ级者</td></tr>
<tr><td colspan="4">注 1：同一对接接头质量级别中，未焊透深度中占壁厚的百分比和极限深度两个条件须同时满足。未焊透深度的评定用同一底片上深度对比块的影像进行比对。
注 2：当两个或两个以上未焊透在任意直线上且相邻间距小于或等于较小未焊透长度尺寸时，应作为单个未焊透处理，其间距也应计入未焊透长度，否则应分别评定。
注 3：采用氩弧焊打底的对接接头不允许有根部未焊透缺欠。</td></tr>
</table>

8.2.6 根部内凹的评级

管子对接接头根部内凹缺欠的质最分级应符合表 14 的规定。

表 14 对接接头根部内凹分级

<table>
<tr><th rowspan="2">质量级别</th><th colspan="2">内凹深度</th><th rowspan="2">内凹总长占对接接头总长的百分比/%</th></tr>
<tr><th>占壁厚百分比/%</th><th>极限深度/mm</th></tr>
<tr><td>Ⅰ</td><td>≤10</td><td>≤1</td><td rowspan="3">公称外径大于 100 mm 时：≤25
公称外径小于和等于 100 mm 时：≤30</td></tr>
<tr><td>Ⅱ</td><td>≤15</td><td>≤2</td></tr>
<tr><td>Ⅲ</td><td>≤20</td><td>≤3</td></tr>
<tr><td>Ⅳ</td><td colspan="3">大于Ⅲ级者</td></tr>
<tr><td colspan="4">注：同一对接接头质量级别中，内凹深度中占壁厚的百分比和极限深度两个条件须同时满足。内凹深度的评定用同一底片上深度对比块的影像进行比对。</td></tr>
</table>

8.2.7 对接接头两侧母材不等厚质量评定时母材公称厚度的确定

当对接接头两侧的母材公称厚度不同时，应取薄侧的母材公称厚度。

8.2.8 综合评级

在评定区内，同时存在几种类型缺欠时，应先按各类缺欠分别评级，然后将各自评定级别之和减1作为最终级别(大于Ⅳ级者为Ⅳ级)。

8.3 铝及铝合金制管道环向对接接头射线检测质量分级

8.3.1 裂纹、未熔合、夹铜的评级

Ⅰ、Ⅱ、Ⅲ级对接接头内不允许存在裂纹、未熔合、夹铜，对接接头内存在裂纹、未熔合、夹铜即为Ⅳ级。

8.3.2 圆形缺欠的分级评定

8.3.2.1 评定区应符合表15的规定。

表 15 缺欠评定区

母材公称厚度 T/mm	≤20	>20～80
评定区/(mm×mm)	10×10	10×20

8.3.2.2 将评定区内的缺欠按表16规定换算为点数，按表17规定评定对接接头的质量级别。

表 16 圆形缺欠点数换算表

缺欠长径/mm	≤1	>1～2	>2～3	>3～4	>4～6	>6～8	>8～10
缺欠点数	1	2	3	6	10	15	25

表 17 各级别对接接头允许的圆形缺欠最多点数

质量级别	评定区/(mm×mm)					
	10×10			10×20		
	母材公称厚度					
	≤3	>3～5	>5～10	>10～20	>20～40	>40
Ⅰ	1	2	3	4	6	7
Ⅱ	3	7	10	14	21	24
Ⅲ	6	14	21	28	42	49
Ⅳ	缺欠点数大于Ⅲ级或缺欠长径大于 2/3 T 或缺欠长径大于 10 mm					
注：当母材公称厚度不同时，取较薄板的厚度。						

8.3.2.3 评定时不计点数的缺欠尺寸应根据母材公称厚度确定，并符合表18的规定。

表 18 不计点数的缺欠尺寸

单位为毫米

母材公称厚度 T	缺欠长径
≤20	≤0.4
>20～40	≤0.6
>40	≤1.5%·T

8.3.2.4 Ⅰ级对接接头和母材公称厚度 T≤5mm 的Ⅱ级对接接头，不计点数的缺欠在圆形缺欠评定区内不得多于10个，超过10个时，对接接头质量的评级应分别降低一级。

8.3.3 条形缺欠的分级评定

按8.2.3的规定进行质量分级评定。

8.3.4 不加垫板单面焊的未焊透缺欠的分级评定

公称外径 D_0>100 mm 时，不加垫板单面焊的未焊透缺欠按表 19 进行质量分级评定。公称外径 D_0≤100 mm 的小径管不加垫板单面焊的未焊透缺欠按表 20 进行质量分级评定。

表 19 管外径 D_0>100 mm 时不加垫板单面焊未焊透的分级

级别	未焊透最大深度/mm		单个未焊透最大长度 mm(T 为壁厚)	未焊透累计长度 mm
	与壁厚的比	最大值		
Ⅰ	不允许			
Ⅱ	≤10%	≤1.0	≤1/3T(最小可为 4)且≤20	在任意 6T 长度区内应不大于 T(最小可为 4)，且任意 300 mm 长度范围内总长度不大于 30
Ⅲ	≤15%	≤1.5	≤2/3T(最小可为 6)且≤30	在任意 3T 长度区内应不大于 T(最小可为 6)，且任意 300 mm 长度范围内总长度不大于 40
Ⅳ	大于Ⅲ级			
注：对断续未焊透，以未焊透本身的长度累计计算总长度。未焊透深度的评定用同一底片上深度对比块的影像进行比对。				

表 20 外径 D_0≤100 mm(小径管)时不加垫板单面焊未焊透的分级

级别	未焊透最大深度/mm		未焊透总长度与对接接头总长度的比
	与壁厚的比	最大值	
Ⅰ	不允许		
Ⅱ	≤10%	≤1.0	≤10%
Ⅲ	≤15%	≤1.5	≤15%
Ⅳ	大于Ⅲ级者		
注：对断续未焊透，以未焊透本身的长度累计计算总长度。未焊透深度的评定用同一底片上深度对比块的影像进行比对。			

8.3.5 根部内凹和根部咬边的分级评定

根部内凹和根部咬边的分级评定按表 21 的规定进行。

表 21 根部内凹和根部咬边的分级评定

质量级别	根部内凹和根部咬边深度		根部内凹和根部咬边总长度
	占壁厚百分比/%	极限深度/mm	
Ⅰ	不允许		公称外径大于 100 mm 时：3T 范围长度区内≤T，总长度≤100 mm 公称外径小于和等于 100 mm 时：≤对接接头总长度的 30%
Ⅱ	≤15	≤1.5	
Ⅲ	≤20	≤2.0	
Ⅳ	大于Ⅲ级者		
注：同一对接接头质量级别中，内凹深度和根部咬边中占壁厚的百分比和极限深度两个条件须同时满足。内凹和根部咬边深度的评定用同一底片上深度对比块的影像进行比对。			

8.3.6 综合评级

按 8.2.8 的规定进行评定。

8.4 钛及钛合金制管道环向对接接头射线检测质量分级

8.4.1 裂纹、未熔合的评级

Ⅰ、Ⅱ、Ⅲ级对接接头内不允许存在裂纹、未熔合，对接接头内存在裂纹、未熔合即为Ⅳ级。

8.4.2 圆形缺欠的分级评定

8.4.2.1 评定区应符合表22的规定。

表22 圆形缺欠评定区

单位为毫米

母材公称厚度 T	≤20	>20~50
评定区/(mm×mm)	10×10	10×20

8.4.2.2 评定时需把圆形缺欠尺寸换算成点数，并应符合表23的规定。按表24评定对接接头的质量级别。

表23 缺欠点数换算表

缺欠长径/mm	≤1	>1~2	>2~4	>4~8	>8
缺欠点数	1	2	4	8	16

表24 各级别对接接头允许的圆形缺欠最多点数

<table>
<tr><td rowspan="4">质量级别</td><td colspan="6">评定区/(mm×mm)</td></tr>
<tr><td colspan="3">10×10</td><td colspan="3">10×20</td></tr>
<tr><td colspan="6">母材公称厚度</td></tr>
<tr><td>≤3</td><td>>3~5</td><td>>5~10</td><td>>10~20</td><td>>20~30</td><td>>30~50</td></tr>
<tr><td>Ⅰ</td><td>1</td><td>2</td><td>3</td><td>4</td><td>5</td><td>6</td></tr>
<tr><td>Ⅱ</td><td>2</td><td>4</td><td>6</td><td>8</td><td>10</td><td>12</td></tr>
<tr><td>Ⅲ</td><td>4</td><td>8</td><td>12</td><td>16</td><td>20</td><td>24</td></tr>
<tr><td>Ⅳ</td><td colspan="6">缺欠点数大于Ⅲ级者，单个缺欠长径大于1/2T者</td></tr>
<tr><td colspan="7">注：当母材公称厚度不同时，取较薄板的厚度。</td></tr>
</table>

8.4.2.3 评定时不计点数的缺欠尺寸应根据母材公称厚度确定，并符合表25的规定。

8.4.2.4 Ⅰ级对接接头和母材公称厚度 T≤5 mm的Ⅱ级或Ⅲ级对接接头，不计点数的缺欠在圆形缺欠评定区内不得多于10个。母材公称厚度 T>5 mm的Ⅱ级对接接头，不计点数的缺欠在圆形缺欠评定区内不得多于20个。母材公称厚度 T>5 mm的Ⅲ级对接接头，不计点数的缺欠在圆形缺欠评定区内不得多于30个。超过上述规定时对接接头质量应降低一级。

表25 不计点数的缺欠尺寸

单位为毫米

母材公称厚度 T	缺欠长径
≤10	≤0.3
>10~20	≤0.4
>20~50	≤0.7

8.4.3 条形缺欠的分级评定

按8.2.4的规定进行质量分级评定。

8.4.4 不加垫板单面焊的未焊透缺欠的分级评定

按8.3.4的规定进行质量分级评定。

8.4.5 根部内凹和根部咬边的分级评定

按8.3.5的规定进行质量分级评定。

8.4.6 综合评级

按8.2.8的规定进行评定。

9 底片保存及检测报告

9.1 底片保存

底片是检验结果的档案资料，为便于查阅，底片应分类存放在底片袋中。存放地点应以不引起底片变形、霉变为宜。底片保存期一般不低于7年。

9.2 检测报告

检测报告至少应包括下述内容：

a) 委托单位；

b) 被检工件：名称、编号、规格、材质、焊接方法和热处理状况；

c) 检测设备：名称、型号、焦点(源)的最大尺寸；

d) 检测标准和验收标准；

e) 检测规范：技术等级、透照布置、胶片、增感屏、射线能量、曝光量、焦距、暗室处理方式和条件等；

f) 工件检测部位及布片草图；

g) 检测结果及质量分级；

h) 检测人员和责任人员签字及其技术资格；

i) 检测日期。

9.3 检验报告保存

检验报告保存期一般不低于7年(与底片同时保存)，以备查阅。

附　录　A
（资料性附录）
源最大尺寸计算方法

A.1　X射线机有效焦点最大尺寸计算

射线源有效焦点形状按图A.1所示划分为正方形、长方形、椭圆形、圆形四类，其有效焦点最大尺寸 d 分别按式(A.1)～式(A.4)计算。

正方形：

$$d = a\sqrt{2} \quad \cdots\cdots(A.1)$$

长方形：

$$d = \sqrt{a^2 + b^2} \quad \cdots\cdots(A.2)$$

椭圆形：

$$d = a \quad \cdots\cdots(A.3)$$

圆形：

$$d = d \quad \cdots\cdots(A.4)$$

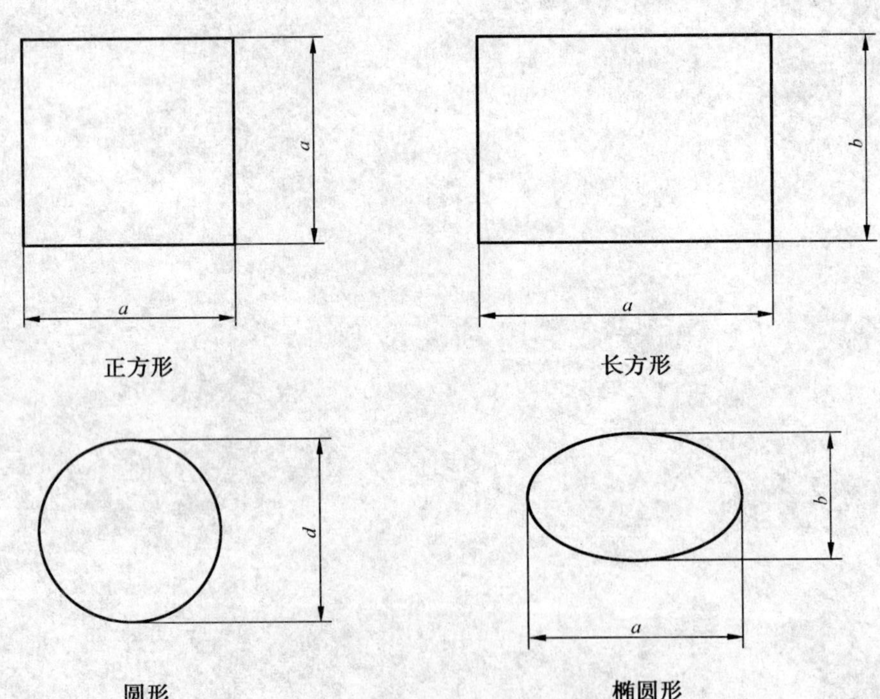

图A.1　X射线机有效焦点形状分类

A.2　γ射线源最大尺寸 d 的确定

γ射线源的物理尺寸取决于源的种类、源的初始强度和源的物理形状，γ射线源最大尺寸 d 应取各向尺寸中的最大值。

以圆柱形γ射线源为例计算：若 a 为该源的圆柱的直径，b 为圆柱的长，则该源的最大尺寸 d 近似计算为：

$$d=\sqrt{a^2+b^2} \qquad \text{(A.5)}$$

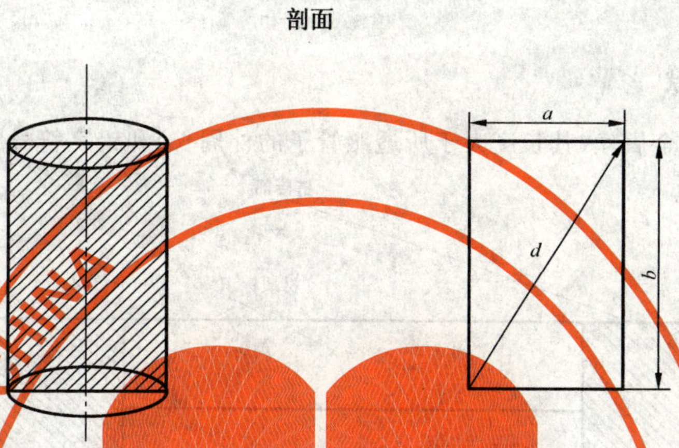

剖面

a d b

图 A.2 γ射线源焦点尺寸示意图

附　录　B
（规范性附录）
单丝像质计

B.1　单丝像质计的形状

单丝像质计由一根金属丝（其长度大于所透照管子的外周长）和铅字符号组成，其型式见图B.1。

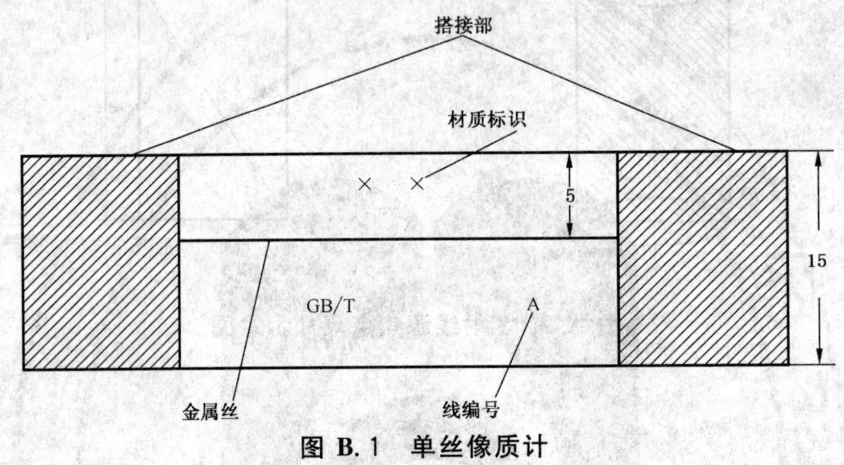

图 B.1　单丝像质计

B.2　单丝像质计的规格与材质

像质计的宽度为15 mm，其长度为管周长加15 mm；像质计根据不同的透照材料应有相应材质的像质计丝，且有明显的表征丝号和材质的铅字标识。像质计丝和铅字标识的封装应采用非吸收性的薄膜材料。金属丝的材料与适用透照材料范围见表B.1。

表 B.1　不同材料的像质计适用的透照材料范围

像质计材料代号	Fe	Ni	Ti	Al	Cu
像质计材料	碳钢或奥氏体不锈钢	镍-铬合金	工业纯钛	工业纯铝	3# 纯铜
适用材料范围	碳钢、低合金钢、不锈钢	镍、镍合金	钛、钛合金	铝、铝合金	铜、铜合金

B.3　像质计的线号、直径和允差

像质计的线号、直径和允差见表B.2。

表 B.2　线号、直径与允差

线　号	直　径	公　差
1	3.20	±0.03
2	2.50	
3	2.00	
4	1.60	±0.02
5	1.25	
6	1.00	
7	0.80	
8	0.65	

表 B.2（续）

线　号	直　径	公　差
9	0.50	±0.01
10	0.40	
11	0.32	
12	0.25	
13	0.20	
14	0.16	
15	0.125	±0.005
16	0.100	
17	0.080	
18	0.063	
19	0.050	

附 录 C
（规范性附录）
专用对比块

C.1 Ⅰ型深度对比块

Ⅰ型深度对比块分为a、b两种型式，其规格应符合图C.1和表C.1的规定。专用对比块的材料应与被检体的材料相同或射线衰减性能相似。

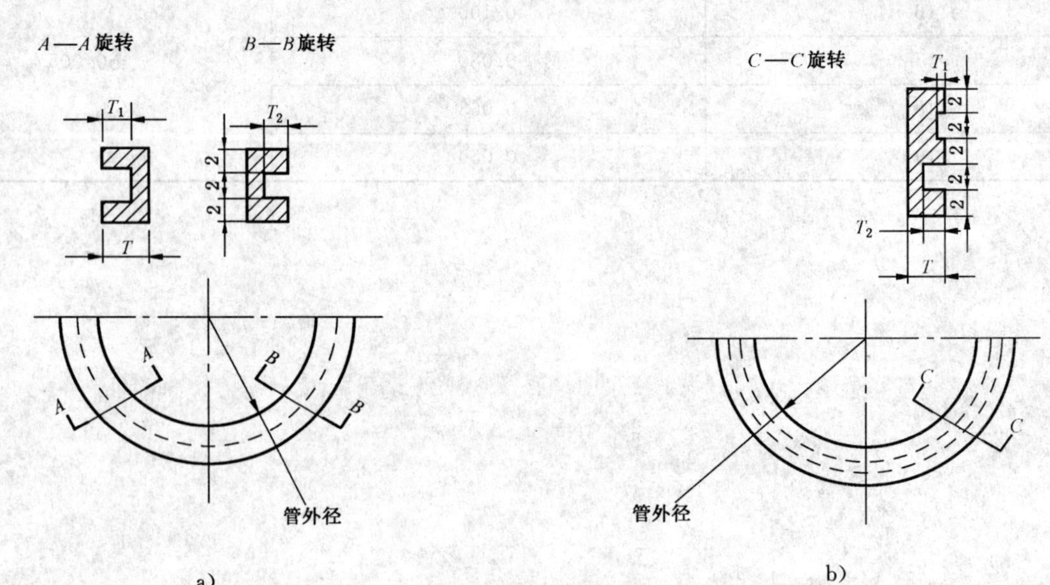

T_1——第一阶深度；

T_2——第二阶深度；

T——深度对比块厚度。

图 C.1 Ⅰ型深度对比块

表 C.1 Ⅰ型深度对比块

单位为毫米

管子公称厚度	T	偏差	T_1	偏差	T_2	偏差
3.5	1.0	±0.01	0.35	±0.01	0.50	±0.01
4.0	1.0		0.40		0.60	
5.0	1.0		0.50		0.75	
≥6.0	1.0		0.60		0.90	

C.2 Ⅱ型深度对比块

Ⅱ型深度对比块的型式和规格应符合图C.2和表C.2的规定。沟槽对比块的材料应与被检体的材料相同或射线衰减性能相似。

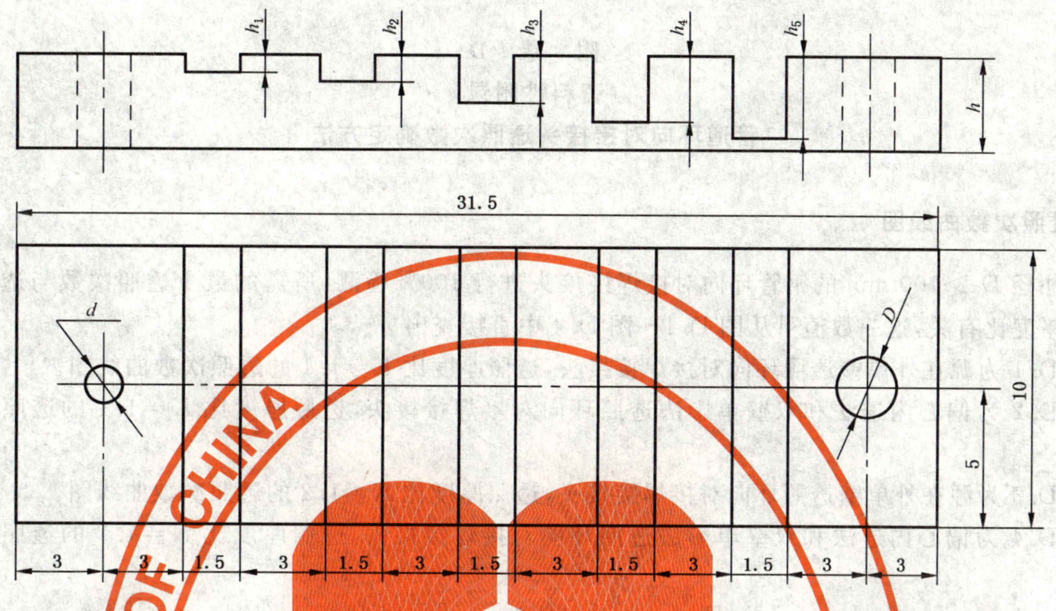

图 C.2 Ⅱ型深度对比块

表 C.2 Ⅱ型深度对比块

单位为毫米

尺寸编号	h_1	h_2	h_3	h_4	h_5	偏差	h	偏差	d	偏差	D	偏差
A	0.2	0.6	1.0	1.4	1.8	0 −0.06	2.5	0 −0.10	1.0	+0.060 0	—	—
B	0.5	1.0	1.5	2.0	2.5	0 −0.10	3.5	0 −0.12	1.0	0 −0.060	2.0	+0.060 0

附 录 D
（资料性附录）
管道环向对接接头透照次数确定方法

D.1 透照次数曲线图

对外径 D_0＞100 mm 的钢管环向对接焊接接头进行 100％检测，所需的最少透照次数与透照方式和透照厚度比有关，这一数值可从图 D.1～图 D.4 中直接查出。

图 D.1 为源在外单壁透照环向对接焊接接头，透照厚度比 K＝1.1 的透照次数曲线图。

图 D.2 为偏心内透法和双壁单影法透照环向对接焊接接头，透照厚度比 K＝1.1 的透照次数曲线图。

图 D.3 为源在外单壁透照环向对接焊接接头，透照厚度比 K＝1.2 的透照次数曲线图。

图 D.4 为偏心内透法和双壁单影法透照环向对接焊接接头，透照厚度比 K＝1.2 的透照次数曲线图。

D.2 由图确定透照次数的方法

从图中确定透照次数的步骤是：计算出 T/D_0、D_0/f，在横坐标上找到 T/D_0 值对应的点，过此点画一垂直于横坐标的直线；在纵坐标上找到 D_0/f 对应的点，过此点画一垂直于纵坐标的直线；从两直线交点所在的区域确定所需的透照次数；当交点在两区域的分界线上时，应取较大数值作为所需的最少透照次数。

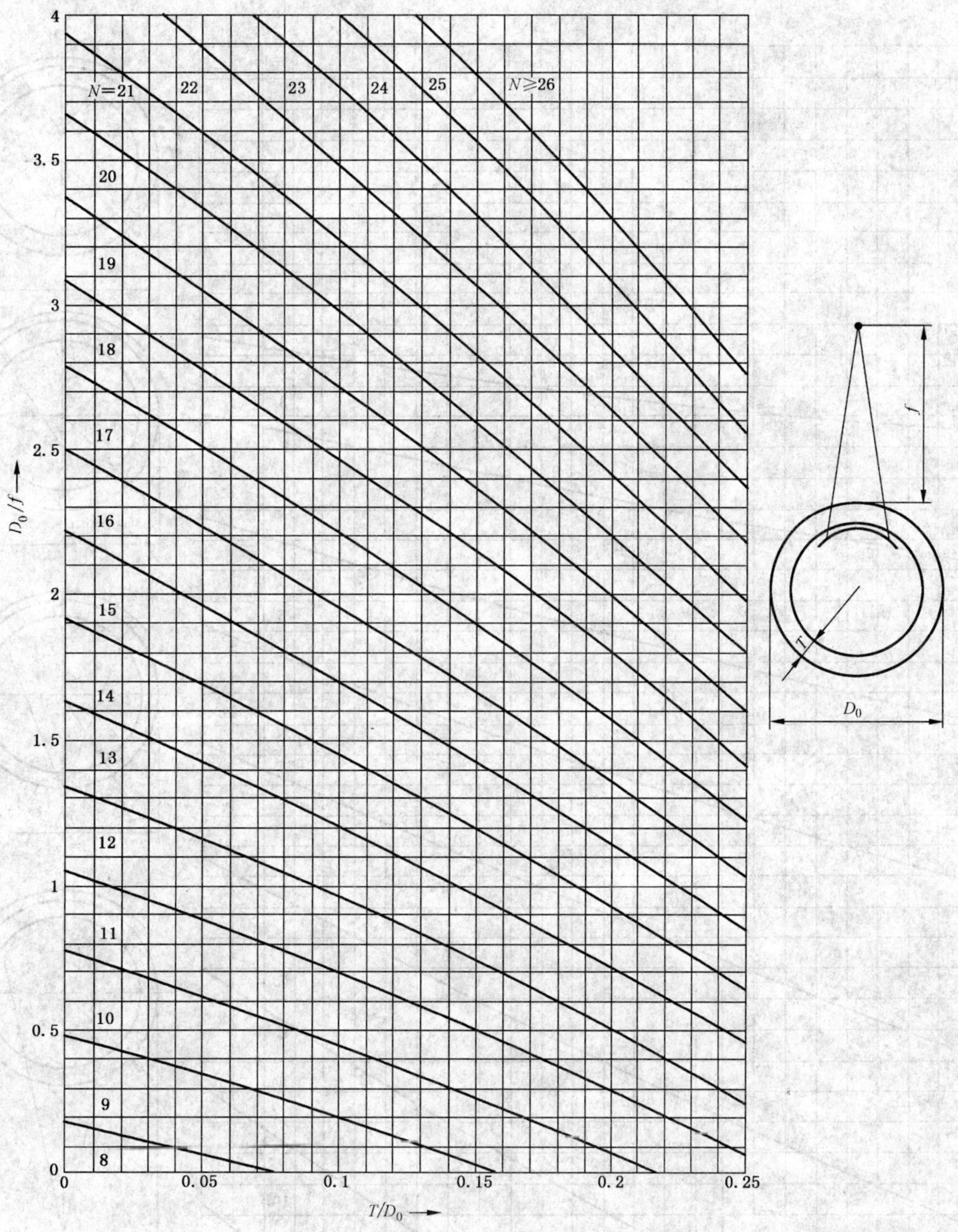

图 D.1 源在外单壁透照环向对接焊接接头，透照厚度比 K=1.1 的透照次数图

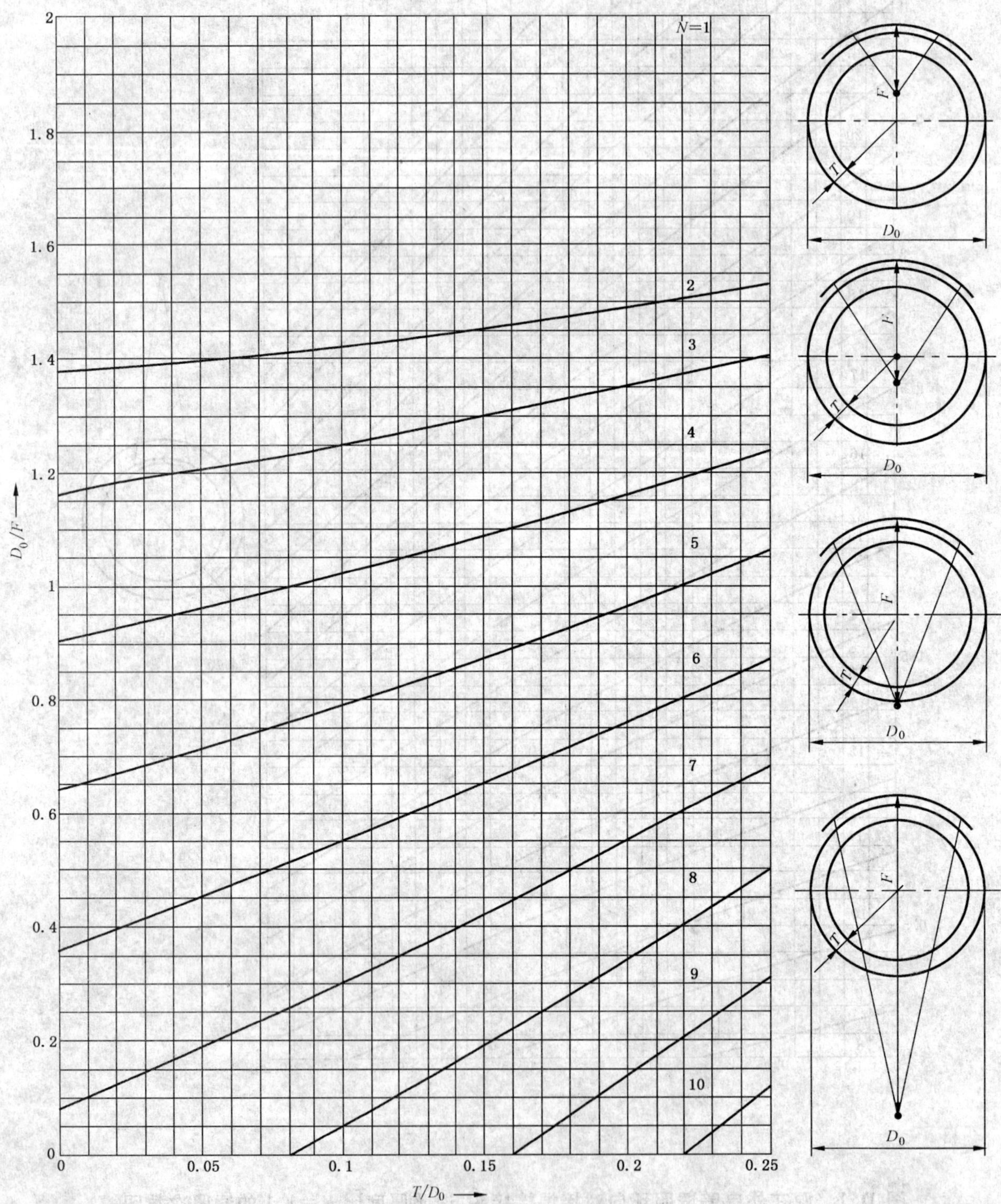

图 D.2 偏心内透法和双壁单影法透照环向对接焊接接头，透照厚度比 K=1.1 的透照次数图

图 D.3 源在外单壁透照环向对接焊接接头，透照厚度比 $K=1.2$ 的透照次数图

（$100\ \text{mm}<D_0\leqslant400\ \text{mm}$）

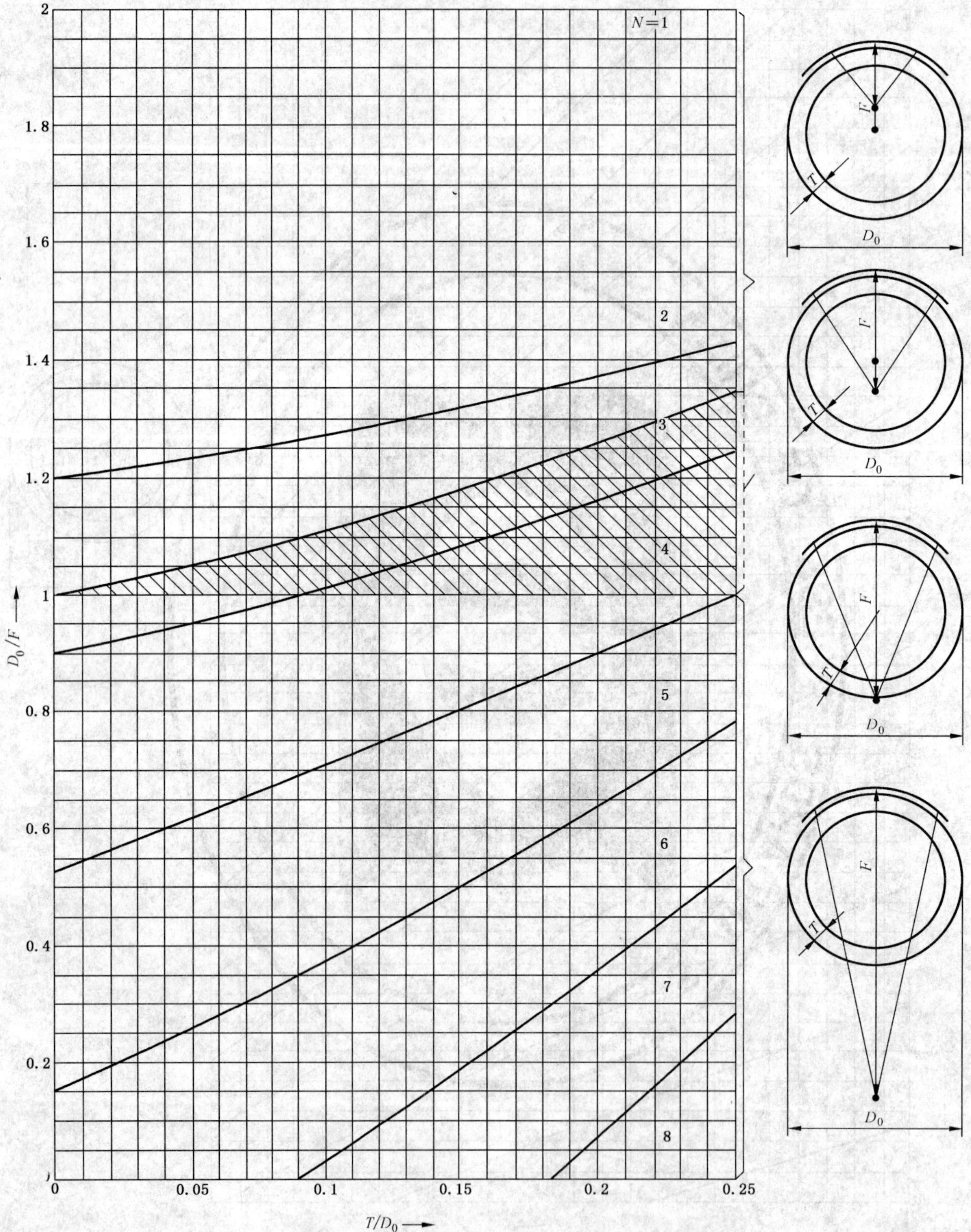

图 D.4　偏心内透法和双壁单影法透照环向对接焊接接头，透照厚度比 K=1.2 的透照次数图（100 mm<D_0≤400 mm）

附 录 E
（资料性附录）
小径管椭圆透照一次成像检出范围的近似计算方法

E.1 一次透照成像近似简化图

小径管椭圆成像透照一次透照的有效透照长度可以从椭圆参数方程作出近似计算。即，只要从底片上确定出有效透照区的端点 P、Q、S、T 见图 E.1，则从其和椭圆的半长轴可确定出相应的参数 t 的值，进而得到有效透照区长度和一次有效检出率。

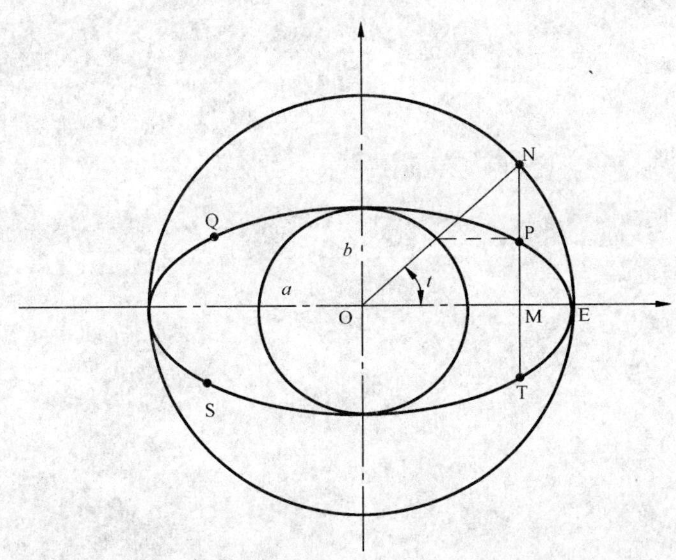

图 E.1 椭圆成像透照的有效透照长度

E.2 检出范围计算方法

如图，设在底片上椭圆成像透照的有效透照区为 PQ 弧和 ST 弧，估计过程如下。

从底片上确定出有效透照区的端点 P、Q、S、T

确定椭圆长轴的半长度 a，

$$a = \mathrm{ON} = \mathrm{OE} \qquad \cdots\cdots (\mathrm{E.1})$$

过 P 点作椭圆长轴（即 X 轴）的垂线，交椭圆长轴于 M，记 OM=h。

确定角度参数 t 的值，

$$h = a\cos t \qquad \cdots\cdots (\mathrm{E.2})$$

确定一次有效透照长度 L：L=PQ+ST 弧长，

$$L = 2\pi a(1 - t/90^\circ) \qquad \cdots\cdots (\mathrm{E.3})$$

$$t = \cos^{-1}\left(\frac{h}{a}\right) \qquad \cdots\cdots (\mathrm{E.4})$$

确定一次有效检出率 η：

$$\eta = \frac{L}{2\pi a} = 1 - \frac{t}{90^\circ} \qquad \cdots\cdots(\text{E.5})$$

如果椭圆两侧的有效透照区长度不同，也只须分别按公式 E.2 计算每侧的参数 t，然后再分别计算 PQ 弧长和 ST 弧长。

ICS 25.220.40
A 29

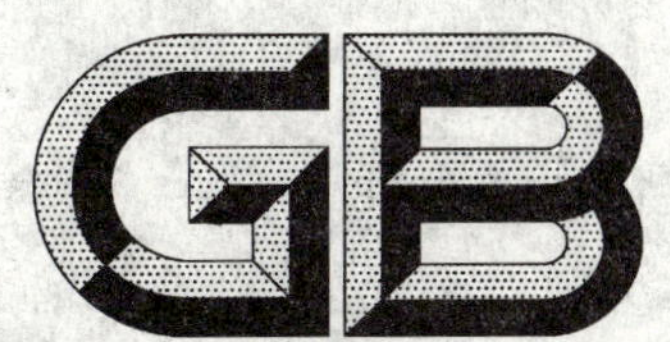

中华人民共和国国家标准

GB/T 12611—2008
代替 GB/T 12611—1990

金属零(部)件镀覆前质量控制技术要求

Technical requirements of quality control for metal parts to be coated

2008-07-01 发布　　　　　　2009-02-01 实施

中华人民共和国国家质量监督检验检疫总局
中国国家标准化管理委员会　发布

前言

本标准是对GB/T 12611—1990《金属零(部)件镀覆前质量控制技术要求》的修订。

本标准代替GB/T 12611—1990《金属零(部)件镀覆前质量控制技术要求》。

本标准与GB/T 12611—1990相比,主要变化如下:

——根据GB/T 1.1—2000的要求,增加了前言部分;

——增加了规范性引用文件;

——增加了术语和定义部分;

——增加了镀覆前质量控制资料性文件部分;

——修改了镀覆前质量控制因素的要求规定。

本标准由中国机械工业联合会提出。

本标准由全国金属与非金属覆盖层标准化委员会(SAC/TC 57)归口。

本标准起草单位:武汉材料保护研究所。

本标准的主要起草人:贾建新、毛祖国、张德忠、何杰、邓日智。

本标准所代替标准的历次版本发布情况为:

——GB/T 12611—1990。

金属零(部)件镀覆前质量控制技术要求

1 范围

本标准规定了金属零(部)件镀覆前质量控制的技术要求。

本标准适用于金属零(部)件在电镀、化学镀、化学钝化、化学氧化、电化学氧化及其他镀覆前的质量控制和验收。

2 规范性引用文件

下列文件中的条款通过本标准的引用而成为本标准的条款。凡是注日期的引用文件,其随后所有的修改单(不包括勘误的内容)或修订版均不适用于本标准,然而,鼓励根据本标准达成协议的各方研究是否可使用这些文件的最新版本。凡是不注日期的引用文件,其最新版本适用于本标准。

GB/T 197　普通螺纹　公差(GB/T 197—2003,ISO 965-1:1998,MOD)

GB/T 1172　黑色金属硬度及强度换算值

GB/T 3138　金属镀覆和化学处理与有关过程术语(GB/T 3138—1995,neq ISO 2079:1981)

GB/T 5267.1　紧固件　电镀层(GB/T 5267.1—2002,ISO 4092:1999,IDT)

GB/T 5270　金属基体上的金属覆盖层　电沉积和化学沉积层　附着强度试验方法评述(GB/T 5270—2005,ISO 2819:1980,IDT)

GB/T 6463　金属和其他无机覆盖层厚度测量方法评述(GB/T 6463—2005,ISO 3882:2003,IDT)

GB/T 12609　电沉积金属覆盖层和相关精饰　计数检验抽样程序(GB/T 12609—2005,ISO 4519:1980,IDT)

GB/T 13911　金属镀覆和化学处理标识方法

GB/T 17720　金属覆盖层　孔隙率试验评述(GB/T 17720—1999,eqv ISO 10308:1995)

GB/T 20015　金属和其他无机覆盖层　电镀镍、自催化镀镍、电镀铬及最后精饰　自动控制喷丸硬化前处理(GB/T 20015—2005,ISO 12686:1999,MOD)

3 术语和定义

GB/T 3138 所确立的术语和定义适用于本标准。

4 金属零(部)件镀覆前电镀方应获得的资料

4.1 必要资料

金属零部件镀覆前,电镀方应通过合同或订购合约中,或在工程图纸上书面获得以下资料:

a) 镀覆层标识(见 GB/T 13911);

b) 待镀覆试样的主要表面,应在工件图纸上标明,也可用有适当标记的样品说明;

c) 镀覆层可容许的缺陷的类型、大小和数量要求(见第 5 章);

d) 金属零部件的外观和表面缺陷处理要求,如机械打磨、化学抛光整平、电化学抛光整平程度;也可用需方提供或认可的样品来表明金属零部件外观和所要求的处理,以便于比较;

e) 镀覆层最小厚度及测量厚度的试验方法(参见 GB/T 6463);

f) 金属零部件镀覆层结合力和孔隙率的要求及其试验方法(参见 GB/T 5270 和 GB/T 17720);

g) 工件的抗拉强度和电镀前减小应力的热处理的要求；

h) 抽样方案和验收标准(参见 GB/T 12609)。

4.2 附加资料

如果必需时,电镀方还应获得以下附加资料：

a) 基体金属的标准成分或规格、冶金学状态以及硬度；

b) 前处理的要求或限制,如用喷砂或酸洗前处理的限制；

c) 结合力的特殊要求所规定的表面预处理；

d) 可导致压应力的处理的必要性,如:电镀前或电镀后的喷丸处理(见 GB/T 20015)。

5 金属零(部)件镀覆前的质量控制要求

5.1 金属零(部)件镀覆前金属零部件外观要求

待镀的零(部)件应无机械变形和机械损伤,主要表面上应无氧化皮、斑点、凹坑、凸瘤、毛刺、划伤等缺陷。主要表面上的微量氧化皮、斑点、凸瘤、毛刺、划伤等缺陷应选用机械磨光、化学抛光或电化学抛光等方法消除。

经磨削加工的或经探伤检查的零(部)件及弹簧等,应无剩磁、磁粉及荧光粉等缺陷。

经热处理后的工件应进行表面清理,不允许有未除尽的氧化皮和残留物(如盐、碱、型砂及因热处理前工件表面未除尽的油垢所导致的烧结物等);允许带有轻微的氧化色,但不允许有锈蚀现象。

粉末冶金件须进行孔隙及孔隙率检查。

5.2 镀覆前金属零(部)件外型尺寸要求

设计规定有配合要求的零(部)件,镀覆前必须留有镀覆层厚度的工艺尺寸,并应按照按工艺文件规定的尺寸进行检验和验收。

需镀覆的螺纹件,应按 GB/T 197 及 GB/T 5267.1 所规定的镀覆层厚度留有足够的余量。

5.3 组合件镀覆前质量要求及镀覆方法

镀覆前,金属-橡胶及金属-塑料组合件、黑色金属与有色金属精组合件、粉末冶金与其他金属组合件等,其橡胶或塑料部分或多种材料组合部分应无断裂及划伤;组合件的交界处,不应有毛刺、夹杂物和未胶合的部位;金属暴露部分的表面上不应有橡胶或塑料的残余物。

接收验收时,应在光线充足或人工照明良好的条件下目视检查,必要时可用 3～5 倍放大镜目测检查。

镀覆方法应根据以下分类进行镀覆：

a) 以螺纹联接或可分离方式的组合件,金属部分镀覆前,应确认是否有公差尺寸的要求。应尽可能采用组合件分离,金属件部分单独电镀的方式进行镀覆。不能分离或不便分离的组合件由电镀方与需方协商电镀方式。

b) 采用压合、搭接、铆接、搭焊、点焊等不可分离方式组合的组合件,镀覆时,可根据需方镀覆的要求,采用局部电镀、掩蔽电镀或其他镀覆方法进行镀覆。

5.4 带复杂内腔的异型件镀覆前质量要求

带有复杂内腔的焊接件镀覆前,应在不影响使用的部位留有便于液、气排出的工艺孔。

5.5 焊接件镀覆前质量要求

焊接件应无残留的焊料和熔渣。焊缝应经喷砂或其他方法清理;焊缝应无气孔和未焊牢等缺陷。

5.6 金属零(部)件镀覆前除油除锈要求

5.6.1 镀覆前金属零(部)件应清除油封。清除油封后,零(部)件表面应无油污、油漆、金属屑及机械加工划线的涂色等残留物。

5.6.2 不经机械加工的铸件、锻件和热轧件表面,应进行喷砂或喷丸处理。材料的极限抗拉强度小于或等于 1 050 MPa 的热轧件也可用酸洗去除氧化皮。

5.6.3 喷砂后的表面不应有残余的氧化皮、锈蚀、油迹、存砂、手印等。凡经喷砂处理的高强度钢零(部)件,应在1h内开始镀覆(包括预处理)。

5.7 金属零部件镀覆前消除应力的热处理要求

5.7.1 凡经机械加工、磨削、冷成型、冷拉伸、冷矫正的零(部)件,当其材料抗拉强度最大值大于1 050 MPa时,除表面淬火件外,应按表1规定的条件进行消除残余应力的热处理。

表1 不同抗拉强度热处理条件

材料抗拉强度最大值/MPa	热处理温度/℃	热处理时间/h
>1 050~1 450	190~210	1
>1 450~1 800	190~210	18
>1 800	190~210	24

5.7.2 当仅知材料的抗拉强度最小值时,可按表2确定其抗拉强度最大值。

表2 材料抗拉强度极限值

单位为MPa

材料抗拉强度最小值	材料抗拉强度最大值
1 000~1 400	1 050~1 450
1 401~1 750	1 451~1 800
>1 750	>1 800

5.7.3 当仅知材料的硬度值时,应按GB/T 1172查出其抗拉强度最大值。

5.7.4 消除应力热处理前,应将金属零(部)件表面上的油脂清洗干净。

5.7.5 表面淬火件消除残余应力的热处理,应在130 ℃~150 ℃下,保温不少于5 h。如允许基体金属的表面硬度降低,也可采用较高温度、较短时间的热处理。

5.7.6 待镀的钢铁零(部)件应附带有消除残余力热处理的证明。

5.7.7 当需要喷丸处理时,喷丸应在消除残余应力热处理后进行。

5.7.8 当特殊要求消除应力热处理在喷丸后进行时,消除残余应力热处理的温度不得超过220 ℃。

5.8 金属零部件镀覆前表面粗糙度的要求

除设计已规定表面粗糙度值 Ra 和圆角值的零(部)件外,为保证镀层质量,零(部)件镀覆前的表面粗糙值 Ra 和圆角值应符合表3的规定。

表3 表面粗糙度与圆角值

镀覆层种类	镀覆前表面粗糙度值 Ra(不大于)/μm	圆角值/mm
工程镀铬(需做孔隙率检查)	0.8	≥0.5
工程镀铬(不需做孔隙率检查)	1.6	—
松孔镀铬	0.2	—
装饰镀铬	视光亮度要求确定	≥0.5
瓷质阳极氧化	0.2	—
镀钯、镀铑	0.2	≥0.5
硬质阳极氧化、绝缘阳极氧化	0.8	≥0.5
防渗碳、防氮化、防氧化而镀铜或镀锡	3.2	—

注1:本表是建立在镀覆后不经抛光、研磨等精饰的基础上。

注2:超过本表规定时,由需方与电镀方商定。

图样上已规定零(部)件表面粗糙度值[即零(部)件最终表面粗糙度值]的,其镀覆前的表面粗糙度值应不大于图样上所标出的粗糙度值的一半。

6 其他要求

6.1 除另有规定外，镀覆应在全部机械加工完成后实施。

6.2 锻件、铸件、焊接件、冲压件或原材料带有相应技术标准所允许的缺陷时，可接受镀覆。但因这些缺陷所造成的镀覆层缺陷，不作为镀覆工艺质量缺陷。

6.3 镀覆前、镀覆后检测抽样按 GB/T 12609 进行。

镀后需进行破坏性试验的产品，当批量较小或其形状不适合或价格太贵，应须带有与零(部)件相同的材料(同炉批)、相同的表面粗糙度、相同的热处理状态、几何尺寸相近的工艺样件或试片。数量按试验的项目和抽样数量要求确定。试样也可以采用同批中机械加工尺寸超差的报废零(部)件代替。

6.4 待镀的零(部)件必须装箱或采用专门的工位器具。表面粗糙度值 $Ra \leqslant 0.8\ \mu m$ 的和精密零(部)件，应装入专用包装箱内，分别包装，以免在搬运过程中损伤零(部)件或零(部)件发生锈蚀。

ICS 73.120
A 28

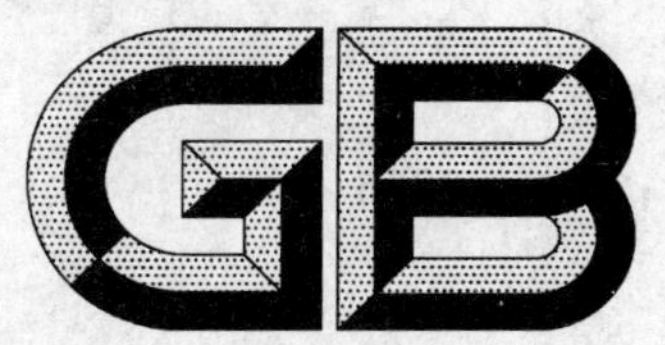

中华人民共和国国家标准

GB/T 12620—2008
代替 GB/T 12620—1990, GB/T 3943—1983

长圆孔、长方孔和圆孔筛板

Round and elongated apertures with round and square plate screens

2008-04-16 发布　　2008-10-01 实施

中华人民共和国国家质量监督检验检疫总局
中国国家标准化管理委员会　发布

前　言

本标准代替 GB/T 12620—1990《长圆孔和长方孔筛板》和 GB/T 3943—1983《圆孔和长孔筛片》。

本标准与 GB/T 12620—1990 和 GB/T 3943—1983 相比，主要修改内容如下：

——增加了适用范围；

——对术语内容进行了调整；

——修改了长圆孔筛板和长方孔筛板基本尺寸和参数中表 1、表 2 和表 3 的筛孔宽度极限偏差；

——增加了排列型式；

——增加了 5.1 筛板材料，5.2 板厚的规定，5.4 筛板不允许有锈蚀等规定的要求；

——修改了 6.5 抽样规则和 6.6 检验要求；

——修改了 5.5 筛板加工要求；

——删除了对成品筛板的一些具体要求，检验规则，以满足不同用户的需要；

——删除了筛片号的规定，避免品种过多造成混乱。

本标准的附录 A 为资料性附录。

本标准由全国筛网筛分和颗粒分检方法标准化技术委员会提出并归口。

本标准起草单位：中机生产力促进中心、湖南省乌江机筛有限公司。

本标准主要起草人：余方、万俊、孙安。

本标准所代替标准的历次版本发布情况为：

——GB/T 12620—1990；

——GB/T 3943—1983。

长圆孔、长方孔和圆孔筛板

1 范围

本标准规定了金属长圆孔、长方孔和圆孔筛板的型式和参数、技术要求、检验规则、标志、包装、运输、贮存。

本标准适用于筛分、通风、装饰、选矿、粮食、油料、饲料加工、筛选和过滤等用途的筛板，其孔形为长圆孔、长方孔和圆孔。

2 规范性引用文件

下列标准中的条款，通过本标准的引用而成为本标准的条款。凡是注日期的引用文件，其随后所有的修改单(不包括勘误的内容)或修订版均不适用于本标准，然而，鼓励根据本标准达成协议的各方研究是否使用这些文件的最新版本。凡是不注日期的引用文件，其最新版本适用于本标准。

GB/T 708 冷轧钢板和钢带的尺寸、外形、重量及允许偏差

GB/T 1804 公差与配合 未注公差尺寸的极限偏差(GB/T 1804—2000,eqv ISO 2768-1:1989)

GB/T 2828.1 计数抽样检验程序 第1部分:按接收质量限(AQL)检索的逐批检验抽样计划(GB/T 2828.1—2003,ISO 2859-1:1999,IDT)

GB/T 10061 筛板筛孔的标记方法(GB/T 10061—1988,eqv ISO 7806:1983)

GB/T 15602 工业用筛网和筛分 术语(GB/T 15602—1995,eqv ISO 9045:1990)

GB/T 19360 工业用金属穿孔板 技术要求和检验方法(GB/T 19360—2003,ISO 10630:1994,IDT)

3 术语、符号

3.1 P——孔距基本尺寸；

P_1——筛孔宽度方向的孔距基本尺寸；

P_2——筛孔长度方向的孔距基本尺寸；

w——筛孔基本尺寸；

w_1——筛孔宽度基本尺寸；

w_2——筛孔长度基本尺寸。

3.2 其他术语、符号按 GB/T 15602 的规定。

4 型式和参数

4.1 孔的排列型式按 GB/T 10061 的规定，增加斜角排列型式如图5、图6，斜角 α 为 19°～45°，斜角 α 亦可按产品设计而定。

a) 长圆孔:Z 型排列，如图1。

b) 长圆孔:U 型排列，如图2。

c) 长方孔:Z 型排列，如图3。

d) 长方孔:U 型排列，如图4。

e) 长圆孔斜角 Z 型排列，如图5。

f) 长方孔斜角 Z 型排列，如图6。

g) 圆孔:T_a 型排列，如图7。

h) 圆孔:T_b 型排列，如图8。

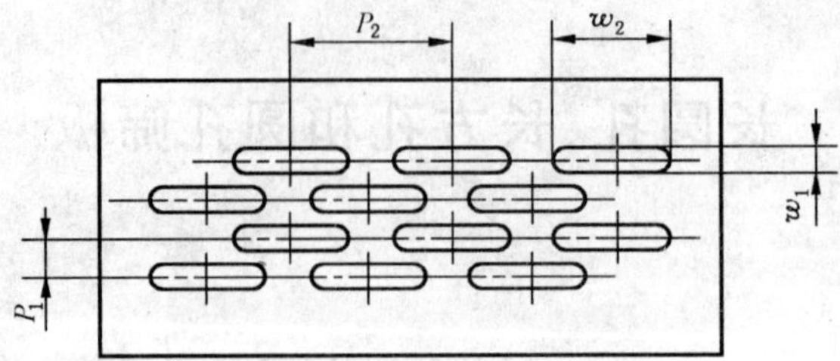

图 1

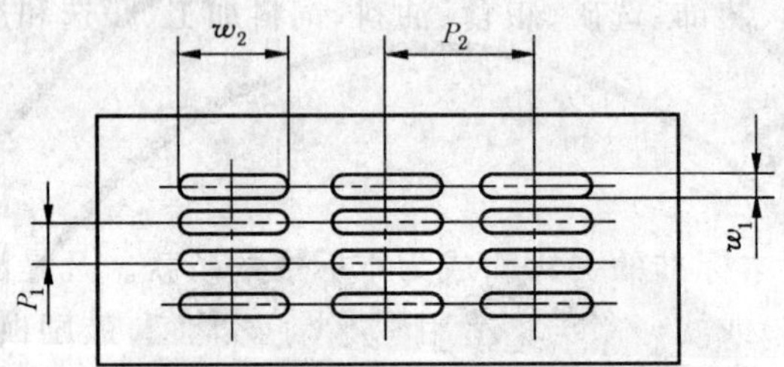

图 2

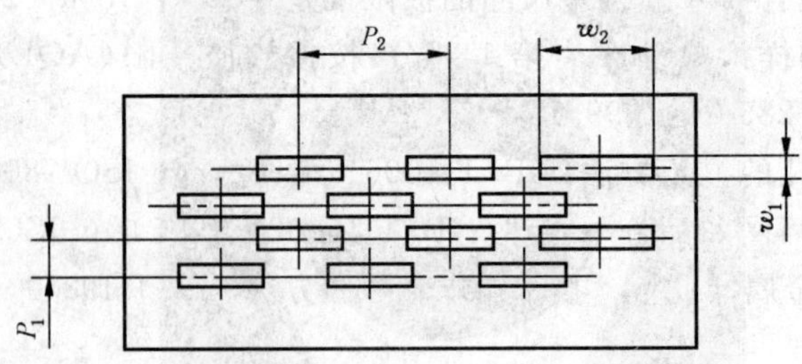

图 3

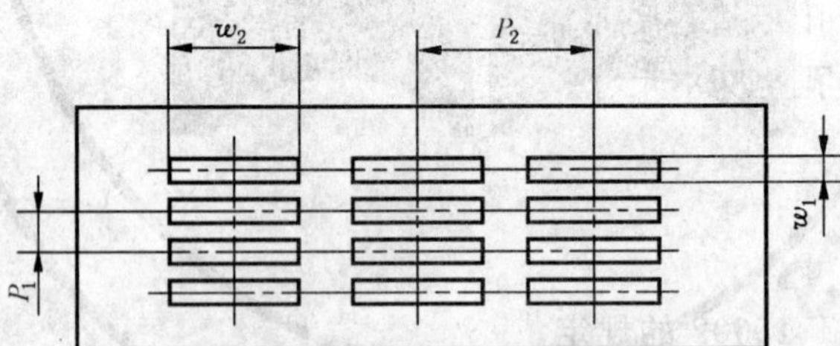

图 4

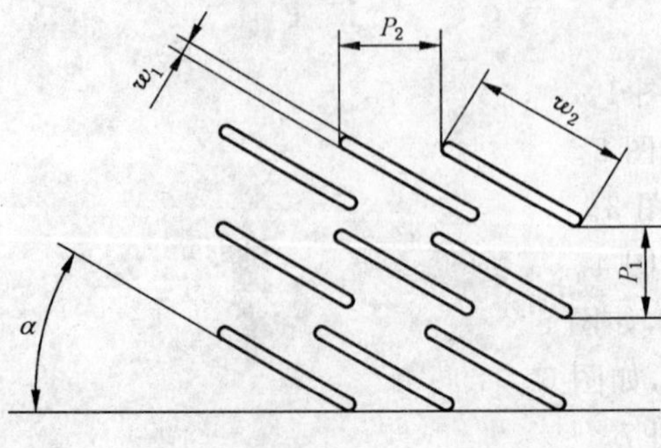

图 5

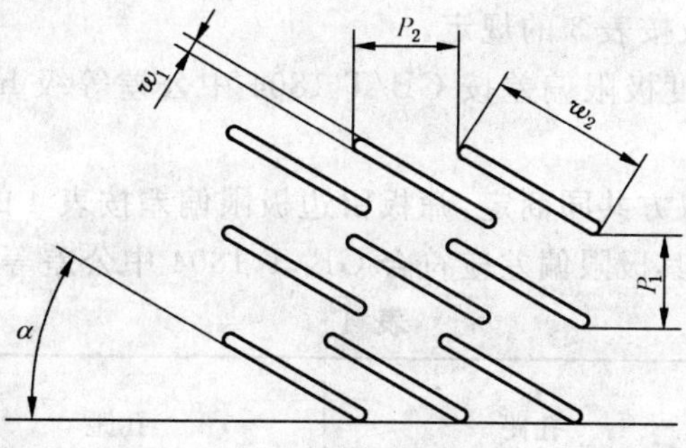

图 6

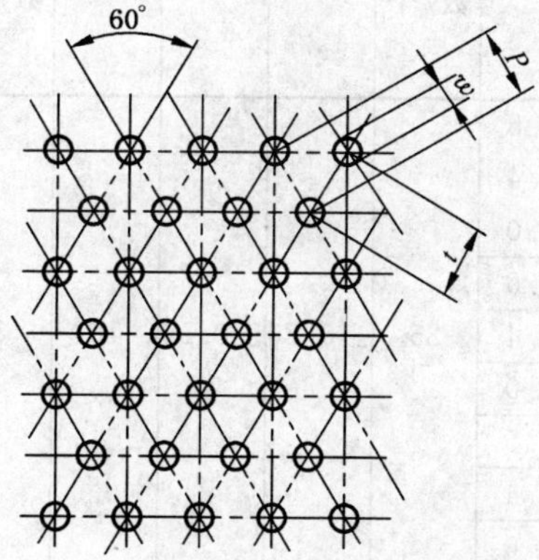

图 7

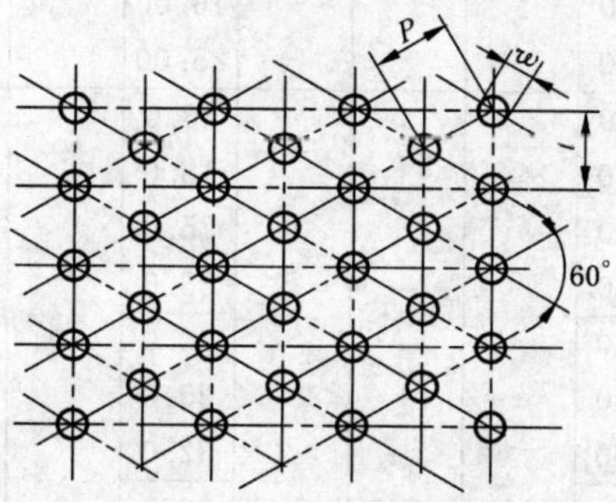

图 8

4.2　筛孔标记按 GB/T 10061 的规定。

4.3　基本尺寸和参数

4.3.1 长圆孔筛板和长方孔筛板基本尺寸和参数按表1的规定。

4.3.2 长圆孔筛板和长方孔筛板斜角基本尺寸和参数按表2的规定。

4.3.3 圆孔筛板基本尺寸和参数按表3的规定。

4.3.4 筛板长度极限偏差和宽度极限偏差按GB/T 1804中公差等级h14的规定。如用户有特殊要求，应由供需双方共同商定。

4.3.5 筛板留边尺寸应由供需双方共同商定，筛板留边极限偏差按表4的规定。

4.3.6 筛板的两对角线应相等，其极限偏差应符合GB/T 1804中公差等级h15的规定。

表 1

单位为毫米

筛孔宽度			筛孔长度		孔距				孔距				板厚	筛分面积百分比/%		
基本尺寸 w_1		极限偏差	基本尺寸 w_2	极限偏差	基本尺寸 P_1	测量区边续孔数/个	极限偏差		基本尺寸 P_2	测量区边续孔数/个	极限偏差			长圆孔		长方孔Z型和U型排列
第一系列尺寸R5	第二系列尺寸R10						平均	单个			平均	单个		Z型排列	U型排列	
0.7	0.7	±0.05	12	±0.05	2.5	25	±0.25	±0.50	16	8	±0.60	±1.00	1.00～1.50	21	—	—
					3.4									15		
					4.0									13		
0.8	0.8				2.5								1.00～1.50	24	—	—
					3.4									18		
					4.0									15		
0.9	0.9				2.5								1.00～1.50	27	—	—
					3.4									20		
					4.0									17		
1.00	1.00	+0.08 −0.06	10.0	+0.40 −0.60	3.50	25	±0.25	±0.50	14.0	8	±0.60	±1.20	1.00	23	—	—
			16.0		4.00				20.0				1.00	26		
	1.25		10.0		3.50				14.0				1.20	25	—	—
			10.0		4.00				14.0				1.20	22		
			16.0		3.50				20.0				1.20	28		
1.60	1.60		12.5		4.00				16.00				1.50	30	—	—
			20.0		4.50				25.00				1.50	28		
	2.00	±0.10	12.5	±0.50	4.50	16	±0.30	±0.60	18.0	6	±0.85	±1.70	1.50	34	—	—
			12.5		5.00				18.0				1.50	27		—
			20.0		5.00				25.0				2.00	31		32
			20.0		6.00				28.0				2.50	23		—
2.50	2.50		16.0		5.00				20.0				1.20	39	—	—
			20.0		5.50				25.0				2.00	35		36
			25.0		6.00				32.0				2.50	32		—
	3.15		16.0		6.00				20.0				2.00	40	—	—
			16.0		7.00				22.0				3.00	31	31	—
			25.0		6.00				32.0				1.50	40	—	41
			25.0		8.00				32.0				3.00	30	30	—
4.00	4.00		20.0		7.00				25.0				2.00	44	—	—
			20.0		8.00				25.0				3.00	38	—	40
			20.0		9.00				28.0				4.00	30	30	—
			32.0		9.00				40.0				4.00	35	35	—

表 1（续）

单位为毫米

筛孔宽度			筛孔长度		孔距				孔距				板厚	筛分面积百分比/%		
基本尺寸 w_1		极限偏差	基本尺寸 w_2	极限偏差	基本尺寸 P_1	测量区边续孔数/个	极限偏差		基本尺寸 P_2	测量区边续孔数/个	极限偏差			长圆孔		长方孔 Z 型和 U 型排列
第一系列尺寸 R5	第二系列尺寸 R10						平均	单个			平均	单个		Z 型排列	U 型排列	
	5.00		20.0		8.00				25.0				2.50	47	—	50
			20.0		9.00				25.0				3.00	42	—	—
			20.0		10.00				28.0				4.00	34	34	—
		+0.1 −0.2	32.0	+0.60 −1.00	10.00	10	±0.40	±0.80	40.0	5	±1.25	±2.50	4.00	39	—	40
6.30	6.30		25.0		11.0				32.0				3.00	42	—	43
			25.0		12.0				36.0				4.00	35		—
			25.0		14.0				36.0				6.00	30		—
			40.0		12.0				50.0				4.00	41		42
	8.00		25.0		12.0				32.0				3.50	44	—	52
			25.0		16.0				36.0				6.00	32	—	—
			40.0		14.0				50.0				4.00	44	—	46
		+0.1 −0.2	40.0	+0.60 −1.00	16.0	10	±0.40	±0.80	50.0	5	±1.25	±2.50	6.00	38	38	—
10.0	10.0		32.0		16.0				40.0				4.00	47	—	50
			32.0		20.0				45.0				8.00	33	—	—
			50.0		18.0				63.0				6.00	42	42	44
	12.5		32.0		18.0				40.0				4.00	51	—	—
			32.0		22.0				45.0				8.00	37		—
			50.0		20.0				63.0				6.00	47		36
			50.0		25.0				70.0				8.00	34		
16.0	16.0	+0.2 −0.4	40.0	+0.80 −1.20	25.0	6	±0.90	±1.80	56.0	4	±1.60	±3.20	6.00	42	—	—
			63.0		28.0				80.0				8.00	43		
	20.0		40.0		32.0				56.0				8.00	40	—	—
			63.0		35.0				90.0				10.0	37		
25.0	25.0		50.0		35.0				63.0				8.00	51	—	—
			80.0		40.0				100				10.0	47		
	31.5		80.0		45.0				100				10.0	52	—	—
		+0.3 −0.5	80.0	+0.80 −1.20	50.0	4	±1.60	±3.20	100	3	±3.00	±6.00	13.0	47		
40.0	40.0		80.0		56.0				100				13.0	51	—	—
			80.0		60.0				112				16.0	43		

表 2

单位为毫米

筛孔宽度			筛孔长度		角度/(°)	孔距				孔距				板厚	筛分面积百分比/%
基本尺寸 w_1		极限偏差	基本尺寸 w_2	极限偏差		基本尺寸 P_1	测量区连续孔数/个	极限偏差		基本尺寸 P_2	测量区连续孔数/个	极限偏差			长方孔和长方孔
第一系列尺寸	第二系列尺寸							平均	单个			平均	单个		
	0.7	±0.90	12	±0.05	20	5.5	10	±0.25	±0.5	7.82	10	±0.5	±1	1.0～1.5	19
			12		20	6.4				8.6					15
			14		18	6.6				9.5					15
			15		20	6.4				8.6					19
0.8		±0.05	12	±0.05	20	5.5	10	±0.25	±0.5	7.82	10	±0.5	±1	1.5	22
			12		20	6.4				8.6					17
			14		18	6.6				9.5					18
			15		20	6.4				8.6					22
	0.9	±0.05	12	±0.05	20	5.5	10	±0.25	±0.5	7.82	10	±0.5	±1	1.5	25
			12		20	6.4				8.6					19
			14		18	6.6				9.5					20
			15		20	6.4				8.6					24
1.0		±0.05	12	±0.05	20	5.5	10	±0.25	±0.5	7.82	10	±0.5	±1	1.5～2.0	28
			12		20	6.4				8.6					22
			14		18	6.6				9.5					22
			15		20	6.4				8.6					27
1.1		±0.05	12	±0.05	20	5.56	10	±0.25	±0.5	7.82	10	±0.5	±1	1.5～2.0	31
			12		20	6.4				8.6					24
			14		18	6.6				9.5					24
			15		20	6.4				8.6					30
1.2		±0.05	12	±0.05	20	5.5	10	±0.25	±0.5	7.82	10	±0.5	±1	1.5～2.0	33
			12		20	6.4				8.6					26
			14		18	6.6				9.5					26
			15		20	6.4				8.6					32
	1.3	±0.05	12	±0.05	20	5.5	10	±0.25	±0.5	7.82	10	±0.5	±1	1.5～2.0	36
			12		20	6.4				8.6					28
			14		18	6.6				9.5					28
			15		20	6.4				8.6					35
	1.4	±0.05	12	±0.05	20	5.5	10	±0.25	±0.5	7.82	10	±0.5	±1	1.5～2.0	39
			12		20	6.4				8.6					30
			14		18	6.6				9.5					30
			15		20	6.4				8.6					38
	1.5	±0.05	12	±0.05	20	5.5	10	±0.25	±0.5	7.82	10	±0.5	±1	1.5～2.0	42
			12		20	6.4				8.6					32
			14		18	6.6				9.5					32
			15		20	6.4				8.6					40

表 3

单位为毫米

筛孔尺寸 w			孔距 P				板厚	筛分面积百分比/%（计算值）
基本尺寸 w_1		极限偏差	基本尺寸 P_1	测量区连续孔数/个	极限偏差			
第一系列尺寸	第二系列尺寸				单个	平均		
	0.3	±0.07	1.2;1.5	5	±0.5	±0.2	0.25	5.7;3.6
0.4							0.3	1.0;6.4
0.5			1.5;1.8				0.4	10;7
0.6							0.5	15;10
0.7			1.8;2.0				0.7	14;11
0.8							0.75	18;15
0.9			2.0;2.2				0.8	18;15
1.0							0.9	22;19
1.1			2.2;2.5				1.0	23;18
1.2							1.0	24;21
	1.3		2.5;3.0				1.0	25;17
1.4							1.0	28;20
	1.5						1.0	33;20
1.6							1.0	37;26
	1.7		3.0;3.5		±0.8	±0.4	1.0	29;21
1.8							1.2	33;24
	1.9						1.2	36;27
2.0							1.2	40;30
	2.1		3.5;4.0				1.2	33;26
2.2							1.2	36;27
	2.4						1.2	43;33
2.5							1.2	46;36
	2.6		4.0;5.0				1.2	38;26
2.8							1.5	44;28
	3.0						1.5	51;32
3.2		±0.09	5.0;6.0				1.5	37;26
	3.4						1.5	42;29
3.6							1.5	47;33
	3.8						1.5	52;36
4.0							1.5	53;40
	4.2		6.0;7.0		±1.0	±0.45	1.5	44;33
4.5							1.5	51;37
	4.8						2.0	58;43
5.0							2.0	63;46
	5.2		8.0;9.0				2.0	38;30
5.5							2.0	43;34
	5.8						2.0	48;38

表 3（续）

单位为毫米

筛孔尺寸 w			孔距 P				板厚	筛分面积百分比/%（计算值）
基本尺寸 w_1		极限偏差	基本尺寸 P_1	测量区连续孔数/个	极限偏差			
第一系列尺寸	第二系列尺寸				单个	平均		
6.0		±0.09	8.0;9.0	5	±1.0	±0.45	2.0	51;40
	6.5	±0.11	9.0;10				2.0	47;38
7.0							2.0	55;44
	7.5		11;12		±1.2	±0.6	2.5	42;35
8.0							2.5	48;40
	8.5		14;16				2.5	33;36
9.0							2.5	37;29
	9.5						2.5	42;32
10							2.5	46;35
	10.5	±0.136	16;18				3.0	39;31
11							3.0	43;34
	11.5						3.0	47;37
12							3.0	51;40
	13		18;20		±1.5	±0.7	3.0	47;38
14							4.0	55;44
16			20;22				4.0	58;48
18			22;25				5.0	61;47
20		±0.165	25;28				5.0	58;46
22			28;32				6.0	56;43
25			32;36				6.0	55;44
28			36;40				8.0	55;44
32		±0.195	40;45				10.0	58;46
36			45;50				10.0	58;47

注 1：筛分面积百分比表示冲孔部分面积相对筛有效面积的百分比。

注 2：筛分面积百分比与孔距基本尺寸 P 的值为对应关系。

表 4

单位为毫米

孔距基本尺寸 P	筛板留边极限偏差
≤5.00	±5.00
>5.00～20.0	±10.0
>20.0	±P/2

5 技术要求

5.1 筛板材料应由钢板、有色金属制成，其材料由供需双方协议规定。

5.2 板厚按表 1、表 2 和表 3 的规定，板厚的允许偏差按照 GB/T 708 的规定。

5.3 筛板的尺寸及极限偏差应符合表 1、表 2 和表 3 的规定。

5.4 筛板不允许有断筋、裂纹、剥层、严重锈蚀等缺陷。

5.5 筛板中如产生未冲透、漏冲、毛刺等缺陷,应按 GB/T 19360 第7章规定。

5.6 按照使用方法、加工物料的不同用户对新产品的需要,供需双方可根据设计要求,协商技术要求。

5.7 为了提高筛板使用寿命,用于物料加工的筛板推荐进行热处理,其热处理技术要求参见附录 A。

6 试验方法和检验规则

6.1 应对筛板长度和宽度、筛板留边宽度、单个筛孔尺寸、平均筛孔尺寸、单个孔距尺寸及平均孔距尺寸进行检测,其方法按 6.6 规定。

6.2 筛孔尺寸用分度值为 0.02 mm 量具检验。

6.3 孔距用分度值为 0.02 mm 量具检验。

6.4 筛板长度和宽度、留边宽度和对角线尺寸用分度值为 0.5 mm 的钢尺检验。

6.5 抽样规则

产品的验收抽样检查按 GB/T 2828.1 的规定,每批不得少于 5 片,如果小于 5 片时应进行全检。

6.6 首先在筛面上,目测检验筛板总的状况,然后在可能超差区域或任意选定的区域对 6.1 中的尺寸进行检验。每批测平均孔距尺寸按表 1、表 2 和表 3 中规定的测量区中沿任一方向连续孔数检测。

6.7 筛板长度和宽度、筛板留边宽度、单个筛孔尺寸、平均筛孔尺寸、单个孔距尺寸及平均孔距尺寸全部项目检验合格,则本批为合格;如有 1 片不合格,应加倍抽取筛片,对不合格项进行复检,仍不合格,则本批判为不合格。

7 标志、包装、运输、贮存

7.1 出厂的筛板必须附有质量检验合格证。

7.2 在出厂的筛板上应有制造厂家的注册商标,筛孔标记可根据需方(用户)要求而定,如果筛板留头、留边少的可以省去不打印。

7.3 包装、运输筛板时应有防锈、防潮措施。

7.4 包装外部应标志(简易包装除外):

a) 制造厂名称;

b) 筛片规格或型号;

c) 筛板数量(张);

d) 箱(包)外廓尺寸及毛重;

e) 出厂编号、日期;

f) 本标准编号。

附 录 A
（资料性附录）
筛板热处理一般要求

A.1 当用户有要求时，筛板进行的热处理，其工艺推荐采用碳氮共渗、软氮化、低碳马氏体处理工艺。当有特殊要求时，供需双方协商。一般要求如下：

A.1.1 碳氮共渗工艺

表面硬度：HV100 g≥550；

渗层深度：70 μm～170 μm。

A.1.2 软氮化工艺

化合物层硬度：HV100 g≥550；

化合物层深度：6 μm ～15 μm；

金相组织：允许表面不超过化合物层三分之一深度有少量点状疏松。

A.1.3 低碳马氏体处理工艺

材料：推荐采用 B3 或 20 钢等材料制造，也可供需双方协商规定；

硬度：HRA≥68，表面磨去 0.15 mm 后进行硬度检验；

金相组织：非马氏体组织含量不得超过整个组织的 5%。

A.2 其他

A.2.1 出口筛板可根据贸易合同，供需双方另行规定。

A.2.2 由于使用方式与加工物料的品种的不同，供需双方根据实际使用情况商定热处理工艺及参数。

ICS 23.040.60
J 15

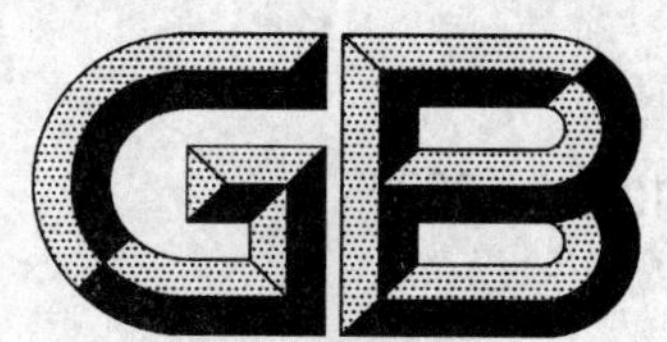

中华人民共和国国家标准

GB/T 12621—2008
代替 GB/T 12621—1990

管法兰用垫片应力松弛试验方法

Standard test method for stress relaxation of gaskets for pipe flanges

2008-05-07 发布　　2008-11-01 实施

中华人民共和国国家质量监督检验检疫总局
中国国家标准化管理委员会　发布

前　言

本标准是对 GB/T 12621—1990《管法兰垫片　应力松弛试验方法》的修订，与 GB/T 12621—1990 相比主要变化如下：

——对标准的适用范围作了修改，增加了非石棉橡胶垫片，聚四氟乙烯垫片，膨胀或改性聚四氟乙烯垫片，柔性石墨复合垫片，具有非金属覆盖层的齿形金属、波形金属和波齿形金属垫片等；

——试验方法 A 中，试样由原来的条形试样改为环状试样；

——试验方法 B 中，针对所增加的垫片种类，补充增加了相应的试验载荷和试验温度等规定；

——增加了对试验次数和试验报告内容的规定。

本标准的附录 A 和附录 B 为规范性附录。

本标准自实施之日起，代替 GB/T 12621—1990。

本标准由中国机械工业联合会提出。

本标准由全国管路附件标准化技术委员会归口。

本标准起草单位：南京工业大学、中机生产力促进中心、浙江国泰密封材料股份有限公司、宁波易天地信远密封技术有限公司、宁波天生密封件有限公司、国家非金属矿制品质量监督检验中心、华东理工大学。

本标准主要起草人：顾伯勤、李俊英、吴益民、蔡仁良、袁奕琳、励行根、陈晔、冯梅、雷建斌。

本标准所代替标准的历次版本发布情况为：

——GB/T 12621—1990。

管法兰用垫片应力松弛试验方法

1 范围

本标准规定了管法兰用垫片应力松弛的A、B两种试验方法。

试验方法A适用于石棉橡胶垫片、非石棉橡胶垫片、聚四氟乙烯垫片、膨胀或改性聚四氟乙烯垫片、柔性石墨复合垫片等。

试验方法B适用于缠绕式垫片,金属包覆垫片,聚四氟乙烯包覆垫片,具有非金属覆盖层的齿形金属、波形金属和波齿形金属垫片等。该方法也适用于试验方法A所适用的垫片,金属平垫片亦可参照该方法进行。

2 试验方法A

2.1 试验装置

试验在专用的应力松弛试验装置上进行,装置由上、下圆平板,中央螺栓,推杆、垫圈、螺母和千分表及其组件等组成,如图1所示。上、下圆平板,中央螺栓,推杆、垫圈和螺母应由42CrMo或性能与之相当的材料制成。中央螺栓的标定按附录A的规定。

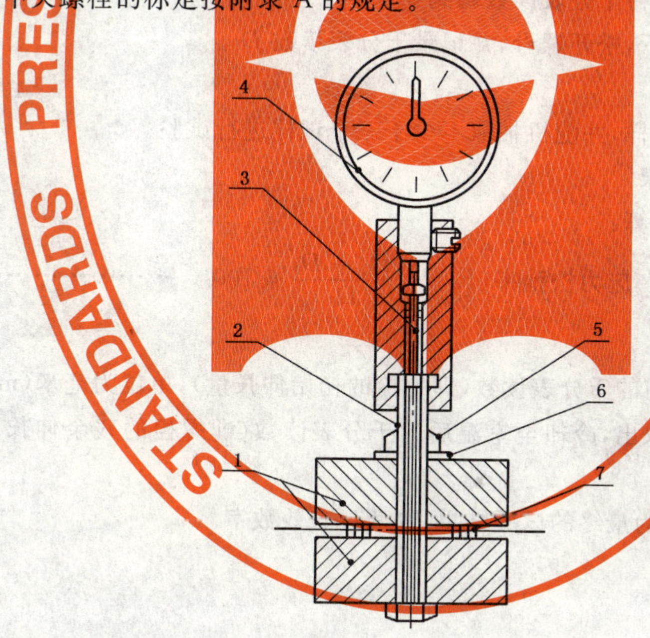

1——上下圆平板;

2——中央螺栓;

3——千分表组件(包括连接套筒、推杆和紧定螺钉);

4——千分表;

5——螺母;

6——垫圈;

7——试样。

图1 适用于试验方法A的垫片应力松弛试验装置

2.2 试样

2.2.1 试验前，试样应在100℃±2℃的热风烘箱中干燥1 h，而后放入盛有合适的干燥剂的干燥器中冷却至21℃～30℃。

2.2.2 除另有规定外，试样应为外径44 mm、内径22 mm，厚度为1.5 mm的圆环。

2.3 试验条件

压紧力：23.8 kN；

试验温度：除另有规定外，100℃±2℃；

试验时间：除另有规定外，22 h。

2.4 试验程序

2.4.1 检查试验装置的各部件，清洁上、下圆平板表面，并用合适的润滑剂润滑螺栓螺纹及垫圈。

2.4.2 试样对中安装于两圆平板之间。

2.4.3 装上中央螺栓、垫圈及螺母，用手将螺母拧紧。

2.4.4 装上千分表组件，并将千分表读数调到零。

2.4.5 用扳手连续、均匀拧紧螺母，直至与试验所规定的压紧力相应的千分表读数，记录该读数 D_0。加载时间应不超过3 s。当压紧力为23.8 kN时，螺栓的典型伸长量为0.109 mm～0.113 mm。

2.4.6 卸除千分表组件。除另有规定外，将装有试样的试验装置放入温度为100℃±2℃的热风烘箱内，保温22 h后取出，冷却至室温。

2.4.7 重新安装千分表组件，并将千分表读数调到零。

2.4.8 在不扰动千分表的条件下，松开螺母，并记录千分表读数 D_f。

2.5 试验次数

从同一样本中选取若干个试样，并随机抽取不少于三个试样进行试验。

2.6 应力松弛率计算及试验结果

2.6.1 应力松弛率按公式(1)计算：

$$\text{应力松弛率}(\%) = \frac{D_0 - D_f}{D_0} \times 100 \qquad \cdots\cdots(1)$$

式中：

D_0——试验装置放入烘箱前的千分表读数(即螺栓的初始伸长量)，单位为毫米(mm)；

D_f——试验装置从烘箱中取出，冷却至室温后的千分表读数(即螺栓的残余伸长量)，单位为毫米(mm)。

2.6.2 取全部试验的平均值作为最终的试验结果，取两位有效数字。

3 试验方法B

3.1 试验装置

3.1.1 试验在专用的垫片应力松弛试验装置上进行，试验装置由中央螺栓、上下法兰、定距块、加载螺母和加热装置等组成，如图2所示。其中载荷测量系统由设置在中央螺栓上部的千分表、下部的调节螺钉及与之相连的中心测量杆所组成。加热装置由电加热器、热电偶及温控仪组成。试验装置的标定按附录B的规定。

3.1.2 中央螺栓材料为35CrMoA，并经调质处理。

3.1.3 中央螺栓在20℃及试验温度下的载荷——变形特性应经严格标定，并换算成以垫片应力及千分表读数为坐标的应力松弛计算图。

3.1.4 温度控制系统的控制精度应在±1℃以内。

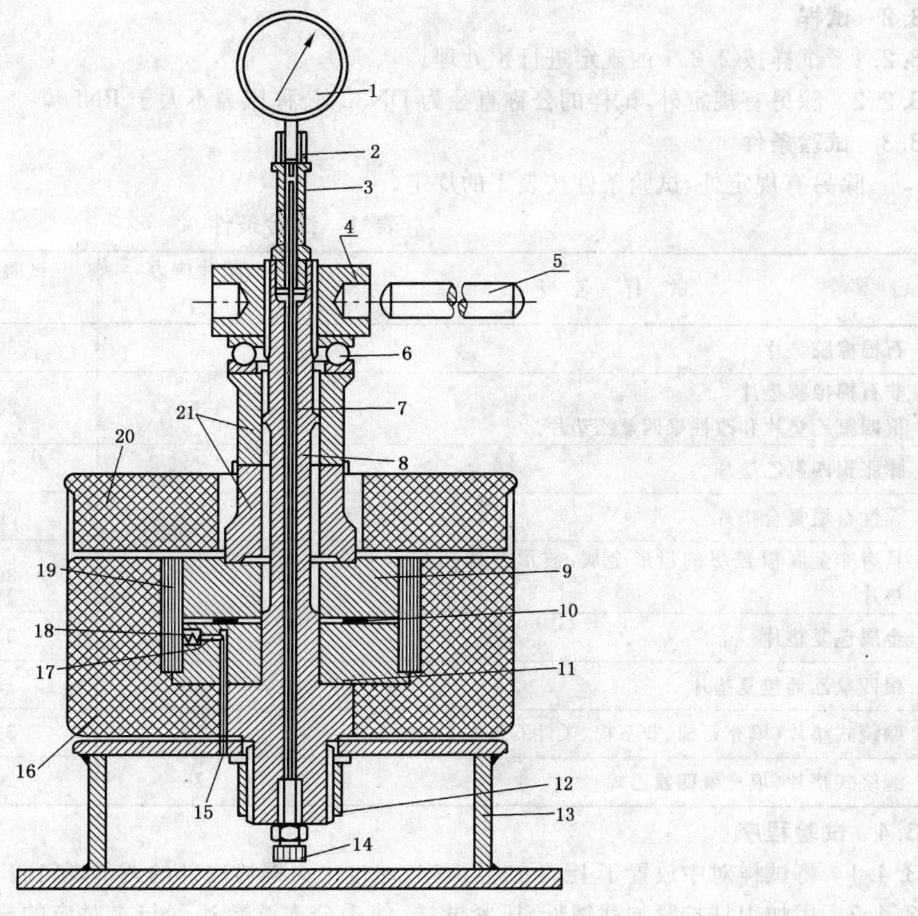

1——千分表；
2——夹持套；
3——千分表架；
4——加载螺母；
5——加力杆；
6——推力球轴承；
7——中心测量杆；
8——中央螺栓；
9——上法兰；
10——试样；
11——下法兰；
12——紧固螺母；
13——支架；
14——调节螺钉；
15——热电偶；
16——保温套；
17——销子；
18——螺塞；
19——电热丝(1 kW)；
20——保温盖板；
21——定距块。

图 2　适用于试验方法 B 的垫片应力松弛试验装置

3.2 **试样**

3.2.1 试样按 2.2.1 的规定进行预处理。

3.2.2 除另有规定外，试样的公称直径为 DN32，公称压力不大于 PN50。

3.3 **试验条件**

除另有规定外，试验条件按表 1 的规定。

表 1 试验条件

试 样 名 称	垫片应力 MPa	试验温度 ℃	试验时间 h
石棉橡胶垫片	40	300	16
非石棉橡胶垫片 聚四氟乙垫片和改性聚四氟乙垫片	35	200	
膨胀聚四氟乙垫片	25	200	
柔性石墨复合垫片	35	300	
具有非金属覆盖层的齿形金属、波形金属和波齿形金属垫片	45	300	
金属包复垫片	60	300	
聚四氟乙烯包复垫片	35	150	
缠绕式垫片(填充石棉、非石棉、柔性石墨)	70	300	
缠绕式垫片(填充聚四氟乙烯)	70	200	

3.4 **试验程序**

3.4.1 将试样对中放置于上、下法兰面间，通过中央螺栓底部的调节螺钉将千分表读数调到零。

3.4.2 用加力杆拧紧加载螺母，压紧试样，使千分表读数达到与之对应的规定的垫片应力。5 min 后若发现千分表读数下降，再次拧紧螺母到初始读数，并记录该读数 A_1(μm)。

3.4.3 接通电加热器，1 h 内从室温均匀地加热到试验温度。

3.4.4 在试验温度下保持 16 h，调节温控仪，使温度波动小于 1.5%。记录千分表读数 A_2(μm)。

3.4.5 在试验温度下，将螺栓卸载并记录千分表读数 A_3(μm)。

3.5 **试验次数**

从同一样本中选取若干个试样，并随机抽取不少于三个试样进行试验。

3.6 **应力松弛率计算及试验结果**

3.6.1 由读数 A_1 及 A_2 和 A_3 的差值，从垫片应力与千分表读数的标定曲线(见附录 B 中的图 B.3)查得 A_1 对应的垫片应力(即 20℃下垫片的初始压缩应力)S_K(MPa)和(A_2-A_3)对应的垫片应力(即垫片的残余应力)S_G(MPa)。

3.6.2 垫片的应力松弛率按公式(2)计算：

$$\text{应力松弛率}(\%)=\frac{S_K-S_G}{S_K}\times 100 \quad\cdots\cdots(2)$$

式中：

S_K——20℃下垫片的初始压缩应力，单位为兆帕(MPa)；

S_G——垫片的残余应力，单位为兆帕(MPa)。

3.6.3 取全部试验的平均值作为最终的试验结果，取两位有效数字。

4 试验报告

试验报告应包括以下内容：

——本试验方法的标准号和采用的试验方法(方法 A 或方法 B)；

——试验垫片的名称、材料、尺寸、标记；
——试样编号、数量；
——试验条件(垫片应力、试验温度、试验时间)；
——试验结果(每个试样的应力松弛率值及该样品的平均值)；
——试验人员、日期。

附　录　A
（规范性附录）
应力松弛试验方法 A 的中央螺栓标定方法

A.1　标定装置

A.1.1　试验装置

试验装置由应力松弛试验装置中的中央螺栓、螺母、千分表组件、垫圈和千分表及其上、下支架等组成，如图 A.1 所示。

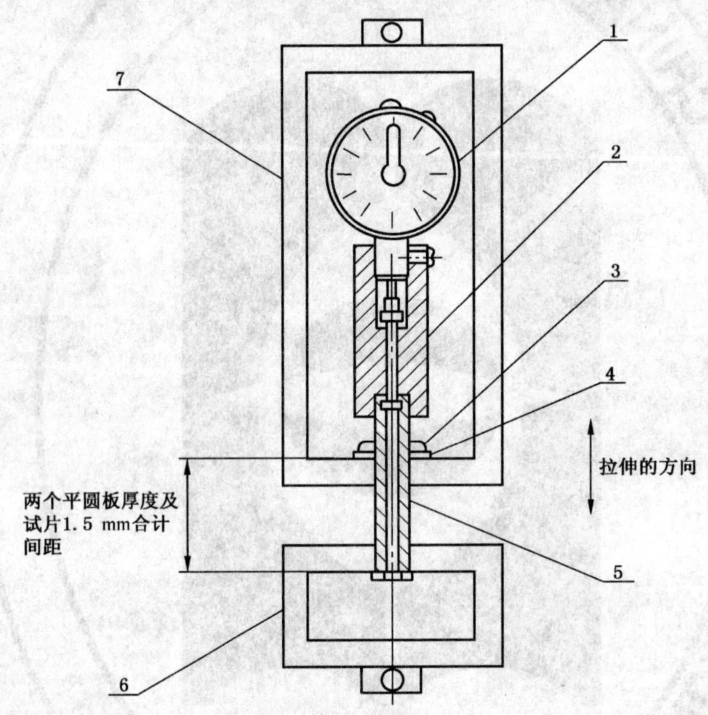

1——千分表；
2——连接套筒；
3——紧固螺母；
4——垫圈；
5——中央螺栓；
6——下支架；
7——上支架。

图 A.1　中央螺栓的标定装置

A.1.2　拉伸试验机

在加载 23.8 kN 时，该试验机的最大允许系统误差应小于施加载荷的 0.5%。

A.2　标定方法

A.2.1　把卸除两个圆平板的应力松弛试验装置安装在上下两个支架上，调整间距为两个圆平板厚度及试样厚度（1.5 mm）之和。

A.2.2　将标定装置安装在拉伸试验机上，不施加载荷，调整千分表读数至零。

A.2.3 施加拉伸载荷至 3.4 kN,保持此载荷,记录千分表指示的螺栓伸长量。继续增加载荷,记录每 3.4 kN 载荷增量时的螺栓伸长量,直至达到 23.8 kN 的总载荷。

A.2.4 卸除螺栓载荷,记下载荷为零时的千分表读数。

A.2.5 按 A.2.2～A.2.4 的内容重复操作三次,确认各载荷下千分表读数偏差在±2 μm 之内。

A.2.6 作出 0 kN～23.8 kN 的螺栓载荷与对应的螺栓伸长量的关系曲线,该曲线必须是直线。当螺栓载荷与伸长量关系不呈直线时,该中央螺栓不能继续使用,必须更换新的中央螺栓。

附 录 B
（规范性附录）
应力松弛试验方法 B 的试验装置标定方法及计算示例

B.1 应力松弛试验装置标定方法

B.1.1 设备

带有千分表和承载套筒的盘式测力计以及能提供足够压缩载荷的压力机。

B.1.2 盘式测力计的标定

B.1.2.1 将盘式测力计(代替上定距块)安装在应力松弛试验装置上,用承载套筒代替加载螺母和紧固螺母,如图 B.1 所示。

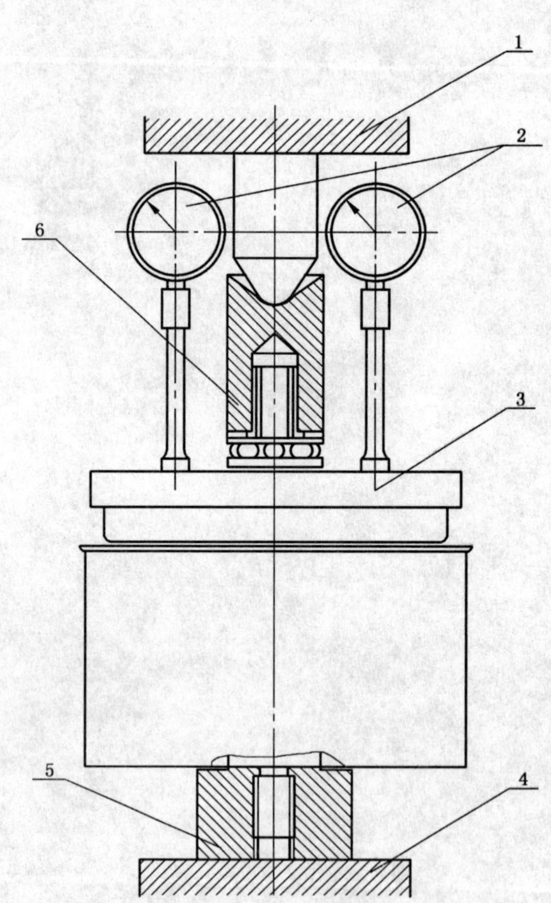

1——压力机压头(上);
2——千分表;
3——盘式测力计;
4——压力机压头(下);
5——承载套筒(下);
6——承载套筒(上)。

图 B.1 盘式测力计标定示意图

B.1.2.2 安装完毕后将该装置放到压力机上。

B.1.2.3 室温下，以适当的载荷增量加载，直至最大压缩载荷达到 103 kN，记录载荷与相应的千分表读数，然后卸载。

B.1.2.4 将装置加热至试验温度，保持该温度 1 h。以适当的载荷增量加载，直至最大载荷达到 103 kN，记录载荷与相应的千分表读数。

B.1.3 应力松弛试验装置的标定

B.1.3.1 将盘式测力计安装在应力松弛试验装置中，如图 B.2 所示。

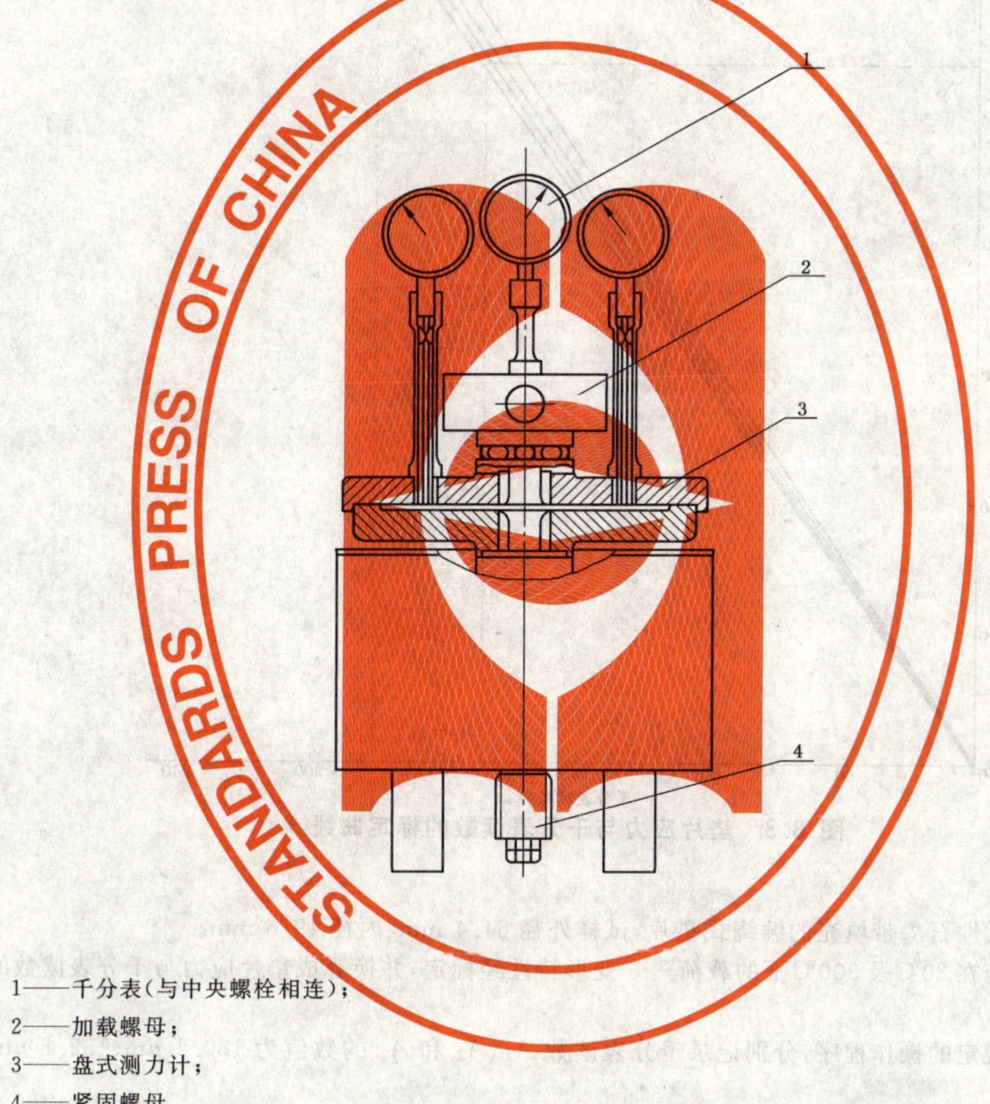

1——千分表(与中央螺栓相连)；

2——加载螺母；

3——盘式测力计；

4——紧固螺母。

图 B.2 应力松弛试验装置标定示意图

B.1.3.2 室温下，用加载螺母加载，使盘式测力计的千分表读数与上述 B.1.2.3 所得到的数值相一致。记录载荷和与中央螺栓相连的千分表的读数。

B.1.3.3 将该装置加热至试验温度，保持该温度 1 h。用加载螺母加载，使盘式测力计的千分表读数与上述 B.1.2.4 所得到的数值相一致。记录载荷和与中央螺栓相连的千分表的读数。

B.1.3.4 将 B.1.3.2 和 B.1.3.3 所得到的数据标绘成以垫片应力和千分表读数表示的标定曲线，如图 B.3 所示。

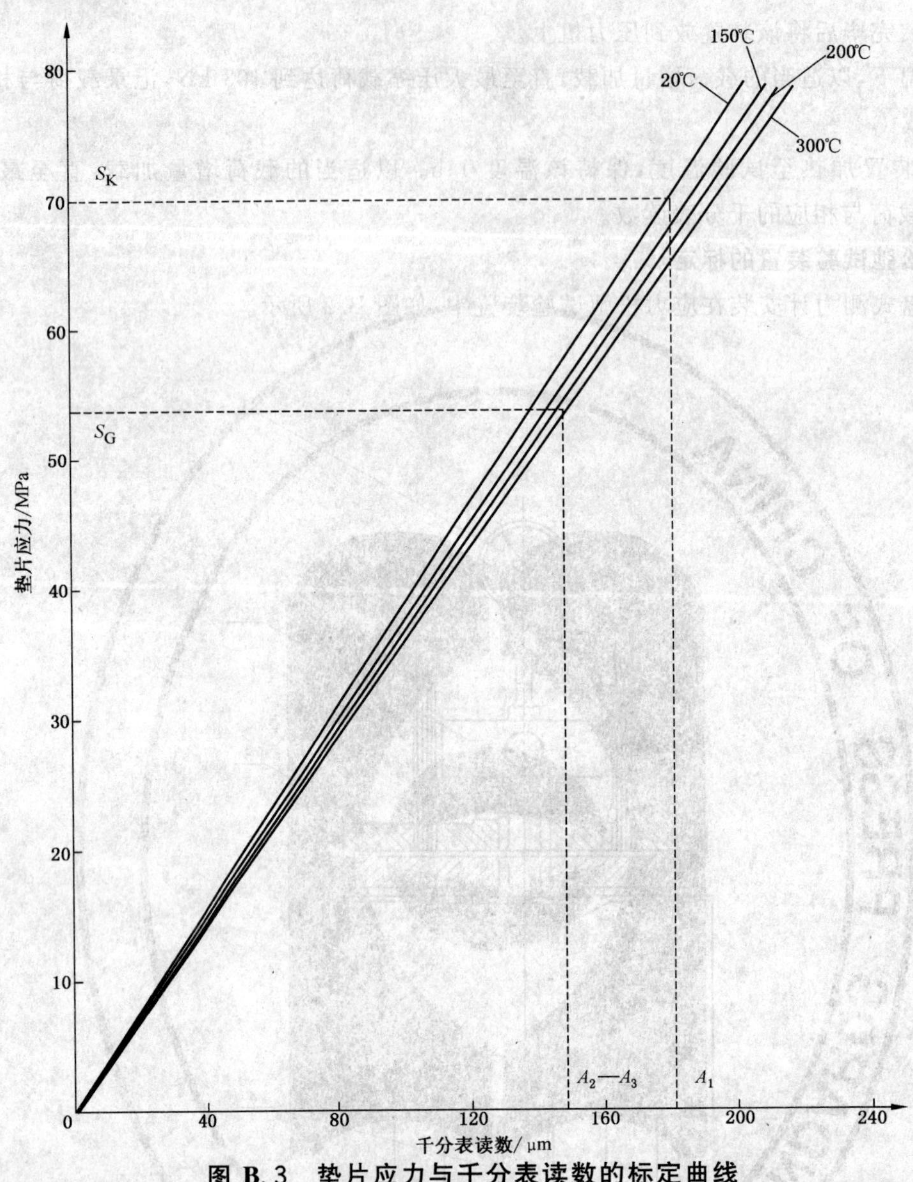

图 B.3 垫片应力与千分表读数的标定曲线

B.2 计算示例

B.2.1 试样为柔性石墨带填充的缠绕式垫片，试样外径 64.4 mm、内径 49.6 mm。

B.2.2 中央螺栓在 20℃及 300℃下的载荷——变形特性经标定，并换算成垫片应力与千分表读数的标定曲线图(图 B.3)。

B.2.3 按 3.4 规定的操作程序，分别记录千分表读数 A_1、A_2 和 A_3 的数值为 180.1 μm、132.8 μm 和 −15.0 μm。

B.2.4 由读数 A_1 及 A_2 和 A_3 的差值，从图 B.3 中相应的 20℃及 300℃下垫片应力——千分表读数曲线上分别查得垫片初始压缩应力 $S_K = 70$ MPa 和垫片残余应力 $S_G = 53.7$ MPa。

B.2.5 垫片应力松弛率计算如下：

$$
\begin{aligned}
\text{应力松弛率}(\%) &= \frac{S_K - S_G}{S_K} \times 100 \\
&= \frac{70 - 53.7}{70} \times 100 \\
&= 23.29
\end{aligned}
$$

ICS 23.040.60
J 15

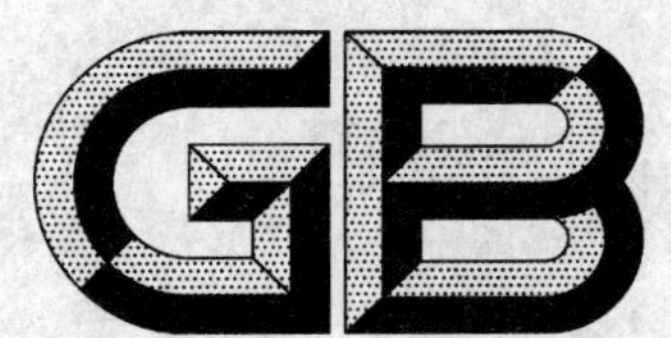

中华人民共和国国家标准

GB/T 12622—2008
代替 GB/T 12622—1990

管法兰用垫片压缩率和回弹率试验方法

Standard test method for compressibility and recovery of gaskets for pipe flanges

2008-05-07 发布　　2008-11-01 实施

中华人民共和国国家质量监督检验检疫总局
中国国家标准化管理委员会　发布

前言

本标准是对GB/T 12622—1990《管法兰垫片　压缩率及回弹率试验方法》的修订，与GB/T 12622—1990相比主要变化如下：

——对标准的适用范围作了修改，增加了非石棉橡胶垫片，聚四氟乙烯垫片，膨胀或改性聚四氟乙烯垫片，柔性石墨复合垫片，具有非金属覆盖层的齿形金属、波形金属和波齿形金属垫片等；

——试验方法A中，针对所增加的垫片种类，补充增加了相应的压头直径、试样预处理方法和试验载荷等规定；

——试验方法B中，补充增加了垫片总载荷的规定；

——试验温度改为21℃～30℃，以便与ASTM F36-99一致；

——增加了对试验次数和试验报告内容的规定。

本标准自实施之日起，代替GB/T 12622—1990。

本标准由中国机械工业联合会提出。

本标准由全国管路附件标准化技术委员会归口。

本标准起草单位：中机生产力促进中心、南京工业大学、浙江国泰密封材料股份有限公司、宁波易天地信远密封技术有限公司、宁波天生密封件有限公司、国家非金属矿制品质量监督检验中心、华东理工大学。

本标准主要起草人：顾伯勤、李俊英、吴益民、蔡仁良、袁奕琳、励行根、陈晔、雷建斌、冯梅。

本标准所代替标准的历次版本发布情况为：

——GB/T 12622—1990。

管法兰用垫片压缩率和回弹率试验方法

1 范围

本标准规定了管法兰用垫片压缩率和回弹率的A、B两种试验方法。

试验方法A适用于石棉橡胶垫片、非石棉橡胶垫片、聚四氟乙烯垫片、膨胀或改性聚四氟乙烯垫片、柔性石墨复合垫片等。

试验方法B适用于缠绕式垫片，金属包覆垫片，聚四氟乙烯包覆垫片，具有非金属覆盖层的齿形金属、波形金属和波齿形金属垫片等。该方法也适用于试验方法A所适用的垫片，金属平垫片亦可参照该方法进行。

2 试验方法A

2.1 试验装置

2.1.1 试验在专用的垫片压缩回弹试验装置上进行，图1为试验装置的示例。

1——砧座；
2——压头；
3——位移传感器；
4——重砣；
5——支点；
6——游砣；
7——杠杆；
8——操作盘；
9——显示屏；
10——打印机。

图1 适用于试验方法A的垫片压缩回弹性能试验装置

2.1.2 砧座为直径不小于31.7 mm的圆台，表面须经硬化及研磨处理，硬度不小于40HRC，表面粗糙度Ra不大于 1.6 μm。

2.1.3 压头为一圆形钢柱，其直径为 6.4 mm，直径的极限偏差为±0.025 mm。钢柱端部须经硬化和研磨处理，硬度不小于 40 HRC，表面粗糙度Ra不大于 1.6 μm。

2.1.4 位移传感器应能测出试样在试验期间的厚度，测量精度不小于 0.002 mm。

2.1.5 初载荷为由压头和重砣施加的自重载荷，其误差应在规定值的±1%以内。

2.1.6 主载荷为由游砣、杠杆等组成的加载装置施加的载荷，其误差应在规定值的±1%以内。主载荷不包括规定的初载荷。

2.2 试样

2.2.1 试验前，试样应在 100℃±2℃的热风烘箱中干燥 1 h，而后放入盛有合适的干燥剂的干燥器中冷却至 21℃～30℃。

2.2.2 试样为方形，试样面积为 6.5 cm^2，试样厚度为 1.5 mm。

2.3 试验条件

试验应在 21℃～30℃下进行，各种垫片所适用的初载荷和主载荷按表 1 的规定。

表 1 试验载荷

垫片材料	初载荷 N	主载荷 N	总载荷 （初、主载荷之和） N
石棉橡胶垫片、非石棉橡胶垫片、聚四氟乙烯垫片、改性聚四氟乙烯垫片、柔性石墨复合垫片	22.2	1 090	1 112.2
膨胀聚四氟乙烯垫片	22.2	545	567.2

2.4 试验程序

2.4.1 不放入试样，测定总载荷下压头的位移量，将此位移量的绝对值加到 2.6 的 T_2 中，以修正系统误差。

2.4.2 将预处理过的试样置于砧座中央，施加初载荷并保持 15 s，然后记录试样的厚度 T_1(mm)。

2.4.3 缓慢施加主载荷(移动游砣)，使之在 10 s 内达到总载荷值，保持 60 s，然后记录试样的厚度 T_2(mm)。

2.4.4 卸除主载荷(返回游砣至初始位置)，并在 60 s 后，记录初载荷作用下的试样厚度(即回弹后的试样厚度) T_3(mm)。

2.5 试验次数

从同一样本中选取若干个试样，并随机抽取不少于三个试样进行试验。

2.6 压缩率和回弹率计算及试验结果

2.6.1 压缩率和回弹率分别按公式(1)和公式(2)计算：

$$\text{压缩率}(\%) = \frac{T_1 - T_2}{T_1} \times 100 \qquad \cdots\cdots(1)$$

$$\text{回弹率}(\%) = \frac{T_3 - T_2}{T_1 - T_2} \times 100 \qquad \cdots\cdots(2)$$

式中：

T_1——试样在初载荷下的厚度，单位为毫米(mm)；

T_2——试样在总载荷下的厚度，单位为毫米(mm)；

T_3——试样在返回至初载荷下的厚度，单位为毫米(mm)。

2.6.2 取全部试验的平均值作为最终的试验结果，取两位有效数字。

3 试验方法 B

3.1 试验装置

3.1.1 试验在专用的垫片压缩回弹性能试验装置上进行，试验装置由液压加载系统、数据采集系统及试验法兰等组成，如图 2 所示。

3.1.2 垫片加载系统应能提供规定的垫片载荷，试验过程中垫片载荷的波动应小于规定值的 1%，并能按恒定的速度加载和卸载。

3.1.3 试验法兰采用模拟法兰，密封面为平面，法兰厚度与直径之比应不小于 1/3，法兰材料的弹性模量应为 195 GPa～210 GPa，密封面硬度应为 40 HRC～50 HRC，密封面表面粗糙度 Ra 应在 3.2 μm～6.3 μm 范围内。

3.2 试样

3.2.1 试样按 2.2.1 的规定进行预处理。

3.2.2 除另有规定外，试样的公称直径为 DN 80，公称压力不大于 PN 50。

3.3 试验条件

除另有规定外，试验条件按表 2 的规定。

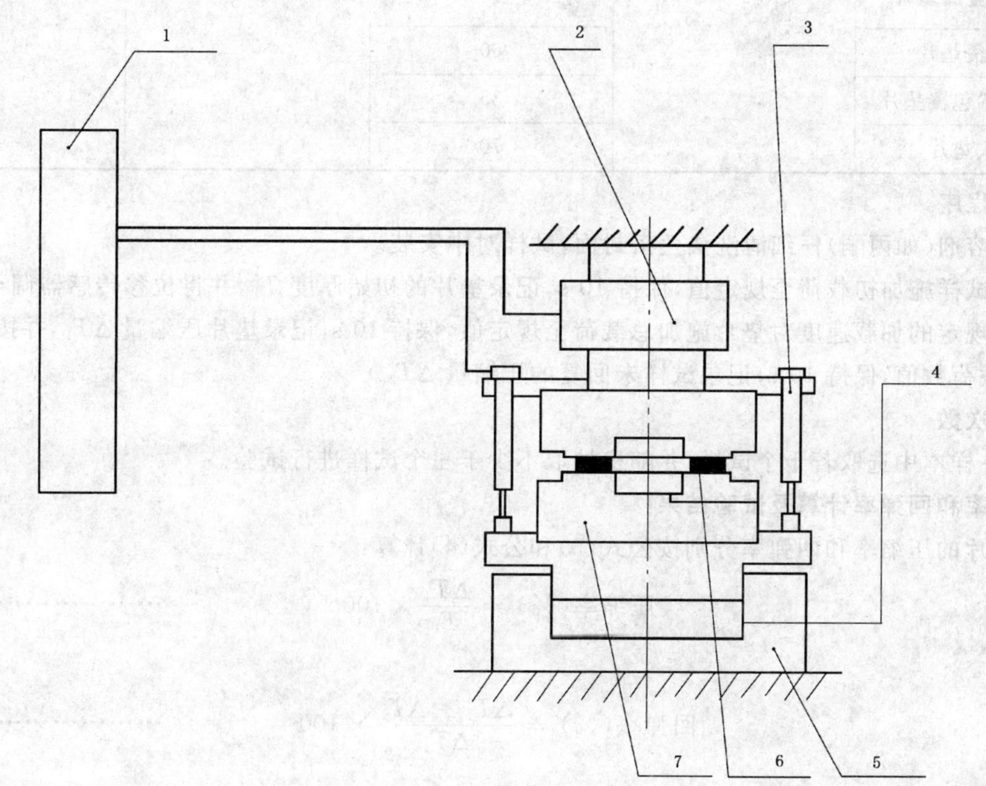

1——数据采集系统；
2——载荷传感器；
3——位移传感器；
4——压力源；
5——油缸；
6——垫片；
7——模拟法兰。

图 2 适用于试验方法 B 的垫片压缩回弹性能试验装置

表 2 试验条件

<table>
<tr><th>试样名称</th><th>垫片初载荷
MPa</th><th>垫片总载荷
MPa</th><th>加载及卸载速度
MPa/s</th><th>试验温度
℃</th></tr>
<tr><td>石棉橡胶垫片</td><td rowspan="11">总载荷的 5%</td><td>40</td><td rowspan="2">0.5</td><td rowspan="11">21～30</td></tr>
<tr><td>非石棉橡胶垫片</td><td>35</td></tr>
<tr><td>橡胶垫片</td><td>7</td><td>0.1</td></tr>
<tr><td>聚四氟乙烯垫片和改性聚四氟乙烯垫片</td><td>35</td><td rowspan="2">0.2</td></tr>
<tr><td>膨胀聚四氟乙烯垫片</td><td>25</td></tr>
<tr><td>柔性石墨复合垫片</td><td>35</td><td rowspan="6">0.5</td></tr>
<tr><td>具有非金属覆盖层的齿形金属、波形金属和波齿形金属垫片</td><td>45</td></tr>
<tr><td>金属包覆垫片</td><td>60</td></tr>
<tr><td>聚四氟乙烯包覆垫片</td><td>35</td></tr>
<tr><td>缠绕式垫片</td><td>70</td></tr>
</table>

3.4 试验程序

3.4.1 用溶剂(如丙酮)仔细清洗法兰密封面,试样对中安装。

3.4.2 对试样施加初载荷至规定值,保持 10 s,记录垫片的初始厚度 T_1,并将位移传感器调至零。

3.4.3 按规定的加载速度对垫片施加总载荷至规定值,保持 10 s,记录垫片压缩量 ΔT_1,并按规定速度卸载至初载荷数值,保持 10 s,记录试样未回复的压缩量 ΔT_2。

3.5 试验次数

从同一样本中选取若干个试样,并随机抽取不少于三个试样进行试验。

3.6 压缩率和回弹率计算及试验结果

3.6.1 垫片的压缩率和回弹率分别按公式(3)和公式(4)计算:

$$压缩率(\%)=\frac{\Delta T_1}{T_1}\times 100 \qquad \cdots\cdots(3)$$

$$回弹率(\%)=\frac{\Delta T_1-\Delta T_2}{\Delta T_1}\times 100 \qquad \cdots\cdots(4)$$

式中:

T_1——试样在初载荷下的厚度,单位为毫米(mm);

ΔT_1——试样在总载荷下的压缩量,单位为毫米(mm);

ΔT_2——试样在返回至初载荷下的未回复的压缩量,单位为毫米(mm)。

3.6.2 取全部试验的平均值作为最终的试验结果,取两位有效数字。

4 试验报告

试验报告应包括以下内容:

——本试验方法的标准号和采用的试验方法(方法 A 或方法 B);

——试验垫片的名称、材料、尺寸、标记；
——试样编号、数量；
——试验条件(初载荷、总载荷、试验温度)；
——试验结果(每个试样的压缩率和回弹率值及该样品的平均值)；
——试验人员、日期。

ICS 35.220.20
L 63

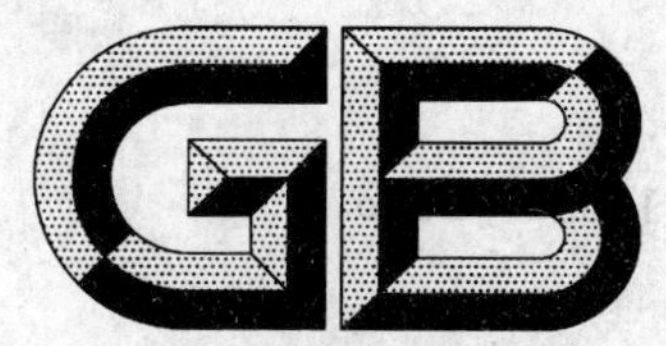

中华人民共和国国家标准

GB/T 12628—2008
代替 GB/T 12628—1990

硬磁盘驱动器通用规范

General specification for hard disk drive

2008-07-18 发布　　　　2008-12-01 实施

中华人民共和国国家质量监督检验检疫总局
中国国家标准化管理委员会　发布

前　言

本标准代替 GB/T 12628—1990《硬磁盘驱动器通用技术条件》。

本标准与 GB/T 12628—1990 的主要区别如下：

——GB/T 12628—1990 只涵盖 3.5 in 硬磁盘驱动器，本标准增加 2.5 in 硬磁盘驱动器；

——增加了硬磁盘片、数据传输率、准备时间、接口、启停测试等关键术语；

——删除了原标准中的温式（氏）磁盘驱动器、头盘组件、记录方式、记录密度、磁通翻转密度、磁道密度、柱面、格式化容量、主轴电机启动时间、主轴电机停止时间、最大寻道时间、平均旋转等待时间、缺陷磁道、恶劣码等术语；

——增加了结构示意图、外形及安装示意图、增加了平均寻道时间、数据传输率、准备时间等主要性能指标；

——更新了 GB/T 12628—1990 安全要求和电磁兼容要求及测试方法；

——增加了 2.5 in 和 3.5 in 硬盘的环境适应性要求以及测试方法，更新抗振动以及抗冲击性能要求；

——增加了启停测试要求及测试方法；

——更新了电源适应能力的要求及测试方法；

——更新了 GB/T 12628—1990 中检验规则中的交收检验内容；

——更新了 GB/T 12628—1990 包装标志中的内容；

——删除了 GB/T 12628—1990 附录 C。

本标准中的附录 A 和附录 B 是规范性附录。

本标准由全国信息技术标准化技术委员会（SAC/TC 28）提出并归口。

本标准起草单位：深圳易拓科技有限公司、中国电子技术标准化研究所、华中科技大学、中国长城计算机深圳股份有限公司。

本标准主要起草人：许铭癸、郑洪仁、邓德新、冯丹、刘景宁、储成武、钱舒、王华、叶少文、童广胜。

本标准由标准起草单位负责解释。

本标准所代替标准的历次版本发布情况为：

——GB/T 12628—1990。

硬磁盘驱动器通用规范

1 范围

本标准规定了硬磁盘驱动器(以下简称产品)的技术要求、试验方法、检验规则、标志、包装、运输、贮存等。

本标准主要适用于2.5 in和3.5 in硬磁盘驱动器,是制定产品标准的依据,其他规格的可参照使用。

2 规范性引用文件

下列文件中的条款通过本标准的引用而成为本标准的条款。凡是注日期的引用文件,其随后所有的修改单(不包括勘误的内容)或修订版均不适用于本标准,然而,鼓励根据本标准达成协议的各方研究是否可使用这些文件的最新版本。凡是不注日期的引用文件,其最新版本适用于本标准。

GB/T 191—2008 包装储运图示标志(ISO 780:1997,MOD)

GB/T 2421 电工电子产品环境试验 第1部分:总则(GB/T 2421—1999,eqv IEC 60068-1:1998)

GB/T 2422 电工电子产品环境试验 术语(GB/T 2422—1995,eqv IEC 60068-5-2:1990)

GB/T 2423.1—2001 电工电子产品环境试验 第2部分:试验方法 试验A:低温(idt IEC 60068-2-1:1990)

GB/T 2423.2—2001 电工电子产品环境试验 第2部分:试验方法 试验B:高温(idt IEC 60068-2-2:1974)

GB/T 2423.3—2006 电工电子产品环境试验 第2部分:试验方法 试验Cab:恒定湿热试验(IEC 60068-2-78:2001,IDT)

GB/T 2423.5—1995 电工电子产品环境试验 第2部分:试验方法 试验Ea和导则:冲击(idt IEC 60068-2-27:1987)

GB/T 2423.10—2008 电工电子产品环境试验 第2部分:试验方法 试验Fc:振动(正弦)(IEC 60068-2-6:1995,IDT)

GB 4943—2001 信息技术设备的安全(eqv IEC 60950:1999)

GB/T 5080.7—1986 设备可靠性试验 恒定失效率假设下的失效率与平均无故障时间的验证试验方案(idt IEC 60505-7:1978)

GB/T 5271.14—2008 信息技术 词汇 第14部分:可靠性、可维修性与和可用性(ISO/IEC 2382-14:1997,IDT)

GB/T 6882—1986 声学 噪声源声功率级的测定 消声室和半消声室精密法

GB 9254 信息技术设备的无线电骚扰限值和测量方法(GB 9254—1998,idt CISPR 22:1997)

GB/T 17618 信息技术设备抗扰度限值和测量方法(GB 17618—1998,idt CISPR 24:1997)

3 术语和定义

下列术语和定义适用于本标准。

3.1

硬磁盘驱动器 hard disk drive

以硬磁盘片作为主要记录介质进行数据读写的存储设备。

注:俗称硬盘。

3.2

硬磁盘片　disk

以铝或玻璃为基材，表面溅射磁性材料的圆盘状存储介质。

注：以后简称盘片。

3.3

非格式化容量　unformatted capacity

在硬盘上以非格式化方式记录的数据字节数。用 TB、GB、MB、KB 表示，其中：

1 TB=10^{12}字节，1 GB=10^9 字节，1 MB=10^6 字节，1 KB=10^3 字节。

3.4

数据传输率　data transfer rate

单位时间内所传输的数据位数。用 Gbit/s、Mbit/s 表示，其中：

1 Gbit/s=10^9 位/秒，1 Mbit/s=10^6 位/秒。

3.5

寻道时间　seek time

磁头移动到目的磁道所需时间与稳定时间之和。

3.6

稳定时间　settling time

磁头移到目的磁道后允许开始进行数据读写的时间。

3.7

道-道时间　track-to-track seek time

磁头从某磁道移到相邻磁道所需的寻道时间。

3.8

平均寻道时间　average seek time

若干次随机寻道时间的平均值。

3.9

读软错　recoverable read error

读数据时出错，并在规定的重试次数内可恢复的错误。

3.10

读硬错　unrecoverable read error

读数据时出错，并在规定的重试次数内不可恢复的错误。

3.11

寻道错　seek error

寻道操作时，出现与目的磁道标志不符的错误。

3.12

准备时间　power on to ready time

从加电到进入读写状态所需时间。

3.13

接口　interface

硬磁盘驱动器与其他设备连接的方式。

3.14

启停测试　start/stop cycle

硬盘在读写状态与停机状态之间交替转换的循环测试。

4 要求

4.1 外观和结构

4.1.1 一般要求

产品表面不应有明显的凹痕、划伤、裂缝、变形等，表面涂镀层不应起泡、龟裂和脱落，金属零部件不应有锈蚀及其他机械损伤。

连接器无损坏现象，插拔容易，其他零部件应紧固无松动。

说明功能的文字、符号及功能显示应清晰端正。

4.1.2 结构

本标准尺寸建议适用单盘片或双盘片硬磁盘驱动器，长度尺寸单位为毫米(mm)。

4.1.2.1 3.5 in 硬磁盘驱动器

3.5 in 硬磁盘驱动器外型结构示意图见图 1。

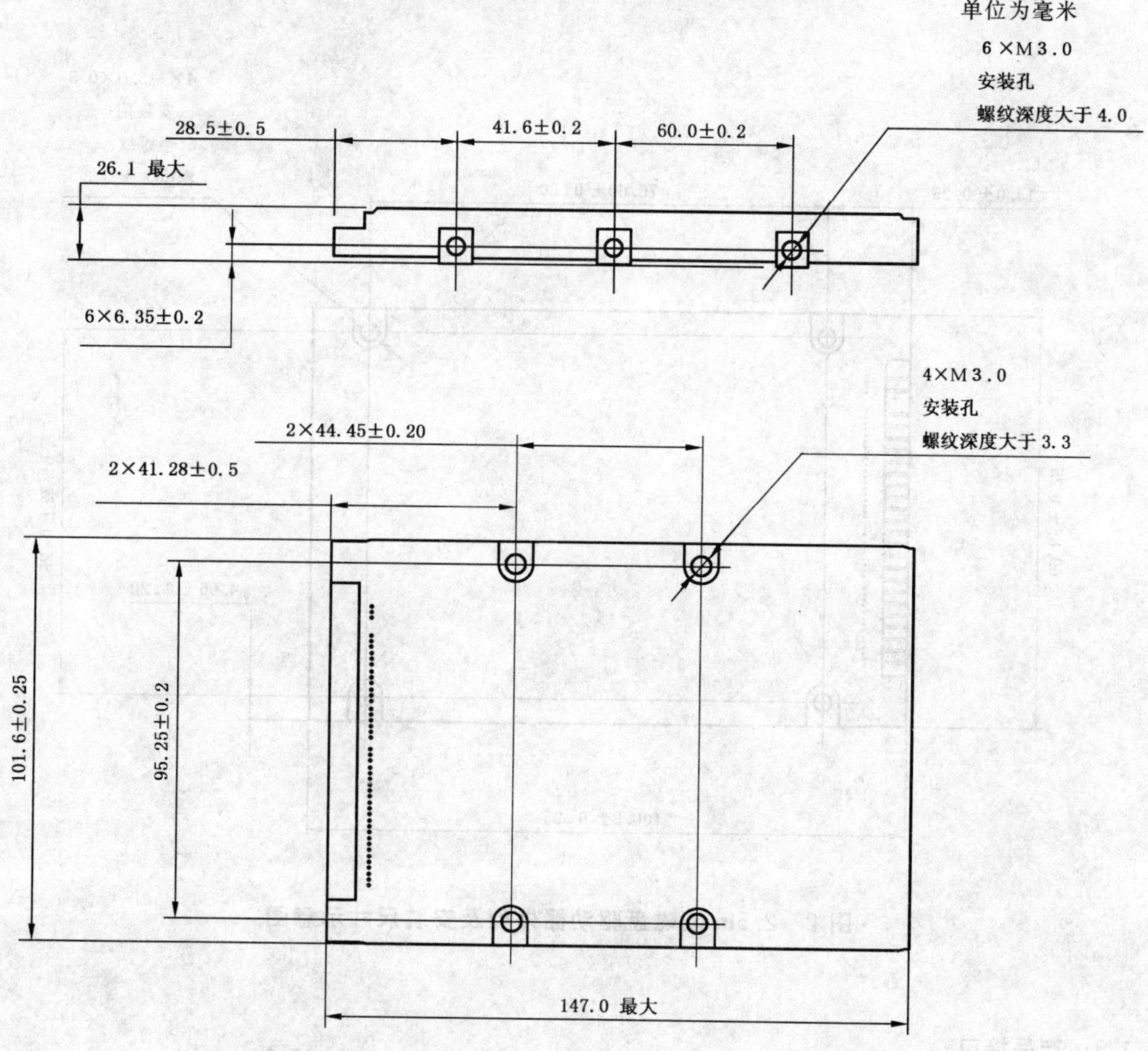

图 1 3.5in 硬磁盘驱动器外型及安装尺寸示意图

4.1.2.2 2.5 in 硬磁盘驱动器

2.5 in 硬磁盘驱动器外型结构示意图见图 2。

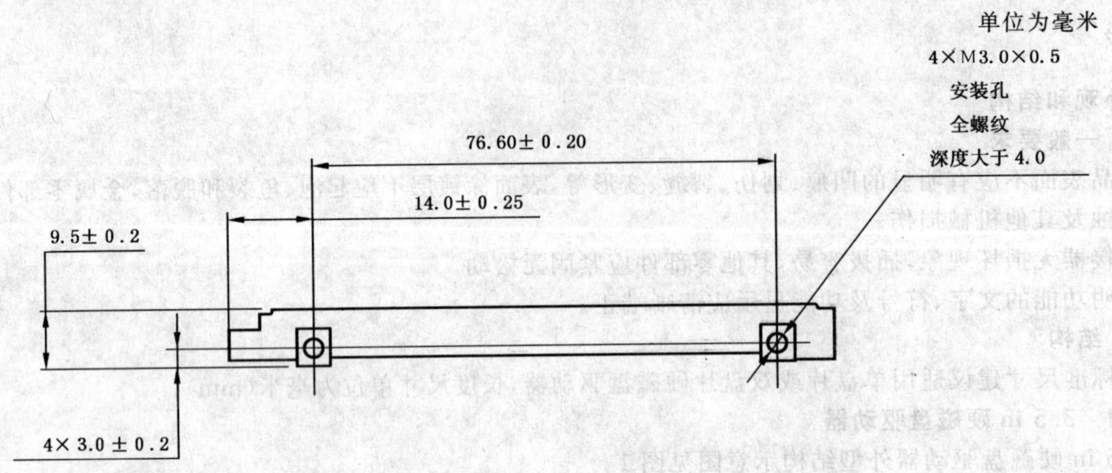

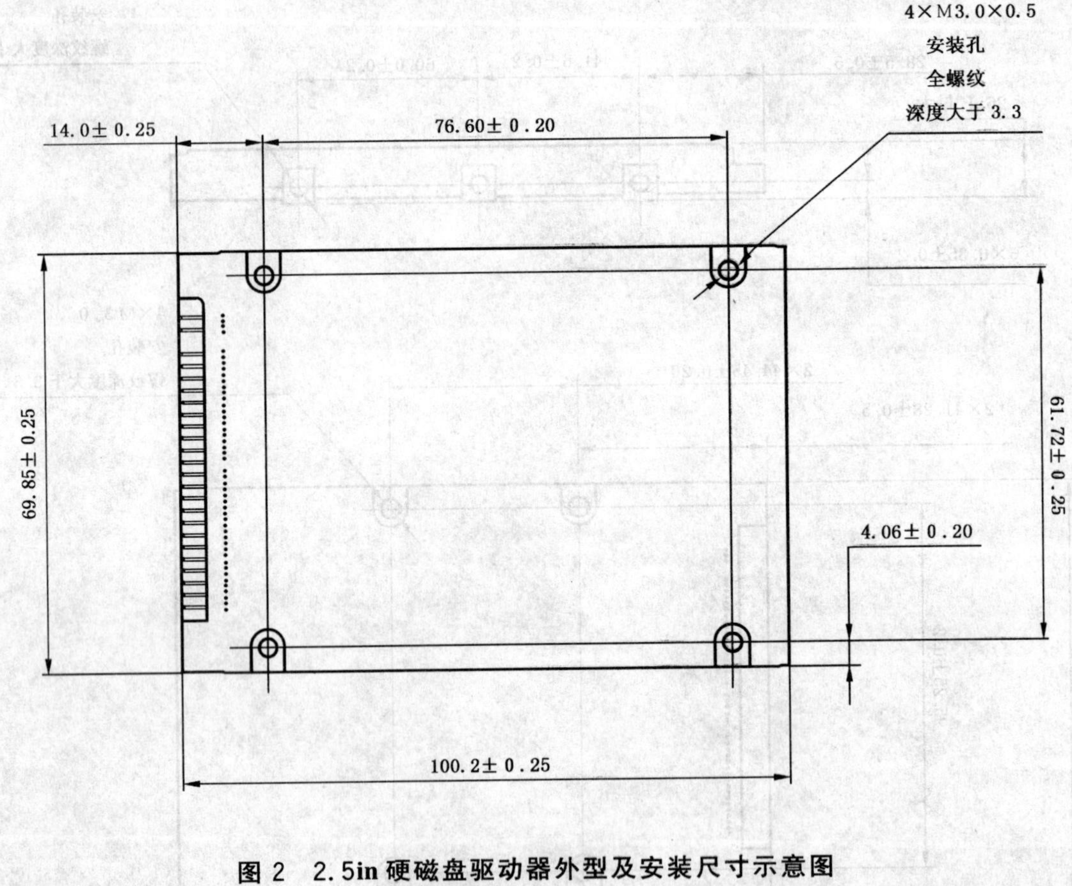

图2 2.5in硬磁盘驱动器外型及安装尺寸示意图

4.1.3 产品接口

硬磁盘驱动器的接口可采用并行接口(PATA)，串行接口(SATA)，增强型外部串行接口(eSATA)，小型计算机系统接口(SCSI)，串行连接SCSI(SAS)等，具体规格由产品标准规定。

4.2 性能要求

4.2.1 容量要求

非格式化容量不低于标称容量。

4.2.2 平均寻道时间

用来描述硬磁盘驱动器读取数据的能力，单位为毫秒(ms)。当单碟容量增大时，单位面积上的磁密度增加，磁头的寻道动作和移动距离减少，从而使平均寻道时间减少，加快硬磁盘驱动器数据传输速度，提高硬磁盘驱动器性能。

平均寻道时间规格如表1。

表1 平均寻道时间

命令类型	寻道时间/ms
读	9.2
写	10.2

4.2.3 数据传输率

数据传输率的最低标准如表2。

表2 数据传输率

数据传输类型	传输率
内部传输率	800 Mbit/s
外部传输率	133(PATA)/300(SATA) MB/s

4.2.4 准备时间

准备时间不应大于20 s。

4.3 安全要求

4.3.1 接触电流

产品的接触电流应符合GB 4943—2001中5.1的规定。

4.3.2 接地连续性

产品的接地连续性应符合GB 4943—2001中2.6的规定。

4.3.3 保护功能

产品应具有过流、过压和短路等保护功能。

4.4 噪声

硬磁盘驱动器噪声要求如表3。

表3 硬磁盘驱动器噪声要求

项目		3.5 in硬磁盘驱动器	2.5 in硬磁盘驱动器
噪音(dB)	空载(最大)	33	33
	工作状态(最大)	39	35

4.5 电磁兼容要求

4.5.1 无线电骚扰限值

产品的无线电骚扰限值应符合GB 9254规定的要求。应在产品标准中指明是A级或B级。

4.5.2 抗扰度限值

产品的抗扰度限值应符合GB/T 17618规定的要求。

4.6 环境适应性

4.6.1 气候环境

4.6.1.1 3.5 in硬磁盘驱动器

本标准将3.5 in硬磁盘驱动器气候环境适应性的环境条件定义为：把样品暴露于自然或人造环境中，从而对其在使用、运输和贮存条件下的适应能力作出评价。

该环境要求硬磁盘驱动器能够在表4环境条件中工作或者不会受到损坏。

表 4　3.5 in 硬磁盘驱动器外部环境要求

项目	工作状态	贮存运输状态
环境温度	0 ℃～55 ℃	−40 ℃～65 ℃
相对湿度	20%～80%	8%～90%
湿球温度	≤29.4 ℃	≤35 ℃
温度变化速率	≤20 ℃/h	≤20 ℃/h
大气压力	86 kPa～106 kPa	86 kPa～106 kPa

4.6.1.2　2.5 in 硬磁盘驱动器

本标准将 2.5 in 硬磁盘驱动器气候环境适应性的环境条件定义为：把样品暴露与自然和人工的环境中，从而对其在实际中遇到的使用，运输和储存条件下的适应能力作出评价。

该环境要求硬磁盘驱动器能够在表 5 环境下工作或者不会受到损坏。

表 5　2.5 in 硬磁盘驱动器外部环境要求

项目	工作状态	贮存运输状态
环境温度	5 ℃～55 ℃	−40 ℃～65 ℃
相对湿度	20%～80%	8%～90%
湿球温度	≤29.4 ℃	≤40 ℃
温度变化速率	≤20 ℃/h	≤20 ℃/h
大气压力	86 kPa～106 kPa	86 kPa～106 kPa

4.6.2　振动

本标准目的是确定硬磁盘驱动器具有承受规定等级振动能力。

4.6.2.1　3.5 in 硬磁盘驱动器

3.5 in 硬磁盘驱动器振动适应性要求在表 6 中条件下硬磁盘驱动器不得有软硬件故障出现。

表 6　3.5 in 硬磁盘驱动器振动适应性要求

试验项目	试验内容	工作状态	储存运输状态
初始振动和最后振动响应检查	频率范围/Hz	5～300	5～500
	扫频速度 /(oct/min)	0.5	
	加速度 /(m/s^2)	5	20

4.6.2.2　2.5 in 硬磁盘驱动器

2.5 in 硬磁盘驱动器振动适应性要求在表 7 条件下硬磁盘驱动器不得有软硬件故障出现。

表 7　2.5 in 硬磁盘驱动器振动适应性要求

试验项目	试验内容	工作状态	储存运输状态
初始振动和最后振动响应检查	频率范围/Hz	5～500	10～500
	扫频速度 /(oct/min)	0.5	
	加速度 /(m/s^2)	10	50

4.6.3　冲击

本标准目的是确定硬磁盘驱动器承受规定要求半正弦波的冲击能力。

4.6.3.1 3.5 in 硬磁盘驱动器

3.5 in 硬磁盘驱动器冲击适应性要求在表 8 条件下硬磁盘驱动器不得有软硬件故障出现。

表 8 3.5 in 硬磁盘驱动器冲击适应性要求

状态	峰值加速度/(m/s^2)	脉冲持续时间/ms	冲击波形
工作	70	2	半正弦波
	30	4	
	10	11	
非工作	350	2	
	150	11	

4.6.3.2 2.5 in 硬磁盘驱动器

2.5 in 硬磁盘驱动器冲击适应性要求在表 9 条件下硬磁盘驱动器不得有软硬件故障出现。

表 9 2.5 in 硬磁盘驱动器冲击适应性要求

状态	峰值加速度/(m/s^2)	脉冲持续时间/ms	冲击波形
工作	250	2	半正弦波
非工作	900	2	
	800	1	
	150	11	

4.7 电源适应能力

产品应在电压 12(1±10%)V 或 5(1±5%)V 的条件下正常工作。

4.8 可靠性要求

4.8.1 出错率要求

在 25 ℃环境，极限环境不超过 65%湿度的情况下，每读 10^{13} 比特出现不超过一次不可恢复读错率。

4.8.2 启停稳定性要求

经过 50 000 次加电和断电循环测试无真正失败。

注：真正失败指的是硬磁盘驱动器软硬件损坏，经过重启仍然无法恢复的故障。

4.8.3 平均故障间隔时间(MTBF)要求

采用平均故障间隔时间(MTBF)衡量系统的可靠性水平。产品的平均故障间隔时间(MTBF)的 m_1 值应不少于 5 000 h。

5 试验方法

5.1 试验环境条件

本标准中除气候环境试验、可靠性试验以外，其他试验均可在下述试验用标准大气条件下进行：

a) 温 度：15 ℃～35 ℃；

b) 相对湿度：25%～75%；

c) 大 气 压：86 kPa ～106 kPa。

在所有实验项目中，受试样品周围的磁场强度不得超过 2000A/m，且空气中不应含有盐雾及腐蚀性物质。

5.2 尺寸规格检验

硬磁盘驱动器外观采用人工目测的方式进行检测。

硬磁盘驱动器外型尺寸用长度测量仪器进行检测。

各检测应符合 4.1 要求。

注：外型和重量测量时的硬磁盘驱动器应是已经贴上各标签后的硬磁盘驱动器。

5.3 性能试验

5.3.1 硬盘非格式化容量

硬盘非格式化容量通过相关非格式化容量的专业软件测试。

注：非格式化容量：1GB=10 000 000 000 字节。

5.3.2 平均寻道时间

平均寻道时间是指测量所有寻道时间的加权平均值，这里用 T 表示。

$$T=\frac{\sum_{n=1}^{\max}(\max+1-n)(Tn.in+Tn.out)}{(\max+1)(\max)}$$

式中：

T——平均寻道时间；

max——最大寻道长度；

n——寻道长度(1 到最大)；

$Tn.in$——向内寻道时间(从磁盘外部向内部寻 n 个磁道的时间)；

$Tn.out$——向外寻道时间(从磁盘内部向外部寻 n 个磁道的时间)。

5.3.3 数据传输速度

在同一扇区的同柱面读取 512 个数据定义为一个持续的操作，规则如下：

$$持续读取速度 = A/(B+C+D)$$

式中：

A——512(数据在一个柱面一个扇区)；

B——每柱面扇区数减一乘以磁头切换时间；

C——柱面改变所需要的时间；

D——扇区数乘以盘片单圈旋转所需时间。

5.3.4 硬磁盘驱动器准备时间

准备时间为从加电到启动准备状态的时间。

启动准备：硬盘能够随时开始读写的状态。

5.4 安全试验

5.4.1 接触电流试验应按 GB 4943—2001 中 5.1 的规定进行测量，其限值不应超过 GB 4943－2001 中表 5 的最大电流。

5.4.2 接地连续性试验应按 GB 4943—2001 中 2.6 的规定进行。接地端子与需要接地的零部件(如外箱)之间的连接电阻不应超过 0.1 Ω。

5.4.3 保护功能试验

5.4.3.1 直流过流保护试验

输入电压为标称电压，初始负载电流为额定负载，电流按 0.1A/s 的速率爬升。

产品在上述条件正常工作时，逐渐增加电流，当负载电流进入过流保护范围时应自动保护，过流排除后重新启动或自动恢复后应能正常工作。

5.4.3.2 短路试验

产品在输入电压为标称值，负载电流最小设定为额定电流的10%时，产品正常工作，然后人为将输出电压短路，短路阻抗应小于100 mΩ，短路的时间为最小1 s，产品应能自动保护，故障排除后重新启动或自动恢复，产品应正常工作。

5.4.3.3 直流过压保护试验

产品在输入电压为标称值，负载电流为额定负载的5%时，调节输出电压使之产生过压，当输出电压超过压保护值时，产品应自动保护，故障排除后重新启动或自动恢复，产品应正常工作。用示波器测量过压保护值及回到标称值110%时的时间。如按本条方法试验有困难，也可改为对产品电路进行分析，确认产品是否具有输出过压保护功能。

5.5 噪声试验

硬磁盘驱动器的噪音限制是用来控制其对使用者环境造成的影响的标准，表3中噪音要求为单一硬磁盘驱动器工作与非工作的各种状态测量值，本标准用来根据声音功率评价设备，制定噪音控制措施。

参考标准GB/T 6882—1986。

在声音测试实验室中，测试点距试验样品前、后、左、右、上各表面1 m处使用分贝仪器测试一次，取最大值。

5.6 电磁兼容试验

5.6.1 无线电骚扰限值的测量方法

按GB 9254规定的方法进行。

5.6.2 抗扰度限值测量方法

按GB/T 17618规定的方法进行。

5.7 环境试验

5.7.1 一般要求

本标准中，环境试验方法的总则和名词术语应符合GB/T 2421、GB/T 2422的有关规定。

5.7.2 温度下限试验

5.7.2.1 工作温度下限试验

按GB/T 2423.1—2001“试验Ad”进行。受试样品须进行初始检测，严酷程度取表4或表5中规定的工作温度下限值，在温度达到规定值时，接通电源满载工作，持续时间2 h，工作应正常。恢复时间为2 h。

5.7.2.2 贮存温度下限试验

按GB/T 2423.1—2001“试验Ab”进行。受试样品须进行初始检测，严酷程度取表4或表5中规定的贮存温度下限值，受试样品在不工作条件下存放16 h，恢复时间为2 h，然后进行最后检测。

为防止试验中受试样品结霜和凝露，允许将受试样品用聚乙烯薄膜密封后进行试验，必要时还可以在密封套内装吸潮剂。

5.7.3 温度上限试验

5.7.3.1 工作温度上限试验

按GB/T 2423.2—2001“试验Bd”进行。受试样品须进行初始检测，严酷程度取表4或表5中规定的工作温度上限值，在温度达到规定值时，接通电源满载工作，持续时间2 h，工作应正常。恢复时间为2 h。

5.7.3.2 贮存温度上限试验

按GB/T 2423.2—2001“试验Bb”进行。受试样品须进行初始检测，严酷程度取表4或表5中规定的贮存温度上限值，受试样品在不工作条件下存放16 h，恢复时间为2 h，然后进行最后检测。

5.7.4 恒定湿热试验

5.7.4.1 工作条件下恒定湿热试验

按 GB/T 2423.3—2006“试验 Cab”进行。受试样品须进行初始检测，严酷程度取表 4 或表 5 中规定的工作温度、湿度上限值，在温度、湿度达到规定值时，接通电源满载工作。持续时间 2 h，工作应正常。恢复时间为 2 h。

5.7.4.2 贮存条件下恒定湿热试验

按 GB/T 2423.3—2006“试验 Cab”进行。受试样品须进行初始检测，受试样品在不工作条件下严酷程度取表 4 或表 5 中规定的规定上限存储温度和湿度存放 48 h，恢复时间为 2h，并进行最后检测。

5.7.5 振动试验

按 GB/T 2423.10—2008“试验 Fc”进行。受试样品须进行初始检测，并按工作位置固定在振动台上，受试样品在相关状态下，按振动适应性要求取表 6 或表 7 中规定值进行试验，分别对三个互相垂直轴线方向进行振动，试验完成后须进行最后检测。

5.7.6 冲击试验

按 GB/T 2423.5—1995“试验 Ea”进行。受试样品应进行初始检测，安装时要注意重力影响，按冲击适应性要求取表 8 或表 9 中规定的值，在相关状态下，分别对三个互相垂直轴线方向进行冲击，冲击次数各为三次。

5.8 电源适应能力试验

直流电源适应能力试验按表 10 中的组合各测试 5 次，对于不同的电压需求取电压 A(5 V 额定电压)或者电压 B(12 V 额定电压)，对受试样品进行试验。负载电流定义为额定电流。每种组合应运行检查程序一遍，受试样品工作应正常。

表 10 直流电源适应范围

试验组合	标称值	
	电压 A/V	电压 B/V
1	5.25	13.2
2	5.25	10.8
3	4.75	13.2
4	4.75	10.8
5	5.0	12.0

5.9 可靠性试验

5.9.1 出错率试验

按照 GB/T 5080.7—1986 进行。

5.9.2 启停稳定性试验

对受试样品共进行 50 000 次重复加电，每周期为 20s，持续时间 10s，恢复时间为 10s。

测试样品在每 10 000 次循环后的读写测试中不可以有读硬错。

5.9.3 平均故障间隔时间(MTBF)试验

5.9.3.1 试验条件

本标准规定可靠性试验目的为确定产品在正常使用条件下的可靠性水平，试验周期内综合应力规定如下：

电应力：受样品在输入电压标称值的±5%变化范围内工作一个周期，一个周期内工作时间的分配为：电压上限 25%，标称值 50%，电压下限 25%。

温度应力：受试样品在一个周期内由正常温度(具体值由产品标准规定)升至气候适应性中规定的

工作温度上限(或者降低到下限)值再回到正常温度。温度变化率的平均值为0.7 ℃/min～1 ℃/min或根据受试样品的特殊要求选用其他值。在一个周期内保持在上限(或者下限)和正常温度的持续时间之比应为1∶1左右。

一个周期称为一次循环,在总试验期间内循环次数不应少于3次。每个周期的持续时间应不大于0.2 m_1,电应力和温度应力应同时施加。

5.9.3.2 试验方案

可靠性试验按GB/T 5080.7—1986进行,可靠性鉴定试验和可靠性验收试验的试验方案由产品标准具体规定。在整个试验过程中产品应正常工作。

5.9.3.3 试验时间

试验时间应持续到总试验时间及总故障数均能按选定的试验方案作出接收或拒收判决时截止。多台受试样品试验时,每台受试样品的试验时间不得少于所有受试样品的平均试验时间的一半。

6 检验规则

6.1 总则

产品在定型,交收和制造过程中须通过规定的检验,以确定产品是否标准规定的要求。

6.2 检验分类

产品检验分为三类:

a) 定型检验;

b) 交收检验;

c) 例行检验。

各类检验的试验项目和顺序分别按表11进行。

表11 检验项目

试验项目	要求	试验方法	定型检验	交收检验	例行检验
外观和结构	4.1	5.2	○	○	○
性能要求	4.2	5.3	○	○	○
安全要求	4.3	5.4	○	○	○
噪声	4.4	5.5	○	○	○
电磁兼容要求	4.5	5.6	○	—	○
环境适应性	4.6	5.7	○	—	○
电源适应能力	4.7	5.8	○	—	—
可靠性要求	4.8	5.9	○	—	—
注:“○”表示在分项检验中应进行的试验项目,“—”表示在该类检验中不进行的试验项目。					

6.3 定型检验

6.3.1 产品在设计定型和生产定型时均应进行定型检验。

6.3.2 定型检验由产品承制方的质量检验部门或由上级主管部门指定或委托的质量检验单位负责进行。

6.3.3 定型检验中可靠性鉴定的受试样品数根据产品批量、试验时间和成本确定,其余检验项目的样品数量为2台。

6.3.4 定型检验中的可靠性试验故障判据和计算方法见附录A,其他项目均按以下规定进行:检验中出现故障或某项通不过时,应停止试验。查明故障原因,提出故障分析报告,排除故障,重新进行该项试验。若在以后的试验中再出现故障或某项通不过时,在查明故障原因,提出故障分析报告,排除故障,应重新进行定型检验。

6.3.5 检验后应提交定型检验报告。

6.4 交收检验

6.4.1 批量生产或连续生产的产品，进行逐批交收检验。检验中，出现任一项不合格时，返修后可重新进行检验。若再一次出现任一项不合格时，则该产品判为不合格品。

6.4.2 交收检验由产品承制方的质量检验部门负责进行。

6.5 例行检验

6.5.1 批量生产的产品，其间隔时间超过6个月时，每批均应进行例行检验；连续生产的产品，每年应至少进行一次例行检验。当主要设计、工艺及关键元器件、原材料改变时，应进行例行检验。

6.5.2 例行检验由产品承制方质量检验部门或上级主管部门指定或委托的质量检验单位负责进行。

6.5.3 例行检验的样品应在交收检验合格产品中随机抽取，试验样品数为2台。

6.5.4 例行检验中出现故障或任一项通不过时，应查明故障原因，提出故障分析报告。经修复之后，从该项开始顺序做以下各项检验，如再次出现故障或某项通不过，查明故障原因后提出故障分析报告，再经修复后，应重新进行例行检验。在重新进行例行检验中，又出现某一项通不过时，则判该产品通不过例行检验。例行检验中经环境试验的样机，应印有标记，不准作为正品出厂。

7 标志、包装、运输、贮存

7.1 包装标志

包装箱外应注明产品型号、数量、制造单位名称、地址、制造日期、产品执行标准编号。

包装箱外应印刷或贴有“易碎物品”、“向上”、“怕雨”、“堆码层数”或“堆码重量极限”等储运标志。储运标志应符合 GB/T 191—2008 的规定。

7.2 包装

内包装用静电屏蔽材料，当在该材料外加 1 000 V 静电电压时，被该材料屏蔽处的静电电压 <10 V。静电电压用屏蔽检测仪测量。

外包装箱应符合防潮、防尘、防震的要求，包装箱内应有装箱清单、检验合格证、备件、附件及有关的随机文件。

7.3 运输

包装后的产品应能用任何交通工具进行运输。产品在运输过程中不允许雨雪或液体直接淋袭和机械损伤。

7.4 贮存

产品贮存时应放在原包装内，存放产品的仓库环境温度为 0 ℃～40 ℃，相对湿度为 30%～80%。仓库内不允许有各种有害气体、易燃和易爆物品及有腐蚀性的化学物品，并且应无强烈的机械震动、冲击和强磁场作用。包装箱应垫离地面至少 15 cm，距离墙壁、热源、冷源、窗口或空气入口至少 50 cm。

如无其他规定，贮存期一般应为6个月。如制造厂的存放期超过6个月，则应在出厂前重新进行交收检验。

附 录 A
（规范性附录）
检查程序编制原则及技术要求

本附录所述的检查程序用来对硬磁盘驱动器的性能作综合检查。若能通过本检查程序，则认为该驱动器工作正常。由于具体的检查程序随测试设备而异，为此提出其编制原则。

A.1 所编制的检查程序应是输入容易，启动方便，使用灵活，便于人工干预，并能正确显示及打印检查结果与出错信息。

A.2 所编制的检查程序应能检查下列内容：

a) 读出并检验盘片上原有数据，并判定其正确性；

b) 重试、判定、显示结果；

c) 写入一种编码，并读出；

d) 对各种编码都进行写入、读出与校核；

e) 寻道正确性检查。

此外，还要能检查出硬磁盘缺陷情况。

检查程序既能对驱动器作全面综合性检查，又能选择一项或数项检查其特定性能。

A.3 用来检查寻道功能的检查程序至少应具有这些功能：顺序寻道及随机寻道。

A.4 用来检查读写功能的检查程序至少应具有这些功能：

写入全“0”码、全“1”码、随机码以及恶劣码，能报告在无纠错情况下的读错情况并指出软错及硬错出错率。

附　录　B
（规范性附录）
故障判据

B.1　故障定义和解释

按 GB/T 5271.14—2008 规定的定义，出现以下情况之一均视为故障：

a)受试样品在规定的条件下，出现一个或几个性能参数超过规定要求；

b)受试样品在规定的应力范围内工作，由于机械零件、结构件的损坏或失灵，或出现了元器件的失效，而使受试样品不能完成其规定的功能。

B.2　故障分类

B.2.1　关联性故障

关联性故障是受试样品预期会出现的故障，通常都是由产品本身条件引起的。它是在解释试验结果和计算可靠性特征值时必须计入的故障。

B.2.2　非关联性故障

非关联性故障是受试样品出现非预期的故障，这类故障不是由产品本身条件引起的，而是试验要求之外引起的，非关联性故障在解释试验结果和计算可靠性特征值时不计入。但应在试验中做记录，以便于分析与判断时参考。

B.3　关联性故障判据

以下故障为关联性故障：

a)　必须更换元器件、零部件、外围设备等才能使系统恢复正常运行；

b)　必须修理、调整接插件、电缆、插头和消除短路及接触不良，才能恢复正常运行；

c)　不是由同一因素引起的，而同时发生两个以上(含两个)的故障，应记为两个或两个以上的关联性故障。若由同一因素引起，则不论出现几次故障，均记为一次关联性故障；

d)　由于受试样品本身原因，试验中出现危及测试、维护和使用人员的安全，或造成受试样品设备严重损坏的故障。一旦出现，应立即拒收或判定不合格；

e)　若出现不正常情况，不需修理，停机 0.5h 后能自动恢复正常运行，每发生累积三次此类事件，则记为一次关联性故障。

B.4　非关联性故障判据

以下故障为非关联性故障：

a)　因试验条件变化超出规定范围(电网波动太大、温度波动太大、严重电磁干扰和机械冲击、振动等)所引起的故障；

b)　因人为操作失误而使样机出现故障；

c)　由于误判而更换元器件、零部件，或在检修过程中，由于人为因素而造成的故障；

d)　根据产品有关技术规定，允许调整的部位(零部件、元器件等)未调整好而引起的故障；

e)　被确定是软件程序差错而造成的故障；

f)　有寿命指标要求的部件，在寿命期以外出现的故障。

B.5 判定

承担试验检测的单位,根据失效分析和产品标准及相关标准可以做出关联性故障或非关联性故障的判定。

ICS 71.100.60
Y 41

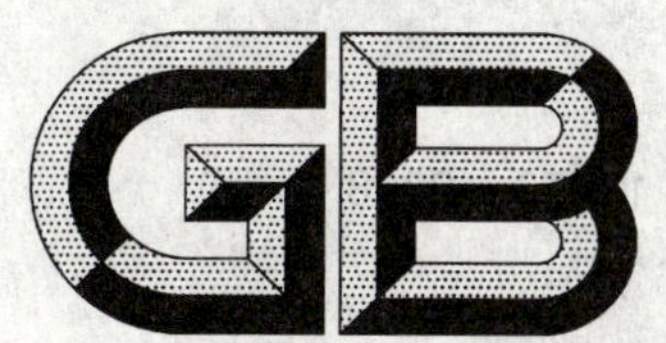

中华人民共和国国家标准

GB/T 12653—2008
代替 GB/T 12653—1990

中国薰衣草（精）油

Oil of lavender, China (*Lavandula angustifolia* Mill.)

(ISO 3515:2002, Oil of lavender, MOD)

2008-08-28 发布　　　　2009-01-01 实施

中华人民共和国国家质量监督检验检疫总局
中国国家标准化管理委员会　发布

前 言

本标准修改采用ISO 3515:2002《薰衣草油》。与ISO 3515:2002相比,主要技术差异如下:

——删除了ISO 3515:2002的取样方法;

——试验方法采用《香料通用试验方法》国家标准;

——ISO 3515:2002中规定相对密度(20 ℃/20 ℃)为0.878~0.892,本标准为0.876~0.895;

——ISO 3515:2002中规定折光指数(20 ℃)为1.460 0~1.466 0,本标准为1.457 0~1.464 0;

——删除了ISO 3515:2002中的酯值;

——将ISO 3515:2002的4.10内容作为本标准的附录B(资料性附录);

——增加了检验规则;

——对标志、包装、运输、贮存和保质期内容进行了具体规定。

本标准代替GB/T 12653—1990《中国薰衣草油》。

本标准与GB/T 12653—1990相比,主要变化如下:

——GB/T 12653—1990中规定旋光度(20 ℃)为-11.0°~-7.5°,本标准为-12.0°~-6.0°;

——GB/T 12653—1990中规定酸值≤1.0,本标准为酸值≤1.2;

——GB/T 12653—1990中规定樟脑含量≤0.5%,本标准为樟脑含量≤1.5%;

——删除了"酯值",增加了"芳樟醇、乙酸芳樟酯、乙酸薰衣草酯含量";

——增加了附录B代表性和特征性组分含量范围。

本标准的附录A、附录B是资料性附录。

本标准由中国轻工业联合会提出。

本标准由全国香料香精化妆品标准化技术委员会归口。

本标准由上海香料研究所负责起草。

本标准主要起草人:金其璋、徐易、曹怡。

本标准所代替标准的历次版本发布情况为:

——GB/T 12653—1990。

中国薰衣草(精)油

1 范围

本标准规定了中国薰衣草(精)油的要求、试验方法、检验规则和标志、包装、运输、贮存及保质期。

本标准适用于中国薰衣草(*Lavandula angustifolia* Mill.)(精)油及食品添加剂中国薰衣草(精)油。

2 规范性引用文件

下列文件中的条款通过本标准的引用而成为本标准的条款。凡是注日期的引用文件,其随后所有的修改单(不包括勘误的内容)或修订版均不适用于本标准,然而,鼓励根据本标准达成协议的各方研究是否可使用这些文件的最新版本。凡是不注日期的引用文件,其最新版本适用于本标准。

GB/T 11538—2006 精油 毛细管柱气相色谱分析 通用法(ISO 7609:1985, IDT)

GB/T 11540 香料 相对密度的测定(GB/T 11540—2008, ISO 279:1998, MOD)

GB/T 14454.2 香料 香气评定法

GB/T 14454.4 香料 折光指数的测定(GB/T 14454.4—2008, ISO 280:1998, MOD)

GB/T 14454.5 香料 旋光度的测定(GB/T 14454.5—2008, ISO 592:1998, MOD)

GB/T 14455.3 香料 乙醇中溶解(混)度的评估(GB/T 14455.3—2008, ISO 875:1999, MOD)

GB/T 14455.5 香料 酸值或含酸量的测定(GB/T 14455.5—2008, ISO 1242:1999, MOD)

3 术语和定义

下列术语和定义适用于本标准。

3.1

中国薰衣草(精)油 oil of lavender, China

用水蒸气蒸馏法从中国薰衣草(*Lavandula angustifolia* Mill.)的开花部分提取的精油。

4 要求

4.1 色状:浅黄色流动液体。

4.2 香气:特征性的新鲜花香,类似植物开花部分的香气。

4.3 相对密度(20 ℃/20 ℃):0.876～0.895。

4.4 折光指数(20 ℃):1.457 0～1.464 0。

4.5 旋光度(20 ℃):−12.0°～−6.0°。

4.6 溶混度(20 ℃):1 体积试样混溶于 3 体积 70%(体积分数)乙醇中,呈澄清溶液。

4.7 酸值:≤1.2。

4.8 特征组分含量(GC),见表 1。

表 1 特征组分含量(GC)

特征组分	含量/%
樟脑	≤1.5
芳樟醇	20～43

表 1（续）

特征组分	含量/%
乙酸芳樟酯	25～47
乙酸薰衣草酯	0～8.0

5 试验方法

5.1 色状的检定

将试样置于比色管内，用目测法观察。

5.2 香气的评定

按 GB/T 14454.2 的规定。

5.3 相对密度的测定

按 GB/T 11540 的规定。

5.4 折光指数的测定

按 GB/T 14454.4 的规定。

5.5 旋光度的测定

按 GB/T 14454.5 的规定。

5.6 溶混度的评估

按 GB/T 14455.3 的规定。

5.7 酸值的测定

按 GB/T 14455.5 的规定。

5.8 特征组分含量的测定

5.8.1 仪器

a) 色谱仪、记录仪和积分仪按 GB/T 11538—2006 中第 5 章的规定；

b) 毛细管柱；

c) 氢火焰离子化检测器。

5.8.2 测定方法

面积归一化法：按 GB/T 11538—2006 中 10.4 指定方法测定特征组分含量。

5.8.3 重复性及结果表示

按 GB/T 11538—2006 中 11.4 规定进行，应符合要求。

中国薰衣草(精)油典型气相色谱图(面积归一化法)参见附录 A。

中国薰衣草(精)油代表性和特征性组分含量范围(面积归一化法)参见附录 B。

6 检验规则

6.1 中国薰衣草(精)油应由生产厂质量检验部门负责检验，生产厂应保证出厂产品均符合本标准的要求，每批出厂产品均应附有质量合格证书。色状、香气、相对密度、折光指数、特征组分含量为出厂检验项目，而旋光度、溶混度、酸值为型式检验项目，每季度检验一次。

6.2 验收单位有权按照本标准的各项规定检验所收到的产品质量是否符合本标准的要求。每一批号做一次验收，不同批号分别验收。

6.3 抽样方法：每批的包装单位 1 个～2 个，全抽；3 个～100 个抽取 2 个；100 个以上增加部分再抽取 3%。用取样器从每个包装单位中均匀抽取试样 50 mL～100 mL，将所抽取的试样全部置于混样器内充分混匀，分别装入两个清洁、干燥、密闭的惰性容器中，避光保存。容器上贴标签，注明：生产厂名、产品名称、生产日期、批号、数量及取样日期，一瓶作为检验用，另一瓶留存备查。

6.4 如验收结果中有一项指标不符合本标准要求时，可会同生产厂重新加倍抽取试样复验。如复验结果仍有指标不合格，则该批产品不能验收。

6.5 当供需双方对产品质量发生异议时，可由双方协议解决或由法定检验机构进行仲裁。

7 标志、包装、运输、贮存和保质期

7.1 标志

产品包装外应注明：产品名称、生产厂名和地址、商标、批号、净含量、生产日期和保质期、许可证号及标准编号。顾客如有特殊要求，可与生产厂另订协议。

7.2 包装

中国薰衣草(精)油应装于清洁、无杂味的不锈钢桶或塑料桶内，或按顾客要求包装。

7.3 运输

在运输过程中应轻装轻卸，防止日晒雨淋，不得与有毒、有害物质混装、混运，并应符合有关部门的规定。本产品的闪点约为 71 ℃。

7.4 贮存

本产品应贮存在阴凉、干燥、通风的仓库内，避免杂气污染，远离火源。

7.5 保质期

在符合规定的贮运条件、包装完整、未经启封的情况下，本产品保质期为一年。逾期重新按本标准进行检验，合格仍可使用。

附 录 A
（资料性附录）
中国薰衣草（精）油典型气相色谱图
（面积归一化法）

A.1 操作条件

a) 柱：毛细管柱长 30 m，内径约 0.25 mm；
b) 固定相：聚乙二醇；
c) 膜厚：0.25 μm；
d) 色谱炉温度：70 ℃恒温 16 min，然后线性程序升温从 70 ℃～180 ℃，速率 2 ℃/min；
e) 进样口温度：200 ℃；
f) 检测器温度：200 ℃；
g) 检测器：火焰离子化检测器；
h) 载气：氮气；
i) 载气流速：1 mL/min；
j) 进样量：约 0.3 μL；
k) 分流比：1/100。

A.2 中国薰衣草（精）油典型气相色谱图

中国薰衣草（精）油典型气相色谱图，见图 A.1。

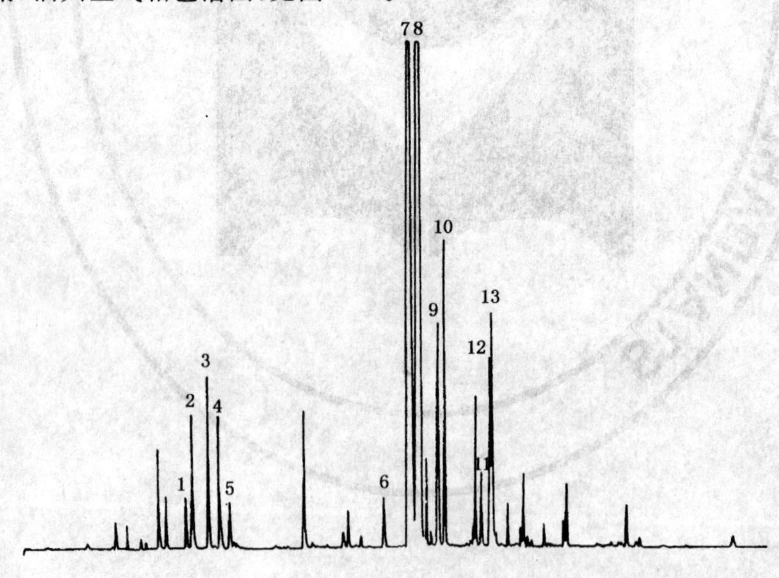

1——苧烯；
2——1,8-桉叶素；
3——顺式-β-别罗勒烯；
4——反式-β-别罗勒烯；
5——3-辛酮；
6——樟脑；
7——芳樟醇；
8——乙酸芳樟酯；
9——4-松油烯醇；
10——乙酸薰衣草酯；
11——薰衣草醇；
12——α-松油醇；
13——龙脑。

图 A.1 中国薰衣草（精）油典型气相色谱图

附 录 B
（资料性附录）
中国薰衣草（精）油代表性和特征性组分含量范围
（面积归一化法）

中国薰衣草（精）油代表性和特征性组分含量范围，见表B.1。

表 B.1 中国薰衣草（精）油代表性和特征性组分含量范围

组分	最低/%	最高/%
苧烯	—	1.0
1,8-桉叶素	—	3.0
顺式-β-别罗勒烯	1.0	10.0
反式-β-别罗勒烯	0.5	6.0
3-辛酮	—	3.0
樟脑	—	1.5
芳樟醇	20	43
乙酸芳樟酯	25	47
4-松油烯醇	—	8.0
乙酸薰衣草酯	—	8.0
薰衣草醇	—	3.0
α-松油醇	—	2.0

ICS 85.060
Y 32

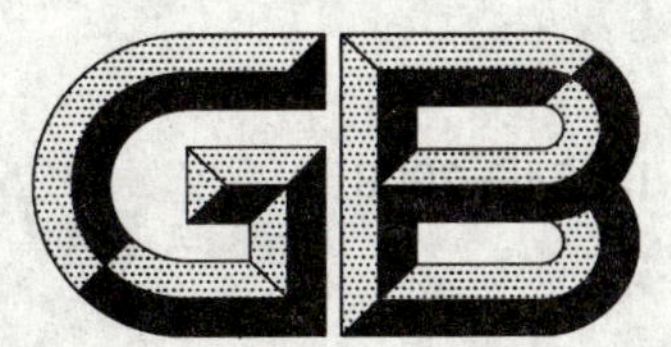

中华人民共和国国家标准

GB/T 12654—2008
代替 GB/T 12654—1990

书写纸

Writing paper

2008-08-19 发布 2009-05-01 实施

中华人民共和国国家质量监督检验检疫总局
中国国家标准化管理委员会 发布

前　言

本标准是对 GB/T 12654—1990《书写纸》的修订。

本标准代替 GB/T 12654—1990。

本标准与 GB/T 12654—1990 相比，主要变化如下：

——增加了规范性引用文件；

——将原标准中产品 A、B、C 三等改为优等品、一等品和合格品三个等级，取消了原标准中的 D 等；

——部分技术指标进行了调整，将厚度改为紧度，取消了平滑度正反差，调整了亮度指标。

本标准由中国轻工业联合会提出。

本标准由全国造纸工业标准化技术委员会归口。

本标准起草单位：中国制浆造纸研究院、广东省造纸研究所。

本标准主要起草人：陈洋、马学逵、欧宗标、胡芬、梁健文、邹伟、肖思聪。

本标准所代替标准的历次版本发布情况为：

——GB/T 12654—1990。

本标准由全国造纸工业标准化技术委员会负责解释。

书 写 纸

1 范围

本标准规定了书写纸的产品分类、技术要求、试验方法、检验规则及标志、包装、运输、贮存。

本标准适用于表格、练习簿、记录本、账簿及其他书写用纸。

2 引用标准

下列文件中的条款通过本标准的引用而成为本标准的条款。凡是注日期的引用文件，其随后所有的修改单(不包括勘误的内容)或修订版均不适用于本标准，然而，鼓励根据本标准达成协议的各方研究是否可使用这些文件的最新版本。凡是不注日期的引用文件，其最新版本适用于本标准。

GB/T 450 纸和纸板 试样的采取及试样纵横向、正反面的测定(GB/T 450—2008,ISO 186:2002,MOD)

GB/T 451.1 纸和纸板尺寸及偏斜度的测定

GB/T 451.2 纸和纸板定量的测定(GB/T 451.2—2002,eqv ISO 536:1995)

GB/T 451.3 纸和纸板厚度的测定(GB/T 451.3—2002,idt ISO 534:1998)

GB/T 456 纸和纸板平滑度的测定(别克法)(GB/T 456—2002,idt ISO 5627:1995)

GB/T 457 纸和纸板 耐折度的测定(GB/T 457—2008,ISO 5626:1993,MOD)

GB/T 460 纸 施胶度的测定

GB/T 462 纸、纸板和纸浆 分析试样水分的测定(GB/T 462—2008,ISO 287:1985,ISO 638:1978,MOD)

GB/T 1541 纸和纸板 尘埃度的测定

GB/T 1543 纸和纸板 不透明度(纸背衬)的测定(漫反射法)(GB/T 1543—2005,ISO 2471:1998 MOD)

GB/T 2828.1 计数抽样检验程序 第1部分:按接收质量限(AQL)检索的逐批检验抽样计划(GB/T 2828.1—2003,ISO 2859-1:1999,IDT)

GB/T 7974 纸、纸板和纸浆亮度(白度)的测定 漫射/垂直法(GB/T 7974 2002,neq ISO 2470:1999)

GB/T 10342 纸张的包装和标志

GB/T 10739 纸、纸板和纸浆试样处理和试验的标准大气条件(GB/T 10739—2002,eqv ISO 187:1990)

3 产品分类

3.1 书写纸按质量水平分为优等品、一等品、合格品。

3.2 书写纸按对齐方式分为平板纸和卷筒纸。

4 技术要求

4.1 书写纸的技术指标应符合表1的规定或合同要求。

表 1

指标名称			单位	规定		
				优等品	一等品	合格品
定量			g/m^2	45.0 50.0 60.0 70.0 80.0		
定量偏差			%	±5		
紧度			g/cm^3	0.80±0.10		
亮度		≥	%	75.0		70.0
不透明度(≥60 g/m^2)		≥	%	80.0	75.0	
施胶度		≥	mm	0.75	0.5	
平滑度(正反面均)		≥	s	30	25	20
横向耐折度	<60 g/m^2	≥	次	9	8	3
	≥60 g/m^2			12		
尘埃度	0.3 mm^2～1.5 mm^2	≤	个/m^2	60	80	100
	>1.5 mm^2			不应有		
交货水分			%	6.0±2.0		

4.2 纸张的纤维组织应均匀，切边应整齐、洁净。

4.3 同批书写纸的颜色不应有明显差异，同批纸色差 ΔE^* 应不大于 2.0。

4.4 纸面应平整，不应有影响使用的沙子、褶子、皱纹、裂口、硬质块等外观纸病。

4.5 纸张尺寸：平板纸为 880 mm×1 230 mm、787 mm×1 092 mm 或按合同要求，尺寸偏差应不超过 ±3 mm，偏斜度应不超过 3 mm。

5 试验方法

5.1 试样的采取按 GB/T 450 进行，试样的处理和试验的标准大气条件按 GB/T 10739 进行。

5.2 尺寸及偏斜度按 GB/T 451.1 进行测定。

5.3 定量和定量偏差、紧度按 GB/T 451.2 和 GB/T 451.3 进行测定。

5.4 亮度按 GB/T 7974 进行测定。

5.5 不透明度按 GB/T 1543 进行测定。

5.6 施胶度按 GB/T 460 进行测定。

5.7 平滑度按 GB/T 456 进行测定。

5.8 耐折度按 GB/T 457—2008 进行测定，采用肖伯尔法。

5.9 尘埃度按 GB/T 1541 进行测定。

5.10 交货水分按 GB/T 462 进行测定。

5.11 外观检测采用目测。

6 检验规则

6.1 以一次交货数量为一批，但每批应不多于 280 件(卷)。

6.2 供方应保证所生产的书写纸符合本标准的规定，每件书写纸交货时应附有一份合格证。

6.3 计数抽样程序应按 GB/T 2828.1 规定进行。平板纸样本单位为件，卷筒纸样本单位为卷。接收质量限(AQL)：不透明度、施胶度、横向耐折度 AQL＝4.0；定量、紧度、亮度、平滑度、尘埃度、交货水分、外观 AQL＝6.5。抽样方案采用正常检验二次抽样方案，检查水平为特殊检查水平 S-2。见表 2。

表 2

批量/件或卷	正常检验二次抽样方案 检查水平 S-2				
	样本量	AQL=4.0		AQL=6.5	
		Ac	Re	Ac	Re
2～150	3	0	1	—	—
	2	—	—	0	1
151～1 200	3	0	1	—	—
	5	—	—	3	2
	5(10)	—	—	1	2

6.4 可接收性的确定：第一次检验的样品数量应等于该方案给出的第一样本量。如果第一样本中发现的不合格品数小于或等于第一接收数，应认为该批是可接收的；如果第一样本中发现的不合格品数大于或等于第一拒收数，应认为是不可接收的。如果第一样本中发现的不合格品数介于第一接收数与第一拒收数之间，应检验由方案给出样本量的第二样本并累计在第一样本和第二样本中发现的不合格品数。如果不合格品累计数小于或等于第二接收数，则判定批是可接收的；如果不合格品累计数大于或等于第二拒收数，则判定该批是不可接收的。

6.5 需方若对产品质量有异议，应在到货后一个月内向直接供方提出书面意见，由供需双方共同复验或委托共同商定的检验部门进行复验。复验结果如不符合本标准规定，则判为批不可接收，由供方负责处理；若符合本标准的规定，则判为批可接收，由需方负责处理。

7 标志、包装、运输、贮存

7.1 书写纸的包装应按照 GB/T 10342 规定进行。

7.2 书写纸应妥善保管，严防受潮。

7.3 书写纸在运输中应使用有篷而洁净的运输工具。

7.4 不应将成件书写纸从高处扔下。

ICS 85-010
Y 30

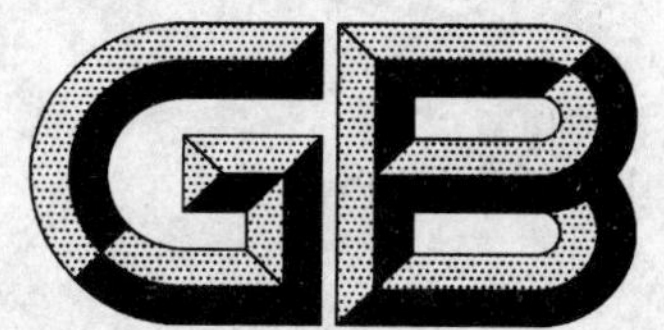

中华人民共和国国家标准

GB/T 12658—2008
代替 GB/T 12658—1990

纸、纸板和纸浆　钠含量的测定

Paper, board and pulp—Determination of sodium content

2008-08-19 发布　　　　2009-05-01 实施

中华人民共和国国家质量监督检验检疫总局
中国国家标准化管理委员会　发布

前　言

本标准代替 GB/T 12658—1990《纸浆、纸和纸板中钾、钠含量的测定》。

本标准与 GB/T 12658—1990 相比主要变化如下：

——修改了标准名称；

——增加了前言；

——修改了范围(1990 版的第 1 章;本版的第 1 章)；

——修改了规范性引用文件(1990 版的第 2 章;本版的第 2 章)；

——修改了原理(1990 版的第 3 章;本版的第 3 章)；

——修改了试剂的要求(1990 版的第 4 章;本版的第 4 章)；

——修改了仪器的要求(1990 版的第 5 章;本版的第 5 章)；

——修改了样品采取和制备(1990 版的第 6 章;本版的第 6 章)；

——修改了试验步骤,删减了钾的测定(1990 版的第 7 章;本版的第 7 章)；

——增加了质量保证和控制(本版的第 8 章)。

本标准由中国轻工业联合会提出。

本标准由全国造纸工业标准化技术委员会归口。

本标准起草单位:中华人民共和国深圳出入境检验检疫局、中国制浆造纸研究院。

本标准主要起草人:徐嵘、陈旭辉、顾浩飞、陈向阳。

本标准所代替标准的历次版本发布情况为：

——GB/T 12658—1990。

本标准由全国造纸工业标准化技术委员会负责解释。

纸、纸板和纸浆　钠含量的测定

1　范围

本标准规定了干湿法消化后采用火焰发射光谱法或火焰原子吸收光谱法测定绝缘用纸浆、纸和纸板中钠含量的方法。

本标准适用于各种绝缘浆、纸和纸板，本标准也适用于普通的纸浆、纸和纸板，但试料量需根据钠的含量进行调整。

检出限根据所使用的仪器而定，干湿法消化后用火焰发射光谱法测定，钠的检出限可达 2 mg/kg。

2　规范性引用文件

下列文件中的条款通过本标准的引用而成为本标准的条款。凡是注日期的引用文件，其随后所有的修改单(不包括勘误的内容)或修订版均不适用于本标准，然而，鼓励根据本标准达成协议的各方研究是否可使用这些文件的最新版本。凡是不注日期的引用文件，其最新版本适用于本标准。

GB/T 450　纸和纸板试样的采取及试样纵横向、正反面的测定(GB/T 450—2008，ISO 186:2002，MOD)

GB/T 462　纸、纸板和纸浆　分析试样水分的测定(GB/T 462—2008，ISO 287:1985，ISO 638:1978，MOD)

GB/T 740　纸浆　试样的采取(GB/T 740—2003，ISO 7213:1981，IDT)

GB/T 6682　分析实验室用水规格和试验方法(GB/T 6682—2008，ISO 3696:1987，MOD)

3　原理

将试样灰化后，溶于盐酸中，经火焰原子化后，测定钠 588.9 nm 谱线的发射强度或钠 588.9 nm 谱线的吸收值，所产生的发射强度或吸收值与试样的钠含量成正比，与标准工作曲线比较进行定量分析。

4　试剂

除非另有说明，在分析中仅使用确认为优级纯的试剂。

4.1　水，GB/T 6682，二级。

4.2　盐酸(HCl)，ρ=1.18 g/mL，质量分数为 36%～38%。

4.3　氯化铯溶液(CsCl，分析纯，10 g/L)，称取 1.0 g 氯化铯于 100 mL 烧杯中，用水溶解后移入 100 mL 容量瓶中，稀释至刻度，摇匀，储存于聚乙烯塑料瓶中。该溶液为电离抑制剂，采用原子吸收光谱法时使用。

4.4　钠标准溶液Ⅰ，ρ(Na)=1 000 mg/L，准确称取经 110 ℃烘干 2 h 后的光谱纯氯化钠 0.254 2 g 于 50 mL 的烧杯中，用水溶解并移入 100 mL 的容量瓶中，加入 5 mL 盐酸(4.2)，稀释至刻度、摇匀。储存在聚乙烯塑料瓶中备用。

4.5　钠标准溶液Ⅱ，ρ(Na)=50 mg/L，用移液管移取 5.0 mL 的钠标准溶液Ⅰ(4.4)于 100 mL 的容量瓶中，加入 5 mL 盐酸(4.2)，用水稀释至刻度。

5　仪器

常规实验室仪器及

5.1　马弗炉：能保持温度在 450 ℃±25 ℃。

5.2 陶瓷坩埚：内表面洁白、平滑，100 mL。

5.3 分析天平：感量 0.001 g。

5.4 火焰发射光谱仪，或

5.5 原子吸收分光光谱仪，配钠空心阴极灯。

6 试样采取和制备

纸浆试样的采取按照 GB/T 740 的规定进行，纸和纸板试样的采取按照 GB/T 450 的规定进行。采样时应戴干净的手套采取试样，将样品剪碎(约 2 mm×2 mm)，防止污染。称量前，试样应在天平附近平衡近 20 min。

7 试验步骤

7.1 试料的称取

每个样品称取三份试样，约 1 g(精确至 0.001 g)，如样品的钠含量超出了工作曲线的范围，则根据检测值对试样量进行调整。同时称取两份试样按 GB/T 462 测定其水分。

7.2 空白试验

与试样的测定平行进行，取相同量的所有试剂，采用相同的分析步骤，但不加试样。

7.3 灰化处理

将装有试样的坩埚(5.2)放入马弗炉(5.1)中，敞开盖，马弗炉(5.1)不紧闭，以保证氧气充足。升温至 200 ℃±25 ℃，保持 1 h，再升温至 450 ℃±25 ℃，保持 4 h。完全灰化后，盖上坩埚盖，取出坩埚，自然降温至室温。

警告：注意高温，防止灼伤。

7.4 灰的溶解和试液的制备

仔细地沿壁向坩埚中滴入约 10 mL 的水，加入 2.5 mL 盐酸(4.2)，移入 50 mL 的容量瓶中，再用少量水洗涤坩埚 3 次～4 次，洗涤液一并移入容量瓶中。如有沉淀，用快速定量滤纸过滤，然后用水稀释至刻度，摇匀。

如用原子吸收光谱法测定，定容前向容量瓶中准确地加入 0.5 mL 氯化铯溶液(4.3)。

7.5 钠含量的测定

7.5.1 原子吸收光谱法

7.5.1.1 用移液管分别移取 0 mL、0.5 mL、1.0 mL、1.5 mL、2.0 mL、2.5 mL 的钠标准溶液Ⅱ(4.5)于 50 mL 的容量瓶中，加入 2.5 mL 盐酸(4.2)，0.5 mL 氯化铯溶液(4.3)，用水稀释至刻度，摇匀。每毫升上述标准溶液分别含钠 0 μg，0.5 μg，1.0 μg，1.5 μg，2.0 μg，2.5 μg。

7.5.1.2 根据仪器操作手册设定参数，并使仪器操作参数最佳化。用空气-乙炔火焰，在 588.9 nm 处测定空白溶液、标准工作溶液、试样溶液的吸光度。钠的工作曲线是非线性曲线，当吸光度过高，可通过旋转燃烧头，使吸光度达到仪器的最佳值。

7.5.2 发射光谱法

7.5.2.1 用移液管分别移取 0 mL、0.5 mL、1.0 mL、1.5 mL、2.0 mL、2.5 mL 的钠标准溶液(4.5)于 50 mL 的容量瓶中，加入 2.5 mL 盐酸，用水稀释至刻度，摇匀。每毫升上述标准溶液分别含钠 0 μg，0.5 μg，1.0 μg，1.5 μg，2.0 μg，2.5 μg。

7.5.2.2 根据仪器操作手册设定参数，并使仪器操作参数最佳化。用空气-乙炔火焰，在 588.9 nm 处测定空白溶液、标准工作溶液、试样溶液的发射强度。

7.5.3 绘制校准曲线

绘制校准曲线，以计算试样溶液的钠含量。

7.5.4 计算结果

钠含量以钠的质量分数 X_{Na} 计，数值以毫克每千克(mg/kg)表示，按式(1)计算：

$$X_{Na}=\frac{(X_1-X_0)\times V}{m} \quad\cdots\cdots\cdots(1)$$

式中：

X_{Na}——试样中钠的含量，单位为毫克每千克(mg/kg)；

X_1——试样溶液中钠的浓度，单位为毫克每升(mg/L)；

X_0——空白溶液中钠的浓度，单位为毫克每升(mg/L)；

V——定容的体积，单位为毫升(mL)；

m——试样的绝干质量，单位为克(g)。

计算结果保留至小数点后一位，以三次测定结果的平均值作为测定结果。

8 质量保证和控制

8.1 选择最佳温度和时间是灰化处理的关键，温度过高会造成钠的挥发损失，温度过低会使灰化不彻底，残留吸附，造成结果出现偏差。因马弗炉的个体差异，温度不易准确控制，建议同时做加标回收，如果回收率在90%～110%，测定结果可采用，否则，应调整灰化处理的温度和时间。

8.2 灰化处理后，当坩埚内表面呈现黑色或有碳粒残留，均是灰化不彻底的表现。

8.3 灰化处理时，为了氧气充足，灰化充分，马弗炉不应闭紧，坩埚应敞开。但应注意坩埚取出前应加盖，防止灰的飘飞，造成损失。在碳化过程中，会有烟排出，建议配合使用抽风装置。

8.4 在溶解灰时，应沿坩埚内壁滴水，防止灰的飘飞。

8.5 试样在称量前，应在天平附近平衡20 min，可避免因试样本身的水分变化而导致称量数据的不稳定。

8.6 当测定值不在工作曲线范围内，建议调整工作曲线范围或试样质量，不建议稀释样品。

8.7 注意坩埚的个体差异所引起的空白值的差异。建议使用同批生产的坩埚，不建议使用内表面粗糙变黄的坩埚。由于灰化不完全会导致坩埚有残留，建议坩埚使用前在700 ℃下灼烧1 h，然后用稀硝酸浸泡，冲洗干净。试验用的玻璃器皿应在使用前用稀硝酸浸泡，然后冲洗干净。

9 试验报告

试验报告应包括以下项目：

a) 完整鉴定样品所需的全部资料；

b) 试验中所观察到的任何异常现象；

c) 本标准或规范性引用文件中未规定的，并可能影响测定结果的任何操作。

ICS 85-010
Y 30

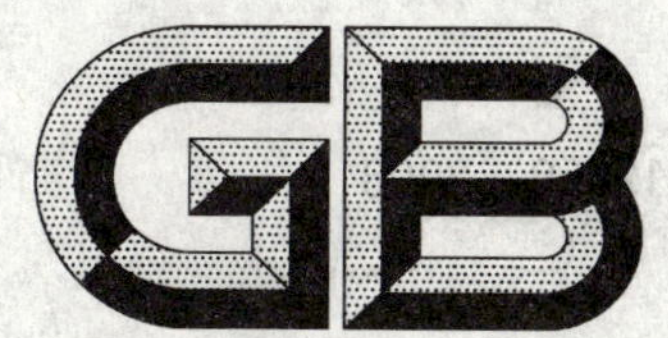

中华人民共和国国家标准

GB/T 12659—2008
代替 GB/T 12659—1990

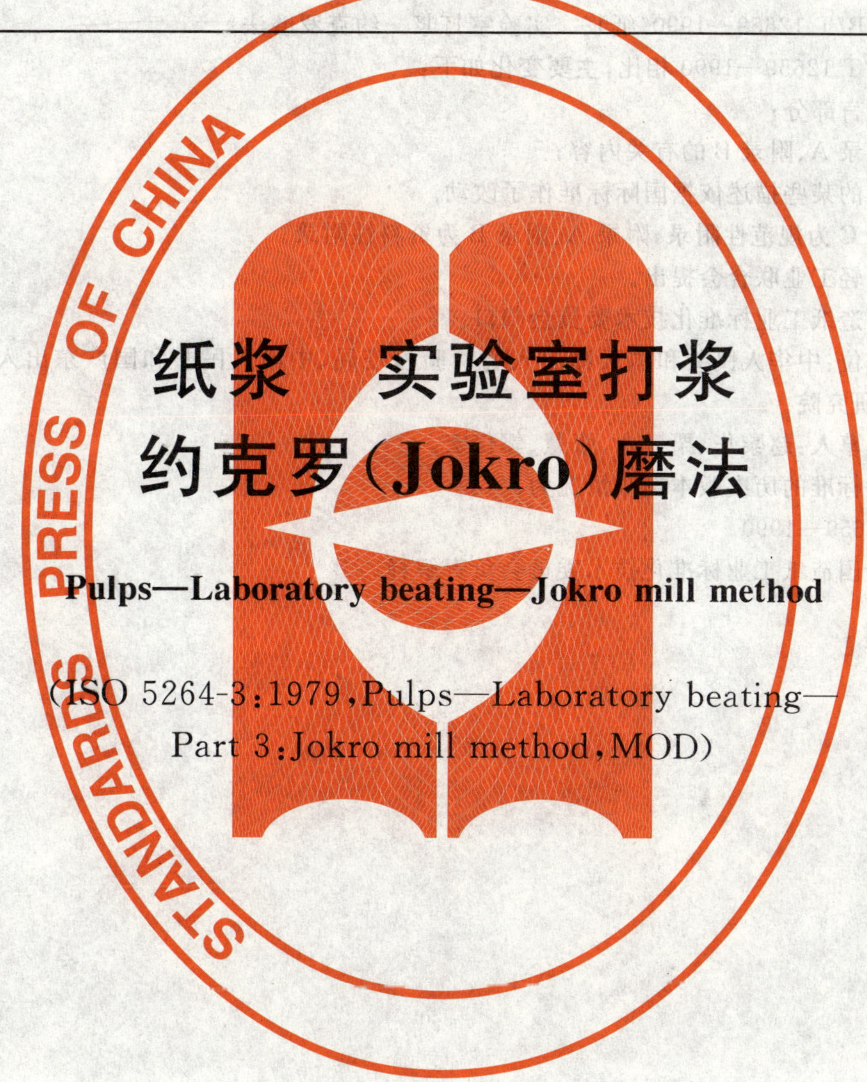

纸浆 实验室打浆 约克罗(Jokro)磨法

Pulps—Laboratory beating—Jokro mill method

(ISO 5264-3:1979,Pulps—Laboratory beating—Part 3:Jokro mill method,MOD)

2008-08-19 发布 2009-05-01 实施

中华人民共和国国家质量监督检验检疫总局
中国国家标准化管理委员会 发布

前　言

本标准修改采用 ISO 5264-3:1979《纸浆　实验室打浆　第3部分:约克罗(Jokro)磨法》。

本标准与 ISO 5264-3:1979 的差异参见附录 B。

本标准代替 GB/T 12659—1990《纸浆　实验室打浆　约克罗磨法》。

本标准与 GB/T 12659—1990 相比,主要变化如下:

——增加了前言部分;

——增加了附录 A、附录 B 的有关内容;

——对原标准的某些描述依据国际标准作了改动。

本标准的附录 C 为规范性附录,附录 A、附录 B 为资料性附录。

本标准由中国轻工业联合会提出。

本标准由全国造纸工业标准化技术委员会归口。

本标准起草单位:中华人民共和国天津出入境检验检疫局、中华人民共和国广东出入境检验检疫局、中国制浆造纸研究院。

本标准主要起草人:赵黎华、栗建永、张慧、郭仁宏。

本标准所代替标准的历次版本发布情况为:

——GB/T 12659—1990。

本标准委托全国造纸工业标准化技术委员会负责解释。

纸浆　实验室打浆　约克罗(Jokro)磨法

1　范围

本标准规定了使用约克罗磨的实验室打浆方法。

本标准适用于各种类型纸浆。但对于某些纤维过长的浆，如棉短绒或亚麻浆，使用本方法得到的结果可能不佳。

2　规范性引用文件

下列文件中的条款通过本标准的引用而成为本标准的条款。凡是注明日期的引用文件，其随后的修改单(不包括勘误的内容)或修订版本不再适用于本标准。然而，鼓励根据本标准达成协议的各方研究是否可使用这些文件的最新版本。凡是不注明日期的引用文件，其最新版本适用于本标准。

GB/T 462　纸、纸板和纸浆　分析试样水分的测定(GB/T 462—2008，ISO 287:1985，ISO 638:1978，MOD)

GB/T 740　纸浆　试样的采取(GB/T 740—2003，ISO 7213:1981，IDT)

GB/T 5399　纸浆　浆料浓度的测定(GB/T 5399—2004，ISO 4119:1995，IDT)

QB/T 1462　纸浆实验室的湿解离(QB/T 1462—1992，eqv ISO 5263:1979)

3　原理

在圆筒打浆罐的内壁和带沟槽飞刀辊之间，对一定量的规定浓度的纸浆进行打浆。圆筒打浆罐围绕中心轴做行星式旋转，带沟槽飞刀辊松动地放在其中。

4　仪器设备与辅助物品

一般试验室仪器及以下仪器。

4.1　约克罗磨：符合附录C的规定。

4.2　标准解离器：符合QB/T 1462的规定。

4.3　天平：试样称量时应精确至0.1 g。

4.4　试验用水：蒸馏水、去离子水或相当纯度的水。

4.5　布氏漏斗。

5　试样的制备

按照GB/T 740的规定取样，按照GB/T 462的规定测定试样的绝干物含量。

取出相当于(16±0.5)g绝干浆的试样(不应剪切，并避免使用切出的浆板边缘)，如果试样是浆板机干燥的浆板，或急骤干燥的厚浆块，应在室温下，置于0.5 L的试验用水(4.4)中彻底浸泡4 h以上，使试样彻底松软。将浸泡过的试样撕成约25 mm×25 mm的小片，并将多余的水滤去。湿浆可以不用浸泡就进行解离。

6　试验步骤

6.1　解离

将湿浆试样和用于解离的试验用水(4.4)倒入标准解离器(4.2)内，加入(20±5)℃[根据气候条件，必要时可以采用(25±5)℃的温度，但应在报告中注明]的试验用水(4.4)，使总体积达到(1 100±25)mL，这样纸浆的浓度将达到约1.5%(质量分数,以下同)。将转数计数器调整到零,启动电机,使标准解离器(4.2)旋转几秒钟,关掉电机,在螺旋桨没停下来之前,重新启动电机。对于初始绝干物含量为20%或以上的试样,解离转数应为30 000 r;对于初始绝干物含量低于20%的试样,解离转数应为10 000 r;对于难解离的试样,如未漂白硫酸盐浆,解离转数可以超过30 000 r。

当螺旋桨停下来后,检查试样是否彻底解离。

6.2 浓缩

解离后,在布氏漏斗(4.5)中使试样悬浮液脱水到20%的浓度。为了避免纤维流失,通过纤维层重新过滤滤液,如有必要可以反复过滤几次。用试验用水(4.4)将浓缩后的试样稀释到总质量为(265±5)g,即相当于6%的浆浓。

6.3 打浆

打浆条件:约克罗磨(4.1)的中轴转速为(2.50±0.05)r/s,使约克罗磨(4.1)的打浆部件和试样悬浮液的温度均为(20±5)℃。将制备好的试样倒入圆筒打浆罐内,使试样尽可能均匀地分布在预先放入的带沟槽飞刀辊的周围。飞刀辊放入时,运行面应朝下。将盖子盖在打浆罐上,并确保橡皮圈固定牢固。在每一组中,打浆罐、盖子、带沟槽飞刀辊的编号应相同。将打浆罐放入转盘的托座中,用夹子将其固定。打浆罐应在转盘上均匀分布,以防止约克罗磨(4.1)的一侧负重。因此,如果只在一个或五个打浆罐内打浆时,也应再装上一个打浆罐,并盛有相同质量的纤维和水的混合物,以使质量平衡。

当打浆罐放入约克罗磨(4.1)内,并盖上磨盖后启动运转。由于打浆压力取决于中轴的转速,因此中轴的旋转速度应准确地调整到(2.50±0.05)r/s。当约克罗磨(4.1)启动时,可能听到敲击声,一段时间后该声音消失,这与试样最初分布的均匀情况有关。

达到规定打浆度的所需时间取决于试样的耐磨性能,随试样的浆种不同而有所变化。

下面是一个取样时间的举例:

a) 易于打浆的亚硫酸盐浆和其他浆:
   10 min、30 min、40 min、70 min。

b) 打浆较慢的硫酸盐浆和其他浆:
   15 min、30 min、60 min、90 min、120 min。

打浆时间(即从开动电机到停下电机之间的时间)应准确到±5 s以内。

当某一打浆罐内的试样打浆到规定时间时,关掉电机,取出该打浆罐。同时从计数器上读出中轴转数并将其记下。稍停时间应不超过约1 min,然后继续打浆,同时约克罗磨(4.1)内打浆罐的排列应继续保持均衡,必要时可以补放盛有纸浆的浆罐。

将打好浆的试样倒入一个容量不小于1 000 mL的量筒内,用试验用水(4.4)清洗打浆罐,清洗水也应倒入量筒内。再用试验用水(4.1)将试样稀释至(1 100±25)mL,然后将试样置于标准的解离器(4.2)内,在叶轮为10 000转数下,使试样悬浮液充分解离。

打浆后,用水彻底清洗打浆罐,如果有必要,可用树脂溶剂清洗。

7 试验报告

试验报告应包括下列项目:

a) 本标准的编号;
b) 完全识别试样所必需的全部资料;
c) 最初解离时,使用的转数;
d) 打浆时间;
e) 试验过程中观察到的任何异常情况;
f) 试验过程中偏离本标准的条件。

附 录 A
(资料性附录)
本标准与对应的 ISO 5264-3:1979 章条编号对照

表 A.1 给出了本标准与对应的 ISO 5264-3:1979 章条编号对照的一览表。

表 A.1 本标准与对应的 ISO 5264-3:1979 章条编号对照

本标准章条编号	对应国际标准章条编号
—	0
—	1
1	2
2	3
3	4
4	5
4.1	5.1
4.2	5.2
4.3	5.3
4.4	5.4
5	6
6	7
6.1	7.1
6.2	7.2
6.3	7.3
7	8
附录 A	—
附录 B	—
附录 C	附录 A

附　录　B
（资料性附录）
本标准与 ISO 5264-3:1979 技术性差异及其原因

表 B.1 给出了本标准与 ISO 5264-3:1979 技术性差异及其原因的一览表。

表 B.1　本标准与 ISO 5264-3:1979 技术性差异及其原因

本标准的章条编号	技术性差异	原　因
—	删除了引言、目的部分	该部分内容无实际意义，且与我国国家标准要求不符
4.3	称量天平的精确度改为 0.1 g	原国际标准天平的精确度 0.2 g 无实际操作意义
4.4	对试验用水作了具体举例说明	避免在实际操作中产生误解
5	按照 GB/T 740 的规定取样，按照 GB/T 462 的规定测定其绝干物含量	将国际标准换成对应的国家标准

附　录　C
（规范性附录）
约克罗(Jokro)磨

C.1　约克罗磨

约克罗磨(见图C.1)包括一个水平转盘(1),转盘上装有6个圆筒托座(2)。运转时,圆筒托座(2)围着中轴(3)作行星状运转。打浆部件[打浆罐(4)、盖(7)、刀辊(6)和铁树垫(5)]放在这些圆筒托座(2)内,并由夹子固定住。

单位为毫米

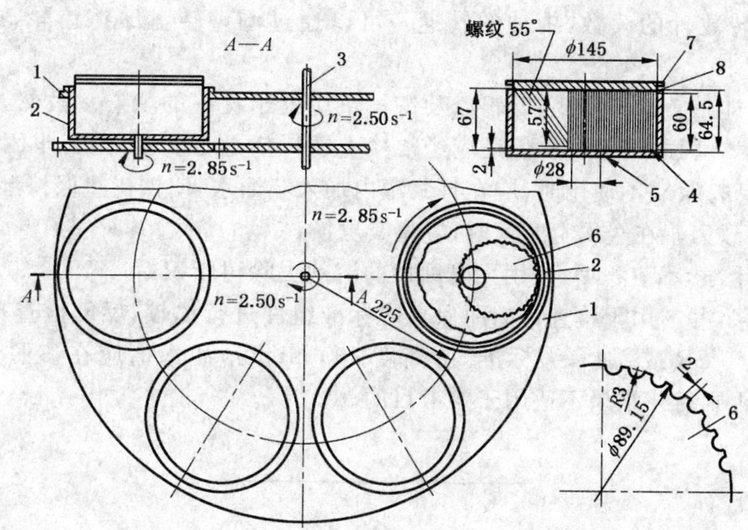

1——水平转盘;
2——圆筒托座;
3——中轴;
4——打浆罐;
5——铁树垫;
6——沟槽飞刀;
7——盖;
8——垫圈。

图C.1　约克罗磨简图

C.1.1　打浆罐

打浆罐(4)的内径为145 mm,内侧高67 mm,打浆罐底部与直径为28 mm的凹槽中心的锥度为2 mm。凹槽内有一个铁树做的铁树垫(5)(木片),用水浸泡后固定在里面,刀辊(6)就在铁树垫(5)上旋转,刀辊(6)比铁树垫(5)的周边大0.4 mm。

打浆罐(4)内壁从距底边5 mm以上开始刻有57 mm高的螺纹,呈55°角向左旋转,间距相当于在每10 mm内有7.64个螺纹。打浆罐盖(7)的内表面是平的,盖(7)和打浆罐(4)之间放置有垫圈(8),打浆罐(4)以及其盖(7)由布氏硬度为(105±10)HB的不锈钢材料制成。

C.1.2　刀辊

带沟槽的刀辊(6)由布氏硬度为(85±10)HB的不锈钢材料制成,圆柱刀辊的圆心应精确,直径为89.15 mm,高为60 mm。均匀分布在圆柱周围的打浆刀的棱宽为2 mm,由35个半径为3 mm的半圆型槽组成，带沟槽刀辊(6)的质量为(2 000±1)g。

打浆罐(4)的几何学中轴距离约克罗磨的中轴 225 mm，它围着约克罗磨的垂直中轴顺时针旋转。

中轴的固定转数为 2.5 r/s，行星形齿轮的齿轮比保证打浆罐的托座能以 2.5×1.14 r/s 即 2.85 r/s 的转数绕中轴旋转。

C.2 使用设备注意事项

只有当约克罗磨的各打浆罐(4)装配均衡时，才能使约克罗磨运转。即打浆罐(4)的数量不应是单数，否则应再放入一个打浆罐(4)以使质量平衡。这个另外单独放入的打浆罐(4)通常是一个不要求精确工作的旧打浆罐。

为了保证打浆再现性，应满足下列条件：

a) 安装时的方法应合理，中轴应垂直；

b) 应经常检查转数计的读数，中轴的转速。可以通过调整转盘摩擦齿轮，或控制电流来调整转数；

c) 打浆罐部件，即带盖的打浆罐、刀辊以及铁树垫应处于良好的状态。虽然，通常只有当新的设备开始运转时，磨损才会发生，但还应经常检查铁树垫是否润胀，是否牢固地固定在打浆罐底部的凹槽中。打浆罐不使用时，应在打浆罐内加入蒸馏水，使铁树垫保持湿润。若铁树垫经过长期使用，导致刀辊在金属上摩擦时，应将其更换；

d) 打浆部件应干净，不应积垢，应用无腐蚀性的溶剂去除树脂积垢；

e) 通过打参照浆，并与用于检查目的而保存的标准组件进行比较，反复检查打浆罐的工作情况；当打浆到约 50°SR 或"加拿大标准"游离度 200 mL 后，滤水值应在参照浆的正常滤水值的 ±5%之内，否则打浆结果不适用于参考目的。

ICS 85-010
Y 30

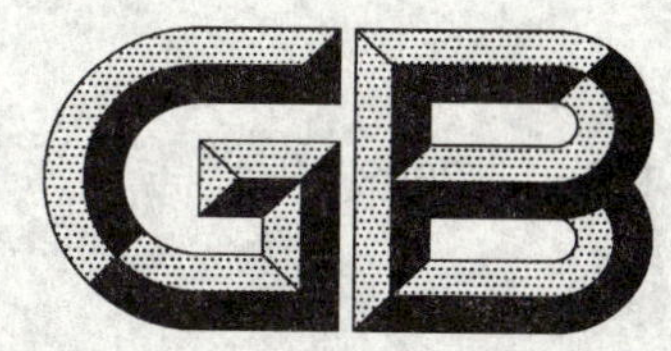

中华人民共和国国家标准

GB/T 12660—2008
代替 GB/T 12660—1990

纸浆　滤水性能的测定“加拿大标准”游离度法

Pulps—Determination of drainability—“Canadian standard”freeness method

(ISO 5267-2:2001,Pulps—Determination of drainability—Part 2:“Canadian standard”freeness method,MOD)

2008-08-19 发布　　2009-05-01 实施

中华人民共和国国家质量监督检验检疫总局
中国国家标准化管理委员会　发布

前　言

本标准修改采用ISO 5267-2:2001《纸浆　滤水性能的测定　第2部分:“加拿大标准”游离度法》。

本标准与ISO 5267-2:2001的差异及其原因参见附录B。

本标准代替GB/T 12660—1990《纸浆滤水性能的测定“加拿大标准”游离度法》。

本标准与GB/T 12660—1990相比,主要变化如下:

——增加了前言部分;

——增加了原理、附录A、附录B的有关内容;

——在第6章中规定了在整个测试过程中应使用标准蒸馏水或去离子水;

——在第7章中增加了计算浆料浓度的方法和内容。

本标准的附录C、附录D、附录E、附录F、附录G为规范性附录,附录A、附录B为资料性附录。

本标准由中国轻工业联合会提出。

本标准由全国造纸工业标准化委员会(SAC/TC 141)归口。

本标准起草单位:中华人民共和国天津出入境检验检疫局、中华人民共和国广东出入境检验检疫局、中国制浆造纸研究院。

本标准主要起草人:栗建永、赵黎华、张慧、郭仁宏。

本标准所代替标准的历次版本发布情况为:

——GB/T 12660—1990。

本标准委托全国造纸工业标准化技术委员会负责解释。

纸浆　滤水性能的测定 “加拿大标准”游离度法

1　范围

本标准规定了一种测定纸浆悬浮液滤水性能的方法，测定结果用“加拿大标准”游离度表示，单位为毫升。

原则上，本方法适用于各种纸浆悬浮液的测定。

注：大量细小纤维的处理可能会使游离度出现不规则上升，不真实的游离度值一般低于 100 mL。

2　规范性引用文件

下列文件中的条款通过本标准的引用而成为本标准的条款。凡是注日期的引用文件，其随后所有的修改单(不包括勘误的内容)或修订版均不适用于本标准，然而，鼓励根据本标准达成协议的各方研究是否可使用这些文件的最新版本。凡是不注日期的引用文件，其最新版本适用于本标准。

GB/T 5399　纸浆　浆料浓度的测定(GB/T 5399—2004，ISO 4119:1995，IDT)

QB/T 3703　纸浆　实验室纸页的制备　常规纸页成型器法

ISO 4094　纸、纸板、纸浆　试验仪器国际间校准　标准实验室和授权实验室的任命和验收

3　术语和定义

下列术语和定义适用于本标准。

3.1

“加拿大标准”游离度　“Canadian standard” freeness

校正试样的温度和浆料浓度后，从“加拿大标准”游离度仪的侧管流出水的体积，用毫升表示。

4　原理

一定体积的纸浆悬浮液，测定时通过筛网上形成的纤维滤层滤水，使滤液流入一个带有直管和一个侧管的漏斗中，测定从侧管中排出滤液的体积。排出滤液的体积即为纸浆的“加拿大标准”游离度，用毫升表示。

5　仪器

一般实验室仪器及

5.1　“加拿大标准”游离度仪：符合附录 C 的规定。

注：附录 D 介绍了“加拿大标准”游离度仪的维护，附录 E 详细叙述了“加拿大标准”游离度仪的校对方法。另外，附录 E 中还介绍了校对实验室的情况。

5.2　量筒：精确至毫升，体积小于 100 mL 时，测定误差应小于 1.0 mL；体积在 100 mL～250 mL 时，测定误差应小于 2.0 mL；体积大于 250 mL 时，测定误差应小于 5.0 mL。

5.3　天平：感量为 0.01 g。

注：尽管测定从侧管排出滤液的质量，用感量为 0.1 g 的天平已经足够了，但测定浆料浓度时天平感量应为 0.01 g。

6　试样的制备

6.1　纸浆悬浮液的滤水性能会受到试验用水固体溶解物和 pH 的影响，在整个试验过程中应使用蒸馏

水或去离子水。

6.2 取经解离的试样悬浮液,如果不知试样的准确浓度,应用蒸馏水稀释至大约 0.32%(质量分数),并按 GB/T 5399 测定试样的浆料浓度。再稀释试样悬浮液至浆料浓度为 0.30%±0.01%(质量分数),温度调节至 20.0 ℃±0.5 ℃(见注 1)。在整个试样制备过程中,应避免试样悬浮液产生气泡。

注 1:随着时间的不同,从浆料制备系统或纸浆评价设备中提取的纸浆悬浮液的游离度可能会有变化。为了避免这一变异现象的影响,进行试验时,纸浆悬浮液在取样 30 min 以后,测定前应先在 6 000 r 的解离器里进行处理,浓度为 1.2%～1.5%。

注 2:试验结果会受纸浆悬浮液中细小纤维或碎纸浆的数量影响。纸浆试样浓缩可能会失去一部分纤维。为了避免浓缩过程中的这种损失,滤液应通过浆层循环过滤直至滤液清澈,纸浆悬浮液的解离方法在注 1 中阐述。应使用此方法浓缩或稀释纸浆悬浮液至适合于游离度试验的浓度。

注 3:如果有必要,例如过程控制中,可能会采用不同于 20 ℃的其他温度,并且该温度也不符合本标准的规定,这种情况应在试验报告中说明。本标准的校正表(附录 F 和附录 G)是基于磨木浆的游离度研究得出的。对于化学浆游离度评价的校正表的精确度还不确定。

注 4:在试验中,如浆料浓度偏差大于 0.01%或温度偏差大于 0.5 ℃,所测数值应按附录 F 和附录 G 给出的校正表加以校正。

7 试验步骤

7.1 彻底清洗"加拿大标准"游离度仪(5.1)的测速漏斗和滤水室,然后用水冲洗,将滤水室放在支架上,用温度为 20 ℃±0.5 ℃的水(见 6.2 的注 3)冲刷仪器以调节仪器的温度。

7.2 放好量筒(5.2)或烧杯(见 5.3 的注),接收由侧管排出的水。

7.3 在搅拌条件下,取出 1 000 mL±5 mL 试样悬浮液,放到一个干净的有刻度值的量筒里。

7.4 关闭游离度测试仪(5.1)的滤水室底盖,并打开顶盖和空气阀门。用手盖住量筒的上口,并 180°翻转量筒 3 次,以使试样混合,不要损失试样,在这一过程中应尽量避免空气进入试样中。

7.5 沿着滤水室的内侧或中心快速稳定地将试样倒进滤水室内,倒完后试样在滤水室中应几乎静止。立即关闭顶盖和空气阀门,并打开底盖,5 s 后打开空气阀门使水自动流出。

7.6 当侧管不再流水时,读取排出水的体积。如果读取值低于 100 mL,应精确至 1 mL;如果读取值在 100 mL～250 mL 之间,应精确至 2 mL;如果读取值在 250 mL 以上,应精确至 5 mL。对于更高的精确度,应称量烧杯和里面物质的质量,精确至 0.1 g,并将质量转换成体积(mL)。

7.7 在一个 2 000 mL 的烧杯中,将从滤水室、侧管和直管排出的试样混合,用符合 QB/T 3703 规定的纸页成型器的铜网或滤纸过滤。对于高纤维含量的试样,推荐在布氏漏斗中使用过滤纸来过滤。烘干纸垫至恒重并记录,并用这一质量来计算试样的浆料浓度。

每个样品测两次。

8 结果的表示

两次测定结果的平均值作为"加拿大标准"游离度,用毫升表示。如果两次测定结果之差超出其平均值的 2%,应重新测定。

9 试验报告

试验报告应包括以下内容:

a) 本标准的编号;
b) 测试日期和地点;
c) 完全识别试样所必需的全部资料;
d) 不同于本标准的测定温度;
e) 不同于本标准的测定浓度;

f) 结果的平均值；

g) 测试中所用漏斗的类型(经过改进的或最初设计的)；

h) 测试中观察到的任何异常情况；

i) 任何偏离本标准的内容，或者任何可能影响结果的因素。

附　录　A
（资料性附录）
本标准与对应的 ISO 5267-2:2001 章条编号对照

表 A.1 给出了本标准与对应的 ISO 5267-2:2001 章条编号对照的一览表。

表 A.1　本标准与 ISO 5267-2:2001 章条编号对照

本标准章条编号	对应国际标准章条编号
1	1
2	2
3	3
3.1	3.1
4	4
5	5
5.1	5.1
5.2	5.2
5.3	5.3
6	6
7	7
8	8
9	9
附录 A	—
附录 B	—
附录 C	附录 A
附录 D	附录 B
附录 E	附录 C
附录 F	附录 D
附录 G	附录 E

附 录 B
（资料性附录）
本标准与 ISO 5267-2:2001 技术性差异及其原因

表 B.1 给出了本标准与 ISO 5267-2:2001 技术性差异及其原因的一览表。

表 B.1 本标准与 ISO 5267-2:2001 技术性差异及其原因

本标准的章条编号	技术性差异	原因
2	删除了引用标准 ISO 5269-2《纸浆 物理试验用实验室纸页的制备 第 2 部分:快速凯塞法》和 ISO 14487《纸浆 物理试验用标准水》	我国目前未制定同类相关标准
6	删除了引用标准 ISO 14487《纸浆 物理试验用标准水》的内容	在本标准中规定使用标准蒸馏水或去离子水
7	删除了引用标准 ISO 5269-2《纸浆 物理试验用实验室纸页的制备 第 2 部分:快速凯塞法》的内容	采用 QB/T 3703 中规定的铜网、滤纸过滤测定后的纸浆
附录 E	删除了 ISO 5267-2:2001 中第 C.3 章的有关内容	该部分不属于国家标准的范畴

附 录 C
（规范性附录）
“加拿大标准”游离度仪

C.1 “加拿大标准”游离度测试仪

由安装在支架上的滤水室和一个测速漏斗组成(见图C.1)。图C.1所示的测速漏斗是改良设计过的,已被加拿大制浆造纸协会技术部(现名为加拿大制浆造纸技术协会)于1964年定为标准。侧管的最初设计为切掉其角,现在在一些国家仍然使用,符合本标准的规定。图C.2所示的两种漏斗的比较工作于1993年在Paprican开展,测试“加拿大标准”游离度为215 mL～696 mL机械浆时,测试结果表明两个漏斗没有什么不同。

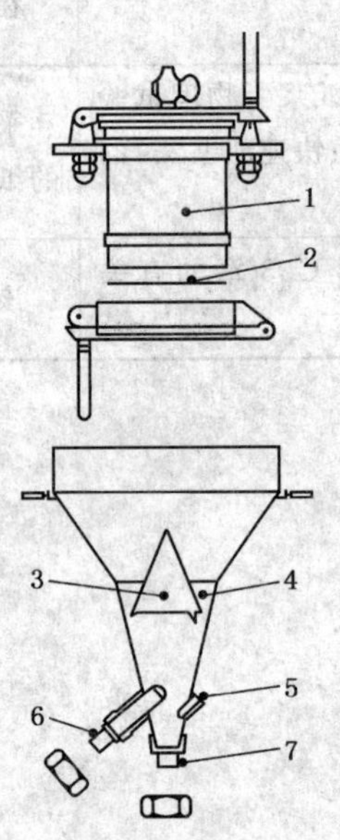

1——滤水室；
2——筛板；
3——锥形分布器；
4——测速漏斗；
5——插销；
6——侧管；
7——直管。

图C.1 “加拿大标准”游离度测试仪

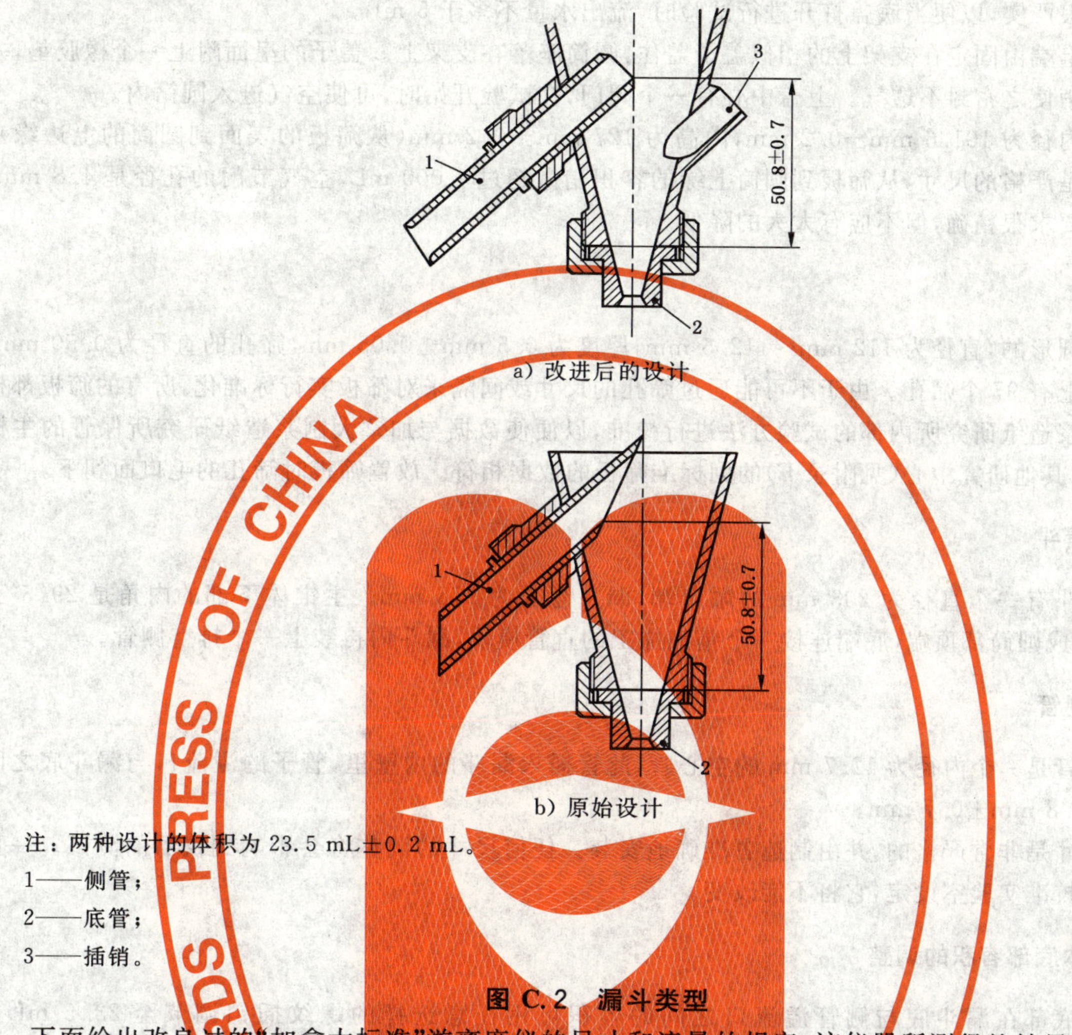

a) 改进后的设计

b) 原始设计

注：两种设计的体积为 23.5 mL±0.2 mL。

1——侧管；

2——底管；

3——插销。

图 C.2 漏斗类型

下面给出改良过的"加拿大标准"游离度仪的尺寸和流量的规定，该仪器所测得的结果与原来设计的"加拿大标准"游离度仪完全一致。原设计的仪器（没有中心边孔或体积调节栓）可按规定调至不同的校准值，而这些数值应由制造商说明。仔细按照以下校准方法操作，不论用哪种设计，都应使"加拿大标准"游离度的结果在第 C.5 章所规定的极限之内。

校准测速漏斗时要求调整两个方面：

a) 漏斗中的水面会影响水流过直管的流量，需要调整漏斗的水平度；

b) 底部（从锥体的底端到侧管溢流口）水的体积应为 23.5 mL。在此过程中，侧管应被调整为能提供需要体积的位置，早期的漏斗直管上面的部分在规定内有所下降是可以接受的。

注：这样偶然会发生抛弃不适合以上两个要求的漏斗的情况。同时也证明，沿着管轴将侧管切掉一角，当漏斗被旋转 180°，并且测试者水平较低时，侧管中水流会发生变化。沿着管轴将侧管切掉 90°，并将其固定，会沿漏斗的中心线发生溢流，这一设计在 1964 年被采纳。其目的主要是为了使直管上部水面的调整更便利，且将测速漏斗旋转而不影响排水速率。圆锥底部装有一个穿线的塞子，校准时，可通过调整塞子使体积达到 23.5 mL，这一操作独立于水面的调整。最初校验以后，不需要再做更多的调整。检测测速漏斗的修改不同于加拿大制浆造纸研究所的标准仪器维护。没有任何关于影响仪器维护和测试结果水平的证据。测速漏斗的这一设计希望能与原始漏斗提供同样的结果。符合这些设计的测试仪器都标有字母"M"，"M"后面是一系列数字。漏斗的角度在 1964 年没有被改变，并且它们符合第 C.4 章中的指定值。

C.2 滤水室

滤水室是一个金属圆筒，圆筒底部装有筛板和盖子，盖子的一边用锁链固定在圆筒上，另一边用插销。盖子应很严实，以便当底盖打开进行试验时，流出水量不多于 5 mL。

圆筒的上端由固定在支架上的相似盖子盖住，圆筒座落在支架上。盖子的里面附上一个橡胶垫，并用锁链和插销使之密封不透气。上盖中心有一个阀门，在试验开始时，可使空气进入圆筒内。

圆筒的内径为 101.6 mm±0.2 mm，内高为 127 mm±0.2 mm(从筛板的表面到圆筒的上边缘)。直径和高度是严格的尺寸，从筛板到圆筒上缘的容积稍微超过 1 000 mL，空气节门的孔径是 4.8 mm，这个尺寸不要求很精确，但不应有太大的降低。

C.3 筛板

筛板是圆形的，直径为 112 mm～112.5 mm，厚度为 0.5 mm±0.05 mm，筛孔的直径为 0.50 mm，每平方厘米上有 97 个筛孔。由于不可能通过筛孔的尺寸或间隔来对筛板实行标准化，所有的筛板都根据加拿大制浆造纸研究所内部的试验方法进行校准，以便使数据与加拿大制浆造纸研究所保管的主标准筛板，或与其他研究中心(见附录 E)的副标准筛板的数据相符。放置筛板时筛孔的毛口面朝下。

C.4 测速漏斗

测速漏斗有一个直径为 203 mm 的敞口端，漏斗总长为 278 mm。主锥体下部的内角是 29.5°±0.5°，然后扩成圆筒部顶端，底端连接一个精细加工的直管模块，漏斗内再装上一个排空侧管。

C.5 排空侧管

排空侧管是一个内径为 12.7 mm 的空心管，此管插入漏斗的内壁里，管子的溢流口与漏斗底之间的距离是 50.8 mm±0.7 mm。

这个尺寸是非常严格的，并由制造者准确地安装。任何尺寸的调整将会影响到仪器的测试。一旦这个尺寸被校准实验室设定，它将不能改变。

C.6 圆锥体底部容积的调整

圆锥体底部在漏斗底与侧管溢流口之间的容积可用任意选择的螺纹插销调节至 23.5 mL±0.2 mL，如果未能充分调节好这个容积，那么应在侧管颈部的底下采用薄垫片。虽然在规定的界限内，这个容积是不严格的，但这个容积不应改变。

C.7 直管

见图 C.3。

直管的总长是 19.6 mm。这一文丘里孔的直径可在校正时调节。即当 20.0 ℃±0.5 ℃的水以 725 mL/min±5 mL/min 的速度注入时，应以 529 mL/min～531.5 mL/min 的速度流出。当直管装配在测速漏斗上后，排出口的流速应为 530 mL/min，波动在±1%以内。

当直管模块被固定在测速漏斗底部时，直管应和漏斗是同心的，直管与漏斗应完全吻合成一个连续平整的内表面。

单位为毫米

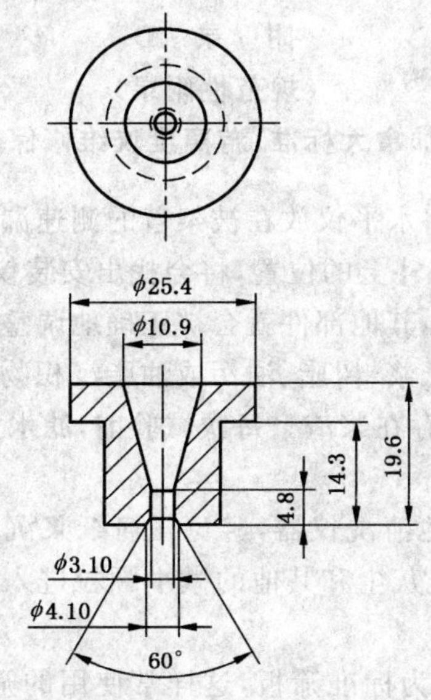

图 C.3　直管

C.8　保护性锥体性分布器

将可拆卸的锥体性分布器放在漏斗里，以免试验时溅出的水直接进入侧管内。

C.9　校准

筛板、直管、侧管和锥体的容积应校准并调整到与说明书相符，当所有校准过的部件组成一个完整的仪器时，仪器应与标准仪器一致，其值应不超过±2 mL。仪器中任何一个部件的改变对仪器的校准都有影响。

注：因为新仪器改变了测速漏斗、漏斗组件，例如侧管的一些尺寸，故不能与符合原标准规定的仪器互换。

附　录　D

（规范性附录）

“加拿大标准”游离度仪维修保养

D.1　仪器应安放在无震动的地方，将水平仪放在被架着的测速漏斗敞开端的上面，仔细找平。从一边到另一边，从后到前，变换水平仪在漏斗上的位置，将会找出安装仪器真正水平的位置。

D.2　当按上述方法水平放置漏斗后，其他部件就会被正确地调整。

D.3　仪器应始终保持干净，不应有纸浆、树脂、油污或油脂沉积物。每次试验后，要用干净水冲洗滤水室，特别应注意检查筛板孔眼内是否存在浆渣。每次试验前，滤水室和测速漏斗都应用温度偏差不超过±1 ℃的干净水浸透。

D.4　如果仪器不使用，应仔细彻底地清洗仪器，避免任何纸浆沉积物干在上面。底盖应敞开着，上盖应部分关闭，但不用插销，这可以防止灰尘和其他的微小颗粒进入。仪器再次使用前，应用干净水很好地冲刷。

D.5　极力推荐保存一个附加筛板作为标准筛板，这样常使用的筛板可不时地被检查。应注意保护好筛板，延长筛板的寿命。但在一般工厂的条件下，筛板可能被油脂沉积而玷污。这种油污可用有机溶剂或不含羧甲基纤维素、磷酸盐或漂白剂的中性洗涤剂轻轻刷掉，然后用热水好好刷洗。除了说明书允许用的物质外，在任何情况下都不应用酸冲洗仪器及其部件。变形的或是损坏的筛板应及时更换。

D.6　替换筛板时，在紧固项圈时应注意避免挤压滤水室而使其变形。

D.7　仪器应使用有机溶剂或洗涤剂进行刷洗，随后用热水冲洗。过于猛烈的刷洗有可能使直管的校准失效。如果直管流量大于规定的数值，这就说明直管需要更换了。

D.8　每台仪器检测证书中对侧管排空量规定了一个数值（使用 20 ℃ 1 000 mL 的蒸馏水，而不是纸浆），该侧管排空量的数值用于检查直管，这个试验在证书中有所描述。侧管排空量不应超过检测证书规定值的 5 mL，如果侧管排空量的差值超过了此数值，这就说明直管需要更换了。

附　录　E

（规范性附录）

校　正　服　务

E.1　“加拿大标准”游离度仪的国际校准参照 ISO 4094。标准实验室将存有一组为鉴定 ISO 参考仪器用的标准筛板（以下作为 ISO 一级标准筛板）。

E.2　标准实验室应有一组二级标准筛板，用于校正和工作。在同样的标准排水条件下，二级标准筛板与 ISO 一级标准筛板的误差应小于±2 mL。二级标准筛板用于三级筛板的标准校正，可每 6 个月与 ISO 一级标准筛板比较对照。

附 录 F
（规范性附录）
“加拿大标准”游离度仪修正至纸浆浓度为 0.30%时的游离度表

表 F.1 为“加拿大标准”游离度仪修正至纸浆浓度为 0.30%时的游离度表。

表 F.1 “加拿大标准”游离度仪修正至纸浆浓度为 0.30%时的游离度表

游离度	试验时纸浆浓度/%																					游离度
	0.20	0.21	0.22	0.23	0.24	0.25	0.26	0.27	0.28	0.29	0.30	0.31	0.32	0.33	0.34	0.35	0.36	0.37	0.38	0.39	0.40	
	应减去的游离度											应加的游离度										
20	—	—	—	—	—	—	—	—	—	—	0	2	3	5	7	9	11	13	15	17	19	20
30	—	—	—	—	—	10	8	6	4	2	0	2	4	6	8	10	13	15	17	19	21	30
40	22	20	18	16	13	11	9	7	5	2	0	3	5	7	9	12	14	17	19	21	23	40
50	25	23	20	18	15	13	10	8	5	3	0	3	6	8	10	13	16	18	21	23	25	50
60	28	25	22	19	17	14	11	9	6	3	0	3	6	9	11	14	17	19	22	25	27	60
70	31	27	23	20	18	15	12	9	6	3	0	3	6	9	12	15	18	21	24	27	29	70
80	33	29	25	22	19	16	13	9	6	3	0	4	7	10	13	16	19	22	25	28	31	80
90	36	31	27	24	21	17	13	10	7	3	0	4	7	10	13	16	20	23	26	29	32	90
100	38	33	29	26	22	18	14	10	7	3	0	4	7	11	14	17	21	24	27	30	34	100
110	40	35	31	27	23	19	15	11	7	3	0	4	8	11	14	18	22	25	28	31	35	110
120	42	37	33	29	24	19	15	11	7	3	0	4	8	11	15	19	23	26	29	33	36	120
130	44	39	35	30	25	20	16	12	8	4	0	4	8	12	15	20	24	27	31	35	38	130
140	46	41	36	31	26	21	17	12	8	4	0	4	8	12	16	20	24	28	32	36	40	140
150	48	42	37	32	27	22	17	12	8	4	0	4	8	12	16	21	25	30	34	38	42	150
160	50	44	39	33	28	23	18	13	9	4	0	4	8	13	17	22	26	31	35	39	43	160
170	52	46	40	34	29	24	19	14	10	5	0	5	9	14	18	23	27	32	36	41	45	170
180	54	48	42	36	30	25	20	15	10	5	0	5	10	15	19	24	28	33	37	42	46	180
190	56	49	43	37	31	26	20	15	10	5	0	5	10	15	19	24	28	33	38	43	47	190
200	58	51	45	38	32	26	21	15	10	5	0	5	10	15	20	25	29	34	39	44	48	200
210	60	53	46	39	33	27	21	15	10	5	0	5	10	16	21	26	30	35	40	45	49	210
220	61	54	47	40	34	28	22	16	10	5	0	5	11	16	21	26	31	36	41	46	50	220
230	62	55	48	41	35	28	22	17	11	5	0	6	12	17	22	27	32	37	42	47	51	230
240	53	56	49	42	35	29	23	17	11	5	0	6	12	17	23	28	33	38	43	48	53	240
250	64	57	50	43	37	30	23	17	11	5	0	6	12	18	23	29	34	39	44	49	54	250
260	65	58	51	44	37	30	24	18	12	6	0	7	13	19	24	30	35	40	45	50	55	260
270	67	59	52	45	38	31	25	19	12	6	0	7	13	19	25	31	36	41	46	51	56	270
280	68	60	53	46	39	32	25	19	12	6	0	7	13	19	25	31	36	41	47	52	57	280
290	70	62	54	47	40	33	26	19	13	6	0	7	13	19	25	31	36	42	47	52	57	290
300	72	64	56	48	41	34	27	20	13	6	0	7	13	19	25	31	36	42	48	53	58	300
310	73	65	57	49	41	34	27	20	13	7	0	7	13	19	25	31	37	43	48	53	58	310
320	75	66	58	50	42	35	27	20	13	7	0	7	13	19	25	31	37	43	48	53	58	320
330	77	68	59	51	43	35	27	20	13	7	0	7	13	19	25	32	38	43	48	53	58	330
340	78	69	60	52	43	35	27	20	13	7	0	7	14	20	26	32	38	44	49	54	59	340
350	79	70	61	52	43	35	27	20	13	7	0	7	14	20	26	32	38	44	49	54	59	350

表 F.1（续）

游离度	试验时纸浆浓度/%																					游离度
	0.20	0.21	0.22	0.23	0.24	0.25	0.26	0.27	0.28	0.29	0.30	0.31	0.32	0.33	0.34	0.35	0.36	0.37	0.38	0.39	0.40	
	应减去的游离度										应加的游离度											
360	80	70	61	52	43	35	28	21	14	7	0	7	14	20	26	32	38	44	49	54	59	360
370	81	71	61	52	44	36	28	21	14	7	0	7	14	20	26	32	38	44	49	54	59	370
380	81	71	61	52	44	36	29	21	14	7	0	7	14	20	26	32	38	44	49	54	59	380
390	82	72	62	53	45	37	29	21	14	7	0	7	14	20	26	32	38	44	49	54	59	390
400	82	72	62	53	46	37	29	21	14	7	0	7	14	20	26	32	38	44	49	54	59	400
420	83	72	62	54	45	37	29	21	14	7	0	7	14	20	26	32	38	44	49	54	59	420
440	83	73	63	54	45	37	29	21	14	7	0	7	14	20	26	32	38	44	49	54	59	440
460	83	73	63	54	45	37	29	21	14	7	0	7	14	20	26	32	38	44	49	53	58	460
480	83	73	63	54	46	37	29	21	14	7	0	7	14	20	26	32	38	42	47	52	57	480
500	83	73	63	54	46	37	29	21	14	7	0	7	14	20	26	31	36	41	46	51	56	500
520	82	72	62	53	44	36	28	21	14	7	0	7	13	19	25	30	35	40	45	50	55	520
540	80	71	62	53	44	36	28	21	14	7	0	6	12	18	24	29	34	39	44	49	54	540
560	78	69	60	51	43	35	28	21	14	7	0	6	12	17	22	27	32	37	42	47	52	560
580	76	67	58	50	42	34	27	20	13	6	0	6	12	16	22	27	32	37	42	46	50	580
600	75	66	58	50	42	34	27	20	13	6	0	6	11	16	21	26	31	36	40	44	48	600
620	74	65	57	49	41	33	26	19	12	6	0	5	10	15	20	25	30	34	38	42	47	620
640	73	64	56	48	40	32	25	18	12	6	0	5	10	15	20	25	29	33	37	41	46	640
660	71	63	55	47	39	31	24	17	11	6	0	5	9	14	19	24	28	31	35	39	45	660
680	70	63	56	46	39	31	24	16	11	5	0	4	9	13	18	23	27	30	34	38	44	680
700	69	62	54	46	38	30	23	16	11	5	0	4	8	13	18	22	26	29	33	37	42	700

附 录 G
（规范性附录）
“加拿大标准”游离度仪修正至 20 ℃时的游离度表

表 G.1 为“加拿大标准”游离度仪修正至 20 ℃时的游离度表。

表 G.1 “加拿大标准”游离度仪修正至 20 ℃时的游离度表

游离度	试验时纸浆温度/℃																					游离度
	10	11	12	13	14	15	16	17	18	19	20	21	22	23	24	25	26	27	28	29	30	
	应减去的游离度											应加的游离度										
30	11	9	8	7	6	5	4	3	2	1	0	1	2	3	4	5	6	7	8	9	11	30
40	12	10	9	8	7	6	5	3	2	1	0	1	2	3	5	6	7	8	9	10	12	40
50	14	12	11	10	8	7	6	4	3	1	0	1	3	4	6	7	8	10	11	12	14	50
60	15	14	12	11	9	8	6	4	3	1	0	1	3	4	6	8	9	11	12	14	15	60
70	17	15	13	12	10	8	7	5	3	2	0	2	3	5	7	8	10	12	13	15	17	70
80	19	17	15	13	11	9	8	6	4	2	0	2	4	6	8	9	11	13	15	17	19	80
90	20	18	16	14	12	10	8	6	4	2	0	2	4	6	8	10	12	14	16	18	20	90
100	21	19	17	15	13	10	8	6	4	2	0	2	4	6	8	10	13	15	17	19	21	100
110	23	21	18	16	14	11	9	7	5	2	0	2	5	7	9	11	14	16	18	21	23	110
120	25	22	20	17	15	12	10	7	5	2	0	2	5	7	10	12	15	17	20	22	25	120
130	26	23	21	18	16	13	11	8	5	3	0	3	5	8	11	13	16	18	21	23	26	130
140	27	24	22	19	16	14	11	8	5	3	0	3	5	8	11	14	16	19	22	24	27	140
150	29	26	23	20	17	14	11	9	6	3	0	3	6	9	11	14	17	20	23	26	29	150
160	30	27	24	21	18	15	12	9	6	3	0	3	6	9	12	15	18	21	24	27	30	160
170	31	28	25	22	18	15	12	9	6	3	0	3	6	9	12	15	18	22	25	28	31	170
180	32	29	26	22	19	16	13	10	6	3	0	3	6	10	13	16	19	22	26	29	32	180
190	33	30	26	23	20	16	13	10	6	3	0	3	6	10	13	16	20	23	26	30	33	190
200	34	31	27	24	20	17	13	10	7	3	0	3	7	10	13	17	20	24	27	31	34	200
210	35	31	28	24	21	18	14	10	7	3	0	3	7	10	14	18	21	24	28	31	35	210
220	36	32	29	25	22	18	14	10	7	4	0	4	7	10	14	18	22	25	29	32	36	220
230	37	33	30	26	22	19	15	11	7	4	0	4	7	11	15	19	22	26	30	33	37	230
240	38	34	31	27	23	19	15	11	8	4	0	4	8	11	15	19	23	27	31	34	38	240
250	39	35	31	27	23	20	16	12	8	4	0	4	8	12	16	20	23	27	31	35	39	250
260	40	36	32	28	24	20	16	12	8	4	0	4	8	12	16	20	24	28	32	36	40	260
270	41	37	33	29	24	20	16	12	8	4	0	4	8	12	16	20	24	29	33	37	41	270
280	42	38	34	29	25	21	17	13	8	4	0	4	8	13	17	21	25	29	34	38	42	280
290	42	38	34	29	25	21	17	13	8	4	0	4	8	13	17	21	25	29	34	38	42	290
300	43	39	34	30	25	21	17	13	8	4	0	4	8	13	17	21	25	30	34	39	43	300
310	43	39	34	30	25	21	17	13	8	4	0	4	8	13	17	21	25	30	34	39	43	310
320	43	39	34	30	25	21	17	13	8	4	0	4	8	13	17	21	25	30	34	39	43	320
330	44	40	35	31	26	22	18	13	9	4	0	4	9	13	17	22	26	31	35	40	44	330
340	44	40	35	31	26	22	18	13	9	4	0	4	9	13	18	22	26	31	35	40	44	340
350	44	40	35	31	26	22	18	13	9	4	0	4	9	13	18	22	26	31	35	40	44	350

表 G.1（续）

游离度	试验时纸浆温度/℃																					游离度
	10	11	12	13	14	15	16	17	18	19	20	21	22	23	24	25	26	27	28	29	30	
	应减去的游离度											应加的游离度										
360	44	40	35	31	26	22	18	13	9	4	0	4	9	13	18	22	26	31	35	40	44	360
370	45	41	36	31	26	22	18	13	9	4	0	4	9	13	18	22	26	31	36	41	45	370
380	45	41	36	31	27	22	18	13	9	4	0	4	9	13	18	22	27	31	36	41	45	380
390	45	41	36	31	27	23	18	14	9	4	0	4	9	14	18	23	27	31	36	41	45	390
400	46	41	37	32	28	23	18	14	9	4	0	4	9	14	18	23	28	32	37	41	46	400
420	45	41	36	31	27	23	18	14	9	4	0	4	9	14	18	23	27	31	36	41	45	420
440	45	41	36	31	27	22	18	13	9	4	0	4	9	13	18	22	27	31	36	41	45	440
460	44	40	35	31	27	22	18	13	9	4	0	4	9	13	18	22	27	31	35	40	44	460
480	43	39	34	30	25	21	17	13	8	4	0	4	8	13	17	21	25	30	34	39	43	480
500	42	38	34	29	25	21	17	13	8	4	0	4	8	13	17	21	25	29	34	38	42	500
520	42	38	33	29	24	20	16	12	8	4	0	4	8	12	16	20	24	29	33	38	42	520
540	42	37	33	28	24	20	16	12	8	4	0	4	8	12	16	20	24	28	33	37	42	540
560	41	37	32	28	24	20	16	12	8	4	0	4	8	12	16	20	24	28	32	37	41	560
580	41	36	32	28	24	20	16	12	8	4	0	4	8	12	16	20	24	28	32	36	41	580
600	40	36	32	28	24	20	16	12	8	4	0	4	8	12	16	20	24	28	32	36	40	600
620	39	35	31	27	23	19	16	12	8	4	0	4	8	12	16	19	23	27	31	35	39	620
640	37	33	29	25	21	18	14	11	7	4	0	4	7	11	14	18	21	25	29	33	37	640
660	36	32	28	25	21	17	14	10	7	3	0	3	7	10	14	17	21	25	28	32	36	660
680	35	31	27	24	20	17	13	10	6	3	0	3	6	10	13	17	20	24	27	31	35	680
700	33	30	26	23	20	16	13	9	6	3	0	3	6	9	13	16	20	23	26	30	33	700

ICS 85-010
Y 30

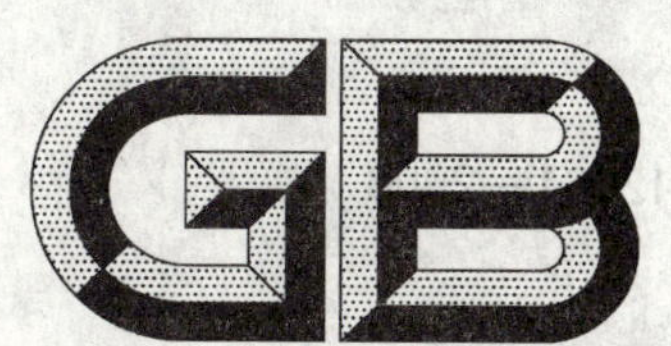

中华人民共和国国家标准

GB/T 12661—2008
代替 GB/T 12661—1990

纸和纸板 菌落总数的测定

Paper and board—Determination of microbiological properties (Total bacterial count)

(ISO 8784-1:2005, Pulp, paper and board—Microbiological examination—Part 1: Total count of bacteria, yeast and mould based on disintegration, MOD)

2008-08-19 发布　　2009-05-01 实施

中华人民共和国国家质量监督检验检疫总局
中国国家标准化管理委员会　发布

前　言

本标准修改采用 ISO 8784-1:2005《纸浆、纸和纸板　微生物的测定　第 1 部分:基于降解作用的细菌、酵母和真菌总数》。

本标准与 ISO 8784-1:2005 的主要差异如下:

——范围中明确本标准适用于大多数纸和纸板,尤其是与食品接触的纸和纸板(本版的第 1 章);

——范围中规定了纸和纸板内部及表面菌落总数的测定方法(本版的第 1 章);

——规范性引用文件将 ISO 8784-1:2005 中引用的国际标准转化为与之相对应的国家标准,取消了有关纸浆的引用标准(本版的第 2 章);

——将 ISO 8784-1:2005 中第 4 章的培养温度由 37 ℃改为 35 ℃±2 ℃,取消了其他菌类的测定要求(本版的第 3 章);

——取消了 ISO 8784-1:2005 中的 5.1.1 和 5.1.2,增加了附录 A;

——增加了仪器的内容(本版的第 5 章);

——增加了仪器和培养基的灭菌方法(本版的第 6 章);

——修改了结果的计算和表述(本版的第 9 章)。

本标准与 ISO 8784-1:2005 的结构对比在附录 B 中列出。

本标准与 ISO 8784-1:2005 的技术性差异在附录 C 中列出。

本标准代替 GB/T 12661—1990《纸和纸板菌落总数的测定法》。

本标准与 GB/T 12661—1990 相比主要变化如下:

——增加了前言;

——修改了范围,范围中明确本标准适用于大多数纸和纸板,尤其是与食品接触的纸和纸板(1990 版的第 1 章,本版的第 1 章);

——增加了规范性引用文件(本版的第 2 章);

——增加了原理(本版的第 3 章);

——修改了试剂的要求(1990 版的第 6 章;本版的第 4 章);

——修改了仪器的要求(1990 版的第 5 章;本版的第 5 章);

——修改了试样的采取和制备(1990 版的第 8 章;本版的第 7 章);

——增加了结果的报告内容(本版的第 9 章);

——修改了操作步骤中的内容,将 30 ℃±1 ℃下培养 72 h 改为 35 ℃±2 ℃下培养 48 h(1990 版的第 9 章;本版的第 8 章);

——增加了资料性附录 B 和附录 C。

本标准的附录 A 为规范性附录,附录 B、附录 C 为资料性附录。

本标准由中国轻工业联合会提出。

本标准由全国造纸工业标准化技术委员会归口。

本标准起草单位:天津市轻工业造纸技术研究所、中国制浆造纸研究院。

本标准主要起草人:聂俊红。

本标准所代替标准的历次版本发布情况为:

——GB/T 12661—1990。

本标准由全国造纸工业标准化技术委员会负责解释。

纸和纸板　菌落总数的测定

1　范围

本标准规定了纸和纸板内部及表面菌落总数的测定方法。

本标准适用于大多数纸和纸板，尤其是与食品接触的纸和纸板。

2　规范性引用文件

下列文件中的条款通过本标准的引用而成为本标准的条款。凡是注日期的引用文件，其随后所有的修改单(不包括勘误的内容)或修订版均不适用于本标准，然而，鼓励根据本标准达成协议的各方研究是否可使用这些文件的最新版本。凡是不注日期的引用文件，其最新版本适用于本标准。

GB/T 450　纸和纸板　试样的采取及试样纵横向、正反面的测定(GB/T 450—2008，ISO 186：2002，MOD)

3　原理

将纸或纸板碎解后的悬浮液按规定的稀释浓度，在指定的培养基上制备成平板。在 35 ℃±2 ℃有氧环境下培养 48 h，按选择的平板和稀释因子计算每克样品的菌落总数。

4　试剂

4.1　乙醇：浓度为 75%(质量分数)。

4.2　培养基：营养琼脂培养基，其组成见第 A.1 章。如果使用代替的营养琼脂应在试验报告中说明。

4.3　稀释液：灭菌生理盐水。

5　仪器

一般实验室仪器及

5.1　天平：感量 0.1 g。

5.2　放大镜：放大倍数 10× 或 15×，做平板菌落计数用。

5.3　塞子：非脱脂棉或一次性使用的塞子。

5.4　锥形瓶：容量 200 mL、500 mL，并配有塞子(5.3)。

5.5　玻璃珠：直径 5 mm。

5.6　保温箱：温度可以控制在 35 ℃±1 ℃。

5.7　pH 计或 6.4～8.0 精密 pH 试纸。

5.8　高压灭菌锅：可以在 120 ℃和 100 kPa 的条件下操作。

5.9　烘箱：可以在 165 ℃±2 ℃时工作 3 h。

5.10　酒精灯。

5.11　刀或剪刀(灭菌)：用来切纸或纸板。

5.12　镊子(灭菌)：用来夹住纸或纸板的样品。

5.13　移液管或注射器：校准过的 5 mL 移液管或 5 mL 医用注射器。灭菌前，全部移液管的末端大口应用棉花塞住，将移液管或注射器放入金属盒或牛皮纸袋内进行灭菌。

5.14　培养皿：规格为 ϕ70 mm、ϕ90 mm(玻璃或一次性使用的平皿)。

6 仪器和培养基的灭菌

根据器材选用灭菌方法。

6.1 湿热灭菌:高压灭菌锅(5.8)。

以下各项在 120 ℃、100 kPa 下灭菌 20 min。

a) 锥形瓶(5.4)装玻璃珠(5.5)、稀释液(4.3);

b) 培养基(4.2)。

6.2 干热灭菌:烘箱(5.9)。

以下各项在 165 ℃±2 ℃下,灭菌 3 h。

a) 培养皿(5.14);

b) 移液管或注射器(5.13)。

加热前,移液管或注射器应完全干燥。

6.3 燃烧:酒精灯(5.10)。

刀剪、镊子、刀具及类似的器具,应在使用前用 75%(质量分数)乙醇(4.1)浸泡。需要剪切试样时,应从酒精中取出,流淌片刻,然后用酒精灯(5.10)燃掉器具上剩余的酒精。

7 试样的采取和制备

7.1 按照 GB/T 450 规定取样,并作如下补充。

7.2 平板和卷筒包装的纸或纸板取样时,从每单位样品中弃去纸或纸板的顶部几层,以除去污染的表面。然后用无菌刀(5.11)平行于纸轴或平板纸的一边切两刀,再垂直切两刀,可为几层纸的厚度。切下矩形样品,去掉上层纸页和两端纸边,然后用合适的包装容器包装。一组试样应至少包含 5 个纸页(3 个用于测定,2 个用作保护页),样品规格应最少为 200 mm×250 mm。

7.3 试样的制备:在无菌室内操作,用无菌镊子(5.12)夹出样品。用同样的方法将样品剪成 5 mm×5 mm 左右的方块,放在天平上的培养皿(5.14)中,不应加盖,称取试样 1.0 g。

8 操作步骤

8.1 试样悬浮液的制备

向盛有 100 mL 稀释液(4.3)的内装玻璃珠(5.5)的锥形瓶(5.4)中,倒入 1.0 g 试样。充分摇动约 10 min,直至悬浮液不再含有纤维团块,制成 1:100 的悬浮液。

8.2 平板分离和保温培养

称取试样和进行平板分离,应是无菌室,确保无菌操作。

8.2.1 涂板前用 30 W 紫外线灯管灭菌 30 min。

8.2.2 用移液管(5.13)吸取 5 mL 配制好的悬浮液(8.1),分别加到 5 个培养皿中,每个培养皿各 1 mL。然后在每个培养皿中倒入冷却至约 45 ℃的培养基(第 A.1 章)15 mL~20 mL,立即摇动各培养基使纤维分散,以达到培养基和纤维均匀分布,以便准确计算菌落数。每一批试验的培养基应作一个对照培养皿,以检查其无菌性和是否有空气污染。

8.2.3 如果预计试样中含有较多的菌落总数,可进一步配制更高稀释度的悬浮液。但每做一个新的稀释度,应更换移液管(5.13)。

8.2.4 尽量将试样稀释度调节到每个培养皿产生 30~300 菌落数。对于那些细菌含量较低的试样,可降低其稀释度。

8.2.5 接种后的培养皿,水平放在桌面上,使其凝固。然后颠倒过来放入保温箱(5.6)中,在 35 ℃±2 ℃条件下保温培养 48 h。

8.3 菌落计数

检查有菌落生长的培养皿。可将培养皿的背面划成几等份，用肉眼观察，并用放大镜(5.2)复查有无遗漏，记下菌落数和稀释度。

9 结果的表述

9.1 结果报告

菌落呈片状生长的平板不宜采用；计数符合要求的平板上的菌落，按式(1)计算：

$$X = A \times K/5 \qquad (1)$$

式中：

X——细菌菌落总数，单位为菌落形成单位每克(CFU/g)；

A——5 块培养基平板上的细菌菌落总数，单位为菌落形成单位每克(CFU/g)；

K——稀释度。

当菌落数在 100 以内时，按实有数报告；大于 100 时，采用两位有效数字。

9.2 不含菌落

如果最初的悬浮液不含菌落，那么将结果报告如下：

每克试样不超过 10 个菌落形成单位。

10 精密度

微生物学家承认在普通平板分离计数中存在 10%的固有误差。该方法使用平板分离计数，因此所固有的误差微生物学家可以理解。几位有能力的微生物学家同时对试样进行平板分离，结果显示彼此之间的误差为 5%。

11 试验报告

试验报告应包括以下内容：

a) 本标准编号；

b) 鉴定试样的所有资料；

c) 试验时间和地点；

d) 以每克试样所含菌落总数表示的结果；

e) 任何偏离本标准的操作或能够影响试验结果的工作条件。

附 录 A
（规范性附录）
培 养 基

A.1 营养琼脂培养基

成分	含量
牛肉膏	3 g
蛋白胨	10 g
氯化钠	5 g
琼脂	15 g～20 g
蒸馏水	1 000 mL

A.2 制备

除琼脂外，将其他成分溶解于蒸馏水中，调 pH 至 7.2～7.4。然后加入琼脂，加热溶解，分装后在 121 ℃灭菌 15 min，备用。

试验室制备上述培养基时，应保证上述组分完全溶解，然后置入合适的容器灭菌。

使用琼脂时，应参照其包装上的说明进行。

附　录　B
（资料性附录）
本标准与对应的 ISO 8784-1:2005 章条编号对照

表 B.1 给出了本标准与对应的 ISO 8784-1:2005 章条编号对照一览表。

表 B.1　本标准与对应的 ISO 8784-1:2005 章条编号对照

本标准章条编号	对应国际标准章条编号
1	1
2	2
3	4
4	5
5.1～5.13	6.1～6.6
6.1～6.3	—
7.1～7.2	7
7.3	8
8.1～8.2	9.2～9.3
8.3	10
9.1～9.2	11
9.3	12
10	13
A.1	附录 A
A.2	—
附录 B	—
—	附录 B

附 录 C
（资料性附录）
本标准与 ISO 8784-1:2005 的技术性差异及其原因

表 C.1 给出了本标准与 ISO 8784-1:2005 的技术性差异及其原因的一览表。

表 C.1 本标准与 ISO 8784-1:2005 技术性差异及原因

本标准的章条编号	技术性差异	原 因
1	与国际标准的范围和测定菌类不同。 本标准适用于大多数纸和纸板，尤其针对涉及用于与食品接触的这类纸和纸板。本标准只规定了纸和纸板内部和表面菌落总数的测定方法	ISO 8784-1:2005 范围适用于纸浆、纸和纸板，并规定了细菌、酵母和真菌的测定。本次修订只采用国际标准的一部分，不包括纸浆及酵母和真菌的测定
2	将国际标准转化为与之相对应的国家标准	以适合我国国情
3	修改了 ISO 8784-1:2005 中第 4 章的“在 37 ℃培养”改为“35 ℃±2 ℃”（本标准的第 3 章）	与 GB 15979—2002《一次性使用卫生用品卫生标准》中的规定相符合
6	增加了仪器和培养基的灭菌方法	根据实际的操作情况
9	修改了结果的计算和表述	符合标准的实际的操作情况

ICS 13.310
A 91

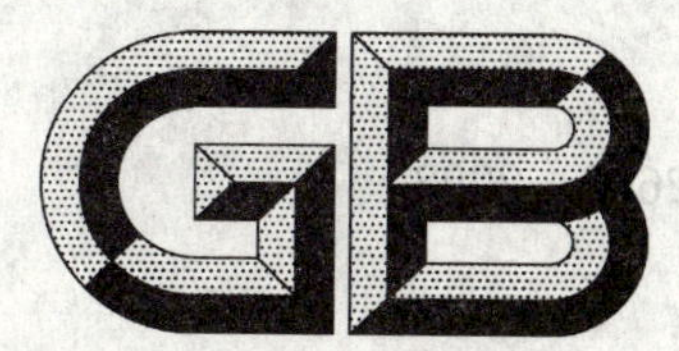

中华人民共和国国家标准

GB 12662—2008
代替 GB 12662—1990

爆炸物解体器

Disruptor

2008-09-01 发布　　2009-08-01 实施

中华人民共和国国家质量监督检验检疫总局
中国国家标准化管理委员会　发布

前 言

本标准的全部技术内容为强制性。

请注意本标准的某些内容有可能涉及专利。本标准的发布机构不应承担识别这些专利的责任。

本标准代替 GB 12662—1990《爆炸物销毁器技术条件》。

本标准与 GB 12662—1990 相比，内容上的变化主要有：

——标准的名称改为“爆炸物解体器”；

——术语和定义做了调整和补充；

——增加了无后坐力型爆炸物解体器并对产品进行分类；

——增加了产品的组成、标记和重量的要求；

——取消了对试验场地安全范围的规定；

——修改了对发射药筒和点火器(1990 年版标准中的电点火药筒和电点火装置)的要求；

——修改了对后坐移动范围的规定；

——不再规定设计安全系数并修改了压力试验方法；

——修改了检验规则。

本标准由中华人民共和国公安部提出。

本标准由全国安全防范报警系统标准化技术委员会(SAC/TC 100)归口。

本标准起草单位：吉林江北机械制造有限责任公司、北京中泰通科技发展有限公司、北京金一安科贸有限公司、全国安全防范报警系统标准化技术委员会。

本标准主要起草人：栗玉彬、魏渤祥、田新林、韩冰冰、刘刚、周群、王辰亮、赵晓莉。

本标准所代替标准的历次版本发布情况为：

——GB 12662—1990。

爆炸物解体器

1 范围

本标准规定了爆炸物解体器的组成、分类、标记、要求、检验方法、检验规则、标志、包装、运输和贮存等。

本标准适用于爆炸物解体器的设计、生产与检验。

2 规范性引用文件

下列文件中的条款通过本标准的引用而成为本标准的条款。凡是注日期的引用文件,其随后所有的修改单(不包括勘误的内容)或修订版均不适用于本标准,然而,鼓励根据本标准达成协议的各方研究是否可使用这些文件的最新版本。凡是不注日期的引用文件,其最新版本适用于本标准。

GB 190 危险货物包装标志

GB/T 191 包装储运图示标志(GB/T 191—2008,ISO 780:1997,MOD)

3 术语和定义

下列术语和定义适用于本标准。

3.1

爆炸物解体器 disruptor

一种能在工作时,利用内部发射药爆燃压力作用而射出高速水流或专用器具,用于解体可疑爆炸物的装置。

3.2

发射器 emitter

爆炸物解体器工作时,利用发射药筒发火作用而射出高速水流或专用器具的管状部件。

3.3

发射药筒 cartridge

由壳体、电点火头和发射药等组成,能在规定的电流作用下发火而产生高温高压气体的火工品。

3.4

点火器 firing

能为发射药筒中的电点火头供电和测试其发火电路通断状态的电子装置。

3.5

专用器具 parts

根据解体不同可疑爆炸物的需要,所设计的被爆炸物解体器发射出去的用不同材料制成的器具的总称。

4 产品的组成、分类和标记

4.1 组成

爆炸物解体器主要由发射器、发射药筒、点火器和支架、点火导线等零部件组成。

4.2 分类

爆炸物解体器按以下两种方式划分类型:

a) 按工作时能否产生后坐力来划分,可分为:

——普通型；

——无后坐力型。

b) 按发射器的发射管发射孔径大小来划分，可分为：

——小口径型(孔径≤20 mm)；

——中口径型(20 mm<孔径≤30 mm)；

——大口径型(孔径>30 mm)。

4.3 标记

爆炸物解体器应按以下方式进行标记：

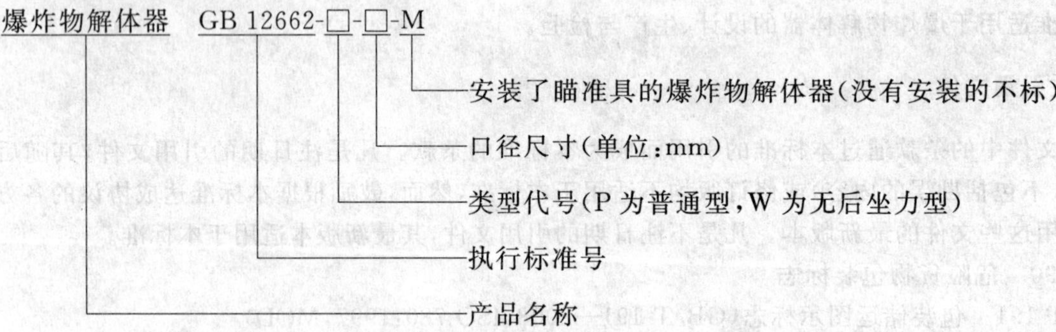

标记应永久性标识在爆炸物解体器的明显部位。

5 技术要求

5.1 一般要求

5.1.1 材料、元器件和火工品

所有金属与非金属材料，包括易燃、易爆、放热等物质之间以及和他们所接触的元器件、原材料、化学物质之间应相容，在贮存期内处于规定的贮存环境条件下，不应发生可导致产品工作可靠性及安全性能降低的隐患。

5.1.2 外观和尺寸

5.1.2.1 外观表面应光滑平整、有防腐措施；不应有毛刺、划痕和变形；标记应清晰、完整。

5.1.2.2 结构及零部件规格应符合产品图样的规定。

5.1.3 重量

爆炸物解体器中的发射器和支架的总重量应符合以下规定：

——小口径型：不大于 8 kg；

——中口径型：不大于 12 kg；

——大口径型：不大于 20 kg。

5.2 点火器、点火导线与发射药筒性能

5.2.1 点火器

5.2.1.1 输出电压应不小于 DC 6.0 V。

5.2.1.2 串接 15 Ω 电阻器供电时，其输出电流应不小于 400 mA。

5.2.2 点火导线

5.2.2.1 导线长度应不少于 80 m。

5.2.2.2 导线通路电阻应不大于 10 Ω。

5.2.3 发射药筒

5.2.3.1 电点火头电阻应为 2.5 Ω～4.5 Ω。

5.2.3.2 安全电流为 50 mA，应确保通电 5 min 不发火。

5.2.3.3 发火电流为 400 mA，应确保通电时可靠发火。

5.3 安全性

爆炸物解体器在以 1.5 倍药量的试验用发射药筒做安全性试验时，发射器零件不允许产生裂纹和变形。

5.4 解体性能

爆炸物解体器在做解体性能试验时，发射出的高速水流和专用器具应能分别穿透符合以下规定的靶板：

——白松木板：正方形，边长 400 mm，厚度不小于 40 mm；

——Q235A 冷轧板：正方形，边长 400 mm，厚度不小于 0.8 mm。

5.5 强度

爆炸物解体器在做结构强度性能试验时，发射器零件不允许产生裂纹和变形，支架零件不允许产生影响继续使用的破坏。

5.6 后坐移动范围

爆炸物解体器在做解体性能试验时的后坐现象应符合以下规定：

——普通型爆炸物解体器翻倒和移动的允许范围向左或向右不大于 1 m，向后不大于 3 m；

——无后坐力型爆炸物解体器平移的允许范围向左或向右不大于 0.03 m，向后不大于 0.05 m。

6 试验方法

6.1 外观和尺寸检验

采用目视方法检验外观，采用通用标准量具，对照图纸测量尺寸。

6.2 重量检验

采用标准衡器测量。

6.3 点火器输出电压检验

采用万用表测量。

6.4 点火器输出电流检验

采用万用表测量。测量时，在表笔与点火器的输出端之间串接一个 5 W、15 Ω 的电阻器。

6.5 点火导线长度检验

采用皮尺测量。

6.6 点火导线电阻检验

采用万用表测量。测量时，将两股导线串接。

6.7 发射药筒电点火头电阻检验

采用电雷管测试仪测量。测量时，两个表笔分别接触发射药筒壳体和壳体底部电点火头的引线。

6.8 发射药筒安全电流试验

按爆炸物解体器使用说明书的相关规定将发射药筒放入发射器内进行本项试验。试验时不装水，不设目标，点火器以 50 mA 恒定直流电源代替，通电 5 min 切断电源。允许发射药筒在本项试验合格后接续做发火可靠性试验。

6.9 发射药筒发火可靠性试验

按爆炸物解体器使用说明书的相关规定将发射药筒放入发射器内进行本项试验。试验时不装水，不设目标，点火器以 400 mA 恒定直流电源代替。发射药筒发火后，切断电源。

6.10 安全性试验

按爆炸物解体器使用说明书规定的工作程序进行本项试验。试验时不设目标，试验用的发射药筒为特制发射药筒，其药量应为正常发射药筒药量的 1.5 倍，连续发射 8 次。

6.11 解体性能试验

按爆炸物解体器使用说明书规定的工作程序进行本项试验。试验时，将符合 5.4 规定的靶板安装在固定的靶架上，对两种靶板分别进行解体试验，靶距为100 mm。

6.12 强度试验

按爆炸物解体器使用说明书规定的工作程序进行本项试验。试验时不设目标，连续发射20次。

6.13 后坐移动范围检验

在做解体性能试验时，用皮尺测量爆炸物解体器的移动距离。

7 检验规则

7.1 检验分类

本标准规定的检验分为型式检验和出厂检验。

7.2 型式检验

7.2.1 检验时机

有下列情况之一者，应进行型式检验：

a) 产品定型；

b) 转厂生产；

c) 停产一年以上恢复生产；

d) 结构或主要材料或生产工艺有重大改变。

7.2.2 检验项目和顺序

除另有规定外，型式检验项目和顺序按表1的规定执行。

表1 检验项目和顺序及不合格分类表

序号	检验项目名称	技术要求	检验方法	不合格分类	型式检验	出厂检验
1	外观和尺寸检验	5.1.2	6.1	C	●	●
2	重量检验	5.1.3	6.2	C	●	●
3	点火控制器输出电压检验	5.2.1.1	6.3	C	●	●
4	点火控制器输出电流检验	5.2.1.2	6.4	C	●	●
5	点火导线长度检验	5.2.2.1	6.5	C	●	●
6	点火导线电阻检验	5.2.2.2	6.6	C	●	●
7	发射药筒电点火头电阻检验	5.2.3.1	6.7	B	●	●
8	发射药筒安全电流试验	5.2.3.2	6.8	A	●	●
9	发射药筒发火可靠性试验	5.2.3.3	6.9	B	●	—
10	安全性试验	5.3	6.10	A	●	—
11	解体性能试验	5.4	6.11	A	●	●
12	强度试验	5.5	6.12	A	●	—
13	后坐移动范围检验	5.6	6.13	B	●	●
注：●为检验项目；—为不检验项目。						

7.2.3 受检产品数量

型式检验受检产品数量：爆炸物解体器不应少于一套，其中发射药筒不应少于32发，用于安全性试验的特制发射药筒不应少于8发。

7.2.4 判定规则

型式检验中出现A类不合格，或两项B类不合格，或合计三项不合格即判定型式检验为不合格。

7.3 出厂检验

7.3.1 检验项目和顺序

除另有规定外，出厂检验的项目和顺序按表1的规定执行。

7.3.2 组批规则

每个批应由同型号、在基本相同的时段和一致的条件下制造的产品组成，组批数量按技术规范或按合同的规定执行；发射药筒也可以单独组批并进行相关项目的检验。

7.3.3 抽样方案

出厂检验的抽样按以下的规定执行：

——批量不大于15套时，抽检数为1套，其中发射药筒的抽检数为4发；

——批量大于15套时，抽检数为2套，其中发射药筒的抽检数为8发。

7.3.4 复验规则

样品在检验过程中，某项出现不合格，应停止产品检验和交付，应根据负责部门意见采取纠正措施。如果A类或B类不合格涉及已出厂产品，应立即通知使用方停止使用。批的再提交应在所有的产品被重新检验，并且确信供方已剔除所有的不合格品，或者已校正所有的不合格之后进行。

8 标志、包装、运输与贮存

8.1 标志

发射药筒壳体底部应按顺序打印产品批号——生产年份、月份等标志，批量较小时可用书写代替打印。

包装箱上应喷涂或粘贴产品名称、产品型号、执行标准编号、生产厂名称等以及“小心轻放”、“防潮”等字样的运输标志。

装有发射药筒的包装箱上应喷涂或粘贴危险货物包装及包装储运图示标志，标志应符合GB 190和GB/T 191的相关规定。

标志不应因运输和自然条件的影响而变色、脱落。

8.2 包装

爆炸物解体器各部件、附件应分别固定于包装箱内由松软材料制成的包装件孔穴内，不允许松动。点火器应装入塑料袋内后装箱，发射药筒应单发抽气密封包装后装箱。

8.3 运输

按订购方的要求运输。当采用汽车运输时，应采取防日晒雨淋措施。

8.4 贮存

产品应贮存于无腐蚀性气体，温度为－10 ℃～＋40 ℃、相对湿度为30%～85%的库房内；含有发射药筒的包装箱贮存应按国家关于火工品储存的相关规定执行。发射药筒贮存期为三年。

9 随行文件

产品应有以下随行文件：

——产品合格证；

——产品使用说明书；

——装箱清单；

——其他必需的文件。

ICS 19.040
K 20

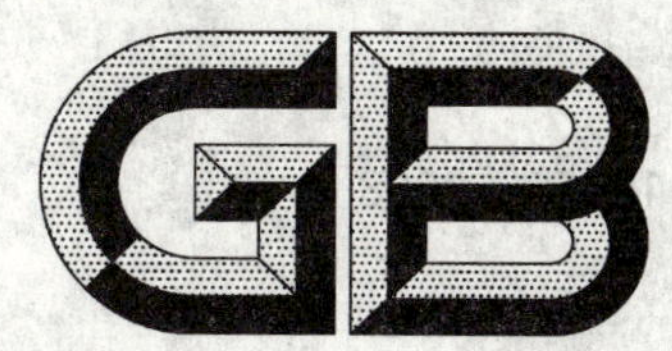

中华人民共和国国家标准

GB/T 12665—2008
代替 GB/T 12665—1990

电机在一般环境条件下使用的湿热试验要求

Requirements of damp-heat testing of electrical machine for service in general environmental condition

2008-06-13 发布　　2009-03-01 实施

中华人民共和国国家质量监督检验检疫总局
中国国家标准化管理委员会　发布

前言

本标准代替 GB/T 12665—1990《电机在一般环境条件下使用的湿热试验要求》。

本标准与原 GB/T 12665—1990 相比，主要不同之处有：

——对引用标准进行了更新；

——3.2 中的湿热试验增加了严酷程度 55 ℃；

——对图 1 进行了更新；

——增加了“3.4 泄漏电流的测量”的条款；

—— 4.1 中的“交变湿热试验”改为“湿热试验”。

本标准由中国电器工业协会提出。

本标准由全国旋转电机标准化技术委员会小功率电机标准化分技术委员会（SAC/TC 26/SC 1）归口。

本标准起草单位：中国电器科学研究院、横店集团联宜电机有限公司。

本标准主要起草人：颜景莲、廖国清、申屠君。

本标准所代替标准的历次版本发布情况为：

——GB/T 12665—1990。

电机在一般环境条件下使用的湿热试验要求

1 范围

本标准规定了在一般环境条件下使用的旋转电机的湿热试验方法、技术要求和检验规则。

本标准适用于各种类型的旋转电机(微型控制电机除外,以下简称电机)。按 GB 755 规定,使用环境相对湿度为:最湿月平均最高相对湿度为 90%,同时该月月平均最低温度不高于 25 ℃的电机应符合本标准的规定。

2 规范性引用文件

下列文件中的条款通过本标准的引用而成为本标准的条款。凡是注日期的引用文件,其随后所有的修改单(不包括勘误的内容)或修订版均不适用于本标准,然而,鼓励根据本标准达成协议的各方研究是否可使用这些文件的最新版本。凡是不注日期的引用文件,其最新版本适用于本标准。

GB 755—2000 旋转电机 定额和性能(idt IEC 60034-1:1996)

GB/T 2423.3—2006 电工电子产品环境试验 第 2 部分:试验方法 试验 Cab:恒定湿热试验(idt IEC 60068-2-78:2001)

GB/T 2423.4—1993 电工电子产品基本环境试验规程 试验 Db:交变湿热试验方法(eqv IEC 60068-2-78:1985)

3 试验方法

3.1 试验前的准备

3.1.1 试验设备和仪器

湿热试验箱应符合 GB/T 2423.4—1993 第 3 章的要求。

测量绝缘电阻的兆欧表的电压等级应符合表 1 的规定。

表 1 测试绝缘电阻的兆欧表的电压等级

电机额定电压/V	兆欧表工作电压/V
≤36	250
>36～500	500
>500～1 000	1 000
>1 000	25 000

3.1.2 试样要求

当大型电机对零部件进行试验时,对高压定子绕组、直流电机补偿绕组的测量电极采用铝箔,对于有槽绝缘和浸漆的线圈应做成模拟槽,铝箔电极和模拟槽长度一般应与实际铁心长度相同。如因产品尺寸所限,也可采用同材料、同绝缘结构、同工艺较小尺寸的模拟件进行试验。

3.1.3 试样预处理

湿热试验前,应将试样置于湿热试验箱内进行预热处理,预热处理的温度为 25 ℃～35 ℃,从湿热试验箱的温度达到 25 ℃时算起,时间不少于 8 h。

3.2 湿热试验方法

按照 GB/T 2423.4—1993 进行交变湿热试验,高温一般选择 40 ℃,根据使用场合的严酷程度也可以选择 55 ℃，每个试验周期的条件见图 1，共进行 6 周期。

根据电机产品结构的特点，降温阶段的相对湿度可不低于 85%。

根据电机使用场合的情况产品也可按 GB/T 2423.3—2006 进行恒定湿热试验，以试验温度为 40 ℃±2 K，湿度为 90%～95%，持续时间为 48 h 的条件进行恒定湿热试验。

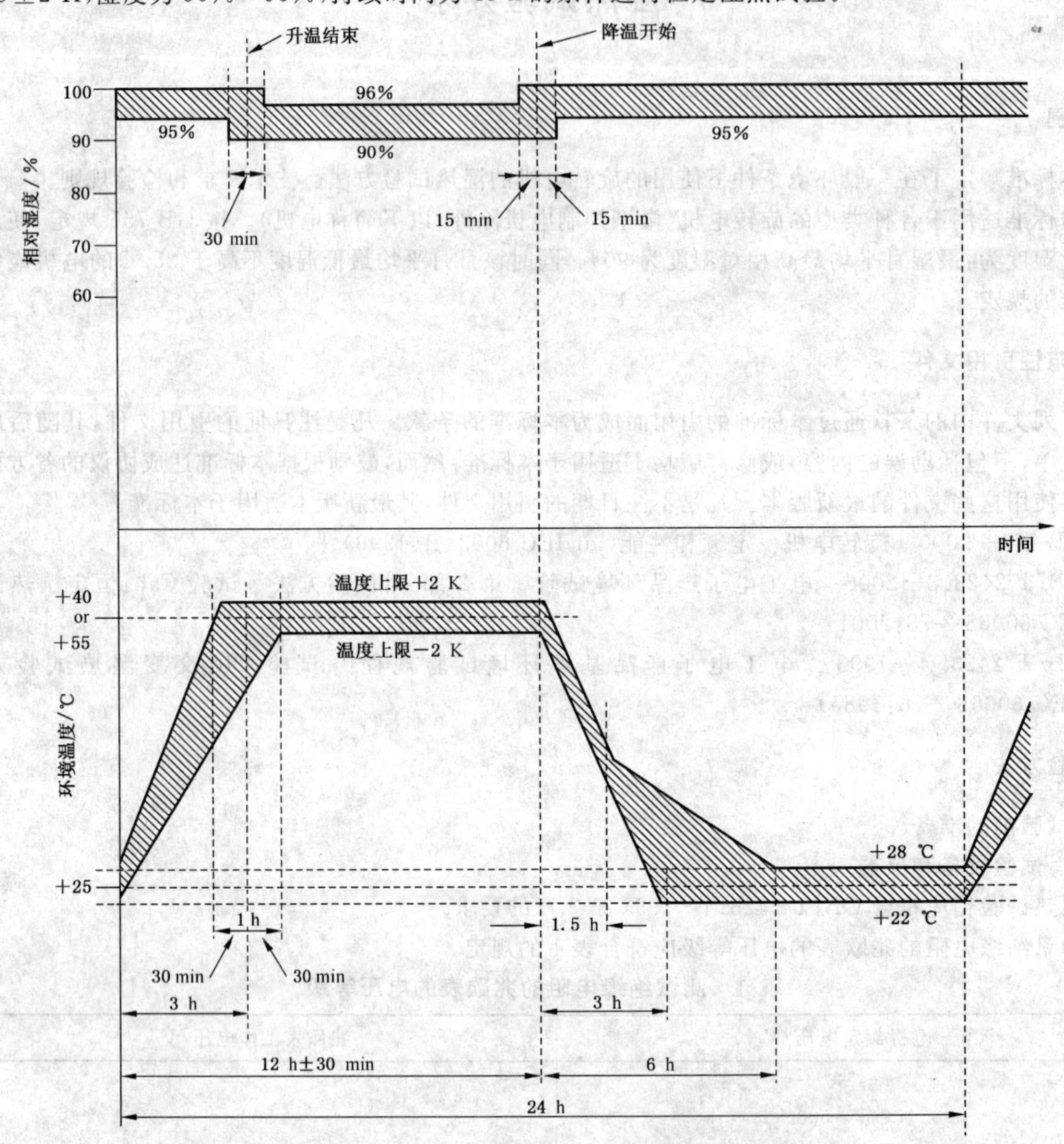

图 1 试验 Db 试验周期

3.3 绝缘电阻的测量

进行交变试验时，湿热试验最后一周的低温高湿阶段保持温度 25 ℃±3 K，相对湿度 95%～98% 的条件，在该条件下保持 5 h 后于试验室箱内测量绕组对机壳和绕组间的绝缘电阻。

当按 3.2 条所规定的恒定湿热试验方法进行 48 h 湿热试验最后的 2 h 内，于湿热相同的条件下测量绝缘电阻。

绝缘电阻测量时，框式线圈应测量线圈两边并联值；集电环应测量所有导电环并联对地值。

3.4 泄漏电流的测量

经受湿热试验后，电机的泄漏电流应符合相关产品标准的规定。

3.5 耐电压试验

测量试样绝缘电阻和泄漏电流后，应立即进行绝缘耐电压试验，一般应在试验箱内进行，当条件不允许时，高压电机或零部件可取出试验室箱进行试验，但必须在 6 h 内完成。如对绝缘击穿有怀疑时，允许在不改变试验状态的情况下，立即进行复试，试验电压仍按第 4 章的规定。

3.6 运转性能检查

电机运转性能的检查应在试样从试验室箱内取出的 48 h 内完成，运转性能的检查应在通电运转的方式进行，电机的性能要求由各类专业产品标准规定。

4 技术要求

4.1 绝缘性能

电机整机或零部件（仅对大型电机）按第 3.2 条规定的湿热试验后应满足下列条件：

4.1.1 整机湿热试验后的绝缘要求

整机在湿热试验后应符合下列要求：

a） 电机绕组对机壳和绕组间的绝缘电阻值应不低于下列数值。

对额定电压 220 V 及以上的电机按式(1)确定：

$$R = \frac{U}{1\,000 + \frac{P}{100}} \qquad \cdots\cdots(1)$$

式中：

R——电机绕组的绝缘电阻，单位为兆欧(MΩ)；

U——电机绕组的额定电压，单位为伏特(V)；

P——电机容量，单位为千瓦(kW)。

对额定电压 220 V 以下，36 V 以上的电机，为 0.22 MΩ。

对额定电压为 36 V 以下的电机为 0.1 MΩ。

当电机有多个绕组时，则分别测量和计算。

b） 电机泄漏电流不应大于限定值。

电机的泄漏电流限定值由各类产品标准规定。

c） 电机绕组对机壳及绕组互相的绝缘耐电压应能承受相应产品 85％的标准试验电压，历时 1 min，而绝缘不被击穿。

4.1.2 大型电机零部件做湿热试验后的绝缘要求

大型电机零部件在湿热试验后应符合下列要求：

a） 以大型电机零部件做湿热试验时，折算到整机的绝缘电阻按式(2)确定。

$$R' = \frac{1}{\sum_{1}^{n} \frac{1}{R_n}} \geqslant \frac{U}{1\,000 + \frac{P}{100}} \qquad \cdots\cdots(2)$$

式中：

R'——折算到整机的绝缘电阻值，单位为兆欧(MΩ)；

n——定子或转子回路的主要分路数（分路数按表 2 确定）；

R_n——每一分路的绝缘电阻值，其计算按试样测试绝缘电阻的并联平均值除以该分路的支路数（支路数按表 3 确定）；

$\sum_{1}^{n} \frac{1}{R_n}$——定子或转子回路主要并联分路绝缘电阻倒数之和。

b） 零部件的绝缘耐电压应能承受相应零部件的 85％标准试验电压，历时 1 min，而绝缘不被击穿。

表 2　定子或转子回路的主要分路数

名　　称	主　要　部　件	分　路　数
直流电机定子回路	主极装配、电子控制及其类似部件	1
电流电机电枢回路	换向器、电枢绕组、刷架装配、换向极装配、补偿绕组、励磁绕组、电子控制及其类似部件	按电枢回路中实际具有的主要部件计算
交流电机定子回路	定子绕组	1
绕线式异步电机转子回路	刷架装配、集电环、转子绕组	3
同步电机转子回路	刷架装配、集电环、磁极装配(或磁极绕组)	3

表 3　定子或转子回路的分路的支路数

名　　称	支　路　数
换向器、集电环	1
主极装配、换向极装配、补偿绕组、励磁绕组	与级数相同
绕线式异步电机转子绕组、直流电机电枢绕组、交流电机定子绕组	与槽数相同
刷架装配	与刷架个数相同

4.2　运转性能

电机应能正常运转,不应出现卡滞或其他影响电机正常运转的现象,性能应达到相关产品标准的规定。

4.3　防潮加热器

中大型电机可装防潮加热器,加热器的功率应能使机壳内部的温度高于室温 5 ℃,并保证加热温度不导致其附近的绝缘超过该绝缘的允许温度。

对装加热器的电机可不做湿热试验考核。

4.4　其他

当有关专业产品按 3.2 进行恒定湿热试验时,应规定相应的试验周期和湿热试验后的技术要求,但应不低于本标准规定的要求。

大型汽轮发电机和水轮发电机可不进行湿热试验,需否安装加热器由用户与制造厂协商确定。

5　检验规则

5.1　概述

湿热试验应在下列情况下进行:

当产品设计定型或设计、工艺和所用的材料改变影响到产品的耐湿热性能时。

产品需否进行定期抽样试验和它的限期由各类专业产品标准规定。

5.2　样品的抽取方式

电机的湿热试验允许在同结构、同工艺、同材料的系列产品中以随机抽样方法抽取具有代表性的产品进行试验,如试验合格,则认为其同结构、同工艺、同材料的产品(包括派生系列和相同中心高范围的同类产品)均已合格。

5.3　试样数量

湿热试验的电机,零部件数量按下列规定:

中心高 315 mm 及以下的电机,每次试验 2 台。

中心高 315 mm 以上的中型及大型电机,每次试验 1 台。

中心高 630 mm 以上的大型交流电机和电枢外径为 990 mm 以上的大型直流电机用零部件进行试验时其试验数量按表 4 规定。

表 4　大型电机零部件试验数量

零部件名称	数　　量
交流电机定、转子绕组及直流电机电枢绕组	各 3 个
交流电机及直流电机磁极装配、换向极装配、补偿绕组、串励绕组	各 2 个
集电环、换向器、刷架装配	各 1 个

5.4　试验结果的判定

电机经湿热试验后，如能满足本标准中第 4 章的要求，则认为试验结果合格。

对小型和微型电机进行湿热试验时，如有一台试验结果不合格，允许重新取双倍数量的产品进行复试，如再有不合格，则不允许出厂。对中型和大型电机，当试验结果不合格时，允许在有效地消除产品缺陷后进行复试。

大型电机的零部件进行湿热试验时，送试的零部件必须齐全。当试验结果按折算不合格时，则整台电机作不合格论，复试时可只对影响整机不合格的零部件重新试验，其余零部件的数据可认为有效。

当同一零部件的几个样品中绝缘电阻的分散性大于 2 次方以上时，则此试验无效。必须改进零部件绝缘后重新试验，试验的零部件数量仍按表 4 规定。

5.5　凡经湿热试验结果不合格的电机及零部件，经整改合格后才允许出厂。

ICS 29.060.20
K 13

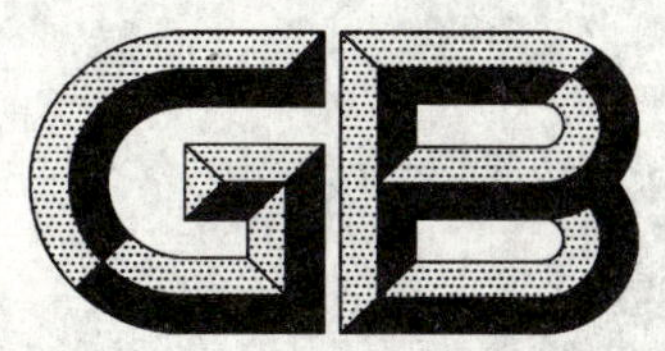

中华人民共和国国家标准

GB/T 12666.1—2008
代替 GB/T 12666.1—1990

单根电线电缆燃烧试验方法 第1部分：垂直燃烧试验

Test method on a single wire or cable under fire conditions—Part 1: Vertical specimen flame test

2008-06-30 发布　　2009-04-01 实施

中华人民共和国国家质量监督检验检疫总局
中国国家标准化管理委员会　发布

前　言

GB/T 12666《单根电线电缆燃烧试验方法》分为三个部分：

——第 1 部分：垂直燃烧试验；

——第 2 部分：水平燃烧试验；

——第 3 部分：倾斜燃烧试验。

本部分为 GB/T 12666 的第 1 部分。

本部分代替 GB/T 12666.2—1990《电线电缆燃烧试验方法　第 2 部分：单根电线电缆垂直燃烧试验方法》的 DZ-3 法（GB/T 12666.2—1990 已经被废止，其 DZ-1 法和 DZ-2 法已被 GB/T 18380.1—2001 和 GB/T 18380.2—2001 替代），并将 GB/T 12666.1—1990《电线电缆燃烧试验方法　第 1 部分：总则》中的部分内容纳入本部分。

本部分与 GB/T 12666.1—1990 和 GB/T 12666.2—1990 相比，主要变化如下：

——试样长度修改为“约 455 mm”（GB/T 12666.2—1990 的 4.2，本版的第 3 章）；

——引燃源修改为“采用 GB/Z 5169.15—2001 规定的喷灯”（GB/T 12666.1—1990 的表 2，本版的 5.1）；

——试验环境修改为“至少具有 4 m^3 的容积的密闭试验室”（GB/T 12666.2—1990 的 4.1.2，本版的 5.3）；

——牛皮纸条的宽度修改为“约 10 mm”（GB/T 12666.2—1990 的 4.3.2，本版的第 6 章）；

——指示旗的下边与火焰的蓝色内锥触及试样表面点上方距离修改为“250 mm”（GB/T 12666.2—1990 的 4.3.2，本版的第 6 章）；

——铺底棉层厚度修改为“不大于 6 mm”（GB/T 12666.2—1990 的 4.3.1，本版的第 6 章）；

——供火的火焰修改为“火焰总高度为（125±10）mm，蓝色内锥高（40±2）mm”（GB/T 12666.1—1990 的表 2，本版的第 6 章）；

——增加了图 1“喷灯底座固定用楔子”（见 5.2）。

本部分由中国电器工业协会提出。

本部分由全国电线电缆标准化技术委员会（SAC/TC 213）归口。

本部分负责起草单位：上海电缆研究所。

本部分参加起草单位：宝胜科技创新股份有限公司、天津金山电线电缆股份有限公司、安徽华菱电缆集团有限公司、上海南洋电材有限公司、扬州曙光电缆有限公司、上海亚龙工业集团有限公司。

本部分主要起草人：郭汉洋、唐崇健、郑国俊、胡光政、曲巍、梁国华、鲁邦秀。

本部分所代替标准的历次版本发布情况为：

——GB/T 12666.1—1990、GB/T 12666.2—1990（DZ-3 法）。

单根电线电缆燃烧试验方法
第1部分:垂直燃烧试验

1 范围

GB/T 12666 的本部分适用于检验单根电线电缆或电缆中的一根绝缘线芯在垂直状态下用规定火焰直接燃烧的阻燃性能。

GB/T 12666 的本部分规定了单根电线电缆间歇供火垂直燃烧试验设备及方法,并给出了推荐的性能要求。

注:使用能延缓火焰蔓延并符合本部分要求的电线或电缆并不足保证该电线电缆能在所有敷设条件下阻止火焰的蔓延,因此,在一些蔓延危险性高的场合,如成束电缆大长度垂直敷设时,还应采用特殊的装置来预防。不应认为电缆试样符合本部分规定的性能要求,成束的该种电缆也会表现出类似的性能。

2 规范性引用文件

下列文件中的条款通过 GB/T 12666 的本部分的引用而成为本部分的条款。凡是注日期的引用文件,其随后所有的修改单(不包括勘误的内容)或修订版均不适用于本部分,然而,鼓励根据本部分达成协议的各方研究是否可使用这些文件的最新版本。凡是不注日期的引用文件,其最新版本适用于本部分。

GB/Z 5169.15—2001 电工电子产品着火危险试验 试验方法 500 W 标称试验火焰和导则(IEC/TR2 60695-2-4/2:1994,IDT)

3 试样

从成品电线电缆或软线上截取试样一根,长约 455 mm。

4 试样处理

试验前,试样、设备和周围空气应在(23.0±5.0)℃温度下达到热平衡(处理至少 16 h),整个试验期间周围空气温度应稳定在(23.0±5.0)℃。

5 试验设备

5.1 引燃源

引燃源应为符合 GB/Z 5169.15—2001 中 4.2.1 规定的实验室喷灯,并按 GB/Z 5169.15—2001 中 4.4 提供的认可方法对喷灯进行校准。

仲裁试验时,试验用燃气应为技术级甲烷(纯度至少达到 98.0 %),标称热值 37.3 MJ/m^3。允许使用其他等级的甲烷、天然气、煤气或丙烷,无论何种情况,燃气应能提供可校准的火焰。

喷灯火焰应至少每两周进行一次校准。如使用的不是仲裁试验用技术级甲烷,每天试验前应对喷灯火焰进行校准。罐装天然气换罐或任何燃气设备改变时,应对喷灯火焰进行校准。

5.2 喷灯底座固定用楔子

喷灯底座固定用楔子应能将喷灯底座固定,并使喷灯灯管与试样处在同一垂面上(见图 1)。该楔子能够将喷灯灯管从竖直位置转至与竖直位置成 20°角的供火位置。处于供火位置时,灯管口平面与灯管纵轴线的交点和试验火焰的蓝色内锥触及试样表面点之间的距离应为 40 mm,此时,试验火焰的蓝色内锥正好触及试样正表面的中心线。楔子应装有铰链,可使喷灯反复地从远离试样的位置精确地转回到供火位置,同时不扰动铺在试验室底板上的棉层。

5.3 试验室

试验室应能密闭,并配备气密的玻璃窗框、门或其他装置以便操作设备和观察。试验室内部每条直线尺寸应至少为 610 mm 或更长,且试验室应至少具有 4 m^3 的容积,包括排气通道的体积,排气通道的体积不作规定。其中至少 2 m^3 应位于试验火焰区域的上方,作为热量和烟气累积的空间。

试验室应配备一个方便操作设备的气密的手套箱或其他当接近通道完全关闭时可操作设备的装置。

试验室应配备一个排风机以便在试验后将烟气排出试验区域之外。

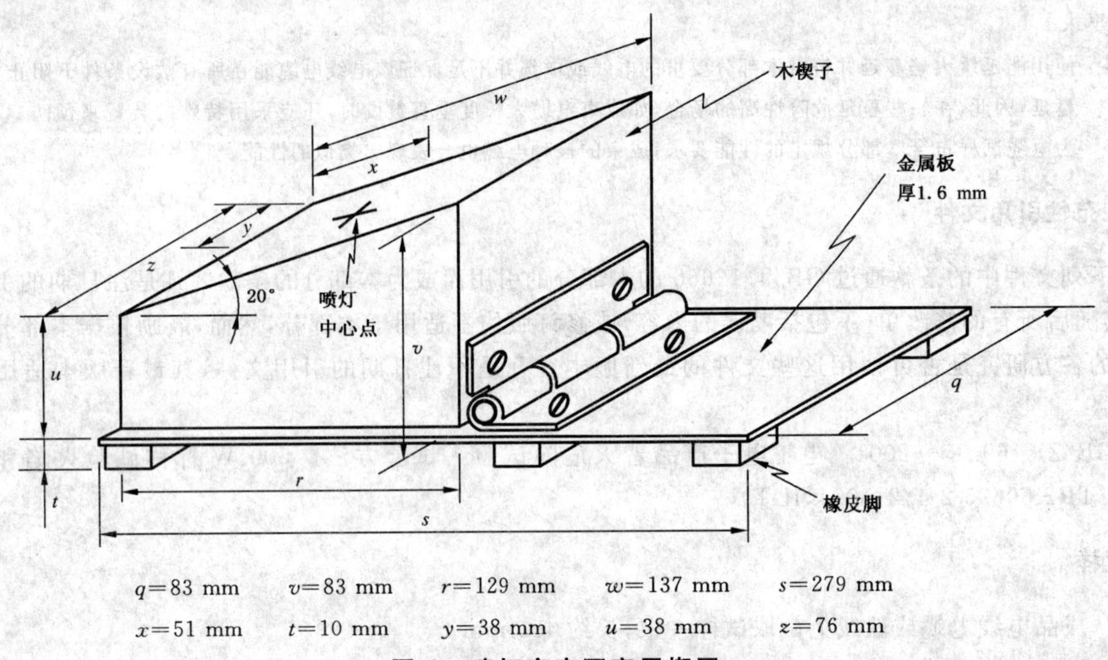

q=83 mm　v=83 mm　r=129 mm　w=137 mm　s=279 mm

x=51 mm　t=10 mm　y=38 mm　u=38 mm　z=76 mm

图 1 喷灯底座固定用楔子

6 试验步骤

将试样如图 2 垂直固定在试验室中,在试验室底部平铺一层厚度不大于 6 mm 的矩形医用棉层。棉层直径为(150～200)mm,棉层不得位于喷灯上或楔子下。棉层中心在试样纵轴的延长线上,棉层的上表面应位于试验火焰的蓝色内锥触及试样表面点下方(230～240)mm。

用一条宽 10 mm,厚约 0.1 mm,定量 94 g/m^2 的牛皮纸条,在一面均匀涂上刚好足够粘接的胶,然后绕试样一周,两端对粘做成指示旗。指示旗应从试样向外突出 20 mm,指向试验室后方。对于扁试样做试验时,指示旗应从试样后宽面的中点伸出,而试验火焰施加在前宽面上。

将试样固定在可使试样竖直的支撑装置上,使指示旗的下边位于试验火焰的蓝色内锥触及试样表面点上方 250 mm,支撑装置的下支撑距试验火焰的蓝色内锥触及试样表面点至少(50～75)mm。

每次试验前当喷灯竖直且远离试样时,应检验火焰以保证其总高度为(125±10)mm,蓝色内锥高(40±2)mm。将调节好的喷灯固定在楔形台上,使喷灯处于供火位置。

点燃喷灯向试样供火 15 s,移开火焰 15 s,反复五次。如果在停止供火期间试样继续燃烧,但残焰在 15 s 内自行熄灭,则在喷灯停止供火 15 s 后开始下一次的供火;如果在停止供火后,试样上的残焰超过 15 s,则在残焰自动熄灭后立即进行下一次的供火。

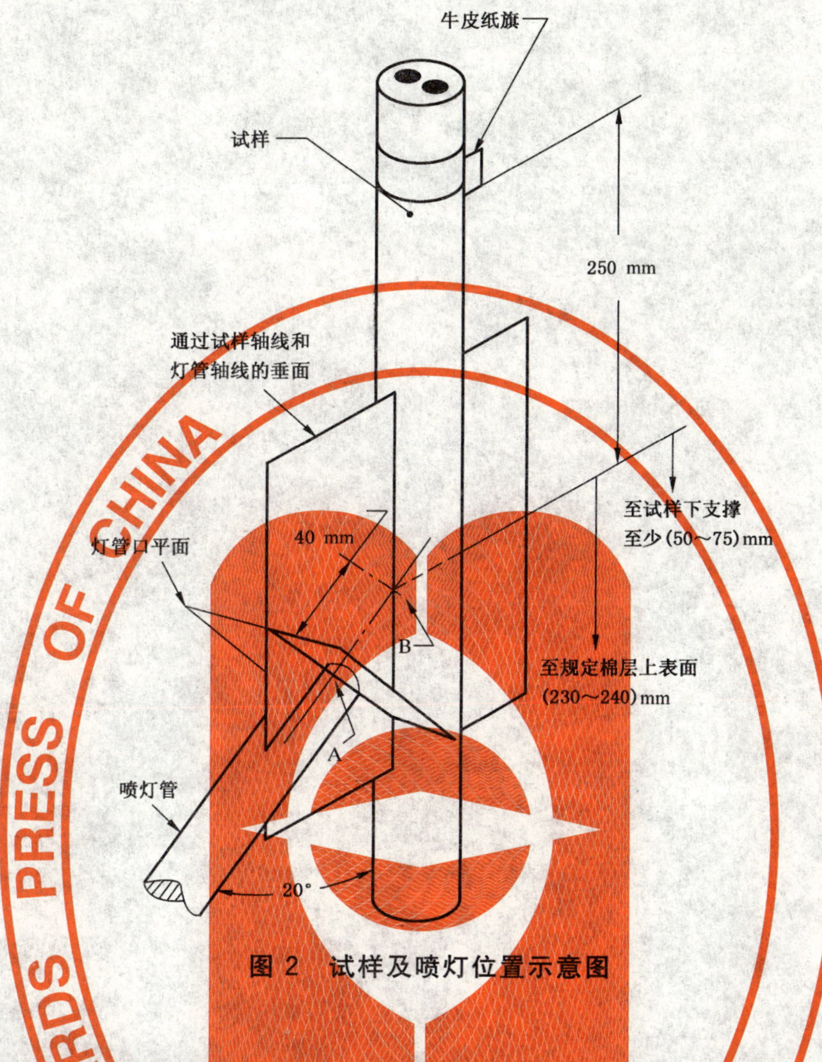

图 2　试样及喷灯位置示意图

7　性能要求

如试验结果同时符合下述要求，则判定电线电缆通过本试验：

a)　在任何一次喷灯停止供火后，残焰持续时间不超过 60 s；

b)　在试验过程中和试验后，铺垫在底部的棉层没有被燃烧滴落物引燃(无火焰的碳化忽略不计)；

c)　在试验过程中和试验后，指示旗被烧掉或烧焦成炭的面积小于 25％(可以用布或手指抹去的烟灰或褐色的焦痕部分忽略不计)。

d)　如果在试验过程中有灼热物、燃烧着的微粒或液滴落在铺垫在底部的棉层外或喷灯或楔子上，则重复第 6 章的操作，棉层应覆盖以试样垂轴为中心的 305 mm×355 mm 长的试验表面，同时在喷灯周围楔子的表面铺上棉层，试验结果应符合第 7 章中 a)、b)、c)的要求。

ICS 29.060.20
K 13

中华人民共和国国家标准

GB/T 12666.2—2008
代替 GB/T 12666.1—1990,GB/T 12666.3—1990

单根电线电缆燃烧试验方法 第2部分:水平燃烧试验

Test method on a single wire or cable under fire conditions—Part 2:Horizontal specimen flame test

2008-06-30 发布 2009-04-01 实施

中华人民共和国国家质量监督检验检疫总局
中国国家标准化管理委员会 发布

前　言

GB/T 12666《单根绝缘电线电缆燃烧试验方法》分为三个部分：

——第1部分：垂直燃烧试验；

——第2部分：水平燃烧试验；

——第3部分：倾斜燃烧试验。

本部分为GB/T 12666的第2部分。

本部分代替GB/T 12666.3—1990《电线电缆燃烧试验方法　第3部分　单根电线电缆水平燃烧试验方法》，并将GB/T 12666.1—1990《电线电缆燃烧试验方法　第1部分　总则》中的部分内容纳入本部分。

本部分与GB/T 12666.1和GB/T 12666.3—1990相比主要变化如下：

——试样长度修改为“约250 mm”(GB/T 12666.3—1990的第3章，本版的第3章)；

——引燃源修改为“采用GB/Z 5169.15—2001规定的喷灯”(GB/T 12666.1—1990的表2，本版的5.1)；

——试验环境修改为“至少具有4 m^3 的容积的密闭试验室”(GB/T 12666.3—1990的2.2，本版的5.3)；

——喷灯与水平线夹角修改为“20°”(GB/T 12666.3—1990的4.1，本版的5.2)；

——喷灯与试样表面距离修改为“40 mm”(GB/T 12666.3—1990的4.1，本版的5.2)；

——供火的火焰修改为“火焰总高度为(125±10)mm，蓝色内锥高(40±2)mm”(GB/T 12666.1—1990的表2，本版的第6章)；

——供火时间修改为“30 s”(GB/T 12666.3—1990的4.1，本版的第6章)；

——结果判断中烧焦长度修改为“不超过100 mm”(GB/T 12666.3—1990的第5章，本版的第6章)；

——增加了对试验过程中燃烧残落物的考核(见第7章)。

本部分由中国电器工业协会提出。

本部分由全国电线电缆标准化技术委员会(SAC/TC 213)归口。

本部分负责起草单位：上海电缆研究所。

本部分参加起草单位：安徽华菱电缆集团有限公司、上海南洋电材有限公司、扬州曙光电缆有限公司、上海亚龙工业集团有限公司、宝胜科技创新股份有限公司、天津金山电线电缆股份有限公司。

本部分主要起草人：刘旌平、胡光政、曲巍、梁国华、鲁邦秀、唐崇健、郑国俊。

本部分所代替标准的历次版本发布情况为：

——GB/T 12666.1—1990、GB/T 12666.3—1990。

单根电线电缆燃烧试验方法
第2部分:水平燃烧试验

1 范围

GB/T 12666 的本部分适用于检验单根电线电缆在水平状态下用规定火焰直接燃烧时的阻燃性能。

GB/T 12666 的本部分规定了单根电线电缆水平燃烧试验设备及方法,并给出了推荐的性能要求。

2 规范性引用文件

下列文件中的条款通过 GB/T 12666 的本部分的引用而成为本部分的条款。凡是注日期的引用文件,其随后所有的修改单(不包括勘误的内容)或修订版均不适用于本部分,然而,鼓励根据本部分达成协议的各方研究是否可使用这些文件的最新版本。凡是不注日期的引用文件,其最新版本适用于本部分。

GB/Z 5169.15—2001 电工电子产品着火危险试验 试验方法 500 W 标称试验火焰和导则(IEC/TR 2 60695-2-4/2:1994,IDT)

3 试样

从成品电线电缆或软线上截取试样一根,长约 250 mm。

4 试样处理

试验前,试样、设备和周围空气应在(23.0±5.0)℃温度下达到热平衡,整个试验期间周围空气温度应稳定在(23.0±5.0)℃。

5 试验设备

5.1 引燃源

引燃源应为符合 GB/Z 5169.15—2001 中 4.2.1 规定的实验室喷灯,并按 GB/Z 5169.15—2001 中 4.4 提供的认可方法对喷灯进行校准。

仲裁试验时,试验用燃气应为技术级甲烷(纯度至少达到 98.0%),标称热值 37.3 MJ/m^3。允许使用其他等级的甲烷、天然气、煤气或丙烷,无论何种情况,燃气应能提供可校准的火焰。

喷灯火焰应至少每两周进行一次校准。如使用的不是仲裁试验用技术级甲烷,每天试验前应对喷灯火焰进行校准。罐装天然气换罐或任何燃气设备改变时,应对喷灯火焰进行校准。

5.2 固定喷灯底座用楔子

固定喷灯底座用楔子应能将喷灯灯管从竖直位置转至与竖直位置成 20°角,同时使灯管口平面与灯管纵轴线的交点和试验火焰的蓝色内锥触及试样表面点之间的距离应为 40 mm 的供火位置。喷灯处于供火位置时,喷灯灯管纵轴线应处在正交于试样纵轴线同时通过试样中点的垂面内,使试验火焰的蓝色内锥正好触及试样正表面中心线中点。

5.3 试验室

试验室应能密闭,并配备气密的玻璃窗框、门或其他装置以便操作设备和观察。试验室内部每条直线尺寸应至少为 610 mm 或更长,且试验室应至少具有 4 m^3 的容积,包括排气通道的体积,排气通道的体积不作规定。其中至少 2 m^3 应位于试验火焰区域的上方，作为热量和烟气累积的空间。

试验室应配备一个方便操作设备的气密的手套箱或其他当接近通道完全关闭时可操作设备的装置。

试验室应配备一个排风机以便在试验后将烟气排出试验区域之外。

6 试验步骤

将试样水平固定在试验室中。在试验室底部平铺一层厚度不大于 6 mm 的矩形医用棉层，棉层面积不小于 305 mm×(150～200)mm，棉层表面以水平试样的轴线为中心，棉层的上表面应位于试验火焰的蓝色内锥触及试样表面点下方(230～240)mm。

将试样如图 1 固定在可使试样保持水平的支架上，两支架间隔 230 mm。

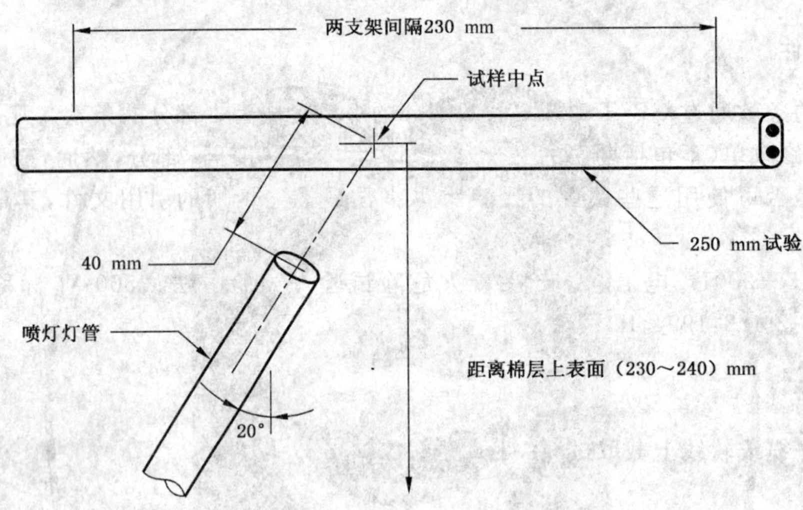

图 1　试样及喷灯位置示意图

每次试验前，喷灯竖直且远离试样并检验火焰，保证其总高度为(125±10)mm，蓝色内锥高(40±2)mm。将调节好的喷灯固定在楔形台上，使喷灯处于供火位置。

点燃喷灯向试样供火 30 s，然后将喷灯向后倾斜，把火焰从试样上移开。供火和移开火焰的动作要迅速，同时尽可能避免造成对铺垫在试验室底部的棉层和周围空气的扰动。

7 性能要求

如试验结果同时符合下述要求，则判定电线电缆通过本试验。

a) 试样炭化长度不大于 100 mm；

b) 在试验过程中和试验后，铺垫在试验室底部的棉层没有被燃烧滴落物引燃(无火焰的炭化忽略不计)；

c) 如果在试验过程中有灼热物、燃烧着的微粒或液滴落在铺垫在底部的棉层外或楔子上，则重复第 6 章的操作，棉层应覆盖以试样水平轴为中心的 305 mm×355 mm 长的试验表面，同时在喷灯周围楔子的表面铺上棉层，试验结果应符合第 7 章中 a)、b)的要求。

ICS 29.060.20
K 13

中华人民共和国国家标准

GB/T 12666.3—2008
代替 GB/T 12666.1—1990,GB/T 12666.4—1990

单根电线电缆燃烧试验方法 第3部分:倾斜燃烧试验

Test method on a single wire or cable under fire conditions—
Part 3: Slanting specimen flame test

2008-06-30 发布 2009-04-01 实施

中华人民共和国国家质量监督检验检疫总局
中国国家标准化管理委员会 发布

前言

GB/T 12666《单根绝缘电线电缆燃烧试验方法》分为三个部分：

——第1部分：垂直燃烧试验；

——第2部分：水平燃烧试验；

——第3部分：倾斜燃烧试验。

本部分为 GB/T 12666 的第3部分。

本部分代替 GB/T 12666.4—1990《电线电缆燃烧试验方法　第4部分：单根电线电缆倾斜燃烧试验方法》，并将 GB/T 12666.1—1990《电线电缆燃烧试验方法　第1部分：总则》中的部分内容纳入本部分。

本部分与 GB/T 12666.1—1990 和 GB/T 12666.4—1990 相比主要变化如下：

——引燃源修改为“采用 GB/Z 5169.15—2001 规定的喷灯”(GB/T 12666.1—1990 的表2，本版的5.1)；

——试样长度修改为“约 300 mm”(GB/T 12666.4—1990 的第3章，本版的第3章)；

——供火的火焰修改为“火焰总高度为(130±10) mm，蓝色内锥高(35±2) mm”(GB/T 12666.1—1990 的表2，本版的第6章)；

——结果判断修改为“喷灯火焰从试样上移去 60 s 内，试样上的余焰熄灭”为通过本试验的最低条件(GB/T 12666.4—1990 的第5章，本版的第7章)。

本部分由中国电器工业协会提出。

本部分由全国电线电缆标准化技术委员会(SAC/TC 213)归口。

本部分负责起草单位：上海电缆研究所。

本部分参加起草单位：扬州曙光电缆有限公司、上海亚龙工业集团有限公司、宝胜科技创新股份有限公司、天津金山电线电缆股份有限公司、安徽华菱电缆集团有限公司、上海南洋电材有限公司。

本部分主要起草人：郭汉洋、梁国华、鲁邦秀、唐崇健、郑国俊、胡光政、曲巍。

本部分所代替标准的历次版本发布情况为：

——GB/T 12666.1—1990、GB/T 12666.4—1990。

单根电线电缆燃烧试验方法
第3部分:倾斜燃烧试验

1 范围

GB/T 12666 的本部分适用于检验单根电线电缆在倾斜状态下用规定火焰直接燃烧时的阻燃性能。

GB/T 12666 的本部分规定了单根电线电缆倾斜燃烧试验设备及方法,并给出了推荐的性能要求。

2 规范性引用文件

下列文件中的条款通过 GB/T 12666 的本部分的引用而成为本部分的条款。凡是注日期的引用文件,其随后所有的修改单(不包括勘误的内容)或修订版均不适用于本部分,然而,鼓励根据本部分达成协议的各方研究是否可使用这些文件的最新版本。凡是不注日期的引用文件,其最新版本适用于本部分。

GB/Z 5169.15—2001 电工电子产品着火危险试验 试验方法 500 W 标称试验火焰和导则(IEC/TR2 60695-2-4/2:1994,IDT)

3 试样

从成品电线电缆或软线上截取试样一根,长约 300 mm。

4 试样处理

试验前,试样、设备和周围空气应在(23.0±5.0) ℃温度下达到热平衡,整个试验期间周围空气温度应稳定在(23.0±5.0) ℃。

5 试验设备

5.1 引燃源

引燃源应为符合 GB/Z 5169.15—2001 中 4.2.1 规定的实验室喷灯,并按 GB/Z 5169.15—2001 中 4.4 提供的认可方法对喷灯进行校准。

仲裁试验时,试验用燃气应为技术级甲烷(纯度至少达到 98.0%),标称热值 37.3 MJ/m³。允许使用其他等级的甲烷、天然气、煤气或丙烷,无论何种情况,燃气应能提供可校准的火焰。

喷灯火焰应至少每两周进行一次校准。如使用的不是仲裁试验用技术级甲烷,每天试验前应对喷灯火焰进行校准。罐装天然气换罐或任何燃气设备改变时,应对喷灯火焰进行校准。

5.2 金属罩

金属罩宽约 310 mm,深约 360 mm,高约 610 mm,其正面和顶部敞开。罩内应有保持试样中轴线与水平面成 60°角的夹具。

5.3 秒表

精度为 0.1 s 的秒表。

6 试验步骤

把试样固定在金属罩内的中间,使试样的中轴线与水平面成 60°倾角。

调节火焰使蓝色内锥高度为(35±2) mm,外焰高度为(130±10) mm。

将喷灯置于供火位置(见图1)。

注:喷灯处于供火位置时,喷灯灯管竖直向上,与试样处于同一垂面内,试验火焰的蓝色内锥正好触及试样下表面中心线上的点,该点与试样下端距离 20 mm。

连续供火 30 s,然后平静地将火焰移去。

7 试验结果评定

对特定型号或种类的电线或电缆的性能要求,应符合相关电缆产品标准中的规定。若电缆产品标准中未作规定,则至少要满足如下要求:

——喷灯火焰从试样上移去之后 60 s 内,试样上的余焰熄灭。

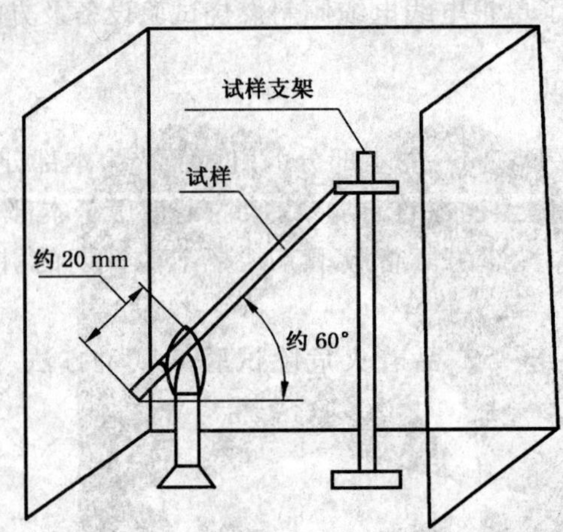

图 1 试样及喷灯位置示意图

ICS 83.080.20
G 32

中华人民共和国国家标准

GB/T 12670—2008
代替 GB 12670—1990

聚丙烯(PP)树脂

Polypropylene(PP) resin

2008-02-26 发布

2008-08-01 实施

中华人民共和国国家质量监督检验检疫总局
中国国家标准化管理委员会 发布

前　言

本标准代替 GB 12670—1990《聚丙烯(PP)树脂》。

本标准与 GB 12670—1990 相比主要差异如下：

——第 2 章规范性引用文件中，除卫生标准及个别标准外均改为注日期的引用文件。

——增加了第 3 章分类与命名。

——增加了第 4 章通用要求。

——在 5.1 中，删除了原标准 3.1 中“粒子的尺寸在任意方向上应为(2～5)mm”的要求，并将“无机械杂质”改为“无杂质”。

——第 5 章要求的表中，规定了各类聚丙烯(PP)树脂的性能测定项目和最低要求，不再规定具体牌号的指标要求。

——第 5 章要求的表中，用“颗粒外观”取代原标准中的“清洁度(色粒)”，用粒料的“灰分”取代原标准中“粉末灰分”。要求中的其他试验方法均按 GB/T 2546.2—2003 规定执行。

——第 9 章中增加了聚丙烯树脂贮存期的规定。

本标准由中国石油化工股份有限公司提出。

本标准由全国塑料标准化技术委员会石化塑料树脂产品分会(SAC/TC 15/SC 1)归口。

本标准起草单位：中国石油化工股份有限公司北京燕山分公司聚丙烯事业部。

本标准主要起草人：王雅玲、白文涛、袁春海、时安敏、曹明珠、周继红。

本标准于 1990 年首次发布，本次为第一次修订。

聚丙烯(PP)树脂

1 范围

本标准规定了聚丙烯(PP)树脂的分类命名、要求、试验方法、检验规则、标志、包装、运输和贮存等。

本标准适用于丙烯或丙烯和乙烯在催化剂的作用下聚合制得的含有添加剂的颗粒状丙烯均聚物(PP-H)、丙烯耐冲击共聚物(PP-B)或丙烯无规共聚物(PP-R)。

本标准不适用于着色、填充、增强、共混聚丙烯树脂及母粒料。

2 规范性引用文件

下列文件中的条款通过本标准的引用而成为本标准的条款。凡是注日期的引用文件,其随后所有的修改单(不包括勘误的内容)或修订版均不适用于本标准,然而,鼓励根据本标准达成协议的各方研究是否可使用这些文件的最新版本。凡是不注日期的引用文件,其最新版本适用于本标准。

GB/T 1040.2—2006 塑料 拉伸性能的测定 第2部分:模塑和挤塑塑料的试验条件(ISO 527-2:1993,IDT)

GB/T 1250—1989 极限数值的表示方法和判定方法

GB/T 1634.2—2004 塑料 负荷变形温度的测定 第2部分:硬橡胶和长纤维增强复合材料(ISO 75-2:2003,IDT)

GB/T 2410—1980 透明塑料透光率和雾度试验方法

GB/T 2412—1980 聚丙烯等规指数测试方法

GB/T 2546.1—2006 塑料 聚丙烯(PP)模塑和挤出材料 第1部分:命名系统和分类基础(ISO 1873-1:1995,MOD)

GB/T 2546.2—2003 塑料 聚丙烯(PP)模塑和挤出材料 第2部分:试样制备和性能测定(ISO 1873-2:1997,MOD)

GB/T 2547—1981 塑料树脂取样方法

GB/T 2918—1998 塑料试样状态调节和试验的标准环境(idt ISO 291:1997)

GB/T 3682—2000 热塑性塑料熔体质量流动速率和熔体体积流动速率的测定(idt ISO 1133:1997)

GB/T 6595—1986 聚丙烯树脂"鱼眼"测试方法

GB/T 9341—2000 塑料弯曲性能试验方法(idt ISO 178:1993)

GB/T 9342—1988 塑料洛氏硬度试验方法(eqv ISO 2039-2:1981)

GB/T 9345 塑料灰分通用测定方法(GB/T 9345—1988,idt ISO 3451-1:1981)

GB 9693 食品包装用聚丙烯树脂卫生标准

GB/T 17037.1—1997 热塑性塑料材料注塑试样的制备 第1部分:一般原理及多用途试样和长条试样的制备(idt ISO 294-1:1996)

GB/T 17037.3—2003 热塑性塑料材料注塑试样的制备 第3部分:小方试片(idt ISO 294-3:2000)

GB/T 17037.4—2003 热塑性塑料材料注塑试样的制备 第4部分:模塑收缩率的测定(idt ISO 294-4:2000)

SH/T 1541—2006 热塑性塑料颗粒外观试验方法

ISO 179-1:2000 塑料——简支梁冲击强度的测定——第1部分:非仪器冲击试验

3 分类与命名

聚丙烯树脂的分类与命名按 GB/T 2546.1—2006 规定进行。

为命名的需要，每个牌号的聚丙烯树脂应有拉伸弹性模量和简支梁缺口冲击强度的标称值。

示例：某注塑类(M)聚丙烯均聚物(PP-H)树脂为本色(N,可省略)颗粒(G,可省略)状，拉伸弹性模量的标称值为 123×10 MPa(123)，简支梁缺口冲击强度标称值为 3.6 kJ/m²(04)，熔体质量流动速率 MFR 的标称值为 1.5 g/10 min (015)，其试验条件为：温度 230℃，负荷 2.16 kg(M,可省略)。该材料命名如下：

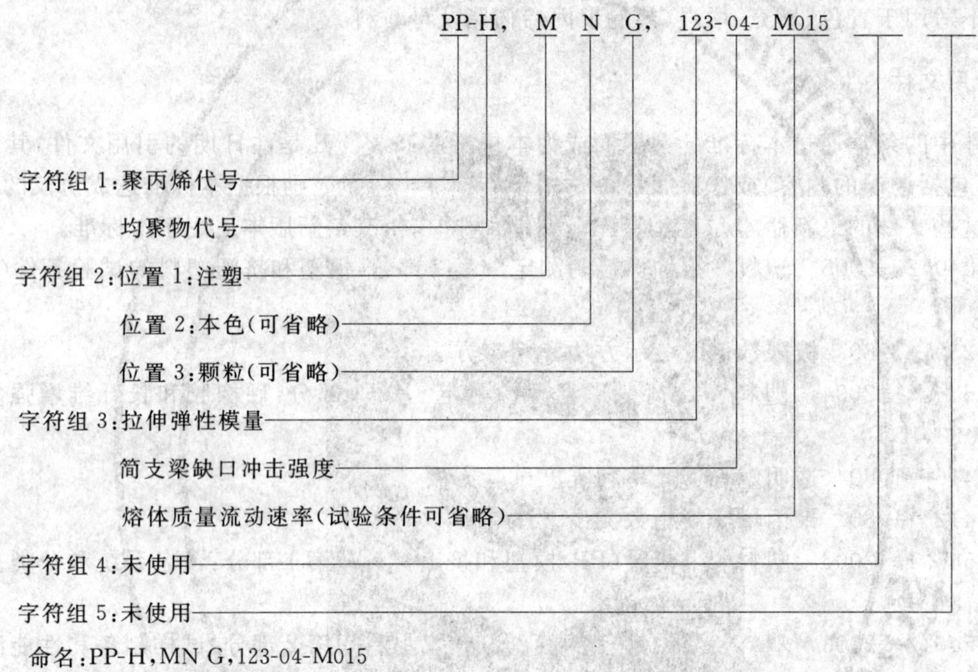

命名：PP-H，MN G，123-04-M015

4 通用要求

对于有卫生要求的树脂，应符合 GB 9693 的规定。

5 要求

5.1 聚丙烯树脂产品为本色颗粒，无杂质。

5.2 不同类别的聚丙烯树脂，其他的技术要求也可能不同。

5.2.1 注塑类聚丙烯树脂的其他技术要求见表 1。

5.2.2 挤出类聚丙烯树脂的其他技术要求见表 2。

5.2.3 窄带类聚丙烯树脂的其他技术要求见表 3。

5.2.4 纤维类聚丙烯树脂的其他技术要求见表 4。

5.2.5 挤出薄膜类聚丙烯树脂的其他技术要求见表 5。

5.2.6 用于注塑和挤出类透明制品的聚丙烯树脂，可有“雾度”的要求。

5.2.7 用于电器制品的聚丙烯树脂，可规定“相对介电常数”、“介质损耗因数”、“表面电阻率”和“体积电阻率”等电性能要求。

表 1　注塑类聚丙烯树脂的技术要求

序号	项　目		单位	要　求		
				PP-H	PP-B	PP-R
1.1	颗粒外观	黑粒	个/kg	0		
1.2		大粒和小粒	g/kg	由供方提供的数据		
2	熔体质量流动速率(MFR)	<1	g/10 min	$M_1 \pm 0.5\ M_1$		
		≥1		$M_2 \pm 0.3\ M_2$		
3	等规指数		%	$M_3 \pm 2$	—	—
4	灰分(质量分数)		%	由供方提供的数据		
5	拉伸屈服应力(σ_y)		MPa	>29.0	由供方提供的数据	>20.0
6	弯曲模量(E_f)		MPa	>1 000	由供方提供的数据	>800
7.1	简支梁缺口冲击强度(a_{cA})	23℃	kJ/m²	>1.0	由供方提供的数据	>2.8
7.2		−20℃	kJ/m²	—	由供方提供的数据	—
8	负荷变形温度(T_f0.45)		℃	—	由供方提供的数据	> 60
9	洛氏硬度(R 标尺)			—	由供方提供的数据	—
10	模塑收缩率(S_M)		%	由供方提供的数据		

注 1：M_1、M_2、M_3 是每个牌号产品该项指标的标称值。

注 2：PP-B 聚丙烯产品因乙烯含量及生产工艺的不同性能有较大差异，各企业应规定具体指标。

表 2　挤出类聚丙烯树脂的技术要求

序号	项　目		单位	要　求		
				PP-H	PP-B	PP-R
1.1	颗粒外观	黑粒	个/kg	0		
1.2		大粒和小粒	g/kg	由供方提供的数据		
2	熔体质量流动速率(MFR)	<1	g/10 min	$M_1 + 0.5\ M_1$		
		≥1		$M_2 \pm 0.3\ M_2$		
3	等规指数		%	$M_3 \pm 2$	—	—
4	灰分(质量分数)		%	由供方提供的数据		
5	拉伸屈服应力(σ_y)		MPa	>30.0	>20.0	>18.0
6	弯曲模量(E_f)		MPa	>1 000	>700	>600
7.1	简支梁缺口冲击强度(a_{cA})	23℃	kJ/m²	>4.0	>50	>25
7.2		−20℃	kJ/m²	—	>4.0	>1.5
8	负荷变形温度(T_f0.45)		℃	—	>60	>60

注：M_1、M_2、M_3 是每个牌号产品该项指标的标称值。

表 3 窄带类聚丙烯树脂的技术要求

序号	项目		单位	要求
				PP-H
1.1	颗粒外观	黑粒	个/kg	0
1.2		大粒和小粒	g/kg	由供方提供的数据
2	熔体质量流动速率(MFR)		g/10 min	$M_1 \pm 0.3\ M_1$
3	等规指数		%	$M_2 \pm 2$
4	灰分(质量分数)		%	由供方提供的数据
5.1	拉伸性能	拉伸屈服应力(σ_y)	MPa	>29.0
5.2		拉伸断裂应力(σ_B)	MPa	>15
5.3		拉伸断裂标称应变(ε_{tB})	%	>150

注：M_1、M_2 是每个牌号产品该项指标的标称值。

表 4 纤维类聚丙烯树脂的技术要求

序号	项目		单位	要求
				PP-H
1.1	颗粒外观	黑粒	个/kg	0
1.2		大粒和小粒	g/kg	由供方提供的数据
1.3		蛇皮粒和拖尾粒	个/kg	由供方提供的数据
2	熔体质量流动速率(MFR)		g/10 min	$M_1 \pm 0.3\ M_1$
3	等规指数		%	$M_2 \pm 2$
4	灰分(质量分数)		%	由供方提供的数据
5.1	拉伸性能	拉伸弹性模量(E_t)	MPa	由供方提供的数据
5.2		拉伸屈服应力(σ_y)	MPa	>29.0
5.3		拉伸断裂应力(σ_B)	MPa	>8.0
5.4		拉伸断裂标称应变(ε_{tB})	%	由供方提供的数据
6.1	鱼眼	0.8 mm	个/1 520 cm^2	<10
6.2		0.4 mm		<40

注：M_1、M_2 是每个牌号产品该项指标的标称值。

表 5 挤出薄膜类聚丙烯树脂的技术要求

序号	项目		单位	要求
				PP-H
1.1	颗粒外观	黑粒	个/kg	0
1.2		大粒和小粒	g/kg	由供方提供的数据
1.3		蛇皮粒和拖尾粒	个/kg	由供方提供的数据
2	熔体质量流动速率(MFR)		g/10 min	$M_1 \pm 0.3\ M_1$
3	等规指数		%	$M_2 \pm 2$

表 5(续)

序号	项　目		单位	要　求
				PP-H
4	灰分(质量分数)		%	由供方提供的数据
5	拉伸屈服应力(σ_y)		MPa	>28.0
6.1	鱼眼	0.8 mm	个/1 520 cm^2	<5
6.2		0.4 mm		<30
7	雾度		%	<6.0
注：M_1、M_2 是每个牌号产品该项指标的标称值。				

6　试验方法

6.1　试验结果判定

试验结果如需采用修约值判定法，应按 GB/T 1250—1989 中 5.2 规定进行。

6.2　试样制备

6.2.1　注塑试样的制备

聚丙烯树脂注塑试样的制备见 GB/T 2546.2—2003 中 3.2 的规定。

用 GB/T 17037.1—1997 中的 A 型模具制备的 A 型试样符合 GB/T 1040.2—2006 中 1A 型试样，B 型模具制备的 B 型试样为 80 mm×10 mm×4 mm 的长条试样。

用 GB/T 17037.3—2003 中的 D1 型模具制备的 60 mm×60 mm×1 mm 注塑试样可用于注塑类产品雾度的测定。

用 GB/T 17037.3—2003 中的 D2 型模具制备的 60 mm×60 mm×2 mm 注塑试样可用于注塑类产品模塑收缩率的测定。

用于测定洛氏硬度的试样(推荐尺寸为 50 mm×50 mm×6 mm)可用符合尺寸要求的模具制备注塑试样。

6.2.2　压塑试片的制备

聚丙烯树脂压塑试片的制备见 GB/T 2546.2—2003 中 3.3 的规定，例如电性能测定用的压塑试样。

6.2.3　吹塑薄膜试验样品的制备

6.2.3.1　吹塑薄膜机至少应具备下列基本条件：

a)　标准式螺杆，螺杆长径比不小于 25，推荐螺杆直径尺寸为 40 mm；

b)　温控点四个以上。

6.2.3.2　制备吹塑薄膜试验样品应规定下列工艺条件：

a)　熔体温度：可根据材料的 MFR 不同进行调整；

b)　冷却线高度；

c)　吹胀比。

6.2.3.3　吹塑薄膜试验样品的厚度为：0.030 mm±0.005 mm。

6.2.4　流延薄膜试验样品的制备

6.2.4.1　流延薄膜机至少应具备下列的基本条件：

a)　冷却辊温度可控；

b)　螺杆长径比不小于 25。

6.2.4.2　制备流延薄膜试验样品至少应规定下列工艺条件：

a) 熔体温度:可根据材料的MFR不同进行调整;

b) 冷却温度。

6.2.4.3 流延薄膜试验样品的厚度为0.030 mm±0.005 mm 。

6.3 试样的状态调节和试验的标准环境

试样的状态调节按GB/T 2918—1998的规定进行,状态调节的条件为温度23℃±2℃,调节时间至少40 h但不超过96 h。

所有试验都应在GB/T 2918—1998规定的标准环境下进行,环境的温度为23℃±2℃、相对湿度为50%±10%。

6.4 颗粒外观

按SH/T 1541—2006中的规定进行。

6.5 熔体质量流动速率(MFR)

按GB/T 3682—2000中A法或B法规定进行。选用B法测定熔体质量流动速率时,熔体密度值为0.738 6 g/cm^3。试验条件为M(温度:230℃、负荷:2.16 kg)或P(温度:230℃、负荷:5.0 kg)。试验时,在装试样前应用氮气吹扫料筒5 s~10 s,氮气压力为0.05 MPa。

注1:试验前,使用相应有证标准样品可保证试验数据的可靠性。

注2:熔体体积流动速率(MVR)将代替熔体质量流动速率(MFR)。

6.6 等规指数

按GB/T 2412—1980规定进行。

6.7 灰分

试验按GB/T 9345规定进行,采用直接燃烧法(A法),灼烧温度为850℃±50℃。

6.8 模塑收缩率

试样为按6.2.1中D2型模具制备的试样。

测试按GB/T 17037.4—2003规定进行。

6.9 拉伸试验

试样为按6.2.1制备的多用途试样。

试样的状态调节按6.3规定进行。

测试按GB/T 1040.2—2006规定进行。测试拉伸弹性模量时,试验速度为1 mm/min。其他拉伸性能测试时,试验速度为50 mm/min。

6.10 弯曲试验

试样为按6.2.1规定制备的80 mm×10 mm×4 mm长条注塑试样。

试样的状态调节按6.3规定进行。

测试按GB/T 9341—2000规定进行,试验速度为2 mm/min。

6.11 简支梁缺口冲击强度

试样为按6.2.1规定制备的80 mm×10 mm×4 mm长条注塑试样。样条应在注塑后的1 h~4 h内加工缺口,缺口类型为ISO 179-1:2000中的A型。加工缺口后的样条为简支梁缺口冲击试验的试样。

试样的状态调节按6.3规定进行。

试验按ISO 179-1:2000规定进行。低温试验时,经状态调节后的试样应在-20℃的环境中放置至少1 h,每次冲击应在10 s内完成。

6.12 负荷变形温度

试样为按6.2.1制备的80 mm×10 mm×4 mm长条注塑试样。

试样的状态调节按6.3规定进行。

测试按GB/T 1634.2—2004中的B法(负荷为0.45 MPa)规定进行。试验时,加热装置的起始温度应低于 27℃。加热升温速率为 120℃/h±10℃/h。

6.13 洛氏硬度

试样可为按 6.2.1 制备的推荐尺寸为 50 mm×50 mm×6 mm 的注塑试样。

试样的状态调节按 6.3 规定进行。

测试按 GB/T 9342—1988 规定进行。

6.14 鱼眼

按 6.2.3 制备吹塑薄膜或按 6.2.4 制备流延薄膜试验样品。

试验样品的状态调节按 6.3 规定进行。

从距膜端大于 1 m 处开始裁取试样，试样尺寸符合 GB/T 6595—1986 规定。

测试按 GB/T 6595—1986 规定进行。

6.15 雾度

按 6.2.3 制备吹塑薄膜或按 6.2.4 制备流延薄膜试验样品。

试验样品的状态调节按 6.3 规定进行。

从距膜端大于 1 m 处开始裁取试样，试样尺寸符合 GB/T 2410—1980 规定。

测试按 GB/T 2410—1980 规定进行。

6.16 有关燃烧性、氧指数和电性能

有关聚丙烯树脂燃烧性、氧指数和电性能的各项试验条件的规定见 GB/T 2546.2—2003 第 5 章中表 3。

7 检验规则

7.1 检验分类与检验项目

下列试验项目只需在聚丙烯树脂产品确定牌号时检验：

——第 4 章中的卫生要求；

——注塑类聚丙烯树脂的模塑收缩率；

——除纤维类聚丙烯树脂外，其他类别聚丙烯树脂的拉伸弹性模量；

——窄带类、纤维类和薄膜类聚丙烯树脂的简支梁缺口冲击强度(23℃)。

除上述项目外，聚丙烯树脂产品的检验可分为型式检验和出厂检验两类。

第 5 章中所有的项目为型式检验项目。

各类聚丙烯树脂出厂检验至少应包括的项目见表 6。

表 6 各类聚丙烯树脂出厂检验至少应包括的项目

序号	试验项目		注塑类			挤出类			窄带类	纤维类	薄膜类
			PP-H	PP-B	PP-R	PP-H	PP-B	PP-R	PP-H	PP-H	
1.1	颗粒外观	黑粒	√	√	√	√	√	√	√	√	√
1.2		大粒和小粒	√	√	√	√	√	√	√	√	√
1.3		蛇皮粒和拖尾粒	—	—	—	—	—	—	—	√	√
2	熔体质量流动速率(MFR)		√	√	√	√	√	√	√	√	√
3	拉伸屈服应力		√	√	√	√	√	√	√	√	√
4	简支梁缺口冲击强度(23℃)		—	√	√	—	√	√	—	—	—
5	简支梁缺口冲击强度(−20℃)		—	√	—	—	√	—	—	—	—
6	鱼眼		—	—	—	—	—	—	—	√	√
7	雾度		—	—	—	—	—	—	—	—	√

7.2 组批规则与抽样方案

7.2.1 组批规则

聚丙烯树脂以同一生产线上、相同原料、相同工艺所生产的同一牌号的产品组批，生产厂也可按一定生产周期或储存料仓为一批对产品进行组批。

产品以批为单位进行检验和验收。

7.2.2 抽样方案

聚丙烯树脂可在料仓的取样口抽样，也可根据生产周期等实际情况确定具体的抽样方案。

包装后产品的取样应按 GB/T 2547—1981 规定进行。

7.3 判定规则和复验规则

7.3.1 判定规则

聚丙烯树脂应由生产厂的质量检验部门按照本标准规定的试验方法进行检验，依据检验结果和本标准中的技术要求对产品作出质量判定，并提出证明。

产品出厂时，每批产品应附有产品质量检验合格证。合格证上应注明产品名称、牌号、批号、执行标准，并盖有质检专用章和检验员章。

7.3.2 复验规则

检验结果若某项指标不符合本标准要求时，可重新取样对该项目进行复验。以复验结果作为该批产品的质量判定依据。

8 标志

聚丙烯树脂产品的外包装袋上应有明显的标志。标志内容可包括：商标、生产厂名称、标准号、产品名称、牌号、生产日期、批号和净含量等。

9 包装、运输和贮存

9.1 包装

聚丙烯树脂可用内衬聚乙烯薄膜袋的聚丙烯编制袋或其他包装形式。包装材料应保证在运输、码放、贮存时不污染和泄漏。

每袋产品的净含量可为 25 kg 或其他。

9.2 运输

聚丙烯树脂为非危险品。在运输和装卸过程中严禁使用铁钩等锐利工具，切忌抛掷。运输工具应保持清洁、干燥并备有厢棚或苫布。运输时不得与沙土、碎金属、煤炭及玻璃等混合装运，更不可与有毒及腐蚀性或易燃物混装。严禁在阳光下暴晒或雨淋。

9.3 贮存

聚丙烯树脂应贮存在通风、干燥、清洁并保持有良好消防设施的仓库内。贮存时，应远离热源，并防止阳光直接照射，严禁在露天堆放。

聚丙烯树脂应有贮存期的规定，一般从生产之日起，不超过 12 个月。

ICS 83.080.20
G 32

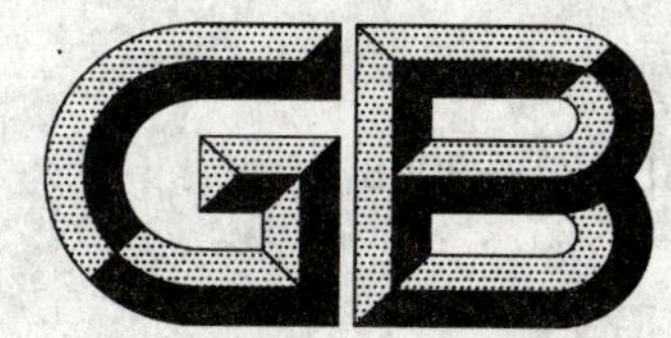

中华人民共和国国家标准

GB/T 12671—2008
代替 GB 12671—1990

聚苯乙烯(PS)树脂

Polystyrene (PS) resin

2008-08-04 发布

2009-04-01 实施

中华人民共和国国家质量监督检验检疫总局
中国国家标准化管理委员会 发布

前　言

本标准代替 GB 12671—1990《聚苯乙烯(PS)树脂》。

本标准与 GB 12671—1990 相比主要差异如下：

——第 2 章“规范性引用文件”中，除卫生标准和塑料树脂取样方法标准外均改为注日期的引用文件。

——增加了第 3 章“分类与命名”。

——增加了第 4 章“通用要求”。

——在 5.1 中，删除了原标准中“粒子的尺寸在任意方向上应为(2～5)mm”的要求。

——第 5 章“要求”中，用“颗粒外观”取代原标准中的“清洁度”，用“简支梁冲击强度”取代原标准中的“悬臂梁冲击强度”。删除了原标准中的“弯曲模量”，增加了“拉伸断裂应力”、“负荷变形温度”等项目。

——第 9 章中增加了聚苯乙烯树脂贮存期的规定。

——增加了附录 A“聚苯乙烯树脂产品国家标准命名与企业商品名对照表”。

本标准的附录 A 是资料性附录。

本标准由中国石油化工集团公司提出。

本标准由全国塑料标准化技术委员会石化塑料树脂产品分会(SAC/TC 15/SC 1)归口。

本标准起草单位：中国石油化工股份有限公司北京燕山分公司化工一厂。

本标准参加单位：中国石油化工股份有限公司广州分公司、上海赛科石油化工有限公司。

本标准主要起草人：崔广洪、苏晓燕。

本标准于 1990 年首次发布，本次为第一次修订。

聚苯乙烯(PS)树脂

1 范围

本标准规定了聚苯乙烯(PS)树脂的分类命名、要求、试验方法、检验规则、标志、包装、运输和贮存等。

本标准适用于无定形聚苯乙烯均聚物。

本标准不适用于可发性聚苯乙烯、苯乙烯共聚物、苯乙烯衍生物的均聚物和那些用其他聚合物,如弹性体改性的品种。

2 规范性引用文件

下列文件中的条款通过本标准的引用而成为本标准的条款。凡是注日期的引用文件,其随后所有的修改单(不包括勘误的内容)或修订版均不适用于本标准,然而,鼓励根据本标准达成协议的各方研究是否可使用这些文件的最新版本。凡是不注日期的引用文件,其最新版本适用于本标准。

GB/T 1040.1—2006 塑料 拉伸性能的测定 第1部分:总则(ISO 527-1:1993,IDT)

GB/T 1040.2—2006 塑料 拉伸性能的测定 第2部分:模塑和挤塑塑料的试验条件(ISO 527-2:1993,IDT)

GB/T 1250—1989 极限数值的表示方法和判定方法

GB/T 1633—2000 热塑性塑料维卡软化温度(VST)的测定(idt ISO 306:1994)

GB/T 1634.2—2004 塑料 负荷变形温度的测定 第2部分:塑料、硬橡胶和长纤维增强复合材料 (ISO 75-2:2003,IDT)

GB/T 2410—2008 透明塑料透光率和雾度的测定

GB/T 2547—2008 塑料树脂取样方法

GB/T 2918—1998 塑料试样状态调节和试验的标准环境(idt ISO 291:1997)

GB/T 3682—2000 热塑性塑料熔体质量流动速率和熔体体积流动速率的测定(idt ISO 1133:1997)

GB/T 6594.1—1998 塑料 聚苯乙烯(PS)模塑和挤出材料 第1部分:命名系统和分类基础(eqv ISO 1622-1:1994)

GB/T 6594.2—2003 塑料 聚苯乙烯(PS)模塑和挤出材料 第2部分:试样制备和性能测定(ISO 1622-2:1995,MOD)

GB 9692 食品包装用聚苯乙烯树脂卫生标准

GB/T 16867—1997 聚苯乙烯和丙烯腈-丁二烯-苯乙烯树脂中残留苯乙烯单体的测定 气相色谱法

GB/T 17037.1—1997 热塑性塑料材料注塑试样的制备 第1部分:一般原理及多用途试样和长条试样的制备(idt ISO 294-1:1996)

GB/T 17037.3—2003 塑料 热塑性塑料材料注塑试样的制备 第3部分:小方试片(ISO 294-3:2000,IDT)

GB/T 17037.4—2003 塑料 热塑性塑料材料注塑试样的制备 第4部分:模塑收缩率的测定(ISO 294-4:2000,IDT)

SH/T 1541—2006 热塑性塑料颗粒外观试验方法

ISO 179-1:2000 塑料——简支梁冲击强度的测定——第1部分:非仪器冲击试验

3 分类与命名

聚苯乙烯树脂的分类与命名按 GB/T 6594.1—1998 规定进行。

示例：某种聚苯乙烯模塑和挤出材料(PS)，用于注塑(M)，对光和/或气候稳定(L)，本色(N)，维卡软化温度为 84 ℃(084)，熔体质量流动速率 MFR 的标称值为 9.0 g/10 min (09)。该材料命名如下：

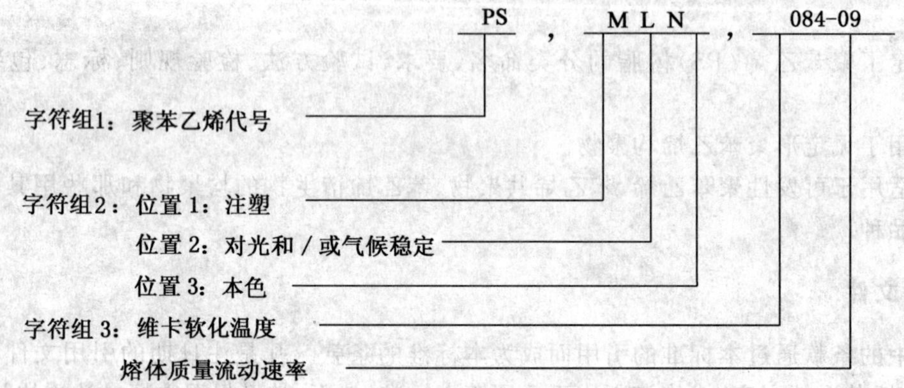

命名，PS，MLN，084-09

4 通用要求

对于有卫生要求的树脂，应符合 GB 9692 的规定。

5 要求

5.1 聚苯乙烯树脂产品为本色颗粒，无黑粒和杂质。

5.2 对于有特殊用途的聚苯乙烯树脂，可规定“燃烧性能”、“相对介电常数”、“介质损耗因数”、“折光指数”等性能要求。

5.3 聚苯乙烯树脂的其他技术要求见表 1。

表 1 聚苯乙烯树脂的技术要求

序号	项目		单位	PS,MLN,085-08			PS,MLN,090-04		
				优级	一级	合格	优级	一级	合格
1	颗粒外观	色 粒	个/kg	≤10	≤20	≤40	≤10	≤20	≤40
2	熔体质量流动速率(MFR)		g/10 min	6~10	5.5~10.5	5.0~11.0	2.5~4.5	2.0~4.5	2.0~5.0
3	拉伸断裂应力 (σ_B)		MPa	≥40	≥37	≥34	≥45		≥40
4	简支梁冲击强度(a_{cU})		kJ/m²	≥7.5		≥6.5	≥8.0		≥7.0
5	维卡软化温度(T_V50/50)		℃	≥90	≥85	≥80	95	90	85
6	负荷变形温度 (T_f0.45)		℃	≥80		≥75	≥80		≥75
7	残留苯乙烯单体含量 c_i		mg/kg	≤500	≤700	≤800	≤500	≤700	≤800
8	透光率		%	≥85			≥85		
9	模塑收缩率(S_M)		%	由供方提供的数据			由供方提供的数据		
序号	项目		单位	PS,ELN,095-02			PS,MLN,100-02		
				优级	一级	合格	优级	一级	合格
1	颗粒外观	色粒	个/kg	≤10	≤20	≤40	≤10	≤20	≤40
2	熔体质量流动速率(MFR)		g/10 min	1.3~2.5		1.0~3.0	2.0~3.0		1.5~3.5
3	拉伸断裂应力 (σ_B)		MPa	≥45		≥40	≥50	≥47	≥43
4	简支梁冲击强度(a_{cU})		kJ/m²	≥9.0		≥8.5	≥8.0		≥7.0
5	维卡软化温度(T_V50/50)		℃	≥100	≥95	≥90	≥100	≥95	≥90
6	负荷变形温度 (T_f0.45)		℃	≥85		≥80	≥80		≥75
7	残留苯乙烯单体含量 c_i		mg/kg	≤500			≤500	≤700	≤800
8	透光率		%	≥85			≥85		
9	模塑收缩率(S_M)		%	由供方提供的数据			由供方提供的数据		

6 试验方法

6.1 试验结果判定

试验结果按 GB/T 1250—1989 中 5.2 规定进行判定。

6.2 注塑试样的制备

聚苯乙烯树脂注塑试样的制备见 GB/T 6594.2—2003 中 3.2 的规定。

用 GB/T 17037.1—1997 中的 A 型模具制备的 A 型试样符合 GB/T 1040.1—2006 中 1A 型试样，B 型模具制备的 B 型试样为 80 mm×10 mm×4 mm 的长条试样。

用 GB/T 17037.3—2003 中的 D1 型模具制备的 60 mm×60 mm×1 mm 注塑试样可用于注塑类产品透光率的测定。

用 GB/T 17037.3—2003 中的 D2 型模具制备的 60 mm×60 mm×2 mm 注塑试样可用于注塑类产品模塑收缩率的测定。

6.3 试样的状态调节和试验的标准环境

试样的状态调节应按 GB/T 2918—1998 的规定进行。状态调节的条件为温度 23 ℃±2 ℃，相对湿度 50%±10%，时间至少 16 h。

所有试验都应在 GB/T 2918—1998 规定的标准试验环境下进行，温度 23 ℃±2 ℃，相对湿度 50%±10%。

6.4 颗粒外观

按 SH/T 1541—2006 中的规定进行。

6.5 熔体质量流动速率(MFR)

按 GB/T 3682—2000 中 A 法或 B 法规定进行。试验条件为 H(温度：200 ℃、负荷：5.00 kg)。

注：试验前，使用相应有证标准样品可保证试验数据的可靠性。

6.6 拉伸断裂应力

试样为按 6.2 制备的多用途试样。

试验按 GB/T 1040.2—2006 规定进行。试验速度为 5.0 mm/min。

6.7 简支梁冲击强度

试样为按 6.2 规定制备的 80 mm×10 mm×4 mm 长条注塑试样。

试验按 ISO 179-1:2000 规定进行。

6.8 维卡软化温度

试样为按 6.2 规定制备的 80 mm×10 mm×4 mm 长条注塑试样。

试验按 GB/T 1633—2000 中的 B_{50} 法(使用 50 N 的力，升温速率为 50 ℃/h)规定进行。

6.9 负荷变形温度

试样为按 6.2 规定制备的 80 mm×10 mm×4 mm 长条注塑试样。

试验按 GB/T 1634.2—2004 中的 B 法(负荷为 0.45 MPa)规定进行。试验时，加热装置的起始温度应低于 27 ℃。加热升温速率为 120 ℃/ h±10 ℃/ h。

6.10 残留苯乙烯单体含量

试验按 GB/T 16867—1997 规定进行。

6.11 透光率

试样为按 6.2 中 D1 型模具制备的试样。

试验按 GB/T 2410—2008 规定进行。

6.12 模塑收缩率

试样为按 6.2 中 D2 型模具制备的试样。

试验按 GB/T 17037.4—2003 规定进行。

6.13 有关燃烧性、折光指数和电性能

有关聚苯乙烯树脂燃烧性、光性能、电性能的各项试验条件见 GB/T 6594.2—2003 第 5 章中表 3 和表 4 中的规定。

7 检验规则

7.1 检验分类与检验项目

注塑类聚苯乙烯树脂的模塑收缩率只需在聚苯乙烯树脂产品确定牌号时检验。

聚苯乙烯树脂产品的检验可分为型式检验和出厂检验两类。

第 5 章中所有的项目为型式检验项目。

各类聚苯乙烯树脂出厂检验至少应包括颗粒外观(色粒)、熔体质量流动速率、拉伸断裂应力、简支梁冲击强度、维卡软化温度。

7.2 组批规则与抽样方案

7.2.1 组批规则

聚苯乙烯树脂以同一生产线上、相同原料、相同工艺所生产的同一牌号的产品组批,生产厂也可按一定生产周期或储存料仓为一批对产品进行组批。

产品以批为单位进行检验和验收。

7.2.2 抽样方案

聚苯乙烯树脂可在料仓的取样口抽样,也可根据生产周期等实际情况确定具体的抽样方案。

包装后产品的取样应按 GB/T 2547—2008 规定进行。

7.3 判定规则和复验规则

7.3.1 判定规则

聚苯乙烯树脂应由生产厂的质量检验部门按照本标准规定的试验方法进行检验,依据检验结果和本标准中的技术要求对产品作出质量判定,并提出证明。

产品出厂时,每批产品应附有产品质量检验合格证。合格证上应注明产品名称、牌号、批号、执行标准,并盖有质检专用章和检验员章。

7.3.2 复验规则

检验结果若某项指标不符合本标准要求时,可重新取样对该项目进行复验。以复验结果作为该批产品的质量判定依据。

8 标志

聚苯乙烯树脂产品的外包装袋上应有明显的标志。标志内容可包括:商标、生产厂名称和厂址、标准号、产品名称、牌号、生产日期、批号和净含量等。

9 包装、运输和贮存

9.1 包装

聚苯乙烯树脂可用内衬聚乙烯薄膜袋的聚丙烯编制袋或其他包装形式。包装材料应保证在运输、码放、贮存时不污染和泄漏。

每袋产品的净含量可为 25 kg 或其他。

9.2 运输

聚苯乙烯树脂为非危险品。在运输和装卸过程中严禁使用铁钩等锐利工具,切忌抛掷。运输工具

应保持清洁、干燥并备有厢棚或苫布。运输时不得与沙土、碎金属、煤炭及玻璃等混合装运,更不可与有毒及腐蚀性或易燃物混装。严禁在阳光下暴晒或雨淋。

9.3 贮存

聚苯乙烯树脂应贮存在通风、干燥、清洁并保持有良好消防设施的仓库内。贮存时,应远离热源,并防止阳光直接照射,严禁在露天堆放。

聚苯乙烯树脂应有贮存期的规定,一般从生产之日起,不超过12个月。

附　录　A
（资料性附录）
聚苯乙烯树脂产品国家标准命名与企业商品名对照

表 A.1 给出了聚苯乙烯树脂产品国家标准命名与企业商品名的对照一览表。

表 A.1　聚苯乙烯树脂产品国家标准命名与企业商品名对照

序号	国家标准命名	企业商品名
1	PS,MLN,085-08	666D、525、123
2	PS,ELN,095-02	688B
3	PS,MLN,090-04	232
4	PS,MLN,100-02	251

ICS 71.100.01;87.060.10
G 55

中华人民共和国国家标准

GB/T 12680—2008
代替 GB/T 12680.1～12680.5—1990

醇溶染料　一般性能的测定

Alcohol soluble dyes—Determination for general properties of application

2008-05-15 发布　　2008-11-01 实施

中华人民共和国国家质量监督检验检疫总局
中国国家标准化管理委员会　发布

前 言

本标准代替 GB/T 12680.1—1990《醇溶染料相对强度和色光的测定方法》、GB/T 12680.2—1990《醇溶染料在乙醇中不溶物含量的测定方法》、GB/T 12680.3—1990《醇溶染料在乙醇中溶解度的测定方法》、GB/T 12680.4—1990《醇溶染料耐光性的测定方法》和 GB/T 12680.5—1990《醇溶染料耐热性的测定方法》。

本标准与 GB/T 12680.1—1990、GB/T 12680.2—1990、GB/T 12680.3—1990、GB/T 12680.4—1990 和 GB/T 12680.5—1990 相比主要变化如下：

——将 5 个标准整合成 1 个标准《醇溶染料 一般性能的测定》(本版的标题)；

——增加了醇溶染料灰分的测定内容(本版的第 8 章)；

——增加了试验报告内容(本版的第 9 章)。

本标准由中国石油和化学工业协会提出。

本标准由全国染料标准化技术委员会(SAC/TC 134)归口。

本标准起草单位：大连理工大学精细化工国家重点实验室、沈阳化工研究院。

本标准主要起草人：姬兰琴、彭孝军、沈日炯。

本标准于 1990 年首次发布。

醇溶染料　一般性能的测定

1　范围

本标准规定了醇溶染料相对强度和色光、在乙醇中不溶物含量和溶解度、耐光性、耐热性及灰分的测定方法。

本标准适用于醇溶染料相对强度和色光、在乙醇中不溶物含量和溶解度、耐光性、耐热性及灰分的测定。

2　规范性引用文件

下列文件中的条款通过本标准的引用而成为本标准的条款。凡是注日期的引用文件，其随后所有的修改单(不包括勘误的内容)或修订版均不适用于本标准，然而，鼓励根据本标准达成协议的各方研究是否可使用这些文件的最新版本。凡是不注日期的引用文件，其最新版本适用于本标准。

GB 250—1995　评定变色用灰色样卡(idt ISO 105-A02:1993)

GB/T 679　化学试剂　乙醇(95%)

GB/T 684　化学试剂　甲苯

GB/T 1914—2007　化学分析滤纸

GB/T 1727—1992　漆膜一般制备法

GB/T 2374—2007　染料　染色测定的一般条件规定

GB/T 4841.1—2006　染料染色标准深度色卡　1/1

GB/T 8426—1998　纺织品　色牢度试验　耐光色牢度:日光(eqv ISO 105-B01:1994)

GB/T 8427—1998　纺织品　色牢度试验　耐人造光色牢度:氙弧(eqv ISO 105-B02:1994)

GB/T 8428—1998　纺织品　色牢度试验　耐光色牢度:碳弧(eqv ISO 105-B03:1994)

GB/T 12590　化学试剂　正丁醇

HG/T 3498　化学试剂　乙酸丁酯

3　醇溶染料相对强度和色光的测定

3.1　原理

将醇溶染料试样和标样同时用分光光度计测定其溶液的光密度值。根据标样的强度，计算试样的相对强度。用目测法评定色光。

3.2　试剂和材料

试剂和材料应符合 GB/T 2374—2007 中第 3 章的有关规定。

95%(体积分数)乙醇:化学纯，应符合 GB/T 679 的规定。

3.3　仪器和设备

仪器和设备应符合 GB/T 2374—2007 中第 4 章的有关规定。

3.3.1　分析天平:感量 0.000 1 g;

3.3.2　分光光度计;

3.3.3　比色管:50 mL。

3.4　试验方法

3.4.1　测定相对强度的试液配制

称取染料试样和标样若干克(在产品标准中具体规定)，称准至 0.000 2 g。分别置于 100 mL 烧杯中，先加入少量乙醇调成浆状，再加入适量乙醇使之溶解(如染料溶解性能较差，可在60℃水浴中稍微加热)，然后移入100 mL容量瓶中，用乙醇稀释到刻度，摇匀备用。

用刻度吸管分别吸取上述溶液，并用容量瓶稀释到所需浓度(其光密度值在0.4～0.7范围内)。

3.4.2 相对强度的测定

以乙醇为空白液，用1.0 cm的比色皿，在标样溶液的最大吸收波长处，用分光光度计分别测定标样溶液和试样溶液的光密度值。

相对强度以F计，数值用(分)表示，按式(1)计算：

$$F=\frac{E\cdot\rho_0}{E_0\cdot\rho}\times F_0 \qquad \cdots\cdots(1)$$

式中：

E——试样溶液的光密度值；

E_0——标样溶液的光密度值；

ρ——试样溶液的质量浓度，单位为克每升(g/L)；

ρ_0——标样溶液的质量浓度，单位为克每升(g/L)；

F_0——标样的强度，单位为分。

试验结果取整数。

3.4.3 色光的评定

根据各产品标准的要求及其相对强度，配制试样和标样的色光测试液，使二者深度尽量接近，然后将标样测试液和试样测试液分别注入两支50 mL比色管中。比色管后衬白纸，于室内蓝天朝北光线下或于D_{65}光源下，视线垂直于比色管的轴心线进行比色。比色时，周围环境应不带有反射的颜色。

色光评级分为：近似、微、稍、较、显较五档。

近似：二比色管，左右交替目测无差异者；

微：二比色管，左右交替目测微有差异者；

稍：二比色管，目测易于区别色差者；

较：二比色管，目测有较明显差异者；

显较：二比色管，明显呈两种色相。

4 醇溶染料在乙醇中不溶物含量的测定

4.1 原理

将规定的染料溶于乙醇中，过滤分离出不溶物，经烘干至恒量，最后用称量法测定不溶物的含量。

4.2 试剂和材料

试剂和材料应符合GB/T 2374—2007中第3章的有关规定。

95%(体积分数)乙醇：化学纯，应符合GB/T 679的规定。

4.3 仪器和设备

仪器和设备应符合GB/T 2374—2007中第4章的有关规定。

4.4 分析天平：感量0.000 1 g。

4.5 烘箱：灵敏度±2℃。

4.6 玻璃坩埚：G3型。

4.7 试验方法

称取染料试样约1 g(称准至0.001 g)，置于烧杯中，先加入适量乙醇调成浆状，再加200 mL乙醇，充分搅拌使之完全溶解，立即用已于105℃±2℃烘干至恒量的玻璃坩埚真空抽滤，滤渣用乙醇洗至滤液无色为止。每次加入乙醇洗涤时，应停止抽滤，片刻后再抽滤。洗后将带有滤渣的坩埚置于105℃±2℃的烘箱中烘至恒量。

4.8 结果表示

醇溶染料在乙醇中的不溶物含量以质量分数 w_1 计，数值以(%)表示，按式(2)计算：

$$w_1 = \frac{m_2 - m_1}{m_0} \times 100 \quad \cdots\cdots(2)$$

式中：

m_2——玻璃坩埚和不溶物的质量，单位为克(g)；

m_1——玻璃坩埚的质量，单位为克(g)；

m_0——试样的质量，单位为克(g)。

计算结果保留到小数点后两位。

5 醇溶染料在乙醇中溶解度的测定

5.1 原理

在室温 25℃±2℃下，将不同量的染料试样溶解于乙醇中，并稀释到一定体积，用规定的滤纸，在规定的真空减压条件下，将不同浓度的染料溶液按递增顺序过滤。以滤纸上出现沉积物和过滤时间的突跃点来判断该染料的溶解极限，突跃点前一档的染料浓度，作为该试样的溶解度。

5.2 试剂和材料

试剂和材料应符合 GB/T 2374—2007 中第 3 章的有关规定。

ϕ55 mm 定性快速滤纸：应符合 GB/T 1914—2007 的规定。

5.3 仪器和设备

仪器和设备应符合 GB/T 2374—2007 中第 4 章的有关规定。

5.3.1 电动磁力搅拌器；

5.3.2 布氏漏斗，内径 55 mm；

5.3.3 真空抽滤装置；

5.3.4 秒表。

5.4 试验方法

称取染料试样若干份(称准至 0.01 g)，分别置于 100 mL 烧杯中，以 0.50 g/50 mL 为一档逐渐增加；当溶解度超过 200 g/L 时，以 1.00 g/50 mL 为一档逐渐增加。

试样先加入少量乙醇调成浆状，再加入室温 25℃±2℃的乙醇，乙醇总量为 50 mL，置于电动磁力搅拌器上，并在室温的水浴中保温搅拌 15 min。开启真空泵数分钟，在布氏漏斗中平铺两张滤纸，调节抽滤装置上的两通活塞，使 50 mL 乙醇在 8 s 左右滤干，然后立即倒入试样溶液，同时开启秒表记录试样溶液的过滤时间，滤干后取下滤纸，在室温下自然晾干。

5.5 结果的评定和表示

目测比较每档滤纸，当看到滤纸上有染料沉积物(对不易看清沉积物的，可用摩擦滤纸的方式进行比较)，而且其过滤时间有明显突跃时，即为溶解极限。其前一档浓度为该试样的溶解度，单位以 g/L 表示。

6 醇溶染料耐光性的测定

6.1 原理

将醇溶染料试样溶于规定的基质中制成样板，与耐光牢度蓝色标准一起在规定的条件下曝晒，然后将样板与蓝色标准的变色程度进行对比，评定醇溶染料的耐光性。

6.2 试剂和材料

试剂和材料应符合 GB/T 2374—2007 中第 3 章的有关规定。

6.2.1 马口铁，厚度 0.2 mm～0.3 mm。

6.2.2 混合溶剂%(质量分数):

乙酸丁酯:化学纯,应符合 HG/T 3498 的规定,占混合溶剂的 20%(质量分数);

丁醇:化学纯,应符合 GB/T 12590 的规定,占混合溶剂的 20%(质量分数);

95%(体积分数)乙醇:化学纯,应符合 GB/T 679 的规定,占混合溶剂的 10%(质量分数);

甲苯:化学纯,应符合 GB/T 684 的规定,占混合溶剂的 50%(质量分数)。

6.2.3 丙烯酸树脂:

颜色和外观:无色透明,无机械杂质;

固体含量:(45±1)%(质量分数);

pH 值:8~9;

黏度:(40 s~80 s)/25℃(涂-4 黏度计)。

注:经双方商定可采用其他树脂,并在报告中注明。

6.3 仪器和设备

仪器和设备应符合 GB/T 2374—2007 中第 4 章的有关规定。

6.3.1 天平:感量 0.1 g,0.001 g;

6.3.2 喷枪:喷嘴内径 0.75 mm~2.00 mm;

6.3.3 千分尺:精确度 2 μm;

6.3.4 耐光牢度仪:应符合 GB/T 8427—1998 或 GB/T 8428—1998 的规定;

6.3.5 天然曝晒架:应符合 GB/T 8426—1998 的规定;

6.3.6 遮盖物:不透光材料。

6.4 试验方法

6.4.1 试样制备

按本标准的 6.4.2 要求称取染料试样若干克,称准至 0.001 g,置于容器中,加入适量混合溶剂,使之完全溶解,再加入规定量的树脂和混合溶剂,搅拌均匀,备用。

树脂与溶剂的质量比为 1∶3,树脂和溶剂称准至 0.1 g。

6.4.2 样板制备

按照 GB/T 1727—1992 第 2 章 2.1 和 3.2 的规定进行。制备好的样板平放在无尘处自然干燥 15 min,然后将其水平放置于 80℃±2℃烘箱中烘干 1 h。

要求:烘干后的漆膜厚度为 20 μm±3 μm,并且颜色深度尽量接近 GB/T 4841.1—2006 规定的染料染色深度色卡的 1/1 深度。

6.4.3 耐光试验

根据需要,按照按 GB/T 8426—1998、GB/T 8427—1998、GB/T 8428—1998 中的规定进行。

6.5 结果的评定

按照按 GB/T 8426—1998、GB/T 8427—1998、GB/T 8428—1998 中的规定进行。

7 醇溶染料耐热性的测定

7.1 原理

将醇溶染料试样溶于规定的基质中,并制成样板,在不同温度下经历一定时间后,与原样板比较变色情况,来评定试样的耐热性。

7.2 试剂和材料

按本标准的 6.2 进行。

7.3 仪器和设备

仪器和设备应符合 GB/T 2374—2007 中第 4 章的有关规定。

7.3.1 天平:感量 0.1 g,0.001 g;

7.3.2 烘箱：(50～250)℃±2℃；

7.3.3 喷枪：喷嘴内径 0.75 mm～2.00 mm；

7.3.4 千分尺：精确度 2 μm。

7.4 试验方法

7.4.1 试样制备

按本标准的 6.4.1 进行。

7.4.2 样板制备

按本标准的 6.4.2 进行。

7.4.3 耐热试验

将同一样板剪成数小块进行耐热试验，其中一小块不进行耐热试验，作为评定结果用原样。

耐热试验温度分别为 120℃、140℃，160℃，180℃和 200℃五档，调整烘箱至规定温度，同时开启鼓风，使温度均匀稳定。将一小块样板迅速放入烘箱内，其位置在温度计水银球周围，达到规定耐热温度开始计时，0.5 h 后取出冷却至室温，按温度由低到高的顺序依次进行试验。

注：根据需要可规定其他耐热试验温度，并在试验报告中注明。

7.5 结果的评定

将经过耐热试验的样板与原样板放在同一平面，用符合 GB 250—1995 规定的评定变色用灰色样卡比较样板的变色情况，以变色程度达到评定变色用灰色样卡的 4 级或超过 4 级档的前一档的温度表示试样的耐热性，单位为摄氏度(℃)。

8 醇溶染料灰分的测定

8.1 原理

醇溶染料是有机化合物，碳化后经 800℃高温灼烧，有机物全部氧化、气化，无机盐留下，用重量法测定。

8.2 仪器和设备

仪器和设备应符合 GB/T 2374—2007 中第 4 章的有关规定。

8.2.1 天平：感量 0.000 1 g；

8.2.2 马福炉。

8.3 试验方法

用已恒量的坩埚称量试样约 2 g，碳化后将坩埚置于马福炉中，升温至 800℃，保温灼烧试样至恒量。

8.4 结果表示

醇溶染料灰分含量以质量分数 w_2 计，数值以(%)表示，按式(3)计算：

$$w_2 = \frac{m_5 - m_3}{m_4 - m_3} \times 100 \qquad \cdots\cdots (3)$$

式中：

m_3——是坩埚的质量，单位为克(g)；

m_4——是灼烧前试样＋坩埚的质量，单位为克(g)；

m_5——是灼烧后坩埚＋试样残留物的质量，单位为克(g)。

计算结果保留两位有效数字。

9 试验报告

试验报告包括以下内容：

a) 被测醇溶染料的名称；

b) 测定项目；

c) 本标准编号；

d) 试验条件；

e) 使用仪器的名称、型号；

f) 测试结果；

g) 在测试过程中的特殊情况；

h) 与本方法的差异；

i) 试验日期。

ICS 59.080.01
W 04

中华人民共和国国家标准

GB/T 12703.1—2008
部分代替 GB/T 12703—1991

纺织品 静电性能的评定 第1部分:静电压半衰期

Textile—Evaluation for electrostatic properties—
Part 1:Static half period

2008-06-18 发布 2009-03-01 实施

中华人民共和国国家质量监督检验检疫总局
中国国家标准化管理委员会
发布

前言

GB/T 12703《纺织品　静电性能的评定》分为七个部分：

——第1部分：静电压半衰期；

——第2部分：电荷面密度；

——第3部分：电荷量；

——第4部分：电阻率；

——第5部分：摩擦带电电压；

——第6部分：纤维泄漏电阻；

——第7部分：动态静电压。

本部分为GB/T 12703的第1部分。

本部分代替GB/T 12703—1991的A法。

本部分与GB/T 12703—1991 A法相比主要变化如下：

——增加了"注：当更换试样时，应重新调整针电极及感应电极与试样上表面的距离，以使其达到规定要求"(见8.3)；

——增加了"注：当半衰期大于180 s时，停止试验，并记录衰减时间180 s时的残余静电压值，如果需要也可记录60 s、120 s或其他衰减时间时的残余静电压值"(见8.5)；

——增加了半衰期技术要求及评定(见第10章)。

本部分由中国纺织工业协会提出。

本部分由全国纺织品标准化技术委员会基础分技术委员会(SAC/TC 209/SC 1)归口。

本部分起草单位：国家纺织制品质量监督检验中心。

本部分主要起草人：王宝军、任鹤宁。

本部分所代替标准的历次版本发布情况为：

——GB/T 12703—1991。

纺织品　静电性能的评定
第1部分:静电压半衰期

1　范围

GB/T 12703 的本部分规定了纺织品静电压半衰期的试验方法及评价指标。

本部分适用于各类纺织品,不适用于铺地织物。

2　规范性引用文件

下列文件中的条款通过 GB/T 12703 的本部分的引用而成为本部分的条款。凡是注日期的引用文件,其随后所有的修改单(不包括勘误的内容)或修订版均不适用于本部分,然而,鼓励根据本部分达成协议的各方研究是否可使用这些文件的最新版本。凡是不注日期的引用文件,其最新版本适用于本部分。

GB/T 8629—2001　纺织品　试验用家庭洗涤和干燥程序

3　术语和定义

下列术语和定义适用于 GB/T 12703 的本部分。

3.1

静电电压　electrostatic voltage

试样上积聚的相对稳定的电荷所产生的对地电位。

3.2

静电压半衰期　static half period

试样上静电压衰减至原始值一半时所需的时间。

4　原理

使试样在高压静电场中带电至稳定后断开高压电源使其电压通过接地金属台自然衰减,测定静电压值及其衰减至初始值一半所需的时间。

5　装置与用具

5.1　检测装置:包括试样台、高压放电极、静电检测电极和记录装置。结构示意图见图1。

试验台直径(200±4)mm,转速至少为1 000 r/min。试样夹的内框尺寸至少为(32±0.5)mm×(32±0.5)mm;放电针针尖至试样表面距离(20±1)mm,感应电极[直径(28.0±0.5)mm]与试样上表面距离为15 mm。

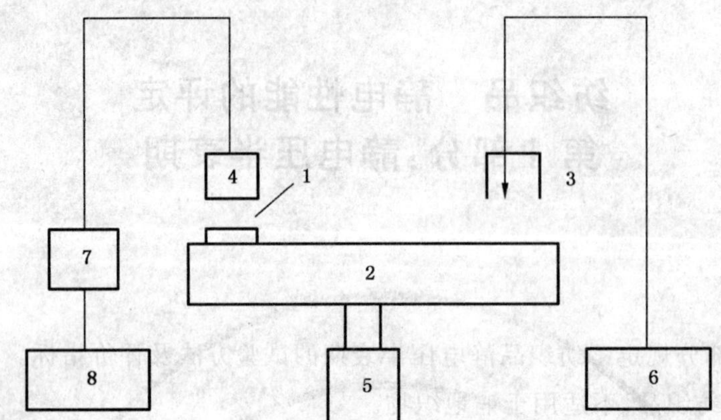

1——试样；
2——转动平台；
3——针电极；
4——圆板状感应电极；
5——电机；
6——高压直流电源；
7——放大器；
8——示波器或记录仪。

图 1 检测装置结构示意图

5.2 不锈钢镊子一把。

5.3 纯棉手套一副。

5.4 裁样工具。

6 调湿和试验用大气条件

调湿和试验用大气的环境条件为：温度(20±2)℃，相对湿度(35±5)%，环境风速应在 0.1 m/s 以下。

7 试样准备

7.1 预处理

7.1.1 如果需要，按照 GB/T 8629—2001 中 7A 程序洗涤，由有关各方商定可选择洗涤 5、10、30、50 次等，多次洗涤时，可将时间累加进行连续洗涤。或者按有关方认可的方法和次数进行洗涤。

注：累加时间时，应将 7A 程序洗涤、冲洗 1、冲洗 2、冲洗 3 中时间分别进行累加。

7.1.2 将样品或洗涤后的样品在 50 ℃下预烘一定时间。

7.1.3 将预烘后的样品在第 6 章环境下放置 24 h 以上，不得沾污样品。

7.2 试样

7.2.1 随机采取试样 3 组，每块试样的尺寸为 4.5 cm×4.5 cm 或适宜的尺寸。每组试样数量根据仪器中试样台数量而定。试样应有代表性，无影响试验结果的疵点。

7.2.2 条子、长丝和纱线等应均匀、密实地绕在与 7.2.1 试样尺寸相同的平板上。

7.2.3 操作时应避免手或其他可能沾污试样的物体与试样相接触。

8 试验步骤

8.1 试验前应对仪器进行校验。

8.2 对试样表面进行消电处理。

8.3 将试样夹于试验夹中使针电极与试样上表面相距(20±1)mm,感应电极与试样上表面相距(15±1)mm。

注:当更换试样时,应重新调整针电极及感应电极与试样上表面的距离,以使其达到规定要求。

8.4 驱动试验台,待转动平稳后在针电极上加 10 kV 高压。

8.5 加压 30 s 后断开高压,试验台继续旋转直至静电电压衰减至 1/2 以下时即可停止试验,记录高压断开瞬间试样静电电压(V)及其衰减至 1/2 所需要的时间[即半衰期(s)]。

注:当半衰期大于 180 s 时,停止试验,并记录衰减时间 180 s 时的残余静电电压值,如果需要也可记录 60 s、120 s 或其他衰减时间时的残余静电电压值。

9 试验结果

9.1 同一块(组)试样进行 2 次试验,计算平均值作为该块(组)试样的测量值。

9.2 对 3 块(组)试样进行同样试验,计算平均值作为该样品的测量值。

最终结果静电电压修约至 1 V,半衰期修约至 0.1 s。

10 半衰期技术要求及评定

半衰期技术要求见表 1。对于非耐久型抗静电纺织品,洗前应达到表 1 要求;对于耐久型抗静电纺织品(经多次洗涤仍保持抗静电性能的产品),洗前、洗后均应达到表 1 要求。

表 1

等级	要求
A 级	≤2.0 s
B 级	≤5.0 s
C 级	≤15.0 s

11 试验报告

试验报告应包括下列内容:

a) 标准编号;

b) 试样名称;

c) 试验日期;

d) 仪器型号;

e) 大气条件;

f) 试样是否洗涤,如洗涤注明洗涤次数;

g) 主要试验参数;

h) 试验结果及等级;

i) 任何偏离本标准的细节和实验中的异常现象。

ICS 29.060.20
K 13

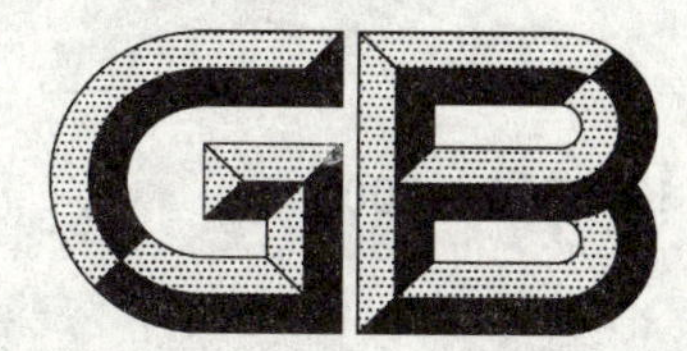

中华人民共和国国家标准

GB/T 12706.1—2008
代替 GB/T 12706.1—2002

额定电压 1 kV(U_m＝1.2 kV)到 35 kV(U_m＝40.5 kV)挤包绝缘电力电缆及附件 第1部分:额定电压 1 kV(U_m＝1.2 kV)和 3 kV(U_m＝3.6 kV)电缆

Power cables with extruded insulation and their accessories for rated voltages from 1 kV (U_m＝1.2 kV) up to 35 kV (U_m＝40.5 kV)— Part 1:Cables for rated voltage of 1 kV (U_m＝1.2 kV) and 3 kV (U_m＝3.6 kV)

(IEC 60502-1:2004,Power cables with extruded insulation and their accessories for rated voltages from 1 kV(U_m＝1.2 kV)up to 30 kV(U_m＝36 kV)— Part 1:Cables for rated voltage of 1 kV(U_m＝1.2 kV)and 3 kV(U_m＝3.6 kV),MOD)

2008-12-31 发布　　　　2009-11-01 实施

中华人民共和国国家质量监督检验检疫总局
中国国家标准化管理委员会
发布

前　言

GB/T 12706《额定电压 1 kV(U_m=1.2 kV)到 35 kV(U_m=40.5 kV)挤包绝缘电力电缆及附件》分为四个部分：

——第 1 部分：额定电压 1 kV(U_m=1.2 kV)和 3 kV(U_m=3.6 kV)电缆；

——第 2 部分：额定电压 6 kV(U_m=7.2 kV)到 30 kV(U_m=36 kV)电缆；

——第 3 部分：额定电压 35 kV(U_m=40.5 kV)电缆；

——第 4 部分：额定电压 6 kV(U_m=7.2 kV)到 35 kV(U_m=40.5 kV)电缆附件试验要求。

本部分为 GB/T 12706 的第 1 部分。

本部分修改采用 IEC 60502-1:2004《额定电压 1 kV(U_m=1.2 kV)到 30 kV(U_m=36 kV)挤包绝缘电力电缆及附件　第 1 部分：额定电压 1 kV(U_m=1.2 kV)和 3 kV(U_m=3.6 kV)电缆》第 2 版(英文版)。

本部分根据 IEC 60502-1:2004 重新起草。其章条编号与 IEC 60502-1:2004 相比，除增加了第 20 章和附录 D 外，其余完全一致。

考虑到我国国情，在采用 IEC 60502-1:2004 时，本部分做了一些修改。有关的技术性差异已编入正文并在它们所涉及的条款的页边空白处用垂直单线标识。主要的技术性差异和解释如下：

——为明确电缆用铜带材料的要求，增加了铜带材料要求内容(本版 9.2.3)和相应的引用标准 GB/T 11091—2005《电缆用铜带》(本版第 2 章)；

——为明确电缆用铠装钢带材料的要求，增加了铠装钢带材料要求内容(本版 12.2)和相应的引用标准 YB/T 024—2008《铠装电缆用钢带》(本版第 2 章)；

——为保证挤包隔离套和外护套的质量，增加了挤包隔离套火花试验要求(本版 12.3.3)、外护套的火花试验要求(本版 13.1)和相应的引用标准 GB/T 3048.10—2007《电线电缆电性能试验方法　第 10 部分：挤出护套火花试验》(本版第 2 章)；

——为完善国内对电力电缆的技术要求，增加了第 20 章“电缆产品的补充条款”及相应的附录 D，包括电缆型号、产品表示方法以及验收、包装、运输和安装等，并在本版第 2 章增加相应的引用标准 GB/T 6995.3—2008《电线电缆识别标志方法　第 3 部分：电线电缆识别标志》、GB/T 6995.5—2008《电线电缆识别标志方法　第 5 部分：电力电缆绝缘线芯识别标志》、GB/T 19666—2005《阻燃和耐火电线电缆通则》和 JB/T 8137—1999(所有部分)《电线电缆交货盘》；

——增加了有一根小截面和两根小截面的五芯电缆成缆线芯假设直径计算公式(本版 A.2.3)，以满足国内对五芯电缆的技术要求。

为便于使用，在采用 IEC 60502-1:2004 时，本部分还做了下列编辑性修改：

——引用标准修改为对应于 IEC 标准的国家标准；

——删除了 IEC 60502-1:2004 的前言和引言；

——用小数点“.”代替作为小数点的逗号“,”；

——按照汉语习惯对一些文字和表格的编排格式进行了修改，如增加了表注和表格内容的序号。

本部分代替 GB/T 12706.1—2002《额定电压 1 kV(U_m=1.2 kV)到 35 kV(U_m=40.5 kV)挤包绝缘电力电缆及附件　第 1 部分：额定电压 1 kV(U_m=1.2 kV)和 3 kV(U_m=3.6 kV)电缆》。

本部分与 GB/T 12706.1—2002 相比，主要变化如下：

——适用范围增加了无卤低烟阻燃电缆品种(本版第 1 章)；

——增加了外护套材料无卤混合料(ST_8)代号及其最高导体运行温度(本版表 4)；

——增加了对无卤低烟阻燃电缆的绝缘的要求(本版 6.1)；

——增加了对无卤低烟阻燃电缆的内衬层和填充的要求(本版 7.1.2)；

——增加了铜带的技术要求(本版 9.2.3)；

——增加了钢带的技术要求(本版 12.2)；

——增加了对隔离套的火花试验要求(本版 12.3.3)；

——增加了对无卤低烟阻燃电缆的隔离套的要求(本版 12.3.3)；

——增加了对外护套的火花试验要求(本版 13.1)；

——增加了对无卤低烟阻燃电缆的外护套的要求(本版 13.2)；

——修改了对非金属护套厚度的要求(2002 年版 16.5.3；本版的 16.5.3)；

——增加了 ST_8 无卤护套混合料的机械性能试验(本版 18.4)；

——增加了 ST_8 无卤护套混合料的特殊性能试验(本版 18.8，18.22)；

——增加了 ST_8 无卤护套电缆成束燃烧试验(本版 18.14.2)；

——增加了 ST_8 无卤护套电缆的烟发散试验、酸气含量、pH 值和电导率试验、氟含量试验和毒性指数试验(本版 18.14.3，18.14.4，18.14.5，18.14.6，18.14.7)；

——增加了 ST_8 无卤护套的附加机械性能试验(本版 18.21)；

——修改了电缆安装后电气试验的要求(2002 年版第 19 章；本版的第 19 章)；

——修改了 ST_7 护套混合料的机械性能老化时间(2002 年版表 16；本版的表 18)；

——增加了 ST_8 无卤护套混合料的机械性能试验要求(本版表 18)；

——修改了 ST_7 护套混合料的高温压力试验温度(2002 年版表 18；本版的表 20)；

——增加了 ST_8 无卤护套混合料的特殊性能试验(本版表 21)；

——增加了无卤混合料的试验方法和要求(本版表 23)；

——增加了五芯电缆成缆线芯假设直径计算公式(本版 A.2.3)；

——删除了 2002 年版的附录 D、附录 E、附录 F 和附录 G，并将其内容归并到本版的附录 D 中；

——增加了规范性附录“电缆产品的补充条款”(本版附录 D)；

——增加了第 5 种铜导体代号(本版 D.1.2.1.1)；

——删除了挡潮层聚乙烯护层代号(2002 年版附录 D)；

——修改了非磁性金属带的规定(2002 年版附录 D，本版 D.1.2.1.4)；

——修改了内护层代号的规定(2002 年版附录 D，本版图 D.1)；

——增加了聚烯烃护套代号的规定(本版 D.1.2.1)；

——增加了阻燃电缆的产品表示方法(本版 D.1.2.2.1)；

——增加了中性线和保护线导体的标称截面规定(本版表 D.2)。

本部分的附录 A、附录 B、附录 C 和附录 D 为规范性附录。

本部分由中国电器工业协会提出。

本部分由全国电线电缆标准化技术委员会(SAC/TC 213)归口。

本部分负责起草单位：上海电缆研究所。

本部分参加起草单位：上海特缆电工科技有限公司、昆明电缆有限公司、黑龙江沃尔德电缆有限公司、广东电缆厂有限公司、福建南平太阳电缆股份有限公司、海南威特电气集团有限公司、上海华普电缆有限公司、宝胜科技创新股份有限公司、特变电工山东鲁能泰山电缆有限公司、青岛汉缆股份有限公司、扬州曙光电缆有限公司、辽宁省电力有限公司。

本部分主要起草人：孙建生、邓长胜、张举位、鲍文波、高伟红、范德发、黎驹、周雁、唐崇健、刘召见、张延华、梁国华、杨长龙。

本部分所代替标准的历次版本发布情况为：

——GB 12706.1—1991、GB/T 12706.1—2002；

——GB 12706.2—1991、GB 12706.3—1991。

额定电压 1 kV(U_m＝1.2 kV)到 35 kV(U_m＝40.5 kV) 挤包绝缘电力电缆及附件 第 1 部分:额定电压 1 kV(U_m＝1.2 kV)和 3 kV(U_m＝3.6 kV)电缆

1 范围

GB/T 12706 的本部分规定了用于配电网或工业装置中,额定电压 1 kV(U_m＝1.2 kV)和 3 kV(U_m＝3.6 kV)固定安装的挤包绝缘电力电缆的结构、尺寸和试验要求。

本部分包括了阻燃、低烟和无卤型电缆。

本部分不包括用于特殊安装和运行条件的电缆,例如用于架空线路、采矿工业、核电厂(安全壳内及其附近),以及用于水下或船舶的电缆。

2 规范性引用文件

下列文件中的条款,通过 GB/T 12706 的本部分的引用而成为本部分的条款。凡是注日期的引用文件,其随后所有的修改单(不包括勘误的内容)或修订版均不适用于本部分,然而,鼓励根据本部分达成协议的各方研究是否可使用这些文件的最新版本。凡是不注日期的引用文件,其最新版本适用于本部分。

GB/T 156—2007 标准电压(IEC 60038:2002,MOD)

GB/T 2951.11—2008 电缆和光缆绝缘和护套材料通用试验方法 第 11 部分:通用试验方法——厚度和外形尺寸测量——机械性能试验(IEC 60811-1-1:2001,IDT)

GB/T 2951.12—2008 电缆和光缆绝缘和护套材料通用试验方法 第 12 部分:通用试验方法——热老化试验方法(IEC 60811-1-2:1985,IDT)

GB/T 2951.13—2008 电缆和光缆绝缘和护套材料通用试验方法 第 13 部分:通用试验方法——密度测定方法——吸水试验——收缩试验(IEC 60811-1-3:2001,IDT)

GB/T 2951.14—2008 电缆和光缆绝缘和护套材料通用试验方法 第 14 部分:通用试验方法——低温试验(IEC 60811-1-4:1985,IDT)

GB/T 2951.21—2008 电缆和光缆绝缘和护套材料通用试验方法 第 21 部分:弹性体混合料专用试验方法——耐臭氧试验——热延伸试验——浸矿物油试验(IEC 60811-2-1:2001,IDT)

GB/T 2951.31—2008 电缆和光缆绝缘和护套材料通用试验方法 第 31 部分:聚氯乙烯混合料专用试验方法——高温压力试验——抗开裂试验(IEC 60811-3-1:1985,IDT)

GB/T 2951.32—2008 电缆和光缆绝缘和护套材料通用试验方法 第 32 部分:聚氯乙烯混合料专用试验方法——失重试验——热稳定性试验(IEC 60811-3-2:1985,IDT)

GB/T 2951.41—2008 电缆和光缆绝缘和护套材料通用试验方法 第 41 部分:聚乙烯和聚丙烯混合料专用试验方法——耐环境应力开裂试验——熔体指数测量方法——直接燃烧法测量聚乙烯中碳黑和(或)矿物质填料含量——热重分析法(TGA)测量碳黑含量——显微镜法评估聚乙烯中碳黑分散度(IEC 60811-4-1:2004,IDT)

GB/T 3048.10—2007 电线电缆电性能试验方法 第 10 部分:挤出护套火花试验

GB/T 3048.13—2007 电线电缆电性能试验方法 第13部分:冲击电压试验(IEC 60230:1966,IEC 60060-1:1989,MOD)

GB/T 3956—2008 电缆的导体(IEC 60228:2004,IDT)

GB/T 6995.3—2008 电线电缆识别标志方法 第3部分:电线电缆识别标志

GB/T 6995.5—2008 电线电缆识别标志方法 第5部分:电力电缆绝缘线芯识别标志

GB/T 11091—2005 电缆用铜带

GB/T 12706.2—2008 额定电压1 kV(U_m=1.2 kV)到35 kV(U_m=40.5 kV)挤包绝缘电力电缆及附件 第2部分:额定电压6 kV(U_m=7.2 kV)到30 kV(U_m=36 kV)电缆(IEC 60502-2:2005,Power cables with extruded insulation and their accessories for rated voltages from 1 kV(U_m=1.2 kV) up to 30 kV(U_m=36 kV)—Part 2:Cables for rated voltage of 6 kV(U_m=7.2 kV)and 30 kV(U_m=36 kV),MOD)

GB/T 16927.1—1997 高电压试验技术 第1部分:一般试验要求(eqv IEC 60060-1:1989)

GB/T 17650.1—1998 取自电缆或光缆的材料燃烧时释出气体的试验方法 第1部分:卤酸气体总量的测定(idt IEC 60754-1:1994)

GB/T 17650.2—1998 取自电缆或光缆的材料燃烧时释出气体的试验方法 第2部分:用测量pH值和电导率来测定气体的酸度(idt IEC 60754-2:1991)

GB/T 17651.2—1998 电缆或光缆在特定条件下燃烧的烟密度测定 第2部分:试验步骤和要求(idt IEC 61034-2:1997)

GB/T 18380.11—2008 电缆和光缆在火焰条件下的燃烧试验 第11部分:单根绝缘电线电缆火焰垂直蔓延试验 试验装置(IEC 60332-1-1:2004,IDT)

GB/T 18380.12—2008 电缆和光缆在火焰条件下的燃烧试验 第12部分:单根绝缘电线电缆火焰垂直蔓延试验 1 kW预混合型火焰试验方法(IEC 60332-1-2:2004,IDT)

GB/T 18380.13—2008 电缆和光缆在火焰条件下的燃烧试验 第13部分:单根绝缘电线电缆火焰垂直蔓延试验 测定燃烧的滴落(物)/微粒的试验方法(IEC 60332-1-3:2004,IDT)

GB/T 18380.35—2008 电缆和光缆在火焰条件下的燃烧试验 第35部分:垂直安装的成束电线电缆火焰垂直蔓延试验 C类(IEC 60332-3-24:2000,IDT)

GB/T 19666—2005 阻燃和耐火电线电缆通则

JB/T 8137—1999(所有部分) 电线电缆交货盘

JB/T 8996—1999 高压电缆选择导则(eqv IEC 60183:1984)

YB/T 024—2008 铠装电缆用钢带

ISO 48:2007 硫化型或热塑型橡胶 硬度测定(硬度在10IRHD和100IRHD之间)

IEC 60684-2:2003 绝缘软管 第2部分:试验方法

IEC 60724:2000 额定电压不超过0.6/1 kV电缆允许短路温度导则

3 术语和定义

下列术语和定义适用于本部分。

3.1 尺寸值(厚度,截面积等)的术语和定义

3.1.1

标称值 nominal value

指定的量值并经常用于表格之中。

在本部分中,通常标称值引伸出的量值在考虑规定公差下通过测量进行检验。

3.1.2

近似值　approximate value

既不保证也不检查的数值，例如用于其他尺寸值的计算。

3.1.3

中间值　median value

将试验得到的若干数值以递增(或递减)的次序依次排列时，若数值的数目是奇数，中间的那个值为中间值；若数值的数目是偶数，中间两个数值的平均值为中间值。

3.1.4

假设值　fictitious value

按附录A计算所得的值。

3.2　有关试验的术语和定义

3.2.1

例行试验　routine tests

由制造方在成品电缆的所有制造长度上进行的试验，以检验所有电缆是否符合规定的要求。

3.2.2

抽样试验　sample tests

由制造方按规定的频度，在成品电缆试样上或在取自成品电缆的某些部件上进行的试验，以检验电缆是否符合规定要求。

3.2.3

型式试验　type tests

按一般商业原则对本部分所包含的一种类型电缆在供货之前所进行的试验，以证明电缆具有满足预期使用条件的满意性能。

注：该试验的特点是：除非电缆材料或设计或制造工艺的改变可能改变电缆的特性，试验做过以后就不需要重做。

3.2.4

安装后电气试验　electrical tests after installation

在安装后进行的试验，用以证明安装后的电缆及其附件完好。

4　电压标示和材料

4.1　额定电压

本部分中电缆的额定电压 $U_0/U(U_m)$ 为0.6/1(1.2)kV和1.8/3(3.6)kV。

注：上述电压的表示方法是合适的。尽管在一些国家采用其他的表示方法。例如：1.7/3 kV或1.9/3.3 kV代替1.8/3 kV。

在电缆的电压表示 $U_0/U(U_m)$ 中：

U_0——电缆设计用的导体对地或金属屏蔽之间的额定工频电压；

U——电缆设计用的导体间的额定工频电压；

U_m——设备可承受的“最高系统电压”的最大值(见GB/T 156—2007)。

电缆的额定电压应适合电缆所在系统的运行条件。为了便于选择电缆，将系统划分为下列三类：

——A类：该类系统任一相导体与地或接地导体接触时，能在1 min内与系统分离；

——B类：该类系统可在单相接地故障时作短时运行，接地故障时间按照JB/T 8996—1999应不超过1 h。对于本部分包括的电缆，在任何情况下允许不超过8 h的更长的带故障运行时间。任何一年接地故障的总持续时间应不超过125 h；

——C类:包括不属于A类、B类的所有系统。

注:应该认识到,在系统接地故障不能立即自动解除时,故障期间加在电缆绝缘上过高的电场强度,会在一定程度上缩短电缆寿命。如预期系统会经常地运行在持久的接地故障状态下,该系统应划为C类。

用于三相系统的电缆,U_0 的推荐值列于表1。

表1 额定电压 U_0 推荐值

系统最高电压 U_m/kV	额定电压 U_0/kV	
	A类 B类	C类
1.2	0.6	0.6
3.6	1.8	3.6[a]

[a] 这一类包括在GB/T 12706.2—2008的3.6/6(7.2)kV电缆中。

4.2 绝缘混合料

本部分所涉及绝缘混合料及其代号列于表2。

表2 绝缘混合料

绝缘混合料	代号
a) 热塑性的	
用于额定电压 $U_0/U \leqslant 1.8/3$ kV电缆的聚氯乙烯	PVC/A[a]
b) 热固性的	
乙丙橡胶或类似绝缘混合料(EPR或EPDM)	EPR
高弹性模数或高硬度乙丙橡胶	HEPR
交联聚乙烯	XLPE

[a] 聚氯乙烯为基料的绝缘混合料用于额定电压 $U_0/U=3.6/6$ kV电缆时,在GB/T 12706.2—2008中表示为PVC/B。

本部分所包括的各种绝缘混合料的导体最高温度列于表3。

表3 各种绝缘混合料的导体最高温度

绝缘混合料	导体最高温度/℃	
	正常运行	短路(最长持续5 s)
聚氯乙烯(PVC/A)		
导体截面≤300 mm²	70	160
导体截面>300 mm²	70	140
交联聚乙烯(XLPE)	90	250
乙丙橡胶(EPR和HEPR)	90	250

表3中的温度由绝缘材料的固有特性决定,在使用这些数据计算额定电流时其他因素的考虑也是很重要的。

例如在正常运行条件下,如果电缆直接埋入地下,按表中所规定的导体最高温度作连续负荷(100%负荷因数)运行,电缆周围的土壤热阻系数经过一定时间后,会因干燥而超过原始值,因此导体温度可能大大地超过最高温度,如果能预料这类运行条件,应当采取适当的预防措施。

短路温度的导则宜参照IEC 60724:2000。

4.3 护套混合料

本部分不同类型护套混合料电缆的导体最高温度列于表4中。

表 4 不同类型护套混合料电缆的导体最高温度

护套混合料	代号	正常运行时导体最高温度/℃
a) 热塑性		
聚氯乙烯(PVC)	ST_1	80
	ST_2	90
聚乙烯	ST_3	80
	ST_7	90
无卤阻燃材料	ST_8	90
b) 弹性体		
氯丁橡胶、氯磺化聚乙烯或类似聚合物	SE_1	85

5 导体

导体应是符合 GB/T 3956—2008 的第 1 种或第 2 种镀金属层或不镀金属层退火铜导体或是铝或铝合金导体。或者第 5 种裸铜导体或镀金属层退火铜导体。

6 绝缘

6.1 材料

绝缘应为表 2 所列的一种挤包成型的介质。

无卤电缆的绝缘应符合表 23 的规定。

6.2 绝缘厚度

绝缘标称厚度规定在表 5 到表 7 中。

任何隔离层的厚度应不包括在绝缘厚度之中。

表 5 PVC/A 绝缘标称厚度

导体标称截面积/mm^2	额定电压 $U_0/U(U_m)$ 下的绝缘标称厚度/mm	
	0.6/1(1.2)kV	1.8/3(3.6)kV
1.5,2.5	0.8	—
4,6	1.0	—
10,16	1.0	2.2
25,35	1.2	2.2
50,70	1.4	2.2
95,120	1.6	2.2
150	1.8	2.2
185	2.0	2.2
240	2.2	2.2
300	2.4	2.4
400	2.6	2.6
500～800	2.8	2.8
1 000	3.0	3.0
注：不推荐任何小于以上给出的导体截面积。		

表 6　交联聚乙烯(XLPE)绝缘标称厚度

导体标称截面积/mm²	额定电压 $U_0/U(U_m)$ 下的绝缘标称厚度/mm	
	0.6/1(1.2)kV	1.8/3(3.6)kV
1.5,2.5	0.7	—
4,6	0.7	—
10,16	0.7	2.0
25,35	0.9	2.0
50	1.0	2.0
70,95	1.1	2.0
120	1.2	2.0
150	1.4	2.0
185	1.6	2.0
240	1.7	2.0
300	1.8	2.0
400	2.0	2.0
500	2.2	2.2
630	2.4	2.4
800	2.6	2.6
1 000	2.8	2.8
注：不推荐任何小于以上给出的导体截面积。		

表 7　乙丙橡胶(EPR)和硬乙丙橡胶(HEPR)绝缘标称厚度

导体标称截面积/mm²	在额定电压 $U_0/U(U_m)$ 下的绝缘标称厚度/mm			
	0.6/1(1.2)kV		1.8/3(3.6)kV	
	EPR	HEPR	EPR	HEPR
1.5,2.5	1.0	0.7	—	—
4,6	1.0	0.7	—	—
10,16	1.0	0.7	2.2	2.0
25,35	1.2	0.9	2.2	2.0
50	1.4	1.0	2.2	2.0
70	1.4	1.1	2.2	2.0
95	1.6	1.1	2.4	2.0
120	1.6	1.2	2.4	2.0
150	1.8	1.4	2.4	2.0
185	2.0	1.6	2.4	2.0
240	2.2	1.7	2.4	2.0
300	2.4	1.8	2.4	2.0
400	2.6	2.0	2.6	2.0
500	2.8	2.2	2.8	2.2
630	2.8	2.4	2.8	2.4
800	2.8	2.6	2.8	2.6
1 000	3.0	2.8	3.0	2.8
注：不推荐任何小于以上给出的导体截面积。				

7 多芯电缆的缆芯、内衬层和填充物

多芯电缆的缆芯与电缆的额定电压及每根绝缘线芯上有否金属屏蔽层有关。

下述7.1～7.3不适用于由有护套单芯电缆成缆的缆芯。

7.1 内衬层与填充

7.1.1 结构

内衬层可以挤包或绕包。

除五芯以上电缆外，圆形绝缘线芯电缆只有在绝缘线芯间的间隙被密实填充时，才可采用绕包内衬层。

挤包内衬层前允许用合适的带子扎紧。

7.1.2 材料

用于内衬层和填充物的材料应适合电缆的运行温度并和电缆绝缘材料相容。

无卤电缆的内衬层和填充应符合表23的规定。

7.1.3 挤包内衬层厚度

挤包内衬层的近似厚度应从表8中选取。

表8 挤包内衬层厚度

缆芯假设直径/mm		挤包内衬层厚度近似值/mm
—	≤25	1.0
>25	≤35	1.2
>35	≤45	1.4
>45	≤60	1.6
>60	≤80	1.8
>80	—	2.0

7.1.4 绕包内衬层厚度

缆芯假设直径为40 mm及以下时，绕包内衬层的近似厚度取0.4 mm；如大于40 mm时，则取0.6 mm。

7.2 额定电压0.6/1 kV电缆

额定电压0.6/1 kV电缆可以在绝缘线芯外包覆统包金属层。

注：电缆采用金属层与否，应取决于有关规范和安装要求，以免可能遭受机械损伤或直接电接触的危险。

7.2.1 有统包金属层的电缆(见第8章)

电缆绝缘外应有内衬层，内衬层和填充应符合7.1规定。

如果所用金属带的单层厚度不超过0.3 mm，金属带也可以直接绕包在缆芯外，省略内衬层。这种电缆应符合18.17规定的特殊弯曲试验的要求。

7.2.2 无统包金属层的电缆(见第8章)

只要电缆外部形状保持圆整而且缆芯和护套之间不粘连，内衬层就可以省略。

如热塑性护套包覆在10 mm² 及以下的圆形缆芯的情况下，外护套可嵌入缆芯间隙。

如果采用内衬层，那么其厚度不必符合7.1.3或7.1.4规定。

7.3 额定电压1.8/3 kV电缆

额定电压1.8/3 kV电缆应具有分相或统包金属层。

7.3.1 具有统包金属层的电缆(见第8章)

缆芯外应有内衬层，内衬层和填充物应符合按7.1规定，并为非吸湿性材料。

7.3.2 具有分相金属层的电缆(见第9章)

各绝缘线芯的金属层应相互接触。

有附加统包金属层(见第8章)的电缆，当金属材料与分相包覆的金属层材料相同时，缆芯外应有内衬层。内衬层与填充物应符合7.1规定，并为非吸湿性材料。

当分相与统包金属层采用的金属材料不同时，应采用符合13.2中规定的任一种材料挤包隔离套将其隔开。对于铅套电缆，铅套与分相包覆的金属层之间的隔离，可采用符合7.1规定的内衬层。

既无铠装又无同心导体，也无其他统包金属层(见第8章)的电缆，只要电缆外形保持圆整，可以省略内衬层。如采用热塑性护套包覆10 mm² 及以下的圆形缆芯时，外护套可以嵌入缆芯间隙。若采用内衬层，其厚度不必按7.1.3或7.1.4的规定。

8 单芯或多芯电缆的金属层

本部分包括以下类型的金属层：

a) 金属屏蔽(见第9章)；

b) 同心导体(见第10章)；

c) 铅套(见第11章)；

d) 金属铠装(见第12章)。

金属层应由上述的一种或几种型式组成，包覆在多芯电缆的单独绝缘线芯上或单芯电缆上时应是非磁性的。

9 金属屏蔽

9.1 结构

金属屏蔽应由一根或多根金属带，金属编织，金属丝的同心层或金属丝与金属带的组合结构组成。

金属屏蔽也可以是金属套或符合9.2要求的金属铠装层。

选择金属屏蔽材料时，应特别考虑存在腐蚀的可能性，这不仅为了机械安全，而且也为了电气安全。

金属屏蔽绕包的搭盖和间隙应符合9.2要求。

9.2 要求

9.2.1 金属屏蔽中铜丝的电阻，适用时应符合GB/T 3956—2008要求。铜丝屏蔽的标称截面积应根据故障电流容量确定。

9.2.2 铜丝屏蔽应由疏绕的软铜线组成，其表面采用反向绕包的铜丝或铜带扎紧。相邻铜丝的平均间隙应不大于4 mm。

9.2.3 铜带屏蔽应由一层重叠绕包的软铜带组成，也可采用双层铜带间隙绕包。铜带间的搭盖率为铜带宽度的15%(标称值)，最小搭盖率应不小于5%。

铜带应符合GB/T 11091—2005的规定。

铜带标称厚度为：

——单芯电缆：≥0.12 mm；

——多芯电缆：≥0.10 mm。

铜带的最小厚度应不小于标称值的90%。

10 同心导体

10.1 结构

同心导体的间隙应符合9.2.2要求。

选用同心导体结构和材料时，应特别考虑腐蚀的可能性，这不仅为了机械安全，而且也为了电气安全。

10.2 要求

同心导体的尺寸、物理及其电阻值要求，应符合9.2要求。

10.3 使用

如采用同心导体结构，应在多芯电缆的内衬层外包覆同心导体层，对单芯电缆应直接在绝缘外或适当的内衬层外包覆同心导体层。

11 铅套

铅套应采用铅或铅合金，并形成松紧适当的无缝铅管。

铅套的标称厚度按下列公式计算：

a) 所有单芯电缆或缆芯：

$$t_{pb} = 0.03D_g + 0.8$$

b) 所有扇形导体电缆：

$$t_{pb} = 0.03D_g + 0.6$$

c) 其他电缆：

$$t_{pb} = 0.03D_g + 0.7$$

式中：

t_{pb}——铅套标称厚度，单位为毫米(mm)；

D_g——铅套前假设直径，单位为毫米(mm)(按附录B修约到一位小数)。

在所有情况下，最小标称厚度应为1.2 mm。将计算值按附录B修约到一位小数。

12 金属铠装

12.1 金属铠装类型

本部分包括铠装类型如下：

a) 扁金属丝铠装；

b) 圆金属丝铠装；

c) 双金属带铠装。

注：经制造方与购买方协商一致，额定电压0.6/1 kV，导体截面积不超过6 mm^2的电缆，可采用镀锌钢丝编织铠装。

12.2 材料

圆金属丝或扁金属丝应是镀锌钢丝、铜丝或镀锡铜丝、铝或铝合金丝。

金属带为涂漆钢带、镀锌钢带、铝或铝合金带。钢带应符合YB/T 024—2008规定。

注：铝带、铝合金带在考虑中。

在要求铠装钢丝满足最小导电性的情况下，铠装层中允许包含足够的铜丝或镀锡铜丝，以确保达到要求。

选择铠装材料时，尤其是铠装作为屏蔽层使用时，应特别考虑存在腐蚀的可能性，这不仅为了机械安全，而且也为了电气安全。

除特殊结构外，用于交流回路的单芯电缆铠装应采用非磁性材料。

注：用于交流回路的单芯电缆铠装采用某种特殊结构，电缆载流量仍将大为降低，应慎重选用。

12.3 铠装的使用

12.3.1 单芯电缆

单芯电缆的铠装层下应有挤包的或绕包的内衬层，其厚度应符合7.1.3或7.1.4的要求。

12.3.2 多芯电缆

多芯电缆需要铠装时，铠装应包覆在符合7.1规定的内衬层上。如采用金属带直接绕包铠装时，见7.2.1规定。

12.3.3 隔离套

当铠装下的金属层与铠装材料不同时，应用13.2规定的一种材料，挤包一层隔离套将其隔开。

隔离套应经受 GB/T 3048.10—2007 规定的火花试验。

无卤电缆的隔离套(ST_8)应符合表 23 的规定。

当铅套电缆要求铠装时,应采用包带垫层,并符合 12.3.4 规定。

如果在铠装层下采用隔离套,可以由其代替内衬层或附加在内衬层上。

挤包隔离套的标称厚度 T_s(以 mm 计)应按下列公式计算:

$$T_s = 0.02D_u + 0.6$$

式中:

D_u——挤包该隔离套前的假设直径,单位为毫米(mm)。

计算按附录 A 所述进行,计算结果修约到 0.1 mm(见附录 B)。

非铅套电缆的隔离套标称厚度应不小于 1.2 mm,若隔离套直接挤包在铅套上,隔离套的标称厚度应不小于 1.0 mm。

12.3.4 铅套电缆铠装下的包带垫层

铅套涂层外的包带垫层应由浸渍纸带与复合纸带组成,或者由两层浸渍纸带与复合纸带外加一层或多层复合浸渍纤维材料组成。

垫层材料的浸渍剂可为沥青或其他防腐剂。对于金属丝铠装,这些浸渍剂不能直接涂敷到金属丝下。

也可采用合成材料带代替浸渍纸带。

铅套与铠装之间的包带垫层在铠装后的总厚度的近似值应为 1.5 mm。

12.4 铠装金属丝和铠装金属带的尺寸

铠装金属丝和铠装金属带应优先采用下列标称尺寸:

——圆金属丝:直径 0.8,1.25,1.6,2.0,2.5,3.15 mm;

——扁金属线:厚度 0.8 mm;

——钢带:厚度 0.2,0.5,0.8 mm;

——铝或铝合金带:厚度 0.5,0.8 mm。

12.5 电缆直径与铠装层尺寸的关系

铠装圆金属丝的标称直径和铠装金属带的标称厚度应分别不小于表 9 和表 10 规定的数值。

表 9 圆铠装金属丝标称直径

铠装前假设直径/mm		铠装金属丝标称直径/mm
—	≤10	0.8
>10	≤15	1.25
>15	≤25	1.6
>25	≤35	2.0
>35	≤60	2.5
>60	—	3.15

表 10 铠装金属带标称厚度

铠装前假设直径/mm		金属带标称厚度/mm	
		钢带或镀锌钢带	铝或铝合金带
—	≤30	0.2	0.5
>30	≤70	0.5	0.5
>70	—	0.8	0.8

注:该表不适用于金属带直接包在缆芯上的电缆(见 7.2.1)。

铠装前电缆假设直径大于 15 mm 的电缆,扁金属线的标称厚度应取 0.8 mm。电缆假设直径为 15 mm 及以下时,不应采用扁金属线铠装。

12.6 圆金属丝或扁金属线铠装

金属丝铠装应紧密,即使相邻金属丝间的间隙为最小。必要时,可在扁金属线铠装和圆金属丝铠装外疏绕一条最小标称厚度为 0.3 mm 的镀锌钢带,钢带厚度的偏差应符合 16.7.3 规定。

12.7 双金属带铠装

当采用金属带铠装和符合 7.1 规定的内衬层时,其内衬层应采用包带垫层加强。如果铠装金属带厚度为 0.2 mm,内衬层和附加包带垫层的总厚度应按 7.1 的规定值再加 0.5 mm;如果铠装金属带厚度大于 0.2 mm,内衬层和附加包带垫层的总厚度应按 7.1 的规定值再加 0.8 mm。

内衬层和附加包带垫层的总厚度不应小于规定值的 80%再减 0.2 mm。

如果有隔离套或挤包的内衬层并且满足 12.3.3 规定时,则不必加包带垫层。

金属带铠装应螺旋绕包两层,使外层金属带的中线大致在内层金属带间隙上方,包带间隙应不大于金属带宽度的 50%。

13 外护套

13.1 概述

所有电缆都应具有外护套。

外护套通常为黑色,但也可以按照制造方和买方协议采用黑色以外的其他颜色,以适应电缆使用的特定环境。

外护套应经受 GB/T 3048.10—2007 规定的火花试验。

注:紫外稳定性试验在考虑中。

13.2 材料

外护套为热塑性材料(聚氯乙烯,聚乙烯或无卤材料)或弹性体材料(聚氯丁烯,氯磺化聚乙烯或类似聚合物)。

如果要求在火灾时电缆能阻止火焰的燃烧、发烟少以及没有卤素气体释放,应采用无卤型护套材料。无卤阻燃电缆的外护套(ST_8)应符合表 23 的规定。

外护套材料应与表 4 中规定的电缆运行温度相适应。

在特殊条件下(例如为了防白蚁)使用的外护套,可能有必要使用化学添加剂,但这些添加剂不应包括对人类及环境有害的材料。

注:例如不希望采用的材料包括[1]:

- 氯甲桥萘(艾氏剂):1,2,3,4,10,10-六氯代-1,4,4a,5,8,8a 六氢化-1,4,5,8-二甲桥萘;
- 氧桥氯甲桥萘(狄氏剂):1,2,3,4,10,10-六氯代-6,7-环氧-1,4,4a,5,6,7,8,8a-八氢-1,4,5,8-二甲桥萘;
- 六氯化苯(高丙体六六六):1,2,3,4,5,6-六氯代-环乙烷 γ 异构体。

13.3 厚度

若无其他规定,挤包护套标称厚度值 T_s(以 mm 计)应按下列公式计算:

$$T_s = 0.035D + 1.0$$

式中:

D——挤包护套前电缆的假设直径,单位为毫米(mm)(见附录 A)。

按上式计算出的数值应修约到 0.1 mm(见附录 B)。

无铠装的电缆和护套不直接包覆在铠装、金属屏蔽或同心导体上的电缆,其单芯电缆护套的标称厚度应不小于 1.4 mm,多芯电缆护套的标称厚度应不小于 1.8 mm。

1) 来源:《工业材料中的危险品》N. I. Sax,第五版,Van Nostrand Reinhold,ISBN 0-442-27373-8。

护套直接包覆在铠装、金属屏蔽或同心导体上的电缆，护套的标称厚度应不小于1.8 mm。

14 试验条件

14.1 环境温度

除非另有规定，试验应在环境温度(20±15)℃下进行。

14.2 工频试验电压的频率和波形

工频试验电压的频率应在49 Hz～61 Hz；波形基本上为正弦波，引用值为有效值。

14.3 冲击试验电压的波形

按照GB/T 3048.13—2007，冲击波形应具有有效波前时间1 μs～5 μs，标称半峰值时间40 μs～60 μs。其他方面应符合GB/T 16927.1—1997。

15 例行试验

15.1 概述

例行试验通常应在每一个电缆制造长度上进行(见3.2.1)。根据购买方和制造方达成的质量控制协议，可以减少试验电缆的根数。

本部分要求的例行试验为：

a) 导体电阻测量(见15.2)；

b) 电压试验(见15.3)。

15.2 导体电阻

应对例行试验中的每一根电缆长度所有导体进行测量，如果有同心导体的话也包括在内。

成品电缆或从成品电缆上取下的试样，应在保持适当温度的试验室内至少存放12 h。若怀疑导体温度是否与室温一致，电缆应在试验室内存放24 h后测量。也可选取另一种方法，即将导体试样浸在温度可以控制的液体槽内，至少浸入1 h后测量电阻。

电阻测量值应按GB/T 3956—2008规定的公式和系数校正到20 ℃下1 km长度的数值。

每一根导体20 ℃时的直流电阻应不超过GB/T 3956—2008规定的相应的最大值。标称截面积适用时，同心导体的电阻也应符合GB/T 3956—2008规定。

15.3 电压试验

15.3.1 概述

电压试验应在环境温度下进行。制造方可选择采用工频交流电压或直流电压。

15.3.2 单芯电缆试验步骤

单芯屏蔽电缆的试验电压应施加在导体与金属屏蔽之间，时间为5 min。

单芯无屏蔽电缆应将其浸入室温水中1 h，在导体和水之间施加试验电压5 min。

注：单芯无金属层电缆的火花试验在考虑中。

15.3.3 多芯电缆试验步骤

对于分相屏蔽的多芯电缆，在每一相导体与金属层间施加试验电压5 min。

对于非分相屏蔽的多芯电缆，应依次在每一绝缘导体对其余导体和绕包金属层(若有)之间施加试验电压5 min。

导体可适当地连接在一起依次施加试验电压进行电压试验以缩短总的试验时间，只要连接顺序可以保证电压施加在每一相导体与其他导体和金属层(若有)之间至少5 min而不中断。

三芯电缆也可采用三相变压器，一次完成试验。

15.3.4 试验电压

工频试验电压为$2.5U_0+2$ kV，对应标准额定电压的单相试验电压如表11。

表 11 例行试验电压

额定电压 U_0/ kV	0.6	1.8
试验电压/ kV	3.5	6.5

若用三相变压器同时对三芯电缆进行电压试验，相间试验电压应取上表所列数据的 1.73 倍。

当电压试验采用直流电压时，直流电压值应为工频交流电压值的 2.4 倍。

在任何情况下，电压都应逐渐升高到规定值。

15.3.5 要求

绝缘应无击穿。

16 抽样试验

16.1 概述

本部分要求的抽样试验包括：

a) 导体检查(见 16.4)；

b) 尺寸检验(见 16.5～16.8)；

c) EPR、HEPR 和 XLPE 绝缘及弹性体护套的热延伸试验(见 16.9)。

16.2 抽样试验频度

16.2.1 导体检查和尺寸检查

导体检查，绝缘和护套厚度测量以及电缆外径的测量应在每批同一型号和规格电缆中的一根制造长度的电缆上进行，但应限制不超过合同长度数量的 10%。

16.2.2 物理试验

应按商定的质量控制协议，在制造长度电缆上取样进行试验。若无协议，对于总长度大于 2 km 的多芯电缆或 4 km 的单芯电缆测试按表 12 进行。

表 12 抽样试验样品数量

电缆长度/km				样品数
多芯电缆		单芯电缆		
>2	≤10	>4	≤20	1
>10	≤20	>20	≤40	2
>20	≤30	>40	≤60	3
余类推		余类推		余类推

16.3 复试

如果任一试样没有通过第 16 章的任一项试验，应从同一批中再取两个附加试样就不合格项目重新试验。如果两个附加试样都合格，样品所取批次的电缆应认为符合本部分要求。如果加试样品中有一个试样不合格，则认为抽取该试样的这批电缆不符合本部分要求。

16.4 导体检查

应采用检查或可行的测量方法检验导体结构是否符合 GB/T 3956—2008 要求。

16.5 绝缘和非金属护套厚度的测量(包括挤包隔离套但不包括挤包内衬层)

16.5.1 概述

试验方法应符合 GB/T 2951.11—2008 第 8 章规定。

为试验而选取的每根电缆长度应从电缆的一端截取一段电缆来代表，如果必要，应将可能损伤的部分电缆先从该端截除。

对于超过三芯的等截面电缆，测量的绝缘线芯数目应限制在任意三个绝缘线芯上，或取总绝缘线芯数的 10%，但应选取其中大的测量数。

16.5.2 对绝缘的要求

每一段绝缘线芯，绝缘厚度测量值的平均值在按附录B修约到0.1 mm后，应不小于规定的标称厚度；其最小测量值应不低于规定标称值的90%－0.1 mm，即：

$$t_m \geqslant 0.9t_n - 0.1$$

式中：

t_m——最小厚度，单位为毫米(mm)；

t_n——标称厚度，单位为毫米(mm)。

16.5.3 对非金属护套要求

护套应符合下列要求：

a) 无铠装电缆的非金属护套和不直接包覆在铠装、金属屏蔽或同心导体上的电缆外护套，其厚度的最小测量值应不低于规定标称值的85%－0.1 mm。即：

$$t_m \geqslant 0.85t_n - 0.1$$

b) 直接包覆在铠装、金属屏蔽或同心导体上的电缆外护套和隔离套，其厚度最小测量值应不低于规定标称值的80%－0.2 mm。即：

$$t_m \geqslant 0.8t_n - 0.2$$

16.6 铅套厚度测量

16.6.1 概述

根据制造方的意见选用下列方法之一测量铅套的最小厚度。铅套最小厚度应不低于规定标称值的95%－0.1 mm。即：

$$t_m \geqslant 0.95t_n - 0.1$$

16.6.2 窄条法

应使用测量头平面直径为4 mm～8 mm的千分尺测量，测量精度为±0.01 mm。

测量应在取自成品电缆上的50 mm长的护套试样进行。试样应沿轴向剖开并仔细展平。将试样擦拭干净后，应沿展平的试样的圆周方向距边缘至少10 mm进行测量。应测取足够多的数值，以保证测量到最小厚度。

16.6.3 圆环法

应使用具有一个平测头和一个球形测头的千分尺，或具有一个平测头和一个长为2.4 mm、宽为0.8 mm的矩形平测头的千分尺进行测量。测量时球形测头或矩形测头应置于护套环的内侧。千分尺的精度应为±0.01 mm。

测量应在从样品上仔细切下的环形护套上进行。应沿着圆周上测量足够多的点，以保证测量到最小厚度。

16.7 铠装金属丝和金属带的测量

16.7.1 金属丝的测量

应使用具有两个平测头精度为±0.01 mm的千分尺来测量圆金属丝的直径和扁金属丝的厚度。对圆金属丝应在同一截面上两个互成直角的位置上各测量一次，取两次测量的平均值作为金属丝的直径。

16.7.2 金属带的测量

应使用具有两个直径为5 mm平测头、精度为±0.01 mm的千分尺进行测量。对带宽为40 mm及以下的金属带应在宽度中央测其厚度；对更宽的带子应在距其每一边缘20 mm处测量，取其平均值作为金属带厚度。

16.7.3 要求

铠装金属丝和金属带的尺寸低于12.5中规定的标称尺寸的量值应不超过：

——圆金属丝：5%；

——扁金属丝:8%;

——金属带:10%。

16.8 外径测量

如果抽样试验中要求测量电缆外径,应按 GB/T 2951.11—2008 进行。

16.9 EPR、HEPR 和 XLPE 绝缘和弹性体护套的热延伸试验

16.9.1 步骤

抽样和试验步骤按 GB/T 2951.21—2008 第 9 章规定进行。

试验条件列于表 17 和表 22。

16.9.2 要求

EPR,HEPR 和 XLPE 绝缘试验结果应符合表 17 规定,SE_1 护套应符合表 22 规定。

17 电气型式试验

取成品电缆试样长度 10 m～15 m。应依次进行下列试验:

a) 环境温度下的绝缘电阻测量(见 17.1);

b) 正常运行时导体最高温度下绝缘电阻测量(见 17.2);

c) 4 h 电压试验(见 17.3)。

额定电压 1.8/3(3.6) kV 电缆应进行冲击电压试验;试验应在另外 10 m～15 m 长的成品电缆试样上进行(见 17.4)。

最多同时试验三个绝缘线芯。

17.1 环境温度下的绝缘电阻测量

17.1.1 步骤

该试验可在任何其他电气试验之前的试验样品上进行。

所有外护层应去掉,测试前绝缘线芯应在环境温度下的水中浸泡至少 1h。

直流测试电压应为 80 V～500 V 并施加足够长的时间,以达到合理稳定的测量,但不少于 1 min 也不超过 5 min。

测量在每相导体与水之间进行。

如有要求,测量可在(20±1)℃下进一步证实。

17.1.2 计算

体积电阻率由所测得的绝缘电阻通过下式求得:

$$\rho = \frac{2 \times \pi \times L \times R}{\ln(D/d)}$$

式中:

ρ——体积电阻率,单位为欧姆厘米(Ω·cm);

R——测量得到的绝缘电阻,单位为欧姆(Ω);

L——电缆长度,单位为厘米(cm);

D——绝缘外径,单位为毫米(mm);

d——绝缘内径,单位为毫米(mm)。

“绝缘电阻常数 K_i”可按下列公式计算,以 MΩ·km 表示:

$$K_i = \frac{L \times R \times 10^{-11}}{\lg(D/d)} = 10^{-11} \times 0.367\rho$$

注:对于成型导体的绝缘线芯,比值 D/d 是绝缘表面周长与导体表面周长之比。

17.1.3 要求

从测量值计算出的数值应不小于表 13 的规定值。

17.2 导体最高温度下绝缘电阻测量

17.2.1 步骤

电缆试样的绝缘线芯在试验前应浸在电缆正常运行时导体最高温度±2 ℃的水中至少 1 h。

直流测试电压应为 80 V～500 V,应施加足够长的时间,以达到合理稳定的测量,但不少于 1 min 也不超过 5 min。

测量应在每相导体与水之间进行。

17.2.2 计算

体积电阻率和(或)绝缘电阻常数,由绝缘电阻通过 17.1.2 所给公式计算求得。

17.2.3 要求

由测量值计算出的数据应不小于在表 13 中的规定值。

17.3 4 h 电压试验

17.3.1 步骤

电缆试验用绝缘线芯应在试验前浸入环境温度的水中至少 1 h。

在水与导体之间施加 $4U_0$ 的工频电压,电压应逐渐升高并持续 4 h。

17.3.2 要求

绝缘应不击穿。

17.4 额定电压 1.8/3(3.6)kV 电缆的冲击电压试验

17.4.1 步骤

试验应在导体温度高于正常运行时导体最高温度 5 ℃～10 ℃下的电缆上进行。

应按 GB/T 3048.13—2007 规定步骤施加冲击电压,峰值为 40 kV。

对于没有分相屏蔽的多芯电缆,每次冲击电压应依次施加在每相导体与地之间,其他导体连接在一起并接地。

17.4.2 要求

每根电缆绝缘线芯应承受正负各十次冲击电压后不击穿。

18 非电气型式试验

本部分非电气型式试验项目见表 14。

18.1 绝缘厚度测量

18.1.1 取样

应从每一根绝缘线芯上各取一个试样。

对多于三芯的等截面电缆,测量绝缘线芯的数目应限制在三个绝缘线芯或总芯数的 10%中,取两者中的大者。

18.1.2 步骤

按 GB/T 2951.11—2008 中 8.1 规定进行。

18.1.3 要求

见 16.5.2 规定。

18.2 非金属护套厚度测量(包括挤包隔离套但不包括内衬层)

18.2.1 取样

每根电缆取一个样品。

18.2.2 步骤

应按 GB/T 2951.11—2008 中 8.2 规定进行测量。

18.2.3 要求

见 16.5.3 规定。

18.3 老化前后绝缘的机械性能试验

18.3.1 取样

应按 GB/T 2951.11—2008 中 9.1 规定进行取样和制备试片。

18.3.2 老化处理

应在表 15 规定的条件下按 GB/T 2951.12—2008 中 8.1 的规定进行老化处理。

应仅对 0.6/1 kV 铜芯电缆进行表 15 中第 2.2 项和第 2.3 项规定的试验。对不能进行第 2.2 项试验的铜导体电缆进行第 2.3 项试验。

注：对于铜导体电缆推荐进行第 2.2 项和第 2.3 项试验，但到目前为止没有取得足够的资料来说明必须强制性达到这些要求，除非制造方和购买方同意进行。

18.3.3 预处理和机械试验

应按 GB/T 2951.11—2008 中 9.1 规定进行预处理和机械性能的试验。

18.3.4 要求

试片老化前和老化后的试验结果均应符合表 15 要求。

18.4 非金属护套老化前后的机械性能试验

18.4.1 取样

应按 GB/T 2951.11—2008 中 9.2 规定进行取样及制备试片。

18.4.2 老化处理

应在表 18 规定的条件下，按 GB/T 2951.12—2008 中 8.1 的规定进行老化处理。

18.4.3 预处理和机械性能试验

应按 GB/T 2951.11—2008 中 9.2 规定进行预处理和机械性能试验。

18.4.4 要求

试片老化前和老化后的试验结果均应符合表 18 要求。

18.5 成品电缆段的附加老化试验

18.5.1 概述

本试验旨在检验运行中电缆绝缘和非金属护套与电缆中其他电缆部件接触时有无劣化倾向。

本试验适用于任何类型的电缆。

18.5.2 取样

应按 GB/T 2951.12—2008 中 8.1.4 规定从成品电缆上截取样品。

18.5.3 老化处理

应按 GB/T 2951.12—2008 中 8.1.4 规定在空气烘箱中进行电缆样品的老化处理。老化条件如下：

——温度：高于电缆正常运行时导体最高温度(见表 15)(10±2)℃；

——周期：168 h。

18.5.4 机械试验

取自老化后电缆段试样的绝缘和护套试片，应按 GB/T 2951.12—2008 的 8.1.4 进行机械性能试验。

18.5.5 要求

老化前和老化后抗张强度与断裂伸长率中间值的变化率(见 18.3 和 18.4)应不超过空气烘箱老化后的规定值。绝缘的规定值见表 15，非金属护套的规定值见表 18。

18.6 ST_2 型 PVC 护套失重试验

18.6.1 步骤

应按 GB/T 2951.32—2008 中 8.2 规定取样和进行试验。

18.6.2 要求

试验结果应符合表 19 的要求。

18.7 绝缘和非金属护套的高温压力试验

18.7.1 步骤

应按 GB/T 2951.31—2008 第 8 章规定进行高温压力试验，试验条件和试验方法见表 16 和表 20。

18.7.2 要求

试验结果应符合 GB/T 2951.31—2008 第 8 章的要求。

18.8 低温下 PVC 绝缘和护套以及无卤护套的性能试验

18.8.1 步骤

应按 GB/T 2951.14—2008 第 8 章规定取样和进行试验，试验温度见表 16，表 19 和表 21。

18.8.2 要求

试验结果应符合 GB/T 2951.14—2008 第 8 章的要求。

18.9 PVC 绝缘和护套抗开裂试验（热冲击试验）

18.9.1 步骤

应按 GB/T 2951.31—2008 第 9 章规定取样和进行试验，试验温度和加热持续时间见表 16 和表 19。

18.9.2 要求

试验结果应符合 GB/T 2951.31—2008 第 9 章要求。

18.10 EPR 和 HEPR 绝缘耐臭氧试验

18.10.1 步骤

应按 GB/T 2951.21—2008 第 8 章规定取样和进行试验，臭氧浓度和试验时间应符合表 17 要求。

18.10.2 要求

试验结果应符合 GB/T 2951.21—2008 第 8 章要求。

18.11 EPR，HEPR 和 XLPE 绝缘和弹性体护套的热延伸试验

应按 16.9 规定取样和进行试验，并符合其要求。

18.12 弹性体的浸油试验

18.12.1 步骤

应按 GB/T 2951.21—2008 第 10 章规定取样和进行试验，试验条件应符合表 20 规定。

18.12.2 要求

试验结果应符合表 22 要求。

18.13 绝缘吸水试验

18.13.1 步骤

应按 GB/T 2951.13—2008 中 9.1 和 9.2 规定取样和进行试验。试验条件应分别符合表 16 和表 17 规定。

18.13.2 要求

试验结果应分别符合 GB/T 2951.13—2008 中 9.1 和表 17 要求。

18.14 不延燃试验

18.14.1 电缆的单根阻燃试验

该试验适用于 ST_1、ST_2 或 SE_1 护套的电缆。且仅有特别要求时才在这些电缆上进行。

试验要求和方法应符合 GB/T 18380.11—2008、GB/T 18380.12—2008、GB/T 18380.13—2008 规定。

18.14.2 电缆的成束阻燃试验

该试验适用于 ST_8 无卤护套的电缆。

试验要求和方法应符合 GB/T 18380.35—2008 规定。

18.14.3 **烟发散试验**

该试验适用于 ST_8 无卤护套的电缆。

试验要求和方法应符合 GB/T 17651.2—1998 规定。

18.14.4 **酸气含量**

该试验适用于非金属 ST_8 材料作为外护套的无卤电缆。

18.14.4.1 **步骤**

试验方法应符合 GB/T 17650.1—1998 规定。

18.14.4.2 **要求**

试验结果应符合表 23 要求。

18.14.5 **pH 值和电导率试验**

该试验适用于非金属 ST_8 材料作为外护套的无卤电缆。

18.14.5.1 **步骤**

试验方法应符合 GB/T 17650.2—1998 规定。

18.14.5.2 **要求**

试验结果应符合表 23 要求。

18.14.6 **氟含量试验**

该试验适用于非金属 ST_8 材料作为外护套的无卤电缆。

18.14.6.1 **步骤**

试验方法应符合 IEC 60684-2:2003 规定。

18.14.6.2 **要求**

试验结果应符合表 23 要求。

18.14.7 **毒性指数试验**

在考虑中。

注：IEC 正在制定试验方法。

18.15 **黑色聚乙烯护套碳黑含量测定。**

18.15.1 **步骤**

应按 GB/T 2951.41—2008 第 11 章规定取样和进行试验。

18.15.2 **要求**

试验结果应符合表 20 要求。

18.16 **XLPE 绝缘的收缩试验**

18.16.1 **步骤**

应按 GB/T 2951.13—2008 第 10 章规定取样和进行试验，试验条件应符合表 17 规定。

18.16.2 **要求**

试验结果应符合表 17 要求。

18.17 **特殊弯曲试验**

试验应在额定电压 0.6/1 kV 有统包金属层并且金属带直接绕包在缆芯上且省略内衬层的多芯电缆上进行。

18.17.1 **步骤**

试样应在环境温度下绕在试验圆柱体上(例如，线盘的筒体)至少一圈，圆柱体的直径为 $7D \pm 5\%$，这里 D 为电缆样品的实测外径。然后松开电缆再在相反方向上重复此过程。

这种操作循环进行三次，然后将绕在试验圆柱体上的试样放入电缆正常运行时导体最高温度的空气烘箱中加热 24 h。

电缆冷却后应按 15.3 规定对弯曲状态的电缆进行电压试验。

18.17.2 要求

无击穿，外护套无裂纹。

18.18 HEPR 绝缘的硬度试验

18.18.1 步骤

应按附录 C 规定取样和进行试验。

18.18.2 要求

试验结果应符合表 17 规定。

18.19 HEPR 绝缘弹性模量测定

18.19.1 步骤

应按 GB/T 2951.11—2008 第 9 章规定取样、制备试片和进行试验，应测量伸长率为 150%时所需的负荷。相应的应力可用测得的负荷除以未伸长前的截面积得到。确定应力与应变的比值就可得到伸长率为 150%时的弹性模量，弹性模量应取全部试验结果的中间值。

18.19.2 要求

试验结果应符合表 17 规定。

18.20 PE 护套收缩试验

18.20.1 步骤

应按 GB/T 2951.13—2008 第 11 章规定取样和进行试验。

试验条件见表 20。

18.20.2 要求

试验结果应符合表 20 规定。

18.21 无卤护套的附加机械性能试验

这些试验的目的是为了检查无卤外护套在电缆安装和运行过程中的可靠性。

注：磨损试验、耐撕裂试验和热冲击试验都在考虑中。

18.22 无卤护套的吸水试验

18.22.1 步骤

应按 GB/T 2951.13—2008 的 9.2 规定取样和进行试验，试验条件应符合表 21 规定。

18.22.2 要求

试验结果应符合表 21 要求。

19 安装后电气试验

如有要求，应在电缆和与之相配的附件安装完成后进行下述试验。

应施加 $4U_0$ 直流电压，持续 15 min。

注：电缆绝缘修复后的电气试验由安装要求决定，以上试验仅适用于新安装的电缆。

20 电缆产品的补充条款

电缆产品的补充条款包括电缆型号和产品表示方法、多芯电缆的中性线和保护线导体标称截面、产品验收规则、成品电缆标志及电缆包装、运输和贮存，以及产品安装条件，详见附录 D。

表 13　绝缘混合料的电气型式试验要求

序号	试验项目和试验条件 (混合料代号见 4.2)	单位	性能要求		
			PVC/A	EPR/HEPR	XLPE
0	正常运行时导体最高温度(见 4.2)	℃	70	90	90
1	体积电阻率 ρ				
1.1	——20 ℃(见 17.1)	Ω·cm	10^{13}	—	—
1.2	——正常运行时导体最高温度(见 17.2)	Ω·cm	10^{10}	10^{12}	10^{12}
2	绝缘电阻常数 K_i				
2.1	——20 ℃(见 17.1)	MΩ·km	36.7	—	—
2.2	——正常运行时导体最高温度(见 17.2)	MΩ·km	0.037	3.67	3.67

表 14　非电气型式试验

序号	试验项目 (混合料代号见 4.2 和 4.3)	绝缘				护套					
		PVC/A	EPR	HEPR	XLPE	PVC		PE		ST₈	SE₁
						ST₁	ST₂	ST₃	ST₇		
1	尺寸										
1.1	厚度测量	×	×	×	×	×	×	×	×	×	×
2	机械性能(抗张强度和断裂伸长率)										
2.1	老化前	×	×	×	×	×	×	×	×	×	×
2.2	空气烘箱老化后	×	×	×	×	×	×	×	×	×	×
2.3	成品电缆段老化	×	×	×	×	×	×	×	×	×	×
2.4	浸入热油后	—	—	—	—	—	—	—	—	—	×
3	热塑性能										
3.1	高温压力试验(凹痕)	×	—	—	—	×	×	—	×	×	—
3.2	低温性能	×	—	—	—	×	×	—	—	×	—
4	其他各类试验										
4.1	空气烘箱失重	—	—	—	—	—	×	—	—	—	—
4.2	热冲击试验(开裂)	×	—	—	—	×	×	—	—	—	—
4.3	耐臭氧试验	—	×	×	—	—	—	—	—	—	—
4.4	热延伸试验	—	×	×	×	—	—	—	—	—	×
4.5	吸水试验	×	×	×	×	—	—	—	—	×	—
4.6	收缩试验	—	—	—	×	—	—	×	×	c	—
4.7	碳黑含量[a]	—	—	—	—	—	—	×	×	—	—
4.8	硬度试验	—	—	×	—	—	—	—	—	—	—
4.9	弹性模量试验	—	—	×	—	—	—	—	—	—	—
5	不延燃试验										
5.1	电缆的单根阻燃试验(要求时)	—	—	—	—	×	×	—	—	—	×
5.2	电缆的成束阻燃试验	—	—	—	—	—	—	—	—	×	—
5.3	烟发散试验	—	—	—	—	—	—	—	—	×	—
5.4	酸气含量试验	—	b	b	b	—	—	—	—	×	—
5.5	pH 值和电导率	—	b	b	b	—	—	—	—	×	—
5.6	氟含量试验	—	b	b	b	—	—	—	—	×	—

注 1：×表示型式试验项目。

注 2：具体试验见表 15 到表 23。

a 仅对黑色外护套适用。

b 仅适用于绝缘材料为 EPR、HEPR 和 XLPE 的无卤电缆。

c 在考虑中。

表 15 电缆绝缘混合料机械性能试验要求(老化前后)

序号	试验项目 (混合料代号见 4.2)	单位	PVC/A	EPR		HEPR		XLPE	
				0.6/1 kV 铜导体电缆	其他电缆	0.6/1 kV 铜导体电缆	其他电缆	0.6/1 kV 铜导体电缆	其他电缆
0	正常运行时导体最高温度(见 4.2)	℃	70	90	90	90	90	90	90
1	老化前(GB/T 2951.11—2008 中 9.1)								
1.1	抗张强度, 最小	N/mm²	12.5	4.2	4.2	8.5	8.5	12.5	12.5
1.2	断裂伸长率, 最小	%	150	200	200	200	200	200	200
2	空气烘箱老化后(GB/T 2951.12—2008 中 8.1)								
2.1	无导体老化后								
2.1.1	处理条件								
	——温度	℃	100	135	135	135	135	135	135
	——温度偏差	℃	±2	±3	±3	±3	±3	±3	±3
	——持续时间	h	168	168	168	168	168	168	168
2.1.2	抗张强度								
	a) 老化后数值, 最小	N/mm²	12.5	—	—	—	—	—	—
	b) 变化率[a] 最大	%	±25	±30	±30	±30	±30	±25	±25
2.1.3	断裂伸长率								
	a) 老化后数值, 最小	%	150	—	—	—	—	—	—
	b) 变化率[a] 最大	%	±25	±30	±30	±30	±30	±25	±25
2.2	带铜导体老化后抗张试验[b]								
2.2.1	处理条件								
	——温度	℃	—	150	—	150	—	150	—
	——温度偏差	℃	—	±3	—	±3	—	±3	—
	——持续时间	h	—	168	—	168	—	168	—
2.2.2	抗张强度变化率[a] 最大	%	—	±30	—	±30	—	±30	—
2.2.3	断裂伸长率变化率[a] 最大	%	—	±30	—	±30	—	±30	—
2.3	带铜导体老化后弯曲试验(仅用于如不进行 2.2 条试验的试样)[b]								
2.3.1	处理条件								
	——温度	℃	—	150	—	150	—	150	—
	——温度偏差	℃	—	±3	—	±3	—	±3	—
	——持续时间	h	—	240	—	240	—	240	—
2.3.2	试验结果		—	无裂纹	—	无裂纹	—	无裂纹	—

[a] 变化率:老化前后得出的中间值之差值除以老化前中间值,以百分数表示。

[b] 见 18.3.2。

表 16 PVC 绝缘混合料特殊性能试验要求

序号	试验项目 (混合料代号见 4.2 和 4.3)	单位	PVC/A 绝缘
1	高温压力试验(GB/T 2951.31—2008 中第 8 章)		
1.1	温度(偏差±2 ℃)	℃	80
2	低温性能试验[a](GB/T 2951.14—2008 中第 8 章)		
2.1	未经老化前进行试验		
	——直径<12.5 mm 的冷弯曲试验		
	——温度(偏差±2 ℃)	℃	−15
2.2	哑铃片的低温拉伸试验		
	温度(偏差±2 ℃)	℃	−15
2.3	低温冲击试验		
	温度(偏差±2 ℃)	℃	—
3	热冲击试验(GB/T 2951.31—2008 中第 9 章)		
3.1	温度(偏差±3 ℃)	℃	150
3.2	持续时间	h	1
4	吸水试验(GB/T 2951.13—2008 中 9.1)电气法		
4.1	温度(偏差±2 ℃)	℃	70
4.2	持续时间	h	240

a 因气候条件,购买方可以要求采用更低的温度。

表 17 各种热固性绝缘混合料的特殊性能试验要求

序号	试验项目 (混合料代号见 4.2)	单位	EPR	HEPR	XLPE
1	耐臭氧试验(GB/T 2951.21—2008 中第 8 章)				
1.1	臭氧浓度(按体积)	%	0.025~0.030	0.025~0.030	—
1.2	无开裂持续试验时间	h	24	24	—
2	热延伸试验(GB/T 2951.21—2008 中第 9 章)				
2.1	处理条件				
	——空气温度(偏差±3 ℃)	℃	250	250	200
	——负荷时间	min	15	15	15
	——机械应力	N/cm²	20	20	20
2.2	载荷下最大伸长率	%	175	175	175
2.3	冷却后最大永久伸长率	%	15	15	15
3	吸水试验(GB/T 2951.13—2008 中 9.2)重量分析法				
3.1	温度(偏差±2 ℃)	℃	85	85	85
3.2	持续时间	h	336	336	336
3.3	重量最大增量	mg/cm²	5	5	1[a]
4	收缩试验(GB/T 2951.13—2008 中第 10 章)				
4.1	标志间长度 L	mm	—	—	200
4.2	处理温度(偏差±3 ℃)	℃	—	—	130
4.3	持续时间	h	—	—	1
4.4	最大允许收缩率	%	—	—	4
5	硬度测定(见附录 C)				
5.1	IRHD[b] 最小		—	80	—
6	弹性模量测定(见 18.19)				
6.1	150%伸长率下的弹性模量,最小	N/mm²	—	4.5	—

a 对于密度大于 1 g/cm³ 的 XLPE 要考虑吸水量增加大于 1 mg/cm²。

b IRHD:国际橡胶硬度级。

表 18 护套混合料机械性能试验要求(老化前后)

序号	试验项目 (混合料代号见 4.3)	单 位	ST_1	ST_2	ST_3	ST_7	ST_8	SE_1
1	正常运行时导体最高温度(见 4.3)	℃	80	90	80	90	90	85
2	老化前(GB/T 2951.11—2008 中 9.2)							
2.1	抗张强度，　　最小	N/mm²	12.5	12.5	10.0	12.5	9.0	10.0
2.2	断裂伸长率，　　最小	%	150	150	300	300	125	300
3	空气烘箱老化后(GB/T 2951.12—2008 中 8.1)							
3.1	处理条件							
	——温度(偏差±2 ℃)	℃	100	100	100	110	100	100
	——持续时间	h	168	168	240	240	168	168
3.2	抗张强度							
	a) 老化后数值　　最小	N/mm²	12.5	12.5	—	—	9.0	—
	b) 变化率[a]，　　最大	%	±25	±25	—	—	±40	±30
3.3	断裂伸长率							
	a) 老化后数值　　最小	%	150	150	300	300	100	250
	b) 变化率[a]，　　最大	%	±25	±25	—	—	±40	±40

[a] 变化率:老化前后得出的中间值之差值除以老化前中间值,以百分数表示。

表 19 PVC 护套混合料特殊性能试验要求

序号	试验项目 (混合料代号见 4.2 和 4.3)	单位	ST_1	ST_2
			护套	
1	空气烘箱中失重试验(GB/T 2951.32—2008 中 8.2)			
1.1	处理条件			
	——温度(偏差±2 ℃)	℃	—	100
	——持续时间	h	—	168
1.2	最大允许失重量	mg/cm²	—	1.5
2	高温压力试验(GB/T 2951.31—2008 中第 8 章)			
2.1	温度(偏差±2 ℃)	℃	80	90
3	低温性能试验[a](GB/T 2951.14—2008 中第 8 章)			
3.1	未经老化前进行试验			
	——直径<12.5 mm 的冷弯曲试验			
	——温度(偏差±2 ℃)	℃	−15	−15
3.2	哑铃片的低温拉伸试验			
	温度(偏差±2 ℃)	℃	−15	−15
3.3	冷冲击试验			
	温度(偏差±2 ℃)	℃	−15	−15
4	热冲击试验(GB/T 2951.31—2008 中第 9 章)			
4.1	温度(偏差±3 ℃)	℃	150	150
4.2	持续时间	h	1	1

[a] 因气候条件,购买方可以要求采用更低的温度。

表 20　PE(热塑性聚乙烯)护套混合料的特殊性能试验要求

序号	试验项目 (混合料代号见 4.3)	单位	ST_3	ST_7
1	密度[a](GB/T 2951.13—2008 中第 8 章)			
2	碳黑含量(仅适于黑色护套)(GB/T 2951.41—2008 中第 11 章)			
2.1	标称值	%	2.5	2.5
2.2	偏差	%	±0.5	±0.5
3	收缩试验(GB/T 2951.13—2008 中第 11 章)			
3.1	温度(偏差±2 ℃)	℃	80	80
3.2	加热持续时间	h	5	5
3.3	加热周期		5	5
3.4	最大允许收缩	%	3	3
4	高温压力试验(GB/T 2951.31—2008 中 8.2)			
4.1	温度(偏差±2 ℃)	℃	—	110

[a] 密度的测定仅在其他试验需要时才做。

表 21　无卤护套混合料的特殊性能试验要求

序号	试验项目 (混合料代号见 4.2 和 4.3)	单位	ST_8
1	高温压力试验(GB/T 2951.31—2008 中第 8 章)		
1.1	温度(偏差±2 ℃)	℃	80
2	低温性能试验[a](GB/T 2951.14—2008 中第 8 章)		
2.1	未经老化前进行试验		
	——直径<12.5 mm 的低温弯曲试验		
	——温度(偏差±2 ℃)	℃	−15
2.2	哑铃片的低温拉伸试验		
	温度(偏差±2 ℃)	℃	−15
2.3	低温冲击试验		
	温度(偏差±2 ℃)	℃	−15
3	吸水试验(GB/T 2951.13—2008 中 9.1) 重量法		
3.1	温度(偏差±2 ℃)	℃	70
3.2	持续时间	h	24
3.3	最大增加重量	mg/cm^2	10

[a] 因气候条件,购买方可以要求采用更低的温度。

表 22　弹性体护套混合料特殊性能试验要求

序号	试验项目 （混合料代号见 4.3）	单位	SE_1
1	浸油后机械性能试验(GB/T 2951.21—2008 中第 10 章和 GB/T 2951.11—2008 中第 9 章)		
1.1	处理条件		
	——油温(偏差±2 ℃)	℃	100
	——持续时间	h	24
	最大允许变化率[a]		
	a）抗张强度	%	±40
	b）断裂伸长率	%	±40
2	热延伸(GB/T 2951.21—2008 中第 9 章)		
2.1	处理条件		
	——温度(偏差±3 ℃)	℃	200
	——载荷时间	min	15
	——机械应力	N/cm^2	20
2.2	负载下允许最大伸长率	%	175
2.3	冷却后最大永久伸长率	%	15

[a] 变化率:处理前后得出的中间值之差值除以处理前中间值,以百分数表示。

表 23　无卤混合料的试验方法和要求

序号	试　验　项　目	单位	要求
1	酸气含量试验(GB/T 17650.1—1998)		
1.1	溴和氯含量(以 HCl 表示),最大值	%	0.5
2	氟含量试验(IEC 60684-2:2003)		
2.1	氟含量,最大值	%	0.1
3	pH 值和电导率试验(GB/T 17650.2—1998)		
3.1	pH 值,最小值		4.3
3.2	电导率,最大值	μS/mm	10

注：毒性指数试验在考虑中。

附　录　A
（规范性附录）
确定护层尺寸的假设计算方法

电缆护层，诸如护套和铠装，其厚度通常与电缆标称直径有一个“阶梯表”的关系。

有时候会产生一些问题，计算出的标称直径不一定与生产出的电缆实际尺寸相同。在边缘情况下，如果计算直径稍有偏差，护层厚度与实际直径不相符合，就会产生疑问。不同制造方的成型导体尺寸变化、计算方法不同会引起标称直径不同和由此导致使用在基本设计相同的电缆上的护层厚度不同。

为了避免这些麻烦，而采取假设计算方法。这种计算方法忽略形状和导体的紧压程度而根据导体标称截面积，绝缘标称厚度和电缆芯数，利用公式来计算假设直径。这样护套厚度和其他护层厚度都可以通过公式或表格而与假设直径有了相应的关系。假设直径计算的方法明确规定，使用的护层厚度是唯一的，它与实际制造中的细微差别无关。这就使电缆设计标准化，对于每一个导体截面的护层厚度尺寸可以被预先计算和规定。

假设直径仅用来确定护套和电缆护层的尺寸，不是代替精确计算标称直径所需的实际过程，实际标称直径计算应分开计算。

A.1　概述

采用下述规定的电缆各种护层厚度的假设计算方法，是为了保证消除在单独计算中引起的任何差异，例如由于导体尺寸的假设以及标称直径和实际直径之间不可避免的差异。

所有厚度值和直径都应按附录 B 中的规则修约到一位小数。

扎带，例如反向螺旋绕包在铠装外的扎带，如果不厚于 0.3 mm，在此方法中忽略。

A.2　方法

A.2.1　导体

不考虑形状和紧压程度如何，每一标称截面积导体的假设直径（d_L）由表 A.1 给出。

表 A.1　导体的假设直径

导体标称截面积/mm^2	d_L/mm	导体标称截面积/mm^2	d_L/mm
1.5	1.4	95	11.0
2.5	1.8	120	12.4
4	2.3	150	13.8
6	2.8	185	15.3
10	3.6	240	17.5
16	4.5	300	19.5
25	5.6	400	22.6
35	6.7	500	25.2
50	8.0	630	28.3
70	9.4	800	31.9
		1 000	35.7

A.2.2　绝缘线芯

任何绝缘线芯的假设直径 D_c 如下式：

$$D_c = d_L + 2t_i$$

式中：

t_i——绝缘的标称厚度，单位为毫米(mm)(见表5～表7)。

如果采用金属屏蔽或同心导体，则应参考A.2.5考虑增大绝缘线芯的标称直径。

A.2.3 缆芯直径

缆芯的假设直径(D_f)如下式：

a) 所有导体标称截面积相同的电缆

$$D_f = KD_c$$

式中：

成缆系数K在表A.2中给出。

b) 有一根小截面的四芯电缆

$$D_f = \frac{2.42(3D_{c1} + D_{c2})}{4}$$

c) 有一根小截面的五芯电缆

$$D_f = \frac{2.70(4D_{c1} + D_{c2})}{5}$$

d) 有两根小截面的五芯电缆

$$D_f = \frac{2.70(3D_{c1} + D_{c2} + D_{c3})}{5}$$

式中：

D_{c1}——包括金属层(若有)的每相绝缘线芯的假设直径，单位为毫米(mm)；

D_{c2}、D_{c3}——包括绝缘或护层(若有)的小截面绝缘线芯的假设直径，单位为毫米(mm)。

表A.2 线芯成缆系数K

芯　数	成缆系数 K	芯　数	成缆系数 K
2	2.00	24	6.00
3	2.16	25	6.00
4	2.42	26	6.00
5	2.70	27	6.15
6	3.00	28	6.41
7	3.00	29	6.41
7[a]	3.35	30	6.41
8	3.45	31	6.70
8[a]	3.66	32[1)]	6.70
9	3.80	33	6.70
9[a]	4.00	34	7.00
10	4.00	35	7.00
10[a]	4.40	36	7.00
11	4.00	37	7.00
12	4.16	38	7.33
12[a]	5.00	39	7.33
13	4.41	40	7.33
14	4.41	41	7.67
15	4.70	42	7.67
16	4.70	43	7.67
17	5.00	44	8.00
18	5.00	45	8.00
18[a]	7.00	46	8.00
19	5.00	47	8.00
20	5.33	48	8.15
21	5.33	52	8.41
22	5.67	61	9.00
23	5.67		

a 绝缘线芯在一层中成缆。

A.2.4 内衬层

内衬层的直径(D_B)应按下式计算：

$$D_B = D_f + 2t_B$$

式中：

缆芯的假设直径 D_f 为 40 mm 及以下，t_B=0.4 mm；

缆芯的假设直径 D_f 大于 40 mm，t_B=0.6 mm。

t_B 的假设直径应用于：

a) 多芯电缆：

——无论有无内衬层；

——无论内衬层为挤包还是绕包。

当有一个符合 12.3.3 规定的隔离套代替或附加在内衬层上时，应按 A.2.7 中公式计算。

b) 单芯电缆：

——无论有挤包还是绕包的内衬层。

A.2.5 同心导体和金属屏蔽

由于同心导体和金属屏蔽使直径增加的数值由表 A.3 给出。

表 A.3 同心导体和金属屏蔽使直径的增加值

同心导体或金属屏蔽的标称截面积/mm^2	直径的增加值/mm	同心导体或金属屏蔽的标称截面积/mm^2	直径的增加值/mm
1.5	0.5	50	1.7
2.5	0.5	70	2.0
4	0.5	95	2.4
6	0.6	120	2.7
10	0.8	150	3.0
16	1.1	185	4.0
25	1.2	240	5.0
35	1.4	300	6.0

如果同心导体或金属屏蔽的标称截面积介于上表所列数据的两数之间，那么取这两个标称值中较大数值所对应的直径增加值。

如果有金属屏蔽层，表 A.3 中规定的屏蔽层截面积应按下列公式计算：

a) 金属带屏蔽

$$截面积 = n_t \times t_t \times w_t (mm^2)$$

式中：

n_t——金属带根数；

t_t——单根金属带的标称厚度，单位为毫米(mm)；

w_t——单根金属带的标称宽度，单位为毫米(mm)。

当屏蔽总厚度小于 0.15 mm 时，直径增加值为零：

一层金属带重叠绕包屏蔽或两层金属带搭盖绕包屏蔽，屏蔽总厚度为金属带厚度的两倍；

金属带纵包屏蔽：

- 如果搭盖率小于 30%，屏蔽总厚度为金属带的厚度；
- 如果搭盖率达到或超过 30%，屏蔽总厚度为金属带厚度的两倍。

b) 金属丝屏蔽(包括一反向扎线，若有)

$$截面积 = \frac{n_w \times d_w^2 \times \pi}{4} + n_h \times t_h \times W_h (mm^2)$$

式中：

n_w——金属丝根数；

d_w——单根金属丝直径，单位为毫米(mm)；

n_h——反向扎带根数；

t_h——厚度大于 0.3 mm 的反向扎带的厚度，单位为毫米(mm)；

W_h——反向扎带的宽度，单位为毫米(mm)。

A.2.6 铅套

铅套的假设直径(D_{pb})应按下式计算：

$$D_{pb} = D_g + 2t_{pb}$$

式中：

D_g——铅套下的假设直径，单位为毫米(mm)；

t_{pb}——按第 11 章的计算厚度，单位为毫米(mm)。

A.2.7 隔离套

隔离套的假设直径(D_s)应按下式计算：

$$D_s = D_u + 2t_s$$

式中：

D_u——隔离套下的假设直径，单位为毫米(mm)；

t_s——按 12.3.3 的计算厚度，单位为毫米(mm)。

A.2.8 包带垫层

包带垫层的假设直径 D_{Lb}应按下式计算：

$$D_{Lb} = D_{ULb} + 2t_{Lb}$$

式中：

D_{ULb}——包带前假设直径，单位为毫米(mm)；

t_{Lb}——包带垫层厚度，按 12.3.4 规定即为 1.5 mm。

A.2.9 金属带铠装电缆的附加垫层(加在内衬层外)

因附加垫层引起的直径增加量见表 A.4。

表 A.4 因附加垫层引起的直径增加量

附加垫层下的假设直径/mm	因附加垫层引起的直径增加/mm
≤29	1.0
>29	1.6

A.2.10 铠装

铠装外的假设直径(D_X)应按下式计算：

扁或圆金属丝铠装

$$D_X = D_A + 2t_A + 2t_W$$

式中：

D_A——铠装前直径，单位为毫米(mm)；

t_A——铠装金属丝的直径或厚度，单位为毫米(mm)；

t_W——如果有反向螺旋扎带时厚度大于 0.3 mm 的反向螺旋扎带时厚度，单位为毫米(mm)。

双金属带铠装

$$D_X = D_A + 4t_A$$

式中：

D_A——铠装前直径，单位为毫米(mm)；

t_A——铠装带厚度，单位为毫米(mm)。

附 录 B
（规范性附录）
数 值 修 约

B.1 假设计算法的数值修约

在按附录A计算假设直径和确定单元尺寸而对数值进行修约时，采用下述规则。

当任何阶段的计算值小数点后多于一位数时，数值应修约到一位小数，即精确到0.1 mm。每一阶段的假设直径数值应修约到0.1 mm，当用来确定包覆层厚度和直径时，在用到相应的公式或表格中去之前应先进行修约，按附录A要求从修约后的假设直径计算出的厚度应依次修约到0.1 mm。

用下述实例来说明这些规则：

a) 修约前数据的第二位小数为0、1、2、3或4时则小数点后第一位小数保持不变（舍弃）。

例如：

2.12 ≈ 2.1

2.449 ≈ 2.4

25.0478 ≈ 25.0

b) 修约前数据的第二位小数为9、8、7、6或5时则小数点后第一位小数应增加1（进一）。

例如：

2.17 ≈ 2.2

2.453 ≈ 2.5

30.050 ≈ 30.1

B.2 用作其他目的的数值修约

除B.1考虑的用途外，有可能有些数值要修约到多于一位小数，例如计算几次测量的平均值，或标称值加上一个百分率偏差以后的最小值。在这些情况下，应按有关条文修约到小数点后面的规定位数。

这时修约的方法为：

a) 如果修约前应保留的最后数值后一位数为0、1、2、3或4时，则最后数值应保持不变（舍弃）。

b) 如果修约前应保留的最后数值后一位数为9、8、7、6或5时，则最后数值加1（进一）。

例如：

2.449 ≈ 2.45 修约到二位小数；

2.449 ≈ 2.4 修约到一位小数；

25.047 8 ≈ 25.048 修约到三位小数；

25.047 8 ≈ 25.05 修约到二位小数；

25.047 8 ≈ 25.0 修约到一位小数。

附 录 C
（规范性附录）
HEPR 绝缘硬度测定

C.1 试样

试样应是具有全部护层的一段成品电缆，小心地剥开试样，直至 HEPR 绝缘的测量表面，也可采用一段绝缘线芯作试样。

C.2 测量步骤

测量除按下述要求外，还应按 ISO 48:2007 要求进行。

C.2.1 大曲率面

测量装置应符合 ISO 48:2007 要求，其结构应便于使仪器稳定地放置在 HEPR 的绝缘上，同时使压脚和压头与绝缘表面垂直接触，这可由下述途径之一来实现：

a) 仪器上装有便于调节的万向接头可动脚，可与绝缘弯曲表面相适应；

b) 仪器由底板上两个平行杆 A 和 A′固定，其间距离由表面弯曲程度来决定（见图 C.1）。

这些方法可用于曲率半径 20 mm 以上的表面。

用于测量 HEPR 绝缘厚度小于 4 mm 的仪器，应采用 ISO 48:2007 中对于小试样规定的测量方法。

C.2.2 小曲率面

对于曲率半径很小表面的测量步骤同 C.2.1 规定，试样应与测量仪器用同一刚性底板固定，这样可以保证 HEPR 绝缘在压头压力增加时整体移动最小；同时可使压头与试样轴线垂直。

相应的步骤如下：

a) 将测量样品放在金属夹具槽中（见图 C.2a））；

b) 用 V 型枕台固定测量样品的两端导体（见图 C.2b））。

由此方法来测量的表面曲率半径的最小值可达 4 mm。对于更小的曲率半径表面应采用 ISO 48:2007 中所述的方法和仪器。

C.2.3 预处理和测量温度

测量至少应在制造（即硫化）后 16 h 进行。

测量应在（20±2）℃温度下进行，试样在此温度下至少保持 3 h 后立即测量。

C.2.4 测量次数

一次测量应在分布于试样的三个或五个点上进行，试样的硬度为测量结果的中间值，以最接近于国际橡胶硬度级（IRHD）的整数表示。

图 C.1 大曲率面的测量

a)

b)

图 C.2 小曲率面的测量

附 录 D
（规范性附录）
电缆产品的补充条款

D.1 电缆型号和产品表示方法

D.1.1 型号

电缆常用型号见表 D.1。

表 D.1 电缆型号

型号		名称
铜芯	铝芯	
VV	VLV	聚氯乙烯绝缘聚氯乙烯护套电力电缆
VY	VLY	聚氯乙烯绝缘聚乙烯护套电力电缆
VV22	VLV22	聚氯乙烯绝缘钢带铠装聚氯乙烯护套电力电缆
VV23	VLV23	聚氯乙烯绝缘钢带铠装聚乙烯护套电力电缆
VV32	VLV32	聚氯乙烯绝缘细钢丝铠装聚氯乙烯护套电力电缆
VV33	VLV33	聚氯乙烯绝缘细钢丝铠装聚乙烯护套电力电缆
YJV	YJLV	交联聚乙烯绝缘聚氯乙烯护套电力电缆
YJY	YJLY	交联聚乙烯绝缘聚乙烯护套电力电缆
YJV22	YJLV22	交联聚乙烯绝缘钢带铠装聚氯乙烯护套电力电缆
YJV23	YJLV23	交联聚乙烯绝缘钢带铠装聚乙烯护套电力电缆
YJV32	YJLV32	交联聚乙烯绝缘细钢丝铠装聚氯乙烯护套电力电缆
YJV33	YJLV33	交联聚乙烯绝缘细钢丝铠装聚乙烯护套电力电缆
注：本表中未列出的电缆型号可按本附录 D.1.2 的规定组成。		

D.1.2 代号和产品表示方法

D.1.2.1 代号

D.1.2.1.1 导体代号

第 2 种铜导体 …………………………………………………………………………………… (T)省略

第 5 种铜导体 …………………………………………………………………………………… R

铝导体 …………………………………………………………………………………………… L

D.1.2.1.2 绝缘代号

聚氯乙烯绝缘 …………………………………………………………………………………… V

交联聚乙烯绝缘 ………………………………………………………………………………… YJ

乙丙橡胶绝缘 …………………………………………………………………………………… E

硬乙丙橡胶绝缘 ………………………………………………………………………………… EY

D.1.2.1.3 护套代号[2)]

聚氯乙烯护套 …………………………………………………………………………………… V

聚乙烯或聚烯烃护套 …………………………………………………………………………… Y

弹性体护套[3)] …………………………………………………………………………………… F

铅套 ……………………………………………………………………………………………… Q

2) 护套代号包括挤包的内衬层和隔离套等。

3) 弹性体护套包括氯丁橡胶、氯磺化聚乙烯或类似聚合物为基的护套混合料。若订货合同中未注明，则采用何种弹性体由制造方确定。

D.1.2.1.4 铠装代号

双钢带铠装……………………………………………………………………………………… 2

细圆钢丝铠装…………………………………………………………………………………… 3

粗圆钢丝铠装…………………………………………………………………………………… 4

(双)非磁性金属带[4]铠装 ……………………………………………………………………… 6

非磁性金属丝[5]铠装 …………………………………………………………………………… 7

D.1.2.1.5 外护套代号

聚氯乙烯外护套………………………………………………………………………………… 2

聚乙烯或聚烯烃外护套………………………………………………………………………… 3

弹性体[6]外护套 ………………………………………………………………………………… 4

D.1.2.2 产品表示方法

D.1.2.2.1 概述

产品用型号(型号中有数字代号的电缆外护层,数字前的文字代号表示内护层)、规格(额定电压、芯数、标称截面积)及本部分标准编号表示。

阻燃电缆产品的表示方法,应符合 GB/T 19666—2005 的规定表示。

D.1.2.2.2 产品型号组成

产品型号的组成和排列顺序如图 D.1。

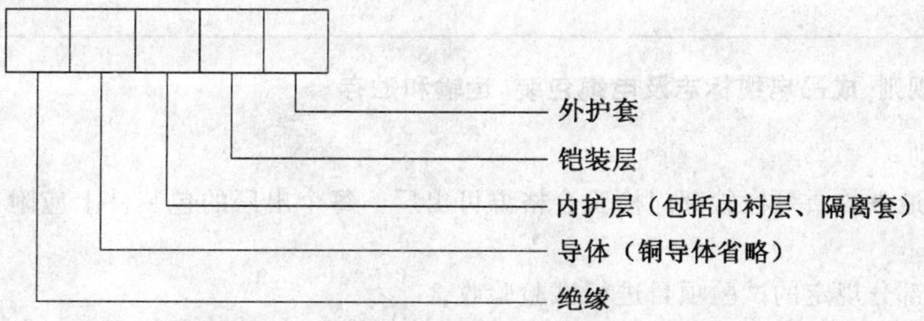

图 D.1 产品型号的组成和排列顺序图

D.1.2.2.3 产品表示示例

例如:

a) 铜芯交联聚乙烯绝缘钢带铠装聚氯乙烯护套电力电缆,额定电压为 0.6/1 kV,3+1 芯,标称截面积 95 mm²,中性线截面积 50 mm² 表示为:

YJV22-0.6/1 3×95+1×50 GB/T 12706.1—2008

b) 铝芯聚氯乙烯绝缘钢带铠装聚氯乙烯护套电力电缆,额定电压为 0.6/1 kV,3 芯,标称截面积 70 mm²,表示为:

VLV22-0.6/1 3×70 GB/T 12706.1—2008

D.2 多芯电缆中性线和保护线导体标称截面积

多芯电缆中性线和保护线导体标称截面积见表 D.2。

4) 非磁性金属带包括非磁性不锈钢带、铝或铝合金带等。若订货合同中未注明,则采用何种非磁性金属带由制造方确定。

5) 非磁性金属丝包括非磁性不锈钢丝、铜丝或镀锡铜丝、铜合金丝或镀锡铜合金丝、铝或铝合金丝等。若订货合同中未注明,则采用何种非磁性金属丝由制造方确定。

6) 弹性体外护套包括氯丁橡胶、氯磺化聚乙烯或类似聚合物为基的护套混合料。若订货合同中未注明,则采用何种弹性体由制造方确定。

表 D.2 多芯电缆中性线和保护线导体标称截面积

主绝缘线芯导体标称截面积/mm²	中性线和保护线较小导体标称截面积/mm²
4	2.5
6	4
10	6
16	10
25	16
35	16
50	25
70	35
95	50
120	70
150	70
185	95
240	120
300	150
400	185

D.3 产品验收规则、成品电缆标志及电缆包装、运输和贮存

D.3.1 验收规则

产品应由制造方的质量检验部门检验合格方可出厂。每个出厂的包装件上应附有产品质量检验合格证。

产品应按本部分规定的试验项目进行试验验收。

D.3.2 成品电缆标志

成品电缆的护套表面应有制造厂名称、产品型号及额定电压的连续标志，标志应字迹清楚、容易辨认、耐擦。

成品电缆标志应符合 GB/T 6995.3—2008 规定。

电缆绝缘线芯标志应符合 GB/T 6995.5—2008 规定。

D.3.3 电缆包装、运输和保管

D.3.3.1 电缆应妥善包装在符合 JB/T 8137—1999 规定要求的电缆盘上交货。

电缆端头应可靠密封，伸出盘外的电缆端头应加保护罩，伸出的长度应不小于 300 mm。

重量不超过 80 kg 的短段电缆，可以成圈包装。

D.3.3.2 成盘电缆的电缆盘外侧及成圈电缆的附加标签应标明：

a) 制造厂名称或商标；

b) 电缆型号和规格；

c) 长度，m；

d) 毛重，kg；

e) 制造日期：年 月；

f) 表示电缆盘正确滚动方向的符号；

g) 本部分标准编号。

D.3.4 运输和贮存应符合下列要求：

a) 电缆应避免在露天存放，电缆盘不允许平放；

b) 运输中严禁从高处扔下装有电缆的电缆盘,严禁机械损伤电缆;

c) 吊装包装件时,严禁几盘同时吊装。在车辆、船舶等运输工具上,电缆盘应放稳,并用合适方法固定,防止互撞或翻倒。

D.4 产品安装条件

D.4.1 电缆安装时的环境温度

具有聚氯乙烯绝缘或聚氯乙烯护套的电缆,安装时的环境温度不宜低于 0 ℃。

D.4.2 电缆安装时的最小弯曲半径

电缆安装时的最小允许弯曲半径见表 D.3。

表 D.3 电缆安装时的最小弯曲半径

项 目	单芯电缆		三芯电缆	
	无铠装	有铠装	无铠装	有铠装
安装时的电缆最小弯曲半径	20D	15D	15D	12D
靠近连接盒和终端的电缆最小弯曲半径(但弯曲要小心控制,如采用成型导板)	15D	12D	12D	10D
注:D 为电缆外径。				

ICS 29.060.20
K 13

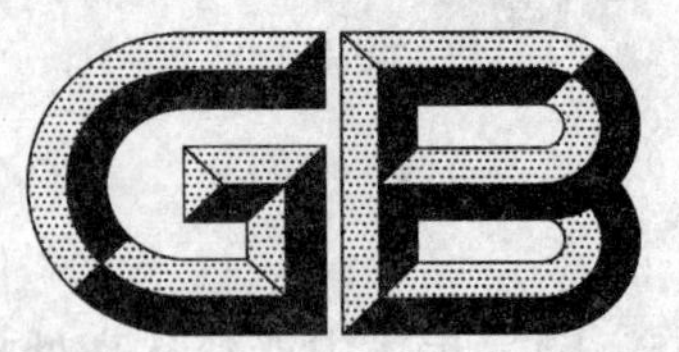

中华人民共和国国家标准

GB/T 12706.2—2008
代替 GB/T 12706.2—2002

额定电压 1 kV(U_m=1.2 kV)到 35 kV (U_m=40.5 kV)挤包绝缘电力电缆及附件 第 2 部分:额定电压 6 kV(U_m=7.2 kV)到 30 kV(U_m=36 kV)电缆

Power cables with extruded insulation and their accessories for rated voltages from 1 kV (U_m=1.2 kV) up to 35 kV (U_m=40.5 kV)— Part 2: Cables for rated voltages from 6 kV(U_m=7.2 kV) up to 30 kV(U_m=36 kV)

(IEC 60502-2:2005, Power cables with extruded insulation and their accessories for rated voltages from 1 kV (U_m=1.2 kV) up to 30 kV (U_m=36 kV)—Part 2: Cables for rated voltages from 6 kV (U_m=7.2 kV) up to 30 kV(U_m=36 kV), MOD)

2008-12-31 发布　　　　2009-11-01 实施

中华人民共和国国家质量监督检验检疫总局
中国国家标准化管理委员会　发布

前　言

GB/T 12706《额定电压 1 kV(U_m=1.2 kV)到 35 kV(U_m=40.5 kV)挤包绝缘电力电缆及附件》分为四个部分：

——第 1 部分：额定电压 1 kV(U_m=1.2 kV)和 3 kV(U_m=3.6 kV)电缆；

——第 2 部分：额定电压 6 kV(U_m=7.2 kV)到 30 kV(U_m=36 kV)电缆；

——第 3 部分：额定电压 35 kV(U_m=40.5 kV)电缆；

——第 4 部分：额定电压 6 kV(U_m=7.2 kV)到 35 kV(U_m=40.5 kV)电缆附件试验要求。

本部分为 GB/T 12706 的第 2 部分。

本部分修改采用 IEC 60502-2:2005《额定电压 1 kV(U_m=1.2 kV)到 30 kV(U_m=36 kV)挤包绝缘电力电缆及附件　第 2 部分：额定电压 6 kV(U_m=7.2 kV)到 30 kV(U_m=36 kV)电缆》第 2 版(英文版)。

本部分根据 IEC 60502-2:2005 重新起草。其章条编号与 IEC 60502-2:2005 的章条编号相比，除增加了第 21 章外，其余完全一致。

考虑到我国国情，在采用 IEC 60502-2:2005 时，本部分做了一些修改。有关的技术性差异已编入正文中，并在它们所涉及的条款的页边空白处用垂直单线标识。主要的技术性差异和解释如下：

——为明确电缆用铜带材料的要求，增加了铜带材料要求内容(本版 10.2.3)和相应的引用标准 GB/T 11091—2005《电缆用铜带》(本版第 2 章)；

——为明确电缆用铠装钢带材料的要求，增加了铠装钢带材料要求内容(本版 13.2)和相应的引用标准 YB/T 024—2008《铠装电缆用钢带》(本版第 2 章)；

——为保证挤包隔离套和外护套的质量，增加了挤包隔离套火花试验要求(本版 13.3.3)、外护套的火花试验要求(本版 14.1)和相应的引用标准 GB/T 3048.10—2007《电线电缆电性能试验方法　第 10 部分：挤出护套火花试验》(本版第 2 章)；

——为了满足国内对电缆的技术要求，增加了第 21 章“电缆产品的补充条款”；

——考虑到国内对电缆的使用要求，本部分附录 B 为“电缆产品的补充条款”的相关内容，如电缆型号、产品表示方法，以及验收、运输、包装和安装等，并代替 IEC 60502-2:2005 标准中附录 B“额定电压 3.6/6 kV 到 18/30 kV 挤包绝缘电缆的连续载流量列表”的内容，并在本版第 2 章增加相应的引用标准 GB/T 6995.3—2008《电线电缆识别标志方法　第 3 部分：电线电缆识别标志》和 JB/T 8137—1999(所有部分)《电线电缆交货盘》。

为便于使用，在采用 IEC 60502-2:2005 时，本部分做了下列编辑性修改：

——“本标准”一词改为“本部分”；

——删除了 IEC 60502-2:2005 的前言；

——用小数点“.”代替作为小数点的逗号“,”。

本部分代替 GB/T 12706.2—2002《额定电压 1 kV(U_m=1.2 kV)到 35 kV(U_m=40.5 kV)挤包绝缘电力电缆及附件　第 2 部分：额定电压 6 kV(U_m=7.2 kV)到 30 kV(U_m=36 kV)电缆》。

本部分与 GB/T 12706.2—2002 相比，主要变化如下：

——最大导体规格由 1 000 mm^2 扩大到 1 600 mm^2(2002 版表 5、表 6 和表 7，本版表 5、表 6 和表 7)；

——增加了铜带的技术要求(本版 10.2.3)；

——增加了钢带的技术要求(本版 13.2)；

——增加了挤包的隔离套的火花试验要求(本版 13.3.3);

——增加了挤包的外护套的火花试验要求(本版 14.1);

——局部放电试验要求改为在规定灵敏度下无放电(2002 版 16.3 和 18.1.3,本版 16.3 和 18.1.4);

——取消了电气型式试验顺序中第一步的局部放电试验(2002 版 18.1.1);

——安装后电气试验增加了外护套直流电压试验(本版 20.1);

——增加了“电缆产品的补充条款”(本版第 21 章);

——增加规范性附录“电缆产品的补充条款”(本版附录 B);

——取消了 2002 版的附录 G《电缆屏蔽结构的补充要求》,其技术要求补充到标准的正文中(本版第 7 章和第 10 章);

——取消了 2002 版的附录 H、附录 I 和附录 J,将其内容合并至本版附录 B。

本部分的附录 A、附录 B、附录 C、附录 D、附录 E 和附录 F 为规范性附录。

本部分由中国电器工业协会提出。

本部分由全国电线电缆标准化技术委员会(SAC/TC 213)归口。

本部分负责起草单位:上海电缆研究所。

本部分参加起草单位:远东控股集团有限公司、江苏上上电缆集团公司、无锡江南电缆有限公司、江苏圣安电缆有限公司、上海南大集团有限公司、浙江万马电缆股份有限公司、昆明电缆有限公司、黑龙江沃尔德电缆有限公司、广东电缆厂有限公司、福建南平太阳电缆股份有限公司、海南威特电气集团有限公司。

本部分主要起草人:徐晓峰、汪传斌、王松明、刘军、孙萍、杨志强、郑宏、张举位、鲍文波、高伟红、范德发、黎驹。

本部分所代替标准的历次版本发布情况为:

——GB 12706.2—1991、GB/T 12706.2—2002;

——GB 12706.1—1991、GB 12706.3—1991。

额定电压 1 kV(U_m=1.2 kV)到 35 kV (U_m=40.5 kV)挤包绝缘电力电缆及附件 第 2 部分:额定电压 6 kV(U_m=7.2 kV)到 30 kV(U_m=36 kV)电缆

1 范围

GB/T 12706 的本部分规定了用于配电网或工业装置中,额定电压 6 kV 到 30 kV 固定安装的挤包绝缘电力电缆的结构、尺寸和试验要求。

在决定电缆应用时,建议考虑径向进水的可能风险。本部分包括了所谓纵向阻水结构电缆及其试验。

本部分不包括用于特殊安装和运行条件的电缆,例如用于架空电缆、采矿工业、核电厂(安全壳内及其附近),以及用于水下或船舶的电缆。

2 规范性引用文件

下列文件中的条款,通过 GB/T 12706 的本部分的引用而成为本部分的条款。凡是注日期的引用文件,其随后所有的修改单(不包括勘误的内容)或修订版均不适用于本部分。然而鼓励根据本部分达成协议的各方研究是否可使用这些文件的最新版本。凡是不注日期的引用文件,其最新版本适用于本部分。

GB/T 156—2007 标准电压(IEC 60038:2002, MOD)

GB/T 2951.11—2008 电缆和光缆绝缘和护套材料通用试验方法 第 11 部分:通用试验方法——厚度和外形尺寸测量——机械性能试验(IEC 60811-1-1:2001, IDT)

GB/T 2951.12—2008 电缆和光缆绝缘和护套材料通用试验方法 第 12 部分:通用试验方法——热老化试验方法(IEC 60811-1-2:1985, IDT)

GB/T 2951.13—2008 电缆和光缆绝缘和护套材料通用试验方法 第 13 部分:通用试验方法——密度测定方法——吸水试验——收缩试验(IEC 60811-1-3:2001, IDT)

GB/T 2951.14—2008 电缆和光缆绝缘和护套材料通用试验方法 第 14 部分:通用试验方法——低温试验(IEC 60811-1-4:1985, IDT)

GB/T 2951.21—2008 电缆和光缆绝缘和护套材料通用试验方法 第 21 部分:弹性体混合料专用试验方法——耐臭氧试验——热延伸试验——浸矿物油试验(IEC 60811-2-1:2001, IDT)

GB/T 2951.31—2008 电缆和光缆绝缘和护套材料通用试验方法 第 31 部分:聚氯乙烯混合料专用试验方法——高温压力试验——抗开裂试验(IEC 60811-3-1:1985, IDT)

GB/T 2951.32—2008 电缆和光缆绝缘和护套材料通用试验方法 第 32 部分:聚氯乙烯混合料专用试验方法——失重试验——热稳定性试验(IEC 60811-3-2:1985, IDT)

GB/T 2951.41—2008 电缆和光缆绝缘和护套材料通用试验方法 第 41 部分:聚乙烯和聚丙烯混合料专用试验方法——耐环境应力开裂试验——熔体指数测量方法——直接燃烧法测量聚乙烯中碳黑和(或)矿物质填料含量——热重分析法(TGA)测量碳黑含量——显微镜法评估聚乙烯中碳黑分散度(IEC 60811-4-1:2004, IDT)

GB/T 3048.10—2007 电线电缆电性能试验方法 第 10 部分:挤出护套火花试验

GB/T 3048.12—2007 电线电缆电性能试验方法 第 12 部分:局部放电试验(IEC 60885-3:

1988，MOD)

GB/T 3048.13—2007 电线电缆电性能试验方法 第13部分:冲击电压试验(IEC 60230:1966，IEC 60060-1:1989，MOD)

GB/T 3956—2008 电缆的导体(IEC 60228:2004，IDT)

GB/T 6995.3—2008 电线电缆识别标志方法 第3部分:电线电缆识别标志

GB/T 16927.1—1997 高电压试验技术 第1部分:一般试验要求(eqv IEC 60060-1:1989)

GB/T 11091—2005 电缆用铜带

GB/T 12706.1—2008 额定电压1 kV(U_m=1.2 kV)到35 kV (U_m=40.5 kV)挤包绝缘电力电缆及附件 第1部分:额定电压1 kV (U_m=1.2 kV)和3 kV(U_m=3.6 kV)电缆((IEC 60502-1:2004，Power cables with extruded insulation and their accessories for rated voltages from 1 kV (U_m=1.2 kV) up to 30 kV (U_m=36 kV) Part 1: Cables for rated voltage of 1 kV(U_m=1.2 kV)and 3 kV (U_m=3.6 kV),MOD)

GB/T 18380.12—2008 电缆和光缆在火焰条件下的燃烧试验 第12部分:单根绝缘电线电缆火焰垂直蔓延试验 1 kW预混合型火焰试验方法(IEC 60332-1-2:2004，IDT)

JB/T 8137—1999(所有部分) 电线电缆交货盘

JB/T 8996—1999 高压电缆选择导则(eqv IEC 60183:1984)

YB/T 024—2008 铠装电缆用钢带

ISO 48:2007 硫化型或热塑型橡胶 硬度确定(硬度在10IRHD和100IRHD之间)

IEC 60229:2007 具有特殊保护作用的挤包的电缆外护套的试验

IEC 60986:2000 额定电压6 kV(U_m=7.2 kV)至30 kV(U_m=36 kV)电缆的短路温度限值

3 术语和定义

下列术语和定义适用于本部分。

3.1 尺寸值(厚度、截面积等)的术语和定义

3.1.1

标称值 nominal value

指定的量值并经常用于表格之中。

注：在本部分中，通常标称值引伸出的量值在考虑规定公差下通过测量进行检验。

3.1.2

近似值 approximate value

既不保证也不检查的数值，例如用于其他尺寸值的计算。

3.1.3

中间值 median value

将试验得到的若干数值以递增(或递减)的次序依次排列时，若数值的数目是奇数，中间的那个值为中间值；若数值的数目是偶数，中间两个数值的平均值为中间值。

3.1.4

假设值 fictitious value

按附录A计算所得的值。

3.2 有关试验的术语和定义

3.2.1

例行试验 routine tests

由制造方在成品电缆的所有制造长度上进行的试验，以检验所有电缆是否符合规定的要求。

3.2.2

抽样试验　sample tests

由制造方按规定的频度，在成品电缆试样上或在取自成品电缆的某些部件上进行的试验，以检验电缆是否符合规定要求。

3.2.3

型式试验　type tests

按一般商业原则对本部分所包含的一种类型电缆在供货之前所进行的试验，以证明电缆具有满足预期使用条件的满意性能。

注：该试验的特点是：除非电缆材料或设计或制造工艺的改变可能改变电缆的特性，试验做过以后就不需要重做。

3.2.4

安装后电气试验　electrical tests after installation

在安装后进行的试验，用以证明安装后的电缆及其附件完好。

4　电压标示和材料

4.1　额定电压

本部分中电缆的额定电压 $U_0/U(U_m)$ 标示如下：

$U_0/U(U_m)$＝3.6/6(7.2)—6/6(7.2)—6/10(12)—8.7/10(12)—8.7/15(17.5)—12/20(24)—18/30(36) kV

注1：上述电压的表示方法是合适的。尽管在一些国家采用其他的表示方法。例如：3.5/6—5.8/10—11.5/20—17.3/30 kV。

在电缆的电压标示 $U_0/U(U_m)$ 中：

U_0——电缆设计用的导体对地或金属屏蔽之间的额定工频电压；

U——电缆设计用的导体之间的额定工频电压；

U_m——设备可使用的"最高系统电压"的最大值(见 GB/T 156—2007)。

对于一种给定应用的电缆的额定电压应适合电缆所在系统的运行条件。为了便于选择电缆，将系统划分为下列三类：

——A类：该类系统任一相导体与地或接地导体接触时，能在 1 min 内与系统分离；

——B类：该类系统可在单相接地故障时作短时运行，接地故障时间按照 JB/T 8996—1999 应不超过 1 h。对于本部分包括的电缆，在任何情况下允许不超过 8 h 的更长的带故障运行时间。任何一年接地故障的总持续时间应不超过 125 h；

——C类：包括不属于A类、B类的所有系统。

注2：应该认识到，在系统接地故障不能立即自动解除时，故障期间加在电缆绝缘上过高的电场强度，会在一定程度上缩短电缆寿命。如系统预期会经常地运行在持久的接地故障状态下，该系统可建议划为C类。

用于三相系统的电缆，U_0 的推荐值列于表1。

表1　额定电压 U_0 推荐值

系统最高电压 U_m/kV	额定电压 U_0/kV	
	A类　B类	C类
7.2	3.6	6.0
12.0	6.0	8.7
17.5	8.7	12.0
24.0	12.0	18.0
36.0	18.0	—

4.2 绝缘混合料

本部分所包括的绝缘混合料及其代号列于表2。

表2 绝缘混合料

绝缘混合料	代号
a) 热塑性的	
用于额定电压 $U_0/U=3.6/6$ kV 电缆的聚氯乙烯	PVC/B[a]
b) 热固性的	
乙丙橡胶或类似绝缘混合料(EPR 或 EPDM)	EPR
高弹性模数或高硬度乙丙橡胶	HEPR
交联聚乙烯	XLPE

a 聚氯乙烯绝缘混合料用于额定电压 $U_0/U \leqslant 1.8/3$ kV 电缆时，在 GB/T 12706.1—2008 中表示为 PVC/A。

本部分所包括的各种绝缘混合料的导体最高温度列于表3。

表3 各种绝缘混合料的导体最高温度

绝缘混合料	导体最高温度/℃	
	正常运行	短路(最长持续 5 s)
聚氯乙烯(PVC/B)		
导体截面≤300 mm²	70	160
导体截面>300 mm²	70	140
交联聚乙烯(XLPE)	90	250
乙丙橡胶(EPR 和 HEPR)	90	250

表3中的温度由绝缘混合料的固有特性决定，在使用这些数据计算额定电流时其他因素的考虑也是重要的。

例如正常运行时，如果直接埋入地下的电缆按表3所示导体最高温度在连续负荷(100%负荷因数)下运行，电缆周围土壤的热阻系数经过一定时间后，会因土壤干燥而超过原始值。因此导体温度可能大大地超过最高温度。如果能预料这类运行条件，应当采取足够的预防措施。

短路温度的导则宜参照 IEC 60986:2000。

4.3 护套混合料

本部分中不同类型护套混合料的电缆导体最高温度列于表4中。

表4 不同类型护套混合料的电缆导体最高温度

护套混合料	代号	正常运行时导体最高温度/℃
a) 热塑性		
聚氯乙烯(PVC)	ST_1	80
	ST_2	90
聚乙烯	ST_3	80
	ST_7	90
b) 弹性体		
氯丁橡胶、氯磺化聚乙烯或类似聚合物	SE_1	85

5 导体

导体是符合 GB/T 3956—2008 的第 1 种或第 2 种镀金属层或不镀金属层退火铜导体、或是铝或铝合金导体。第 2 种导体也可以是纵向阻水结构。

6 绝缘

6.1 材料

绝缘应为表 2 所列的一种挤包成型的介质。

6.2 绝缘厚度

绝缘标称厚度在表 5～表 7 中规定。

注：表 6 和表 7 中额定电压 6/6 kV、8.7/10 kV 电缆分别与 6/10 kV、8.7/15 kV 电缆结构完全相同，详见表 1 规定。

导体或绝缘外面的任何隔离层或半导电屏蔽层的厚度应不包括在绝缘厚度之中。

表 5 PVC/B 绝缘标称厚度

导体标称截面积/mm^2	在额定电压 $U_0/U(U_m)$ 下的绝缘标称厚度/mm
	3.6/6(7.2)kV
10～1 600	3.4

注 1：不推荐任何小于本表给出的导体截面。然而，如果需要更小截面的话，可用导体屏蔽来增加导体的直径(见 7.1)或增加绝缘厚度，以限制在试验电压下加于绝缘的最大电场强度不超过本表中给出的最小导体尺寸计算得出的场强值。

注 2：对大于 1 000 mm^2 导体，可以增加绝缘厚度以避免安装和运行时的机械伤害。

表 6 交联聚乙烯(XLPE)绝缘标称厚度

导体标称截面积/mm^2	在额定电压 $U_0/U(U_m)$ 下的绝缘标称厚度/mm				
	3.6/6(7.2)kV	6/6(7.2)kV，6/10(12)kV	8.7/10(12)kV，8.7/15(17.5)kV	12/20(24)kV	18/30(36)kV
10	2.5	—	—	—	—
16	2.5	3.4	—	—	—
25	2.5	3.4	4.5	—	—
35	2.5	3.4	4.5	5.5	—
50～185	2.5	3.4	4.5	5.5	8.0
240	2.6	3.4	4.5	5.5	8.0
300	2.8	3.4	4.5	5.5	8.0
400	3.0	3.4	4.5	5.5	8.0
500～1 600	3.2	3.4	4.5	5.5	8.0

注 1：不推荐任何小于本表给出的导体截面。然而，如果需要更小截面的话，可用导体屏蔽来增加导体的直径(见 7.1)或增加绝缘厚度，以限制在试验电压下加于绝缘的最大电场强度不超过本表中给出的最小导体尺寸计算得出的场强值。

注 2：对大于 1 000 mm^2 导体，可以增加绝缘厚度以避免安装和运行时的机械伤害。

表 7 乙丙橡胶(EPR)和硬乙丙橡胶(HEPR)绝缘标称厚度

导体标称截面积/mm²	额定电压 $U_0/U(U_m)$ 下的绝缘标称厚度/mm					
	3.6/6(7.2) kV		6/6(7.2) kV, 6/10(12) kV	8.7/10(12) kV, 8.7/15(17.5) kV	12/20(24) kV	18/30(36)kV
	无屏蔽	有屏蔽				
10	3.0	2.5	—	—	—	—
16	3.0	2.5	3.4	—	—	—
25	3.0	2.5	3.4	4.5	—	—
35	3.0	2.5	3.4	4.5	5.5	—
50～185	3.0	2.5	3.4	4.5	5.5	8.0
240	3.0	2.6	3.4	4.5	5.5	8.0
300	3.0	2.8	3.4	4.5	5.5	8.0
400	3.0	3.0	3.4	4.5	5.5	8.0
500～1 600	3.2	3.2	3.4	4.5	5.5	8.0

注 1：不推荐任何小于本表给出的导体截面。然而,如果需要更小截面的话,可用导体屏蔽来增加导体的直径(见7.1),或增加绝缘厚度,以限制在试验电压下加于绝缘的最大电场强度不超过本表中给出的最小导体尺寸计算得出的场强值。

注 2：对大于 1 000 mm² 导体,可以增加绝缘厚度以避免安装和运行时的机械伤害。

7 屏蔽

所有电缆的绝缘线芯上应有金属屏蔽,可以在单根绝缘线芯上也可在几根绝缘线芯上包覆金属屏蔽。

当单芯和三芯电缆绝缘线芯需要屏蔽时,应由导体屏蔽和绝缘屏蔽组成。除下列两种电缆外,其他电缆均应有屏蔽:

a) 额定电压 3.6/6(7.2)kV EPR 和 HEPR 绝缘电缆,若采用表 7 中绝缘厚度较大的一种结构时,可用无屏蔽结构;

b) 额定电压 3.6/6(7.2)kV PVC 绝缘电缆应采用无屏蔽结构。

7.1 导体屏蔽

导体屏蔽应是非金属的,由挤包的半导电料或在导体上先包半导电带再挤包半导电料组成。挤包的半导电料应和绝缘紧密结合。

7.2 绝缘屏蔽

绝缘屏蔽应由非金属半导电层与金属层组合而成。

每根绝缘线芯上应直接挤包与绝缘线芯紧密结合或可剥离的非金属半导电层。

然后对每根绝缘线芯或缆芯也可绕包一层半导电带或挤包半导电料。

金属屏蔽层应包覆在每根绝缘线芯或缆芯的外面,并应符合第 10 章的要求。

8 三芯电缆的缆芯、内衬层和填充

三芯电缆的缆芯与电缆的额定电压及每根绝缘线芯上有否金属屏蔽层有关。

下述 8.1～8.3 不适用于有护套单芯电缆成缆的缆芯。

8.1 内衬层与填充

8.1.1 结构

内衬层可以挤包或绕包。

圆形绝缘线芯电缆只有在绝缘线芯间的间隙被密实填充时，才应允许采用绕包内衬层。

挤包内衬层前允许用合适的带子扎紧。

8.1.2 材料

用于内衬层和填充物的材料应适合电缆的运行温度并和电缆绝缘材料相兼容。

8.1.3 挤包内衬层厚度

挤包内衬层的近似厚度应从表 8 中选取。

表 8 挤包内衬层厚度

缆芯假设直径/mm		挤包内衬层厚度近似值/mm
—	≤25	1.0
>25	≤35	1.2
>35	≤45	1.4
>45	≤60	1.6
>60	≤80	1.8
>80	—	2.0

8.1.4 绕包内衬层厚度

缆芯假设直径为 40 mm 及以下时，绕包内衬层的近似厚度取 0.4 mm；若缆芯假设直径大于 40 mm，则绕包内衬层的近似厚度取 0.6 mm。

8.2 具有统包金属层的电缆(见第 9 章)

电缆的缆芯外应包覆内衬层。内衬层和填充物应符合 8.1 规定。除纵向阻水型电缆外，内衬层应采用非吸湿材料。

如果电缆的每个绝缘线芯均采用半导电屏蔽并统包金属层时，其内衬层应采用半导电材料，填充物也可采用半导电材料。

8.3 具有分相金属层的电缆(见第 10 章)

各个绝缘线芯的金属层应相互接触。

若电缆分相金属屏蔽缆芯外具有另外的同样金属材料的统包金属层(见第 9 章)，电缆的缆芯外应包覆内衬层。内衬层和填充物应符合 8.1 要求。除纵向阻水型电缆外，内衬层和填充物应采用非吸湿材料。内衬层和填充物也可采用半导电材料。

当分相与统包金属层采用的金属材料不同时，应采用符合 14.2 中规定的任一种材料挤包隔离套将其隔开。对于铅套电缆，铅套与分相包覆的金属层之间的隔离，应采用符合 8.1 的内衬层。

若电缆没有统包金属层(见第 9 章)，只要电缆外形保持圆整，可以省略内衬层。

9 单芯或三芯电缆的金属层

本部分包括以下类型的金属层：

a) 金属屏蔽(见第 10 章)；

b) 同心导体(见第 11 章)；

c) 金属套(见第 12 章)；

d) 金属铠装(见第 13 章)。

金属层应由上述的一种或几种型式组成，包覆在单芯电缆上或三芯电缆的单独绝缘线芯上时应是非磁性的。

可以采取某些措施使金属层周围具有纵向阻水性能。

10 金属屏蔽

10.1 结构

金属屏蔽应由一根或多根金属带、金属编织、金属丝的同心层或金属丝与金属带的组合结构组成。

金属屏蔽可以是金属套或是在统包屏蔽情况下符合10.2要求的铠装。

选择金属屏蔽材料时，应特别考虑存在腐蚀的可能性，这不仅为了机械安全，而且也为了电气安全。

金属屏蔽绕包的搭盖和间隙应符合10.2要求。

10.2 要求

10.2.1 金属屏蔽中铜丝的电阻，适用时应符合GB/T 3956—2008要求。铜丝屏蔽的标称截面积应根据故障电流容量确定。

10.2.2 铜丝屏蔽由疏绕的软铜线组成，其表面应用反向绕包的铜丝或铜带扎紧，相邻铜丝的平均间隙应不大于4 mm。

10.2.3 铜带屏蔽由一层重叠绕包的软铜带组成，也可采用双层软铜带间隙绕包。铜带间的平均搭盖率应不小于15%(标称值)，其最小搭盖率应不小于5%。

软铜带应符合GB/T 11091—2005的规定。

铜带标称厚度为：

——单芯电缆：≥0.12 mm；

——三芯电缆：≥0.10 mm。

铜带的最小厚度应不小于标称值的90%。

10.3 不带半导电层的金属屏蔽

额定电压为3.6/6(7.2)kV的PVC、EPR和HEPR绝缘的电缆，采用金属屏蔽时不需要有半导电层。

11 同心导体

11.1 结构

同心导体的间隙应符合10.2.3要求。

选用同心导体结构和材料时，应特别考虑腐蚀的可能性，这不仅为了机械安全，而且也为了电气安全。

11.2 要求

同心导体的尺寸、物理及其电阻值要求，应符合10.2要求。

11.3 使用

如要求采用同心导体结构，可在三芯电缆的内衬层外，对单芯电缆也可以直接在绝缘上、半导电绝缘屏蔽层上或适当的内衬层外包覆同心导体层。

12 金属套

12.1 铅套

铅套应采用铅或铅合金，并形成松紧适当的无缝铅管。

铅套的标称厚度应按下列公式计算：

a) 所有单芯电缆或缆芯：

$$t_{pb} = 0.03D_g + 0.8$$

b) 所有8.7/15 kV及以下扇形导体电缆：

$$t_{pb} = 0.03D_g + 0.6$$

c) 所有其他电缆：

$$t_{pb} = 0.03D_g + 0.7$$

式中：

t_{pb}——铅套标称厚度，单位为毫米(mm)；

D_g——铅套前假设直径，单位为毫米(mm)(按照附录C修约到一位小数)。

在所有情况下，最小标称厚度应为1.2 mm。将计算值按照附录C修约到一位小数。

12.2 其他金属套

在考虑中。

13 金属铠装

13.1 金属铠装类型

本部分包括的铠装类型如下：

a) 扁金属线铠装；

b) 圆金属丝铠装；

c) 双金属带铠装。

13.2 材料

圆金属丝或扁金属丝应是镀锌钢丝，铜丝或镀锡铜丝，铝或铝合金丝。

金属带应是涂漆钢带、镀锌钢带、铝或铝合金带。钢带应采用工业等级的热轧或冷轧钢带。钢带应符合YB/T 024—2008规定。

在要求铠装钢丝层满足最小导电性的情况下，铠装层中允许包含足够的铜丝或镀锡铜丝，以确保达到要求。

选择铠装材料时，尤其是铠装作为屏蔽层时，应特别考虑腐蚀的可能性，这不仅为了机械安全，而且也为了电气安全。

除非采用特殊结构，用于交流系统的单芯电缆的铠装应采用非磁性材料。

注：用于交流系统的单芯电缆以磁性材料为主的铠装即使采用特殊结构，电缆载流量仍将大为降低，应慎重选用。

13.3 铠装的应用

13.3.1 单芯电缆

单芯电缆的铠装层下应有挤包的或绕包的内衬层，其厚度应符合8.1.3或8.1.4要求。

13.3.2 三芯电缆

三芯电缆需要铠装时，铠装应包覆在符合8.1规定的内衬层上。

13.3.3 隔离套

当铠装下的金属层与铠装材料不同时，应用14.2中规定的一种材料，挤包一层隔离套将其隔开。

隔离套应经受GB/T 3048.10—2007规定的火花试验。

如铅套电缆要求有铠装层时，应采用隔离套或包带垫层，并符合13.3.4规定。

如果在铠装层下采用隔离套，可以由其代替内衬层或附加在内衬层上。

在金属层外具有纵向阻水结构的电缆不需要采用隔离套。

隔离套的标称厚度T_s(以mm计)应按下列公式计算：

$$T_s = 0.02D_u + 0.6$$

式中：

D_u——挤包该隔离套前的假设直径，单位为毫米(mm)。

计算按附录A所述进行，计算结果修约到0.1 mm(见附录C)。

非铅套电缆的隔离套标称厚度应不小于1.2 mm，若隔离套直接挤包在铅套上，隔离套的标称厚度应不小于1.0 mm。

13.3.4 铅套电缆铠装下的包带垫层

铅套涂层外的包带垫层应由浸渍纸带与复合纸带组成，或者由两层浸渍纸带与复合纸带外加一层或多层复合浸渍纤维材料组成。

垫层材料的浸渍剂可为沥青或其他防腐剂，对于金属丝铠装，这些浸渍剂不能直接涂敷到金属丝下。

也可采用合成材料带代替浸渍纸带。

铅套与铠装之间的包带垫层在铠装后的总厚度的近似值应为 1.5 mm。

13.4 铠装金属丝和铠装金属带的尺寸

铠装金属丝和铠装金属带应优先采用下列标称尺寸：

——圆金属丝：直径 0.8 mm，1.25 mm，1.6 mm，2.0 mm，2.5 mm，3.15 mm；

——扁金属线：厚度 0.8 mm；

——钢带：厚度 0.2 mm，0.5 mm，0.8 mm；

——铝或铝合金带：厚度 0.5 mm，0.8 mm。

13.5 电缆直径与铠装层尺寸的关系

铠装圆金属丝的标称直径和铠装金属带的标称厚度应分别不小于表 9 和表 10 规定的数值。

表 9 铠装圆金属丝标称直径

铠装前假设直径/mm		铠装金属丝标称直径/mm
—	≤10	0.8
>10	≤15	1.25
>15	≤25	1.6
>25	≤35	2.0
>35	≤60	2.5
>60	—	3.15

表 10 铠装金属带标称厚度

铠装前假设直径/mm		金属带标称厚度/mm	
		钢带或镀锌钢带	铝或铝合金带
—	≤30	0.2	0.5
>30	≤70	0.5	0.5
>70	—	0.8	0.8

铠装前电缆假设直径大于 15 mm 的电缆，扁金属线的标称厚度应取 0.8 mm。电缆假设直径为 15 mm 及以下时，不应采用扁金属线铠装。

13.6 圆金属丝或扁金属线铠装

金属丝铠装应紧密，即使相邻金属丝间的间隙很小。必要时，可在扁金属线铠装和圆金属丝铠装外疏绕一条最小标称厚度为 0.3 mm 的镀锌钢带，钢带厚度的偏差应符合 17.7.3 规定。

13.7 双层金属带铠装

采用金属带铠装和符合 8.1 规定的内衬层时，其内衬层应采用包带垫层加强。如果铠装金属带厚度为 0.2 mm，内衬层和附加包带垫层的总厚度应按 8.1 的规定值再加 0.5 mm；如果铠装金属带厚度大于 0.2 mm，内衬层和附加包带垫层的总厚度应按 8.1 的规定值再加 0.8 mm。

内衬层和附加包带垫层的总厚度不应小于规定值的 80%再减 0.2 mm。

如果有隔离套或挤包的内衬层并且满足 13.3.3 规定时，则不要求加包带垫层。

金属带铠装应螺旋绕包两层，使外层金属带的中线大致在内层金属带的间隙上方，包带间隙应不大于金属带宽度的50%。

14 外护套

14.1 概述

所有电缆都应具有外护套。

外护套通常为黑色,但也可以按照制造方和买方协议采用黑色以外的其他颜色,以适应电缆使用的特定环境。

外护套应经受GB/T 3048.10—2007规定的火花试验。

注:紫外稳定性试验(UV stability test)在考虑中。

14.2 材料

外护套应为热塑性材料(聚氯乙烯或聚乙烯)或弹性体护套料(聚氯丁烯、氯磺化聚乙烯或类似聚合物)。

外护套材料应与表4中规定的电缆运行温度相适应。

在特殊条件下(例如为了防白蚁)使用的外护套,可能有必要使用化学添加剂,但这些添加剂不应包括对人类及环境有害的材料。

注:例如添加剂不希望采用的材料包括[1]:

——氯甲桥萘(艾氏剂):1、2、3、4、10、10-六氯代-1、4、4a、5、8、8a-六氢化-1、4、5、8-二甲桥萘;

——氧桥氯甲桥萘(狄氏剂):1、2、3、4、10、10-六氯代-6、7-环氧-1、4、4a、5、6、7、8、8a-八氢-1、4、5、8-二甲桥萘;

——六氯化苯(高丙体六六六):1、2、3、4、5、6-六氯代-环乙烷γ异构体。

14.3 厚度

若无其他规定,挤包外护套标称厚度值t_s(以mm计)应按下列公式计算:

$$t_s = 0.035D + 1.0$$

式中:

D——挤包护套前电缆的假设直径,单位为毫米(mm)(见附录A)。

按上式计算出的数值应修约到0.1 mm(见附录C)。

无铠装的电缆和护套不直接包覆在铠装、金属屏蔽或同心导体上的电缆,其单芯电缆护套的标称厚度应不小于1.4 mm,多芯电缆护套的标称厚度应不小于1.8 mm。

护套直接包覆在铠装、金属屏蔽或同心导体上的电缆,护套的标称厚度应不小于1.8 mm。

15 试验条件

15.1 环境温度

除非另有规定,试验应在环境温度(20±15)℃下进行。

15.2 工频试验电压的频率和波形

工频试验电压的频率应在49 Hz~61 Hz范围;波形应基本上为正弦波,引用值为有效值。

15.3 冲击试验电压的波形

按GB/T 3048.13—2007,冲击波应具有有效波前时间1 μs~5 μs,标称半峰值时间40 μs~60 μs。其他方面应符合GB/T 16927.1—1997。

16 例行试验

16.1 概述

例行试验通常应在每一根电缆制造长度上进行(见3.2.1)。根据购买方和制造方达成的质量控制协议,可以减少试验电缆的根数或采用其他的试验方法。

1) 来源:《工业材料中的危险品》N. I. Sax,第五版,Van Nostrand Reinhold,ISBN 0-442-27373-8。

本部分规定的例行试验为：

a) 导体电阻测量(见16.2)；

b) 在带有符合7.1和7.2规定的导体屏蔽和绝缘屏蔽的电缆绝缘线芯上进行的局部放电试验(见16.3)；

c) 电压试验(见16.4)。

16.2 导体电阻

应对例行试验中的每一根电缆长度的所有导体进行电阻测量，若有同心导体也包括在内。

成品电缆或从成品电缆上取下的试样，试验前应在保持适当温度的试验室内至少存放12 h。若怀疑导体温度是否与室温一致，电缆应在试验室内存放24 h后测量。也可将导体试样放在温度可以控制的液体槽内至少1 h后测量电阻。

电阻测量值应按GB/T 3956—2008给出的公式和系数校正到20 ℃下1 km长度的数值。

每一根导体20 ℃时的直流电阻应不超过GB/T 3956—2008规定的相应的最大值。标称截面积适用时，同心导体的电阻也应符合GB/T 3956—2008规定。

16.3 局部放电试验

应按GB/T 3048.12—2007进行局部放电试验，试验灵敏度应为10 pC或更优。

三芯电缆的所有绝缘线芯都应试验，电压施加于每一根导体和金属屏蔽之间。

试验电压应逐渐升高到$2U_0$并保持10 s，然后缓慢降到$1.73U_0$。

在$1.73U_0$下，应无任何由被试电缆产生的超过声明试验灵敏度的可检测到的放电。

注：被试电缆的任何放电都可能有害。

16.4 电压试验

16.4.1 概述

电压试验应在环境温度下采用工频交流电压进行。

16.4.2 单芯电缆试验步骤

单芯电缆的试验电压应施加在导体与金属屏蔽之间，持续5 min。

16.4.3 三芯电缆试验步骤

对分相金属屏蔽的三芯电缆，应在每一根导体与金属屏蔽层之间施加电压，持续5 min。

对不分相金属屏蔽的三芯电缆，应依次在每一根绝缘导体对其他所有导体及统包金属屏蔽层之间施加试验电压，持续5 min。

三芯电缆也可采用三相变压器，一次完成试验。

16.4.4 试验电压

工频试验电压应为$3.5U_0$，对应额定电压的单相试验电压值见表11。

表11 例行试验电压

额定电压U_0/kV	3.6	6	8.7	12	18
试验电压/kV	12.5	21	30.5	42	63

若用三相变压器同时对三芯电缆进行电压试验，相间试验电压应取表11所列数据的1.73倍。

在任何情况下，电压都应逐渐升高到规定值。

16.4.5 要求

绝缘应无击穿。

17 抽样试验

17.1 概述

本部分要求的抽样试验包括：

a) 导体检查(见17.4);

b) 尺寸检查(见17.5~17.8);

c) 额定电压高于3.6/6(7.2)kV电缆的电压试验(见17.9);

d) EPR、HEPR和XLPE绝缘及弹性体护套的热延伸试验(见17.10)。

17.2 抽样试验的频度

17.2.1 导体检查和尺寸检查

导体检查,绝缘和护套厚度测量以及电缆外径的测量应在每批同一型号和规格电缆中的一根制造长度的电缆上进行,但应限制不超过合同长度数量的10%。

17.2.2 电气和物理试验

电气和物理试验应按商定的质量控制协议,在取自成品电缆的样品上进行试验。若无协议,在三芯电缆总长度大于2 km或单芯电缆总长度大于4 km时,应按表12数量进行试验。

表12 抽样试验样品数量

电缆长度/km				样品数
多芯电缆		单芯电缆		
>2	≤10	>4	≤20	1
>10	≤20	>20	≤40	2
>20	≤30	>40	≤60	3
余类推		余类推		余类推

17.3 复试

如果任一试样没有通过第17章的任一项试验,应从同一批中再取两个附加试样就不合格项目重新试验。如果两个附加试样都合格,样品所取批次的电缆应认为符合本部分要求。如果加试样品中有一个试样不合格,则认为抽取该试样的这批电缆不符合本部分要求。

17.4 导体检查

应采用检查或可行的测量方法检查导体结构是否符合GB/T 3956—2008要求。

17.5 绝缘和非金属护套厚度的测量(包括挤包隔离套,但不包括挤包内衬层)

17.5.1 概述

试验方法应符合GB/T 2951.11—2008第8章规定。

为试验而选取的每根电缆长度应从电缆的一端截取一段来代表,如果必要,应将可能损伤的部分电缆先从该端截除。

17.5.2 对绝缘的要求

每一段绝缘线芯,最小测量值应不低于规定标称值的90%再减0.1 mm,即:

$$t_{min} \geqslant 0.9t_n - 0.1$$

同时:

$$\frac{t_{max} - t_{min}}{t_{max}} \leqslant 0.15$$

式中:

t_{max}——最大厚度,单位为毫米(mm);

t_{min}——最小厚度,单位为毫米(mm);

t_n——标称厚度,单位为毫米(mm)。

注:t_{max}和t_{min}在同一截面测得。

17.5.3 对非金属护套要求

护套应符合下列要求:

a) 对于非铠装电缆和护套不直接包覆在铠装、金属屏蔽或同心导体上的电缆，其最小测量值应不低于标称值的85%再减0.1 mm，即：

$$t_{\min} \geqslant 0.85t_{n} - 0.1$$

b) 直接包覆在铠装、金属屏蔽或同心导体上的护套，其最小测量值应不低于标称值的80%再减0.2 mm，即：

$$t_{\min} \geqslant 0.8t_{n} - 0.2$$

17.6 铅套厚度测量

根据制造方的意见应采用下列方法之一测量铅套最小厚度。铅套厚度应不低于规定标称值的95%再减0.1 mm，即：

$$t_{\min} \geqslant 0.95t_{n} - 0.1$$

注：其他类型金属套厚度测量方法在考虑中。

17.6.1 窄条法

应使用测量头平面直径为4 mm～8 mm的千分尺测量，测量精度为±0.01 mm。

测量应在取自成品电缆上的50 mm长的护套试样进行。试样应沿轴向剖开并仔细展平。将试样擦拭干净后，应沿展平的试样的圆周方向距边缘至少10 mm进行测量。应测取足够多的数值，以保证测量到最小厚度。

17.6.2 圆环法

应使用具有一个平测头和一个球形测头的千分尺，或具有一个平测头和一个长为2.4 mm、宽为0.8 mm的矩形平测头的千分尺进行测量。测量时球形测头或矩形测头应置于护套环的内侧。千分尺的精度应为±0.01 mm。

测量应在从样品上仔细切下的环形护套上进行。应沿着圆周上测量足够多的点，以保证测量到最小厚度。

17.7 铠装金属丝和金属带的测量

17.7.1 金属丝的测量

应使用具有两个平测头精度为±0.01 mm的千分尺来测量圆金属丝的直径和扁金属线的厚度。对圆金属丝应在同一截面上两个互成直角的位置上各测量一次，取两次测量的平均值作为金属丝的直径。

17.7.2 金属带的测量

应使用具有两个直径为5 mm平测头、精度为±0.01 mm的千分尺进行测量。对带宽为40 mm及以下的金属带应在宽度中央测其厚度；对更宽的带子应在距其每一边缘20 mm处测量，取其平均值作为金属带厚度。

17.7.3 要求

铠装金属丝和金属带的尺寸低于13.5中给出标称尺寸的量值应不超过：

——圆金属丝：5%；

——扁金属线：8%；

——金属带：10%。

17.8 外径测量

如果抽样试验中要求测量电缆外径，应按GB/T 2951.11—2008规定进行。

17.9 4 h电压试验

本试验仅适用于额定电压3.6/6(7.2)kV以上的电缆。

17.9.1 取样

试验终端之间的一根成品电缆长度应至少为5 m。

17.9.2 步骤

在环境温度下，每一导体与金属层间应施加工频电压 4 h。

17.9.3 试验电压

试验电压应为 $4U_0$。对应于标准额定电压的试验电压值列于表 13。

表 13 抽样试验电压

额定电压 U_0/kV	6	8.7	12	18
试验电压/kV	24	35	48	72

试验电压应逐渐升高到规定值，并持续 4 h。

17.9.4 要求

绝缘应不发生击穿。

17.10 EPR、HEPR 和 XLPE 绝缘和弹性体护套热延伸试验

17.10.1 步骤

取样和试验步骤应按 GB/T 2951.21—2008 第 9 章进行。试验条件列于表 19 和表 23。

17.10.2 要求

EPR、HEPR 和 XLPE 绝缘的试验结果应符合表 19 要求，SE_1 护套应符合表 23 要求。

18 电气型式试验

具有特定电压和导体截面的一种型式的电缆通过了本部分的型式试验后，对于具有其他导体截面和/或额定电压的电缆型式批准仍然有效，只要满足下列三个条件：

a) 绝缘和半导电屏蔽材料以及所采用的制造工艺相同；

b) 导体截面积不大于已试电缆，但是如果已试电缆的导体截面积为 95 mm^2～630 mm^2（含）之间，那么 630 mm^2 及以下的所有电缆也有效；

c) 额定电压不高于已试电缆。

型式批准与导体材料无关。

18.1 具有导体屏蔽和绝缘屏蔽的电缆

应从成品电缆中取 10 m～15 m 长的电缆试样按 18.1.1 进行试验。

除 18.1.2 的例外，所有 18.1.1 所列的试验应依次在同一试样上进行。

三芯电缆的每项试验或测量应在所有绝缘线芯上进行。

18.1.9 规定的半导电屏蔽电阻率测量，应在另外的试样上进行。

18.1.1 试验顺序

正常试验的顺序应如下：

a) 弯曲试验及随后的局部放电试验（见 18.1.4）；

b) tanδ 测量（见 18.1.2 和见 18.1.5）；

c) 加热循环试验及随后的局部放电试验（见 18.1.6）；

d) 冲击电压试验及随后的工频电压试验（见 18.1.7）；

e) 4 h 电压试验（见 18.1.8）。

18.1.2 特殊条款

tanδ 测量可以在没有按 18.1.1 正常试验顺序做过试验的另一个试样进行。

额定电压低于 6/10(12)kV 的电缆，不需要进行 tanδ 测量。

试验项目 e)可取一个新的试样进行，但该试样应预先进行过 18.1.1 中的 a)项和 c)项试验。

18.1.3 弯曲试验

在室温下试样应围绕试验圆柱体（例如线盘的筒体）至少绕一整圈，然后松开展直，再在相反方向上

重复此过程。

此操作循环应进行三次。

试验圆柱体的直径应为：

——铅套或纵包复合金属箔电缆：

$25(d+D)\pm5\%$　　单芯电缆；

$20(d+D)\pm5\%$　　三芯电缆。

——其他类型电缆：

$20(d+D)\pm5\%$　　单芯电缆；

$15(d+D)\pm5\%$　　三芯电缆。

式中：

D——电缆试样实测外径，单位为毫米(mm)，按 17.8 测量；

d——导体的实测直径，单位为毫米(mm)。

如果导体不是圆形：

$$d = 1.13\sqrt{S}$$

式中：

S——标称截面，单位为平方毫米(mm^2)。

本试验完成后，试样应即进行局部放电试验，并应符合 18.1.4 要求。

18.1.4　局部放电试验

应按 GB/T 3048.12—2007 进行局部放电试验，试验灵敏度应为 5 pC 或更优。

三芯电缆的所有绝缘线芯都应试验，电压施加于每一根导体和金属屏蔽之间。

试验电压逐渐升高到 $2U_0$ 并保持 10 s，然后缓慢降到 $1.73U_0$。

在 $1.73U_0$ 下，应无任何由被试电缆产生的超过声明试验灵敏度的可检测到的放电。

注：被试电缆的任何放电都可能有害。

18.1.5　额定电压 6/10(12) kV 及以上电缆的 tanδ 测量

成品电缆试样应采用下述方法之一加热：试样应放置在液体槽或烘箱中，或者在试样的金属屏蔽层或导体或两者都通电流加热。

试样应加热至导体温度超过电缆正常运行时导体最高温度 5 ℃～10 ℃。

每一方法中，导体的温度应或者通过测量导体电阻确定，或者用放在液体槽、烘箱内或放在屏蔽层表面上，或放在与被测电缆相同的另一根同样加热的参照电缆上的测温装置进行测量。

在交流电压不低于 2 kV 和上述规定温度下进行 tanδ 测量。

测量值应不高于表 15 规定。

18.1.6　热循环试验

经过上述各项试验后的试样应在试验室的地面上展开，并在试样导体上通以电流加热，直至导体达到稳定温度，此温度应超过电缆正常运行时导体最高温度 5 ℃～10 ℃。

三芯电缆的加热电流应通过所有导体。

加热循环应持续至少 8 h，在每一加热过程中，导体应在达到规定温度后至少维持 2 h。随后应在空气中自然冷却至少 3 h，使导体温度不超过环境温度 10 K。

此循环应重复 20 次。

第 20 个循环后，试样应进行局部放电试验并应符合 18.1.4 要求。

18.1.7　冲击电压试验及随后的工频电压试验

试验应在超过电缆正常运行时导体最高温度 5 ℃～10 ℃的温度下进行。

按 GB/T 3048.13—2007 规定的步骤施加冲击电压，其电压峰值列于表 14。

表 14 冲击电压

额定电压 U/kV	6	10	15	20	30
试验电压(峰值)/kV	60	75	95	125	170

电缆的每一个绝缘线芯应耐受 10 次正极性和 10 次负极性冲击电压而不击穿。

在冲击电压试验后，电缆试样的每一绝缘线芯应在室温下进行工频电压试验 15 min。试验电压应按表 11 规定。绝缘应不发生击穿。

18.1.8 4 h 电压试验

本试验应在室温下进行。应在试样的导体和屏蔽之间施加工频交流电压 4 h。

试验电压应为 $4U_0$，试验电压值见表 13。电压应逐渐升高至规定值。绝缘应不发生击穿。

18.1.9 半导电屏蔽电阻率

挤包在导体上的和绝缘上的半导电屏蔽的电阻率，应在取自电缆绝缘线芯上的试样上进行测量，绝缘线芯应分别取自制造好的电缆样品和进行过按 19.5 规定的材料相容性试验老化处理后的电缆样品。

18.1.9.1 步骤

试验步骤应按附录 D。

应在电缆正常运行时导体最高温度±2 ℃范围内进行测量。

18.1.9.2 要求

在老化前和老化后，电阻率应不超过下列数值：

——导体屏蔽：1 000 Ω·m；

——绝缘屏蔽：500 Ω·m。

18.2 额定电压为 3.6/6(7.2)kV 无绝缘屏蔽的电缆

在长度为 10 m～15 m 成品电缆试样的每一绝缘线芯上依次进行下列试验：

a) 环境温度下的绝缘电阻(见 18.2.1)；

b) 电缆正常运行时导体最高温度下的绝缘电阻(见 18.2.2)；

c) 4 h 电压试验(见 18.2.3)。

还应从成品电缆上另取一段 10 m～15 m 试样进行冲击电压试验(见 18.2.4)。

18.2.1 环境温度下绝缘电阻测量

18.2.1.1 步骤

试验应在未经过任何其他电气试验的一段试样上进行。

试验前应除去所有外护层，并将绝缘线芯浸在室温水中至少 1 h。

直流试验电压应为 80 V～500 V，为了达到合理稳定的测量，应施加足够时间的电压，但不能少于 1 min，也不能超过 5 min。

测量应在每一根导体与水之间进行。

若有要求，测量可在(20±1)℃下进一步证实。

18.2.1.2 计算

按下列公式用测量得到的绝缘电阻计算体积电阻率。

$$\rho=\frac{2\times\pi\times L\times R}{\ln(D/d)}$$

式中：

ρ——体积电阻率，单位为欧姆厘米(Ω·cm)；

R——测量得到的绝缘电阻值，单位为欧姆(Ω)；

L——电缆长度，单位为厘米(cm)；

D——绝缘外径，单位为毫米(mm)；

d——绝缘内径，单位为毫米(mm)。

用下列公式也可以计算“绝缘电阻常数 K_i”，以 MΩ·km 表示。

$$K_i = \frac{L \times R \times 10^{-11}}{\lg(D/d)} = 10^{-11} \times 0.367 \times \rho$$

注：对于成型导体的绝缘线芯，比值 D/d 是绝缘表面周长与导体表面周长之比。

18.2.1.3 要求

从测量值得出的计算值应不小于表 15 的规定值。

18.2.2 导体最高温度下绝缘电阻的测量

18.2.2.1 步骤

电缆试样的绝缘线芯在试验前应浸在温度为电缆正常运行时导体最高温度±2 ℃的水中至少 1 h。

直流试验电压应为 80 V～500 V，为了达到合理稳定的测量，应施加足够时间的电压，但不能少于 1 min，也不能超过 5 min。

测量应在每一根导体与水之间进行。

18.2.2.2 计算

体积电阻率和(或)绝缘电阻常数可由绝缘电阻用 18.2.1.2 的公式计算得到。

18.2.2.3 要求

从测量值计算出的数据应不小于表 15 的规定值。

18.2.3 4 h 电压试验

18.2.3.1 步骤

电缆试样的各个绝缘线芯应浸入室温水中至少 1 h 后进行试验。

在导体与水之间施加 $4U_0$ 的工频电压，试验电压值见表 13。电压应逐渐升高并持续 4 h。

18.2.3.2 要求

绝缘应不发生击穿。

18.2.4 冲击电压试验

18.2.4.1 步骤

试验应在超过电缆正常运行时导体最高温度 5 ℃～10 ℃下进行。

按 GB/T 3048.13—2007 规定的步骤施加冲击电压，其电压峰值应为 60 kV。

冲击试验应依次在每相导体和其他各相导体与地连接之间施加电压。

18.2.4.2 要求

电缆的每一个绝缘线芯应耐受 10 次正极性和 10 次负极性冲击电压而不击穿。

19 非电气型式试验

本部分要求的非电气型式试验项目见表 16。

19.1 绝缘厚度测量

19.1.1 取样

应从每一根绝缘线芯上各取一个样品。

19.1.2 步骤

应按 GB/T 2951.11—2008 的 8.1 进行测量。

19.1.3 要求

见 17.5.2。

19.2 非金属护套厚度测量(包括挤包隔离套，但不包括内衬层)

19.2.1 取样

应取一个电缆试样。

19.2.2 步骤

应按 GB/T 2951.11—2008 中 8.2 进行测量。

19.2.3 要求

见 17.5.3。

19.3 老化前后绝缘的机械性能试验

19.3.1 取样

应按 GB/T 2951.11—2008 中 9.1 取样和制备试片。

19.3.2 老化处理

老化处理应在表 17 规定的条件下,按 GB/T 2951.12—2008 的 8.1 进行。

19.3.3 预处理和机械性能试验

应按 GB/T 2951.11—2008 中 9.1 进行试片的预处理和机械性能试验。

19.3.4 要求

试片老化前和老化后的试验结果均应符合表 17 要求。

19.4 非金属护套老化前后的机械性能试验

19.4.1 取样

应按 GB/T 2951.11—2008 中 9.2 取样和制备试片。

19.4.2 老化处理

老化处理应在表 20 规定的条件下,按 GB/T 2951.12—2008 中 8.1 进行。

19.4.3 预处理和机械性能试验

应按 GB/T 2951.11—2008 中 9.2 进行试片的预处理和机械性能试验。

19.4.4 要求

试片老化前和老化后的试验结果均应符合表 20 要求。

19.5 成品电缆段的附加老化试验

19.5.1 概述

本试验旨在检验电缆绝缘和非金属护套与电缆中的其他材料接触有无造成运行中劣化倾向。

本试验适用于任何类型的电缆。

19.5.2 取样

应按 GB/T 2951.12—2008 中 8.1.4 从成品电缆上截取试样。

19.5.3 老化处理

电缆样品的老化处理应按 GB/T 2951.12—2008 中 8.1.4,在空气烘箱中进行。老化条件如下:

——温度:高于电缆正常运行时导体最高温度(见表 17)10 ℃±2 ℃;

——周期:7×24 h。

19.5.4 机械性能试验

取自老化后电缆段试样的绝缘和护套试片,应按 GB/T 2951.12—2008 中 8.1.4 进行机械性能试验。

19.5.5 要求

老化前和老化后抗张强度与断裂伸长率中间值的变化率(见 19.3 和 19.4)应不超过空气烘箱老化后的规定值。绝缘的规定值见表 17,非金属护套的规定值见表 20。

19.6 ST_2 型 PVC 护套失重试验

19.6.1 步骤

应按 GB/T 2951.32—2008 中 8.2 取样和进行试验。

19.6.2 要求

试验结果应符合表 21 规定。

19.7 绝缘和非金属护套的高温压力试验

19.7.1 步骤

高温压力试验应按 GB/T 2951.31—2008 第 8 章的试验方法及表 18、表 21 和表 22 给出的试验条件进行。

19.7.2 要求

试验结果应符合 GB/T 2951.31—2008 第 8 章要求。

19.8 PVC 绝缘和护套的低温性能试验

19.8.1 步骤

应按 GB/T 2951.14—2008 第 8 章取样和进行试验，试验温度见表 18 和表 21。

19.8.2 要求

试验结果应符合 GB/T 2951.14—2008 第 8 章要求。

19.9 PVC 绝缘和护套抗开裂试验(热冲击试验)

19.9.1 步骤

应按 GB/T 2951.31—2008 第 9 章取样和进行试验，试验温度和加热持续时间见表 18 和表 21。

19.9.2 要求

试验结果应符合 GB/T 2951.31—2008 第 9 章要求。

19.10 EPR 和 HEPR 绝缘耐臭氧试验

19.10.1 步骤

应按 GB/T 2951.21—2008 第 8 章取样和进行试验。臭氧浓度和试验持续时间应符合表 19 规定。

19.10.2 要求

试验结果应符合 GB/T 2951.21—2008 第 8 章要求。

19.11 EPR、HEPR 和 XLPE 绝缘和弹性体护套的热延伸试验

应按 17.10 取样和进行试验，并符合 17.10 要求。

19.12 弹性体护套的浸油试验

19.12.1 步骤

应按 GB/T 2951.21—2008 第 10 章取样和进行试验，试验条件应符合表 23。

19.12.2 要求

试验结果应符合表 23 要求。

19.13 绝缘吸水试验

19.13.1 步骤

应按 GB/T 2951.13—2008 的 9.1 或 9.2 取样和进行试验。试验条件应分别符合表 18 或表 19 要求。

19.13.2 要求

试验结果应符合表 18 或表 19 要求。

19.14 单根电缆的不延燃试验

本试验仅适用于 ST_1、ST_2 或 SE_1 材料护套电缆，且仅有特别要求时才进行。

应按 GB/T 18380.12—2008 规定的方法进行试验并符合其要求。

19.15 黑色 PE 护套碳黑含量测定

19.15.1 步骤

应按 GB/T 2951.41—2008 第 11 章取样和进行试验。

19.15.2 要求

试验结果应符合表 22 要求。

19.16 XLPE 绝缘收缩试验

19.16.1 步骤

应按 GB/T 2951.13—2008 第 10 章取样和进行试验，试验条件应符合表 19。

19.16.2 要求

试验结果应符合表 19 规定。

19.17 PVC 绝缘热稳定性试验

19.17.1 步骤

应按 GB/T 2951.32—2008 第 9 章取样和进行试验，试验条件应符合表 18 规定。

19.17.2 要求

试验结果应符合表 18 要求。

19.18 HEPR 绝缘硬度测量

19.18.1 步骤

应按附录 E 取样和进行测量。

19.18.2 要求

试验结果应符合表 19 要求。

19.19 HEPR 绝缘弹性模量测定

19.19.1 步骤

应按 GB/T 2951.11—2008 第 9 章取样、制备试片和进行测定。

应测量伸长为 150%时所需的负荷。相应的应力应用测得的负荷除以试片未拉伸前的截面积计算得到。应确定应力与应变的比值，以得到伸长率为 150%时的弹性模量。

弹性模量应取全部测量结果的中间值。

19.19.2 要求

试验结果应符合表 19 要求。

19.20 PE 外护套收缩试验

19.20.1 步骤

应按 GB/T 2951.13—2008 第 11 章取样和进行试验，试验条件应符合表 22。

19.20.2 要求

试验结果应符合表 22 要求。

19.21 绝缘屏蔽的可剥离性试验

当制造方声明采用的挤包半导电绝缘屏蔽为可剥离型时，应进行本试验。

19.21.1 步骤

试验应在老化前和老化后的样品上各进行三次，可在三个单独的电缆试样上进行试验，也可在同一个电缆试样上沿圆周方向彼此间隔约 120°的三个不同位置上进行试验。

应从老化前和按 19.5.3 老化后的被试电缆上取下长度至少 250 mm 的绝缘线芯。

在每一个试样的挤包绝缘屏蔽表面上从试样的一端到另一端向绝缘纵向切割成两道彼此相隔宽(10±1)mm 相互平行的深入绝缘的切口。

沿平行于绝缘线芯方向(也就是剥切角近似于 180°)拉开长 50 mm、宽 10 mm 的条形带后，将绝缘线芯垂直地装在拉力机上，用一个夹头夹住绝缘线芯的一端，而 10 mm 条形带，夹在另一个夹头上。

施加使 10 mm 条形带从绝缘分离的拉力，拉开至少 100 mm 长的距离。应在剥离角近似 180°和速度为(250±50)mm/min 条件下测量拉力。

试验应在(20±5)℃温度下进行。

对未老化和老化后的试样应连续地记录其剥离力的数值。

19.21.2 要求

从老化前后的试样绝缘上剥下挤包半导电屏蔽的剥离力应不小于 4 N 和不大于 45 N。

绝缘表面应无损伤及残留的半导电屏蔽痕迹。

19.22 透水试验

当制造方声称采用了纵向阻水屏障电缆的设计时，应进行透水试验。本试验的目的是满足地下埋设电缆的要求，而不适用于水底电缆。

本试验用于下列电缆设计：

a) 在金属层附近具有纵向阻水屏障；

b) 沿着导体具有纵向阻水屏障。

试验装置、取样和试验步骤应按附录 F 规定。

20 安装后电气试验

试验应在电缆及其附件安装完成后进行。

推荐按照 20.1 进行外护套的直流电压试验，并在有要求时按照 20.2 进行绝缘试验。对于只进行外护套的直流电压试验的情况，可以用买方和供方认可的质量保证程序代替绝缘试验。

20.1 外护套的直流电压试验

应在电缆的每相金属套或金属屏蔽与接地之间施加 IEC 60229:2007 第 5 章规定的直流电压及持续时间。

为了有效试验，有必要使外护套的全部外表面接地良好。外护套上的导电层能够帮助达到此目的。

20.2 绝缘试验

20.2.1 交流电压试验

按供方与买方协议，可以采用下列 a)项或 b)项工频电压试验：

a) 在导体与金属屏蔽间施加系统的相间电压，持续 5 min；

b) 施加正常系统电压，持续 24 h。

20.2.2 直流电压试验

作为交流电压试验的替代，可以采用直流电压 $4U_0$，施加 15 min。

注 1：直流电压试验可能对被试绝缘系统造成危险。其他试验方法在考虑中。

注 2：对已运行的电缆线路，可采用较低的电压和/或较短的时间进行试验。试验的电压和时间应考虑已运行的时间、环境条件、击穿历史以及试验的目的，经协商确定。

21 电缆产品的补充条款

电缆产品的补充条款包括电缆型号和产品表示方法、产品验收规则、成品电缆标志、电缆包装、运输和贮存，以及安装条件，详见附录 B。

表 15 绝缘混合料的电气型式试验要求

序号	试验项目和试验条件 （混合料代号见 4.2）	单位	性能要求		
			PVC/B	EPR/HEPR	XLPE
0	正常运行时导体最高温度(见 4.2)	℃	70	90	90
1	体积电阻率 ρ[a]				
1.1	——20 ℃(见 18.2.1)	Ω·cm	10^{14}	—	—
1.2	——正常运行时导体最高温度(见 18.2.2)	Ω·cm	10^{11}	10^{12}	—
2	绝缘电阻常数 K_i[a]				
2.1	——20 ℃(见 18.2.1)	MΩ·km	367	—	—

表 15(续)

序号	试验项目和试验条件 (混合料代号见 4.2)	单 位	性能要求		
			PVC/B	EPR/HEPR	XLPE
2.2	——正常运行时导体最高温度(见 18.2.2)	MΩ·km	0.37	3.67	—
3	tanδ(见 18.1.5)				
	——超过正常运行时导体最高温度 5 ℃～10 ℃,tanδ 最大值		—	400×10^{-4}	80×10^{-4}

[a] 用于按第 7 章 a)项和 b)项的额定电压 3.6/6(7.2)kV PVC、EPR 和 HEPR 绝缘无屏蔽电缆。

表 16 非电气型式试验(见表 17～表 23)

序号	试验项目 (混合料代号见 4.2 和 4.3)	绝缘				护套				
						PVC		PE		
		PVC/B	EPR	HEPR	XLPE	ST_1	ST_2	ST_3	ST_7	SE_1
1	尺寸									
1.1	厚度测量	×	×	×	×	×	×	×	×	×
2	机械性能(抗张强度和断裂伸长率)									
2.1	老化前	×	×	×	×	×	×	×	×	×
2.2	空气烘箱老化后	×	×	×	×	×	×	×	×	×
2.3	成品电缆段老化	×	×	×	×	×	×	×	×	×
2.4	浸入热油后	—	—	—	—	—	—	—	—	×
3	热塑性能									
3.1	高温压力试验(凹痕)	×	—	—	—	×	×	—	×	—
3.2	低温性能	×	—	—	—	×	×	—	—	—
4	其他各类试验									
4.1	空气烘箱内的失重试验	—	—	—	—	—	×	—	—	—
4.2	热冲击试验(开裂)	×	—	—	—	×	×	—	—	—
4.3	耐臭氧试验	—	×	×	—	—	—	—	—	—
4.4	热延伸试验	—	×	×	×	—	—	—	—	×
4.5	不延燃试验(若需要)	—	—	—	—	×	×	—	—	×
4.6	吸水试验	×	×	×	×	—	—	—	—	—
4.7	热稳定试验	×	—	—	—	—	—	—	—	—
4.8	收缩试验	—	—	—	×	—	—	×	×	—
4.9	碳黑含量[a]	—	—	—	—	—	—	×	×	—
4.10	硬度试验	—	—	×	—	—	—	—	—	—
4.11	弹性模量试验	—	—	×	—	—	—	—	—	—
4.12	可剥离试验[b]									
4.13	透水试验[c]									

注:×表示型式试验项目。

[a] 仅对黑色外护套适用。

[b] 用于制造方拟采用可剥离绝缘屏蔽电缆的设计中。

[c] 用于制造方拟采用纵向阻水屏障电缆的设计中。

表 17 绝缘混合料机械性能试验要求(老化前后)

序号	试验项目 (混合料代号见 4.2)	单位	PVC/B	EPR	HEPR	XLPE
0	电缆正常运行时导体最高温度(见 4.2)	℃	70	90	90	90
1	老化前(GB/T 2951.11—2008 中 9.1)					
1.1	抗张强度,最小	N/mm^2	12.5	4.2	8.5	12.5
1.2	断裂伸长率,最小	%	125	200	200	200
2	空气烘箱老化后(GB/T 2951.12—2008 中 8.1)					
2.1	无导体老化后					
2.1.1	处理条件					
	——温度	℃	100	135	135	135
	——温度偏差	℃	±2	±3	±3	±3
	——持续时间	h	168	168	168	168
2.1.2	抗张强度					
	a) 老化后数值,最小	N/mm^2	12.5	—	—	—
	b) 变化率[a],最大	%	±25	±30	±30	±25
2.1.3	断裂伸长率					
	a) 老化后数值,最小	%	125	—	—	—
	b) 变化率[a],最大	%	±25	±30	±30	±25

[a] 变化率:老化前后得出的中间值之差值除以老化前中间值,以百分数表示。

表 18 PVC 绝缘混合料特殊性能试验要求

序号	试验项目 (混合料代号见 4.2 和 4.3)	单位	绝缘
			PVC/B
1	高温压力试验(GB/T 2951.31—2008 中第 8 章)		
1.1	温度(偏差±2 ℃)	℃	80
2	低温性能试验[a](GB/T 2951.14—2008 中第 8 章)		
2.1	未经老化前进行试验		
	——直径<12.5 mm 的冷弯曲试验		
	——温度(偏差±2 ℃)	℃	−5
2.2	哑铃片的低温拉伸试验		
	——温度(偏差±2 ℃)	℃	−5
3	热冲击试验(GB/T 2951.31—2008 中第 9 章)		
3.1	温度(偏差±3 ℃)	℃	150
3.2	持续时间	h	1
4	热稳定试验(GB/T 2951.32—2008 中第 9 章)		
4.1	温度(偏差±0.5 ℃)	℃	200
4.2	最短时间	min	100
5	吸水试验(GB/T 2951.13—2008 中 9.1)		
	电气法:		
5.1	温度(偏差±2 ℃)	℃	70
5.2	持续时间	h	240

[a] 因气候条件,购买方可以要求采用更低的温度。

表 19 各种热固性绝缘混合料特殊性能试验要求

序号	试验项目(混合料代号见 4.2)	单位	EPR	HEPR	XLPE
1	耐臭氧试验(GB/T 2951.21—2008 中第 8 章)				
1.1	臭氧浓度(按体积)	%	0.025～0.030	0.025～0.030	—
1.2	无开裂试验持续时间	h	24	24	—
2	热延伸试验(GB/T 2951.21—2008 中第 9 章)				
2.1	处理条件				
	——空气温度(偏差±3 ℃)	℃	250	250	200
	——负荷时间	min	15	15	15
	——机械应力	N/cm^2	20	20	20
2.2	载荷下最大伸长率	%	175	175	175
2.3	冷却后最大永久伸长率	%	15	15	15
3	吸水试验(GB/T 2951.13—2008 中 9.2)				
	重量分析法:				
3.1	温度(偏差±2 ℃)	℃	85	85	85
3.2	持续时间	h	336	336	336
3.3	重量最大增量	mg/cm^2	5	5	1[a]
4	收缩试验(GB/T 2951.13—2008 中第 10 章)				
4.1	标志间长度 *L*	mm	—	—	200
4.2	温度(偏差±3 ℃)	℃	—	—	130
4.3	持续时间	h	—	—	1
4.4	最大允许收缩率	%	—	—	4
5	硬度测定(见附录 E)				
5.1	IRHD[b],最小		—	80	—
6	弹性模量测定(见 19.19)				
6.1	150%伸长率下的弹性模量,最小	N/mm^2	—	4.5	—

[a] 对于密度大于 1 g/cm^3 的 XLPE 要考虑吸水量增加大于 1 mg/cm^2。

[b] IRHD:国际橡胶硬度级。

表 20 护套混合料机械性能试验要求(老化前后)

序号	试验项目(混合料代号见 4.3)	单 位	ST_1	ST_2	ST_3	ST_7	SE_1
0	电缆正常运行时导体最高温度(见 4.3)	℃	80	90	80	90	85
1	老化前(GB/T 2951.11—2008 中 9.2)						
1.1	抗张强度,小	N/mm^2	12.5	12.5	10.0	12.5	10.0
1.2	断裂伸长率,小	%	150	150	300	300	300
2	空气烘箱老化后(GB/T 2951.12—2008 中 8.1)						
2.1	处理条件						
	——温度(偏差±2 ℃)	℃	100	100	100	110	100
	——持续时间	h	168	168	240	240	168
2.2	抗张强度						
	a) 老化后数值,最小	N/mm^2	12.5	12.5	—	—	—
	b) 变化率[a],最大	%	±25	±25	—	—	±30
2.3	断裂伸长率						
	a) 老化后数值,最小	%	150	150	300	300	250
	b) 变化率[a],最大	%	±25	±25	—	—	±40

[a] 变化率:老化前后得出的中间值之差值除以老化前中间值,以百分数表示。

表 21 PVC 护套混合料特殊性能试验要求

序号	试验项目 (混合料代号见 4.2 和 4.3)	单位	护套	
			ST_1	ST_2
1	空气烘箱中失重试验(GB/T 2951.32—2008 中 8.2)			
1.1	处理条件			
	——温度(偏差±2 ℃)	℃	—	100
	——持续时间	h	—	168
1.2	最大允许失重量	mg/cm²	—	1.5
2	高温压力试验(GB/T 2951.31—2008 中第 8 章)			
2.1	温度(偏差±2 ℃)	℃	80	90
3	低温性能试验[a](GB/T 2951.14—2008 中第 8 章)			
3.1	未经老化前进行试验			
	——直径＜12.5 mm 的冷弯曲试验			
	——温度(偏差±2 ℃)	℃	−15	−15
3.2	哑铃片的低温拉伸试验			
	——温度(偏差±2 ℃)	℃	−15	−15
3.3	冷冲击试验			
	——温度(偏差±2 ℃)	℃	−15	−15
4	热冲击试验(GB/T 2951.31—2008 中第 9 章)			
4.1	——温度(偏差±3 ℃)	℃	150	150
4.2	——持续时间	h	1	1

[a] 因气候条件,购买方可以要求采用更低的温度。

表 22 PE(热塑性聚乙烯)护套混合料特殊性能试验要求

序号	试验项目 (混合料代号见 4.3)	单位	ST_3	ST_7
1	密度[a](GB/T 2951.13—2008 中第 8 章)			
2	碳黑含量(仅对于黑色护套) (GB/T 2951.41—2008 中第 11 章)			
2.1	标称值	%	2.5	2.5
2.2	偏差	%	±0.5	±0.5
3	收缩试验(GB/T 2951.13—2008 中第 11 章)			
3.1	温度(偏差±2 ℃)	℃	80	80
3.2	加热持续时间	h	5	5
3.3	加热周期		5	5
3.4	最大允许收缩	%	3	3
4	高温压力试验(GB/T 2951.31—2008 中 8.2)			
4.1	温度(偏差±2 ℃)	℃	—	110

[a] 密度的测定仅在其他试验需要时才做。

表 23 弹性体护套混合料特殊性能试验要求

序 号	试验项目 (混合料代号见 4.3)	单位	SE_1
1	浸油后机械性能测试 (GB/T 2951.21—2008 中第 10 章和 GB/T 2951.11—2008 中第 9 章)		
1.1	处理		
	——油温(偏差±2 ℃)	℃	100
	——持续时间	h	24
	最大允许变化率[a]		
	a) 抗张强度	%	±40
	b) 断裂伸长率	%	±40
2	热延伸(GB/T 2951.21—2008 中第 9 章)		
2.1	处理		
	——温度(偏差±3 ℃)	℃	200
	——载荷时间	min	15
	——机械应力	N/cm²	20
2.2	负载下允许最大伸长率	%	175
2.3	冷却后最大永久伸长率	%	15

[a] 变化率:处理前后得出的中间值之差值与处理前中间值之比,以百分数表示。

附 录 A
（规范性附录）
确定护层尺寸的假设计算方法

电缆护层，诸如护套和铠装，其厚度通常与电缆标称直径有一个“阶梯表”的关系。

有时候会产生一些问题，计算出的标称直径不一定与生产出的电缆实际尺寸相同。在边缘情况下，如果计算直径稍有偏差，护层厚度与实际直径不相符合，就会产生疑问。不同制造方的成型导体尺寸变化、计算方法不同会引起标称直径不同和由此导致使用在基本设计相同的电缆上的护层厚度不同。

为了避免这些麻烦，而采取假设计算方法。这种计算方法忽略形状和导体的紧压程度而根据导体标称截面积，绝缘标称厚度和电缆芯数，利用公式来计算假设直径。这样护套厚度和其他护层厚度都可以通过公式或表格而与假设直径有了相应的关系。假设直径计算的方法明确规定，使用的护层厚度是唯一的，它与实际制造中的细微差别无关。这就使电缆设计标准化，对于每一个导体截面的护层厚度尺寸可以被预先计算和规定。

假设直径仅用来确定护套和电缆护层的尺寸，不是代替精确计算标称直径所需的实际过程，实际标称直径计算应分开计算。

A.1 概述

采用下述规定的电缆各种护层厚度的假设计算方法，是为了保证消除在单独计算中引起的任何差异，例如由于导体尺寸的假设以及标称直径和实际直径之间不可避免的差异。

所有厚度值和直径都应按附录 C 中的规则修约到一位小数。

扎带，例如反向螺旋绕包在铠装外的扎带，如果不厚于 0.3 mm，在此方法中忽略。

A.2 方法

A.2.1 导体

不考虑形状和紧压程度如何，每一标称截面积导体的假设直径（d_L）由表 A.1 给出。

表 A.1 导体的假设直径

导体标称截面积/ mm^2	d_L/mm	导体标称截面积/ mm^2	d_L/mm
10	3.6	240	17.5
16	4.5	300	19.5
25	5.6	400	22.6
35	6.7	500	25.2
50	8.0	630	28.3
70	9.4	800	31.9
95	11.0	1 000	35.7
120	12.4	1 200	39.1
150	13.8	1 400	42.2
185	15.3	1 600	45.1

A.2.2 绝缘线芯

任何绝缘线芯的假设直径 D_c 如下式：

a) 无半导电屏蔽电缆的绝缘线芯：

$$D_c = d_L + 2t_i$$

b) 有半导电屏蔽电缆的绝缘线芯：

$$D_c = d_L + 2t_i + 3.0$$

式中：

t_i——绝缘的标称厚度，单位为毫米(mm)(见表5～表7)

如果采用金属屏蔽或同心导体，则应根据A.2.5考虑增大绝缘线芯的标称直径。

A.2.3 缆芯直径

缆芯的假设直径(D_f)如下式：

$$D_f = B \cdot D_c$$

式中：

B——三芯电缆的成缆系数，数值为2.16。

A.2.4 内衬层

内衬层的直径(D_B)应按下式计算：

$$D_B = D_f + 2t_B$$

式中：

缆芯的假设直径 D_f 为40 mm及以下，t_B=0.4 mm；

缆芯的假设直径 D_f 大于40 mm，t_B=0.6 mm。

t_B 假设值应用于：

a) 三芯电缆

——无论有无内衬层；

——无论内衬层为挤包还是绕包。

当有一个符合13.3.3规定的隔离套代替或附加在内衬层上时，应按A.2.7中公式计算。

b) 单芯电缆

——无论有挤包还是绕包的内衬层。

A.2.5 同心导体和金属屏蔽

由于同心导体和金属屏蔽使直径增加的数值如表A.2规定。

表A.2 同心导体和金属屏蔽使直径的增加值

同心导体或金属屏蔽的标称截面积/mm^2	直径的增加值/mm	同心导体或金属屏蔽的标称截面积/mm^2	直径的增加值/mm
1.5	0.5	50	1.7
2.5	0.5	70	2.0
4	0.5	95	2.4
6	0.6	120	2.7
10	0.8	150	3.0
16	1.1	185	4.0
25	1.2	240	5.0
35	1.4	300	6.0

如果同心导体或金属屏蔽的标称截面介于上表所列数据的两数之间，那么取这两个标称值中较大数值所对应的直径增加值。

如果有金属屏蔽层，上表中规定的屏蔽层截面积应按下列公式计算：

a) 金属带屏蔽

$$截面积 = n_t \times t_t \times w_t (mm^2)$$

式中：

n_t——金属带根数；

t_t——单根金属带的标称厚度，单位为毫米(mm)；

w_t——单根金属带的标称宽度，单位为毫米(mm)。

当屏蔽总厚度小于 0.15 mm 时，直径增加值为零：

——一层金属带重叠绕包屏蔽或两层金属带搭盖绕包屏蔽，屏蔽总厚度为金属带厚度的两倍；

——金属带纵包屏蔽：

如果搭盖率小于 30%，屏蔽总厚度为金属带的厚度；

如果搭盖率达到或超过 30%，屏蔽总厚度为金属带厚度的两倍。

b) 金属丝屏蔽(包括一反向扎线，若存在)

$$截面积 = \frac{n_w \times d_w^2 \times \pi}{4} + n_h \times t_h \times W_h (mm^2)$$

式中：

n_w——金属丝根数；

d_w——单根金属丝直径，单位为毫米(mm)；

n_h——反向扎带根数；

t_h——厚度大于 0.3 mm 的反向扎带的厚度，单位为毫米(mm)；

W_h——反向扎带的宽度，单位为毫米(mm)。

A.2.6 铅套

铅套的假设直径(D_{pb})应按下式计算：

$$D_{pb} = D_g + 2t_{pb}$$

式中：

D_g——铅套下的假设直径，单位为毫米(mm)；

t_{pb}——按 12.1 的计算厚度，单位为毫米(mm)。

A.2.7 隔离套

隔离套的假设直径(D_s)应按下式计算：

$$D_s = D_u + 2t_s$$

式中：

D_u——隔离套下的假设直径，单位为毫米(mm)；

t_s——按 13.3.3 的计算厚度，单位为毫米(mm)。

A.2.8 包带垫层

包带垫层的假设直径 D_{lb} 应按下式计算：

$$D_{lb} = D_{ulb} + 2t_{lb}$$

式中：

D_{ulb}——包带前假设直径，单位为毫米(mm)；

t_{lb}——包带垫层厚度，按 13.3.4 规定即为 1.5mm。

A.2.9 金属带铠装电缆的附加垫层(加在内衬层外)

因附加垫层引起的直径增加量见表 A.3。

表 A.3 因附加垫层引起的直径增加量

附加垫层前的假设直径/mm	因附加垫层引起的直径增加/mm
≤29	1.0
>29	1.6

A.2.10 铠装

铠装外的假设直径(D_X)应按下式计算：

a) 扁或圆金属丝铠装

$$D_X = D_A + 2t_A + 2t_W$$

式中：

D_A——铠装前直径，单位为毫米(mm)；

t_A——铠装金属丝的直径或厚度，单位为毫米(mm)；

t_W——如果有反向螺旋扎带时厚度大于 0.3 mm 的反向螺旋扎带时厚度，单位为毫米(mm)。

b) 双金属带铠装

$$D_X = D_A + 4t_A$$

式中：

D_A——铠装前直径，单位为毫米(mm)；

t_A——铠装带厚度，单位为毫米(mm)。

附 录 B
（规范性附录）
电缆产品的补充条款

B.1 电缆型号和产品表示方法

B.1.1 代号

导体代号
- 铜导体 …………………………………………………………………… (T)省略
- 铝导体 …………………………………………………………………… L

绝缘代号
- 聚氯乙烯绝缘 …………………………………………………………… V
- 交联聚乙烯绝缘 ………………………………………………………… YJ
- 乙丙橡胶绝缘 …………………………………………………………… E
- 硬乙丙橡胶绝缘 ………………………………………………………… EY

金属屏蔽代号
- 铜带屏蔽 ………………………………………………………………… (D)省略
- 铜丝屏蔽 ………………………………………………………………… S

护套代号[2)]
- 聚氯乙烯护套 …………………………………………………………… V
- 聚乙烯护套 ……………………………………………………………… Y
- 弹性体[3)]护套 …………………………………………………………… F
- 金属箔复合护套 ………………………………………………………… A
- 铅套 ……………………………………………………………………… Q

铠装代号
- 双钢带铠装 ……………………………………………………………… 2
- 细圆钢丝铠装 …………………………………………………………… 3
- 粗圆钢丝铠装 …………………………………………………………… 4
- (双)非磁性金属带[4)]铠装 ……………………………………………… 6
- 非磁性金属丝[5)]铠装 …………………………………………………… 7

外护套代号
- 聚氯乙烯外护套 ………………………………………………………… 2
- 聚乙烯外护套 …………………………………………………………… 3
- 弹性体[6)]外护套 ………………………………………………………… 4

---

2) 包括挤包的内衬层和隔离套。

3) 弹性体包括氯丁橡胶、氯磺化聚乙烯或类似聚合物为基的护套混合料。若订货合同中未注明，则采用何种弹性体由制造厂确定。

4) 非磁性金属带包括非磁性不锈钢带、铝或铝合金带等。若订货合同中未注明，则采用何种非磁性金属带由制造厂确定。

5) 非磁性金属丝包括非磁性不锈钢丝、铜丝或镀锡铜丝、铜合金丝或镀锡铜合金丝、铝或铝合金丝等。若订货合同中未注明，则采用何种非磁性金属丝由制造厂确定。

6) 弹性体包括氯丁橡胶、氯磺化聚乙烯或类似聚合物为基的护套混合料。若订货合同中未注明，则采用何种弹性体由制造厂确定。

B.1.2 产品型号

产品型号的组成和排列顺序如下[7]：

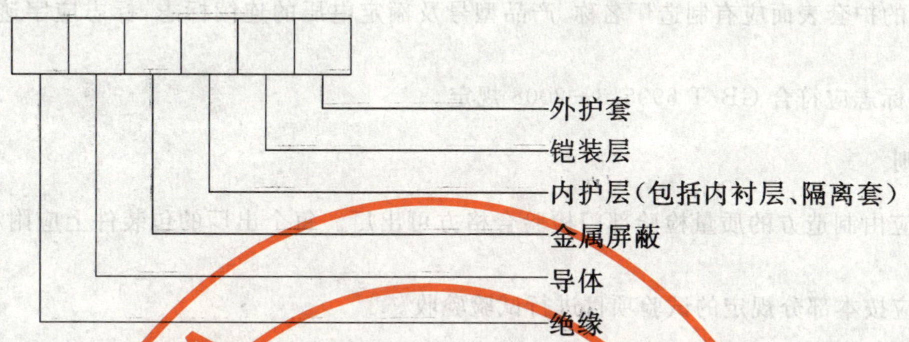

电缆常用型号如表 B.1。

表 B.1 电缆常用型号

型号		名称
铜芯	铝芯	
VV	VLV	聚氯乙烯绝缘聚氯乙烯护套电力电缆
VY	VLY	聚氯乙烯绝缘聚乙烯护套电力电缆
VV22	VLV22	聚氯乙烯绝缘钢带铠装聚氯乙烯护套电力电缆
VV23	VLV23	聚氯乙烯绝缘钢带铠装聚乙烯护套电力电缆
VV32	VLV32	聚氯乙烯绝缘细钢丝铠装聚氯乙烯护套电力电缆
VV33	VLV33	聚氯乙烯绝缘细钢丝铠装聚乙烯护套电力电缆
YJV	YJLV	交联聚乙烯绝缘聚氯乙烯护套电力电缆
YJY	YJLY	交联聚乙烯绝缘聚乙烯护套电力电缆
YJV22	YJLV22	交联聚乙烯绝缘钢带铠装聚氯乙烯护套电力电缆
YJV23	YJLV23	交联聚乙烯绝缘钢带铠装聚乙烯护套电力电缆
YJV32	YJLV32	交联聚乙烯绝缘细钢丝铠装聚氯乙烯护套电力电缆
YJV33	YJLV33	交联聚乙烯绝缘细钢丝铠装聚乙烯护套电力电缆
注：本表中未列出的电缆型号可按本附录 B.1.2 的规定组成。		

B.1.3 产品表示方法

产品用型号(型号中有数字代号的电缆外护层，数字前的文字代号表示内护层)、规格(额定电压、芯数、标称截面积)及本部分的标准编号表示。

例如：

铝芯交联聚乙烯绝缘铜带屏蔽钢带铠装聚氯乙烯护套电力电缆，额定电压为 8.7/10 kV，三芯，标称截面积 120 mm^2 表示为：

YJLV22—8.7/10　3×120　GB/T 12706.2—2008

交联聚乙烯绝缘铜丝屏蔽聚氯乙烯内护套钢带铠装聚氯乙烯护套电力电缆，额定电压为 8.7/10 kV，单芯铜导体，标称截面积 240 mm^2，铜丝屏蔽标称截面积 25 mm^2，表示为：

YJSV22—8.7/10　1×240/25　GB/T 12706.2—2008

7) 通常用绝缘作为电力电缆型号中的系列代号。

B.2 成品电缆标志

成品电缆的护套表面应有制造厂名称、产品型号及额定电压的连续标志，标志应字迹清楚、容易辨认、耐擦。

成品电缆标志应符合 GB/T 6995.3—2008 规定。

B.3 验收规则

B.3.1 产品应由制造方的质量检验部门检验合格方可出厂。每个出厂的包装件上应附有产品质量检验合格证。

B.3.2 产品应按本部分规定的试验项目进行试验验收。

B.4 电缆包装、运输和贮存

B.4.1 电缆应妥善包装在符合 JB/T 8137—1999 规定要求的电缆盘上交货。

电缆端头应可靠密封，伸出盘外的电缆端头应加保护罩，伸出的长度应不小于 300 mm。

重量不超过 80 kg 的短段电缆，可以成圈包装。

B.4.2 成盘电缆的电缆盘外侧及成圈电缆的附加标签应标明：

a) 制造厂名称或商标；

b) 电缆型号和规格；

c) 长度，m；

d) 毛重，kg；

e) 制造日期：年 月；

f) 表示电缆盘正确滚动方向的符号；

g) 本部分标准编号。

B.4.3 运输和贮存应符合下列要求：

a) 电缆应避免在露天存放，电缆盘不允许平放；

b) 运输中严禁从高处扔下装有电缆的电缆盘，严禁机械损伤电缆；

c) 吊装包装件时，严禁几盘同时吊装。在车辆、船舶等运输工具上，电缆盘应放稳，并用合适方法固定，防止互撞或翻倒。

B.5 电缆安装条件

B.5.1 电缆安装时的环境温度

具有聚氯乙烯绝缘或聚氯乙烯护套的电缆，安装时的环境温度应不低于 0 ℃。

B.5.2 电缆安装时的最小弯曲半径

电缆安装时的最小允许弯曲半径见表 B.2。

表 B.2 电缆安装时的最小弯曲半径

项目	单芯电缆		三芯电缆	
	无铠装	有铠装	无铠装	有铠装
安装时的电缆最小弯曲半径	20*D*	15*D*	15*D*	12*D*
靠近连接盒和终端的电缆的最小弯曲半径（但弯曲要小心控制，如采用成型导板）	15*D*	12*D*	12*D*	10*D*
注：*D* 为电缆外径。				

附　录　C
（规范性附录）
数值修约

C.1　假设计算法的数值修约

在按附录A计算假设直径和确定单元尺寸而对数值进行修约时，采用下述规则。

当任何阶段的计算值小数点后多于一位数时，数值应修约到一位小数，即精确到0.1 mm。每一阶段的假设直径数值应修约到0.1 mm，当用来确定包覆层厚度和直径时，在用到相应的公式或表格中去之前应先进行修约，按附录A要求从修约后的假设直径计算出的厚度应依次修约到0.1 mm。

用下述实例来说明这些规则：

a）修约前数据的第二位小数为0、1、2、3或4时则小数点后第一位小数保持不变（舍弃）。

例如：

2.12　　≈2.1

2.449　　≈2.4

25.047 8　≈25.0

b）修约前数据的第二位小数为9、8、7、6或5时则小数点后第一位小数应增加1（进一）。

例如：

2.17　　≈2.2

2.453　　≈2.5

30.050　　≈30.1

C.2　用作其他目的的数值修约

除C.1考虑的用途外，有可能有些数值要修约到多于一位小数，例如计算几次测量的平均值，或标称值加上一个百分偏差以后的最小值。在这些情况下，应按有关条文修约到小数点后面的规定位数。

这时修约的方法为：

a）如果修约前应保留的最后数值后一位数为0、1、2、3或4时，则最后数值应保持不变（舍弃）；

b）如果修约前应保留的最后数值后一位数为9、8、7、6或5时，则最后数值加1（进一）。

例如：

2.449　　≈2.45　　修约到二位小数；

2.449　　≈2.4　　修约到一位小数；

25.047 8　≈25.048　修约到三位小数；

25.047 8　≈25.05　修约到二位小数；

25.047 8　≈25.0　修约到一位小数。

附 录 D
（规范性附录）
半导电屏蔽电阻率测量方法

从 150 mm 长成品电缆样品上制备试样。

将电缆绝缘线芯样品沿纵向对半切开，除去导体以制备导体屏蔽试样，如有隔离层也应去掉（见图 D.1a)）。将绝缘线芯外所有保护层除去后制备绝缘屏蔽试片（见图 D.1b)）。

屏蔽层体积电阻系数的测定步骤如下：

将四只涂银电极 A、B、C 和 D（见图 D.1a）和图 D.1b)）置于半导电层表面。两个电位电极 B 和 C 间距 50 mm。两个电流电极 A 和 D 相应地在电位电极外侧间隔至少 25 mm。

采用合适的夹子连接电极。在连接导体屏蔽电极时，应确保夹子与试样外表面绝缘屏蔽层的绝缘。

将组装好的试样放入预热到规定温度的烘箱中。30 min 后用测试线路测量电极间电阻，测试线路的功率不超过 100 mW。

电阻测量后，在室温下测量导体屏蔽和绝缘的外径及导体屏蔽和绝缘屏蔽层的厚度。每个数据取六个测量值的平均值（见图 D.1b)）。

体积电阻率 ρ（用 Ω·m 表示）按下式计算：

a) 导体屏蔽

$$\rho_c = \frac{R_c \times \pi \times (D_c - T_c) \times T_c}{2L_c}$$

式中：

ρ_c——体积电阻率，单位为欧姆米（Ω·m）；

R_c——测量电阻，单位为欧姆（Ω）；

L_c——电位电极间距离，单位为米（m）；

D_c——导体屏蔽外径，单位为米（m）；

T_c——导体屏蔽平均厚度，单位为米（m）。

b) 绝缘屏蔽

$$\rho_i = \frac{R_i \times \pi \times (D_i - T_i) \times T_i}{L_i}$$

式中：

ρ_i——体积电阻率，单位为欧姆米（Ω·m）；

R_i——测量电阻，单位为欧姆（Ω）；

L_i——电位电极间距离，单位为米（m）；

D_i——绝缘屏蔽外径，单位为米（m）；

T_i——绝缘屏蔽平均厚度，单位为米（m）。

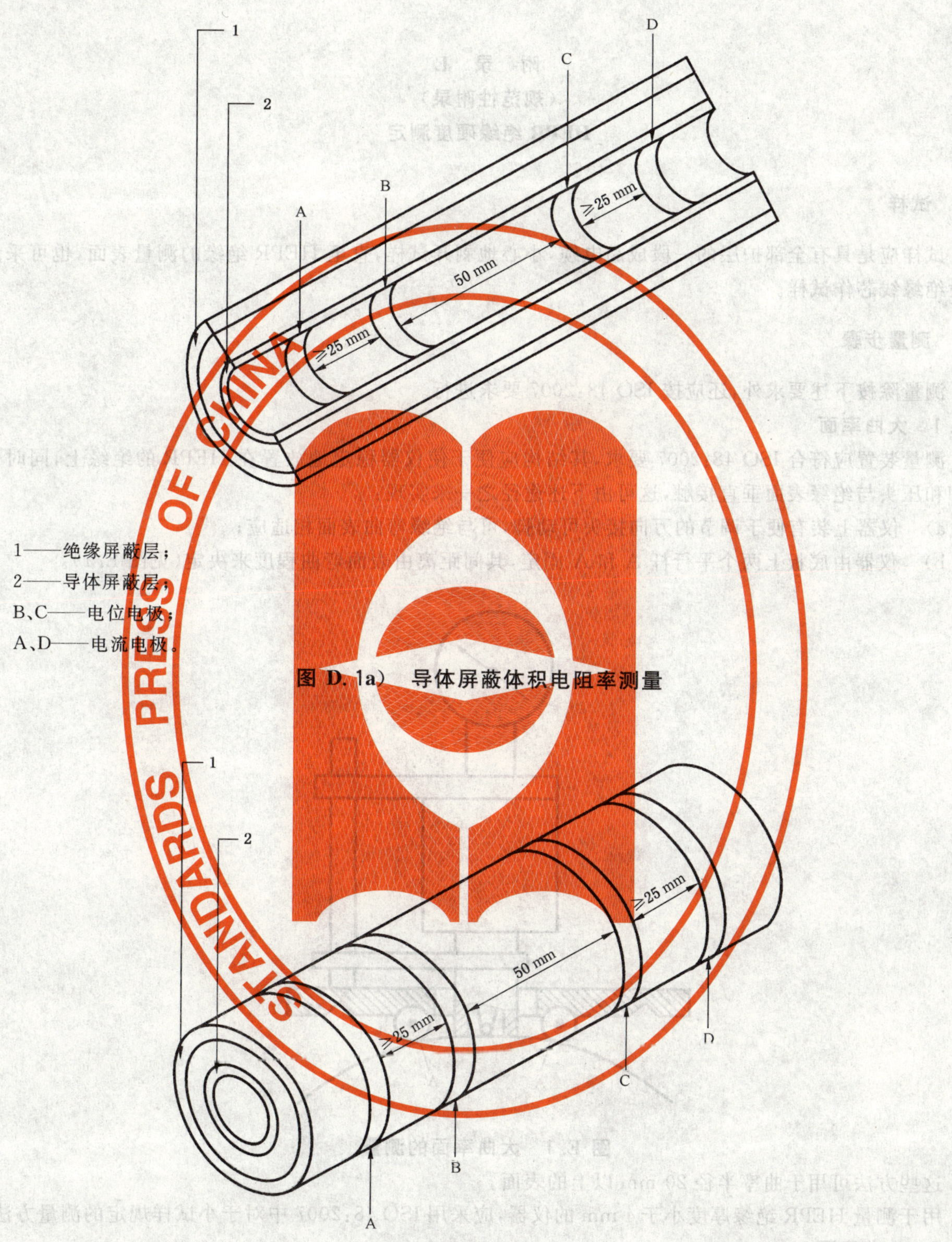

1——绝缘屏蔽层；
2——导体屏蔽层；
B、C——电位电极；
A、D——电流电极。

图 D.1a） 导体屏蔽体积电阻率测量

1——绝缘屏蔽层；
2——导体屏蔽层；
B、C——电位电极；
A、D——电流电极。

图 D.1b） 绝缘屏蔽体积电阻率测量

附 录 E
(规范性附录)
HEPR 绝缘硬度测定

E.1 试样

试样应是具有全部护层的一段成品电缆,小心地剥开试样,直至 HEPR 绝缘的测量表面,也可采用一段绝缘线芯作试样。

E.2 测量步骤

测量除按下述要求外,还应按 ISO 48:2007 要求进行。

E.2.1 大曲率面

测量装置应符合 ISO 48:2007 要求,其结构应便于使仪器稳定地放置在 HEPR 的绝缘上,同时使压脚和压头与绝缘表面垂直接触,这可由下述途径之一来实现:

a) 仪器上装有便于调节的万向接头可动脚,可与绝缘弯曲表面相适应;

b) 仪器由底板上两个平行杆 A 和 A′固定,其间距离由表面弯曲程度来决定(见图 E.1)。

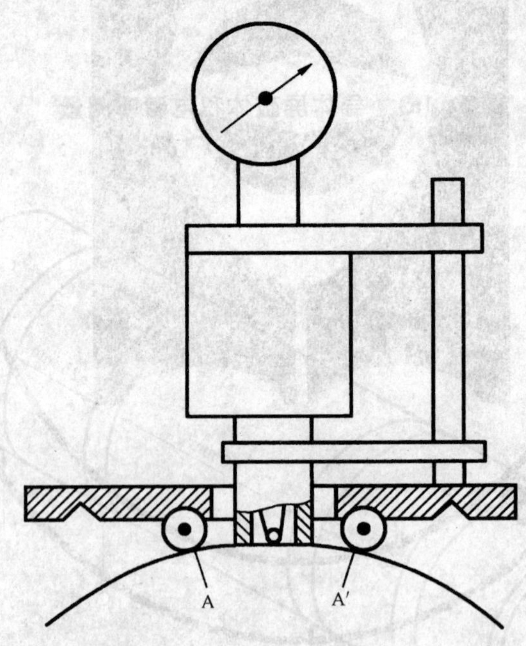

图 E.1 大曲率面的测量

这些方法可用于曲率半径 20 mm 以上的表面。

用于测量 HEPR 绝缘厚度小于 4 mm 的仪器,应采用 ISO 48:2007 中对于小试样规定的测量方法。

E.2.2 小曲率面

对于曲率半径很小表面的测量步骤同 E.2.1 规定,试样应与测量仪器用同一刚性底板固定,这样可以保证 HEPR 绝缘在压头压力增加时整体移动最小;同时可使压头与试样轴线垂直。

相应的步骤如下:

a) 将测量样品放在金属夹具槽中(见图 E.2a));

b) 用 V 型枕台固定测量样品的两端导体(见图 E.2b))。

由此方法来测量的表面曲率半径的最小值可达 4 mm。对于更小的曲率半径表面应采用 ISO 48:

2007 中所述的方法和仪器。

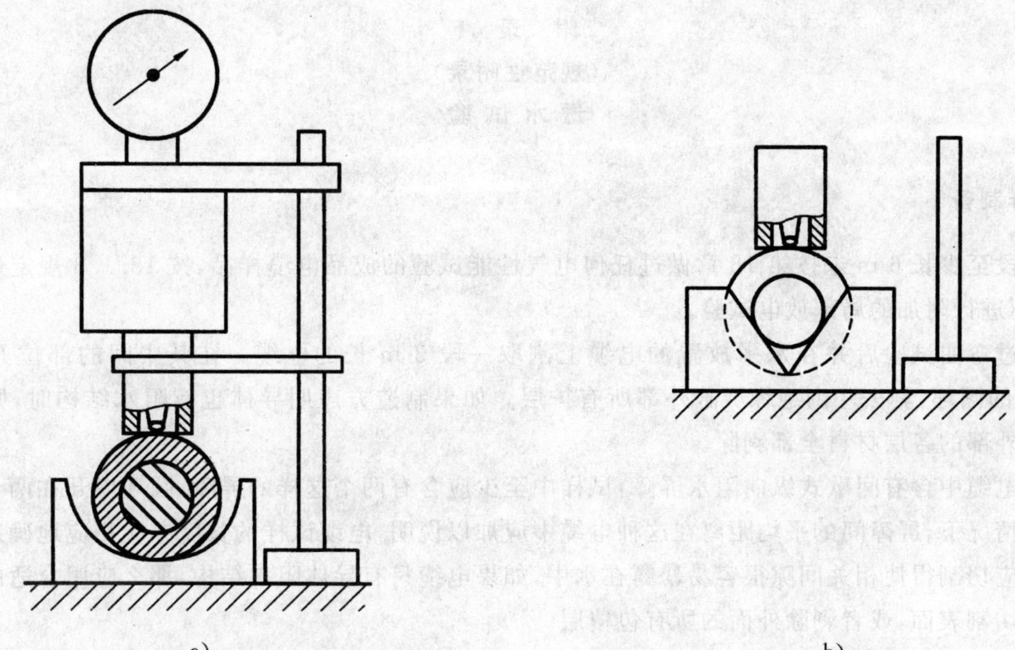

图 E.2　小曲率面的测量

E.2.3　预处理和测量温度

测量至少应在制造(即硫化)后 16 h 进行。

测量应在(20±2)℃温度下进行,试样在此温度下至少保持 3 h 后立即测量。

E.2.4　测量次数

一次测量应在分布于试样的三个或五个点上进行,试样的硬度为测量结果的中间值,以最接近于国际橡胶硬度级(IRHD)的整数表示。

附 录 F
（规范性附录）
透水试验

F.1 试样制备

将一段至少长 6 m 未按第 18 章做过任何电气性能试验的成品电缆样品，按 18.1.3 规定进行弯曲试验，但不进行附加的局部放电试验。

从经过弯曲试验后并在水平放置的电缆上割取一段 3 m 长的电缆。在其中间的部位开一个约 50 mm 宽的圆环，剥去环内绝缘屏蔽外部所有护层。如果制造方声明导体也有阻水结构时，则应将圆环内导体外部的各层材料全部剥除。

如果电缆中含有间歇式纵向阻水屏障，试样中至少应含有两个这样的屏障，圆环应开在两个屏障之间。在此情况下，屏障间的平均距离在这种电缆中应加以说明，电缆试样的长度亦应相应地确定。

圆环应切割得使相关间隙很容易暴露在水中，如果电缆只有导体阻水结构，那么应用合适的材料密封有关的切割表面，或者剥除外面的所有包覆层。

用一个合适的装置把一根直径至少为 10 mm 的管子垂直地安置在切开的圆环上面，并与电缆外护套的表面相密封（见图 F.1）。在电缆密封出口处，该装置不应在电缆上产生机械应力。

注：某些阻水屏障对纵向透水的影响可能和水中的一些成分有关（如水的 pH 值和离子浓度），除非另有规定，一般应采用普通自来水做试验。

F.2 试验

把 20 ℃±10 ℃环境温度的水，在 5 min 内，注入管内，使管子中水位高于电缆中心轴线 1 m（见图 F.1），试样应放置 24 h。

然后对试样进行 10 次加热循环，采用导体通电加热方法，使导体温度超过电缆正常运行时导体最高温度 5 ℃～10 ℃，但不能达到 100 ℃。

每一次热循环应持续 8 h，其间导体温度应在上述规定温度范围内至少维持 2 h，随后应至少自然冷却 3 h。水头应维持 1 m 高。

注：由于在试验中不施加电压，故可在系统中接上另一根相同的模拟电缆一起试验，可直接在此根模拟电缆的导体上测量温度。

F.3 要求

在整个试验期间，试样的两端不应有水分渗出。

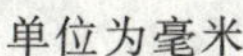

单位为毫米

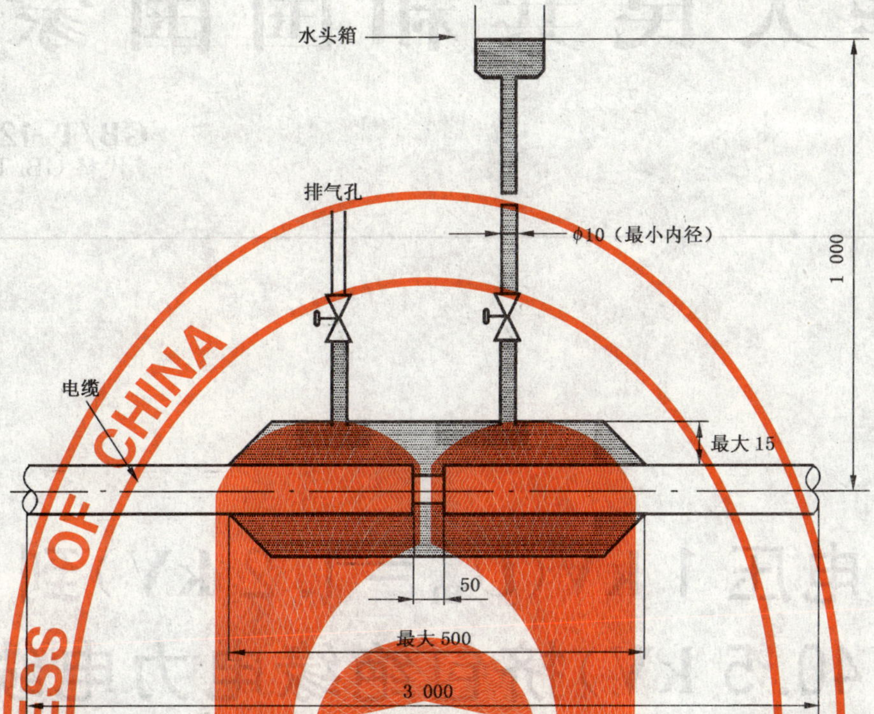

图 F.1 纵向透水试验示意图

ICS 29.060.20
K 13

中华人民共和国国家标准

GB/T 12706.3—2008
代替 GB/T 12706.3—2002

额定电压 1 kV(U_m=1.2 kV)到 35 kV(U_m=40.5 kV)挤包绝缘电力电缆及附件 第3部分:额定电压 35 kV(U_m=40.5 kV)电缆

Power cables with extruded insulation and their accessories for rated voltages from 1 kV(U_m=1.2 kV) up to 35 kV(U_m=40.5 kV)—Part 3: Cables for rated voltage of 35 kV(U_m=40.5 kV)

(IEC 60502-2:2005, Power cables with extruded insulation and their accessories for rated voltages from 1 kV(U_m=1.2 kV) up to 30 kV(U_m=36 kV)—Part 2: Cables for rated voltages from 6 kV(U_m=7.2 kV) up to 30 kV(U_m=36 kV), NEQ)

2008-12-31 发布　　2009-11-01 实施

中华人民共和国国家质量监督检验检疫总局
中国国家标准化管理委员会　发布

前言

GB/T 12706《额定电压 1 kV(U_m=1.2 kV)到 35 kV(U_m=40.5 kV)挤包绝缘电力电缆及附件》分为四个部分：

——第 1 部分：额定电压 1 kV(U_m=1.2 kV)和 3 kV(U_m=3.6 kV)电缆；

——第 2 部分：额定电压 6 kV(U_m=7.2 kV)到 30 kV(U_m=36 kV)电缆；

——第 3 部分：额定电压 35 kV(U_m=40.5 kV)电缆；

——第 4 部分：额定电压 6 kV(U_m=7.2 kV)到 35 kV(U_m=40.5 kV)电缆附件试验要求。

本部分为 GB/T 12706 的第 3 部分。

本部分对应于 IEC 60502-2:2005《额定电压 1 kV(U_m=1.2 kV)到 30 kV(U_m=36 kV)挤包绝缘电力电缆及附件　第 2 部分：额定电压 6 kV(U_m=7.2 kV)到 30 kV(U_m=36 kV)电缆》，与其一致性程度为非等效，主要差异如下：

——本部分仅适用于我国的配电系统 35 kV(U_m=40.5 kV)额定电压等级；

——型式试验项目增加了挤包外护套刮磨试验；

——安装后绝缘的电气试验采用 IEC 60840:2004《额定电压大于 30 kV(U_m=36 kV)至 150 kV(U_m=170 kV)挤包绝缘电力电缆及其附件　试验方法和要求》的规定；

——增加了资料性附录 F“具有纵包金属箔复合护层电缆组件的试验”；

——根据我国电缆产品技术要求，增加了第 21 章“电缆产品的补充条款”及相应的附录 G。

本部分代替 GB/T 12706.3—2002《额定电压 1 kV(U_m=1.2 kV)到 35 kV (U_m=40.5 kV)挤包绝缘电力电缆及附件　第 3 部分：额定电压 35 kV(U_m=40.5 kV)电缆》。

本部分与 GB/T 12706.3—2002 相比主要变化如下：

——最大导体规格扩大到 1 600 mm^2(前版标准的表 5 和表 A.1，本版的表 5 和表 A.1)；

——增加了铜带的技术要求(本版 10.2.2)；

——增加了钢带的技术要求(本版 13.2)；

——增加了挤包隔离套的火花试验要求(本版 13.3.3)；

——增加了挤包外护套的火花试验要求(本版 14.1)；

——局部放电试验要求改为在规定灵敏度下无放电(前版标准的 18.3，本版的 16.3 和 18.1.4)；

——型式试验项目增加了外护套刮磨试验(本版 19.17)；

——安装后电气试验增加了外护套直流电压试验(本版 20.1)；

——取消了主绝缘直流电压试验(前版标准的 20.2)；

——更改主绝缘交流电压试验条件为采用 IEC 60840:2004 的条件(前版标准的 20.1，本版的 20.2)；

——取消了 2002 版的附录 G“电缆屏蔽结构的补充要求”，其技术要求补充到标准的正文中去(本版第 7 章和第 10 章)；

——增加了资料性附录 F“具有纵包金属箔复合护层电缆组件的试验”(本版附录 F)；

——增加了规范性附录 G“电缆产品的补充条款”，取消了 2002 版附录 F、附录 H、附录 J，将其内容调整到本版增加的附录 G 中。

本部分的附录 A、附录 B、附录 C、附录 D、附录 E 和附录 G 为规范性附录，附录 F 为资料性附录。

本部分由中国电器工业协会提出。

本部分由全国电线电缆标准化技术委员会(SAC/TC 213)归口。

本部分负责起草单位：上海电缆研究所。

本部分参加起草单位：上海华普电缆有限公司、宝胜科技创新股份有限公司、特变电工山东鲁能泰山电缆有限公司、青岛汉缆股份有限公司、扬州曙光电缆有限公司、辽宁省电力有限公司、远东控股集团有限公司、江苏上上电缆集团公司、无锡江南电缆有限公司、江苏圣安电缆有限公司、上海南大集团有限公司、浙江万马电缆股份有限公司。

本部分主要起草人：邓长胜、周雁、唐崇健、刘召见、张延华、梁国华、杨长龙、汪传斌、王松明、刘军、孙萍、杨志强、郑宏。

本部分所代替标准的历次版本发布情况为：

——GB 12706.3—1991、GB/T 12706.3—2002；

——GB 12706.1—1991。

额定电压 1 kV(U_m=1.2 kV)到 35 kV (U_m=40.5 kV)挤包绝缘电力电缆及附件 第 3 部分:额定电压 35 kV (U_m=40.5 kV)电缆

1 范围

GB/T 12706 的本部分规定了用于配电网或工业装置中,额定电压 35 kV 固定安装的挤包绝缘电力电缆的结构、尺寸和试验要求。

在决定电缆应用时,建议考虑径向进水的可能风险。本部分包括了所谓纵向阻水和径向防水结构电缆(试验方法参见附录 F)的试验。

本部分不包括用于特殊安装和运行条件的电缆,例如用于架空线路、采矿工业、核电厂(安全壳内及其附近),以及用于水下或船舶的电缆。

2 规范性引用文件

下列文件中的条款,通过 GB/T 12706 的本部分的引用而成为本部分的条款。凡是注日期的引用文件,其随后所有的修改单(不包括勘误的内容)或修订版均不适用于本部分。然而鼓励根据本部分达成协议的各方研究是否可使用这些文件的最新版本。凡是不注日期的引用文件,其最新版本适用于本部分。

GB/T 156—2007 标准电压(IEC 60038:2002,MOD)

GB/T 2951.11—2008 电缆和光缆绝缘和护套材料通用试验方法 第 11 部分:通用试验方法——厚度和外形尺寸测量——机械性能试验(IEC 60811-1-1:2001,IDT)

GB/T 2951.12—2008 电缆和光缆绝缘和护套材料通用试验方法 第 12 部分:通用试验方法——热老化试验方法(IEC 60811-1-2:1985,IDT)

GB/T 2951.13—2008 电缆和光缆绝缘和护套材料通用试验方法 第 13 部分:通用试验方法——密度测定方法——吸水试验——收缩试验(IEC 60811-1-3:2001,IDT)

GB/T 2951.14—2008 电缆和光缆绝缘和护套材料通用试验方法 第 14 部分:通用试验方法——低温试验(IEC 60811-1-4:1985,IDT)

GB/T 2951.21—2008 电缆和光缆绝缘和护套材料通用试验方法 第 21 部分:弹性体混合料专用试验方法——耐臭氧试验——热延伸试验——浸矿物油试验(IEC 60811-2-1:2001,IDT)

GB/T 2951.31—2008 电缆和光缆绝缘和护套材料通用试验方法 第 31 部分:聚氯乙烯混合料专用试验方法——高温压力试验——抗开裂试验(IEC 60811-3-1:1985,IDT)

GB/T 2951.32—2008 电缆和光缆绝缘和护套材料通用试验方法 第 32 部分:聚氯乙烯混合料专用试验方法——失重试验——热稳定性试验(IEC 60811-3-2:1985,IDT)

GB/T 2951.41—2008 电缆和光缆绝缘和护套材料通用试验方法 第 41 部分:聚乙烯和聚丙烯混合料专用试验方法——耐环境应力开裂试验——熔体指数测量方法——直接燃烧法测量聚乙烯中碳黑和(或)矿物质填料含量——热重分析法(TGA)测量碳黑含量——显微镜法评估聚乙烯中碳黑分散度(IEC 60811-4-1:2004,IDT)

GB/T 3048.10—2007 电线电缆电性能试验方法 第 10 部分:挤出护套火花试验

GB/T 3048.12—2007 电线电缆电性能试验方法 第 12 部分:局部放电试验(IEC 60885-3:

1988,MOD)

GB/T 3048.13—2007　电线电缆电性能试验方法　第13部分:冲击电压试验(IEC 60230:1966,IEC 60060-1:1989,MOD)

GB/T 3956—2008　电缆的导体(IEC 60228:2004,IDT)

GB/T 6995.3—2008　电线电缆识别标志方法　第3部分:电线电缆识别标志

GB/T 11091—2005　电缆用铜带

GB/T 16927.1—1997　高电压试验技术　第1部分:一般试验要求(EQV IEC 60060-1:1989)

GB/T 12706.2—2008　额定电压1 kV(U_m=1.2 kV)到35 kV(U_m=40.5 kV)挤包绝缘电力电缆及附件　第2部分:额定电压6 kV(U_m=7.2 kV)到30 kV(U_m=36 kV)电缆(IEC 60502-2:2005,Power cables with extruded insulation and their accessories for rated voltages from 1 kV(U_m=1.2 kV)up to 30 kV (U_m=35 kV)—Part 2:Cables for rated voltages from 6 kV(U_m=7.2 kV)up to 30 kV(U_m=36 kV),MOD)

GB/T 18380.12—2008　电缆和光缆在火焰条件下的燃烧试验　第12部分:单根绝缘电线电缆火焰垂直蔓延试验　1 kW预混合型火焰试验方法(IEC 60332-1-2:2004,IDT)

JB/T 8137—1999(所有部分)　电线电缆交货盘

JB/T 8996—1999　高压电缆选择导则(eqv IEC 60183:1984)

JB/T 10181.1—2000　电缆载流量计算　第1部分:载流量公式(100%负荷因数)和损耗计算　第1节:一般规定(idt IEC 60287-1-1:1994)

JB/T 10181.2—2000　电缆载流量计算　第1部分:载流量公式(100%负荷因数)和损耗计算　第2节:双回路平面排列电缆金属套涡流损耗因数(idt IEC 60287-1-2:1993)

JB/T 10181.3—2000　电缆载流量计算　第2部分:热阻　第1节:热阻的计算(idt IEC 60287-2-1:1994)

JB/T 10181.4—2000　电缆载流量计算　第2部分:热阻　第2节:自由空气中不受到日光直接照射的电缆群载流量降低因数的计算方法(idt IEC 60287-2-2:1995)

JB/T 10181.5—2000　电缆载流量计算　第3部分:有关运行条件的各节　第1节:基准运行条件和电缆选型(idt IEC 60287-3-1:1995)

JB/T 10181.6—2000　电缆载流量计算　第3部分:有关运行条件的各节　第2节:电力电缆截面的经济优化选择(idt IEC 60287-3-2:1995)

JB/T 10696.6—2007　电线电缆机械和理化性能试验方法　第6部分　挤出外套刮磨试验

YB/T 024—2008　铠装电缆用钢带

ISO 48:2007　硫化型或热塑型橡胶　硬度测定(硬度在10IRHD和100IRHD之间)

IEC 60229:2007　具有特殊保护作用的挤包的电缆外护套的试验

IEC 61443:1999　额定电压30 kV(U_m=36 kV)以上电缆允许短路温度导则

3　术语和定义

下列术语和定义适用于本部分:

3.1　尺寸值(厚度,截面积等)的术语和定义

3.1.1

标称值　nominal value

指定的量值并经常用于表格之中。

注:在本部分中,通常标称值引伸出的量值在考虑规定公差下通过测量进行检验。

3.1.2

近似值 approximate value

既不保证也不检查的数值,例如用于其他尺寸值的计算。

3.1.3

中间值 median value

将试验得到的若干数值以递增(或递减)的次序依次排列时,若数值的数目是奇数,中间的那个值为中间值;若数值的数目是偶数,中间两个数值的平均值为中间值。

3.1.4

假设值 fictitious value

按附录A计算所得的值。

3.2 有关试验的术语和定义

3.2.1

例行试验 routine tests

由制造方在成品电缆的所有制造长度上进行的试验,以检验所有电缆是否符合规定的要求。

3.2.2

抽样试验 sample tests

由制造方按规定的频度,在成品电缆试样上或在取自成品电缆的某些部件上进行的试验,以检验电缆是否符合规定要求。

3.2.3

型式试验 type tests

按一般商业原则对本部分所包含的一种类型电缆在供货之前所进行的试验,以证明电缆具有满足预期使用条件的满意性能。

注:该试验的特点是:除非电缆材料或设计或制造工艺的改变可能改变电缆的特性,试验做过以后就不需要重做。

3.2.4

安装后电气试验 electrical tests after installation

在安装后进行的试验,用以证明安装后的电缆及其附件完好。

4 电压标示和材料

4.1 额定电压

本部分中电缆的额定电压 $U_0/U\ (U_m)$ 标示如下:

$U_0/U\ (U_m)$ =21/35(40.5)和26/35(40.5),单位kV。

在电缆的电压标示 $U_0/U(U_m)$ 中:

U_0——电缆设计用的导体对地或金属屏蔽之间的额定工频电压;

U——电缆设计用的导体之间的额定工频电压;

U_m——设备可使用的“最高系统电压”的最大值(见GB/T 156—2007)。

对于一种给定应用的电缆的额定电压应适合电缆所在系统的运行条件。为了便于选择电缆,将系统划分为下列三类:

——A类:该类系统任一相导体与地或接地导体接触时,能在1 min内与系统分离;

——B类:该类系统可在单相接地故障时作短时运行,接地故障时间按照JB/T 8996—1999应不超过1 h。对于本部分包括的电缆,在任何情况下允许不超过8 h的更长的带故障运行时间。任何一年接地故障的总持续时间应不超过125 h;

——C类:包括不属于A类、B类的所有系统。

注:应该认识到,在系统接地故障不能立即自动解除时,故障期间加在电缆绝缘上过高的电场强度,会在一定程度上缩短电缆寿命。如系统预期会经常地运行在持久地接地故障状态下,该系统可建议划为C类。

用于三相系统的电缆，U_0 的推荐值列于表 1。

表 1 额定电压 U_0 推荐值

系统最高电压 U_m/kV	额定电压 U_0/kV	
	A 类和 B 类	C 类
40.5	21	26

4.2 绝缘混合料

本部分所包括的绝缘混合料及其代号列于表 2。

表 2 绝缘混合料

绝缘混合料	代号
交联聚乙烯	XLPE
乙丙橡胶或类似材料(EPR 或 EPDM)	EPR
高弹性模量或高硬度乙丙橡胶	HEPR

本部分所包括的各种绝缘混合料的导体最高温度列于表 3。

表 3 各种绝缘混合料的导体最高温度

绝缘混合料	导体最高温度/℃	
	正常运行	短路(最长持续 5 s)
交联聚乙烯(XLPE)	90	250
乙丙橡胶(EPR 和 HEPR)	90	250

表 3 中的温度由绝缘材料的固有特性决定，在使用这些数据计算额定电流时其他因素的考虑也是重要的。

例如正常运行时，如果直接埋入地下的电缆按表 3 所示导体最高温度在连续负荷(100%负荷因数)下运行，电缆周围土壤的热阻系数经过一段时间后，会因土壤干燥而超过原始值。因此导体温度可能大大地超过其最高温度。如果能预料这类运行条件，应当采取足够的预防措施。

关于连续负荷载流量的导则，参见 JB/T 10181—2000。

关于短路温度的导则，参见 IEC 61443:1999。

4.3 护套混合料

本部分中不同类型护套混合料的电缆导体最高温度列于表 4 中。

表 4 不同类型护套混合料的电缆导体最高温度

护套混合料	代号	正常运行时导体最高温度/℃
a) 热塑性		
聚氯乙烯(PVC)	ST_1	80
	ST_2	90
聚乙烯	ST_3	80
	ST_7	90
b) 弹性体		
氯丁橡胶、氯磺化聚乙烯或类似聚合物	SE_1	85

5 导体

导体应是符合 GB/T 3956—2008 的第 1 种或第 2 种镀金属层或不镀金属层退火铜导体、或是铝或铝合金导体。第 2 种导体也可以是纵向阻水结构。

6 绝缘

6.1 材料

绝缘应为表 2 所列的一种挤包成型的介质。

6.2 绝缘厚度

标称绝缘厚度在表 5 中规定。

导体或绝缘外面的任何隔离层或半导电屏蔽层的厚度应不包括在绝缘厚度之中。

表 5 绝缘的标称厚度

绝缘混合料	导体标称截面积/ mm^2	额定电压下绝缘标称厚度/mm	
		21/35(40.5)kV	26/35(40.5)kV
交联聚乙烯(XLPE)	50～1 600	9.3	10.5
乙丙橡胶(EPR)		9.3	10.5
硬乙丙橡胶(HEPR)		9.3	10.5

注 1：不推荐任何小于本表给出的导体截面积。然而，如果需要更小截面的话，可用导体屏蔽来增加导体的直径(见 7.1)或增加绝缘厚度，以限制在试验电压下加于绝缘的最大电场强度不超过按本表中给出的最小导体尺寸计算得出的场强值。

注 2：对大于 1 600 mm^2 导体，可以增加绝缘厚度以避免安装和运行时的机械伤害。

7 屏蔽

所有电缆的绝缘线芯上应有分相的金属屏蔽层。

单芯或三芯电缆绝缘线芯的屏蔽，应由导体屏蔽和绝缘屏蔽组成。

7.1 导体屏蔽

导体屏蔽应为挤包的半导电层。挤包的半导电层应和绝缘紧密结合，其与绝缘层的界面应光滑、无明显绞线凸纹，不应有尖角、颗粒、烧焦或擦伤的痕迹。

标称截面积 500 mm^2 及以上电缆导体屏蔽应由半导电带和挤包半导电层复合组成。

7.2 绝缘屏蔽

绝缘屏蔽应由非金属半导电层与金属层组合而成。

每根绝缘线芯上应直接挤包与绝缘线芯紧密结合的非金属半导电层，其与绝缘层的界面应光滑，不应有尖角、颗粒、烧焦或擦伤的痕迹。

然后也可在每根绝缘线芯上包覆一层半导电带。

金属屏蔽层应包覆在每根绝缘线芯的外面，并应符合第 10 章要求。

8 三芯电缆的缆芯、内衬层和填充

三芯电缆缆芯的每根绝缘线芯上应有金属屏蔽层[1)]。

下述 8.1 和 8.2 不适用于由有护套单芯电缆成缆的缆芯。

8.1 内衬层与填充

8.1.1 结构

内衬层可以挤包或绕包。

圆形绝缘线芯电缆只有在绝缘线芯间的间隙被密实填充时，才允许采用绕包内衬层。

挤包内衬层前允许用合适的带子扎紧。

1) 本部分删除了 IEC 60502-2:2005 中不适用于额定电压 35 kV 三芯电缆的绕包金属屏蔽结构。

8.1.2 材料

用于内衬层和填充物的材料应适合电缆的运行温度并和电缆绝缘材料相容。

8.1.3 挤包内衬层厚度

挤包内衬层的近似厚度应从表 6 中选取。

表 6 挤包内衬层厚度

缆芯假设直径/ mm		挤包内衬层厚度近似值/ mm
>60	≤80	1.8
>80	—	2.0

8.1.4 绕包内衬层厚度

绕包内衬层的近似厚度应为 0.6 mm。

8.2 具有分相金属层的电缆(见第 10 章)

各个绝缘线芯的金属层应相互接触。

若电缆的分相金属屏蔽缆芯外具有另外的同样金属材料的统包金属层(见第 9 章),电缆的缆芯外应包覆内衬层。内衬层和填充物应符合 8.1 要求。除纵向阻水型电缆外,内衬层和填充物应采用非吸湿材料。内衬层和填充物也可采用半导电材料。

当分相与统包金属层采用的金属材料不同时,应采用符合 14.2 中规定的任一种材料挤包隔离套将其隔开。对于铅套电缆,铅套与分相包覆的金属层之间的隔离,可采用符合 8.1 的内衬层。

若电缆没有统包金属层(见第 9 章),只要电缆外形保持圆整,可以省略内衬层。

9 单芯和三芯电缆的金属层

本部分包括以下类型的金属层:

a) 金属屏蔽(见第 10 章);

b) 同心导体(见第 11 章);

c) 金属套(见第 12 章);

d) 金属铠装(见第 13 章)。

金属层应由上述的一种或几种型式组成,包覆在单芯电缆上或三芯电缆的单独绝缘线芯上时应是非磁性的。

可以采取某些措施使金属层周围具有纵向阻水性能。

10 金属屏蔽

10.1 结构

金属屏蔽应由一根或多根金属带,金属编织,金属丝的同心层或金属丝与金属带的组合结构组成。

金属屏蔽也可以是金属套或符合 10.2 要求的金属铠装层。

选择金属屏蔽材料时,应特别考虑存在腐蚀的可能性,这不仅为了机械安全,而且也为了电气安全。

金属屏蔽绕包的搭盖和间隙应符合 10.2.2 和 10.2.3 要求。

10.2 要求

10.2.1 铜丝屏蔽的标称截面积应根据故障电流容量确定。

10.2.2 铜带屏蔽应由一层重叠绕包的软铜带组成,也可采用双层铜带间隙绕包。铜带间的搭盖率为铜带宽度的 15%(标称值),最小搭盖率应不小于 5%。

软铜带应符合 GB/T 11091—2005 的规定。

铜带标称厚度为:

——单芯电缆：≥0.12 mm；

——三芯电缆：≥0.10 mm。

铜带的最小厚度应不小于标称值的90%。

10.2.3 标称截面积为500 mm^{2}及以上电缆的金属屏蔽应采用铜丝屏蔽结构。铜丝屏蔽应由疏绕的软铜线组成，其表面采用反向绕包的铜丝或铜带扎紧。相邻铜丝的平均间隙应不大于4 mm。

金属屏蔽中铜丝的电阻，适用时应符合GB/T 3956—2008要求。

11 同心导体

11.1 结构

同心导体的间隙应符合10.2.3要求。

选用同心导体结构和材料时，应特别考虑腐蚀的可能性，这不仅为了机械安全，而且也为了电气安全。

11.2 要求

同心导体的尺寸、物理及其电阻值要求，应符合10.2要求。

11.3 使用

如要求采用同心导体结构，可在三芯电缆的内衬层外，对单芯电缆也可以直接在半导电绝缘屏蔽层外或适当的内衬层外包覆同心导体层。

12 金属套

12.1 铅套

铅套应采用铅或铅合金，并形成松紧适当的无缝铅套管。

铅套的标称厚度应按下列公式计算：

a) 所有单芯电缆或缆芯：

$$t_{pb} = 0.03D_g + 0.8$$

b) 所有其他电缆：

$$t_{pb} = 0.03D_g + 0.7$$

式中：

t_{pb}——铅套标称厚度，单位为毫米(mm)；

D_g——铅套前假设直径，单位为毫米(mm)(按照附录B修约到一位小数)。

在所有情况下，最小标称厚度应为1.2 mm，计算值应按照附录B修约到一位小数。

12.2 其他金属套

在考虑中。

13 金属铠装

13.1 金属铠装类型

本部分包括的铠装类型如下：

a) 扁金属线铠装；

b) 圆金属丝铠装；

c) 双金属带铠装。

13.2 材料

圆金属丝或扁金属线应是镀锌钢丝，铜丝或镀锡铜丝，铝或铝合金丝。

金属带应是涂漆钢带、镀锌钢带、铝或铝合金带。钢带应符合 YB/T 024—2008 规定。

在要求铠装钢丝层满足最小导电性的情况下，铠装层中允许包含足够的铜丝或镀锡铜丝，以确保达到要求。

选择铠装材料时，尤其是铠装作为屏蔽层时，应特别考虑腐蚀的可能性，这不仅为了机械安全，而且也为了电气安全。

除非采用特殊结构，用于交流系统的单芯电缆的铠装应采用非磁性材料。

注：用于交流系统的单芯电缆以磁性材料为主的铠装即使采用特殊结构，电缆载流量仍将大为降低，应慎重选用。

13.3 铠装的应用

13.3.1 单芯电缆

单芯电缆的铠装层下应有挤包的或绕包的内衬层，其厚度应符合 8.1.3 或 8.1.4 要求。

13.3.2 三芯电缆

三芯电缆需要铠装时，铠装应包覆在符合 8.1 规定的内衬层上。

13.3.3 隔离套

当铠装下的金属层与铠装材料不同时，应用 14.2 规定的一种材料，挤包一层隔离套将其隔开。

隔离套应经受 GB/T 3048.10—2007 规定的火花试验。

如铅套电缆要求有铠装层时，应采用隔离套或包带垫层，并符合 13.3.4 规定。

如果在铠装层下采用隔离套，可以由其代替内衬层或附加在内衬层上。

在金属层外具有纵向阻水结构的电缆不需要采用隔离套。

隔离套的标称厚度 T_s(以 mm 计)应按下列公式计算：

$$T_s = 0.02D_u + 0.6$$

式中：

D_u——挤包该隔离套前的假设直径，单位为毫米(mm)。

计算按附录 A 所述进行，计算结果修约到 0.1 mm(见附录 B)。

非铅套电缆的隔离套标称厚度应不小于 1.2 mm。若隔离套直接挤包在铅套上，其标称厚度应不小于 1.0 mm。

13.3.4 铅套电缆铠装下的包带垫层

铅套涂层外的包带垫层应由浸渍纸带与复合纸带组成，或者由两层浸渍纸带与复合纸带外加一层或多层复合浸渍纤维材料组成。

垫层材料的浸渍剂可为沥青或其他防腐剂。对于金属丝铠装，这些浸渍剂不能直接涂敷到金属丝下。

也可采用合成材料带代替浸渍纸带。

铅套与铠装之间的包带垫层在铠装后的总厚度的近似值应为 1.5 mm。

13.4 铠装金属丝和铠装金属带的尺寸

铠装金属丝和铠装金属带应优先采用下列标称尺寸：

——圆金属丝：直径 2.0 mm，2.5 mm，3.15 mm；

——扁金属线：厚度 0.8 mm；

——钢带：厚度 0.5 mm，0.8 mm；

——铝或铝合金带：厚度 0.5 mm，0.8 mm。

13.5 电缆直径与铠装层尺寸的关系

铠装圆金属丝的标称直径和铠装金属带的标称厚度应分别不小于表 7 和表 8 规定的数值。

表 7 铠装圆金属丝标称直径

铠装前假设直径/mm		铠装金属丝标称直径/mm
>25	⩽35	2.0
>35	⩽60	2.5
>60	—	3.15
注：根据使用的需要，可以采用直径大于 3.15 mm 的铠装圆金属丝。		

表 8 铠装金属带标称厚度

铠装前假设直径/mm		金属带标称厚度/mm	
		钢带或镀锌钢带	铝或铝合金带
>30	⩽70	0.5	0.5
>70	—	0.8	0.8

扁金属线的标称厚度应取 0.8 mm。

13.6 圆金属丝或扁金属线铠装

金属丝铠装应紧密，即相邻金属丝间的间隙很小。必要时，可在扁金属线铠装和圆金属丝铠装外疏绕一条最小标称厚度为 0.3 mm 的镀锌钢带，钢带厚度的偏差应符合 17.7.3 规定。

13.7 双层金属带铠装

当采用金属带铠装和符合 8.1 规定的内衬层时，其内衬层应采用包带垫层加强。内衬层和附加包带垫层的总厚度应按 8.1 的规定值再加 0.8 mm。

内衬层和附加包带垫层的总厚度不应小于规定值的 80%再减 0.2 mm。

如果有隔离套或挤包的内衬层并且满足 13.3.3 规定时，则不要求加包带垫层。

金属带铠装应螺旋绕包两层，使外层金属带的中线大致在内层金属带的间隙上方，包带间隙应不大于金属带宽度的 50%。

14 外护套

14.1 概述

所有电缆都应有外护套。

外护套通常为黑色，但也可以按照制造方和买方协议采用黑色以外的其他颜色，以适应电缆使用的特定环境。

外护套应经受 GB/T 3048.10—2008 规定的火花试验。

14.2 材料

外护套应为热塑性材料（聚氯乙烯或聚乙烯）或弹性体材料（聚氯丁烯，氯磺化聚乙烯或类似聚合物）。

外护套材料应与表 4 中规定的电缆运行温度相适应。

在特殊条件下（例如为了防白蚁）使用的外护套，可能有必要使用化学添加剂，但这些添加剂不应包括对人类及环境有害的材料。

注：例如不希望采用的材料包括[2)]：

——氯甲桥萘（艾氏剂）：1、2、3、4、10、10-六氯代-1，4，4a、5、8、8a-六氢化-1、4、5、8-二甲桥萘；

——氧桥氯甲桥萘（狄氏剂）：1、2、3、4、10、10-六氯代-6、7-环氧-1、4、4a、5、6、7、8、8a-八氢-1、4、5、8-二甲桥萘；

——六氯化苯（高丙体六六六）：1、2、3、4、5、6-六氯代-环乙烷 γ 异构体。

2） 来源：《工业材料中的危险品》N. I. Sax，第五版，Van Nostrand Reinhold，ISBN 0-442-27373-8。

14.3 厚度

若无其他规定，挤包外护套标称厚度 t_s（以 mm 计）应按下式计算：

$$t_s = 0.035D + 1.0$$

式中：

D——挤包护套前电缆的假设直径，单位为(mm)（见附录 A）。

按上式计算出的数值应修约到 0.1 mm（见附录 B）。

无铠装的电缆和护套不直接包覆在铠装、金属屏蔽或同心导体上的电缆，其单芯电缆护套的标称厚度应不小于 1.4 mm，多芯电缆护套的标称厚度应不小于 1.8 mm。

护套直接包覆在铠装、金属屏蔽或同心导体上的电缆，护套的标称厚度应不小于 1.8 mm。

15 试验条件

15.1 环境温度

除非另有规定，试验应在环境温度(20±15)℃下进行。

15.2 工频试验电压的频率和波形

工频试验电压的频率应在 49 Hz～61 Hz 范围；波形应基本上为正弦波，引用值为有效值。

15.3 冲击试验电压的波形

按照 GB/T 3048.13—2007，冲击波形应具有有效波前时间 1 μs～5 μs，标称半峰值时间 40 μs～60 μs。其他方面应符合 GB/T 16927.1—1997。

16 例行试验

16.1 概述

例行试验通常应在每一根制造长度的电缆上进行（见 3.2.1）。根据购买方和制造方达成的质量控制协议，可以减少试验电缆的根数或采用其他的试验方法。

本部分要求的例行试验为：

a) 导体电阻测量（见 16.2）；

b) 在带有符合 7.1 和 7.2 规定的导体屏蔽和绝缘屏蔽的电缆绝缘线芯上进行的局部放电试验（见 16.3）；

c) 电压试验（见 16.4）。

16.2 导体电阻

应对例行试验中的每一根电缆长度的所有导体进行电阻测量，若有同心导体也包括在内。

成品电缆或从成品电缆上取下的试样，试验前应在保持适当温度的试验室内至少存放 12 h。若怀疑导体温度是否与室温一致，电缆应在试验室内存放 24 h 后测量。也可将导体试样放在温度可以控制的液体槽内至少 1 h 后测量电阻。

电阻测量值应按照 GB/T 3956—2008 给出的公式和系数校正到 20 ℃下 1 km 长度的数值。

每一根导体 20 ℃时的直流电阻应不超过 GB/T 3956—2008 规定的相应的最大值。标称截面积适用时，同心导体的电阻也应符合 GB/T 3956—2008 规定。

16.3 局部放电试验

应按 GB/T 3048.12—2007 进行局部放电试验，试验灵敏度应为 10pC 或更优。

三芯电缆的所有绝缘线芯都应试验，电压施加于每一根导体和金属屏蔽之间。

试验电压应逐渐升高到 $2U_0$ 并保持 10 s，然后缓慢降到 $1.73U_0$。

在 $1.73U_0$ 下，应无任何由被试电缆产生的超过声明试验灵敏度的可检测到的放电。

注：被试电缆的任何放电都可能有害。

16.4 电压试验[3]

16.4.1 概述

电压试验应在环境温度下采用工频交流电压进行。

除非购买方另有要求，制造方可任选以下程序进行例行电压试验：

a) $3.5U_0$，5 min；

b) $2.5U_0$，30 min。

16.4.2 单芯电缆试验步骤

对单芯电缆的试验电压应施加在导体与金属屏蔽之间。

16.4.3 三芯电缆试验步骤

应在三芯电缆的每一根导体与金属层之间施加电压。

三芯电缆也可采用三相变压器，一次完成试验。

16.4.4 试验电压

对应额定电压的单相试验电压值见表9。

表9 例行试验电压

额定电压 U_0/kV	21	26
试验电压($3.5U_0$)/kV	73.5	91
试验电压($2.5U_0$)/kV	53	65

若用三相变压器同时对三芯电缆进行电压试验，相间试验电压应取表9所列数据的1.73倍。

在任何情况下，电压都应逐渐升高到规定值。

16.4.5 要求

绝缘应无击穿。

17 抽样试验

17.1 概述

本部分要求的抽样试验包括：

a) 导体检查(见17.4)；

b) 尺寸检验(见17.5～17.8)；

c) 电压试验(见17.9)；

d) EPR、HEPR和XLPE绝缘及弹性体护套的热延伸试验(见17.10)。

17.2 抽样试验的频度

17.2.1 导体检查和尺寸检验

导体检查，绝缘和护套厚度测量以及电缆外径的测量应在每批同一型号和规格电缆中的一根制造长度的电缆上进行，但应限制不超过合同长度数量的10％。

17.2.2 电气和物理试验

电气和物理试验应按商定的质量控制协议，在取自成品电缆的样品上进行试验。若无协议，在三芯电缆总长度大于2 km或单芯电缆总长度大于4 km时，应按表10数量进行试验。

3) 本部分相对于IEC 60502-2:2005在此条文中补充了“$2.5U_0$，30 min”的电压试验条件。

表 10 抽样试验样品数量

电缆长度/km				样品数
三芯电缆		单芯电缆		
>2	≤10	>4	≤20	1
>10	≤20	>20	≤40	2
>20	≤30	>40	≤60	3
余类推		余类推		余类推

17.3 复试

如果任一试样没有通过第 17 章的任一项试验，应从同一批中再取两个附加试样就不合格项目重新试验。如果两个附加试样都合格，样品所取批次的电缆应认为符合本部分要求。如果加试样品中有一个试样不合格，则认为抽取该试样的这批电缆不符合本部分要求。

17.4 导体检查

应采用检查或可行的测量方法检验导体结构是否符合 GB/T 3956—2008 要求。

17.5 绝缘和非金属护套厚度的测量(包括挤包隔离套，但不包括挤包内衬层)

17.5.1 概述

试验方法应符合 GB/T 2951.11—2008 第 8 章规定。

为试验而选取的每根电缆长度应从电缆的一端截取一段电缆来代表，如果必要，应将可能损伤的部分电缆先从该端截除。

17.5.2 对绝缘的要求

每一段绝缘线芯，最小测量值应不低于标称值的 90%再减 0.1 mm，即：

$$t_{min} \geqslant 0.9t_n - 0.1$$

同时：

$$\frac{t_{max} - t_{min}}{t_{max}} \leqslant 0.15$$

式中：

t_{max}——最大厚度，单位为毫米(mm)；

t_{min}——最小厚度，单位为毫米(mm)；

t_n——标称厚度，单位为毫米(mm)。

注：t_{max} 和 t_{min} 为同一截面上的测量值。

17.5.3 对非金属护套要求

护套应符合下列要求：

a) 对于非铠装电缆和护套不直接包覆在铠装、金属屏蔽或同心导体上的电缆，其最小测量值应不低于标称值的 85%再减 0.1 mm，即：

$$t_{min} \geqslant 0.85t_n - 0.1$$

b) 直接包覆在铠装、金属屏蔽或同心导体上的护套，其最小测量值应不低于标称值的 80%再减 0.2 mm，即：

$$t_{min} \geqslant 0.8t_n - 0.2$$

17.6 铅套厚度测量

根据制造方的意见应采用下列方法之一测量铅套最小厚度。铅套最小厚度应不低于标称值的 95%再减 0.1 mm。即：

$$t_{min} \geqslant 0.95t_n - 0.1$$

注：其他类型金属套厚度测量方法在考虑中。

17.6.1　窄条法

应使用测量头平面直径为 4 mm～8 mm 的千分尺测量，测量精度为±0.01 mm。

测量应在取自成品电缆上的 50 mm 长的护套试样进行。试样应沿轴向剖开并仔细展平。将试样擦拭干净后，应沿展平的试样的圆周方向距边缘至少 10 mm 进行测量。应测取足够多的数值，以保证测量到最小厚度。

17.6.2　圆环法

应使用具有一个平测头和一个球形测头的千分尺，或具有一个平测头和一个长为 2.4 mm、宽为 0.8 mm 的矩形平测头的千分尺进行测量。测量时球形测头或矩形测头应置于护套环的内侧。千分尺的精度应为±0.01 mm。

测量应在从样品上仔细切下的环形护套上进行。应沿着圆周上测量足够多的点，以保证测量到最小厚度。

17.7　铠装金属丝和金属带的测量

17.7.1　金属丝的测量

应使用具有两个平测头精度为±0.01 mm 的千分尺来测量圆金属丝的直径和扁金属丝的厚度。对圆金属丝应在同一截面上两个互成直角的位置上各测量一次，取两次测量的平均值作为金属丝的直径。

17.7.2　金属带的测量

应使用具有两个直径为 5 mm 平测头、精度为±0.01 mm 的千分尺进行测量。对带宽为 40 mm 及以下的金属带应在宽度中央测其厚度；对更宽的带子应在距其每一边缘 20 mm 处测量，取其平均值作为金属带厚度。

17.7.3　要求

铠装金属丝和金属带的尺寸低于 13.5 中给出标称尺寸的量值应不超过：

——圆金属丝：5%；

——扁金属线：8%；

——金属带：10%。

17.8　外径测量

如果抽样试验中要求测量电缆外径，应按 GB/T 2951.11—2008 进行。

17.9　4 h 电压试验

17.9.1　取样

试验终端之间的一根成品电缆长度应至少为 5 m。

17.9.2　步骤

在环境温度下，每一导体与金属层之间应施加工频电压 4 h。

17.9.3　试验电压

试验电压应为 $4U_0$。对应于标准额定电压的试验电压值列于表 11。

表 11　抽样试验电压

额定电压 U_0/kV	21	26
试验电压/kV	84	104

试验电压应逐渐升高到规定值，并持续 4 h。

17.9.4　要求

绝缘应不发生击穿。

17.10　EPR、HEPR 和 XLPE 绝缘和弹性体护套热延伸试验

17.10.1　步骤

取样和试验步骤应按 GB/T 2951.21—2008 第 9 章进行。

试验条件列于表 18 和表 19。

17.10.2 要求

EPR、HEPR 和 XLPE 绝缘的试验结果应符合表 18 要求，SE_1 护套应符合表 19 要求。

18 电气型式试验

具有特定电压和导体截面积的一种型式的电缆通过了本部分的型式试验后，对于具有其他导体截面积和/或额定电压的电缆型式认可仍然有效，只要满足下列三个条件：

a) 绝缘和半导电屏蔽材料以及所采用的制造工艺相同；

b) 导体截面积不大于已试电缆，但是如果已试电缆的导体截面积为 95 mm^2～630 mm^2（含）之间，那么 630 mm^2 及以下的所有电缆也有效；

c) 额定电压不高于已试电缆。

型式认可与导体材料无关。

18.1 具有导体屏蔽和绝缘屏蔽的电缆

应从成品电缆中取 10 m～15 m 长的电缆试样按 18.1.1 进行试验。

除 18.1.2 的例外，所有 18.1.1 所列的试验应依次在同一试样上进行。

三芯电缆的每项试验或测量应在所有绝缘线芯上进行。

18.1.9 规定的半导电屏蔽电阻率测量，应在另外的试样上进行。

18.1.1 试验顺序

正常试验的顺序应如下：

a) 弯曲试验及随后的局部放电试验（见 18.1.3 和 18.1.4）；

b) tanδ 测量（见 18.1.2 和见 18.1.5）；

c) 热循环试验及随后的局部放电试验（见 18.1.6）；

d) 冲击电压试验及随后的工频电压试验（见 18.1.7）；

e) 4 h 电压试验（见 18.1.8）。

18.1.2 特殊条款

tanδ 测量可以在没有按 18.1.1 正常试验顺序做过试验的另一个试样进行。

试验项目 e)可取一个新的试样进行，但该试样应预先进行过 18.1.1 中的 a)项和 c)项试验。

18.1.3 弯曲试验

在室温下试样应围绕试验圆柱体（例如线盘的筒体）至少绕一整圈，然后松开展直，再在相反方向上重复此过程。

此操作循环应进行三次。

试验圆柱体的直径应为：

——铅套或纵包复合金属箔电缆：

$25(d+D)\pm5\%$　　单芯电缆；

$20(d+D)\pm50\%$　　三芯电缆；

——其他类型电缆：

$20(d+D)\pm5\%$　　单芯电缆；

$15(d+D)\pm50\%$　　三芯电缆；

式中：

D——电缆试样实测外径，单位为毫米（mm），按 17.8 测量；

d——导体的实测直径，单位为毫米（mm）。

本试验完成后，试样应立即进行局部放电试验，并应符合 18.1.4 要求。

18.1.4 局部放电试验

应按 GB/T 3048.12—2007 进行局部放电试验，试验灵敏度应为 5pC 或更优。

三芯电缆的所有绝缘线芯都应试验，电压施加于每一根导体和金属屏蔽之间。

试验电压应逐渐升高到 $2U_0$ 并保持 10 s，然后缓慢降到 $1.73U_0$。

在 $1.73U_0$ 下，应无任何由被试电缆产生的超过声明试验灵敏度的可检测到的放电。

注：被试电缆的任何放电都可能有害。

18.1.5 **tanδ 测量**

成品电缆试样应用下述方法之一加热：试样应放置在液体槽或烘箱中，或者在试样的金属屏蔽层或导体或两者都通电流加热。

试样应加热至导体温度超过电缆正常运行时导体最高温度 5 ℃～10 ℃。

每一方法中，导体的温度应或者通过测量导体电阻确定，或者用放在液体槽、烘箱内或放在屏蔽层表面上，或放在与被测电缆相同的另一根同样加热的参照电缆上的测温装置进行测量。

tanδ 测量应在额定电压 U_0 和上述规定温度下进行。

测量值应不高于表 12 规定。

表 12 绝缘的电气型式试验要求

序号	试验项目和试验条件 (混合料代号见 4.2)	单位	性能要求	
			EPR/HEPR	XLPE
0	正常运行时导体最高温度(见 4.2)	℃	90	90
1	tanδ(见 18.5) ——超过电缆正常运行导体最高温度 5 ℃～10 ℃的 tanδ 最大值		50×10^{-4}	10×10^{-4}

18.1.6 热循环试验

经过上述各项试验后的试样应在试验室的地面上展开，并在试样导体上通以电流加热，直至导体达到稳定温度，此温度应超过电缆正常运行时导体最高温度 5 ℃～10 ℃。

三芯电缆的加热电流应通过所有导体。

加热循环应持续至少 8 h。在每一加热过程中，导体应在达到规定温度后至少维持 2 h。随后应在空气中自然冷却至少 16 h。

此循环应重复 20 次。

第 20 个循环后，试样应进行局部放电试验并应符合 18.1.4 要求。

18.1.7 冲击电压试验及随后的工频电压试验

试验应在超过电缆正常运行时导体最高温度 5 ℃～10 ℃的温度下进行。

应按照 GB/T 3048.13—2007 规定的步骤施加冲击电压，其电压峰值应为 200 kV。

电缆的每一个绝缘线芯应耐受 10 次正极性和 10 次负极性冲击电压而不击穿。

在冲击电压试验后，电缆试样的每一绝缘线芯应在室温下进行工频电压试验 15 min。试验电压应按表 9 规定。绝缘应不发生击穿。

18.1.8 4 h 电压试验

本试验应在室温下进行。应在试样的导体和屏蔽之间施加工频交流电压 4 h。

试验电压应为 $4U_0$，试验电压值见表 11。电压应逐渐升高至规定值。绝缘应不发生击穿。

18.1.9 半导电屏蔽电阻率

挤包在导体上的和绝缘上的半导电屏蔽的电阻率，应在取自电缆绝缘线芯上的试样上进行测量，绝缘线芯应分别取自制造好的电缆样品和进行过按 19.5 规定的材料相容性试验老化处理后的电缆样品。

18.1.9.1 步骤

试验步骤应按附录 C。

应在电缆正常运行时导体最高温度±2 ℃范围内进行测量。

18.1.9.2 要求

在老化前和老化后，电阻率应不超过下列数值：

——导体屏蔽：1 000 Ω·m；

——绝缘屏蔽：500 Ω·m。

19 非电气型式试验

本部分要求的非电气型式试验项目见表13。

19.1 绝缘厚度测量

19.1.1 取样

应从每一根绝缘线芯上各取一个样品。

19.1.2 步骤

应按GB/T 2951.11—2008中8.1进行测量。

19.1.3 要求

见17.5.2。

19.2 非金属护套厚度测量（包括挤包隔离套，但不包括内衬层）

19.2.1 取样

应取一个电缆试样。

19.2.2 步骤

应按GB/T 2951.11—2008中8.2进行测量。

19.2.3 要求

见17.5.3。

19.3 绝缘老化前后的机械性能试验

19.3.1 取样

应按GB/T 2951.11—2008中9.1取样和制备试片。

19.3.2 老化处理

老化处理应在表14规定的条件下，按GB/T 2951.12—2008中8.1进行。

19.3.3 预处理和机械性能试验

应按GB/T 2951.11—2008中9.1进行试片的预处理和机械性能试验。

19.3.4 要求

试片老化前和老化后的试验结果均应符合表14要求。

19.4 非金属护套老化前后的机械性能试验

19.4.1 取样

应按GB/T 2951.11—2008中9.2取样和制备试片。

19.4.2 老化处理

老化处理应在表15规定的条件下，按GB/T 2951.12—2008中8.1进行。

19.4.3 预处理和机械性能试验

应按GB/T 2951.11—2008中9.2进行试片的预处理和机械性能试验。

19.4.4 要求

试片老化前和老化后的试验结果均应符合表15要求。

19.5 成品电缆段的附加老化试验

19.5.1 概述

本试验旨在检验电缆绝缘和非金属护套与电缆中的其他材料接触有无造成运行中劣化倾向。

本试验适用于所有类型的电缆。

19.5.2 取样

应按 GB/T 2951.12—2008 中 8.1.4 从成品电缆上截取试样。

19.5.3 老化处理

电缆样品的老化处理应按 GB/T 2951.12—2008 中 8.1.4,在空气烘箱中进行。老化条件如下:

温度:高于电缆正常运行时导体最高温度(见表 12)(10±2)℃;

周期:7×24 h。

19.5.4 机械性能试验

取自老化后电缆段试样的绝缘和护套试片,应按 GB/T 2951.11—2008 中第 9 章进行机械性能试验。

19.5.5 要求

老化前和老化后抗张强度与断裂伸长率中间值的变化率(见 19.3 和见 19.4)应不超过空气烘箱老化后的规定值。绝缘的规定值见表 14,非金属护套的规定值见表 15。

19.6 ST_2 型 PVC 护套失重试验

19.6.1 步骤

应按 GB/T 2951.32—2008 中 8.2 取样和进行试验。

19.6.2 要求

试验结果应符合表 16 要求。

19.7 护套的高温压力试验

19.7.1 步骤

高温压力试验应按 GB/T 2951.31—2008 第 8 章的试验方法及表 16 和表 17 给出的试验条件进行。

19.7.2 要求

试验结果应符合 GB/T 2951.31—2008 第 8 章要求。

19.8 PVC 护套的低温性能试验

19.8.1 步骤

应按 GB/T 2951.14—2008 第 8 章取样和进行试验,试验温度见表 16。

19.8.2 要求

试验结果应符合 GB/T 2951.14—2008 第 8 章要求。

19.9 PVC 护套的抗开裂试验(热冲击试验)

19.9.1 步骤

应按 GB/T 2951.31—2008 第 9 章取样和进行试验,试验温度和加热持续时间见表 16。

19.9.2 要求

试验结果应符合 GB/T 2951.31—2008 第 9 章要求。

19.10 EPR 和 HEPR 绝缘耐臭氧试验

19.10.1 步骤

应按 GB/T 2951.21—2008 第 8 章取样和进行试验。臭氧浓度和试验持续时间应符合表 18 规定。

19.10.2 要求

试验结果应符合 GB/T 2951.21—2008 第 8 章要求。

19.11 EPR、HEPR 和 XLPE 绝缘与弹性体护套的热延伸试验

应按 17.10 取样和进行试验,并应符合 17.10 要求。

19.12 弹性体护套的浸油试验

19.12.1 步骤

应按 GB/T 2951.21—2008 第 10 章取样和进行试验,试验条件应符合表 19。

19.12.2 要求

试验结果应符合表 19 要求。

19.13 绝缘吸水试验

19.13.1 步骤

应按 GB/T 2951.13—2008 中 9.1 取样和进行试验，试验条件应符合表 18。

19.13.2 要求

试验结果应符合表 18 要求。

19.14 单根电缆的不延燃试验

本试验仅适用于 ST_1、ST_2 或 SE_1 材料护套电缆，且仅有特别要求时才进行。

应按 GB/T 18380.12—2008 规定的方法进行试验并符合其要求。

19.15 黑色 PE 护套碳黑含量测定

19.15.1 步骤

应按照 GB/T 2951.41—2008 第 11 章取样和进行试验。

19.15.2 要求

试验结果应符合表 17 要求。

19.16 XLPE 绝缘收缩试验

19.16.1 步骤

应按照 GB/T 2951.13—2008 第 10 章取样和进行试验，试验条件应符合表 18。

19.16.2 要求

试验结果应符合表 18 要求。

19.17 挤包外护套刮磨试验

试样经 18.1.3 规定的弯曲试验后，应按 JB/T 10696.6—2007 进行刮磨试验。

把经过刮磨试验的试样，在室温下浸入 0.5%(重量比)氯化钠和大约 0.1%(重量比)非离子型表面活性剂水溶液中至少 24 h。

将金属屏蔽和铠装作为负极，在负极和盐溶液之间施加直流电压 20 kV，历时 1 min。然后施加雷电冲击电压 20 kV，正负极性各 10 次。试样应不击穿。

把试样从溶液中取出，剥下包含刮磨部位的 1 m 长护套，用肉眼观察护套内外表面，应无裂缝和开裂。

19.18 HEPR 绝缘硬度测量

19.18.1 步骤

应按照附录 E 取样和进行测量。

19.18.2 要求

试验结果应符合表 18 要求。

19.19 HEPR 绝缘弹性模量测定

19.19.1 步骤

应按照 GB/T 2951.11—2008 第 9 章取样、制备试片和进行测定。

应测量伸长为 150%时所需的负荷。相应的应力应用测得的负荷除以试片未拉伸前的截面积计算得到。应确定应力与应变的比值，以得到伸长率为 150%时的弹性模量。

弹性模量应取全部测量结果的中间值。

19.19.2 要求

试验结果应符合表 18 要求。

19.20 PE 外护套收缩试验

19.20.1 步骤

应按照 GB/T 2951.13—2008 第 11 章取样和进行试验，试验条件应符合表 17。

19.20.2 要求

试验结果应符合表 17 要求。

19.21 绝缘屏蔽的可剥离性试验

当制造方声明采用的挤包半导电绝缘屏蔽为可剥离型时，应进行本试验。

19.21.1 步骤

试验应在老化前和老化后的样品上各进行三次，可在三个单独的电缆试样上进行试验，也可在同一个电缆试样上沿圆周方向彼此间隔约 120°的三个不同位置上进行试验。

应从老化前和按 19.5.3 老化后的被试电缆上取下长度至少 250 mm 的绝缘线芯。

在每一个试样的挤包绝缘屏蔽表面上从试样的一端到另一端向绝缘纵向切割成两道彼此相隔宽(10±1)mm 相互平行的深入绝缘的切口。

沿平行于绝缘线芯方向(也就是剥离角近似于 180°)拉开长 50 mm、宽 10 mm 的条形带后，将绝缘线芯垂直地装在拉力机上，用一个夹头夹住绝缘线芯的一端，而 10 mm 的条形带，夹在另一个夹头上。

施加使 10 mm 条形带从绝缘分离的拉力，拉开至少 100 mm 长的距离。应在剥离角近似 180°和速度为(250±50)mm/min 条件下测量拉力。

试验应在(20±5)℃温度下进行。

对未老化和老化后的试样应连续地记录其剥离力的数值。

19.21.2 要求

从老化前后的试样绝缘上剥下挤包半导电屏蔽的剥离力应不小于 8 N 和不大于 45 N。

绝缘表面应无损伤及残留的半导电屏蔽痕迹。

19.22 透水试验

当制造方声称采用了纵向阻水屏障电缆的设计时，应进行透水试验。本试验的目的是满足地下埋设电缆的要求，而不适用于水底电缆。

本试验用于下列电缆设计：

a) 在金属层附近具有纵向阻水屏障；

b) 沿着导体具有纵向阻水屏障。

试验装置、取样和试验步骤应按附录 D 规定。

当电缆具有径向阻水的金属箔复合护层时，应进行附录 F 的试验。

20 安装后电气试验[4)]

试验应在电缆及其附件安装完成后进行。

推荐按照 20.1 进行外护套的直流电压试验，并在有要求时按照 20.2 进行绝缘试验。对于只进行外护套的直流电压试验的情况，可以用买方和供方认可的质量保证程序代替绝缘试验。

20.1 外护套的直流电压试验

应在电缆的每相金属套或金属屏蔽与接地之间施加 IEC 60229：2007 第 5 章规定的直流电压及持续时间。

为了有效试验，应使外护套的全部外表面接地良好。

注：外护套上的导电层有助于达到此目的。

20.2 交流电压试验

按供方与买方协议，可以采用下列 a）项或 b）项工频电压试验：

a) 交流电压试验应经买方和供方协商同意后进行。电压的波形应基本是正弦波，频率应为

---

4) 安装后绝缘的电气试验与 IEC 60840：2004《额定电压大于 30 kV(U_m=36 kV)至 150 kV (U_m=170 kV)挤包绝缘电力电缆及其附件 试验方法和要求》一致。

20 Hz～300 Hz。试验电压应为 $2U_0$，持续 60 min。

b) 作为替代，可以施加系统额定电压 U_0，持续 24 h。

注：对已运行的电缆线路，可采用较低的电压和/或较短的时间进行试验。试验的电压和时间应考虑已运行的时间、环境条件、击穿历史以及试验的目的，经协商确定。

21 电缆产品的补充条款

电缆产品的补充条款包括电缆型号和产品表示方法、产品验收规则、成品电缆标志、电缆包装、运输和贮存，以及安装条件，详见附录 G。

表 13 绝缘混合料和护套混合料的非电气型式试验（见表 14 到表 19）

序号	试验项目 （混合料代号见 4.2 和 4.3）	绝缘			护套				
		EPR	HEPR	XLPE	PVC		PE		SE_1
					ST_1	ST_2	ST_3	ST_7	
1	尺寸								
1.1	厚度测量	×	×	×	×	×	×	×	×
2	机械性能（抗张强度和断裂伸长率）								
2.1	老化前	×	×	×	×	×	×	×	×
2.2	空气烘箱老化后	×	×	×	×	×	×	×	×
2.3	成品电缆段老化	×	×	×	×	×	×	×	×
2.4	浸入热油后	—	—	—	—	—	—	—	×
3	热塑性能								
3.1	高温压力试验（凹痕）	—	—	—	×	×	—	×	—
3.2	低温性能	—	—	—	×	×			
4	其他各类试验								
4.1	空气烘箱内的失重试验	—	—	—	—	×	—	—	—
4.2	热冲击试验（开裂）	—	—	—	×	×	—	—	—
4.3	抗臭氧试验	×	×						—
4.4	热延伸试验	×	×	×	—	—	—	—	×
4.5	不延燃试验（要求时）	—	—	—	×	×	—	—	×
4.6	吸水试验	×	×	×	—	—	—	—	—
4.7	收缩试验	—	—	×	—		×	×	—
4.8	外护套刮磨试验	—	—	—	×	×	×	×	×
4.9	碳黑含量[a]	—	—	—	—		×	×	—
4.10	硬度试验	—	×	—	—	—	—	—	—
4.11	弹性模量试验	—	×	—	—	—	—	—	—
4.12	可剥离性试验[b]								
4.13	透水试验[c]								
4.14	金属箔粘结强度[c]								

注：×表示型式试验项目。

a 仅对黑色外护套适用。

b 适用于制造方声明具有可剥离绝缘屏蔽电缆。

c 适用于制造方声明具有阻水屏障结构电缆。

表 14　绝缘混合料机械性能试验要求(老化前后)

序号	试验项目 (混合料代号见 4.2)	单位	EPR	HEPR	XLPE
0	正常运行时导体最高温度(见 4.2)	℃	90	90	90
1	老化前(GB/T 2951.11—2008 中 9.1)				
1.1	抗张强度,最小	N/mm²	4.2	8.5	12.5
1.2	断裂伸长率,最小	%	200	200	200
2	空气烘箱老化后(GB/T 2951.12-2008 中 8.1)				
2.1	无导体老化后				
2.1.1	处理条件				
	——温度	℃	135	135	135
	——温度偏差	℃	±3	±3	±3
	——持续时间	d	7	7	7
2.1.2	抗张强度变化率[a],最大	%	±30	±30	±25
2.1.3	断裂伸长率变化率,最大	%	±30	±30	±25

[a] 变化率:老化前后得出的中间值之差值除以老化前中间值,以百分数表示。

表 15　护套混合料机械性能试验要求(老化前后)

序号	试验项目 (混合料代号见 4.3)	单位	ST_1	ST_2	ST_3	ST_7	SE_1
	正常运行时导体最高温度(见 4.3)	℃	80	90	80	90	85
1	老化前(GB/T 2951.11—2008 中 9.2)						
1.1	抗张强度,最小	N/mm²	12.5	12.5	10.0	12.5	10.0
1.2	断裂伸长率,最小	%	150	150	300	300	300
2.0	空气烘箱老化后(GB/T 2951.12—2008 中 8.1)						
2.1	处理条件						
	温度(偏差±2 ℃)	℃	100	100	100	110	100
	——持续时间	d	7	7	10	10	7
2.2	抗张强度:						
	a)　老化后数值,最小	N/mm²	12.5	12.5	—	—	—
	b)　变化率[a],最大	%	±25	±25	—	—	±30
2.3	断裂伸长率:						
	a)　老化后数值,最小	%	150	150	300	300	250
	b)　变化率[a],最大	%	±25	±25	—	—	±40

[a] 变化率:老化前后得出的中间值之差值除以老化前中间值,以百分数表示。

表 16 护套混合料特殊性能试验要求

序号	试验项目 (混合料代号见 4.3)	单位	ST_1	ST_2
1	空气烘箱中失重试验(GB/T 2951.32—2008 中 8.2)			
1.1	处理条件			
	——温度(偏差±2 ℃)	℃	—	100
	——持续时间	d	—	7
1.2	最大允许失重量	mg/cm^2	—	1.5
2	高温压力试验(GB/T 2951.31—2008 第 8 章)			
2.1	温度(偏差±2 ℃)	℃	80	90
3	低温性能试验[a](GB/T 2951.14—2008 第 8 章)			
3.1	未经老化前进行试验			
	——直径<12.5 mm 的冷弯曲试验			
	——温度(偏差±2 ℃)	℃	−15	−15
3.2	哑铃片的低温拉伸试验			
	——温度(偏差±2 ℃)	℃	−15	−15
3.3	冷冲击试验			
	——温度(偏差±2 ℃)	℃	−15	−15
4	抗开裂试验(GB/T 2951.31—2008 第 9 章)			
4.1	——温度(偏差±3 ℃)	℃	150	150
4.2	——持续时间	h	1	1

[a] 因气候条件,购买方可以要求采用更低的温度。

表 17 PE(热塑性聚乙烯)护套混合料的特殊性能

序号	试验项目 (混合料代号见 4.3)	单位	ST_3	ST_7
1	密度[a](GB/T 2951.13—2008 第 8 章)			
2	碳黑含量(仅对于黑色护套)(GB/T 2951.41—2008 第 11 章)			
2.1	标称值	%	2.5	2.5
2.2	偏差	%	±0.5	±0.5
3	收缩试验(GB/T 2951.13—2008 第 11 章)			
3.1	温度(偏差±2 ℃)	℃	80	80
3.2	加热持续时间	h	5	5
3.3	加热周期		5	5
3.4	最大允许收缩	%	3	3
4	高温压力试验(GB/T 2951.31—2008 中 8.2)			
4.1	温度(偏差±2 ℃)	℃	—	110

[a] 密度的测定仅在其他试验需要时才做。

表 18 各种热固性绝缘混合料的特殊性能试验要求

序号	试验项目 (混合料代号见 4.2)	单位	EPR	HEPR	XLPE
1	耐臭氧试验(GB/T 2951.21—2008 第 8 章)				
1.1	臭氧浓度(按体积)	%	0.025～0.030	0.025～0.030	—
1.2	无开裂持续时间试验	h	24	24	—
2	热延伸试验(GB/T 2951.21—2008 第 9 章)				
2.1	处理条件				
	——空气温度(偏差±3 ℃)	℃	250	250	200
	——负荷时间	min	15	15	15
	——机械应力	N/cm²	20	20	20
2.2	载荷下最大伸长率	%	175	175	175
2.3	冷却后最大永久伸长率	%	15	15	15
3	吸水试验(GB/T 2951.13—2008 中 9.2)重量分析法				
3.1	温度(偏差±2 ℃)	℃	85	85	85
3.2	持续时间	d	14	14	14
3.3	重量最大变化率	mg/cm²	5	5	1[a]
4	收缩试验(GB/T 2951.13—2008 第 10 章)				
4.1	标志间长度 L	mm	—	—	200
4.2	温度(偏差±3 ℃)	℃	—	—	130
4.3	持续时间	h	—	—	1
4.4	最大允许收缩率	%	—	—	4
5	硬度测定(见附录 E)				
5.1	IRHD[b] 最小		—	80	—
6	弹性模量测定(见 19.19)				
6.1	150%伸长率下的弹性模量,最小	N/mm²	—	4.5	—

[a] 对于密度大于 1 g/cm³ 的 XLPE 要考虑吸水量的增加大于 1 mg/cm²;

[b] IRHD:国际橡胶硬度等级。

表 19 弹性体护套混合料特殊性能试验要求

序号	试验项目 (混合料代号见 4.3)	单位	SE_1
1	浸油后机械性能测试(GB/T 2951.21—2008 第 10 章和 GB/T 2951.11—2008 第 9 章)		
1.1	处理条件		
	——油温(偏差±2℃)	℃	100
	——持续时间	h	24
	最大允许变化率[a]		
	a) 抗张强度	%	±40
	b) 断裂伸长率	%	±40
2	热延伸(GB/T 2951.21—2008 第 9 章)		

表 19（续）

序号	试验项目 （混合料代号见 4.3）	单位	SE_1
2.1	处理条件		
	——温度（偏差±3℃）	℃	200
	——载荷时间	min	15
	——机械应力	N/cm^2	20
2.2	负载下允许最大伸长率	%	175
2.3	冷却后最大永久伸长率	%	15
[a] 变化率：处理前后得出的中间值之差值与处理前中间值之比，以百分数表示。			

附　录　A
（规范性附录）
确定护层尺寸的假设计算方法

电缆护层，诸如护套和铠装，其厚度通常与电缆标称直径有一个“阶梯表”的关系。

有时候会产生一些问题，计算出的标称直径不一定与生产出的电缆实际尺寸相同。在边缘情况下，如果计算直径稍有偏差，护层厚度与实际直径不相符合，就会产生疑问。不同制造方的成型导体尺寸变化、计算方法不同会引起标称直径不同和由此导致使用在基本设计相同的电缆上的护层厚度不同。

为了避免这些麻烦，而采取假设计算方法。这种计算方法忽略形状和导体的紧压程度而根据导体标称截面积，标称绝缘厚度和电缆芯数，利用公式来计算假设直径。这样护套厚度和其他护层厚度都可以通过公式或表格而与假设直径有了相应的关系。假设直径计算的方法明确规定，使用的护层厚度是唯一的，它与实际制造中的细微差别无关。这就使电缆设计标准化，对于每一个导体截面的护层厚度尺寸可以被预先计算和规定。

假设直径仅用来确定护套和电缆护层的尺寸，不是代替精确计算标称直径所需的实际过程，实际标称直径计算应分开计算。

A.1　概述

采用下述规定的电缆各种护层厚度的假设计算方法，是为了保证消除在单独计算中引起的任何差异，例如由于导体尺寸的假设以及标称直径和实际直径之间不可避免的差异。

所有厚度值和直径都应按照附录 B（规范性附录）中的规则修约到一位小数。

扎带，例如反向螺旋绕包在铠装外的扎带，如果不厚于 0.3 mm，在此方法中忽略。

A.2　方法

A.2.1　导体

不考虑形状和紧压程度如何，每一标称截面积导体的假设直径（d_L）由表 A.1 给出。

表 A.1　导体的假设直径

导体标称截面积/mm²	d_L/mm	导体标称截面积/mm²	d_L/mm
50	8.0	630	28.3
70	9.4	800	31.9
95	11.0	1 000	35.7
120	12.4	1 200	39.1
150	13.8	1 400	42.2
185	15.3	1 600	45.1
240	17.5		
300	19.5		
400	22.6		
500	25.2		

A.2.2　绝缘线芯

任何绝缘线芯的假设直径 D_c 如下式：

a）　无半导电屏蔽电缆的绝缘线芯：

$$D_c = d_L + 2t_i$$

b）　有半导电屏蔽电缆的绝缘线芯：

$$D_c = d_L + 2t_i + 3.0$$

式中：

t_i——绝缘的标称厚度，单位为毫米(mm)(见表5～表7)

如果采用金属屏蔽或同心导体，则应根据A.2.5考虑增大绝缘线芯的标称直径。

A.2.3 缆芯直径

缆芯的假设直径(D_f)如下式：

$$D_f = K \cdot D_c$$

式中：

K——三芯电缆的成缆系数，数值为2.16。

A.2.4 内衬层

内衬层的直径(D_B)应按下式计算：

$$D_B = D_f + 2t_B$$

式中：

缆芯的假设直径 D_f 为40 mm及以下，t_B=0.4 mm；

缆芯的假设直径 D_f 大于40 mm，t_B=0.6 mm。

t_B 假设值应用于：

a) 三芯电缆

无论有无内衬层；

无论内衬层为挤包还是绕包。

当有一个符合13.3.3规定的隔离套代替或附加在内衬层上时，应按A.2.7中公式计算。

b) 单芯电缆

无论有挤包还是绕包的内衬层。

A.2.5 同心导体和金属屏蔽

由于同心导体和金属屏蔽使直径增加的数值如表A.2规定。

表A.2 同心导体和金属屏蔽使直径的增加值

同心导体或金属屏蔽的标称截面积/mm²	直径的增加值/mm
50	1.7
70	2.0
95	2.4
120	2.7
150	3.0
185	4.0
240	5.0
300	6.0

如果同心导体或金属屏蔽的标称截面积介于上表所列数据的两数之间，那么取这两个标称值中较大数值所对应的直径增加值。

如果有金属屏蔽层，上表中规定的屏蔽层截面积应按下列公式计算：

a) 金属带屏蔽

$$截面积 = n_t \times t_t \times w_t (mm^2)$$

式中：

n_t——金属带根数；

t_t——单根金属带的标称厚度，单位为毫米(mm)；

w_t——单根金属带的标称宽度，单位为毫米(mm)。

当屏蔽总厚度小于 0.15 mm 时，直径增加值为零：

一层金属带重叠绕包屏蔽或两层金属带搭盖绕包屏蔽，屏蔽总厚度为金属带厚度的两倍；

金属带纵包屏蔽：

如果搭盖率小于 30%，屏蔽总厚度为金属带的厚度；

如果搭盖率达到或超过 30%，屏蔽总厚度为金属带厚度的两倍。

b) 金属丝屏蔽(包括一反向扎线，若存在)

$$截面积 = \frac{n_w \times d_w^2 \times \pi}{4} + n_h \times t_h \times W_h (mm^2)$$

式中：

n_w——金属丝根数；

d_w——单根金属丝直径，单位为毫米(mm)；

n_h——反向扎带根数；

t_h——厚度大于 0.3 mm 的反向扎带的厚度，单位为毫米(mm)；

W_h——反向扎带的宽度，单位为毫米(mm)。

A.2.6 铅套

铅套的假设直径(D_{pb})应按下式计算：

$$D_{pb} = D_g + 2t_{pb}$$

式中：

D_g——铅套下的假设直径，单位为毫米(mm)；

t_{pb}——按 12.1 的计算厚度，单位为毫米(mm)。

A.2.7 隔离套

隔离套的假设直径(D_s)应按下式计算：

$$D_s = D_u + 2t_s$$

式中：

D_u——隔离套下的假设直径，单位为毫米(mm)；

t_s——按 13.3.3 的计算厚度，单位为毫米(mm)。

A.2.8 包带垫层

包带垫层的假设直径 D_{lb} 应按下式计算：

$$D_{lb} = D_{ulb} + 2t_{lb}$$

式中：

D_{ulb}——包带前假设直径，单位为毫米(mm)；

t_{lb}——包带垫层厚度，按照 13.3.4 规定，即为 1.5 mm。

A.2.9 金属带铠装电缆的附加垫层(加在内衬层外)

因附加垫层引起的直径增加量见表 A.3。

表 A.3 因附加垫层引起的直径增加量

附加垫层下的假设直径/mm	因附加垫层引起的直径增加/mm
>29	1.6

A.2.10 铠装

铠装外的假设直径(D_X)应按下式计算：

a) 扁或圆金属丝铠装

$$D_X = D_A + 2t_A + 2t_W$$

式中：

D_A——铠装前直径，单位为毫米(mm)；

t_A——铠装金属丝的直径或厚度，单位为毫米(mm)；

t_W——如果有反向螺旋扎带时厚度大于 0.3 mm 的反向螺旋扎带厚度，单位为毫米(mm)。

b) 双金属带铠装

$$D_X = D_A + 4t_A$$

式中：

D_A——铠装前直径，单位为毫米(mm)；

t_A——铠装带厚度，单位为毫米(mm)。

附 录 B
（规范性附录）
数 值 修 约

B.1 假设计算法的数值修约

在按照附录A计算假设直径和确定单元尺寸而对数值进行修约时，采用下述规则。

当任何阶段的计算值小数点后多于一位数时，数值应修约到一位小数，即精确到0.1 mm。每一阶段的假设直径数值应修约到0.1 mm，当用来确定包覆层厚度和直径时，在用到相应的公式或表格中去之前应先进行修约，按照附录A要求从修约后的假设直径计算出的厚度应依次修约到0.1 mm。

用下述实例来说明这些规则：

a) 修约前数值的第二位小数为0、1、2、3或4时则小数点后第一位小数保持不变(舍弃)。

例如：

2.12 ≈ 2.1

2.449 ≈ 2.4

25.047 8 ≈ 25.0

b) 修约前数值的第二位小数为9、8、7、6或5时则小数点后第一位小数应增加1(进一)。

例如：

2.17 ≈ 2.2

2.453 ≈ 2.5

30.050 ≈ 30.1

B.2 用作其他目的的数值修约

除B.1考虑的用途外，有可能有些数值要修约到多于一位小数，例如计算几次测量的平均值，或标称值加上一个百分偏差以后的最小值。在这些情况下，应按有关条文修约到小数点后面的规定位数。

这时修约的方法为：

a) 如果修约前应保留的最后数值后一位数为0、1、2、3或4时，则最后数值应保持不变(舍弃)。

b) 如果修约前应保留的最后数值后一位数为9、8、7、6或5时，则最后数值加1(进一)。

例如：

2.449 ≈ 2.45 修约到二位小数

2.449 ≈ 2.4 修约到一位小数

25.047 8 ≈ 25.048 修约到三位小数

25.047 8 ≈ 25.05 修约到二位小数

25.047 8 ≈ 25.0 修约到一位小数

附 录 C
（规范性附录）
半导电屏蔽电阻率测量方法

从 150 mm 长成品电缆样品上制备试样。

将电缆绝缘线芯样品沿纵向对半切开，除去导体以制备导体屏蔽试样，如有隔离层也应去掉（见图 C.1a））。将绝缘线芯外所有保护层除去后制备绝缘屏蔽试片（见图 C.1b））。

屏蔽层体积电阻系数的测定步骤如下：

将四只涂银电极 A、B、C 和 D（见图 C.1a）和 C.1b））置于半导电层表面。两个电位电极 B 和 C 间距 50 mm。两个电流电极 A 和 D 相应地在电位电极外侧间隔至少 25 mm。

采用合适的夹子连接电极。在连接导体屏蔽电极时，应确保夹子与试样外表面绝缘屏蔽层的绝缘。

将组装好的试样放入预热到规定温度的烘箱中。30 min 后用测试线路测量电极间电阻，测试线路的功率不超过 100 mW。

电阻测量后，在室温下测量导体屏蔽和绝缘的外径及导体屏蔽和绝缘屏蔽层的厚度。每个数据取六个测量值的平均值（见图 C.1b））。

体积电阻率 ρ（用 Ω · m 表示）按下式计算：

a) 导体屏蔽

$$\rho_c = \frac{R_c \times \pi \times (D_c - T_c) \times T_c}{2L_c}$$

式中：

ρ_c——体积电阻率，单位为欧姆米（Ω · m）；

R_c——测量电阻，单位为欧姆（Ω）；

L_c——电位电极间距离，单位为米（m）；

D_c——导体屏蔽外径，单位为米（m）；

T_c——导体屏蔽平均厚度，单位为米（m）。

b) 绝缘屏蔽

$$\rho_i = \frac{R_i \times \pi \times (D_i - T_i) \times T_i}{L_i}$$

式中：

ρ_i——体积电阻率，单位为欧姆米（Ω · m）；

R_i——测量电阻，单位为欧姆（Ω）；

L_i——电位电极间距离，单位为米（m）；

D_i——绝缘屏蔽外径，单位为米（m）；

T_i——绝缘屏蔽平均厚度，单位为米（m）。

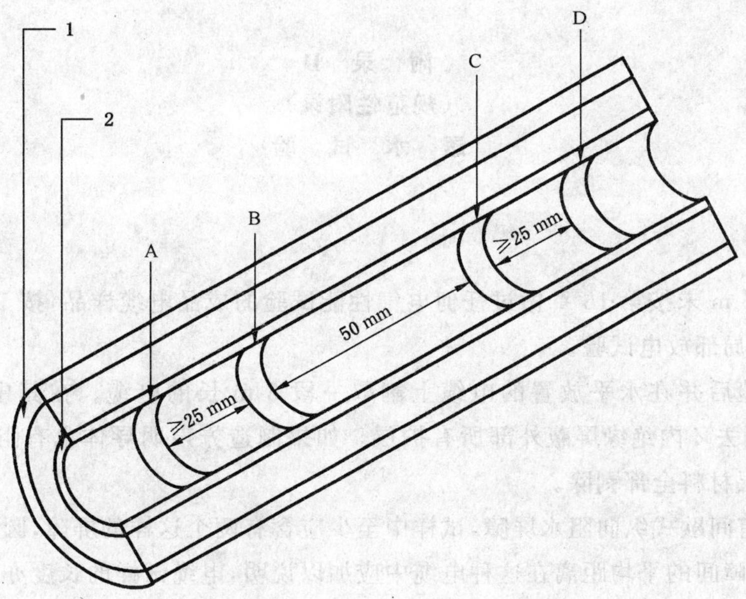

1——绝缘屏蔽层；
2——导体屏蔽层；
B、C——电位电极；
A、D——电流电极。

图 C.1 a) 导体屏蔽体积电阻率测量

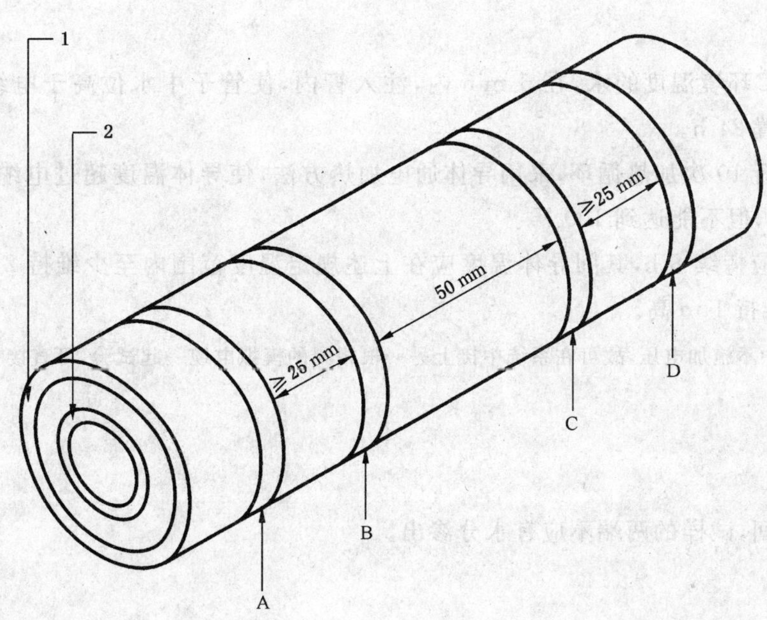

1——绝缘屏蔽层；
2——导体屏蔽层；
B、C——电位电极；
A、D——电流电极。

图 C.1 b) 绝缘屏蔽体积电阻率测量

附　录　D
（规范性附录）
透　水　试　验

D.1　试样制备

将一段至少长 6 m 未按第 18 章做过任何电气性能试验的成品电缆样品，按 18.4 规定进行弯曲试验，但不进行附加的局部放电试验。

从经过弯曲试验后并在水平放置的电缆上割取一段 3 m 长的电缆。在其中间的部位开一个约 50 mm 宽的圆环，剥去环内绝缘屏蔽外部所有护层。如果制造方声明导体也有阻水结构时，则应将圆环内导体外部的各层材料全部剥除。

如果电缆中含有间歇式纵向阻水屏障，试样中至少应含有两个这样的屏障，圆环应开在两个屏障之间。在此情况下，屏障间的平均距离在这种电缆中应加以说明，电缆试样的长度亦应相应地确定。

圆环应切割得使相关间隙很容易暴露在水中，如果电缆只有导体阻水结构，那么应用合适的材料密封有关的切割表面，或者剥除外面的所有包覆层。

用一个合适的装置把一根直径至少为 10 mm 的管子垂直地安置在切开的圆环上面，并与电缆外护套的表面相密封（见图 D.1）。在电缆密封出口处，该装置不应在电缆上产生机械应力。

注：某些阻水屏障对纵向透水的影响可能和水中的一些成分有关（如水的 pH 值和离子浓度），除非另有规定，一般应采用普通自来水做试验。

D.2　试验

把 20 ℃±10 ℃环境温度的水，在 5 min 内，注入管内，使管子中水位高于电缆中心轴线 1 m（见图 D.1），试样应放置 24 h。

然后对试样进行 10 次加热循环，采用导体通电加热方法，使导体温度超过电缆正常运行时导体最高温度 5 ℃～10 ℃，但不能达到 100 ℃。

每一次热循环应持续 8 h，其间导体温度应在上述规定温度范围内至少维持 2 h，随后应至少自然冷却 3 h。水头应维持 1 m 高。

注：由于在试验中不施加电压，故可在系统中接上另一根相同的模拟电缆一起试验，可直接在此根模拟电缆的导体上测量温度。

D.3　要求

在整个试验期间，试样的两端不应有水分渗出。

单位为毫米

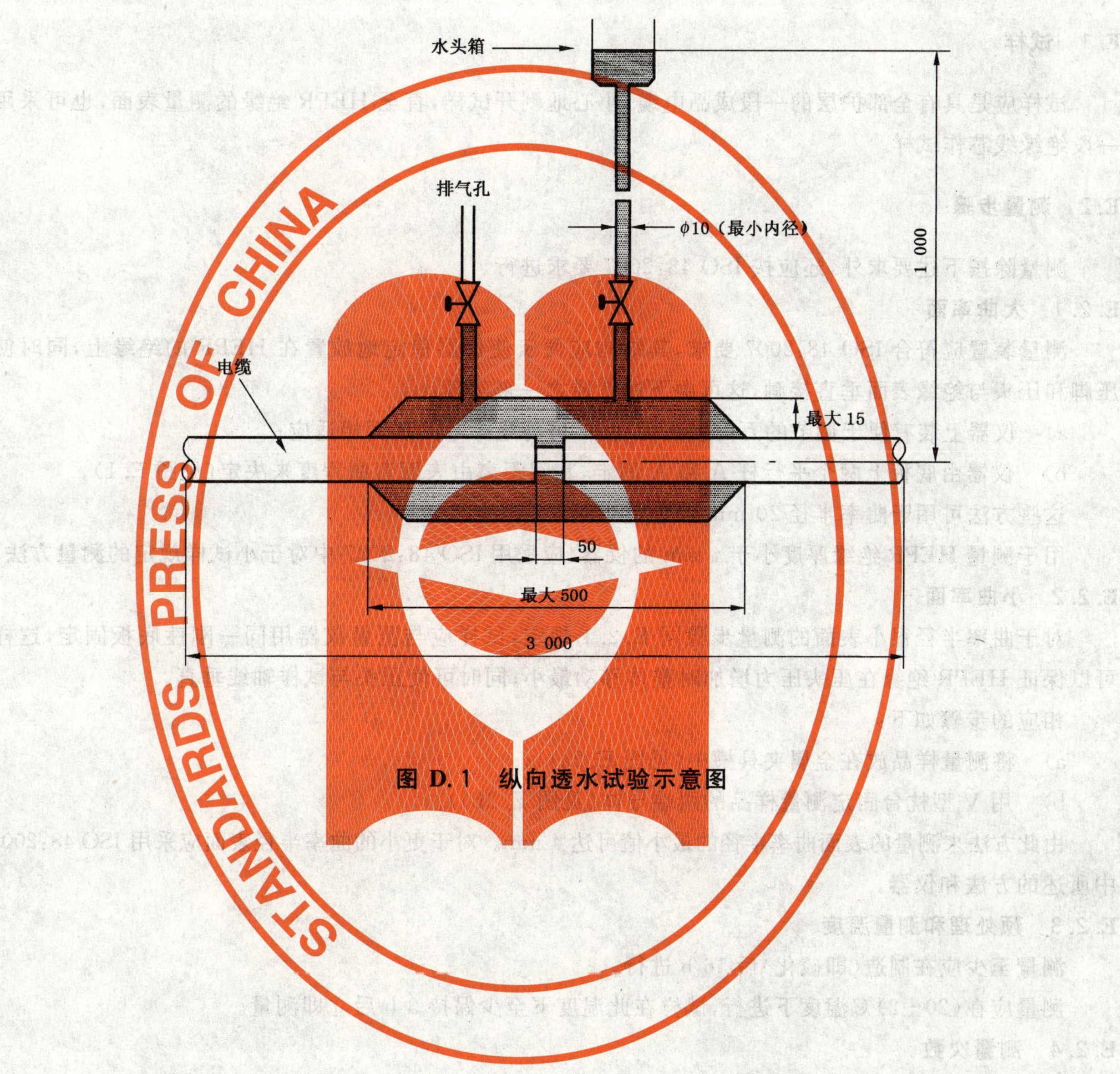

图 D.1 纵向透水试验示意图

附 录 E
（规范性附录）
HEPR 绝缘硬度测定

E.1 试样

试样应是具有全部护层的一段成品电缆，小心地剥开试样，直至 HEPR 绝缘的测量表面，也可采用一段绝缘线芯作试样。

E.2 测量步骤

测量除按下述要求外，还应按 ISO 48:2007 要求进行。

E.2.1 大曲率面

测量装置应符合 ISO 48:2007 要求，其结构应便于使仪器稳定地放置在 HEPR 的绝缘上，同时使压脚和压头与绝缘表面垂直接触，这可由下述途径之一来实现：

a) 仪器上装有便于调节的万向接头可动脚，可与绝缘弯曲表面相适应；

b) 仪器由底板上两个平行杆 A 和 A′固定，其间距离由表面弯曲程度来决定（见图 E.1）。

这些方法可用于曲率半径 20 mm 以上的表面。

用于测量 HEPR 绝缘厚度小于 4 mm 的仪器，应采用 ISO 48:2007 中对于小试样规定的测量方法。

E.2.2 小曲率面

对于曲率半径很小表面的测量步骤同 E.2.1 规定，试样应与测量仪器用同一刚性底板固定，这样可以保证 HEPR 绝缘在压头压力增加时整体移动最小；同时可使压头与试样轴线垂直。

相应的步骤如下：

a) 将测量样品放在金属夹具槽中（见图 E.2a））；

b) 用 V 型枕台固定测量样品的两端导体（见图 E.2b））。

由此方法来测量的表面曲率半径的最小值可达 4 mm。对于更小的曲率半径表面应采用 ISO 48:2007 中所述的方法和仪器。

E.2.3 预处理和测量温度

测量至少应在制造（即硫化）后 16 h 进行。

测量应在（20±2）℃温度下进行，试样在此温度下至少保持 3 h 后立即测量。

E.2.4 测量次数

一次测量应在分布于试样的三个或五个点上进行，试样的硬度为测量结果的中间值，以最接近于国际橡胶硬度级（IRHD）的整数表示。

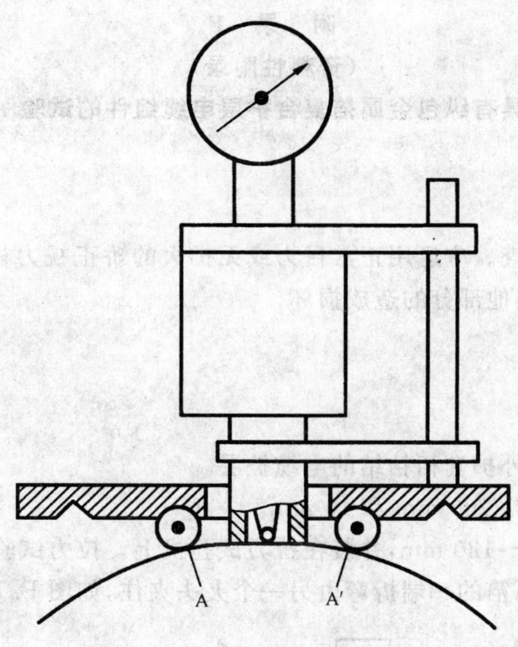

图 E.1 大曲率面的测量

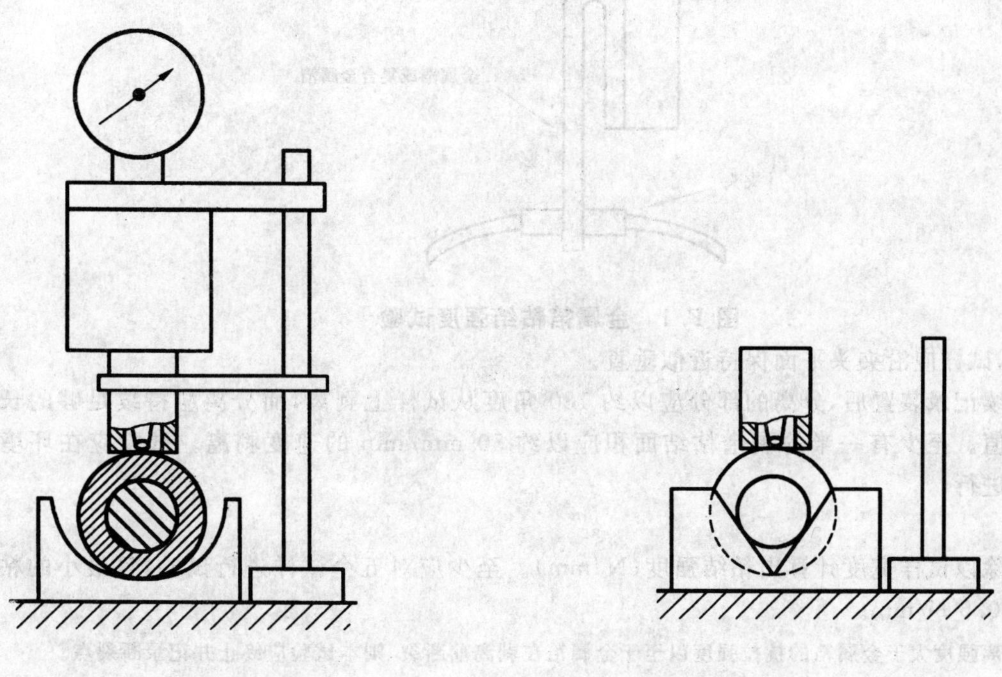

图 E.2 小曲率面的测量

附 录 F
（资料性附录）
具有纵包金属箔复合护层电缆组件的试验

F.1 目视检查

电缆应进行分解和目视检查。应运用正常目力或无扩大的矫正视力检查，以确认复合护层的金属箔没有开裂或分离，或对电缆其他部分的造成损坏。

F.2 金属箔粘结强度

F.2.1 步骤

试样应取自金属箔与塑料外护套相粘结的电缆护层。

试样的长度和宽度应分别是 200 mm 和 10 mm。

试样的一端应剥开 50 mm～120 mm，并装在拉力试验机上。拉力试验机的一个夹头夹住塑料护套或半导电屏蔽层的一端，而金属箔的一端折弯由另一个夹头夹住，如图 F.1 所示。

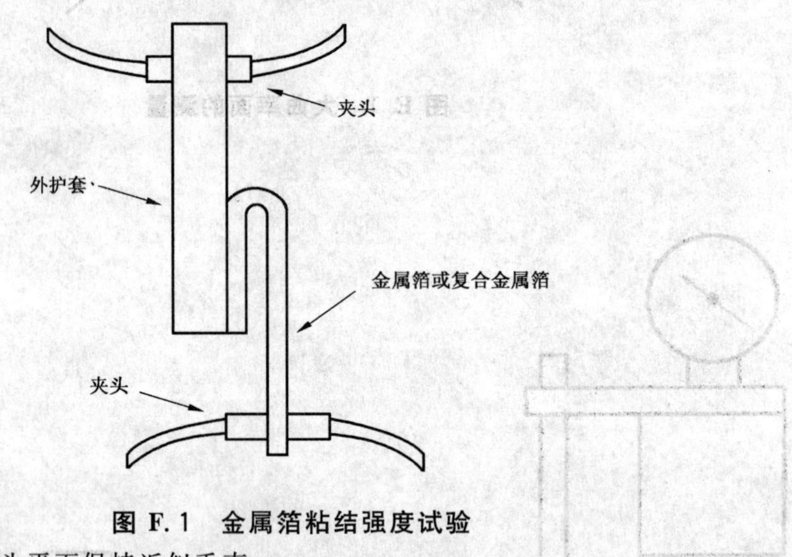

图 F.1 金属箔粘结强度试验

试验期间，试样应沿夹头平面保持近似垂直。

调整好连续记录装置后，分离的部分应以约 180°角度从试样上剥离，而分离应持续足够的长度以读取剥离强度值。至少有一半的剩余粘结面积应以约 50 mm/min 的速度剥离。试验应在环境温度(20±15)℃下进行。

F.2.2 要求

以剥离力除以试样宽度计算出粘结强度(N/mm)。至少应对五个试样进行试验，且最小的粘结强度值应不小于 0.5 N/mm。

注：如果剥离强度大于金属箔的抗拉强度以至于金属箔在剥离前断裂，则本试验应终止并记录断裂点。

F.3 金属箔搭接处的粘结强度

F.3.1 步骤

应从包含有金属箔搭接部分的电缆上取下长 200 mm 的试样。从取下的试样上应按图 F.2 所示切下只含有搭接的部分。

试验应以与 F.2.1 相同的方式进行。试样的安装如图 F.3 所示。

F.3.2 要求

最小的粘结强度应不小于 0.5 N/mm。

注：如果剥离强度大于金属箔的抗拉强度以至于金属箔在剥离前断裂，则本试验应终止并记录断裂点。

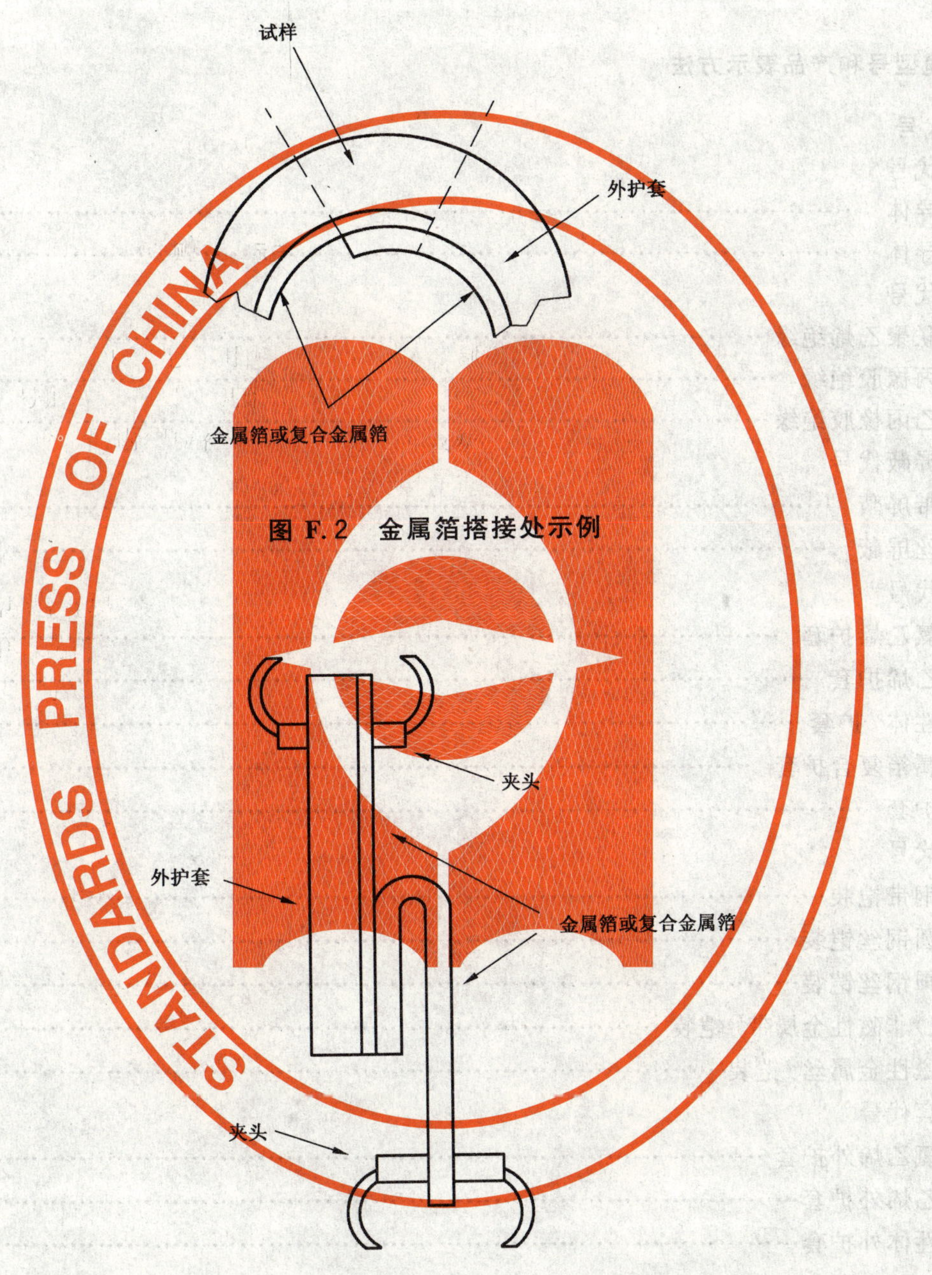

图 F.2 金属箔搭接处示例

图 F.3 金属箔搭接处的粘结强度试验

附 录 G
（规范性附录）
电缆产品的补充条款

G.1 电缆型号和产品表示方法

G.1.1 代号

导体代号

铜导体 …………………………………………………………………………………… (T)省略

铝导体 …………………………………………………………………………………… L

绝缘代号

交联聚乙烯绝缘 ………………………………………………………………………… YJ

乙丙橡胶绝缘 …………………………………………………………………………… E

硬乙丙橡胶绝缘 ………………………………………………………………………… EY

金属屏蔽代号

铜带屏蔽 ………………………………………………………………………………… (D)省略

铜丝屏蔽 ………………………………………………………………………………… S

护套代号[5)]

聚氯乙烯护套 …………………………………………………………………………… V

聚乙烯护套 ……………………………………………………………………………… Y

弹性体[6)]护套 …………………………………………………………………………… F

金属箔复合护套 ………………………………………………………………………… A

铅护套 …………………………………………………………………………………… Q

铠装代号

双钢带铠装 ……………………………………………………………………………… 2

细圆钢丝铠装 …………………………………………………………………………… 3

粗圆钢丝铠装 …………………………………………………………………………… 4

(双)非磁性金属带[7)]铠装 ……………………………………………………………… 6

非磁性金属丝[8)]铠装 …………………………………………………………………… 7

外护套代号

聚氯乙烯外护套 ………………………………………………………………………… 2

聚乙烯外护套 …………………………………………………………………………… 3

弹性体外护套 …………………………………………………………………………… 4

G.1.2 产品型号

产品型号的组成和排列顺序如下[9)]：

---

5) 包括挤包的内衬层和隔离套等。

6) 弹性体包括氯丁橡胶、氯磺化聚乙烯或类似聚合物为基的材料。

7) 非磁性金属带包括非磁性不锈钢带、铜或铜合金带、铝或铝合金带等。

8) 非磁性金属丝包括非磁性不锈钢丝、铜丝或镀锡铜丝、铜合金丝或镀锡铜合金丝、铝或铝合金丝等。

9) 通常用绝缘作为电力电缆型号中的系列代号。

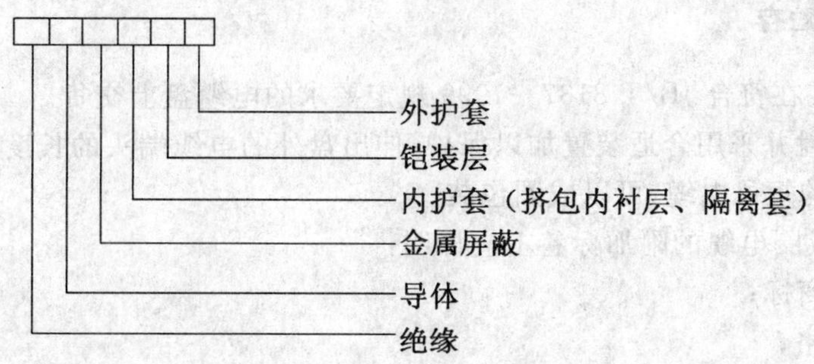

电缆常用型号如表 G.1。

表 G.1 电缆常用型号

型号		名称
铜芯	铝芯	
YJV	YJLV	交联聚乙烯绝缘聚氯乙烯护套电力电缆
YJY	YJLY	交联聚乙烯绝缘聚乙烯护套电力电缆
YJV22	YJLV22	交联聚乙烯绝缘钢带铠装聚氯乙烯护套电力电缆
YJV23	YJLV23	交联聚乙烯绝缘钢带铠装聚乙烯护套电力电缆
YJV32	YJLV32	交联聚乙烯绝缘细钢丝铠装聚氯乙烯护套电力电缆
YJV33	YJLV33	交联聚乙烯绝缘细钢丝铠装聚乙烯护套电力电缆
YJV42	YJLV42	交联聚乙烯绝缘粗钢丝铠装聚氯乙烯护套电力电缆
YJV43	YJLV43	交联聚乙烯绝缘粗钢丝铠装聚乙烯护套电力电缆
注：本表中未列出的电缆型号可按照本附录 G.1.2 的规定组成。		

G.1.3 产品表示方法

产品用型号(型号中有数字代号的电缆外护层，数字前的文字代号表示内护层)、规格(额定电压、导体芯数、标称截面积及金属屏蔽的标称截面积)及本部分标准编号表示。

例如：

交联聚乙烯绝缘铜带屏蔽聚氯乙烯护套电力电缆，额定电压为 26/35 kV，三芯铜导体，标称截面积 240 mm^2，表示为：

YJV-26/35　3×240　GB/T 12706.3—2008

交联聚乙烯绝缘铜丝屏蔽聚氯乙烯内护套钢带铠装聚氯乙烯护套电力电缆，额定电压为 26/35 kV，单芯铜导体，标称截面积 240 mm^2，铜丝屏蔽标称截面积 25 mm^2，表示为：

YJSV22-26/35　1×240/25　GB/T 12706.3—2008

G.2 成品电缆标志

成品电缆的护套表面应有制造厂名称、产品型号及额定电压的连续标志，标志应字迹清楚、容易辨认、耐擦。

成品电缆标志应符合 GB/T 6995.3—2008 规定。

G.3 验收规则

G.3.1 产品应由制造方的质量检验部门检验合格方可出厂。每个出厂的包装件上应附有产品质量检验合格证。

G.3.2 产品应按本部分规定的试验项目进行试验验收。

G.4 电缆包装、运输和贮存

G.4.1 电缆应妥善包装在符合 JB/T 8137—1999 规定要求的电缆盘上交货。

电缆端头应可靠密封并采用合适装置加以保护，伸出盘外的电缆端头的长度应不小于 300 m。

质量不超过 80 kg 的短段电缆，可以成圈包装。

G.4.2 电缆盘外侧及成圈电缆的附加标签上应标明：

a） 制造厂名称或商标；

b） 电缆型号和规格；

c） 长度，m；

d） 毛重，kg；

e） 制造日期： 年 月；

f） 表示电缆盘正确滚动方向的符号；

g） 本部分标准编号。

G.4.3 运输和贮存应符合下列要求：

a） 电缆应避免在露天存放，电缆盘不允许平放；

b） 运输中严禁从高处扔下装有电缆的电缆盘，严禁机械损伤电缆；

c） 吊装包装件时，严禁几盘同时吊装。在车辆、船舶等运输工具上，电缆盘应放稳，并用合适方法固定，防止互撞或翻倒。

G.5 电缆安装条件

G.5.1 电缆安装时的环境温度

具有聚氯乙烯护套的电缆，安装时的环境温度应不低于 0 ℃。

G.5.2 电缆安装时的最小弯曲半径

电缆安装时的最小弯曲半径见表 G.2。

表 G.2 电缆安装时的最小弯曲半径

项　　目	单芯电缆		三芯电缆	
	无铠装	有铠装	无铠装	有铠装
安装时的电缆最小弯曲半径	20D	15D	15D	12D
靠近连接盒和终端的电缆的最小弯曲半径（但弯曲要小心控制，如采用成型导板）	15D	12D	12D	10D
注：D 为电缆外径。				

ICS 29.060.20
K 13

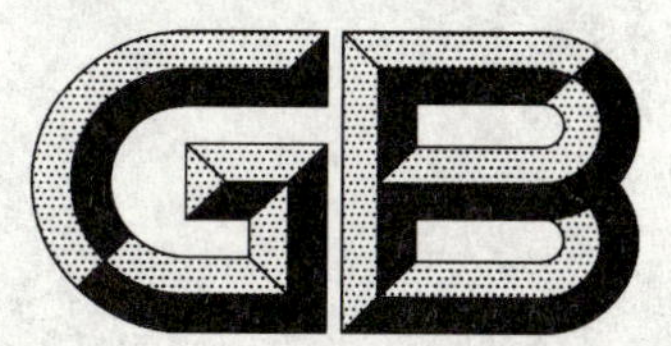

中华人民共和国国家标准

GB/T 12706.4—2008
代替 GB/T 12706.4—2002

额定电压 1 kV(U_m＝1.2 kV)到 35 kV (U_m＝40.5 kV)挤包绝缘电力电缆及附件 第 4 部分:额定电压 6 kV(U_m＝7.2 kV)到 35 kV(U_m＝40.5 kV)电力电缆附件试验要求

Power cables with extruded insulation and their accessories for rated voltages from 1 kV (U_m＝1.2 kV) up to 35 kV(U_m＝40.5 kV)—Part 4:Test requirements on accessories for cables with rated voltages from 6 kV(U_m＝7.2 kV) up to 35 kV(U_m＝40.5 kV)

(IEC 60502-4:2005,Power cables with extruded insulation and their accessories for rated voltages from 1 kV(U_m＝1.2 kV) up to 30 kV(U_m＝36 kV)—Part 4:Test requirements on accessories for cables with rated voltages from 6 kV(U_m＝7.2 kV) up to 30 kV(U_m＝36 kV),MOD)

2008-12-31 发布　　2009-11-01 实施

中华人民共和国国家质量监督检验检疫总局
中国国家标准化管理委员会　发布

前言

GB/T 12706《额定电压 1 kV(U_m=1.2 kV)到 35 kV(U_m=40.5 kV)挤包绝缘电力电缆及附件》分为四个部分：

——第 1 部分：额定电压 1 kV(U_m=1.2 kV)到 3 kV(U_m=3.6 kV)电缆；

——第 2 部分：额定电压 6 kV(U_m=7.2 kV)到 30 kV(U_m=36 kV)电缆；

——第 3 部分：额定电压 35 kV(U_m=40.5 kV)电缆；

——第 4 部分：额定电压 6 kV(U_m=7.2 kV)到 35 kV(U_m=40.5 kV)电力电缆附件试验要求。

本部分为 GB/T 12706 的第 4 部分。

本部分修改采用 IEC 60502-4:2005《额定电压 1 kV(U_m=1.2 kV)到 30 kV(U_m=40.5 kV)挤包绝缘电力电缆及附件　第 4 部分：额定电压 6 kV(U_m=7.2 kV)到 30 kV(U_m=36 kV)电力电缆附件试验要求》第 2 版(英文版)。

本部分根据 IEC 60502-4:2005 重新起草。本部分除增加资料性附录 B 外，其结构与 IEC 60502-4:205 完全相同。

考虑到我国国情，在采用 IEC 60502-4:2005 时，本部分作了一些修改，有关技术性差异已编入正文中并在它们所涉及的条款的页边空白处用垂直单线标识，并在附录 B 中给出了这些技术性差异及原因的一览表。

为便于使用，在采用 IEC 60502-4:2005 时，本部分做了下列编辑性修改：

——将“本标准”一词改为“本部分”；

——删除了 IEC 60502-4:2005 的前言；

——用小数点“.”代替作为小数点的逗号“,”。

本部分代替 GB/T 12706.4—2002《额定电压 1 kV(U_m=1.2 kV)到 35 kV(U_m=40.5 kV)挤包绝缘电力电缆及附件　第 4 部分：额定电压 6 kV(U_m=7.2 kV)到 35 kV(U_m=40.5 kV)电力电缆附件试验要求》。

本部分与 GB/T 12706.4—2002 相比，主要变化如下：

——术语和定义一章中增加“漏电痕迹、电蚀、金属护罩”(本版 3.19、3.20、3.21)；

——增加“注 1：电流值应足以达到 GB/T 18889—2002 中 9.2 规定的导体试验温度。注 2：使用这些导休截面，当达到要求的导体温度时，可能导致套管过热。在这种情况下使用一个截面积较小的导体是允许的。如果套管损坏，则该试验应宣布无效(见 9.1)。”(本版表 1)；

——增加“如果在较低 U_0 值电缆的绝缘半导电屏蔽层上的径向电场强度不大于试验电缆的径向电场强度，则对规定 U_0 的试验附件认可后可扩展到低于该 U_0 值的同类附件。”(本版 7.8)；

——删去“试验方法”(2002 版第 8 章)；

——增加 I_{sc}、I_d、θ_{sc} 三个符号的含义注解(本版表 3)；

——删去“序号 4(3 次恒压循环电压试验)和 5(局部放电试验)”(2002 版表 4、表 5、表 7、表 8)；

——“…峰值电流…”改为“…初始峰值电流…”(2002 版表 4、表 5、表 7、表 8 注，本版表 4、表 5、表 7、表 8 的注)；

——补充“I_d 值应由制造商提供”(本版表 4、表 5、表 7、表 8 的注)；

——增加“检验”(本版表 4～表 12)；

——增加“6/6、8.7/10”(本版表 13)；

——对盐雾和潮湿试验的要求增加了补充说明(本版表 13)。

本部分的附录A和附录B为资料性附录。

本标准由中国电器工业协会提出。

本部分由全国电线电缆标准化技术委员会(SAC/TC 213)归口。

本标准起草单位:上海电缆研究所、武汉高压研究院、广东吉熙安电缆附件有限公司、深圳市长园新材料股份有限公司、浙江永锦电力器材有限公司、南京业基电气设备有限公司、上海三原电缆附件有限公司。

本标准主要起草人:张智勇、阎孟昆、龙莉英、华国明、柯德刚、汤志辉、沈卫东、葛光明。

本部分所代替标准的历次版本发布情况为:

——GB/T 12706.4—2002。

额定电压 1 kV(U_m=1.2 kV)到 35 kV (U_m=40.5 kV)挤包绝缘电力电缆及附件 第 4 部分:额定电压 6 kV(U_m=7.2 kV) 到 35 kV(U_m=40.5 kV)电力电缆附件 试验要求

1 范围

GB/T 12706 的本部分规定了额定电压 3.6/6 kV(7.2 kV)到 26/35 kV(40.5 kV)且符合 GB/T 12706.2—2008 或 GB/T 12706.3—2008 要求的挤包绝缘电力电缆用附件的型式试验和试验要求。

本部分不包括在特殊条件下使用的电缆附件,如架空电缆、海底电缆或船用电缆或危险环境(易爆环境、耐火电缆、地震条件)的附件。

以前,对由本部分覆盖的产品是基于获得国家标准和/或满意地运行特性验证以后才获得认可的。本部分不否定已有的认可,但按这种以前的标准或规范所获得的认可的产品不能获得本部分的认可,除非对它进行特殊试验。

附件如果通过试验,除非可能影响运行特性的材料、设计或制造工艺发生改变,这些试验不必重复。

试验方法包含在 GB/T 18889—2002 中。

2 规范性引用文件

下列文件中的条款通过 GB/T 12706 的本部分的引用而成为本部分的条款。凡是注日期的引用文件,其随后所有的修改单(不包括勘误的内容)或修订版均不适用于本部分,然而,鼓励根据本部分达成协议的各方研究是否可使用这些文件的最新版本。凡是不注日期的引用文件,其最新版本适用于本部分。

GB/T 2900.10—2001 电工术语 电缆(IEC 60050(461):1984,IDT)

GB/T 12706.2—2008 额定电压 1 kV(U_m=1.2 kV)到 35 kV(U_m=40.5 kV)挤包绝缘电力电缆及附件 第 2 部分:额定电压 6 kV(U_m=7.2 kV)到 30 kV(U_m=36 kV)电缆(IEC 60502-2:2005,Power cables with extruded insulation and their accessories for rated voltages from 1 kV(U_m=1.2 kV) up to 30 kV(U_m=36 kV)—Part 2:Cables for rated voltages from 6 kV(U_m=7.2 kV) up to 30 kV(U_m=36 kV),MOD)

GB/T 12706.3—2008 额定电压 1 kV(U_m=1.2 kV)到 35 kV(U_m=40.5 kV)挤包绝缘电力电缆及附件 第 3 部分:额定电压 35 kV(U_m=40.5 kV)电缆(IEC 60502-2:2005,Power cables with extruded insulation and their accessories for rated voltages from 1 kV(U_m=1.2 kV)up to 30 kV(U_m=36 kV)—Part 2:Cables for rated voltages from 6 kV(U_m=7.2 kV)up to 30 kV(U_m=36 kV),NEQ)

GB/T 12976.3—2008 《额定电压 35 kV(U_m=40.5 kV)及以下纸绝缘电力电缆及其附件 第 3 部分:电缆和附件试验》(IEC 60055-1:2005,Paper-insulated metal-sheathed cables for rated voltages up to 18/30 kV(with copper or aluminium conductors and exluding gas-pressure and oil-filled cables)—Part 1:Tests on cables and their accessories,MOD)

GB/T 18889—2002 额定电压 6 kV(U_m=7.2 kV)到 35 kV(U_m=40.5 kV)电力电缆附件试验方

法(IEC 61442:1997,Test methods for accessories for power cables with rated voltages from 6 kV (U_m=7.2 kV) up to 30 kV(U_m=36 kV),MOD)

JB/T 8996—1999 高压电缆选择导则(eqv IEC 60183:1984)

3 术语和定义

GB/T 2900.10—2001 确立的以及下列术语和定义适用于本部分。

3.1

导体连接金具 connector

将电缆各导体连接在一起的一种金具。

3.2

终端 termination

安装在电缆末端,以保证与该系统其他部分的电气连接并保持绝缘至连接点的装置。

3.3

户内终端 indoor termination

在既不受阳光直接照射又不暴露在气候环境下使用的终端。

3.4

户外终端 outdoor termination

在受阳光直接照射或暴露在气候环境下或二者都存在的情况下使用的终端。

3.5

终端盒 terminal box

用于填充空气或浇注剂,并全面密封终端的盒子。

3.6

护罩式终端 shrouded termination

在套管连接处有附加绝缘并在充满空气的终端盒中使用的户内终端。

3.7

直通接头 straight joint

连接两根电缆形成连续电路的附件。

3.8

分支接头 branch joint

将分支电缆连接到干线电缆上去的附件。

3.9

过渡接头 transition joint

把两根不同种类挤包绝缘电缆连接起来的直通接头或分支接头。

3.10

绝缘终端 stop-end

提供带电电缆未连接末端绝缘用的附件。

3.11

可分离连接器 separable connector

使电缆与其他设备连接或断开的完全绝缘的终端。

3.12

屏蔽可分离连接器 screened separable connector

外表面完全屏蔽的可分离连接器。

3.13

非屏蔽可分离连接器 unscreened separable connector

外表面没有屏蔽的可分离连接器。

3.14

插入式可分离连接器 plug-in type separable connector

由滑动部件作电气接触的可分离连接器。

3.15

螺栓式可分离连接器 bolted-type separable connector

由螺栓部件作电气接触的可分离连接器。

3.16

不带电插拔连接器 deadbreak connector

只能接通或断开不带电回路的可分离连接器。

3.17

带负荷插拔连接器 loadbreak connector

能接通或断开带电回路的可分离连接器。

3.18

宽范围附件 range-taking accessory

用于一种以上电缆截面的附件。

3.19

漏电痕迹 tracking

由于通道的形成出现不可逆的老化，该通道甚至在干燥情况下也是导电的。通道是在绝缘材料表面形成和发展的，它可能出现在与空气接触的表面上，也可能出现在不同绝缘材料之间的界面上。

3.20

电蚀 erosion

由于材料损耗而引起的绝缘体表面不可逆的和不导电的老化痕迹，它可以是均匀的、局部的或树枝状的。

注：局部闪络之后，通常在终端可能形成树枝状的浅的表面痕迹，只要它们是不导电的，这些痕迹是允许的；当它们是导电的，则划为漏电痕迹。

3.21

金属护罩 metallic housing

金属护罩是指与可分离连接器外屏蔽直接接触的金属外壳，它至少具有与使用可分离连接器的电缆金属屏蔽层相同的对地通(电)流能力。

4 附件类型

本部分包括的附件列出如下：

——所有结构的户内、户外终端，包括终端盒；

——适合于用在地下或空气中的所有结构的直通接头、分支接头和绝缘终端；

——屏蔽或非屏蔽插拔式或螺栓式可分离连接器。

注：挤包绝缘电缆与纸绝缘电缆相连接的过渡接头不包括在内，涉及这些附件的试验要求见 GB/T 12976.3—2008。

5 电压的表示方法和导体最高温度

5.1 额定电压

本部分考虑的附件的额定电压 $U_0/U(U_m)$ 在 GB/T 12706.2—2008 和 GB/T 12706.3—2008 的 4.1 已给出。

对于规定用途的附件的额定电压应与电缆的额定电压相一致，而且应适合于根据 JB/T 8996—1999 推荐的所在系统的运行条件。

5.2 导体最高温度

附件应适用于 GB/T 12706.2—2008 和 GB/T 12706.3—2008 的 4.2 中表 3 规定的电缆正常运行时导体最高温度和短路时导体最高温度。

6 被试附件的安装

6.1 标示

6.1.1 用于试验的电缆应符合 GB/T 12706.2—2008 和 GB/T 12706.3—2008 规定，且应与被试附件的额定电压相同。

建议按附录 A 的示例对电缆作出正确的标示。

6.1.2 附件里使用的导体连接金具应正确标示下述有关内容：

——安装工艺；

——工具及必要的配件；

——接触表面的处理；

——连接金具的型号、编号和任何其他标示；

——型式试验认可的细述。

6.1.3 被试电缆附件应正确标示下述有关内容：

——制造商名称；

——附件的型号及表示方法、制造日期或日期代码；

——电缆的最小和最大截面积，电缆导体的材料和形状；

——电缆绝缘层的最小和最大外径；

——额定电压(见 5.1)；

——安装说明书(参照标准和日期)。

6.2 安装和连接

6.2.1 除非另有规定，电缆截面积如下：

a) 终端、接头和绝缘终端：120 mm²、150 mm²、185 mm²；

b) 可分离连接器：用铝导体或铜导体电缆对表 1 中所列的每一个额定值进行试验。

表 1 用于可分离连接器试验的电缆截面积

额定值/A	电缆截面积/mm²	
	铜	铝
200/250	50	70
400	95	150
600/630	185	300
800	300	400
1 250	500	630

注 1：电流值宜足以达到 GB/T 18889—2002 中 9.2 规定的导体试验温度。

注 2：使用这些导体截面，当达到要求的导体温度时，可能导致套管过热。在这种情况下使用一个截面较小的导体是允许的。如果套管损坏，则该试验应宣布无效(见 9.1)。

6.2.2 附件应采用制造方提供的材料等级、数量及润滑剂(若有),按制造方说明书规定的方法进行安装。

6.2.3 附件应是干燥和清洁的,且不管是电缆还是附件都不应经受可能改变被试组件的电气、热或机械性能的任何方式的处理。

注:与化学品,如变压器油,接触可能影响电缆附件的性能,应避免。

6.2.4 除非另有规定,可分离连接器应连接到与其配合的套管上。

6.2.5 被试终端或可分离连接器与接线端子或套管之间连接应具有与电缆导体相同的导电截面积。

6.2.6 应对由制造厂推荐的非屏蔽型可分离连接器的最小相对相和相对地净距进行试验。

6.2.7 试验分支接头时,仅对干线电缆施加加热电流。

6.2.8 关于试验安装的主要细节,尤其是支撑装置,都应记录。

6.2.9 样品的试验布置和数量见图1～图5。

7 认可的范围

7.1 一种型式的宽范围附件和非宽范围附件使用6.2.1中所规定的一种导体截面成功地完成表4至表9所列本部分规定的相应的型式试验项目后,则应认为对95 mm^2～300 mm^2 这一范围内的所有截面均有效。

为了实现上述给定范围扩展至更大范围的认可,应在所要求扩展范围的最小和(或)最大截面上按表10所示进行附加试验。

7.2 认可与电缆导体材料无关,因此试验可以用铝导体或铜导体电缆进行。

7.3 对安装在成型导体电缆上的附件进行的试验,应被认为覆盖了圆形导体电缆的相同类型附件,反之则不然。

为了实现从圆形导体扩展到扇形导体的认可,应按表11进行附加试验。绝缘终端按表6试验,试样取图3中的一半。

7.4 取决于被试电缆绝缘的认可的详细情况见表2。

表2 被试电缆绝缘的认可范围

试验电缆的绝缘	认可范围
XLPE	XLPE、EPR、HEPR和PVC
EPR和HEPR	EPR、HEPR和PVC
PVC	PVC

7.5 实现对不同类型电缆绝缘屏蔽的认可的扩展应按表11规定进行附加试验,绝缘终端应按表6进行试验,试样取图3的一半。

7.6 由非纵向阻水型电缆试验获得认可后将扩展到金属屏蔽内有纵向阻水层而其他方面结构相同的电缆,反之则不适用。

7.7 在三芯附件上进行的试验应认为适用于相同结构的单芯附件,反之则不适用。

7.8 如果在较低 U_0 值电缆的绝缘半导电屏蔽层上的径向电场强度不大于试验电缆的径向电场强度,则对规定 U_0 的试验附件认可后可扩展到低于该 U_0 值的同类附件。

8 试验程序

适用于各种附件的试验应按表3中所列出的相应的表中程序和图进行。

表 3　试验程序

附　　件	表	图
终端	4	1
直通或分支接头	5	2
绝缘终端	6	3
屏蔽型不带电插拔式可分离连接器	7	4
非屏蔽型插拔式可分离连接器	8	5
带负荷插拔式可分离连接器	9[a]	6[a]
最小和最大电缆截面的附加试验	10	—
不同类型的电缆绝缘屏蔽及从圆形导体到成型导体认可的附加试验	11	—

注：表 4 至表 8 中的符号在 GB/T 18889—2002 中给出的含义为：

I_{sc}——金属屏蔽的短路电流(有效值)。

I_d——导体短路电流(起始峰值)。

θ_{sc}——电缆导体的最大允许短路温度。

a 在考虑中。

对终端和接头,如果试验程序和要求是相同的,则可组合起来试验。

屏蔽型或非屏蔽型螺栓式可分离连接器的试验程序和要求可参照表 7(除插拔试验、操作环试验、操作力试验和电容试验点测试外)或表 8(除插拔试验外)规定进行。

注：IEC 60502-4:2005 中未明确螺栓式可分离连接器的试验程序,为便于本部分的实施,特作此补充。

表 12 归纳了各种附件所要求的试验,表 13 归纳了试验电压和要求。

9　试验结果

按第 7 章和表 4～表 11 所指定的项目进行试验的所有试样应满足全部试验程序的要求。

如果任一试验样品未满足要求,则应拆除,按 9.1 或 9.2 提供的检查判定,并记录检查结果。

9.1　附件失效

如果一个附件由于安装或试验程序错误而不符合要求,应宣布该试验无效,而不否定该附件。

应在新安装的试样上重复整个试验程序。

如果没有上述错误证据,则该型式附件不予认可。

9.2　电缆失效

如果除附件任何部分以外的电缆击穿,则该试验应被宣布无效,而不否定该附件。可用新的附件重新试验(按该试验程序从头开始试验)或者修复电缆后重新试验(从中断的时刻开始继续试验)。

表 4　终端的试验程序和要求

序号	试验项目[a]	要　求	试验方法	试验程序(见图 1)				
			GB/T 18889—2002	1.1	1.2	1.3	1.4	1.5
1	交流耐压或直流耐压	$4.5U_0$,5 min 或 $4U_0$,15 min	第 4 章或第 5 章	×	×	×		
	交流耐压	$4U_0$,1 min,淋雨[b]	第 4 章	×				
2	局部放电[c]	在 $1.73U_0$ 下,≤10 pC	第 7 章	×				
3	冲击电压试验(在 θ_t[d] 下)	每个极性冲击 10 次	第 6 章	×				
4	恒压负荷循环试验(在空气中)	在 θ_t[d] 和 $2.5U_0$ 下循环 60 次[e]	第 9 章	×				
5	局部放电[c](在 θ_t[d,f] 下和环境温度下)	在 $1.73U_0$ 下,≤10 pC	第 7 章	×				
6	短路热稳定(屏蔽)[g]	在电缆屏蔽的 I_{sc} 下,短路二次,无可见损伤	第 10 章		×[h]			

表 4（续）

序号	试验项目[a]	要　　求	试验方法	试验程序(见图 1)				
			GB/T 18889—2002	1.1	1.2	1.3	1.4	1.5
7	短路热稳定(导体)	升高到电缆导体的 θ_{sc} 下，短路二次，无可见损伤	第 11 章		×[h]			
8	短路动稳定[i]	在 I_d 下短路一次，无可见损伤	第 12 章			×		
9	冲击电压试验	每个极性冲击 10 次	第 6 章	×	×	×		
10	交流耐压	$2.5U_0$，15 min	第 4 章	×	×	×		
11	潮湿试验[j,k]	$1.25U_0$，300 h，见表 13	第 13 章				×	
12	盐雾试验[b,k]	$1.25U_0$，1 000 h，见表 13	第 13 章					×
13	检验	仅供参考[l]	—	×	×	×	×	×

a 除非另有规定，试验应在环境温度下进行。

b 仅用于户外终端。

c 对安装在 3.6/6(7.2)kV 无绝缘屏蔽电缆上的附件无此要求。

d θ_t 是正常运行时导体最高温度加 5 ℃～10 ℃。

e 每一循环 8 h，温度稳定时间至少 2 h，冷却时间至少 3 h。

f 在加热期结束时进行测量。

g 本试验仅适用于能直接或通过衬套与电缆金属屏蔽相连接的终端。

h 短路热稳定试验可以与短路动稳定试验结合进行。

i 仅对初始峰值电流 i_p＞80 kA 的单芯电缆附件和初始峰值电流 i_p＞63 kA 的三芯电缆附件有此要求；I_d 值应由制造商提供。

j 仅用于户内终端，对瓷绝缘套管的终端无此要求；护罩式终端应在三相条件下试验。

k 对有瓷套管的终端无此要求。

l 被检查的附件对下列任一现象都应考虑：

（Ⅰ）填充物和/或带材或管件有裂纹；

和/或（Ⅱ）主要密封部位有贯穿性潮湿通道；

和/或（Ⅲ）腐蚀和/或漏电痕迹、电蚀，最后导致附件损坏；

和/或（Ⅳ）任何绝缘材料渗漏。

表 5　直通接头或分支接头试验程序和要求

序号	试验项目[a]	要　　求	试验方法	试验程序(见图 2)		
			GB/T 18889—2002	2.1	2.2	2.3
1	交流耐压或直流耐压	$4.5U_0$，5 min 或 $4U_0$，15 min	第 4 章或第 5 章	×	×	×
2	局部放电[b,c]	在 $1.73U_0$ 下，≤10 pC	第 7 章	×		
3	冲击电压试验(在 θ_t[c,d] 下)	每个极性冲击 10 次	第 6 章	×		
4	恒压负荷循环试验(在空气中)	在 θ_t[c,d] 和 $2.5U_0$ 下循环 30 次[e]	第 9 章	×		
5	恒压负荷循环试验(在水中)	在 θ_t[c,d] 和 $2.5U_0$ 下循环 30 次[e]	第 9 章	×		
6	局部放电[b,c](在 θ_t[c,d,f] 和环境温度下)	在 $1.73U_0$ 下，≤10 pC	第 7 章	×		
7	短路热稳定(屏蔽)[c]	在电缆屏蔽的 I_{sc} 下，短路二次，无可见损伤	第 10 章		×[g]	
8	短路热稳定(导体)	升高到电缆导体的 θ_{sc} 下，短路二次，无可见损伤	第 11 章		×[g]	
9	短路动稳定[h]	在 I_d 下短路一次，无可见损伤	第 12 章			×

表 5（续）

序号	试验项目[a]	要求	试验方法 GB/T 18889—2002	试验程序(见图 2) 2.1	2.2	2.3
10	冲击电压试验	每个极性冲击 10 次	第 6 章	×	×	×
11	交流耐压	$2.5U_0$,15 min	第 4 章	×	×	×
12	检验	仅供参考[i]	—	×	×	×

a 除非另有规定,试验应在环境温度下进行。

b 对安装在 3.6/6(7.2)kV 无绝缘屏蔽电缆上的附件无此要求。

c 过渡接头(挤包绝缘到挤包绝缘)试验参数是由额定值较低的电缆来确定。

d θ_t 是电缆正常运行情况下导体最高温度加 5 ℃～10 ℃。

e 每一循环 8 h,温度稳定时间至少 2 h,冷却时间至少 3 h。

f 在加热期结束时进行测量。

g 短路热稳定试验可以与短路动稳定试验结合进行。

h 仅对初始峰值电流 i_p＞80 kA 的单芯电缆附件和初始峰值电流 i_p＞63 kA 的三芯电缆附件有此要求；I_d 值应由制造商提供。

i 被检查的附件对下列任一现象都应考虑：

(Ⅰ)填充物和/或带材或管件有裂纹；

和/或(Ⅱ)主要密封部位有贯穿性潮湿通道；

和/或(Ⅲ)腐蚀和/或漏电痕迹、电蚀,最后导致附件损坏；

和/或(Ⅳ)任何绝缘材料渗漏。

表 6　绝缘终端的试验程序和要求

序号	试验项目[a]	要求	试验方法 GB/T 18889—2002	试验程序(见图 3) 3.1
1	交流耐压或直流耐压	$4.5U_0$,5 min 或 $4U_0$,15 min	第 4 章或第 5 章	×
2	局部放电[b]	在 $1.73U_0$ 下,≤10 pC	第 7 章	×
3	冲击电压试验	每个极性冲击 10 次	第 6 章	×
4	交流耐压	$2.5U_0$,500 h	第 4 章	×
5	局部放电[b]	在 $1.73U_0$ 下,≤10 pC	第 7 章	×
6	冲击电压试验	每个极性冲击 10 次	第 6 章	×
7	交流耐压	$2.5U_0$,15 min	第 4 章	×
8	检验	仅供参考[c]	—	×

a 除非另有规定,试验应在环境温度下进行。

b 对安装在 3.6/6(7.2)kV 无绝缘屏蔽电缆上的附件无此要求。

c 被检查的附件对下列任一现象都应考虑：

(Ⅰ)填充物和/或带材或管件有裂纹；

和/或(Ⅱ)主要密封部位有贯穿性潮湿通道；

和/或(Ⅲ)腐蚀和/或漏电痕迹、电蚀,最后导致附件损坏；

和/或(Ⅳ)任何绝缘材料渗漏。

表 7 屏蔽不带电插拔可分离连接器的试验程序和要求

序号	试验项目[a]	要求	试验方法	试验程序(见图 4)			
			GB/T 18889—2002	4.1	4.2	4.3	4.4
1	交流耐压或直流耐压	$4.5U_0$,5 min 或 $4U_0$,15 min	第 4 章或第 5 章	×	×	×	
2	局部放电[b]	在 $1.73U_0$ 下,≤10 pC	第 7 章	×			
3	冲击电压试验(在 θ_t[c] 下)	每个极性冲击 10 次	第 6 章	×			
4	短路热稳定(屏蔽)[f]	在电缆屏蔽的 I_{sc} 下,短路二次,无可见损伤	第 10 章		×[g]		
5	短路热稳定(导体)	升高到电缆导体的 θ_{sc} 下,短路二次,无可见损伤	第 11 章		×[g]		
6	短路动稳定[h]	在 I_d 下短路一次,无可见损伤	第 12 章			×	
7	恒压负荷循环试验(在空气中)	在 θ_t[c] 和 $2.5U_0$[l] 下循环 30 次[d]	第 9 章	×			
8	恒压负荷循环试验(在水中)	在 θ_t[c] 和 $2.5U_0$[l] 下循环 30 次[d]	第 9 章	×			
9	插拔试验[i]	五次,触点无可见损伤	—	×	×	×	
10	局部放电[b](在 θ_t[c,e] 和环境温度下)	在 $1.73U_0$ 下,≤10 pC	第 7 章	×			
11	冲击电压试验	每个极性冲击 10 次	第 6 章	×	×	×	
12	交流耐压	$2.5U_0$,15 min	第 4 章	×	×	×	
13	操作循环试验	轴向力 2 200 N,1 min,力矩 14 N·m	第 18 章				×
14	局部放电[b]	在 $1.73U_0$ 下,≤10 pC	第 7 章				×
15	检验	仅供参考[m]		×	×	×	×
16	屏蔽电阻[j]	≤5 kΩ	第 14 章	序号 16～20 项的试验在单独试样上进行。 16 和 19 项试验要求不带电缆。 17、18 和 20 项实验使用适当长度电缆。			
17	屏蔽泄漏电流[j]	在 U_m 下,≤0.5 mA	第 15 章				
18	故障电流引发试验	见[k]	第 16 章				
19	操作力试验	力<900 N	第 17 章				
20	电容试验点测试	试验点对电缆导体的电容 $C_{tc}>1.0$ pF 试验点对地电容 C_{te} 与试验点对电缆导体的电容的比率: $C_{te}/C_{tc}\leqslant 12.0$	第 19 章				

a 除非另有规定,试验应在环境温度下进行。

b 对安装在 3.6/6(7.2)kV 无绝缘屏蔽电缆上的附件无此要求。

c θ_t 是电缆正常运行时导体最高温度加 5 ℃～10 ℃。

d 每一循环 8 h,温度稳定时间至少 2 h,冷却时间至少 3 h。

e 在加热期结束时进行测量。

f 本试验仅适用于能直接或通过衬套与电缆金属屏蔽相连接的可分离连接器。

g 短路热稳定试验可以与短路动稳定试验结合起来做。

h 仅对初始峰值电流 $i_p>80$ kA 的单芯电缆附件和初始峰值电流 $i_p>63$ kA 的三芯电缆附件有此要求;I_d 值应由制造商提供。

i 该试验仅在电缆不带电时进行。

j 无金属罩或可拆下的金属罩的可分离连接器要求做此试验。试验期间,金属罩应先拆去。对于只能在适当位置应用的带有金属罩运行的可分离连接器,则不要求做此试验。

k 对于固定接地系统,起始故障应在 3 s 内出现。对非接地或阻抗接地系统,该故障电流应连续流过。

l 电流,见表 1。

m 被检查的附件对下列任一现象都应考虑:

(Ⅰ)填充物和/或带材或管件有裂纹;

和/或(Ⅱ)主要密封部位有贯穿性潮湿通道;

和/或(Ⅲ)腐蚀和/或漏电痕迹、电蚀,最后导致附件损坏;

和/或(Ⅳ)任何绝缘材料渗漏。

表 8　非屏蔽插拔式可分离连接器的试验程序和要求(不包括护罩式终端)

序号	试验项目[a]	要　求	试验方法	试验程序(见图 5)			
			GB/T 18889—2002	5.1	5.2	5.3	5.4
1	交流耐压或直流耐压	$4.5U_0$,5 min 或 $4U_0$,15 min	第 4 章或第 5 章	×	×	×	
2	局部放电[b]	在 $1.73U_0$ 下,≤10 pC	第 7 章	×			
3	冲击电压试验(θ_t[c] 下)	每个极性冲击 10 次	第 6 章	×			
4	短路热稳定(屏蔽)[f]	在电缆屏蔽的 I_{sc} 下短路二次,无可见损伤	第 10 章		×[g]		
5	短路热稳定(导体)	升高到电缆导体的 θ_{sc} 下,短路二次,无可见损伤	第 11 章		×[g]		
6	短路动稳定[h]	在 I_d 下短路一次,无可见损伤	第 12 章			×	
7	恒压负荷循环试验(在空气中)	在 θ_t[c] 和 $2.5U_0$ 下循环 30 次[d]	第 9 章	×			
8	恒压负荷循环试验(在水中)	在 θ_t[c] 和 $2.5U_0$ 下循环 30 次[d]	第 9 章	×			
9	插拔试验[i]	五次,触点无可见损伤	—	×	×	×	
10	局部放电[b](在 θ_t[c,e] 和环境温度下)	在 $1.73U_0$ 下,≤10 pC	第 7 章	×			
11	冲击电压试验	每个极性冲击 10 次	第 6 章	×	×	×	
12	交流耐压	$2.5U_0$,15 min	第 4 章	×	×	×	
13	潮湿试验[j]	$1.25U_0$,300 h,见表 13	第 13 章				×
14	检验	仅供参考[k]		×	×	×	×

a 除非另有规定,试验应在环境温度下进行。

b 对安装在 3.6/6(7.2)kV 无绝缘屏蔽电缆上的附件无此要求。

c θ_t 是电缆正常运行时导体最高温度加 5 ℃～10 ℃。

d 每一循环 8 h,温度稳定时间至少 2 h,冷却时间至少 3 h。

e 在加热期结束时进行测量。

f 本试验仅适用于能直接或通过衬套与电缆金属屏蔽相连接的可分离连接器。

g 短路热稳定试验可以与短路动稳定试验结合进行。

h 仅对初始峰值电流 i_p＞80 kA 的单芯电缆附件和初始峰值电流 i_p＞63 kA 的三芯电缆附件有此要求;I_d 值应由制造商提供。

i 该试验仅在电缆不带电时进行。

j 应将三个试样装在一个终端盒内进行试验。

k 被检查的附件对下列任一现象都应考虑:

(Ⅰ)填充物和/或带材或管件有裂纹;

和/或(Ⅱ)主要密封部位有贯穿性潮湿通道;

和/或(Ⅲ)腐蚀和/或漏电痕迹、电蚀,最后导致附件损坏;

和/或(Ⅳ)任何绝缘材料渗漏。

表 9　带负荷插拔可分离连接器的试验程序和要求

序号	试验项目	要　求	试验方法	试验程序(见图 6)			
		正在考虑中					

表 10　最小和最大导体截面的附加试验(见 7.1)

序号	试验项目[a]	要　求	试验方法	试验程序(见图 1、2 和 3)		
			GB/T 18889—2002	1.1[b]	2.1[c]	3.1[d]
1	交流耐压或直流耐压	$4.5U_0$,5 min 或 $4U_0$,15 min	第 4 章或第 5 章	×	×	×
2	局部放电[e]	在 $1.73U_0$ 下,≤10 pC	第 7 章	×	×	×
3	冲击电压试验	每个极性冲击 10 次	第 6 章	×	×	×
4	检验	仅供参考[f]	—	×	×	×

a 除非另有规定,试验应在环境温度下进行。
b 终端:取图 1 中试品数量的一半试验。
c 接头:取图 2 中试品数量的一半试验。
d 绝缘终端:取图 3 中试品数量的一半试验。
e 对安装在 3.6/6(7.2)kV 无绝缘屏蔽电缆上的附件无此要求。
f 被检查的附件对下列任一现象都应考虑:
(Ⅰ)填充物和/或带材或管件有裂纹;
和/或(Ⅱ)主要密封部位有贯穿性潮湿通道;
和/或(Ⅲ)腐蚀和/或漏电痕迹、电蚀,最后导致附件损坏;
和/或(Ⅳ)任何绝缘材料渗漏。

表 11　对不同型式的电缆绝缘屏蔽及从圆形导体到成型导体认可的附加试验
(不适用于绝缘终端,见 7.1 和 7.3)

序号	试验项目[a]	要　求	试验方法	试验程序(见图 1、2 和 3)		
			GB/T 18889—2002	1.1[b]	2.1[c]	4.1～5.1[d]
1	交流耐压或直流耐压	$4.5U_0$,5 min 或 $4U_0$,15 min	第 4 章或第 5 章	×	×	×
2	局部放电[e](在 θ_t[f,g]和环境温度下)	在 $1.73U_0$ 下,≤10 pC	第 7 章	×	×	×
3	恒压负荷循环试验(在空气中)	在 θ_t[f] 下,$2.5U_0$,63 循环[h]	第 9 章	×	×	×
4	局部放电[e](在 θ_t[f,g]和环境温度下)	在 $1.73U_0$ 下,≤10 pC	第 7 章	×	×	×
5	冲击电压试验	每个极性冲击 10 次	第 6 章	×	×	×
6	交流耐压	$2.5U_0$,15 min	第 4 章	×	×	×
7	检验	仅供参考[i]	—	×	×	×

a 除非另有规定,试验应在环境温度下进行。
b 终端:取图 1 中试品数量的一半试验。
c 接头:取图 2 中试品数量的一半试验。
d 可分离连接器:取图 4 和图 5 中试品数量的一半试验。
e 不适用于安装在 3.6/6(7.2)kV 无绝缘屏蔽电缆上的附件。
f θ_t 是电缆正常运行时导体最高温度加 5 ℃～10 ℃。
g 在加热期结束时进行测量。
h 每一循环 8 h,温度稳定时间至少 2 h,冷却时间至少 3 h。
i 被检查的附件对下列任一现象都应考虑:
(Ⅰ)填充物和/或带材或管件有裂纹;
和/或(Ⅱ)主要密封部位有贯穿性潮湿通道;
和/或(Ⅲ)腐蚀和/或漏电痕迹、电蚀,最后导致附件损坏;
和/或(Ⅳ)任何绝缘材料渗漏。

表 12 试验归纳

试验项目	终端		直通接头和分支接头	绝缘终端	可分离连接器		
					不带电插拔		带负荷插拔[a]
	户内	户外			屏蔽型	非屏蔽型	
交流耐压							
4.5U_0/5 min，干态	×	×	×	×	×	×	
2.5U_0/15 min，干态	×	×	×	×	×	×	
2.5U_0/500 h，干态				×			
4U_0/1 min，湿态		×					
直流耐压							
4U_0/15 min，干态	×	×	×	×	×	×	
局部放电							
在 θ_t 下	×	×	×		×	×	
在环境温度下	×	×	×	×	×	×	
冲击电压试验							
在 θ_t 下	×	×	×		×	×	
在环境温度下	×	×	×	×	×	×	
恒压负荷循环试验							
在空气中	×	×	×		×	×	
在水中			×		×	×	
短路热稳定							
屏蔽	×	×	×		×	×	
导体	×	×	×		×	×	
短路动稳定	×	×	×		×	×	
潮湿试验	×						
盐雾试验		×					
插拔试验					×	×	
操作循环试验					×		
屏蔽电阻					×		
屏蔽泄漏电流					×		
故障电流引发					×		
操作力试验					×		
试验点电容测试					×		
检验	×	×	×	×	×	×	

注：本表只列出了试验项目而无试验程序。

[a] 在考虑中。

表 13 试验电压和要求的归纳(见第 9 章)

试验项目	试验电压	额定电压 $U_0/U(U_m)$kV							要　求
		3.6/3(7.2)	6/6(7.2) 6/10(12)	8.7/10(12) 8.7/15(17.5)	12/20(24)	18/30(36)	21/35(40.5)	26/35(40.5)	
潮湿试验 盐雾试验	$1.25U_0$	4.5	7.5	11	15	22.5	26.25	32.5	不击穿或闪络 跳闸不超过三次 无显著的损伤[b]
局部放电[a]	$1.73U_0$	6	10	15	20	30	36.33	45	≤10 pC
恒压负荷循环和交流耐压,15 min 和 500 h	$2.5U_0$	9	15	22	30	45	52.5	65	不击穿或闪络
交流耐压,1 min	$4U_0$	14.5	24	35	48	72	84	104	不击穿或闪络
直流耐压,15 min	$4U_0$	14.5	24	35	48	72	84	104	不击穿或闪络
交流耐压,5 min	$4.5U_0$	16	27	39	54	81	94.5	117	不击穿或闪络
冲击电压试验(峰值)	—	60	75	95	125	170	200	200	不击穿或闪络

a 安装在 3.6/6 kV 无绝缘屏蔽电缆上的附件无此要求;

b 当由于下述原因附件性能严重地下降了,则认为它确实已损坏:

(Ⅰ)由于漏电痕迹引起介质损坏;

和/或(Ⅱ)电蚀深度达到 2 mm 或者所使用的绝缘材料任何一处较小壁厚的 50%;

和/或(Ⅲ)材料开裂;

和/或(Ⅳ)材料穿孔。

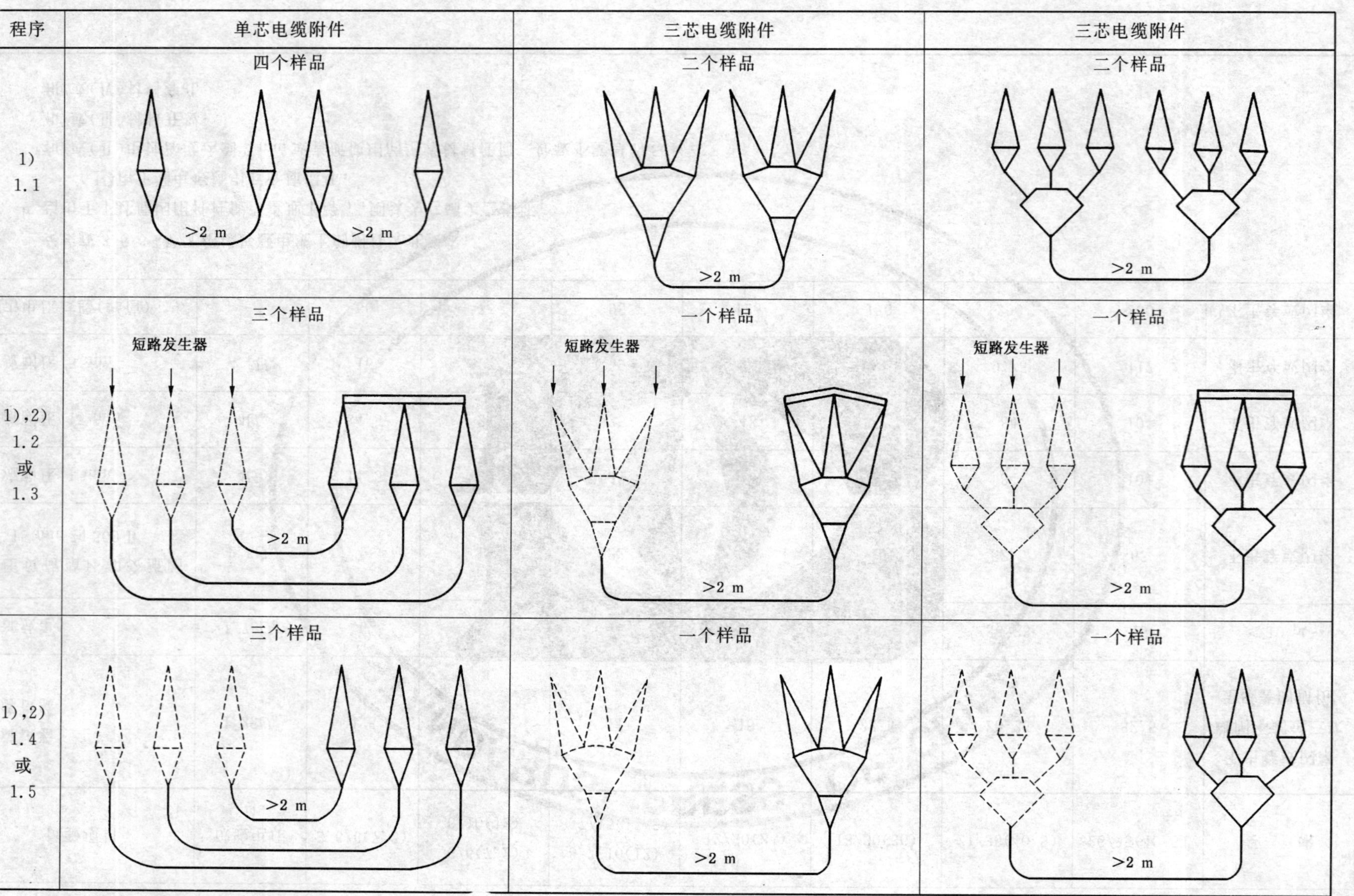

1) 附件引入点之间的电缆长度应大于 2 m。

2) 1.2 项可以与 1.3 项结合起来。对于单芯附件，1.2 项也可在单独回路里进行，电缆与附件的固定方法和附件之间的距离应按照制造方的推荐。

图 1 终端试品数量和试验布置(见表 4)

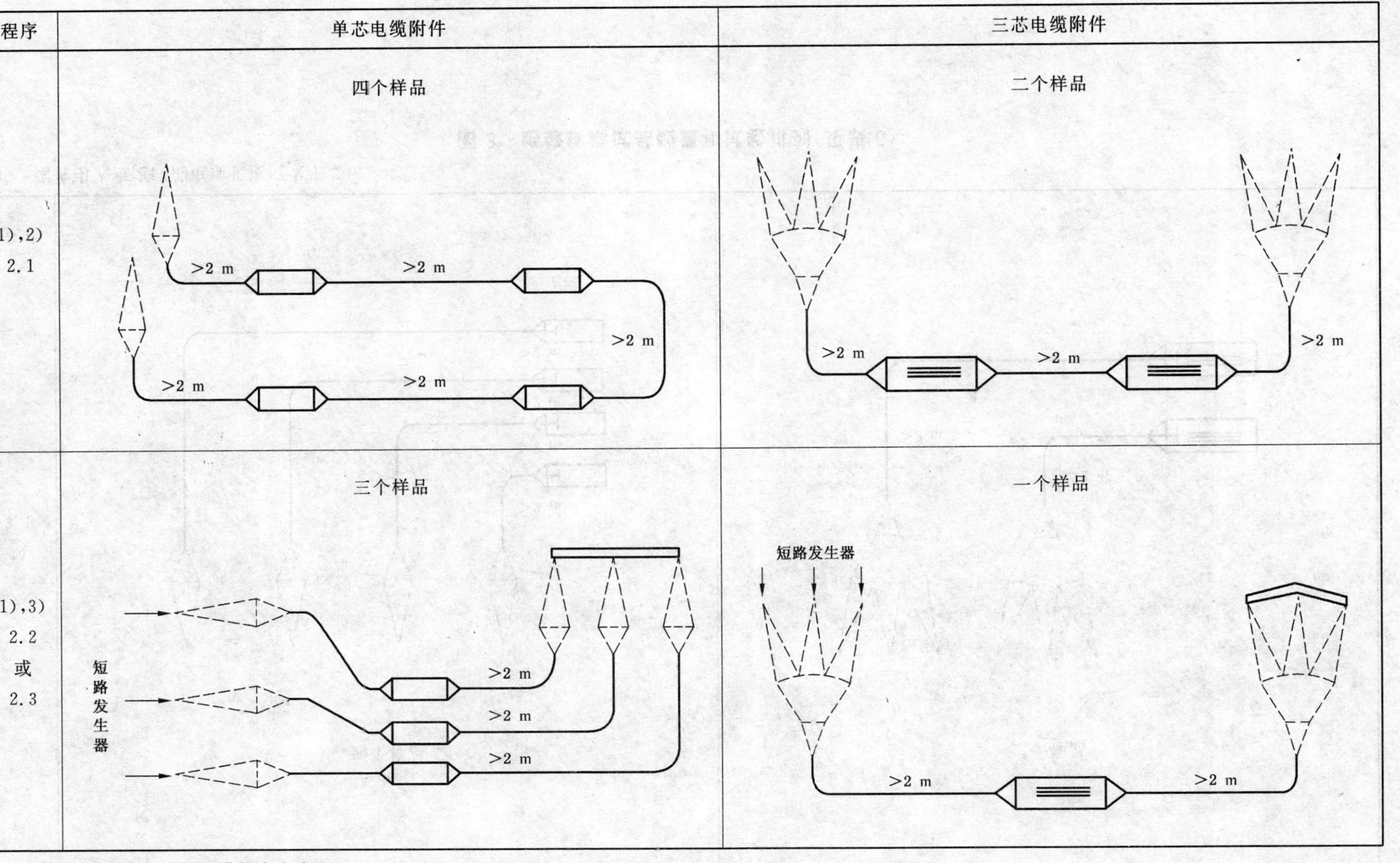

1) 附件引入点之间的电缆长度应大于 2 m。

2) 接头试验允许在单独的回路里进行。

3) 2.2 项可以与 2.3 项结合起来。对于单芯附件,2.2 项也可在单独的回路里进行,电缆与附件的固定方法和附件之间的距离应按照制造方的推荐。

图 2 直通接头或分支接头的试品数量和试验布置(见表 5)

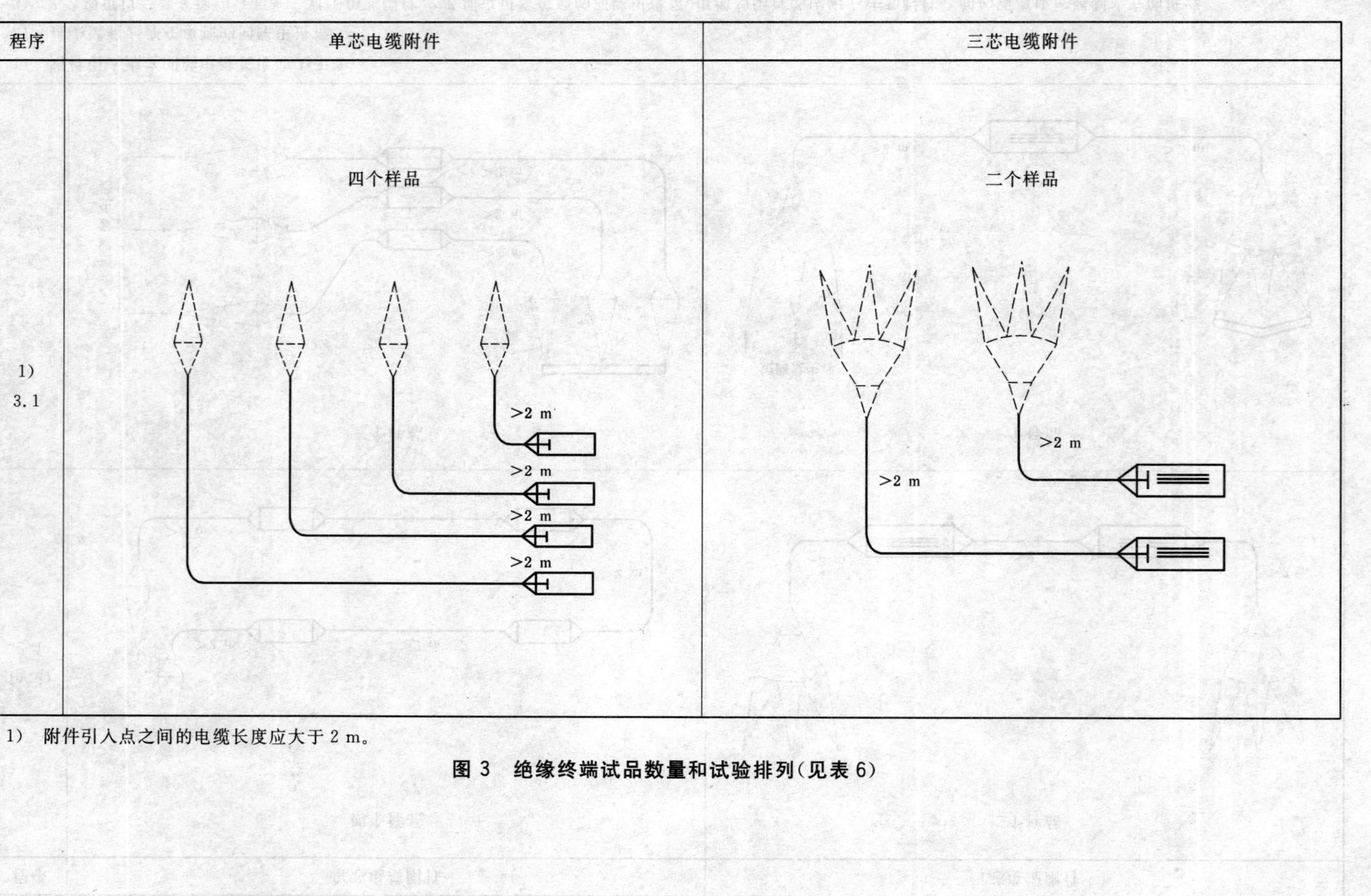

1) 附件引入点之间的电缆长度应大于 2 m。

图 3 绝缘终端试品数量和试验排列(见表 6)

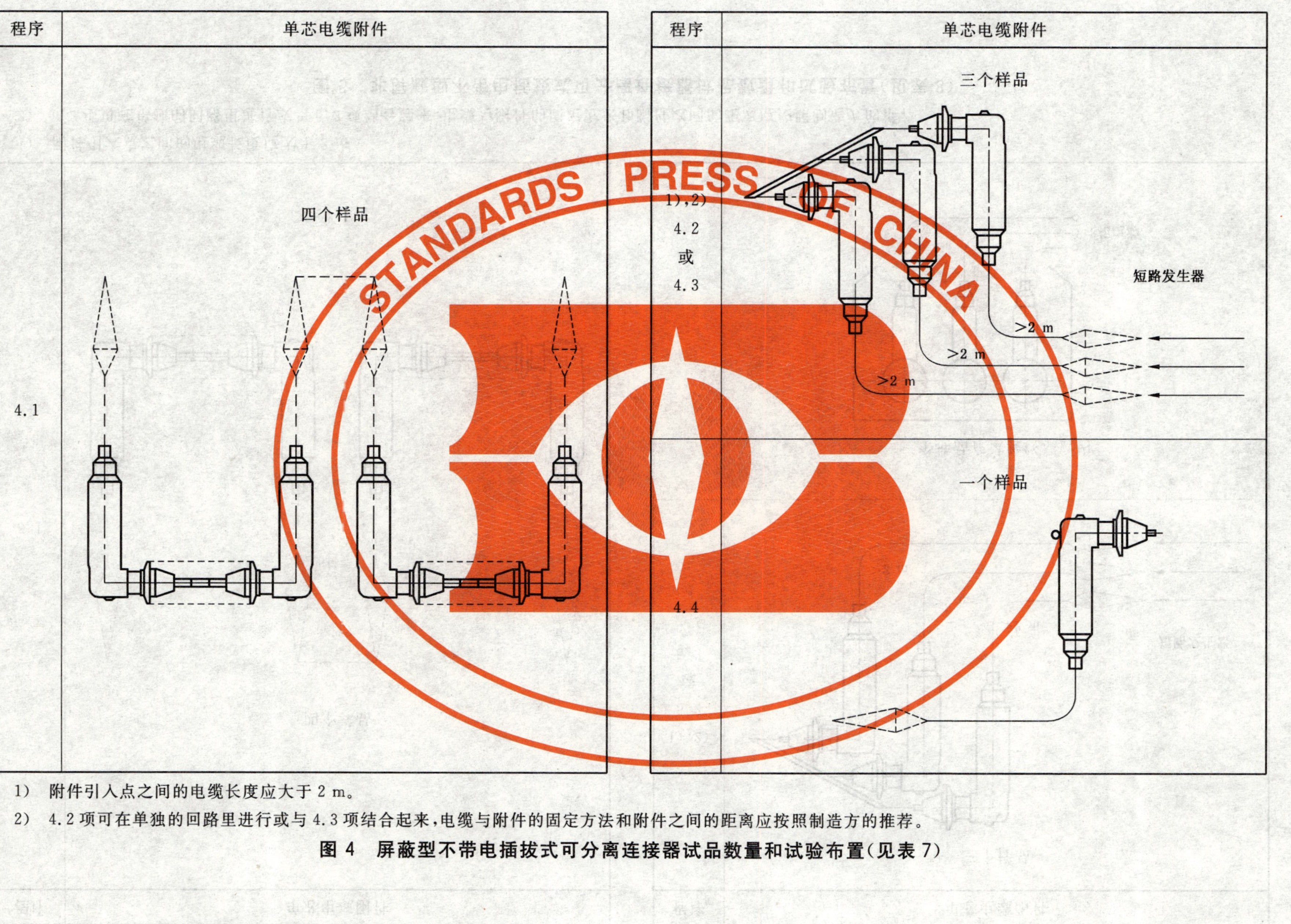

1) 附件引入点之间的电缆长度应大于 2 m。

2) 4.2 项可在单独的回路里进行或与 4.3 项结合起来，电缆与附件的固定方法和附件之间的距离应按照制造方的推荐。

图 4 屏蔽型不带电插拔式可分离连接器试品数量和试验布置(见表 7)

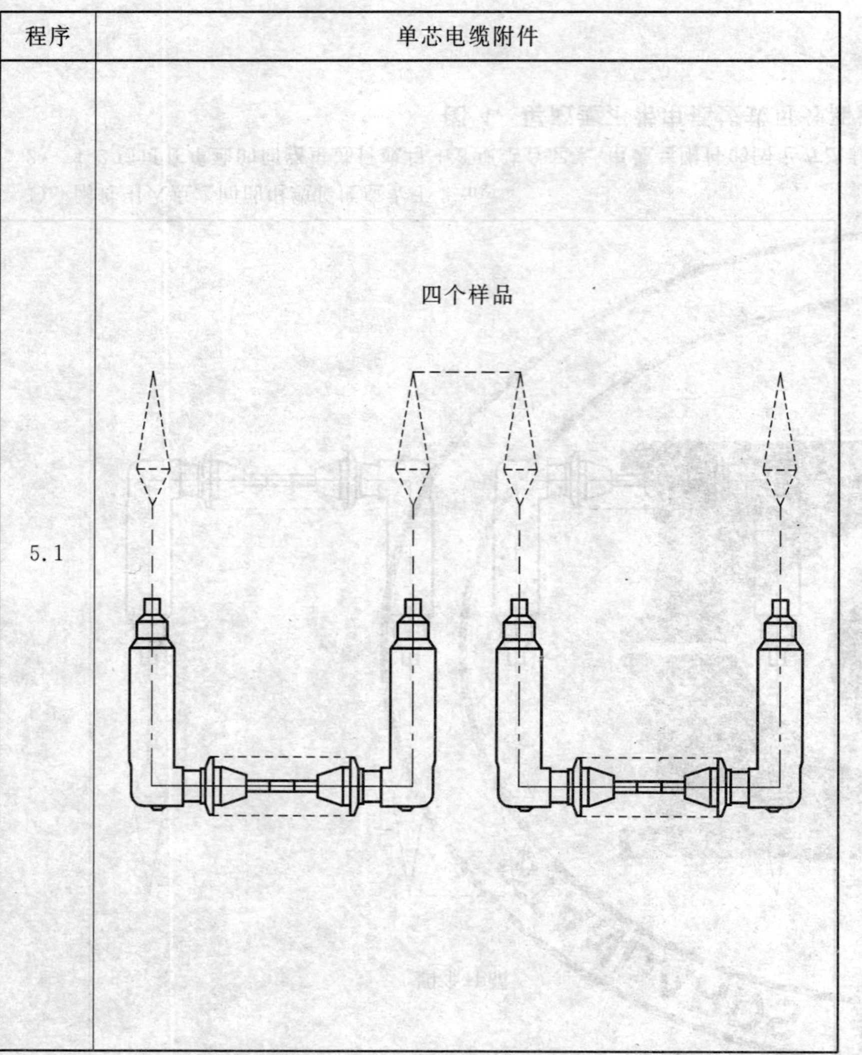

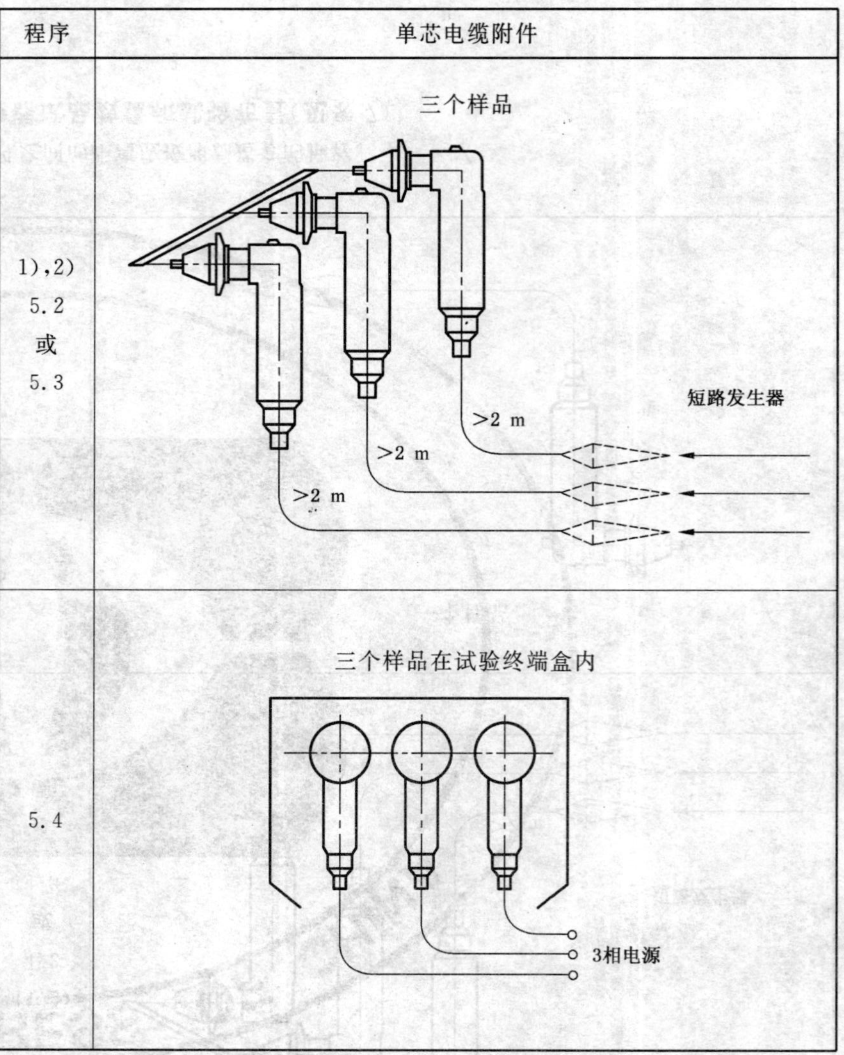

1) 附件引入点之间的电缆长度应大于 2 m。

2) 5.2 项可在单独的回路里进行或与 5.3 项结合起来，电缆与附件的固定方法和附件之间的距离应按照制造方的推荐。

图 5 非屏蔽型不带电插拔式可分离连接器试品数量和试验布置(见表 8)

正在考虑之中

图 6　带负荷插拔可分离连接器试品数量和试验排列(参见表 9)

附　录　A
（资料性附录）
试验电缆的标示

额定电压 $U_0/U(U_m)$	kV		
结构：	□单芯	□三芯	□非分相屏蔽
			□分相屏蔽
导体：	□铝	□铜	
	□绞合	□实心	
	□圆形	□成型导体	
	□120 mm^2	□150 mm^2	□185 mm^2
	其他截面		mm^2
绝缘：	□PVC	□XLPE	
	□EPR	□HEPR	
绝缘屏蔽：	□不可剥离	□可剥离	
金属屏蔽：	□金属丝	□金属带	□挤包金属套
外护层：	□PVC	□PE(ST3)	□PE(ST7)
阻水层(若有)：	□在导体内	□外护套下	
直径：	* 导体		mm
	* 绝缘		mm
	* 绝缘屏蔽		mm
	* 外护套		mm

电缆标示：

附 录 B
（资料性附录）
本部分与 IEC 60502-4:2005 的技术性差异及其原因

表 B.1 给出了本部分与 IEC 60502-4:2005 的技术性差异及其原因。

表 B.1 本部分与 IEC 60502-4:2005 的技术性差异及其原因

本部分的章条号	技术性差异	原 因
第 1 章	增加 35 kV 电压等级	适应我国国情需要，我国电网系统有 21/35 kV、26/35 kV 电压等级
5.1	增加"…GB/T 12706.3—2008…"	GB/T 12706.3—2008 对应 35 kV 电压等级电缆
5.2	增加"…GB/T 12706.3—2008…"	GB/T 12706.3—2008 对应 35 kV 电压等级电缆
6.1.1	增加"…GB/T 12706.3—2008…"	GB/T 12706.3—2008 对应 35 kV 电压等级电缆
7.8	增加"如果在较低 U_0 值电缆的绝缘半导电屏蔽层上的径向电场强度不大于试验电缆的径向电场强度，"	规定 U_0 的试验附件获得认可后要扩展到低于该 U_0 值的同类附件上，还应考虑到电缆相对应位置的径向电场强度要不大于获得认可的试验电缆的径向电场强度
表 13	增加"6/6 kV、8.7/10 kV、21/35 kV、26/35 kV"	我国的电网系统中有这些电压等级

ICS 13.100
C 67

中华人民共和国国家标准

GB 12710—2008
代替 GB 12710—1991

焦化安全规程

Safety code for the coking plant

2008-12-23 发布　　2009-12-01 实施

中华人民共和国国家质量监督检验检疫总局
中国国家标准化管理委员会　发布

前　言

本标准的全部技术内容为强制性。

本标准代替GB 12710—1991《焦化安全规程》。

本标准与GB 12710—1991相比主要变化内容如下：

——范围：增加因工艺及技术的不断改进，一些新技术、新设备的处理方法。

——规范性引用文件：全面增修所引用标准。

——术语和定义：依据标准导则增加，共增加14条。

——基本要求：依据国家相关法律、法规增加三同时、培训、重大危险源、事故应急救援预案等管理条款，对后面章节出现的共性问题，也归入此章。

——厂址、厂区和厂房：该章各节各条款较之原条款变动较大，基本都进行了增修。如焦化厂厂址的布置；在江、河、湖、海沿岸的厂区，场地设计标高；焦化厂主要生产场所建筑物内火灾危险性分类等均依据相关标准全面进行调整。

——电气设施：对焦化厂主要爆炸危险环境区域、作业场所的照度重新进行划分；增加电缆、电缆沟等内容。

——化工装置：对储槽的布置、防火间距，储槽防火堤的要求依据相关标准进行增修。

——炼焦：增加固定煤塔式捣固装煤、干熄焦等内容；对焦炉机械的各条款采用标准术语。

——煤气净化：增加对鼓风机房的要求；增加鼓风机各种联锁；对电捕焦油器的绝缘箱温度、煤气含氧量进行调整；增加H.P.F法、氨水(A-S)法、真空碳酸盐法脱硫等内容。

——粗苯加工：提高对苯类储槽的要求；增加苯加氢装置内火炬的设置要求。

——焦油加工：增加酚盐的二氧化碳分解和苛化生产内容。

——焦炉煤气制甲醇：整章增加，分4节共23条。

——检修：增加吊装、动土、焦炉热修作业等内容。

——工业卫生：对作业场所中粉尘和有毒气体浓度、工作地点噪声声级的卫生限值等进行全面调整；增加防射线内容。

本标准由国家安全生产监督管理总局提出。

本标准由全国安全生产标准化技术委员会归口。

本标准负责起草单位：中钢集团武汉安全环保研究院。

本标准参加起草单位：武钢集团焦化有限责任公司，中冶焦耐工程技术有限公司，上海宝钢化工有限公司，首钢股份有限公司焦化厂，广东韶钢松山股份有限公司焦化厂，宣化钢铁集团有限责任公司焦化厂，辽宁省安全科学研究院，化学工业第二设计院。

本标准主要起草人：卢春雪、梁治学、蔡承祐、王奇、李国保、蔡啸岭、孙风江、王先华、高成凤、沈素仙。

本标准所代替标准的历次版本发布情况为：

——GB 12710—1991。

焦化安全规程

1 范围

本标准规定了焦化厂安全生产的有关要求。

本标准适用于各类型焦化厂新建、扩建和改造工程项目的设计、施工与验收,以及现有设施的生产、维护、检修和管理。

因采用新技术、引进技术和引进工程而不能执行本标准的有关规定时,需提出相应的安全规定(附科学依据),报所在地省级安全生产监督管理部门审查备案后,方能使用和运行。

2 规范性引用文件

下列文件中的条款,通过本标准的引用而成为本标准的条款。凡是注日期的引用文件,其随后所有的修改单(不包括勘误的内容)或修订版均不适用于本标准,然而,鼓励根据本标准达成协议的各方研究是否可使用这些文件的最新版本。凡是不注日期的引用文件,其最新版本适用本标准。

GB 4387 工业企业厂内铁路、道路运输安全规程

GB/T 6067 起重机械安全规程

GB 6222 工业企业煤气安全规程

GB 7231 工业管路的基本识别色、识别符号和安全标识

GB 8978 污水综合排放标准

GB 12158 防止静电事故通用导则

GB 50016 建筑设计防火规范

GB 50057 建筑物防雷设计规范

GB 50058 爆炸和火灾危险环境电力装置设计规范

GB 50140 建筑灭火器配置设计规范

GB 50151 低倍数泡沫灭火系统设计规范

GB 50160 石油化工企业设计防火规范

GB 50351 储罐区防火堤设计规范

GB 50414 钢铁冶金企业设计防火规范

3 术语和定义

下列术语和定义适用于本标准。

3.1

设计水位 designed water level

根据防护对象的重要程度和洪灾损失情况,确定适当的防洪标准,并推算出该标准时的最高水位为设计水位。

3.2

内涝水位 water level of waterlogging

在地势低洼处,由于区外径流侵入或暴雨期间雨水汇集而无法及时排泄造成积水叫内涝;或因厂区附近的河流在大汛期间不能通畅地向下游河道排泄而造成河水上涨,此时的地面积水或河道水面的水位称为内涝水位。

3.3

频率风向 frequency of wind direction

在一定时期内某风向所发生的次数，以百分数表示。

3.4

防火间距 fire separation distance

防止着火建筑的辐射热在一定时间内引燃相邻建筑，且便于消防扑救的间隔距离。

3.5

爆炸危险场所 explosion hazard site

爆炸性混合物预期可能出现的数量达到足以要求对电气设备的结构、安装和使用采取预防措施的场所。

3.6

非爆炸危险场所 non-explosion hazard site

爆炸性混合物预期出现的数量不足以要求对电气设备的结构、安装和使用采取预防措施的场所。

3.7

火灾危险场所 fire risk place

存在火灾危险物质以致有火灾危险的场所。

3.8

应急照明 emergency lighting

因正常照明的电源发生故障而启用的照明。

3.9

可靠隔断装置 reliable partition device

凡在系统无异常状况下，处于关闭、封止状态，其承受介质压力在设计允许范围，具有被隔断介质不泄漏到被隔断区域功能的装置。

3.10

改良蒽醌二磺酸钠法脱硫 streford process

以碳酸钠为碱源，以蒽醌二磺酸钠、偏钒酸钠为催化剂，脱除煤气中硫化氢的方法（简称 ADA 法脱硫）。

3.11

TAKAHAX—HIROHAX 法脱硫 TAKAHAX—HIROHAX desulphurization process

以煤气中氨为碱源，以 1,4 萘醌二磺酸钠为催化剂，脱除煤气中硫化氢的方法，其废液处理采用湿式氧化法（简称 T-H 法脱硫）。

3.12

H. P. F 法脱硫 H. P. F desulphurization process

以煤气中氨为碱源，以 HPF（含醌、钴、铁的复合物）为催化剂，脱除煤气中硫化氢的方法。

3.13

氨水法脱硫 ammonia liquor desulphurization process

采用含氨水溶液脱除煤气中硫化氢的方法，也称氨硫联合洗涤（A-S）法脱硫。

3.14

真空碳酸盐法脱硫 vacuum carbonate desulphurization process

以碳酸钠或碳酸钾溶液为吸收剂的脱硫方法。

4 基本要求

4.1 新建、改建、扩建工程项目的安全设施，应与主体工程同时设计、同时施工、同时投入生产和使用。

安全设施的投资应纳入建设项目概算。

4.2 焦化设施的设计应保证安全可靠，对于危险作业、恶劣劳动条件作业及笨重体力劳动作业，应优先采取机械化、自动化措施。

4.3 焦化主体设施、安全设施的设计和制造应有完整的技术文件，设计审查应有使用单位的安全管理部门参加。

4.4 施工应按设计进行，如有修改应经设计单位书面同意。工程中的隐蔽部分，应经设计单位、建设单位、监理单位和施工单位共同检查合格，才能封闭。施工完毕，应由施工单位编制竣工说明书及竣工图，交付使用单位存档。

4.5 新建、扩建、改造和大修的焦化设施，应经过检查验收合格，并有完整的安全操作规程，才能投入运行。焦化设施的验收，应有使用单位的安全管理部门参加。

4.6 采用新工艺、新技术、新设备、新材料时，应制定相应的安全技术措施；对有关生产人员，应进行专门的安全技术培训，并经考核合格方可上岗。

4.7 对焦化作业人员，每1～2年应进行一次职业危害体检，体检结果记入“职业健康监护档案”。对身患职业病、职业禁忌或过敏症，符合调离规定者，应及时调离岗位，并妥善安置。

4.8 企业应为职工提供符合国家标准或行业标准的劳动防护用品，职工应正确佩带和使用劳动防护用品。

4.9 企业应建立火灾、爆炸和毒物逸散等重大事故的应急救援预案，并配备必要的器材与设施，定期演练。

4.10 企业对涉及的重大危险源应登记建档，进行定期检测、评估、监控，并制定应急预案，告知从业人员和相关人员在紧急情况下应当采取的应急措施。并按照国家有关规定将本单位重大危险源及有关安全措施、应急措施报有关地方人民政府负责安全生产监督管理的部门和有关部门备案。

4.11 存在危险物质的场地，应设置醒目的安全标志。

4.12 企业应按国家现行规范的要求，设置火灾自动报警系统。在可能散发或泄漏甲类可燃气体、可燃液体的厂房和场所，应设置可燃气体浓度检测报警装置；可能泄漏或滞留有毒、有害气体而造成危险的地方，应设自动监测报警装置。

4.13 安全装置和防护设施不应擅自拆除，检修后应立即恢复，应保持完好有效。

4.14 兼具电动和手动两种方式的转动设备，应设手动时自动断电联锁。手动操作前，应拉下设备的电源开关。

4.15 设备和管道应根据其内部介质的火灾危险性和操作条件，设置相应的仪表、报警信号、自动联锁保护系统或紧急停车措施。

4.16 较高的通行、操作和检修场所，应设平台或防护栏杆。

4.17 易燃、易爆或高温明火场所的作业人员不应穿着易产生静电的服装。

4.18 在易燃、易爆场所，不应使用易产生火花的工具。

4.19 不应使用轻油、洗油、苯类等易散发可燃蒸汽的液体或有毒液体擦洗设备、用具、衣物及地面。

4.20 加热炉煤气调节阀前宜设煤气紧急切断阀，应与物料流量、炉膛温度、煤气压力报警联锁。

4.21 当加热炉采用强制送风的燃烧嘴时，煤气支管上应装自动可靠隔断装置。在空气管道上应设泄爆膜。煤气、空气管道应安装低压报警装置。

4.22 焦炉煤气制甲醇各区域应配备空气呼吸器或防毒面具。

4.23 焦化企业防雷应满足现行的国家和行业标准。

4.24 煤气储配（煤气气柜、加压机等）应符合GB 6222的相关规定。

5 厂址、厂区和厂房

5.1 厂址选择

5.1.1 焦化厂应布置在居民区常年最小频率风向的上风侧。厂区边缘与居民区边缘的距离应根据环境评价确定，一般不小于 1 000 m。

5.1.2 钢铁联合企业或其他企业中的焦化厂，在其企业中的位置应符合相关设计规范的要求。

5.1.3 焦化厂厂址不应布置在下列地区：

a) 发震断层和抗震设防烈度高于 9 度的地震区；

b) 有泥石流、滑坡、流沙、溶洞等直接危害的地段；

c) 很严重的自重湿陷性黄土场地或厚度大的新近堆积黄土和高压缩性的饱和黄土地段等地质条件恶劣地区；

d) 采矿陷落及错动区界内；

e) 爆破危险范围内；

f) 水库下游，当堤坝决堤时，不能保证安全的地段；

g) 受洪水、潮水或内涝水淹没的区域；

h) 生活饮用水水源保护区内；

i) 国家规定的机场净空保护区内。

5.2 厂区布置

5.2.1 煤气净化车间应布置在焦炉的机侧或一端，其建(构)筑物最外边缘距大型焦炉炉体边缘不应小于 40 m，距中、小型焦炉不应小于 30 m。

5.2.2 当采用捣固炼焦工艺，煤气净化车间布置在焦侧时，其建(构)筑物最外边缘距焦炉熄焦车外侧轨道边缘不应小于 45 m(当焦侧同时布置有干熄焦装置时，该距离为距干熄炉外壁边缘的距离)。

5.2.3 粗苯精制区不宜布置在焦化厂的中心地带，所属建(构)筑物边缘与焦炉炉体之间的净距，不应小于 50 m。

5.2.4 煤场和焦油车间宜设在厂区常年最小频率风向的上风侧，沥青生产装置宜布置在焦油蒸馏生产装置的端部，并位于厂区的边缘。

5.2.5 厂房、仓库的防火间距，甲、乙、丙类液体、气体储罐区的防火间距，可燃、助燃气体储罐区的防火间距，可燃材料堆场的防火间距均应符合 GB 50016 和 GB 50414、GB 50160 的规定。

5.2.6 禁止厂外道路穿越厂区。汽车及火车装卸站等机动车辆频繁进出的设施，应布置在车间边缘或厂区边缘的安全地带。可燃液体的罐组与周围消防车道之间，不宜种植绿篱或茂密的灌木丛。

5.2.7 在江、河、湖、海沿岸的厂区，场地设计标高应按下列情况确定：

a) 不设堤防时，厂区场地设计标高应高于计算水位(设计水位＋壅水高度＋波浪高)0.5 m 以上；

b) 设堤防时，厂区场地设计标高应高于历年最高内涝水位或常年洪水位(大汛平均高潮位)。

5.2.8 基础荷载较大的建(构)筑物(如焦炉等)，宜布置在土质均匀、地基承载力较大、地下水位较低的地段。

5.2.9 煤气净化区内，不应布置与煤气净化装置无关的设施及建(构)筑物。

5.2.10 煤气总管放散装置宜布置在远离建筑物和人员集中地点。

5.3 厂房建筑

5.3.1 焦化生产的火灾危险性应根据生产中使用或产生的物质性质及其数量等因素，分为甲、乙、丙、丁、戊类，并应符合 GB 50016 的规定。其中，主要生产场所建筑物内火灾危险性分类应遵守表 1 的规定。

表1 主要生产场所建筑物内火灾危险性分类

类别	备 煤	炼 焦	煤气净化	粗苯加工	焦油加工	甲 醇
甲		焦炉集气管直接式仪表室、侧入式焦炉烟道走廊	焦炉煤气鼓风机室、轻吡啶生产厂房、粗苯产品回流泵房、溶剂泵房(轻苯/粗苯作萃取剂)、苯类产品泵房(分开布置)	油水分离器厂房、精苯蒸馏泵房、精苯硫酸洗涤泵房、精苯油库泵房、油槽车清洗泵房、加氢泵房、循环气体压缩机房	吡啶精制泵房、吡啶产品装桶和仓库、吡啶蒸馏真空泵房	压缩厂房、甲醇合成(泵房)、甲醇精馏(泵房)、罐区(泵房)
乙		干熄焦液氨室	氨硫系统尾气洗涤泵房、蒸氨脱酸泵房、硫磺包装设施及硫磺库、硫磺切片机室、硫磺仓库、硫浆离心和过滤及熔硫厂房、硫磺排放冷却厂房、硫泡沫槽和浆液离心机废液浓缩厂房	古马隆树脂馏分蒸馏闪蒸厂房、树脂馏分油洗涤厂房、树脂聚合装置厂房、树脂制片包装厂房	焦油蒸馏泵房(含轻油系)、氨气法硫酸吡啶分解厂房、工业萘蒸馏泵房、萘结晶室、工业萘包装和仓库、酚产品泵房、酚产品装桶和仓库、酚蒸馏真空泵房、萘精制泵房、萘制片包装室、萘洗涤室、精制萘仓库、精蒽洗涤厂房、溶剂蒸馏法蒽精馏泵房、精蒽包装间、精蒽仓库、精蒽油库泵房、蒽醌主厂房、蒽醌包装间及仓库、萘酐冷却成型、萘酐仓库	空分(氧压机)
丙	胶带输送机通廊及转运站、翻车机室、受煤坑、储煤槽、配煤室、成型机室、破碎粉碎机室	焦台、切焦机室、筛焦楼	冷凝泵房、粗苯洗涤泵房、煤气中间冷却油泵房、洗萘油泵房、溶剂泵房(重苯溶剂油作萃取剂)、焦油洗油泵房(分开布置)、含水焦油输送泵房、焦油氨水输送泵房		粗蒽结晶、分离室及泵房、粗蒽仓库和装车、连续或馏分脱酚厂房、馏分脱酚泵房、碳酸钠法硫酸吡啶分解厂房、固体沥青装车仓库、沥青烟捕集装置泵房、蒸馏溶剂法蒽精馏泵房、洗油精制厂房、沥青焦油类泵房、改质沥青泵房	

表 1（续）

类别	备　煤	炼　焦	煤气净化	粗苯加工	焦油加工	甲　醇
丁	解冻库、煤制样室	焦制样室	硫酸铵干燥燃烧炉及风机房			
戊	推土机库		硫酸铵制造厂房、硫酸铵包装设施仓库、试剂仓库及酸泵房、冷凝鼓风循环水泵房、氨硫洗涤泵房、氨水蒸馏泵房、煤气中间冷却水泵房、黄血盐主厂房及仓库、制酸泵房、硫氰化钠盐类提取厂房、脱硫液洗涤泵房、脱硫液槽及泵房、酸碱泵房、磷铵溶液泵房、烟道气加压机房、制氮机房		固体碱库	
注 1：焦炉应视为生产装置。 注 2：氨硫洗涤泵房是焦炉煤气洗氨和脱除硫化氢（H_2S）装置中的一个泵房，其任务是输送稀氨水或稀碱液等非燃烧液体，故氨硫洗涤泵房的火灾危险为戊类。						

5.3.2　厂房建筑防火设计应符合 GB 50016 及 GB 50414 等相关规范的规定。

5.3.3　易燃与可燃性物质生产厂房或库房的门窗应向外开，油库泵房靠储槽一侧不应设门窗。

5.3.4　容易积存可燃性粉尘的厂房、胶带输送机通廊的内表面应平整、易于清扫。

5.3.5　安全出入口（疏散门）不应采用侧拉门（库房除外），严禁采用转门。

5.3.6　厂房、梯子的出入口和人行道，不宜正对车辆、设备运行频繁的地点，否则应设防护装置或悬挂醒目的警告标志。

5.3.7　生产区域必须设安全通道，安全通道净宽不应小于 1 m，仅通向一个操作点或设备的不应小于 0.8 m，局部特殊情况不应小于 0.6 m。

5.3.8　有爆炸危险的甲、乙类厂房，宜采用敞开或半敞开式建筑；必须采用封闭式建筑时，应采取强制通风换气措施。

6　消防设施

6.1　大中型焦化厂宜设消防站，消防站应设在便于车辆迅速出动的位置。

6.2　粗苯生产、粗苯加工、焦油加工和甲醇等主要火灾危险场所，应有直通消防站的报警信号或电话，并应有灭火设施。

6.3　下列场所应设消防灭火设施：

a)　粗苯、精苯储槽区，应设固定式或半固定式泡沫灭火设施，槽区周围应有消防给水设施；

b)　粗苯和精苯的洗涤室、蒸馏室、原料泵房、产品泵房、装桶间，精萘、工业萘、萘酐及焦油泵房，精萘和工业萘的转鼓结晶机室、吡啶储槽室、装桶间，均应设固定式或半固定式蒸汽灭火设施；

c) 管式炉炉膛及回弯头箱，萘酐生产中的汽化器、氧化器、薄壁冷却器，应设固定式蒸汽灭火设施；

d) 二甲酚、蒽、沥青、酚油等闪点大于120 ℃的可燃液体储槽或其他设备和管道易泄漏着火地点，应设半固定式蒸汽灭火设施。

6.4 灭火蒸汽管线蒸汽源的压力，不应小于0.4 MPa，其操纵阀门或接头应安装在便于操作的安全地点。

6.5 泡沫混合液管线宜地上敷设，不应从槽顶跨越。与泡沫发生器连接的立管段应固定在槽壁上，防火堤内的水平管段应敷设在管墩管架上，但不应固定。

6.6 消防给水管网应采用环状管网，其输水干管不应少于两条。

6.7 多层生产厂房应设消火栓。塔区各层操作平台应按规定设置灭火器，并宜设蒸汽灭火接头。

6.8 甲、乙、丙类液体储槽区的消火栓应设在防火堤外，距槽壁15 m范围内的消火栓，不应计算在该槽可使用的数量内。

6.9 各厂房、建筑物、库房等应备有灭火器，灭火器的类型及配置数量应符合GB 50140的规定。

6.10 干熄炉主框架中装入层平台及干熄炉底层平台应设置事故用水管。

7 电气设施

7.1 防火防爆

7.1.1 焦化厂主要爆炸危险环境区域的划分，应符合GB 50058的规定。爆炸危险环境区域划分应根据释放源的种类和性质确定，其中室内爆炸危险环境区域划分见表2。

表2 室内爆炸危险环境区域划分

车间	区域	划分
炼焦	焦炉地下室、机焦两侧烟道走廊(仅侧喷式)、变送器室	1区
	集气管直接式仪表室、炉间台和炉端台底层	2区
煤气净化	煤气鼓风机(或加压机)室、萃取剂为轻苯或粗苯脱酚溶剂泵房、苯类产品及回流泵房、轻吡啶生产装置的室内部分、精脱硫装置高架脱硫塔(箱)下室内部分	1区
	脱酸蒸氨泵房、氨压缩机房、氨硫系统尾气洗涤泵房、煤气水封室	2区
	硫磺排放冷却室、硫结片室、硫磺包装及仓库	11区
苯精制	蒸馏泵房、硫酸洗涤泵房、加氢泵房、加氢循环气体压缩机房、油库泵房	1区
	古马隆树脂馏分蒸馏闪蒸厂房	2区
	古马隆树脂制片及包装厂房	11区
焦油加工	吡啶精制泵房、吡啶蒸馏真空泵房、吡啶产品装桶和仓库、酚产品装桶间的装桶口	1区
	工业萘蒸馏泵房、单独布置的萘结晶室、酚产品泵房、酚蒸馏真空泵房、萘精制泵房、萘洗涤室、酚产品装桶间和仓库	2区
	萘结片室、萘包装间及仓库(含一起布置的萘结晶室)、精蒽包装间及仓库、蒽醌主厂房、蒽醌包装间及仓库、萘酐冷却成型室及仓库	11区
甲醇	压缩厂房、甲醇合成(泵房)、甲醇精馏(泵房)、罐区(泵房)	2区

7.1.2 爆炸危险场所电气设备和线路的设计、安装、施工、运行、维修和安全管理，应符合GB 50058及有关规程与规范的规定。

7.1.3 无法得到规定的防火防爆等级设备而采用代用设备时，应采取有效的防火、防爆措施。

7.1.4 变、配电所不应设置在甲、乙类厂房内或贴邻建造，且不应设置在爆炸性气体、粉尘环境的危险区域内。供甲、乙类厂房专用的10 kV及以下的变、配电所，当采用无门窗洞口的防火墙隔开时，可一面贴邻建造，并应符合现行国家标准GB 50058等规范的有关规定。

乙类厂房的配电所必须在防火墙上开窗时，应设置密封固定的甲级防火窗。

7.1.5 架空电线严禁跨越爆炸和火灾危险场所。

7.1.6 爆炸和火灾危险场所不宜采用电缆沟配线；若需设电缆沟，则应采取防止可燃气体、易燃、可燃液体或酸、碱等物质漏入电缆沟的措施，装置内的电缆沟，应有防止可燃气体积聚或含有可燃液体的污水进入沟内的措施。电缆沟通入变配电室、控制室的墙洞处，应填实、密封。

电缆等可燃物与热力管线等发热体应保持适当的安全距离，避免热辐射引起自燃；因故无法做到的，应采取预防措施。

对易受外部影响着火的电缆密集场所或可能着火蔓延而酿成事故的电缆回路，可采取以下防火阻燃措施：

a) 电缆穿过竖井、墙壁、楼板或进入电气盘、柜的孔洞处，用防火堵料密实封堵；

b) 在重要的电缆沟和隧道中，按要求分段或用软质耐火材料设置阻火墙；

c) 对主要回路的电缆，可单独敷设于专门的沟道中或耐火封闭槽盒内，或对其施加防火涂料、防火包带；

d) 在电力电缆接头两侧及相邻电缆 2 m～3 m 长的区段施加防火涂料或防火包带。

7.1.7 当爆炸和火灾危险场所设检修电源时，检修电源应为满足环境危险介质要求的防爆电源。

7.1.8 在 1 区内应采用铜芯电缆；在 2 区内宜采用铜芯电缆，当采用铝芯电缆时，与电气设备的连接应有可靠的铜-铝过渡接头等措施。所有导线和电缆，五年内至少做一次绝缘试验。

7.1.9 在容易积存爆燃性粉尘的环境，非铠装电缆或阻燃电缆表面附着的可燃性导电粉尘应定期清扫。

7.2 防触电

7.2.1 设备的电气控制箱和配电盘前后的地板，应铺设绝缘板。变、配电室，应备有绝缘手套、绝缘鞋和绝缘杆等。

7.2.2 滑触线高度不宜小于 3.5 m；低于 3.5 m 时，其下部应设防护网。防护网应良好接地。

7.2.3 车辆上配电室的人行道净宽，不宜小于 0.8 m。裸露导体布置于人行道上部且离地面高度小于 2.2 m 时，其下部应有隔板，隔板离地不应小于 1.9 m。

7.2.4 电气设备（特别是手持电动工具）的金属外壳和电线的金属保护管，应与 PE 线或 PEN 线相连接，手持电动工具应有漏电保护。

7.2.5 电动车辆的轨道应重复接地，轨道接头应用跨条连接。

7.2.6 行灯电压不应大于 36 V，在金属容器内或潮湿场所，则电压不应大于 12 V。安全电压的电路应是悬浮的。

7.3 照明

7.3.1 自然采光不足的工作室内，夜间有人工作的场所及夜间有人、车辆行走的道路，均应设置照明。

7.3.2 车辆及其附近的照明，不应使司机感到眩目。

7.3.3 甲、乙类液体储槽区，宜采用从非爆炸危险区高处投光照明，需要局部照明时，应采用防爆灯。

7.3.4 作业场所的照度不应低于表 3 的规定。

表 3 主要作业场所的照度

车间和作业场所	最低照度/lx
配煤室，转运站，破（粉）碎机室，筛焦楼，储焦槽，熄焦泵房	100
受煤槽及翻车机室，焦炉一层端台、机焦两侧烟道走廊	50
焦炉地下室，胶带机通廊	30
煤气净化泵房	100
室外塔槽平台	30
控制室、操作室	300

7.3.5 下列场所应设应急照明，正常照明中断时，应急照明应能自动启动：

a) 受煤坑地下通廊、翻车机室底层；

b) 焦炉交换机室、地下室、机焦两侧烟道走廊；

c) 回收车间鼓风机室；

d) 精苯车间室内厂房；

e) 中央变电所和集中控制的仪表室。

7.3.6 生产装置上的照明灯，不宜面对可燃气体（蒸汽）的放散管、储槽顶部人孔（观察孔）和管道法兰盘，也不宜装在可能喷出可燃气体的水封槽和满流槽上部。

7.4 通讯和仪表

7.4.1 下列单位（或岗位）之间应设直通电话或直通讯号：

a) 厂调度室与各车间、工段、重要岗位及热力供应、电力供应、水力供应、煤气防护、消防和医疗卫生等单位；

b) 集中控制台与有关岗位；

c) 受煤与储煤有关岗位；

d) 运焦与筛焦有关岗位；

e) 鼓风机、焦炉交换机与联合企业煤气管理部门；

f) 相关的重要岗位之间。

7.4.2 易燃、可燃或有毒介质导管不应直接进入仪表操作室，应通过变送器把信号引进仪表操作室间。

8 化工装置

8.1 通用规定

8.1.1 化产工艺装置宜布置在露天或敞开的建（构）筑物内。

8.1.2 储槽、塔器及其他设备的外壳，应有设备编号、名称及规格等醒目标志。

8.1.3 各塔器、容器的对外连接管线，应设置可靠的隔断装置。

8.1.4 各塔器、容器和管线的放散管，应遵守下列规定：

a) 建（构）筑物内设备的放散管，应引出建（构）筑物外，且不危及人员安全；

b) 室外设备的放散管，应高出本设备 2 m 以上，且应高出相邻有人操作的最高设备操作平台 2 m 以上；

c) 煤气放散管，应符合 GB 6222 的有关规定。

8.1.5 设备经常放散的有害气体、蒸汽宜按种类分别集中，导入煤气系统或经净化处理后放散。

8.1.6 有冷凝液产生的可燃气体管线应设冷凝水排水器。

8.1.7 生产、储存和装卸甲类液体与可燃气体的管线及设备，应设接地装置，并应遵守下列规定：

a) 管线至少两端接地。

b) 直径小于 20 m 的储槽，至少 2 处接地；大于 20 m 的，至少 4 处接地。

c) 仅为防静电的接地，接地电阻一般不大于 100 Ω，兼作防雷的，应遵守 GB 50057 的有关规定；与其他用途的接地极共用时，应取其中数值最小者。

d) 汽车罐车、铁路罐车和装卸栈台、铁路钢轨，应设专用接地线。进出苯类储槽的管道，其法兰应作静电跨接。

e) 用泵输送苯等烃类液体应按 GB 12158 的规定限制管道流速；当管道内明显存在水等第二物相时，其流速应限制在 1 m/s 以内。

8.1.8 停产不用的塔器、容器、管线等，应清扫干净，并应打开放散管和隔断对外连接；报废不用的设备和管线，清扫干净后应立即拆除。

8.1.9 甲、乙类生产场所的设备及管线，其保温应采用不燃或难燃保温材料，并应防止可燃物渗入绝热层。

8.1.10　压力容器、压力管道的设计、制造、施工、使用和管理，应符合国家现行的相关规范和规程的规定。

8.1.11　煤气净化各种洗涤塔下应设有液位报警或自动调节，或采用液封。

8.1.12　塔器的窥镜、液面计，其玻璃应能耐高温，并应严密。

8.1.13　管式炉点火前，应确保炉内无爆炸性气体。

8.1.14　管式炉出现下列情况之一，应立即停止煤气供应：

a)　煤气主管压力降到 500 Pa 以下，或主管压力波动危及安全加热；

b)　炉内火焰突然熄灭；

c)　烟筒(道)吸力下降，不能保证安全加热；

d)　炉管漏油、漏汽；

e)　煤气管道泄漏。

8.1.15　在轨道上行走的设备，其两端应有缓冲器，轨道两端应设电气限位器和机械安全挡。

8.1.16　在同一轨道上行走的两台设备，应有防止碰撞的信号或自动联锁装置。

8.1.17　行走设备和无法安装防护罩的转动设备，均应设声、光信号及制动闸，声音信号应区别于其他专用信号。

8.1.18　转动设备和提升设备周围，应设防护栏杆或其他隔离设施；自动或遥控的设备，其周围应有防止人员接近的措施和警示标识。

8.1.19　安全装置不完善不允许启动的设备，均应设安全联锁装置。

8.2　管线

8.2.1　全厂性的工艺管线，宜集中布置形成管线带，并采用地上架设。

8.2.2　可燃气体或甲、乙、丙类液体的管线，不应穿越仪表室、变电所、配电室、办公室、休息室及与该管线无关的储槽区或生产厂房。

8.2.3　可燃气体或甲、乙、丙类液体的管线，不宜地下敷设；需用管沟敷设时，在管沟进出装置和厂房处应妥善隔断。管沟内不应积聚可燃气体、蒸汽。

8.2.4　腐蚀性介质的管道，应敷设在管线带的下部。

8.2.5　蒸汽管与易燃物管道同向架设时，蒸汽管应架设在上方。

8.2.6　输送易凝可燃液体的管道及阀门均应保温，不应使用明火烘烤。

8.2.7　阀门应安装在易检修、更换和便于操作的位置，大型阀门手轮离操作台面的高度宜为 1.2m 左右。

8.2.8　阀门应有开、关旋转方向和开、关程度的指示，旋塞应有明显的开、关方向标志。

8.2.9　严禁用管道上的调节配件代替隔断阀门，按要求应该堵盲板的操作不应以只关阀门代替堵盲板。

8.2.10　事故排放管应坡向事故排放储槽，管道上应尽量少设弯头、支管，除设备附近的隔断阀门外，沿排放管全长都不应设旋塞和阀门。

8.2.11　盲板及其盲板圈的手柄应有明显区别。

8.2.12　穿过防火堤的管道，其管沟必须填平。与油库无关的管道不应穿过其防火堤。

8.2.13　不应利用甲、乙、丙类液体及可燃气体的管道作零线或接地线。

8.2.14　水、蒸汽、空气等辅助管线与甲、乙、丙类液体或有毒液体、可燃气体的设备、机械、管线连接时，若有发生倒流的可能，则辅助管线上应有可靠的隔断装置。

8.2.15　供油泵在停电、停汽或其他情况下可能发生倒流时，应在其出口管道上安装逆止阀。

8.2.16　酸、碱、酚和易燃液体的输送，应采用密封性能可靠的泵。

8.2.17　酸、碱、酚等液体管道的法兰应加保护罩，法兰位置应尽量避开经常有人操作的地方。

8.2.18　污水总排出管应设水封井。全厂性下水道的干管、支干管，在各区(装置区、储槽区、辅助生产区)之间,应用水封井隔开;水封井之间管道长度不应超过 300 m。

8.2.19 管线涂色应符合 GB 7231 的规定。

8.3 储槽

8.3.1 储槽的布置及防火间距,应符合 GB 50016、GB 50160 中的相关规定。

8.3.2 甲、乙、丙类液体储槽之间的防火间距,不应小于表 4 的规定。

表 4 甲、乙、丙类液体储槽之间的防火间距 单位为米

<table>
<tr><th rowspan="2">液体类别</th><th rowspan="2">单槽容积/m^3</th><th colspan="3">固定顶槽</th><th rowspan="2">浮顶储槽</th><th rowspan="2">卧式储槽</th></tr>
<tr><th>地上式</th><th>半地下式</th><th>地下式</th></tr>
<tr><td>甲、乙类</td><td>≤1 000</td><td>0.75D</td><td rowspan="2">0.5D</td><td rowspan="2">0.4D</td><td rowspan="2">0.4D</td><td rowspan="3">不小于 0.8</td></tr>
<tr><td>甲、乙类</td><td>>1 000</td><td>0.6D</td></tr>
<tr><td>丙类</td><td>不限</td><td>0.4D</td><td>不限</td><td>不限</td><td>—</td></tr>
<tr><td colspan="7">注 1:D 为相邻较大立式储槽的直径(m);矩形储槽的直径为长边与短边之和的一半。
注 2:不同液体、不同形式储罐之间的防火间距不应小于本表规定的较大值。
注 3:两排卧式储罐之间的防火间距不应小于 3 m。
注 4:设置充氮保护设备的液体储罐之间的防火间距,可按浮顶储罐的间距确定。
注 5:当单罐容量小于或等于 1 000 m^3 且采用固定冷却消防方式时,甲、乙类液体的地上式固定顶罐之间的防火间距不应小于 0.6D。
注 6:同时设有液下喷射泡沫灭火设备、固定冷却水设备和扑救防火堤内液体火灾的泡沫灭火设备时,储罐之间的防火间距可适当减小,但地上式储罐不宜小于 0.4D。
注 7:闪点大于 120 ℃的液体,当储罐容量大于 1 000 m^3 时,其储罐之间的防火间距不应小于 5 m;当储罐容量小于或等于 1 000 m^3 时,其储罐之间的防火间距不应小于 2 m。</td></tr>
</table>

8.3.3 带盖储槽应设放散管,可能堵塞的放散管应设蒸汽吹扫管。

8.3.4 设有蒸汽加热器的储罐,应采取防止液体超温的措施。

8.3.5 可燃液体的储罐,应设液位计和高位报警器,必要时可设自动联锁切断进液装置。

8.3.6 甲、乙类液体储槽的注入管,应有消除静电的措施。储罐的进料管,应从罐体下部接入;若从上部接入,应延伸至距罐底 200 mm 处。

8.3.7 甲、乙、丙类液体的地上、半地下储槽或储槽组,其防火堤的设置、堤内储槽的布置应符合 GB 50016、GB 50351 的规定。

8.3.8 甲类液体半露天堆场,乙、丙类液体桶装堆场和闪点大于 120 ℃的液体储罐(区),当采取了防止液体流散的设施时,可不设置防火堤。

8.3.9 酸、碱和甲、乙、丙类液体高位储槽,应设满流管或液位控制装置。

8.3.10 浓硫酸储槽顶部应设脱水器,或采用其他防水措施,槽底的出口管应设两道阀门。

9 备煤

9.1 受煤

9.1.1 解冻库和卸煤装置的煤车出入口,应设置信号灯。

9.1.2 解冻库不应 1 人操作。

9.1.3 翻车机应设置事故开关、自动脱钩装置、翻转角度极限信号和开关,以及人工清扫车厢时的断电开关,且应设置制动闸。

9.1.4 翻车机转到 90°时,其红色信号灯熄灭前禁止清扫车底。翻车时,其下部和卷扬机两侧禁止有人工作和逗留。

9.1.5 重车和空车调车机前后,应设置行程限位开关和信号装置,并应有制动闸。

9.1.6 用调车机牵引时，其轨道上应设置活动挡车器。

9.1.7 严禁在车厢连接时上下车。

9.1.8 螺旋卸煤机和链斗卸煤机应设置夹轨器。

9.1.9 螺旋卸煤机的螺旋和链斗卸煤机的链斗起落机构，应设置提升高度极限开关。

9.1.10 卸煤机械离开车厢之前，禁止扫煤人员进入车厢内工作。

9.1.11 翻车机铁路线及其周围的工业建筑布置和配挂车设备应符合 GB 4387 和铁路部门的其他相关管理规定。

9.1.12 翻车机自动卸车作业时，铁路线路应集中联锁控制。

9.2 储煤

9.2.1 起重机械的设计、制造、检验、报废、使用和管理，应遵守 GB/T 6067 的有关规定。

9.2.2 煤场堆取料机平行布置时，两条线上堆取料机悬臂前端回转轨迹不宜发生相交。

9.2.3 堆取料机应设置下列装置：

a) 风速计；

b) 防碰撞装置；

c) 运输胶带联锁装置；

d) 与煤场调度通话装置；

e) 回转机构和变幅机构的限位开关及信号；

f) 手动或具有独立电源的电动夹轨钳。

9.2.4 堆取料机供电地沟，应有保护盖板或保护网，沟内应有排水设施。

9.2.5 禁止推土机横跨门式起重机轨道。

9.2.6 煤堆应有防止自燃的措施，煤堆上宜喷覆盖剂或水。

9.2.7 煤槽上部的入口应设金属盖板或围栏，煤流入口应设篦子，受煤槽的篦格(篦缝)不应大于 0.2 m×0.3 m(0.2 m)，翻车机下煤槽篦格(篦缝)不应大于 0.4 m×0.8 m(0.4 m)，粉碎机后各煤槽篦缝不应大于 0.2 m。

9.2.8 煤槽的斗嘴应为双曲线型，煤槽应设振煤或疏通装置。

9.2.9 地下通廊应有防止地下水浸入的设施，其地坪应坡向集水沟，集水沟必须设盖板。

9.2.10 煤塔顶层除胶带通廊外，还应另设一个出口，煤塔顶部宜设通风窗口。

9.2.11 进入煤槽、煤塔扒煤或清扫时，应采取可靠的防止垮煤埋压的安全措施，系好安全带，且应有人监护。人工捅料时，应采取可靠的安全措施。

9.3 配煤、破碎及粉碎

9.3.1 配煤操作应自动化；采用核子秤配煤时，其辐射量应满足职业健康安全卫生要求，应设置醒目的警示标识。

9.3.2 配煤盘下的胶带输送机与配煤斗槽立柱之间的距离，在跑盘一侧不应小于 1 m。

9.3.3 粉碎机、破碎机前应设除铁器。

9.3.4 破碎机和粉碎机，应有电流表，盘车前应断电。

9.3.5 锤式粉碎机应有打开上盖的起重装置。

9.3.6 粉碎机运转时，禁止打开其两端门和小门。

9.4 成型煤

9.4.1 混合机和成型机，应设电流表、电压表、超负荷自动停机的联锁及相互自动联锁装置。

9.4.2 进入混合机的沥青、焦油渣配管应全封闭，并安装蒸汽保温管。

9.4.3 热态中不应进行点检、清扫等作业。

9.4.4 混合机外壁应安装保温材料。

9.4.5 成型机应设门开机停的联锁装置。

9.4.6 各机进出口，应设置带净化器的抽风机或集中除尘。

9.4.7 焦油渣设备应按启动顺序设置联锁装置；斗式提升机上下应设限位开关。

9.5 运煤

9.5.1 运煤系统应采用具有监视、操作、控制和保护功能的工业控制计算机系统。

9.5.2 胶带输送机应有下列装置：

a) 胶带打滑、跑偏及溜槽堵塞的探测器；

b) 机头、机尾自动清扫装置；

c) 倾斜胶带的防逆转装置；

d) 胶带输送机至机头、机尾应安装紧急停机装置（两侧通行时，两侧均应安装）；

e) 自动调整跑偏装置。

9.5.3 胶带输送机通廊两侧的人行通道，净宽不应小于 0.8 m，如系单侧人行通道，则不应小于 1.3 m。人行通道上不应设置人口或敷设蒸汽管、水管等妨碍行走的管线。

9.5.4 胶带输送机通廊不应采用可燃材料建筑，并应符合相关规范的规定。

9.5.5 沿胶带输送机走向每隔 50 m ～100 m，应设一个横跨胶带输送机的过桥。过桥走台平面的净空高度应不小于 1.6 m。

9.5.6 胶带输送机侧面的人行道，其倾角大于 6°的，应有防滑措施；大于 12°的，应设踏步。

9.5.7 胶带输送机宜加罩。未加罩的，应在机架两侧的下列地点，设置钢制挡板：

a) 人工挑拣杂物处；

b) 除铁器下需要人工拣出铁物处；

c) 起落胶带分流器及清扫溜槽处；

d) 人工跑盘和人工采样处；

e) 其他经常有人操作的地方。

9.5.8 胶带输送机支架的高度，应使胶带最低点距地面不小于 400 mm。

9.5.9 胶带输送机的传动装置、机头、机尾和机架等与墙壁的距离，不应小于 1 m。机头、机尾和拉紧装置应有防护设施。

9.5.10 采用长溜槽运煤，应设防堵振煤装置。

9.5.11 需人工清扫的溜槽，上部应设平台。

9.5.12 胶带输送机卸料小车应设夹轨钳，其轨道两端应有限位开关。

9.5.13 胶带输送机运行时，不应用铁锹等工具处理、清理转动部位。

9.5.14 管状胶带输送物料前，应安装除铁器。

10 炼焦

10.1 焦炉

10.1.1 焦炉炉顶表面应平整，纵、横拉条不应突出表面。

10.1.2 焦炉应采用水封式上升管盖、隔热炉盖等措施。

10.1.3 炉端台顶部应设操作工人休息室。

10.1.4 焦炉上升管应设防热挡板或采取其他隔热措施。

10.1.5 在对着上升管管口的横贯管管段下部宜设防火罩。

10.1.6 集气管放散管的排出口应设置自动点火装置，放散管的高度应高出集气管走台 5 m 以上。若为人工操作，其开闭应能在集气管走台上进行。

10.1.7 集气系统应设事故用工业水管，集气管操作台上部应设清扫孔。

10.1.8 禁止在距打开上升管盖的炭化室 5 m 以内清扫集气管。

10.1.9 桥管、集气管和吸气管上的清扫孔盖和活动盖板等，均应用小链与其相邻构件固定。

10.1.10 清扫上升管宜机械化。

10.1.11 上升管盖、桥管承插口、装煤孔、炉门和小炉门等,应采取防止冒烟的措施。

10.1.12 煤塔漏嘴不宜采用煤气火焰保温。若采用煤气火焰保温,必须采取相应的安全措施。

10.1.13 焦炉机侧操作台上预留的向余煤提升机的下部煤斗放煤的下煤口,应有篦缝不大于 0.2 m 的篦子。

10.1.14 单斗余煤提升机,应有上升极限位置报警信号、限位开关及切断电源的超限保护装置。

10.1.15 单斗余煤提升机正面(面对单斗)的栏杆,不应低于 1.8 m,栅距不应大于 0.2 m。

10.1.16 单斗余煤提升机下部,应设单斗悬吊装置。地坑的门开启时,提升机应自动断电。

10.1.17 单斗余煤提升机的单斗,停电时,应能自动锁住。

10.1.18 焦炉机侧、焦侧消烟梯子或平台小车(带栏杆),应有安全钩。

10.1.19 机侧、焦侧抵抗墙四角,距离操作平台上方 1 m 处应设置压缩空气管接头。

10.1.20 在不妨碍车辆作业的条件下,机侧操作平台应设一定高度的挡脚板。

10.1.21 横铁可以旋转的炉门上下横铁之间应设拉杆,其他结构的炉门应确保炉门横铁与炉框门钩能自动锁住。

10.1.22 炉门修理站旋转架,上部应有防止倒伏的锁紧装置或自动插销,下部应有防止自行旋转的销钉。

10.1.23 炉门修理站卷扬机上的升、降开关,应与旋转架的位置联锁,并能点动控制;旋转架的上升限位开关应准确可靠。

10.1.24 焦炉地下室、机焦两侧烟道走廊、交换机室、煤气预热器室和室内煤气主管周围,严禁吸烟。

10.1.25 机焦两侧烟道走廊出入口,应设在煤塔、炉间台、大间台的机侧或炉端台的尽头处。

10.1.26 机焦两侧烟道走廊外设有电气滑触线时,烟道走廊窗户应用铁丝网防护。

10.1.27 地下室应加强通风,其两端应有安全出口。

10.1.28 地下室煤气分配管的净空高度不宜小于 1.8 m。

10.1.29 地下室煤气管道的冷凝液排放旋塞的材质,不应采用铜质。

10.1.30 地下室煤气管道末端应设自动放散装置,放散管的根部应设清扫孔。

10.1.31 地下室焦炉煤气管道末端应设防爆装置。

10.1.32 机焦两侧烟道走廊和地下室,应设换向前 3 min 和换向过程中的音响报警装置。

10.1.33 交换机室或仪表室不应设在烟道上。焦炉仪表室应配备便携式一氧化碳报警器和空气呼吸器。

10.1.34 在无充氮情况下,煤气调节蝶阀和烟道调节翻板,应设有防止其完全关闭的装置;有自动充氮保护装置的,充氮前应关闭。

10.1.35 交换开闭器调节翻板应有安全孔,保证蓄热室封墙和交换开闭器内任何一点的吸力均不低于 5 Pa。

10.1.36 高炉煤气因低压而停止使用后,在重新使用之前,应采取可靠的安全措施。

10.1.37 出现下列情况之一,应停止焦炉加热:

a) 煤气主管压力低于 500 Pa;

b) 烟道吸力下降,无法保证蓄热室、交换开闭器等处吸力不小于 5 Pa;

c) 换向设备发生故障或煤气管道损坏,无法保证安全加热。

10.1.38 采用高炉煤气、发生炉煤气等贫煤气加热的焦炉地下室必须设置固定式一氧化碳检测及报警装置。

10.1.39 不应在烟道走廊和地下室带煤气抽、堵盲板。

10.1.40 从下喷管往上观看砖煤气道时,应佩戴防护眼镜。

10.1.41 焦炉地下室水封应保持完好状态。

10.2 焦炉机械

10.2.1 推焦机、拦焦机、电机车、装煤车开车前必须发出音响信号；行车时严禁上、下车；除行走外，焦炉机械的各单元操作应实现程序控制；司机室内，应铺绝缘板。

10.2.2 推焦机、拦焦机和电机车之间，应有通话、信号联系和联锁，并应严格按信号逻辑关系操作，不应擅自解除联锁。

10.2.3 推焦机、装煤车和电机车，应设压缩空气压力超限时空压机自动停转的联锁。司机室内，应设置风压表及风压极限声、光信号。

10.2.4 推焦机的走行装置应与启闭炉门装置及推焦、平煤等操作设置联锁；装煤车的走行装置应与螺旋给料、启闭炉盖、升降导套、集尘干管对接阀启闭装置及煤塔受煤操作等装置设置联锁；拦焦机的走行装置应与启闭炉门装置、集尘干管对接阀启闭装置及导焦机构等设置联锁；捣固装煤推焦机的走行装置应与送煤装置、推焦装置以及启闭炉门装置等设置联锁；导烟除尘车的走行装置与启闭炉盖、集尘干管对接阀启闭装置等设置联锁。

10.2.5 推焦机和拦焦机宜设置清扫炉门、炉框以及清理炉头尾焦的设备。

10.2.6 应沿推焦机全长设能盖住与机侧操作台之间间隙的舌板，舌板和操作台之间不应有明显台阶(仅适用4.3 m及以下焦炉)。

10.2.7 推焦杆应设行程极限信号、极限开关和尾端活牙或机械挡。带翘尾的推焦杆，其翘尾角度应大于90°，且小于96°。

10.2.8 平煤杆和推焦杆应设手动装置，且应有手动时自动断电的联锁。推焦机宜设置事故停电时退回推焦杆、平煤杆的动力装置。

10.2.9 推焦中途因故中断推焦时，电机车和拦焦机司机未经推焦指挥许可，不应把车开离接焦位置。

10.2.10 拦焦机的两条主要走行轨道均设在焦炉焦侧操作台上时，拦焦机和焦炉炉柱上应分别设置安全挡和导轨。

10.2.11 电机车司机室应设置指示车门关严的信号装置。

10.2.12 寒冷地区的电机车轨道应采取防冻措施。

10.2.13 装煤车与炉顶机、焦两侧建筑物的距离，不应小于800 mm。

10.2.14 交换传动装置必须按先关煤气，后交换空气、废气，最后开煤气的顺序动作。交换机应设有手动装置。

10.3 固定煤塔式捣固装煤

10.3.1 装煤车煤槽活动壁、前挡板、锁壁的张开和关闭应设置信号显示。煤槽活动壁及前挡板未关好时，捣固机不应进行捣固。

10.3.2 装煤车活动接煤板的升起和落下应设置信号显示，当升起时应设置切断装煤车行走的闭锁装置。

10.3.3 装煤车托煤板没有退回到原位时，应设置切断装煤车行走的闭锁装置。

10.3.4 捣固机捣固锤的落下和提起、安全挡的开、关应设置信号显示。

10.3.5 捣固机应设置捣固锤落下后切断装煤车走行的闭锁装置。

10.3.6 装煤车向炭化室装煤时，在煤饼到位后，应设置切断装煤电机继续前进的限位。托煤板抽出到位、锁壁退回到位，应设置限位控制。严禁没有限位设施的装煤车进行装煤操作。

10.4 熄焦

10.4.1 湿法熄焦应符合下列要求：

a) 粉焦沉淀池周围应设置防护栏杆，水沟应设置盖板；

b) 凉焦台应设置水管；

c) 不应使用未经二级(生物)处理的酚水熄焦；

d) 粉焦抓斗司机室宜设在旁侧或采用遥控操作方式。

10.4.2 干法熄焦应符合下列规定：

a) 应保证干熄焦装置整个系统的严密性。投产前和大修后均应进行系统气密性试验。

b) 干熄焦锅炉及其附件的设计、制造、施工、验收、检测及检修均应符合《蒸汽锅炉安全技术监察规程》、《特种设备安全监察条例》的规定。

c) 干熄焦排出装置区域应通风良好，干熄焦排出装置的振动给料器及旋转密封阀周围，应设置一氧化碳和氧气浓度的检测、声光报警装置；干熄焦排出装置的排焦溜槽及运焦带式输送机位于地下时，排焦溜槽周围及运焦通廊的地下部分，应设置一氧化碳和氧气浓度的检测、声光报警装置。

d) 干熄焦装置最高处，应设置风向仪和风速计。风速大于 20 m/s 时，起重机应停止作业。起重机轨道两端应设置固定装置。

e) 横移牵引装置、起重机和装入装置等应设置限位和位置检测装置，横移牵引装置和起重机还应设置速度检测装置。

f) 干熄焦气体循环系统的锅炉出口和二次除尘器上部，应设置防爆装置。

g) 干熄焦装置应设置循环气体成分自动分析仪，对一氧化碳、氢和氧含量进行分析记录。

h) 进入干熄炉、排出装置和循环系统内检查或作业前，应关闭放射线源快门，进行系统内气体置换和放射源浓度、气体成分检测。进入人员应携带一氧化碳和氧气浓度检测仪器和与外部联络的通讯工具。

i) 运行中检修排出装置时，应戴防毒面具或空气呼吸器。

j) 不应在防爆孔和循环气体放散口附近停留。

k) 应保证干熄焦所有联锁装置处于正常工作状态。

l) 干熄焦起重机应采用可靠的制动装置。

m) 对钩吊车的钢丝绳的检修和更换应严格执行相关规定。

10.5 焦处理

10.5.1 筛焦楼下铁路运焦车辆进出口，应设声光报警器。

10.5.2 敞开式的胶带输送机通廊两侧，应设防止焦炭掉下的围挡。

10.5.3 运焦胶带输送机应符合 9.5 的有关规定。

10.5.4 运焦胶带应为耐热胶带，皮带上宜设红焦探测器、自动洒水装置及胶带纵裂检测器。

10.5.5 不应向胶带上放红焦。

10.5.6 进入布袋室检查和清扫时，应断电，检测氧含量，并设专人监护。

11 煤气净化

11.1 冷凝鼓风

11.1.1 冷凝鼓风工段应有两路电源和两路水源，采用两台以上蒸汽透平鼓风机时，应采用双母管供汽。

11.1.2 鼓风机的仪表室宜设在主厂房两侧或端部，当毗邻厂房外墙设置时，应用耐火极限不低于 3 h 的非燃烧墙体与厂房隔开。

11.1.3 鼓风机的仪表室应有如下参数的显示：煤气吸力、压力，鼓风机的转速、轴向位移和轴承温度，风机油箱油位和油泵出口油压，电机的电压、电流和轴承温度，蒸汽透平用蒸汽压力和温度，以及集气管压力、初冷器前后煤气温度、煤气含氧量，此外，还应配备测振仪和听音棒。

11.1.4 每台鼓风机应设置单独控制箱，其馈电线宜设零序保护报警信号，并应设如下报警、联锁停车装置：

a) 鼓风机的开停车与油泵的联锁；

b) 鼓风机主油泵与副油泵自动切换联锁；

c) 鼓风机润滑油箱油位、油温、油压报警及油压联锁停车装置；

d) 轴瓦温度、电机定子温度超限报警和联锁停车装置；

e) 鼓风机过负荷、轴位移超限、两台同时运转的鼓风机故障停车等报警、联锁停车装置；

f) 采用液力偶合器调速时，液力偶合器进出口管应设油温、油压、油管阻力等报警和联锁停车装置；

g) 焦炉集气管煤气压力上、下限报警信号。

11.1.5 鼓风机室应有直通室外的走梯，底层出口不应少于两个。

11.1.6 鼓风机轴瓦的回油管路和高位油箱回油管应设窥镜。

11.1.7 鼓风机室应设置可燃气体检测装置。

11.1.8 鼓风机煤气吸入口的冷凝液出口与水封满流口中心高度差，不应小于 2.5 m；出口排冷凝液管的水封高度，应超过鼓风机计算压力（以 mm H_2O 计）加 500 mm（室外）～1 000 mm（室内）。

11.1.9 初冷器冷凝液出口与水封槽液面高度差不应小于 2 m。水封压力不应小于鼓风机的最大吸力。

11.1.10 电捕焦油器、鼓风机等冷凝液下排管的扫汽管，应设两道阀门。

11.1.11 蒸汽透平鼓风机应设置自动危急遮断器。

11.1.12 蒸汽透平鼓风机的蒸汽入口应有过滤器，紧靠入口的阀门前应安装蒸汽放散管，并有疏水器和放散阀，蒸汽调节阀应设旁通管。

11.1.13 蒸汽透平鼓风机的蒸汽冷凝器出入口的阀门，不应关闭。

11.1.14 清扫鼓风机前煤气管道时，同一时间内只准打开一个塞堵。

11.1.15 电捕焦油器电瓷瓶周围宜用氮气保护，绝缘箱保温应采用自动控制。绝缘箱温度设自动报警并与电捕焦油器联锁停机：

a) 未采用氮气保护的绝缘箱，温度低于 100 ℃报警，温度低于 90 ℃时自动断电；

b) 采用氮气保护的绝缘箱，温度低于 80 ℃报警，温度低于 70 ℃时自动断电。

11.1.16 电捕焦油器应设连续式自动氧含量分析仪，并与电捕焦油器电源联锁。煤气含氧量超过 1.0%时报警，超过 2.0%自动断电。电捕焦油器位于鼓风机后时，应设泄爆装置。

11.1.17 电捕焦油器的变压器等电气设备，应有可靠的屏护。

11.1.18 电捕焦油器因故敞开人孔或器内清理油渣时，应及时采取水冷却降温等安全措施，防止氧化剧烈情况下的硫化亚铁自燃。

11.1.19 当电捕焦油器遇到下列情况之一，自动断电装置失灵时，应立即手动断电：

a) 煤气含氧量大于 2.0%；

b) 绝缘箱温度低于 70 ℃（无氮气保护为 90 ℃）；

c) 煤气系统发生事故时。

11.2 硫铵、粗轻吡啶及黄血盐生产

11.2.1 硫酸高置槽应设液位的高位报警、联锁及满流管，满流管满流能力应大于进料能力；槽下方应设置防漏围堰。

11.2.2 半直接法硫铵饱和器母液满流槽的液封高度，应大于鼓风机的全压。

11.2.3 半直接法饱和器生产时，不应用压缩气体往饱和器内加酸或从饱和器抽取母液。

11.2.4 间接法硫铵生产中，送酸气前，应检查确认饱和器酸气出口阀门处于开启状态。

11.2.5 间接法硫铵生产中，满流槽、回流槽、稠化器等产生尾气设施的装置应盖严，防止酸气外逸，引起中毒。

11.2.6 饱和器开工前，要先保证饱和器及其满流槽附水封槽液位达到满流。

11.2.7 除酸器排液管、饱和器满流管、硫酸高置槽满流管，应保持畅通。

11.2.8 硫铵系统的废气排风机和换气风机应在硫铵开工前 10 min 投入正常运行，停工后 10 min 停

止运行,废气排风机、换气风机不能运行时不应开工生产。

11.2.9 浓硫酸输送应采用泵送或自流方式,不应使用压缩气体输送;不应使用蒸汽吹扫浓硫酸设备及管道。

11.2.10 用浓硫酸配硫铵母液时,应缓慢调节流量,防止集中放热造成母液飞溅。

11.2.11 从满流槽捞酸焦油时,操作人员不应站在满流槽上,非操作人员不应靠近满流槽和酸焦油槽。

11.2.12 螺旋输送机应设盖板,设备运转时,不应开盖。

11.2.13 在酸、碱泵及其介质易外泄的生产设施附近选择相对安全、方便的位置设置洗手盆、淋洗器、洗眼器。

11.2.14 进入吡啶设备的管道,应设高度不小于1 m的液封装置。

11.2.15 吡啶的生产、计量及储存装置应密闭,其放散管应导入鼓风机前的吸气管道,以保证吡啶装置处于负压状态;放散管应设置吹扫蒸汽管。

11.2.16 吡啶装桶处应设有通风装置和围堰,其地面应坡向集水坑。

11.2.17 吡啶产品的保管、运输和装卸,应防止阳光直射和局部加热,并应防止冲击和倾倒。

11.2.18 黄血盐吸收塔尾气通过冷凝器和气液分离器后,应导入鼓风机前负压管道。

11.2.19 黄血盐吸收塔需要开盖或长期停塔时,应采用降温或隔绝空气等措施以防止塔内硫化亚铁自燃。

11.2.20 吸收塔进口管道上应装设防爆膜。

11.3 粗苯回收

11.3.1 粗苯区域应设明显的警告标志。

11.3.2 粗苯中间槽应设液位计,并宜设高位报警装置,防止溢流。

11.3.3 粗苯储槽应密封,并装设呼吸阀和阻火器,或采用其他排气控制措施。人孔盖和脚踏孔应有防冲击火花的措施。粗苯储槽阻火器、呼吸阀、人孔、放散管等金属附件应保持等电位连接。

11.3.4 粗苯储槽应设在地上,不宜有地坑。

11.3.5 管式炉点火作业时,应双人配合作业,先用蒸汽吹扫,然后遵循“先送富油后点火,先点引火后送煤气”的原则。

11.4 脱硫脱氰

11.4.1 干法脱硫,应遵守下列规定:

a) 脱硫箱应设煤气安全泄压装置;

b) 脱硫箱宜采用高架式,装卸脱硫剂应采用机械设备;

c) 废脱硫剂应在当天运到安全场所妥善处理;

d) 停用的脱硫箱拔去安全防爆塞后,当天不应打开脱硫剂排出孔;

e) 未经严格清洗和测定,严禁在脱硫箱内动火。

11.4.2 改良蒽醌二磺酸钠法脱硫,应遵守下列规定:

a) 应设溶液事故槽,其容积应大于脱硫塔和再生塔的溶液体积之和;

b) 脱硫塔、再生塔和溶液槽等设备的内壁应进行防腐处理;

c) 进再生塔的压缩空气管和溶液管,均应高于再生塔液面,且溶液管上应设防虹吸管或采取其他防虹吸措施;

d) 再生塔与脱硫塔间的溶液管,应设U形管,其液面高度应大于煤气计算压力(以mmH_2O计)加500 mm;

e) 除沫器排水器的冷凝液排放管,应采用不锈钢制作,且不宜有焊缝;

f) 熔硫釜排放硫膏时,其周围严禁明火。

11.4.3 TAKAHAX—HIROHAX法脱硫,应遵守下列规定:

a) 进氧化塔的空气管液封应高于氧化塔的液面,防止溶液进入压缩空气机;

b) 进氧化塔的溶液管液封应高于氧化塔的液面，并应设防虹吸管；

c) 吸收塔底部必须设有溶液满流管。

11.4.4 H. P. F、PDS、ZL 法等脱硫，应遵守下列规定：

a) 应设溶液事故槽，其容积应大于脱硫塔和再生塔的溶液体积之和；

b) 脱硫塔、再生塔和反应槽等设备，宜采用不锈钢材质；

c) 进再生塔的压缩空气管应高于再生塔液面；

d) 再生塔与脱硫塔间的溶液管，应设 U 形管，其液面高度应大于煤气计算压力（以 mmH_2O 计）加 500 mm；

e) 生产过程中应控制压缩空气流量及压力，防止再生塔溢塔，泡沫槽溢流；

f) 当采用压滤机生产硫膏时，压滤机的滤板不应随意拆卸，防止压滤机伸长杆伸长量超过最大值而伤人；当采用熔硫釜生产熔融硫时，其周围严禁明火；

g) 添加催化剂应缓慢，防止溅出伤人；

h) 压缩空气流量计检修时，先要泄压，防止颗粒喷出伤人。

11.4.5 氨水(A-S)法脱硫，应遵守下列规定：

a) 脱酸蒸氨泵房应配备固定式或手持式有毒气体检测仪；

b) 脱酸塔液相正常循环时，脱酸塔顶温度大于 40 ℃时，不宜打开其放散管，特殊情况下需要开关放散管时，应站在上风侧操作，防止中毒；脱酸塔不应形成负压。

11.4.6 真空碳酸盐法脱硫，应遵守以下规定：

a) 脱硫塔底部液位不应超过入口煤气管道最低处；

b) 解吸塔负压不应超过上限值，防止设备出现"吸瘪"现象；

c) 正常生产时，不宜打开真空泵后设备和管道的放散管，特殊情况下需要开关放散管时，应站在上风侧操作，防止中毒。

11.5 克劳斯法硫磺(含氨分解)及湿接触法硫酸

11.5.1 克劳斯炉、氨分解炉点火前，应检查确认无泄漏，系统吹扫检测合格后方可点火，若点火失败，系统应再次吹扫并确认合格后方可再次点火。

11.5.2 氨分解炉、克劳斯炉系统不应超温超压操作。

11.5.3 加热用煤气和空气应设低压报警和自动停机联锁保护。

11.5.4 废热锅炉的设计、制造、安装、使用、校验应符合现行的《蒸汽锅炉安全技术监察规程》的规定，废热锅炉内软水设定液位≥100 mm。

11.5.5 克劳斯炉装置停产时，应用加热气体吹扫，防止设备急剧冷却。

11.5.6 硫封、硫槽等液硫设施周围不应有明火，切片机、硫管检修时，应确认管内无液硫，夹套管蒸汽放空。

11.5.7 不应穿、戴易产生静电的衣物及带铁钉的鞋子进入成品室。

11.5.8 焚烧炉突然灭火时，应立即打开酸气去荒煤气管道阀门，关闭入焚烧炉阀门，不应排放未经焚烧的气体。

11.5.9 进入棒式过滤器作业，应采取可靠的安全措施，防止中毒或灼伤，吹扫过滤棒时，给汽应由小到大，身体避开易外漏部位，防止烫伤。

12 粗苯加工

12.1 精苯

12.1.1 精苯生产区域宜设高度不低于 2.2 m 的围墙，其出入口不应少于两个，且区域应有有效保卫。

12.1.2 禁止穿带钉鞋或携带火种者以及未采取有效防火措施的机动车辆进入围墙内。

12.1.3 精苯生产区域，不应布置化验室、维修间和生活室等辅助建筑。

12.1.4 金属平台和设备管道应用螺栓连接。

12.1.5 洗涤泵与其他泵宜分开布置,周围应有围堰。

12.1.6 洗涤操作室宜单独布置,洗涤酸、碱和水的玻璃转子流量计,应布置在洗涤操作室的密闭玻璃窗外。

12.1.7 封闭式厂房内应通风良好,设备和储槽上的放散管应引出室外,并设阻火器。

12.1.8 苯类储槽和设备上的放散管应集中设洗涤吸收处理装置、惰性气体封槽装置或其他排气控制设施。

12.1.9 苯类管道宜采用铜质盲板。苯类等甲、乙类可燃液体设备和管道宜设置惰性气体置换设施。

12.1.10 禁止同时启动两台泵向一个储槽内输送苯类液体。

12.1.11 苯类储槽宜采用内浮顶槽。采用固定顶槽,其槽体表面未采用隔热涂料时,则应设防日晒的固定式冷却水喷淋系统或其他降温设施。固定顶罐应设阻火器和呼吸阀。

12.1.12 各塔空冷器强制通风机的传动皮带,宜采用导电橡胶皮带。

12.1.13 初馏分储槽应布置在库区的边缘,其四周应设防火堤,堤内地面与堤脚应做防水层。

12.1.14 初馏分储槽上应设喷淋装置或采用高效隔热涂料,有条件的企业应设氮封。

12.1.15 禁止往大气中排放初馏分。

12.1.16 送往管式炉的初馏分管道,应设气化器和阻火器。

12.1.17 处理苯类的跑冒事故时,应戴隔离式防毒面具,并应穿防静电鞋或布底鞋,且宜穿防静电服。

12.1.18 精苯区域应设人体静电导除装置。

12.2 古马隆

12.2.1 古马隆蒸馏釜宜采用蒸汽加热,若采用明火加热,距精苯厂房和室外设备不应小于 30 m。

12.2.2 用氯化铝聚合重苯的室内,禁止无关人员逗留。

12.2.3 热包装仓库应设机械通风装置,热包装出口处应设局部排风设施。

12.3 苯加氢

12.3.1 莱托尔反应器的主要高温法兰,应设消防蒸汽喷射环。

12.3.2 主要设备及高温高压重要部位,应设有固定式可燃性气体检测仪。

12.3.3 莱托尔反应器器壁应涂变色漆,以便发现局部过热。

12.3.4 制氢还原态催化剂,不应接触空气及氧气,停工时应处于氮封状态。

12.3.5 取样时应装好静电消除器。

12.3.6 加热炉和改质炉烟道废气取样,应用防爆的真空泵。

12.3.7 二硫化碳泵与其电气开关的距离,应大于 15 m。

12.3.8 各系统应用氮气置换,经氮气保压气密性试验合格,其含氧量小于 0.5%,方可开工。

12.3.9 装置内火炬的设置,应满足下列要求:

a) 火炬的高度,应使火焰的辐射热不致影响人身及设备的安全;

b) 火炬的顶部,应设常明灯或其他可靠的点火设施;

c) 距火炬筒 30 m 范围内,严禁可燃气体放空;

d) 液体、低热值可燃气体、空气、惰性气、酸性气及其他腐蚀性气体,不应排入火炬系统;

e) 可燃气体放空管道在接入火炬前,应设置气液分离和阻火等设备,严禁可燃气体夹带可燃液体进入火炬燃烧;

f) 可燃气体放空管道内的凝结液,应密闭回收,不应随地排放。

13 焦油加工

13.1 焦油蒸馏

13.1.1 蒸馏釜旁的地板和平台,应用耐热材料制作,并应坡向燃烧室对面。

13.1.2 蒸馏釜的排沥青管,应与燃烧室背向布置。

13.1.3 管式炉二段泵出口,应设压力表和压力上限报警装置。焦油二段泵出口压力不应超过设计压力。

13.1.4 焦油蒸馏应设事故放空槽,并经常保持空槽状态。

13.1.5 洗涤厂房、泵房和冷凝室的地板、墙裙,以及蒸馏厂房地板,宜砌瓷砖或采取其他防腐措施。

13.2 沥青冷却及加工

13.2.1 不应采用直接在大气中冷却液态沥青的工艺。中温沥青冷却到 200 ℃以下(改质沥青冷却到 230 ℃以下),方可放入水池。

13.2.2 沥青系统的蒸汽管道,应在进入系统的阀门前设疏水器。

13.2.3 沥青高置槽有水时,禁止放入高温的沥青。

13.2.4 沥青高置槽下应设防止沥青流失的围堰。

13.2.5 凡可能散发沥青烟气的地点,均应设烟气捕集净化装置。净化装置不能正常运行时,应停止沥青生产。

13.2.6 不宜采用人工包装沥青;特殊情况下需要人工包装时,应在夜间进行,并应采取防护措施。

13.3 工业萘、精萘及萘酐生产

13.3.1 萘的结晶制片包装及输送宜实现机械化,包装制品封口处宜有除尘设施。

13.3.2 开工前,工业萘的初、精馏塔及有关管道,应用蒸汽进行置换,并预热到 100 ℃左右。

13.3.3 萘转鼓结晶机传动系统、螺旋给料器的传动皮带和皮带翻斗提升机,均应采取防静电积累的措施;若系皮带传动,应采用导电橡胶皮带。

13.3.4 萘转鼓结晶机的刮刀,应采用不发生火花的材料制作。

13.3.5 萘蒸馏塔(釜)应设液面指示器和安全保护装置。

13.3.6 不应使用压缩空气输送萘及吹扫萘管道。

13.3.7 热油泵室地面和墙裙应铺瓷砖,泵四周应砌围堰,堰内经常保持一定的水层。

13.3.8 热风炉和熔盐炉,应设有温度计、防爆孔及温度、压力高报警联锁停炉装置。

13.3.9 萘汽化器出口温度不应超过设计规定,并应按技术要求缓慢升温。

13.3.10 萘汽化器、氧化器和薄壁冷凝冷却器,应设防爆膜。薄壁冷凝冷却器出口应设尾气净化装置。

13.3.11 禁止氧化器熔盐泄漏。

13.3.12 输送液体萘的管道,应有蒸汽夹套或蒸汽伴随管保温以及吹扫用的连接管,应采用氮气或蒸汽吹扫。

13.4 粗酚、轻吡啶、重吡啶生产与加工

13.4.1 分解酚盐时,加酸不应过快,若分解器内温度达 90 ℃,应立即停止加酸。

13.4.2 粗酚、轻吡啶、重吡啶的蒸馏釜,应设有安全阀、压力表(或真空表)和温度计。

13.4.3 轻吡啶的装釜操作,应在常温下进行。

13.4.4 吡啶产品装桶的极限装满度,不应大于桶容积的 90%。

13.4.5 酚、吡啶产品装桶处应设抽风装置。

13.4.6 分解器和中和器应设放散管。

13.4.7 酸槽应集中布置并设置防酸外溢和防泄漏的围堤。

13.4.8 室外储槽与主体厂房的净距,不应小于 6 m。

13.4.9 接触吡啶产品的设备、管道及隔断阀类配件,应采用耐腐蚀材料制作。

13.5 粗蒽、精蒽及蒽醌生产

13.5.1 蒽的结晶及输送宜实现机械化,并加以密闭。

13.5.2 粗蒽生产中,严禁敞开溶解釜人孔加热。

13.5.3 二蒽油配渣,应远离配渣槽进行;水分过大时,不应配渣。

13.5.4 蒸发器运行时，严禁打开预热人孔盖。

13.5.5 蒽醌生产中，热风温度不应超过 395 ℃，汇合温度不应高于热风温度。

13.6 酚盐的二氧化碳分解和苛化生产

13.6.1 二氧化碳分解装置中各设备的含酚排气，应设有专用排气洗净装置。

13.6.2 酚精制装置生产现场应设有喷淋设备。

13.6.3 进入苛化反应槽的碳酸钠和生石灰输送设备，应设有紧急停止联锁装置。

13.6.4 苛化装置中各粉尘物料输入装置，应设有过滤设备。

13.7 洗油加工生产

13.7.1 进入容器内清渣，本体应与其他装置可靠切断并有防护措施及专人监护。

13.7.2 接触酸物料的设备、管道及隔断阀类配件，应采用耐腐蚀材料制作。

14 焦炉煤气制甲醇

14.1 压缩

14.1.1 压缩厂房应设置可燃气体浓度检测报警装置。

14.1.2 压缩区域应选用防爆型电气设备(主电机选用无刷励磁，并进行可靠的防静电接地)。

14.1.3 压缩厂房应满足防火防爆要求，保证通风良好，通风次数 10 次/h。

14.1.4 压缩机组应设超温、超压、油压过低、轴承温度过高、振动过大等联锁停车系统。

14.2 转化

14.2.1 转化炉应设置水夹套冷却系统，并设多点温度测量报警系统。

14.2.2 进入转化炉的氧气管道应设置止逆阀，并采取蒸汽安全保护措施。

14.2.3 应设转化炉出口温度的高低位报警联锁停车系统，当超过联锁值时，立即切断氧气来源，并通入水蒸气进行密封切断。

14.2.4 转化系统的锅炉应符合国家现行规程和标准的相关规定。

14.2.5 管式加热炉应设有煤气低压报警和低低压联锁切断煤气装置。

14.2.6 应确保转化炉入口焦炉煤气流量平稳。压缩操作人员在进行调节前应提前通知 DCS 控制室，服从控制室指令进行调节。煤气流量波动不应超过 500 m^3/h，每次待转化床层调节温度稳定后，才能再次调节。

14.2.7 点火前注意氧气管道的置换及排水，置换后确保氧气压力稳定。

14.2.8 确保入炉蒸汽压力大于入转化炉氧气压力，入转化炉氧气压力大于入炉焦炉煤气压力，入炉焦炉煤气压力大于转化炉内压力，防止焦炉煤气进入氧气系统。

14.2.9 在投氧点火或向合成系统并气时，应确保转化系统压力平稳，波动幅度小于 0.2 MPa。防止转化系统超温或超压。

14.2.10 当焦炉煤气气量降低时，要及时适量减少氧气量，防止超温。

14.3 甲醇合成

14.3.1 甲醇合成装置的汽包、闪蒸槽应设置安全阀，防止超压，汽包还应设压力调节报警系统，并应设置液位高低报警系统及压力调节联锁系统。

14.3.2 区域内应设置事故冲洗装置。

14.4 甲醇罐区

14.4.1 甲醇成品罐宜采用内浮顶储罐。

14.4.2 罐区周围应设有环形消防通道，与周围装置的距离应符合 GB 50016 的规定。

14.4.3 罐区应设置低倍数泡沫灭火系统，系统应符合 GB 50151 的规定。

14.4.4 储罐应设泡沫灭火系统和高高液位、高液位、低液位报警及联锁系统。固定顶罐上应设阻火器和呼吸阀，并应采用氮封。

14.4.5 甲醇罐区防火堤的设置应符合 GB 50016、GB 50351 的相关规定。

14.4.6 区域内应设置事故冲洗装置。

14.4.7 甲醇的装卸装置应设置防静电设施，宜设置流量联锁，当静电超标时，应能紧急切断装车阀。

15 油品、酸、碱装卸与运输

15.1 铁路进化产区和油品装卸站之前，应于外部铁路各设两道绝缘，两道绝缘之间的距离不应小于一列车厢的长度。焦化厂铁路与电气化铁路连接时，进厂铁路也应绝缘。化产区内和油品装卸站内的铁路应多处接地，相邻两接地线间的距离不应超过 100 m。

15.2 铁路油品装卸设施与建(构)筑物的防火间距、甲乙类油品铁路装卸栈台的安全要求、零位罐(空车厢)的设置等应符合 GB 50016 的规定，当 GB 50016 未明确要求时，应符合 GB 50160 中的相关规定。

15.3 装卸栈台、铁轨、车体及鹤管，应有可靠的防静电措施。

15.4 甲、乙类油品铁路装卸栈台，应符合下列要求：

a) 装卸栈台两端和每一鹤管旁，应设安全走梯；

b) 装卸栈台上应设带有防护栏杆的活动跨桥；

c) 装卸栈台的装卸口应处于避雷设施的保护范围内；

d) 在距槽车不小于 10 m 的装卸油管线上，应设便于操作的紧急切断阀门。

15.5 装卸油品时，应有明显的警示标志，距装卸栈台 20 m 以内禁止机车进入。

15.6 铁路运输甲类液体油品时，机车与油罐之间应用空车厢隔开；用蒸汽机车牵引时必须用二节空车厢隔开，往装卸栈台配车推进时，至少用一节空车厢隔开；内燃或电力机车牵引和推进时，至少用一节空车厢隔开。

15.7 汽车槽车的装车鹤管与装车用的缓冲罐之间的防火间距，不应小于 5 m，距装油泵房不应小于 8m。

15.8 甲类液体装车宜采用自动鹤管装置。

15.9 灌装苯类时，必须待静电消失方可检测、取样。静电消散所需静置时间，储槽容积小于 50 m^3 的，不少于 5 min；小于 200 m^3，不少于 10 min；小于 1 000 m^3，不少于 20 min；小于 2 000 m^3，不少于 30 min；小于 5 000 m^3，不少于 60 min。

15.10 不宜采用压缩空气将酸碱卸出槽车或输送到高位槽。

15.11 甲类液体、有自燃倾向的液体及输送时易与空气发生化学反应的液体，均不应采用压缩空气输送(压送)和清扫。

15.12 使用浓酸和装卸浓酸的区域，应设防酸灼伤的冲洗水龙头。

15.13 进入油库装卸的车辆在进入之前应装好防火罩，离开后卸下，并应对好位熄火后再进行装卸，车辆停稳后应有可靠的防滑措施，装卸甲、乙类液体汽车应良好接地。

16 检修

16.1 在易燃易爆区不宜动火，设备需要动火检修时，应尽量移到动火区进行。

16.2 易燃易爆气体和甲、乙、丙类液体的设备、管道和容器动火，应先办动火证。动火前，应与其他设备、管道可靠隔断，清除置换合格。合格标准(体积百分浓度)：爆炸下限大于 4%的易燃易爆气体，含量小于 0.5%；爆炸下限小于或等于 4%者，其含量小于 0.2%。

16.3 在有毒物质的设备、管道和容器内检修时，应可靠地切断物料进出口，有毒物质的浓度应小于允许值，同时含氧量应在 18%～21%(体积百分浓度)范围内。监护人不应少于 2 人，应备好防毒面具和防护用品，检修人员应熟悉防毒面具的性能和使用方法。设备内照明电压应小于等于 36 V，在潮湿容器、狭小容器内作业应小于或等于 12 V。

16.4 对易燃、易爆或易中毒物质的设备动火或进入内部工作时，监护人不应少于 2 人。安全分析取样时间不应早于工作前半小时,工作中应每两小时重新分析一次,工作中断半小时以上也应重新分析。

16.5 焦炉煤气设备和管道打开之前,应用蒸汽、氮气或烟气进行吹扫和置换;检测合格后,拆开应用水润湿并清除可燃渣。

16.6 检修由鼓风机负压系统保持负压的设备时,应预先把通向鼓风机的管线堵上盲板。

16.7 检修操作温度等于或高于物料自燃点的密闭设备,不应在停止生产后立即打开大盖或人孔盖。

16.8 用蒸汽清扫可能积存有硫化物的塔器后,应冷却到常温方可开启;打开塔底人孔之前,应关闭塔顶油汽管和放散管。

16.9 检修饱和器时,应在进、出口煤气管道及其他有可能泄漏煤气处堵盲板,堵好盲板之前,不应抽出器内母液。

16.10 检修液氨冷冻机时,不应用氧气吹扫堵塞的管道。

16.11 转动设备的清扫、加油、检修和内部检查,均应停止设备运转,切断电源并挂上检修牌,方可进行。

16.12 设备和管道的截止件及配件,每次检修后都应做严密性试验。

16.13 不宜进行多层检修作业,特殊情况时,应采取层间隔离措施。

16.14 高处作业应系好安全带,作业点下部应采取措施,人员不应通行和逗留,上下时手中不应持物。六级以上大风、大雪、大雾、暴雨等恶劣环境和有职业禁忌人员,不应从事高处作业。

16.15 高处动火应采取防止火花飞溅措施,同时应将四周易燃物清理干净。

16.16 夜间检修应有足够亮度的照明。

16.17 含有腐蚀性液体、气体介质的管道、设备检修前,应将腐蚀性气体、液体排净、置换、冲洗,分析合格,检修时作业面应低于腿部,否则应搭设脚手架。检修现场应备有冲洗用水源。

16.18 煤气系统抽、堵盲板作业时,应遵守下列规定:

a) 工作场所应备有必要的联系信号、煤气压力表及风向标志等;

b) 距工作场所 40 m 内,不应有火源并应采取防止着火的措施,与工作无关人员应离开作业点 40 m 以外;

c) 应使用不发火星的工具,如铜制工具或涂有很厚一层润滑油脂的铁制工具;

d) 距作业点 10 m 以外才可安设投光器;

e) 不应在具有高温源的炉窑等建(构)筑物内进行带煤气作业。

16.19 各种吊装作业前,应预先在吊装现场设置安全警戒标志并设专人监护,非施工人员不应入内。

16.20 各种动土作业,应对动土区域地下设施进行确认,动土中如暴露出电缆、管线以及不能辨认的物品时,应立即停止作业,妥善加以保护,经确认采取措施后方可动土作业。

16.21 焦炉热修作业,应采取措施,防止工具与动力线接触造成人员触电,防止被红焦及热气烫伤或灼伤,在焦炉地下室和蓄热室区域作业时,应防止煤气中毒。

17 工业卫生

17.1 防尘防毒

17.1.1 产生粉尘、毒物的生产过程和设备,应尽量考虑机械化和自动化,加强密闭,避免直接操作。并应结合生产工艺采取通风措施。

17.1.2 产生粉尘、毒物等有害物质的工作场所,应有冲洗地面、墙壁的设施。

17.1.3 工作场所空气中粉尘容许浓度应符合下列要求:时间加权平均容许浓度为 4 mg/m^3,短时间接触容许浓度为 6 mg/m^3。其外排气体的含尘浓度应符合现行国家标准的相关要求。

17.1.4 作业场所中粉尘和有毒气体浓度应符合表 5 的规定。

17.1.5 粉碎机室、焦炉炉体、干熄焦炉、筛焦楼、储焦槽、运焦系统的转运站以及熄焦塔等散发粉尘处应密闭或设除尘装置。

表 5　工作场所空气中有毒物质容许浓度　　单位为毫克每立方米

有毒物质名称	最高容许浓度（MAC）	时间加权平均容许浓度（PC-TWA）	短时间接触容许浓度（PC-STEL）
一氧化碳（非高原）	—	20	30
硫化氢	10	—	—
氨	—	20	30
苯	—	6	10
二硫化碳	—	5	10
酚	—	10	—
氰化氢	1	—	—
吡啶	—	4	—
二甲苯	—	50	100
二聚环戊二烯	—	25	—
甲苯	—	50	100
甲酚	—	10	—
焦炉逸散物（按苯溶物计）	—	0.1	—
煤焦油沥青挥发物（按苯溶物计）	—	0.2	—
萘	—	50	75
二氧化氮	—	5	10
二氧化硫	—	5	10
煤尘（总尘）	—	4	6

17.1.6　除尘设备应同相应的工艺设备联锁，做到比工艺设备先开而后停。

17.1.7　焦仓漏嘴的开闭宜远距离操作。

17.1.8　生活用水管和蒸汽管，应与生产用水管和蒸汽管分开。

17.1.9　焦化厂酚、氰污水总排放口的水质，应符合 GB 8978 规定的排放标准。

17.1.10　生产中的废渣，如再生器残渣、酚吡啶残渣、精苯酸焦油渣和生化处理产生的剩余污泥等，应尽快处置，减少对岗位卫生的影响。

17.1.11　在有毒性危害的作业环境中，应设置必要的淋洗器、洗眼器，作业人员应配置相应的个人防护用品。

17.2　防暑、降温

17.2.1　下列地点应有降温措施：

a）焦炉炉顶等高温环境下的工人休息室和调火工室；

b）推焦机、装煤车、拦焦机和电机车的司机室；

c）交换机工、焦台放焦工和筛焦工等的操作室。

17.2.2　受高温烘烤的焦炉机械的司机室、电气室和机械室的顶棚、侧壁和底板应镶有不燃烧的隔热材料。

17.2.3　必须供给高温作业人员足够的含盐清凉饮料。

17.3　通风、采暖

17.3.1　多尘、散发有毒气体的厂房或甲、乙类生产厂房内的空气不应循环使用。

17.3.2　甲、乙类生产厂房的排、送风设备，不应布置在同一通风机室内，也不应和其他房间的排、送风设备布置在一起。相互隔离的易燃易爆场所，不应使用一套通风系统。

17.3.3 火灾或爆炸危险场所的通风设备，应用不燃材料制成，并应有接地和清除静电的措施。

17.3.4 含有燃烧和爆炸性粉尘的空气，应在进入排风机前进行净化。

17.3.5 下列场所应安设自动或手动事故排风装置：

a) 煤气净化车间鼓风机房；

b) 苯蒸馏泵房，精苯洗涤厂房和室内库房；

c) 吡啶生产厂房、库房和泵房。

17.3.6 经常运转的露天移动设备的司机室内，温度不应低于10 ℃。

17.3.7 闪点28 ℃以下的液体(如粗苯、苯、甲苯、二甲苯、二硫化碳和吡啶等)的生产车间或仓库不应采用散热器采暖。

17.3.8 事故通风设施的通风换气次数不小于12次/h，事故排风装置的排出口，应避免对居民和行人造成影响。

17.4 防噪声

17.4.1 工作场所操作人员每天连续接触噪声8 h，噪声声级卫生限值为85 dB(A)。对于操作人员每天接触噪声不足8 h的场合，可根据实际接触噪声的时间，按接触时间减半，噪声声级卫生限值增加3 dB(A)的原则，确定其噪声声级限值，但最高限值不应超过115 dB(A)。工作地点噪声声级的卫生限值应遵守表6的要求。

表6 工作地点噪声声级的卫生限值

日接触噪声时间/h	卫生限值/dB(A)
8	85
4	88
2	91
1	94
1/2	97
1/4	100
1/8	103
最高不应超过115 dB(A)	

17.4.2 蒸汽透平鼓风机背压汽放散管和罗茨鼓风机等可能超过噪声标准的设备，应采取消声或隔声措施。

17.5 防射线

17.5.1 对封闭性的放射源，应根据剂量强度、照射时间以及照射源距离，采取有效的防护措施。

17.5.2 具有辐射作业场所的生产过程应根据危害性质配置必要的监测仪表。维护和检修放射线、放射性同位素仪器和设备的人员应配备个人专用防护器具。

17.5.3 利用放射性同位素进行检测、计量和通讯，应遵守下列规定：

a) 有确保放射源不致丢失的措施；

b) 可能受到射线危害的有关人员应配带检测仪表，其最大允许接受剂量当量为每年50 mSv(stem)。

17.5.4 接近最大允许接受剂量的工作人员，每年应至少体检一次，特殊情况应及时检查。

17.5.5 射线源存放地点，必须设有明确的标志、警告牌和禁区范围。

ICS 23.040.70
G 42

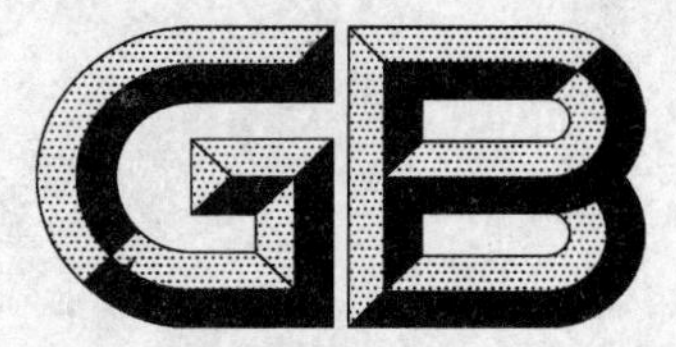

中华人民共和国国家标准

GB/T 12722—2008/ISO 8032:1997
代替 GB/T 12722—1991

橡胶和塑料软管组合件 液压脉冲曲挠试验(半Ω试验)

Rubber and plastics hose assemblies—Flexing combined with hydraulic impulse test (half-omega test)

(ISO 8032:1997,IDT)

2008-05-14 发布　　2008-10-01 实施

中华人民共和国国家质量监督检验检疫总局
中国国家标准化管理委员会　发布

ICS 23.040.70
G 42

中华人民共和国国家标准

GB/T 12722—2008/ISO 8032:1997
代替 GB/T 12722—1991

橡胶和塑料软管组合件 液压脉冲曲挠试验（半Ω试验）

Rubber and plastics hose assemblies—Flexing combined with hydraulic impulse test (half-omega test)

(ISO 8032:1997, IDT)

2008-05-14 发布 2008-10-01 实施

中华人民共和国国家质量监督检验检疫总局
中国国家标准化管理委员会 发布

前　言

本标准等同采用 ISO 8032:1997《橡胶和塑料软管组合件　液压脉冲曲挠试验(半Ω试验)》(英文版)。

本标准等同翻译 ISO 8032:1997。

为了便于使用,本标准还做了下列编辑性修改:

a)　“本国际标准”一词改为“本标准”;

b)　用小数点“.”代替作为小数点的逗号“,”;

c)　删除国际标准前言;

d)　因国际标准第2章引用的 ISO 6802 在标准中不是规范性引用,所以在本标准中将其作为参考文献列在正文后。

本标准代替 GB/T 12722—1991《橡胶和塑料软管组合件　屈挠液压脉冲试验(半Ω试验)》。

本标准与 GB/T 12722—1991 的主要差异如下:

——修改了标准名称;

——修改了对试样的要求(见第4章);

——修改了试验流体温度(1991年版的5.1;本版的第5章);

——修改了最小弯曲半径、软管外径的字母表示(见第4章);

——在试验报告中增加了升压速率和试验流体(本版的第7章)。

本标准由中国石油和化学工业协会提出。

本标准由全国橡胶与橡胶制品标准化技术委员会软管分技术委员会(SAC/TC 35/SC 1)归口。

本标准起草单位:中橡集团沈阳橡胶研究设计院。

本标准主要起草人:曹智斌。

本标准所代替标准的历次版本发布情况为:

——GB/T 12722—1991。

引　言

液压软管组合件在使用中时常曲挠，尤其是当用于动态装备上时。本试验用来加速试样与使用中可能发生的同种类型的破坏。

本标准是与曲挠液压脉冲试验（GB/T 14904）相近的另一种试验方法，GB/T 14904 规定了一种脉冲曲挠试验方法，本标准则规定了一种更苛刻的弯曲和更高脉冲压力加速试样的破坏的方法。

注：应清楚地认识到本试验方法所采用的压力和弯曲半径较软管制品规范中规定的那些条件明显地苛刻，但并不意味着软管组合件可以在这些条件下使用。

橡胶和塑料软管组合件
液压脉冲曲挠试验(半 Ω 试验)

警告——使用本标准的人员应熟悉正规实验室操作规程。本标准无意涉及因使用本标准可能出现的所有安全问题。制定相应的安全和健康制度并确保符合国家法规是使用者的责任。

1 范围

本标准规定了脉冲试验过程中液压软管组合件以被称为“半 Ω”的方式曲挠的一种方法。

2 规范性引用文件

下列文件中的条款通过本标准的引用而成为本标准的条款。凡是注日期的引用文件,其随后所有的修改单(不包括勘误的内容)或修订版均不适用于本标准,然而,鼓励根据本标准达成协议的各方研究是否可使用这些文件的最新版本。凡是不注日期的引用文件,其最新版本适用于本标准。

GB/T 5568—2006 橡胶或塑料软管及软管组合件 无挠曲液压脉冲试验(ISO 6803:1994,IDT)

3 装置和材料

3.1 曲挠试验台,试验台上可以安装试样,并能按第 5 章中规定的试验参数产生图 1 所示的屈挠。

试验台由一个安装在转动臂上的歧管和一个固定歧管组成。

转动臂上的歧管安装成与固定歧管始终保持垂直(见图 1)。

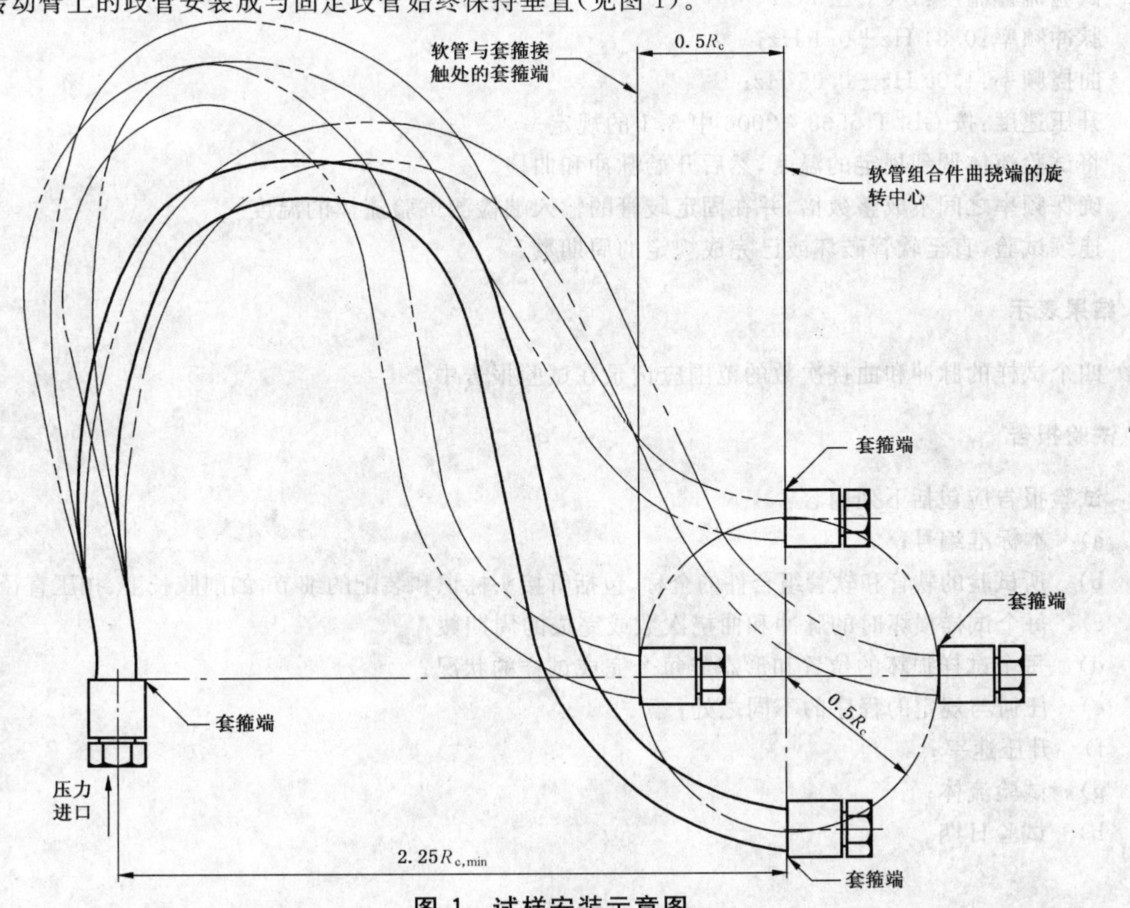

图 1 试样安装示意图

固定歧管的垂直中心线要正确定位，使固定端管接头根部与转动歧管的转动中心的距离为 2.25 $R_{c,min}$，公差为±2 mm，其中 $R_{c,min}$ 为相应软管标准中规定的最小弯曲半径。

调节固定歧管压力输入端的高度，以确保接头根部与转动歧管的中心线处于同一水平线上(见图 1)。

3.2 液压设备

利用油在试样中循环，液压设备能够达到第 5 章中规定的试验参数。所得到的脉冲次数应符合 GB/T 5568—2006 中图 1 的规定。

3.3 试验流体

应符合 GB/T 5568—2006 中第 4 章的规定。

4 试样

试样应为一软管组合件，其露出部分的自由长度为：

$$4.14\,R_{c,min} + 3.57d_e$$

公差为 +15 mm～0 mm 或 +1%～0%，取较大者。

其中：$R_{c,min}$ 如第 3 章述，d_e 是软管的外径。

至少应试验四个试样。

5 程序

将试样的一端接到曲挠试验台转动臂上的歧管上，另一端接到固定歧管上。

如果在软管规范中没有其他规定，则采用下列试验参数：

脉冲压力：为相应软管标准中规定的工作压力的 150%；

试验流体温度：100℃±3℃；

脉冲频率：0.84 Hz±0.1 Hz；

曲挠频率：1.00 Hz±0.05 Hz；

升压速度：按 GB/T 5568—2006 中 3.1 的规定。

将试验流体调到规定的温度，然后开始脉冲和曲挠。

确保频率之间不成整数倍，并在固定歧管的输入端检测试验流体的温度。

连续试验，直至软管破坏或已完成规定的周期数。

6 结果表示

四个试样的脉冲和曲挠次数的范围应记录在试验报告中。

7 试验报告

试验报告应包括下列内容：

a) 本标准编号；

b) 所试验的软管和软管组合件的全称，包括管接头标识和装配的细节，如削胶长度、扣压直径等；

c) 每个试样损坏时的脉冲和曲挠次数或完成的周期数；

d) 每个试样损坏的位置和形态或每个完成试样的状况；

e) 任何与规定的程序的不同之处；

f) 升压速率；

g) 试验流体；

h) 试验日期。

参 考 文 献

[1] GB/T 14904 钢丝增强的橡胶、塑料软管和软管组合件 屈挠液压脉冲试验(neq ISO 6802:1991)

ICS 27.010
F 00

中华人民共和国国家标准

GB/T 12723—2008
代替 GB/T 12723—1991

单位产品能源消耗限额编制通则

General principles of stipulation of energy consumption norm for unit product

2008-02-03 发布　　　　2008-06-01 实施

中华人民共和国国家质量监督检验检疫总局
中国国家标准化管理委员会　发布

前 言

本标准代替 GB/T 12723—1991《产品单位产量能源消耗定额编制通则》。

本标准与 GB/T 12723—1991 相比，主要变化如下：

——标准的名称改为《单位产品能源消耗限额编制通则》；

——增加了 GB/T 1.1、GB/T 12497、GB/T 13466、GB 17167、GB/T 17954、GB/T 17981、GB 18613、GB 19153、GB 19762、GB 20052 等引用标准；

——将"能耗定额"改为"能耗限额"；

——增加了生产系统、辅助生产系统的术语；

——删除原标准"产品单位产量能源消耗定额的用途"一章；

——增加"单位产品能源消耗限额编制原则和依据"一章；

——将原第 6 章"产品单位产量能源消耗定额的编制"改为第 5 章"单位产品能耗限额编制内容"；

——删除原第 7 章"产品单位产量能源消耗定额制订的程序与认可"。

本标准由国家发展和改革委员会资源节约和环境保护司、国家标准化管理委员会工业标准一部提出。

本标准由全国能源基础与管理标准化技术委员会归口。

本标准主要起草单位：中国标准化研究院、国家发展改革委能源研究所。

本标准主要起草人：赵跃进、陈海红、李爱仙、孟昭利、胡秀莲、辛定国、赵凯。

本标准于 1991 年首次发布，本次为第一次修订。

单位产品能源消耗限额编制通则

1 范围

本标准规定了单位产品能源消耗限额编制的原则与依据、编制的内容与方法以及能耗数据统计的范围、节能管理与措施。

本标准适用于国家、地区、行业及企业单位产品能耗限额的编制和管理。

2 规范性引用文件

下列文件中的条款通过本标准的引用而成为本标准的条款。凡是注日期的引用文件，其随后所有的修改单(不包括勘误的内容)或修订版均不适用于本标准，然而，鼓励根据本标准达成协议的各方研究是否可使用这些文件的最新版本。凡是不注日期的引用文件，其最新版本适用于本标准。

GB/T 1.1 标准化工作导则 第1部分:标准的结构和编写规则

GB/T 2589 综合能耗计算通则

GB/T 12497 三相异步电动机经济运行

GB/T 13466 交流电气传动风机(泵类、空气压缩机)系统经济运行通则

GB 17167 用能单位能源计算器具配备和管理通则

GB/T 17954 工业锅炉经济运行

GB/T 17981 空气调节系统经济运行

GB 18613 中小型三相异步电动机能效限定值及能效等级

GB 19153 容积式空气压缩机能效限定值及节能评价值

GB 19762 清水离心泵能效限定值及节能评价值

GB 20052 三相配电变压器能效限定值及节能评价值

3 术语和定义

GB/T 2589 中确立的以及下列术语和定义适用于本标准。

3.1

单位产品能源消耗限额 stipulation of energy consumption for per unit product

生产合格产品时，每单位产品所允许消耗能源的限定值。以下简称:单位产品能耗限额。

3.2

生产系统 production system

生产产品所确定的生产工艺过程、装置、设施和设备组成的完整体系。

3.3

辅助生产系统 production assist system

为生产系统服务的过程、设施和设备，其中包括供电、机修、供水、供气、供热、制冷、仪修、照明、库房和厂内原料场地以及安全、环保等装置及设施。

4 单位产品能源消耗限额编制原则和依据

4.1 编制原则

4.1.1 基本原则

4.1.1.1 制定单位产品能耗限额应当科学、合理，能耗限额指标应具有可比性。针对单位产品能耗限

额的计量、计算和统计应具有可操作性。

4.1.1.2 通过实施单位产品能耗限额标准应能逐步淘汰能效低的落后生产能力，促进企业提高节能技术水平和管理水平，提高企业经济效益和改善环境。

4.1.1.3 制定单位产品能耗限额应与国家产业政策保持一致。

4.1.2 编写原则

4.1.2.1 单位产品能耗限额标准的编制结构和格式应符合 GB/T 1.1 的要求。

4.1.2.2 应以统计和计量资料为基础的数理统计分析法确定能耗限额。

4.1.2.3 应根据生产系统和辅助生产系统各种用能工艺（工序）过程、装置、设施和设备的能耗为基础，编制能耗限额的计算公式。计算公式所涉及的生产界区和统计范围要明确。综合能耗的计算方法应符合 GB/T 2589 的规定。主要公式应写在正文中，次要公式宜放在附录中。

4.1.3 修订原则

应根据国家、地区、行业或企业单位产品能耗水平的变化和发展趋势，适时对能耗限额标准进行修订。

4.1.4 统计原则

4.1.4.1 国家、地区、行业和企业产品能耗的统计、核算必须执行相应的国家、地区、行业和企业标准或有关的核算规程。

4.1.4.2 企业应建立产品能耗测试数据、能耗计算和能耗考核结果的文件档案，并对文件进行受控管理。

4.1.4.3 生产产品所消耗的各种能源的低位发热值宜以企业在报告期内实测值为准。没有实测条件的，可参考 GB/T 2589 中的有关内容。

4.1.5 管理措施

4.1.5.1 国家、地区、行业和企业应加强对产品能耗限额的管理。

4.1.5.2 企业应制定产品能耗考核制度，定期对产品能耗进行考核。

4.1.5.3 企业应根据 GB 17167 配备能源计量器具并建立能源计量管理制度。

4.1.5.4 企业生产使用的通用设备应达到经济运行状态，对用能设备的经济运行管理应符合 GB/T 12497、GB/T 13466、GB/T 17954、GB/T 17981 等经济运行标准的规定。

4.1.5.5 企业应提高通用设备的能源效率。年运行时间大于 3 000 h，负载率大于 60% 的电动机、空气压缩机、水泵等通用设备或新建及扩建企业的上述通用设备应符合 GB 18613、GB 19153、GB 19762 等能效标准中节能评价值或 2 级能效等级的要求。企业应提高变电和配电设备的能效，新建及扩建企业配电变压器的能效应达到 GB 20052 节能评价值的要求。

4.1.5.6 企业应根据产品生产工艺（工序）过程、装置、设施和设备的能耗状况，制定相应的节能改造规划和节能措施的实施计划。

4.2 编制依据

编制能耗限额指标应考虑以下几个方面的因素：

a) 历年能源消耗水平和相关的数据分析资料；

b) 现有生产装置、工艺技术和用能设备现状；

c) 现有生产装置、工艺技术和用能设备的发展趋势；

d) 实施节能改造的经济可行性。

5 单位产品能耗限额编制内容

除标准应包含的一般内容外，在能耗限额标准中主要包括以下内容：

——术语和定义；

——单位产品能耗限额限定值；

——新建及扩建企业单位产品能耗限额准入值；

——单位产品能耗限额先进值；

——能耗统计范围；

——能耗限额计算方法；

——主要节能技术措施；

——主要节能管理措施；

——各种能源折标准煤参考系数。

注：单位产品能耗限额限定值是评价现有生产企业单位产品能耗限额的指标。新建及扩建企业单位产品能耗限额准入值是评价新建及扩建项目是否能通过审批的指标。单位产品能耗限额先进值是评价现有生产企业单位产品能耗达到先进水平的指标。

ICS 67.220.10
X 40

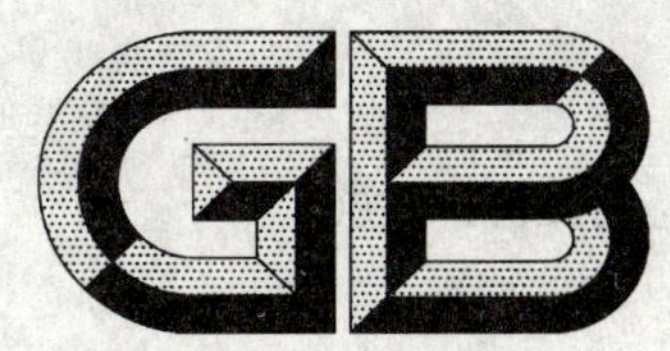

中华人民共和国国家标准

GB/T 12729.1—2008
代替 GB/T 12729.1—1991

香辛料和调味品　名称

Spices and condiments—Nomenclature

(ISO 676:1995, NEQ)

2008-07-16 发布　　　　2008-11-01 实施

中华人民共和国国家质量监督检验检疫总局
中国国家标准化管理委员会　发布

前　言

GB/T 12729《香辛料和调味品》由下列部分组成：

——GB/T 12729.1　香辛料和调味品　名称

——GB/T 12729.2　香辛料和调味品　取样方法

——GB/T 12729.3　香辛料和调味品　分析用粉末试样的制备

——GB/T 12729.4　香辛料和调味品　磨碎细度的测定(手筛法)

——GB/T 12729.5　香辛料和调味品　外来物含量的测定

——GB/T 12729.6　香辛料和调味品　水分含量的测定(蒸馏法)

——GB/T 12729.7　香辛料和调味品　总灰分的测定

——GB/T 12729.8　香辛料和调味品　水不溶性灰分的测定

——GB/T 12729.9　香辛料和调味品　酸不溶性灰分的测定

——GB/T 12729.10　香辛料和调味品　醇溶抽提物的测定

——GB/T 12729.11　香辛料和调味品　冷水可溶性抽提物的测定

——GB/T 12729.12　香辛料和调味品　不挥发性乙醚抽提物的测定

——GB/T 12729.13　香辛料和调味品　污物的测定

本部分为 GB/T 12729 的第 1 部分。

本部分对应于 ISO 676:1995《香辛料和调味品　名称》(英文版)，一致性程度为非等效。与 ISO 676:1995 的主要差异是：

——删除了 ISO 676:1995 中的 41 个不适合我国种植或目前未形成市场化规模的香辛料植物品种，只采用其中 68 个品种。

本部分是对 GB/T 12729.1—1991《香辛料和调味品　名称》的修订，与 GB/T 12729.1—1991 相比，增加了 26 个品种，香辛料植物品种总数达 68 个。

本部分代替 GB/T 12729.1—1991。

本部分由中华全国供销合作总社提出并归口。

本部分起草单位：中华全国供销合作总社南京野生植物综合利用研究院。

本部分主要起草人：陈仕荣、张卫明。

本部分所代替标准的历次版本发布情况为：

——GB/T 12729.1—1991。

香辛料和调味品　名称

1　范围

GB/T 12729 的本部分规定了 68 种我国常用食品调味、能产生香气和滋味的香辛料植物性产品的中英文名称。

本部分适用于香辛料和调味品的生产、流通、使用及有关科研和教学。

2　名称

68 种香辛料和调味品的名称等见表 1。

表 1　香辛料和调味品名称

序号	中文名称	英 文 名 称	植 物 学 名	使用部分
1	菖蒲	sweet flag	*Acorus calamus* L.	根茎
2	洋葱	onion	*Allium cepa* L.	鳞茎
3	大葱	welsh onion	*Allium fistulosum* L.	植株
4	小葱	chive	*Allium schoenopasum* L.	叶
5	韭葱	winter leek	*Allium porrum* L.	叶、鳞茎
6	蒜	garlic	*Allium sativum* L.	鳞茎
7	高良姜	greater galanga	*Alpinia galanga*(L.)Willd	根、茎
8	豆蔻	cambodian cardamom	*Amomum krervanh* Chines ex Gagnepain	果实、种子
9	香豆蔻	greater hines cwidamom	*Amomum subulatum* Roxb	果实、种子
10	草果	tsao-ko	*Amomum tsao-ko* Crevost et Lemaire	果实
11	砂仁	villosum	*Amomum villosum* Lour	果实
12	莳萝、土茴香	dill	*Anethum graveolens* L.	果实、叶
13	圆叶当归	angelia	*Angelica archangelica* L.	果、嫩枝、根
14	细叶芹	charvil	*Anthriscus cereifolium*	叶
15	芹菜	celery	*Apium graveolens* L.	植株
16	辣根	horseradish	*Armoracia rusticana* P. Gaertn.,B. Meyei et Scherb	根
17	龙蒿	tarragon	*Artemisia dracunculus* L.	叶、花序
18	杨桃	carambola	*Averrhoa carambola* L.	果实
19	黑芥籽	black mustard	*Brassica nigra*(L.)W. D. J. Koch	种子
20	刺山柑	caper	*Capparis spinosa* L.	花蕾
21	辣椒	chilli,capsicum	*Capsicum frutescens* L.	果实
22	葛缕子	caraway	*Carum carvi* L.	果实
23	桂皮、肉桂	Chinese cassia	*Cinnamomum cassia* Nees.	树皮

表 1（续）

序号	中文名称	英文名称	植物学名	使用部分
24	阴香	Indonesian cassia	*Cinnamomum burmannii* C. G. nees ex Blume	树皮
25	大清桂	Vietnamese cassia	*Cinnamomum loureirii* Nees.	树皮
26	芫荽	coriander	*Coriandrum sativum* L.	种子、叶
27	藏红花	saffron	*Crocus sativus* L.	柱头
28	枯茗	cumin	*Cuminum cyminum* L.	果实
29	姜黄	turmeric	*Curcuma Longa* L.	根、茎
30	香茅	West Indian lemongrass	*Cymbopogon citratus*(DC.) Stapf	叶
31	枫茅	Srilanka citronella	*Cymbopogon nardus*(L.) Rendle	叶
32	小豆蔻	small cardamon	*Eletlaria cardamomum*(L.) malon	果实
33	阿魏	asafoetida	*Ferula assa-foetida* L.	根、茎
34	小茴香	fennel	*Foeniculum vulgare* P. miller	果实、梗、叶
35	甘草	licorice	*Glycyrrhiza uralensis* Fisch	根
36	八角	star anise	*Illicium verum* Hook. F.	果实
37	刺柏	juniper	*Juniperus communis* L.	果实
38	山奈	kaempferia	*Kaempferia galanga* L.	根、茎
39	木姜子	litsea	*Litsea pungens* Hemsl	果实
40	月桂	laurel	*Laurus nobilis* L.	叶
41	芒果	mango	*Mangifera indica* L.	未成熟果实
42	薄荷	fieldmint	*Mentha arvensis* L.	叶、嫩芽
43	椒样薄荷	peppermint	*Mentha* x *piperita* L.	叶、嫩芽
44	留兰香	garden mint	*Mentha spicata* L.	叶、嫩芽
45	调料九里香	curry	*Murraya koenigii*(L.)C. sprengel	叶
46	肉豆蔻	nutmeg	*Myristica fragrans* Hout.	假种皮、种仁
47	甜罗勒	sweet basil	*Ocimum basilicum* L.	叶、嫩芽
48	甘牛至	sweet marijoram	*Origanum majorana* L.	叶、花序
49	牛至	oregano	*Origanum vulgare* L.	叶、花
50	罂粟	poppy	*Papaver somniferum* L.	种子
51	欧芹	parsley	*Petroselinum crispum* (P. mill) nyman ex A. W. hill	叶、种子
52	多香果	pimento allspice	*Pimenta dioica*(L.)Merrill	果实、叶
53	荜拨	long pepper	*Piper longum* L.	果实
54	黑胡椒、白胡椒	black pepper、white pepper	*Piper nigrum* L.	果实
55	石榴	pomegranate	*Punica granatum* L.	干鲜种子
56	迷迭香	rosemary	*Rosmarinus officinalis*	叶、嫩芽

表 1（续）

序号	中文名称	英 文 名 称	植 物 学 名	使用部分
57	胡麻、芝麻	benne	*Sesamum indicum* L.	种子
58	白欧芥	white mustard	*Sinapis alba* L.	种子
59	丁香	clove	*Syzgium aromaticum* Merr & Perry	花蕾
60	罗晃子	tamarind	*Tamarindus indica* L.	果实
61	蒙百里香	wild thyme	*Thymus serpyllum* L.	嫩芽、叶
62	百里香	thyme	*Thymus vulgaris* L.	嫩芽、叶
63	香椿	Chinese mahogany	*Toona sinesis*(A. juss) Roem	嫩芽
64	香旱芹	ajowan	*Trachyspermum ammi*(L.) Sprague	果实
65	葫芦巴	fenugreek	*Trigonella foenum-graecum* L.	果实
66	香荚兰	vanilla	*Vanilla planifolia* Andr. syn. V. fragrans Ames	果荚
67	花椒	prickly ash	*Zanthoxylum bungeanum* Maxim	果实
68	姜	ginger	*Zingiber officinale* Roscoe	根、茎

ICS 67.220.10
B 36

中华人民共和国国家标准

GB/T 12729.2—2008
代替 GB/T 12729.2—1991

香辛料和调味品 取样方法

Spices and condiments—Sampling

(ISO 948:1980,NEQ)

2008-07-16 发布 2008-11-01 实施

中华人民共和国国家质量监督检验检疫总局
中国国家标准化管理委员会 发布

前　言

GB/T 12729《香辛料和调味品》由下列部分组成：

——GB/T 12729.1　香辛料和调味品　名称
——GB/T 12729.2　香辛料和调味品　取样方法
——GB/T 12729.3　香辛料和调味品　分析用粉末试样的制备
——GB/T 12729.4　香辛料和调味品　磨碎细度的测定(手筛法)
——GB/T 12729.5　香辛料和调味品　外来物含量的测定
——GB/T 12729.6　香辛料和调味品　水分含量的测定(蒸馏法)
——GB/T 12729.7　香辛料和调味品　总灰分的测定
——GB/T 12729.8　香辛料和调味品　水不溶性灰分的测定
——GB/T 12729.9　香辛料和调味品　酸不溶性灰分的测定
——GB/T 12729.10　香辛料和调味品　醇溶抽提物的测定
——GB/T 12729.11　香辛料和调味品　冷水可溶性抽提物的测定
——GB/T 12729.12　香辛料和调味品　不挥发性乙醚抽提物的测定
——GB/T 12729.13　香辛料和调味品　污物的测定

本部分为 GB/T 12729 的第 2 部分。

本部分对应于 ISO 948:1980《香辛料和调味品　取样方法》(英文版)，一致性程度为非等效。与 ISO 948:1980 的主要差异是：

——本部分增加了第 2 章“规范性引用文件”；
——本部分对“取样报告”不作规定，予以删除。

本部分是对 GB/T 12729.2—1991《香辛料和调味品　取样方法》的修订，与 GB/T 12729.2—1991 相比，具体技术内容没有变动，仅在格式和文字上作了一些编辑性修改。

本部分代替 GB/T 12729.2—1991。

本部分由中华全国供销合作总社提出并归口。

本部分起草单位：中华全国供销合作总社南京野生植物综合利用研究院。

本部分主要起草人：陈仕荣、张卫明。

本部分所代替标准的历次版本发布情况为：

——GB/T 12729.2—1991。

香辛料和调味品　取样方法

1　范围

GB/T 12729 的本部分规定了香辛料和调味品的取样方法。

本部分适用于香辛料和调味品的取样。

2　术语和定义

下列术语和定义适用于 GB/T 12729 的本部分。

2.1

交货批　consignment

一次发运或接收的货物。其数量以合同或货运清单为凭证。可以由一批或多批货物组成。

2.2

批　lot

交货批中品质相同、数量独立的货物为一批，可用于质量评价。

2.3

基础样品　basic sample

从一批的一个位置取出的少量货物，多个基础样品应从批的不同位置取样。

2.4

混合样品　bulk sample

将批的全部基础样品混合均匀后的样品。

2.5

实验室样品　laboratory sample

从混合样品分出用于分析检测的样品。

3　取样的一般要求

3.1　取样应在贸易双方协商一致后进行，并由贸易双方指定取样人员。

3.2　在取样之前，要核实被检货物。

3.3　要保证取样工具或容器清洁、干燥。

3.4　取样要在干燥、洁净的环境中进行，避免样品或容器受到污染。

3.5　取样完成后，随即填写取样报告。

4　取样方法

4.1　基础样品的取样方法

按表 1 的要求，取样人员从批中抽取包装检验。抽取包装的数目(n)取决于批的大小(N)。

表 1　批与抽取包装数

批的大小(N)	抽取的包装数(n)
1 个～4 个包装	全部包装
5 个～49 个包装	5 个包装
50 个～100 个包装	10%的包装
100 个包装以上	包装数的算术平方根，四舍五入取整数

在装货、卸货或码垛、倒垛时从任一包装开始，每数到$\frac{N}{n}$时从批中取出包装，在选出包装的不同位置取基础样品。

4.2　混合样品的取样方法

将抽取的全部基础样品混合均匀。

将混合样品等分为四份：一份用于实验室分析检验，一份给买方，一份给卖方，再一份当场封存作为仲裁样品。

4.3　实验室样品的取样方法

实验室样品的数量应按照合同要求或按检验项目所需样品量的 3 倍从混合样品中抽取，其中一份作检验，一份作复验，一份作备查。

5　实验室样品的包装和标志

5.1　样品的包装

实验室样品要放在洁净、干燥的玻璃容器内，容器的大小以样品全部充满为宜。容器装入样品后，立即密封。

5.2　样品的标志

实验室样品应做好标志，标签内容包括以下项目：

a）品名、种类、品种、等级；

b）产地；

c）进货日期；

d）取样人姓名和地址；

e）取样时间、地点。

取样时发现样品有污染，应记录下来。

6　实验室样品的贮存和运送

实验室样品应在常温下保存，需长期贮存的样品要存放于阴凉、干燥的地方。

用于分析的实验室样品应尽快送达实验室。

ICS 67.220.10
B 36

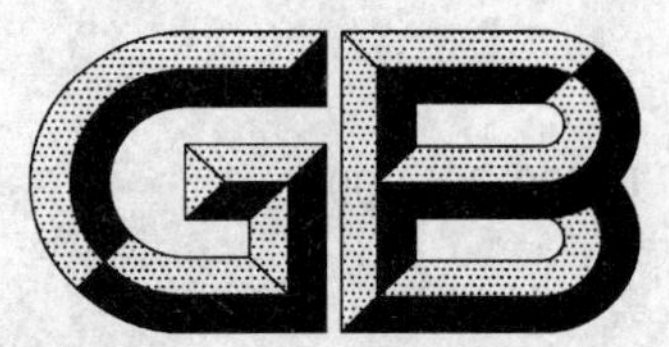

中华人民共和国国家标准

GB/T 12729.3—2008
代替 GB/T 12729.3—1991

香辛料和调味品 分析用粉末试样的制备

Spices and condiments—Preparation of a ground sample for analysis

(ISO 2825:1981,MOD)

2008-07-16 发布　　2008-11-01 实施

中华人民共和国国家质量监督检验检疫总局
中国国家标准化管理委员会　发布

前　言

GB/T 12729《香辛料和调味品》由下列部分组成：

——GB/T 12729.1　香辛料和调味品　名称

——GB/T 12729.2　香辛料和调味品　取样方法

——GB/T 12729.3　香辛料和调味品　分析用粉末试样的制备

——GB/T 12729.4　香辛料和调味品　磨碎细度的测定(手筛法)

——GB/T 12729.5　香辛料和调味品　外来物含量的测定

——GB/T 12729.6　香辛料和调味品　水分含量的测定(蒸馏法)

——GB/T 12729.7　香辛料和调味品　总灰分的测定

——GB/T 12729.8　香辛料和调味品　水不溶性灰分的测定

——GB/T 12729.9　香辛料和调味品　酸不溶性灰分的测定

——GB/T 12729.10　香辛料和调味品　醇溶抽提物的测定

——GB/T 12729.11　香辛料和调味品　冷水可溶性抽提物的测定

——GB/T 12729.12　香辛料和调味品　不挥发性乙醚抽提物的测定

——GB/T 12729.13　香辛料和调味品　污物的测定

本部分为 GB/T 12729 的第 3 部分。

本部分修改采用 ISO 2825:1981《香辛料和调味品　分析用粉末试样的制备》(英文版)，主要差异是：

——本部分删除了 ISO 2825:1981 中的 6.1。

本部分是对 GB/T 12729.3—1991《香辛料和调味品　分析用粉末试样的制备》的修订。与 GB/T 12729.3—1991 相比，技术内容没有变动，在格式和文字上作了一些修改，把“注”作为技术内容写入 4.2 中。

本部分代替 GB/T 12729.3—1991。

本部分由中华全国供销合作总社提出并归口。

本部分起草单位：中华全国供销合作总社南京野生植物综合利用研究院。

本部分主要起草人：陈仕荣、张卫明。

本部分所代替标准的历次版本发布情况为：

——GB/T 12729.3—1991。

香辛料和调味品 分析用粉末试样的制备

1 范围

GB/T 12729 的本部分规定了将实验室样品制备为分析用粉末试样的一种方法。

本部分适用于香辛料和调味品分析用粉末试样的制备。

2 规范性引用文件

下列文件中的条款通过 GB/T 12729 的本部分的引用而成为本部分的条款。凡是注日期的引用文件，其随后所有的修改单(不包括勘误的内容)或修订版均不适用于本部分，然而，鼓励根据本部分达成协议的各方研究是否可使用这些文件的最新版本。凡是不注日期的引用文件，其最新版本适用于本部分。

GB/T 12729.2 香辛料和调味品 取样方法(GB/T 12729.2—2008,ISO 948:1980,NEQ)

3 原理

将实验室样品充分混匀，按香辛料和调味品国家标准规定的颗粒度粉碎。没有规定的均按 1 mm 大小颗粒粉碎。

4 仪器设备

4.1 粉碎机

粉碎机由不吸水的材料制成，易清洗、死角小，操作时尽可能避免与外界空气接触，不产生过热现象，能迅速粉碎而不改变试样组成，使用方便。

4.2 样品容器

样品容器为洁净、干燥、密封的玻璃容器，不使用其他材质的容器，其大小以装满粉末试样为宜。

5 取样

按 GB/T 12729.2 的规定取样。

6 操作步骤

6.1 筛网选择

按有关香辛料和调味品国家标准的规定选择筛网，没有规定的均选用 1 mm 大小的筛网。

6.2 粉碎试样

混匀样品。用选定筛网的粉碎机粉碎，弃去最初少量试样，收集粉碎试样，小心混匀，避免层化，装入样品容器中立即密封。

ICS 67.220.10
B 36

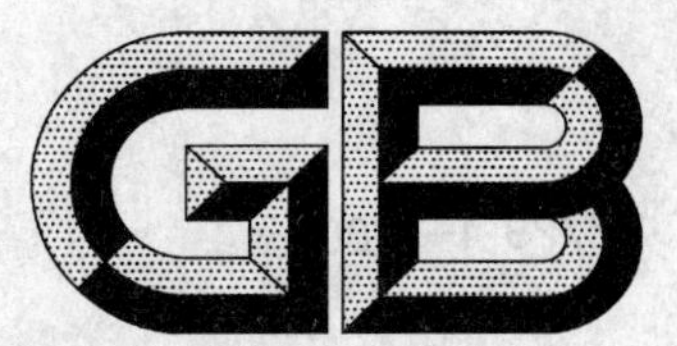

中华人民共和国国家标准

GB/T 12729.4—2008
代替 GB/T 12729.4—1991

香辛料和调味品 磨碎细度的测定（手筛法）

Spices and condiments—Determination of degree of fineness of grinding (hand sieving method)

(ISO 3588:1977,NEQ)

2008-07-16 发布 2008-11-01 实施

中华人民共和国国家质量监督检验检疫总局
中国国家标准化管理委员会 发布

前　言

GB/T 12729《香辛料和调味品》由下列部分组成：

——GB/T 12729.1　香辛料和调味品　名称

——GB/T 12729.2　香辛料和调味品　取样方法

——GB/T 12729.3　香辛料和调味品　分析用粉末试样的制备

——GB/T 12729.4　香辛料和调味品　磨碎细度的测定(手筛法)

——GB/T 12729.5　香辛料和调味品　外来物含量的测定

——GB/T 12729.6　香辛料和调味品　水分含量的测定(蒸馏法)

——GB/T 12729.7　香辛料和调味品　总灰分的测定

——GB/T 12729.8　香辛料和调味品　水不溶性灰分的测定

——GB/T 12729.9　香辛料和调味品　酸不溶性灰分的测定

——GB/T 12729.10　香辛料和调味品　醇溶抽提物的测定

——GB/T 12729.11　香辛料和调味品　冷水可溶性抽提物的测定

——GB/T 12729.12　香辛料和调味品　不挥发性乙醚抽提物的测定

——GB/T 12729.13　香辛料和调味品　污物的测定

本部分为 GB/T 12729 的第 4 部分。

本部分对应于 ISO 3588:1977《香辛料和调味品　磨碎细度的测定(手筛法)》(英文版)，一致性程度为非等效。主要差异是：

——删除了 ISO 3588:1977 的资料性附录；

——增加了“5.3　重复性”。

本部分是对 GB/T 12729.4—1991《香辛料和调味品　磨碎细度的测定(手筛法)》的修订。与 GB/T 12729.4—1991 相比，具体技术内容没有变动，在格式和文本上作了一些修改，用 GB/T 6003.1 代替 GB 6003 和 GB 6004；将第 6 章“允许差”的内容移至新增加的“5.3　重复性”中。

本部分代替 GB/T 12729.4—1991。

本部分由中华全国供销合作总社提出并归口。

本部分起草单位：中华全国供销合作总社南京野生植物综合利用研究院。

本部分主要起草人：陈仕荣、张卫明。

本部分所代替标准的历次版本发布情况为：

——GB/T 12729.4—1991。

香辛料和调味品　磨碎细度的测定
（手筛法）

1　范围

GB/T 12729 的本部分规定了手筛法测定香辛料和调味品磨碎细度的方法。

本部分适用于香辛料和调味品磨碎细度的测定。

2　规范性引用文件

下列文件中的条款通过 GB/T 12729 的本部分的引用而成为本部分的条款。凡是注日期的引用文件，其随后所有的修改单(不包括勘误的内容)或修订版均不适用于本部分，然而，鼓励根据本部分达成协议的各方研究是否可使用这些文件的最新版本。凡是不注日期的引用文件，其最新版本适用于本部分。

GB/T 6003.1　金属丝编织网试验筛(GB/T 6003.1—1997,eqv ISO 3310-1:1990)

3　仪器设备

试验筛应符合 GB/T 6003.1 的要求。

根据产品标准选定试验筛目数。

3.1　试验筛网

试验筛网应符合 GB/T 6003.1 的要求。

3.2　试验筛的大小和形状

试验筛为直径 200 mm 的圆形筛。

4　操作步骤

4.1　称样

称取大于 100 g、具有代表性的磨碎试样。

4.2　过筛方法

取所需目数的一个或一组试验筛连同接收盘和盖一起使用。将试样置于筛网上，双手握住试验筛呈水平方向或倾斜 20°角，往复摇动。每分钟约 120 次，振幅约 70 mm。

4.3　过筛终点

当 1 min 内通过某目数试验筛的质量小于试样质量的 0.1%时即为过筛终点。

特殊试样过筛终点应通过试验确定。

5　结果的表述

5.1　称量

称量试验筛上的筛上物质量，精确至 0.1 g。

5.2　计算

按式(1)计算每千克试样中某目数筛上物的克数。

$$X = \frac{m_1}{m} \times 1\,000 \qquad \cdots\cdots(1)$$

式中：

X——某目数筛上物的含量，单位为克每千克(g/kg)；

m_1——某目数筛上物的质量，单位为克(g)；

m——试样质量，单位为克(g)。

5.3 重复性

同一试样两次测定结果的相对偏差不大于15%。

ICS 67.220.10
B 36

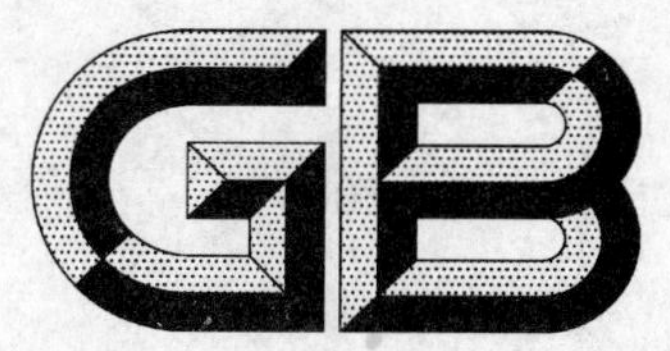

中华人民共和国国家标准

GB/T 12729.5—2008
代替 GB/T 12729.5—1991

香辛料和调味品　外来物含量的测定

Spices and condiments—Determination of extraneous matter content

(ISO 927:1982,NEQ)

2008-07-16 发布　　2008-11-01 实施

中华人民共和国国家质量监督检验检疫总局
中国国家标准化管理委员会　发布

前　言

GB/T 12729《香辛料和调味品》由下列部分组成：

——GB/T 12729.1　香辛料和调味品　名称

——GB/T 12729.2　香辛料和调味品　取样方法

——GB/T 12729.3　香辛料和调味品　分析用粉末试样的制备

——GB/T 12729.4　香辛料和调味品　磨碎细度的测定(手筛法)

——GB/T 12729.5　香辛料和调味品　外来物含量的测定

——GB/T 12729.6　香辛料和调味品　水分含量的测定(蒸馏法)

——GB/T 12729.7　香辛料和调味品　总灰分的测定

——GB/T 12729.8　香辛料和调味品　水不溶性灰分的测定

——GB/T 12729.9　香辛料和调味品　酸不溶性灰分的测定

——GB/T 12729.10　香辛料和调味品　醇溶抽提物的测定

——GB/T 12729.11　香辛料和调味品　冷水可溶性抽提物的测定

——GB/T 12729.12　香辛料和调味品　不挥发性乙醚抽提物的测定

——GB/T 12729.13　香辛料和调味品　污物的测定

本部分为 GB/T 12729 的第 5 部分。

本部分对应于 ISO 927:1982《香辛料和调味品　外来物含量的测定》(英文版)，一致性程度为非等效。主要差异是：

——本部分将称样的质量范围扩大为 100 g～1 000 g，以满足不同产品对取样量的要求；

——以克每千克(g/kg)表示测定结果，以提高方法准确度；

——删除了“检验报告”有关内容。

本部分是对 GB/T 12729.5—1991《香辛料和调味品　外来物含量的测定》的修订。与 GB/T 12729.5—1991 相比，具体技术内容没有改动，仅在格式和文字上作了一些编辑性修改。

本部分代替 GB/T 12729.5—1991。

本部分由中华全国供销合作总社提出并归口。

本部分起草单位：中华全国供销合作总社南京野生植物综合利用研究院。

本部分主要起草人：陈仕荣、张卫明。

本部分所代替标准的历次版本发布情况为：

——GB/T 12729.5—1991。

香辛料和调味品　外来物含量的测定

1　范围

GB/T 12729 的本部分规定了香辛料和调味品外来物的物理测定方法。

本部分适用于香辛料和调味品外来物含量的测定。

2　规范性引用文件

下列文件中的条款通过 GB/T 12729 的本部分的引用而成为本部分的条款。凡是注日期的引用文件，其随后所有的修改单(不包括勘误的内容)或修订版均不适用于本部分，然而，鼓励根据本部分达成协议的各方研究是否可使用这些文件的最新版本。凡是不注日期的引用文件，其最新版本适用于本部分。

GB/T 12729.2　香辛料和调味品　取样方法(GB/T 12729.2—2008,ISO 948:1980,NEQ)

3　术语和定义

下列术语和定义适用于 GB/T 12729 的本部分。

外来物　extraneous matter

在香辛料和调味品产品标准中指明的或用本部分方法及其他特定方法分离得到的香辛料和调味品以外的物质。

4　原理

样品经物理方法分离，称量计算出外来物含量。

5　主要仪器

5.1　表面皿。

5.2　分析天平：感量 0.001 g、0.1 g。

6　取样

按 GB/T 12729.2 规定的方法取样。

7　分析步骤

7.1　表面皿的准备

洗净表面皿，干燥，称量，精确至 1 mg。

7.2　称样

根据试样的不同，称取 100 g ～1 000 g，精确至 0.1 g。

7.3　测定

从试样中分离外来物，放入表面皿中称量，精确至 1 mg。

8　分析结果的表述

外来物含量以克每千克(g/kg)表示，按式(1)计算：

$$X = \frac{m_2 \times m_1}{m_0} \times 10^3 \quad \cdots\cdots\cdots\cdots (1)$$

式中：

X——外来物含量，单位为克每千克(g/kg)；

m_2——表面皿和外来物质量，单位为克(g)；

m_1——表面皿质量，单位为克(g)；

m_0——试样质量，单位为克(g)。

注：如果香辛料调味品产品标准中对某些外来物成分规定了限量，应分别测定并报告结果。

ICS 67.220.10
B 36

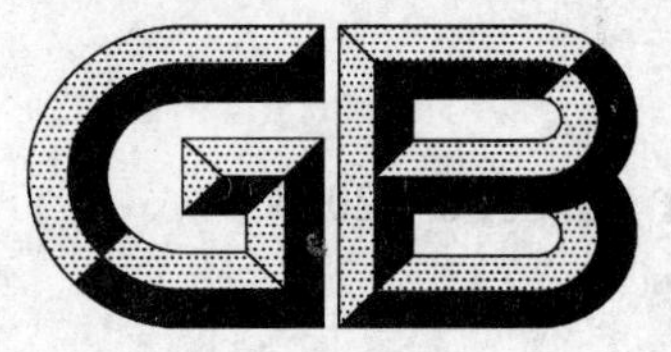

中华人民共和国国家标准

GB/T 12729.6—2008
代替 GB/T 12729.6—1991

香辛料和调味品 水分含量的测定(蒸馏法)

Spices and condiments—Determination of moisture content(entrainment method)

(ISO 939:1980,NEQ)

2008-07-16 发布　　　　2008-11-01 实施

中华人民共和国国家质量监督检验检疫总局
中国国家标准化管理委员会　发布

前言

GB/T 12729《香辛料和调味品》由下列部分组成：

——GB/T 12729.1　香辛料和调味品　名称

——GB/T 12729.2　香辛料和调味品　取样方法

——GB/T 12729.3　香辛料和调味品　分析用粉末试样的制备

——GB/T 12729.4　香辛料和调味品　磨碎细度的测定(手筛法)

——GB/T 12729.5　香辛料和调味品　外来物含量的测定

——GB/T 12729.6　香辛料和调味品　水分含量的测定(蒸馏法)

——GB/T 12729.7　香辛料和调味品　总灰分的测定

——GB/T 12729.8　香辛料和调味品　水不溶性灰分的测定

——GB/T 12729.9　香辛料和调味品　酸不溶性灰分的测定

——GB/T 12729.10　香辛料和调味品　醇溶抽提物的测定

——GB/T 12729.11　香辛料和调味品　冷水可溶性抽提物的测定

——GB/T 12729.12　香辛料和调味品　不挥发性乙醚抽提物的测定

——GB/T 12729.13　香辛料和调味品　污物的测定

本部分为 GB/T 12729 的第 6 部分。

本部分对应于 ISO 939:1980《香辛料和调味品　水分含量的测定(蒸馏法)》(英文版)，一致性程度为非等效。主要差异是：

——把 ISO 939:1980 的资料性附录合并到第 5 章“仪器设备”中。

本部分是对 GB/T 12729.6—1991《香辛料和调味品　水分含量的测定(蒸馏法)》的修订。与 GB/T 12729.6—1991 相比，具体技术内容没有变动，在文本格式和文字上作了一些编辑性修改，将第 8 章分成 8.1、8.2 两条；将第 9 章“允许差”的技术内容移至新增加的 8.2 中。

本部分代替 GB/T 12729.6—1991。

本部分由中华全国供销合作总社提出并归口。

本部分起草单位：中华全国供销合作总社南京野生植物综合利用研究院。

本部分主要起草人：陈仕荣、张卫明。

本部分所代替标准的历次版本发布情况为：

——GB/T 12729.6—1991。

香辛料和调味品 水分含量的测定(蒸馏法)

1 范围

GB/T 12729 的本部分规定了香辛料和调味品水分含量的测定方法。

本部分适用于香辛料和调味品水分含量的测定。

2 规范性引用文件

下列文件中的条款通过 GB/T 12729 的本部分的引用而成为本部分的条款。凡是注日期的引用文件,其随后所有的修改单(不包括勘误的内容)或修订版均不适用于本部分,然而,鼓励根据本部分达成协议的各方研究是否可使用这些文件的最新版本。凡是不注日期的引用文件,其最新版本适用于本部分。

GB/T 12729.2 香辛料和调味品 取样方法(GB/T 12729.2—2008,ISO 948:1980,NEQ)

GB/T 12729.3 香辛料和调味品 分析用粉末试样的制备(GB/T 12729.3—2008,ISO 2825:1981,MOD)

3 原理

在试样中加入有机溶剂,采用共沸蒸馏法,将试样中水分分离。按分离出水分的容量,计算试样的水分含量。

4 试剂

甲苯(分析纯):用前加水饱和,振摇数分钟,分去水层,蒸馏,收集澄清透明的蒸馏液备用。

5 仪器设备

5.1 水分测定器:见图 1。

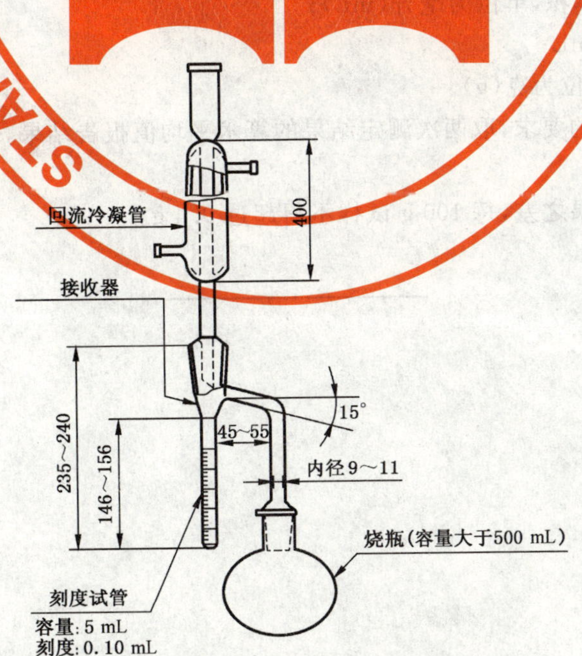

图 1 水分测定器

5.2 调温电热套。

6 试样的制备

按 GB/T 12729.2 取样,按 GB/T 12729.3 制备试样。

7 分析步骤

7.1 水分测定器的准备

使用前须用铬酸洗涤液充分洗涤,除净油污,烘干。

7.2 称样

称取适量试样(含水量 2.0 mL～4.5 mL),精确至 0.01 g,置于水分测定器烧瓶中。

7.3 测定

加适量甲苯于烧瓶中,将试样浸没,振摇混合。连接水分测定器各部分,从冷凝管上口注入甲苯,直至装满接收器并溢入烧瓶。在冷凝管上口填塞少量脱脂棉或加装盛有氯化钙的干燥管,以减少大气中水分凝结。用石棉布将烧瓶上部和接收器导管包裹。加热缓慢蒸馏(蒸馏速度 2 滴/s)。当大部分水分已蒸出时,加快蒸馏速度(蒸馏速度 4 滴/s),直至冷凝管尖端无水滴。从冷凝管上口加入甲苯,将冷凝管内壁附着的水滴洗入接收器。继续蒸馏至接收器上部及冷凝管壁无水滴,且接收器中的水相液面保持 30 min 不变,关闭热源。

取下接收器,冷却至室温。读取接收器中水的毫升数,精确至 0.05 mL。

8 分析结果的表述

8.1 计算方法

试样的水分含量以质量分数计,数值以%表示,按式(1)计算:

$$X = \frac{V \times \rho}{m} \times 100 \qquad (1)$$

式中:

X——试样的水分含量,%;

V——接收器中水的体积,单位为毫升(mL);

ρ——水的密度,1 g/mL;

m——试样的质量,单位为克(g)。

如果重复性符合 8.2 的要求,取两次测定结果的算术平均值报告结果,表示到小数点后一位。

8.2 重复性

同一试样两次测定结果之差,每 100 g 试样不得超过 0.4 g。

ICS 67.220.10
B 36

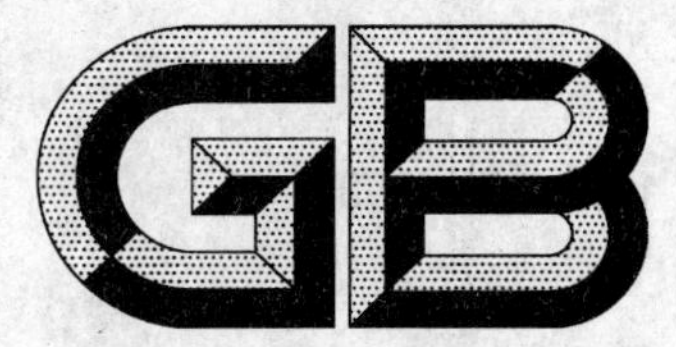

中华人民共和国国家标准

GB/T 12729.7—2008
代替 GB/T 12729.7—1991

香辛料和调味品　总灰分的测定

Spices and condiments—Determination of total ash

(ISO 928:1997,NEQ)

2008-07-16 发布　　2008-11-01 实施

中华人民共和国国家质量监督检验检疫总局
中国国家标准化管理委员会　发布

前　言

GB/T 12729《香辛料和调味品》由下列部分组成：

——GB/T 12729.1　香辛料和调味品　名称

——GB/T 12729.2　香辛料和调味品　取样方法

——GB/T 12729.3　香辛料和调味品　分析用粉末试样的制备

——GB/T 12729.4　香辛料和调味品　磨碎细度的测定(手筛法)

——GB/T 12729.5　香辛料和调味品　外来物含量的测定

——GB/T 12729.6　香辛料和调味品　水分含量的测定(蒸馏法)

——GB/T 12729.7　香辛料和调味品　总灰分的测定

——GB/T 12729.8　香辛料和调味品　水不溶性灰分的测定

——GB/T 12729.9　香辛料和调味品　酸不溶性灰分的测定

——GB/T 12729.10　香辛料和调味品　醇溶抽提物的测定

——GB/T 12729.11　香辛料和调味品　冷水可溶性抽提物的测定

——GB/T 12729.12　香辛料和调味品　不挥发性乙醚抽提物的测定

——GB/T 12729.13　香辛料和调味品　污物的测定

本部分为 GB/T 12729 的第 7 部分。

本部分对应于 ISO 928:1997《香辛料和调味品　总灰分的测定》(英文版)，一致性程度为非等效。主要差异是：

——删除了 ISO 928:1997 的规范性技术文件 ISO 3696《实验室分析用水　规范和测试方法》；

——增加了对检测精密度的要求，增加了“8.3　重复性”，以提高测定准确性；

——本部分对检测报告不作规定；

——删除了 ISO 928:1997 的附录 A。

本部分是对 GB/T 12729.7—1991《香辛料和调味品　总灰分的测定》的修订。与 GB/T 12729.7—1991 相比，具体技术内容没有变动，在格式和文字上作了一些编辑性修改，将第 9 章“允许差”的技术内容移至新增加的 8.3 中。

本部分代替 GB/T 12729.7—1991。

本部分由中华全国供销合作总社提出并归口。

本部分起草单位：中华全国供销合作总社南京野生植物综合利用研究院。

本部分主要起草人：陈仕荣、张卫明。

本部分所代替标准的历次版本发布情况为：

——GB/T 12729.7—1991。

香辛料和调味品　总灰分的测定

1　范围

GB/T 12729 的本部分规定了香辛料和调味品总灰分的测定方法。

本部分适用于香辛料和调味品总灰分的测定。

2　规范性引用文件

下列文件中的条款通过 GB/T 12729 的本部分的引用而成为本部分的条款。凡是注日期的引用文件，其随后所有的修改单(不包括勘误的内容)或修订版均不适用于本部分，然而，鼓励根据本部分达成协议的各方研究是否可使用这些文件的最新版本。凡是不注日期的引用文件，其最新版本适用于本部分。

GB/T 12729.2　香辛料和调味品　取样方法(GB/T 12729.2—2008，ISO 948:1980，NEQ)

GB/T 12729.3　香辛料和调味品　分析用粉末试样的制备(GB/T 12729.3—2008，ISO 2825:1981，MOD)

3　原理

试样炭化后于 550 ℃±25 ℃温度下灼烧至恒重，称量残留的无机物。

4　试剂

盐酸溶液(1+5)。

5　主要仪器设备

5.1　分析天平：感量 1 mg。

5.2　瓷坩埚。

5.3　干燥器。

5.4　电热板或水浴锅。

5.5　调温电炉。

5.6　高温电炉：550 ℃±25 ℃。

6　试样的制备

按 GB/T 12729.2 取样，按 GB/T 12729.3 制备试样。

7　分析步骤

7.1　坩埚的准备

将坩埚浸没于盐酸溶液中，加热煮沸 10 min～60 min，洗净，干燥，在 550 ℃±25 ℃高温电炉中灼烧 4 h，待炉温降至 200 ℃时取出坩埚，将其移入干燥器中冷却至室温，称量(精确至 1 mg)。重复灼烧至连续两次称量差不超过 1 mg 为恒重。

7.2　称样

7.2.1　固体试样称取 2 g～3 g，精确至 1 mg。

7.2.2　液体试样称取 30 g～40 g，精确至 10 mg。

7.3 测定

将盛有试样的坩埚放在电热板(或水浴锅)上,缓慢加热,待试样中水分蒸干后置于电炉上炭化至无烟。移入高温电炉中,升温至 550 ℃±25 ℃灼烧 2 h。待炉温降至 200 ℃时取出坩埚,小心加入少量水使残灰充分湿润,再于电热板(或水浴锅)上蒸干,移入高温电炉中升温至 550 ℃±25 ℃灼烧 1 h。若湿润时灰分中无碳粒,则待炉温降至 200 ℃时取出坩埚放入干燥器中冷却至室温,称量。若湿润时灰分中有碳粒,则重复用水湿润和灼烧至无碳粒为止,再置于高温电炉中灼烧 1 h。待炉温降至 200 ℃时取出坩埚,移入干燥器中冷却至室温,称量。重复灼烧至连续两次称量差不超过 1 mg 为恒重。

8 分析结果的表述

8.1 总灰分含量(以湿态计)的计算

总灰分含量以湿态质量分数计,数值以%表示,按式(1)计算:

$$X_1 = \frac{m_2 - m_0}{m_1 - m_0} \times 100 \qquad \cdots\cdots(1)$$

式中:

X_1——总灰分含量(以湿态计),%;

m_2——坩埚和总灰分的质量,单位为克(g);

m_0——坩埚的质量,单位为克(g);

m_1——坩埚和试样的质量,单位为克(g)。

8.2 总灰分含量(以干态计)的计算

总灰分含量以干态质量分数计,数值以%表示,按式(2)计算:

$$X_2 = X_1 \times \frac{100}{100 - H} \qquad \cdots\cdots(2)$$

式中:

X_2——总灰分含量(以干态计),%;

X_1——总灰分含量(以湿态计),%;

H——试样水分含量,%。

如果重复性符合 8.3 的要求,取两次测定结果的算术平均值报告结果。

灰分大于 10%,结果表示到小数点后一位(0.1%)。

灰分 1%～10%,结果表示到小数点后两位(0.01%)。

灰分小于 10%,结果表示到小数点后三位(0.001%)。

8.3 重复性

同一样品的两次测定结果之差:

灰分小于 10%,每 100 g 试样不得超过 0.2 g;

灰分大于或等于 10%,不得超过平均值的 2%。

ICS 67.220.10
B 36

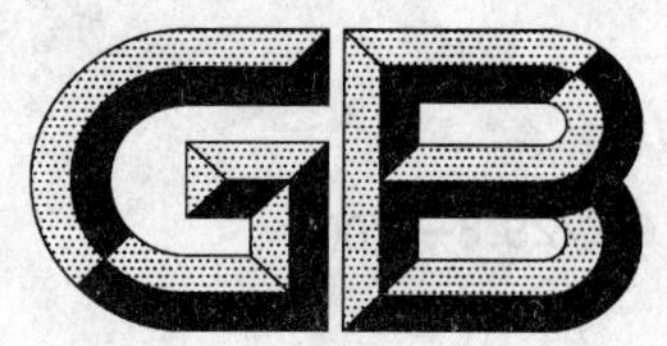

中华人民共和国国家标准

GB/T 12729.8—2008
代替 GB/T 12729.8—1991

香辛料和调味品　水不溶性灰分的测定

Spices and condiments—Determination of water-insoluble ash

(ISO 929:1980,NEQ)

2008-07-16 发布　　2008-11-01 实施

中华人民共和国国家质量监督检验检疫总局
中国国家标准化管理委员会　发布

前　言

GB/T 12729《香辛料和调味品》由下列部分组成：

——GB/T 12729.1　香辛料和调味品　名称

——GB/T 12729.2　香辛料和调味品　取样方法

——GB/T 12729.3　香辛料和调味品　分析用粉末试样的制备

——GB/T 12729.4　香辛料和调味品　磨碎细度的测定(手筛法)

——GB/T 12729.5　香辛料和调味品　外来物含量的测定

——GB/T 12729.6　香辛料和调味品　水分含量的测定(蒸馏法)

——GB/T 12729.7　香辛料和调味品　总灰分的测定

——GB/T 12729.8　香辛料和调味品　水不溶性灰分的测定

——GB/T 12729.9　香辛料和调味品　酸不溶性灰分的测定

——GB/T 12729.10　香辛料和调味品　醇溶抽提物的测定

——GB/T 12729.11　香辛料和调味品　冷水可溶性抽提物的测定

——GB/T 12729.12　香辛料和调味品　不挥发性乙醚抽提物的测定

——GB/T 12729.13　香辛料和调味品　污物的测定

本部分为 GB/T 12729 的第 8 部分。

本部分对应 ISO 929:1980《香辛料和调味品　水不溶性灰分的测定》(英文版)，一致性程度为非等效，主要差异是：

——增加了对检测精度的要求，将重复性列于 7.2 中，以提高测定的准确性；

——本部分对检验报告不作规定。

本部分是对 GB/T 12729.8—1991《香辛料和调味品　水不溶性灰分的测定》的修订。与 GB/T 12729.8—1991 相比，具体技术内容没有变动，在格式和文字上作了一些修改，将第 7 章分成 7.1、7.2，将第 8 章“允许差”的技术内容移至新增加的“7.2　重复性”中。

本部分代替 GB/T 12729.8—1991。

本部分由中华全国供销合作总社提出并归口。

本部分起草单位：中华全国供销合作总社南京野生植物综合利用研究院。

本部分主要起草人：陈仕荣、张卫明。

本部分所代替标准的历次版本发布情况为：

——GB/T 12729.8—1991。

香辛料和调味品　水不溶性灰分的测定

1　范围

GB/T 12729 的本部分规定了香辛料和调味品水不溶性灰分的测定方法。

本部分适用于香辛料和调味品水不溶性灰分的测定。

2　规范性引用文件

下列文件中的条款通过 GB/T 12729 的本部分的引用而成为本部分的条款。凡是注日期的引用文件，其随后所有的修改单(不包括勘误的内容)或修订版均不适用于本部分，然而，鼓励根据本部分达成协议的各方研究是否可使用这些文件的最新版本。凡是不注日期的引用文件，其最新版本适用于本部分。

GB/T 12729.3　香辛料和调味品　分析用粉末试样的制备(GB/T 12729.3—2008，ISO 2825:1981，MOD)

GB/T 12729.7　香辛料和调味品　总灰分的测定(GB/T 12729.7—2008，ISO 928:1997，NEQ)

3　术语和定义

下列术语和定义适用于 GB/T 12729 的本部分。

3.1

水不溶性灰分　water-insoluble ash

在本部分规定的条件下，用热水处理总灰分后所得的残渣。

4　原理

用热水溶解按 GB/T 12729.7 所述方法获得的总灰分，经定量滤纸过滤，灼烧并称量残渣。

5　主要仪器

5.1　高温电炉：550 ℃±25 ℃。

5.2　水浴锅。

5.3　定量滤纸。

5.4　干燥器。

5.5　分析天平。

6　分析步骤

6.1　试样

6.1.1　如果将测定总灰分得到的灰分用于测定水不溶性灰分，试样则是用于测定总灰分的试样。

6.1.2　也可另取试样，按 GB/T 12729.3 的要求制备总灰分。

6.2　测定

加蒸馏水于预先准备的盛有总灰分的坩埚中，加热至近沸，过滤，用热水洗涤，直到滤液和洗涤液合并的体积约 60 mL 为止。将滤纸和残渣移入原坩埚中，在水浴上蒸干，并在高温电炉中于 550 ℃灼烧 1 h。于干燥器中冷却，称量(精确至 1 mg)。重复进行灰化、冷却和称量操作，直至连续两次称量差小于 1 mg 为止。

7 分析结果的表述

7.1 计算方法

水不溶性灰分以干态质量分数计，数值以%表示，按式(1)计算：

$$X = (m_2 - m_0) \times \frac{100}{m_1 - m_0} \times \frac{100}{100 - H} \quad \cdots\cdots\cdots(1)$$

式中：

X——水不溶性灰分，%；

m_2——坩埚和水不溶性灰分的质量，单位为克(g)；

m_0——坩埚的质量，单位为克(g)；

m_1——坩埚和试样的质量，单位为克(g)；

H——样品的水分含量，%。

如果重复性符合7.2的要求，取两次结果的算术平均值作为结果，表示到小数点后两位。

7.2 重复性

由同一分析者同时或相继进行的两次测定结果之差，水不溶性灰分大于或等于2%时，绝对偏差不超过0.20%；水不溶性灰分小于2%时，绝对偏差不超过0.10%。

ICS 67.220.10
B 36

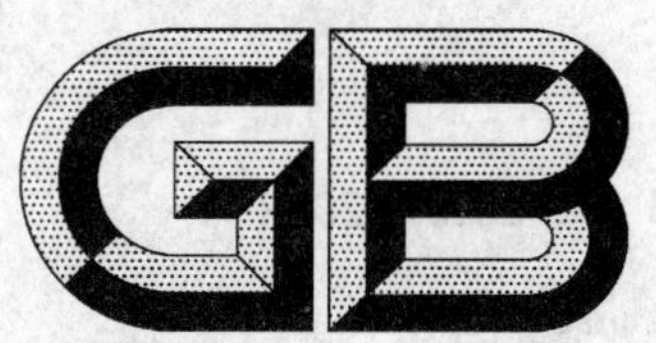

中华人民共和国国家标准

GB/T 12729.9—2008
代替 GB/T 12729.9—1991

香辛料和调味品 酸不溶性灰分的测定

Spices and condiments—Determination of acid-insoluble ash

(ISO 930:1997,MOD)

2008-07-16 发布　　　　2008-11-01 实施

中华人民共和国国家质量监督检验检疫总局
中国国家标准化管理委员会　发布

前　言

GB/T 12729《香辛料和调味品》由下列部分组成：

——GB/T 12729.1　香辛料和调味品　名称

——GB/T 12729.2　香辛料和调味品　取样方法

——GB/T 12729.3　香辛料和调味品　分析用粉末试样的制备

——GB/T 12729.4　香辛料和调味品　磨碎细度的测定(手筛法)

——GB/T 12729.5　香辛料和调味品　外来物含量的测定

——GB/T 12729.6　香辛料和调味品　水分含量的测定(蒸馏法)

——GB/T 12729.7　香辛料和调味品　总灰分的测定

——GB/T 12729.8　香辛料和调味品　水不溶性灰分的测定

——GB/T 12729.9　香辛料和调味品　酸不溶性灰分的测定

——GB/T 12729.10　香辛料和调味品　醇溶抽提物的测定

——GB/T 12729.11　香辛料和调味品　冷水可溶性抽提物的测定

——GB/T 12729.12　香辛料和调味品　不挥发性乙醚抽提物的测定

——GB/T 12729.13　香辛料和调味品　污物的测定

本部分为 GB/T 12729 的第 9 部分。

本部分修改采用 ISO 930:1997《香辛料和调味品　酸不溶性灰分的测定》(英文版)，主要差异是：

——本部分对检测精度作了规定，增加了“8.2　重复性”；

——本部分对检测报告不作规定；

——删除了 ISO 930:1997 的附录 A。

本部分是对 GB/T 12729.9—1991《香辛料和调味品　酸不溶性灰分的测定》的修订。与 GB/T 12729.9—1991 相比，主要差异如下：

——根据 ISO 930:1997 的规定，不用“水不溶性灰分”来测定酸不溶性灰分，本部分第 2 章“规范性引用文件”中删去了 GB/T 12729.8《香辛料和调味品　水不溶性灰分的测定》、第 3 章“术语和定义”和第 4 章“原理”中也删去了与“水不溶性灰分”有关的内容；

——本部分将第 8 章分成 8.1、8.2，将第 9 章“允许差”的内容移至新增加的“8.2　重复性”中。

本部分代替 GB/T 12729.9—1991。

本部分由中华全国供销合作总社提出并归口。

本部分起草单位：中华全国供销合作总社南京野生植物综合利用研究院。

本部分主要起草人：陈仕荣、张卫明。

本部分所代替标准的历次版本发布情况为：

——GB/T 12729.9—1991。

香辛料和调味品
酸不溶性灰分的测定

1 范围

GB/T 12729 的本部分规定了香辛料和调味品酸不溶性灰分的测定方法。

本部分适用于香辛料和调味品酸不溶性灰分的测定。

2 规范性引用文件

下列文件中的条款通过 GB/T 12729 的本部分的引用而成为本部分的条款。凡是注日期的引用文件,其随后所有的修改单(不包括勘误的内容)或修订版均不适用于本部分,然而,鼓励根据本部分达成协议的各方研究是否可使用这些文件的最新版本。凡是不注日期的引用文件,其最新版本适用于本部分。

GB/T 12729.7 香辛料和调味品 总灰分的测定(GB/T 12729.7—2008,ISO 928:1997,NEQ)

3 术语和定义

下列术语和定义适用于 GB/T 12729 的本部分。

3.1

酸不溶性灰分 acid-insoluble ash

在本部分规定的条件下,总灰分经盐酸处理后的残留物。

4 原理

用盐酸溶液处理总灰分,过滤、灰化、称量灰化后的残留物。

5 试剂

5.1 盐酸溶液(1+9)。

5.2 硝酸银溶液[$c(AgNO_3)$=0.59 mol/L]。

6 主要仪器

6.1 高温电炉:550 ℃±25 ℃。

6.2 水浴锅。

6.3 定量滤纸。

6.4 干燥器。

6.5 分析天平。

7 分析步骤

7.1 试样

按 GB/T 12729.7 的规定执行。

7.2 测定

在盛有总灰分的坩埚中,加入盐酸溶液 15 mL~25 mL,盖上表面皿,煮沸 10 min。冷却后,过滤,用水洗涤直至洗液不含氯离子 Cl^- 为止(用硝酸银溶液检查),将灰分连同滤纸移入原坩埚中。于水浴上蒸干并在 550 ℃±25 ℃高温电炉中灼烧 1 h,在干燥器中冷却,称量。重复进行灼烧、冷却、称量这一操作过程,直到连续两次称量差小于 1 mg 为止。

8 分析结果的表述

8.1 计算方法

酸不溶性灰分以干态质量分数计,数值以%表示,按式(1)计算:

$$X = \frac{m_2 - m_0}{m_1} \times \frac{100}{100 - H} \times 100 \quad \cdots\cdots\cdots\cdots (1)$$

式中:

X——酸不溶性灰分,%;

m_2——坩埚和酸不溶性灰分的质量,单位为克(g);

m_0——坩埚质量,单位为克(g);

m_1——试样质量,单位为克(g);

H——试样水分含量,%。

如果重复性符合 8.2 的要求,取两次测定结果的算术平均值作为结果,表示到小数点后两位。

8.2 重复性

由同一分析者同时或相继进行的两次测定结果之差,酸不溶性灰分大于或等于 1%时,绝对偏差不超过 0.20%;酸不溶性灰分小于 1%时,绝对偏差不超过 0.05%。

ICS 67.220.10
B 36

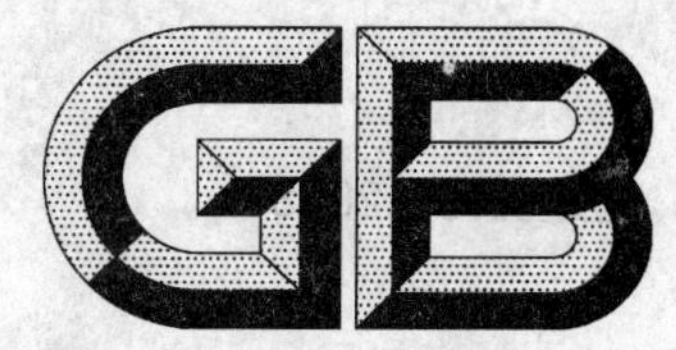

中华人民共和国国家标准

GB/T 12729.10—2008
代替 GB/T 12729.10—1991

香辛料和调味品　醇溶抽提物的测定

Spices and condiments—Determination of ethanol-soluble extract

(ISO 940:1979,MOD)

2008-07-16 发布　　2008-11-01 实施

中华人民共和国国家质量监督检验检疫总局
中国国家标准化管理委员会　发布

前　言

GB/T 12729《香辛料和调味品》由下列部分组成：

——GB/T 12729.1　香辛料和调味品　名称

——GB/T 12729.2　香辛料和调味品　取样方法

——GB/T 12729.3　香辛料和调味品　分析用粉末试样的制备

——GB/T 12729.4　香辛料和调味品　磨碎细度的测定(手筛法)

——GB/T 12729.5　香辛料和调味品　外来物含量的测定

——GB/T 12729.6　香辛料和调味品　水分含量的测定(蒸馏法)

——GB/T 12729.7　香辛料和调味品　总灰分的测定

——GB/T 12729.8　香辛料和调味品　水不溶性灰分的测定

——GB/T 12729.9　香辛料和调味品　酸不溶性灰分的测定

——GB/T 12729.10　香辛料和调味品　醇溶抽提物的测定

——GB/T 12729.11　香辛料和调味品　冷水可溶性抽提物的测定

——GB/T 12729.12　香辛料和调味品　不挥发性乙醚抽提物的测定

——GB/T 12729.13　香辛料和调味品　污物的测定

本部分为 GB/T 12729 的第 10 部分。

本部分修改采用 ISO 940:1979《香辛料和调味品　醇溶抽提物的测定》(英文版)，主要差异是：

——本部分对检测精密度作了规定，增加了“9.2　重复性”；

——本部分对检测报告不作规定。

本部分是对 GB/T 12729.10—1991《香辛料和调味品　醇溶抽提物的测定》的修订。与 GB/T 12729.10—1991相比，具体技术内容没有变动，在格式和文字上作了一些修改，将第 9 章分成 9.1、9.2 两条，将第 10 章“允许差”的内容移至新增加的 9.2 中。

本部分代替 GB/T 12729.10—1991。

本部分由中华全国供销合作总社提出并归口。

本部分起草单位：中华全国供销合作总社南京野生植物综合利用研究院。

本部分主要起草人：陈仕荣、张卫明。

本部分所代替标准的历次版本发布情况为：

——GB/T 12729.10—1991。

香辛料和调味品　醇溶抽提物的测定

1　范围

GB/T 12729 的本部分规定了香辛料和调味品醇溶抽提物的测定方法。

本部分适用于香辛料和调味品醇溶抽提物的测定。

2　规范性引用文件

下列文件中的条款通过 GB/T 12729 的本部分的引用而成为本部分的条款。凡是注日期的引用文件，其随后所有的修改单(不包括勘误的内容)或修订版均不适用于本部分，然而，鼓励根据本部分达成协议的各方研究是否可使用这些文件的最新版本。凡是不注日期的引用文件，其最新版本适用于本部分。

GB/T 12729.2　香辛料和调味品　取样方法(GB/T 12729.2—2008，ISO 948：1980，NEQ)

GB/T 12729.3　香辛料和调味品　分析用粉末试样的制备(GB/T 12729.3—2008，ISO 2825：1981，MOD)

3　术语和定义

下列术语和定义适用于 GB/T 12729 的本部分。

3.1

醇溶抽提物　ethanol-soluble extract

在本部分规定的条件下，乙醇抽提物的总和。

4　原理

用乙醇抽提试样，过滤，将抽提液烘干、称重。

5　试剂

乙醇，95%(体积分数)。

6　主要仪器

6.1　容量瓶：容量 100 mL。

6.2　移液管：容量 50 mL。

6.3　表面皿。

6.4　滤纸：中速。

6.5　烘箱：103 ℃±2 ℃。

6.6　水浴锅。

6.7　干燥器。

6.8　分析天平：感量 1 mg。

7　取样

按 GB/T 12729.2 规定的方法取样。

8 分析步骤

8.1 试样的制备

按 GB/T 12729.3 规定的方法制备试样。

8.2 试样

称取约 2 g 试样(8.1),精确到 1 mg。

8.3 测定

用乙醇将试样全部转移至 100 mL 容量瓶中,加乙醇至刻度,每隔 30 min 振摇一次,经 8 h 后,静置 16 h,过滤,吸取 50 mL 滤液放入预先干燥并恒重的表面皿中,在水浴上蒸干,并在烘箱中于 103 ℃±2 ℃烘 1 h,在干燥器中冷却,称重。重复进行烘干、冷却、称重这一操作过程,直至连续两次称量差不超过 2 mg 为止,记录最终的质量。

9 分析结果的表述

9.1 计算方法

醇溶抽提物以质量分数计,数值以%表示,按式(1)计算:

$$X=(m_2-m_0)\times\frac{100}{50}\times\frac{100}{m_1-m_0}\times\frac{100}{100-H} \qquad \cdots\cdots(1)$$

式中:

X——醇溶抽提物,%;

m_2——醇溶抽提物和表面皿的质量,单位为克(g);

m_0——表面皿质量,单位为克(g);

m_1——试样和表面皿的质量,单位为克(g);

H——样品的水分含量,%。

如果重复性符合 9.2 的要求,取两次测定的算术平均值作为结果,表示到小数点后两位。

9.2 重复性

同一分析者同时或相继进行的两次测定结果之差不超过 0.20%。

ICS 67.220.10
B 36

中华人民共和国国家标准

GB/T 12729.11—2008
代替 GB/T 12729.11—1991

香辛料和调味品
冷水可溶性抽提物的测定

Spices and condiments—Determination of cold water-soluble extract

(ISO 941:1980,MOD)

2008-07-16 发布　　　　2008-11-01 实施

中华人民共和国国家质量监督检验检疫总局
中国国家标准化管理委员会　发布

前言

GB/T 12729《香辛料和调味品》由下列部分组成：

——GB/T 12729.1 香辛料和调味品 名称

——GB/T 12729.2 香辛料和调味品 取样方法

——GB/T 12729.3 香辛料和调味品 分析用粉末试样的制备

——GB/T 12729.4 香辛料和调味品 磨碎细度的测定(手筛法)

——GB/T 12729.5 香辛料和调味品 外来物含量的测定

——GB/T 12729.6 香辛料和调味品 水分含量的测定(蒸馏法)

——GB/T 12729.7 香辛料和调味品 总灰分的测定

——GB/T 12729.8 香辛料和调味品 水不溶性灰分的测定

——GB/T 12729.9 香辛料和调味品 酸不溶性灰分的测定

——GB/T 12729.10 香辛料和调味品 醇溶抽提物的测定

——GB/T 12729.11 香辛料和调味品 冷水可溶性抽提物的测定

——GB/T 12729.12 香辛料和调味品 不挥发性乙醚抽提物的测定

——GB/T 12729.13 香辛料和调味品 污物的测定

本部分为 GB/T 12729 的第 11 部分。

本部分修改采用 ISO 941:1980《香辛料和调味品 冷水可溶性抽提物的测定》(英文版)，主要差异是：

——本部分的第 5 章“主要仪器”中增加了分析天平；

——8.2 中对重复性作出规定，有利于提高方法的准确度。

本部分是对 GB/T 12729.11—1991《香辛料和调味品 冷水可溶性抽提物的测定》的修订。与 GB/T 12729.11—1991 相比，具体技术内容没有变动，在格式和文字上作了一些修改，将第 8 章分成 8.1、8.2，将第 9 章“允许差”的内容移至新增加的“8.2 重复性”中。

本部分代替 GB/T 12729.11—1991。

本部分由中华全国供销合作总社提出并归口。

本部分起草单位：中华全国供销合作总社南京野生植物综合利用研究院。

本部分主要起草人：陈仕荣、张卫明。

本部分所代替标准的历次版本发布情况为：

——GB/T 12729.11—1991。

香辛料和调味品
冷水可溶性抽提物的测定

1 范围

GB/T 12729 的本部分规定了香辛料和调味品冷水可溶性抽提物的测定方法。

本部分适用于香辛料和调味品冷水可溶性抽提物的测定。

2 规范性引用文件

下列文件中的条款通过 GB/T 12729 的本部分的引用而成为本部分的条款。凡是注日期的引用文件,其随后所有的修改单(不包括勘误的内容)或修订版均不适用于本部分,然而,鼓励根据本部分达成协议的各方研究是否可使用这些文件的最新版本。凡是不注日期的引用文件,其最新版本适用于本部分。

GB/T 12729.2 香辛料和调味品 取样方法(GB/T 12729.2—2008,ISO 948:1980,NEQ)

GB/T 12729.3 香辛料和调味品 分析用粉末试样的制备(GB/T 12729.3—2008,ISO 2825:1981,MOD)

3 术语和定义

下列术语和定义适用于 GB/T 12729 的本部分。

3.1

冷水可溶性抽提物 cold water-soluble extract

在本部分规定的条件下,冷水抽提物的总和。

4 原理

用冷水抽提试样、过滤、烘干得到提取物并称量。

5 主要仪器

5.1 容量瓶:容量 100 mL。

5.2 移液管:容量 50 mL。

5.3 表面皿。

5.4 滤纸:中速。

5.5 烘箱:控温 103 ℃±2 ℃。

5.6 水浴锅。

5.7 干燥器。

5.8 分析天平。

6 取样

按 GB/T 12729.2 规定的方法取样。

7 分析步骤

7.1 试样的制备

按 GB/T 12729.3 规定的方法制备试样。

7.2 称样

称取约 2 g 试样(7.1),精确至 1 mg。

7.3 测定

水为蒸馏水或同等纯度的水。

将试样与一定量的水一起移入容量瓶中,加水至刻度,每隔 30 min 振摇一次,经 8 h 后,静置 16 h,过滤,吸取 50 mL 滤液放入预先干燥并恒重的表面皿中,在水浴上蒸干,移入烘箱内于 103 ℃±2 ℃加热 1 h,在干燥器中冷却,称量,重复进行加热、冷却、称量这一操作过程,直至连续两次称量差不超过 2 mg为止。

8 分析结果的表述

8.1 计算方法

冷水可溶性抽提物以干态质量分数计,数值以%表示,按式(1)计算:

$$X=(m_2-m_0)\times\frac{100}{50}\times\frac{100}{m_1-m_0}\times\frac{100}{100-H} \qquad \cdots\cdots(1)$$

式中:

X——冷水可溶性抽提物,%;

m_2——冷水可溶性抽提物和表面皿的质量,单位为克(g);

m_0——表面皿质量,单位为克(g);

m_1——试样和表面皿的质量,单位为克(g);

H——样品的水分含量,%。

如果重复性符合 8.2 的要求,取两次测定结果的算术平均值作为结果,表示到小数点后两位。

8.2 重复性

由同一分析者同时或相继进行的两次测定结果之差不超过 0.20%。

ICS 67.220.10
B 36

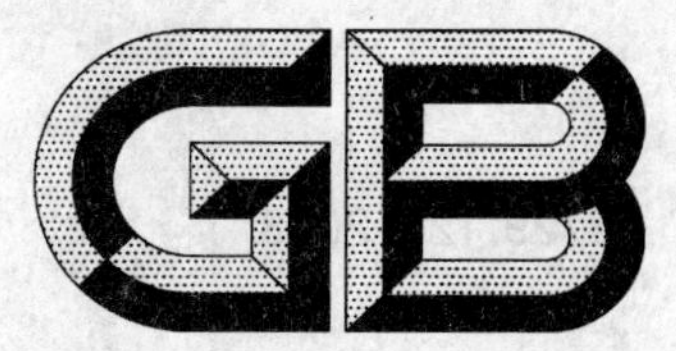

中华人民共和国国家标准

GB/T 12729.12—2008
代替 GB/T 12729.12—1991

香辛料和调味品 不挥发性乙醚抽提物的测定

Spices and condiments—Determination of non-volatile ether extract

(ISO 1108:1992,NEQ)

2008-07-16 发布　　2008-11-01 实施

中华人民共和国国家质量监督检验检疫总局
中国国家标准化管理委员会　发布

前 言

GB/T 12729《香辛料和调味品》由下列部分组成：

——GB/T 12729.1 香辛料和调味品 名称

——GB/T 12729.2 香辛料和调味品 取样方法

——GB/T 12729.3 香辛料和调味品 分析用粉末试样的制备

——GB/T 12729.4 香辛料和调味品 磨碎细度的测定(手筛法)

——GB/T 12729.5 香辛料和调味品 外来物含量的测定

——GB/T 12729.6 香辛料和调味品 水分含量的测定(蒸馏法)

——GB/T 12729.7 香辛料和调味品 总灰分的测定

——GB/T 12729.8 香辛料和调味品 水不溶性灰分的测定

——GB/T 12729.9 香辛料和调味品 酸不溶性灰分的测定

——GB/T 12729.10 香辛料和调味品 醇溶抽提物的测定

——GB/T 12729.11 香辛料和调味品 冷水可溶性抽提物的测定

——GB/T 12729.12 香辛料和调味品 不挥发性乙醚抽提物的测定

——GB/T 12729.13 香辛料和调味品 污物的测定

本部分为 GB/T 12729 的第 12 部分。

本部分对应于 ISO 1108:1992《香辛料和调味品 不挥发性乙醚抽提物的测定》(英文版)，一致性程度为非等效。主要差异是：

——用索氏提取器代替旋转蒸发器，实验步骤和结果相同，简便易行；

——增加了对测定精度的要求，将重复性列于 9.2 中；

——对检测报告不作规定。

本部分是对 GB/T 12729.12—1991《香辛料和调味品 不挥发性乙醚抽提物的测定》的修订。与 GB/T 12729.12—1991 相比，具体技术内容没有变动，在格式和文字上作了一些修改，将第 9 章分列成 9.1、9.2，将第 10 章“允许差”的内容移至新增加的“9.2 重复性”中。

本部分代替 GB/T 12729.12—1991。

本部分由中华全国供销合作总社提出并归口。

本部分起草单位：中华全国供销合作总社南京野生植物综合利用研究院。

本部分主要起草人：陈仕荣、张卫明。

本部分所代替标准的历次版本发布情况为：

——GB/T 12729.12—1991。

香辛料和调味品
不挥发性乙醚抽提物的测定

1 范围

GB/T 12729 的本部分规定了香辛料和调味品不挥发性乙醚抽提物的测定方法。

本部分适用于香辛料和调味品不挥发性乙醚抽提物的测定。

2 规范性引用文件

下列文件中的条款通过 GB/T 12729 的本部分的引用而成为本部分的条款。凡是注日期的引用文件,其随后所有的修改单(不包括勘误的内容)或修订版均不适用于本部分,然而,鼓励根据本部分达成协议的各方研究是否可使用这些文件的最新版本。凡是不注日期的引用文件,其最新版本适用于本部分。

GB/T 12729.2 香辛料和调味品 取样方法(GB/T 12729.2—2008,ISO 948:1980,NEQ)

GB/T 12729.3 香辛料和调味品 分析用粉末试样的制备(GB/T 12729.3—2008,ISO 2825:1981,MOD)

3 术语和定义

下列术语和定义适用于 GB/T 12729 的本部分。

3.1

不挥发性乙醚抽提物 non-volatile ether extract

在本部分规定的条件下,用乙醚抽提得到的不挥发性物质的总和。

4 原理

用乙醚抽提试样,除去挥发部分,干燥并称量抽提物。

5 试剂

无水乙醚:分析纯。

6 主要仪器

6.1 滤纸筒。

6.2 脱脂棉。

6.3 索氏提取器:150 mL 或 250 mL。

6.4 水浴锅。

6.5 烘箱:控温 110 ℃±1 ℃。

6.6 干燥器。

6.7 分析天平。

7 取样

按 GB/T 12729.2 规定的方法取样。

8 分析步骤

8.1 试验样品的制备

按 GB/T 12729.3 规定的方法制备试样。

8.2 称样

称取约 2g 试样，精确至 1 mg。

8.3 测定

8.3.1 抽提

将盛有样品的滤纸筒用脱脂棉塞住，放入索氏提取器中，连接经干燥并恒重的接收瓶，加入无水乙醚至接收瓶容积的 2/3 处，于水浴上加热，3 min～6 min 回流一次，抽提 18 h。

8.3.2 称量

取下接收瓶，回收溶剂，待接收瓶中溶剂剩 1 mL～2 mL 时，在水浴上蒸干，于烘箱中 110 ℃ 加热 1 h，干燥器中冷却，称量，精确至 1 mg，重复加热、冷却、称量，直至连续两次称量差不超过 2 mg 为止。

9 分析结果的表述

9.1 计算方法

不挥发性乙醚抽提物以干态质量分数计，数值以％表示，按式(1)计算：

$$X = (m_2 - m_1) \times \frac{100}{m_0} \times \frac{100}{100 - H} \quad \cdots\cdots (1)$$

式中：

X——不挥发性乙醚抽提物，％；

m_2——接收瓶和不挥发性乙醚抽提物的质量，单位为克(g)；

m_1——接收瓶质量，单位为克(g)；

m_0——试样质量，单位为克(g)；

H——样品水分含量，％。

如果重复性符合 9.2 的要求，取两次测定结果的算术平均值作为结果，表示到小数点后两位。

9.2 重复性

由同一分析者同时或相继进行的两次测定结果之差，不挥发性乙醚抽提物大于或等于 2％时，绝对偏差不得超过 0.50％；不挥发性乙醚抽提物小于 2％时，绝对偏差不得超过 0.20％。

ICS 67.220.10
B 36

中华人民共和国国家标准

GB/T 12729.13—2008
代替 GB/T 12729.13—1991

香辛料和调味品 污物的测定

Spices and condiments—Determination of filth

(ISO 1208:1982,MOD)

2008-07-16 发布 2008-11-01 实施

中华人民共和国国家质量监督检验检疫总局
中国国家标准化管理委员会 发布

前言

GB/T 12729《香辛料和调味品》由下列部分组成：

——GB/T 12729.1　香辛料和调味品　名称

——GB/T 12729.2　香辛料和调味品　取样方法

——GB/T 12729.3　香辛料和调味品　分析用粉末试样的制备

——GB/T 12729.4　香辛料和调味品　磨碎细度的测定(手筛法)

——GB/T 12729.5　香辛料和调味品　外来物含量的测定

——GB/T 12729.6　香辛料和调味品　水分含量的测定(蒸馏法)

——GB/T 12729.7　香辛料和调味品　总灰分的测定

——GB/T 12729.8　香辛料和调味品　水不溶性灰分的测定

——GB/T 12729.9　香辛料和调味品　酸不溶性灰分的测定

——GB/T 12729.10　香辛料和调味品　醇溶抽提物的测定

——GB/T 12729.11　香辛料和调味品　冷水可溶性抽提物的测定

——GB/T 12729.12　香辛料和调味品　不挥发性乙醚抽提物的测定

——GB/T 12729.13　香辛料和调味品　污物的测定

本部分为 GB/T 12729 的第 13 部分。

本部分修改采用 ISO 1208:1982《香辛料和调味品　污物的测定》(英文版)，主要差异是：

——删除了 ISO 1208:1982 的第 10 章“检验报告”；

——对收集瓶的图示作了简化，只标示其结构示意图，删除使用示意图。

本部分是对 GB/T 12729.13—1991《香辛料和调味品　污物的测定》的修订。与 GB/T 12729.13—1991 相比，在格式和文字上作了一些编辑性修改，具体技术内容没有变动。

本部分代替 GB/T 12729.13—1991。

本部分的附录 A 为资料性附录。

本部分由中华全国供销合作总社提出并归口。

本部分起草单位：中华全国供销合作总社南京野生植物综合利用研究院。

本部分主要起草人：陈仕荣、张卫明。

本部分所代替标准的历次版本发布情况为：

——GB/T 12729.13—1991。

香辛料和调味品　污物的测定

1　范围

GB/T 12729 的本部分规定了香辛料和调味品中污物的测定方法。

本部分适用于香辛料和调味品中污物的测定。

2　规范性引用文件

下列文件中的条款通过 GB/T 12729 的本部分的引用而成为本部分的条款。凡是注日期的引用文件,其随后所有的修改单(不包括勘误的内容)或修订版均不适用于本部分,然而,鼓励根据本部分达成协议的各方研究是否可使用这些文件的最新版本。凡是不注日期的引用文件,其最新版本适用于本部分。

GB/T 12729.2　香辛料和调味品　取样方法(GB/T 12729.2—2008,ISO 948:1980,NEQ)

3　术语和定义

下列术语和定义适用于 GB/T 12729 的本部分。

3.1

污物　filth

在本部分规定的条件下,从样品中分离出来的无机杂质(砂、土)和动物性污物(昆虫碎片、啮齿动物的毛发和排泄物)。

4　原理

用三氯甲烷洗样品(必要时,先用石油醚抽提),检查洗液中是否有重污物和砂、土。用水洗样品(用或不用胰酶处理),而后加入石油醚搅拌,将集聚在两层液体之间界面处的轻污物转移到滤纸上,用显微镜检查是否有动物性污物。

5　试剂

5.1　三氯甲烷:分析纯。

5.2　四氯化碳:分析纯。

5.3　胰酶溶液:使用符合附录 A 要求的胰酶,其冷藏温度为 10 ℃。胰酶溶液配制如下:

将 10 g 胰酶加入 100 mL 温度不超过 40 ℃的温水中混合,机械搅拌 10 min 或在间歇搅拌下放置 30 min。在直径 100 mm～125 mm 的 60°漏斗中松散地垫一块 100 mm 厚的脱脂棉,将此溶液倒在上面,重复过滤。如果过滤速度很慢,用布氏漏斗,通过快速滤纸抽滤。如果过滤速度仍然很慢,必要时重复过滤直至溶液迅速通过滤纸(可溶性胰酶直接通过滤纸抽滤)。每 10 g 胰酶的滤液稀释至 100 mL。

5.4　50 g/L 磷酸三钠($Na_3PO_4 \cdot 12H_2O$)溶液。

5.5　甲醛:38%(体积分数)。

5.6　石油醚:分析纯(沸程 30 ℃～60 ℃)。

5.7　石油醚:分析纯(沸程 60 ℃～90 ℃)。

6　主要仪器

6.1　收集瓶:1 000 mL 锥形瓶,内插一根金属棒,棒的下端装有橡皮塞。金属棒直径 5 mm,比瓶口高约 100 mm，棒的下端有螺纹，装上螺母和垫圈使橡皮塞固定在棒上。金属棒底端装有橡皮头以防打破瓶底（见图 1）。

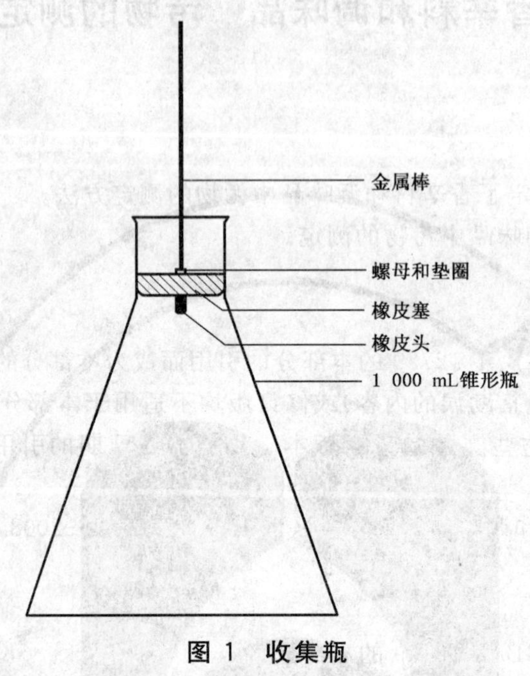

图 1 收集瓶

6.2 烧杯：500 mL。

6.3 布氏漏斗：直径 15 cm（用滤纸）。

6.4 布氏漏斗：直径 7 cm，用划有间距 5 mm 平行线的滤纸。

6.5 定量滤纸。

6.6 瓷坩埚。

6.7 烘箱：控温 80 ℃。

6.8 烘箱：控温 103 ℃。

6.9 培养皿：直径 80 mm。

6.10 放大镜或显微镜。

6.11 分析天平。

7 取样

按 GB/T 12927.2 规定的方法取样。

8 操作程序

若需要除去挥发油或脂肪，按（8.2）操作，否则直接按（8.3）操作。

注：为了更好地分离轻污物，需要除去大部分挥发油、脂肪和（或）用胰酶处理试样以消化淀粉和蛋白质。

8.1 试样

8.1.1 块状试样

称取 25 g±0.1 g 的小块样品于烧杯中。

8.1.2 粉状试样

称取 25 g±0.1 g 样品于烧杯中。

8.2 预先除去挥发油和脂肪

向装有样品的烧杯中加入 200 mL 石油醚（5.6）。在水浴中缓慢煮沸 15 min。小心倾去石油醚，以免损失样品。

8.3 重污物的分离

将 400 mL 三氯甲烷(5.1)加入试样(8.1 或 8.2)操作后的残留物中。放置 1 h,不时搅拌。然后转移到布氏漏斗(6.3)中,重残留物砂和土留在烧杯里,将漂浮于三氯甲烷液面的香辛料及三氯甲烷转移到布氏漏斗中,只剩重残留物于烧杯底部。有较多的香辛料组织留在烧杯底部时,连续加数份与四氯化碳混合的三氯甲烷,逐渐增加溶液的密度,直至所有香辛料组织转移到布氏漏斗中。将重残留物从烧杯中移到定量滤纸(6.5)上,水洗除去香辛料中的氯化钠。残留物量较大时,将滤纸放在已恒重的坩埚(6.6)中,灼烧后称量重污物。

8.4 布氏漏斗上残留物的处理

在 80 ℃烘箱(6.7)中烘干布氏漏斗中的残留物(8.3)1 h。

8.4.1 不进行酶处理的操作程序

将残留物移入收集烧瓶,加 150 mL 水,加热至沸,在搅拌下缓慢煮沸 15 min。用水洗烧瓶内壁,并冷却至 20 ℃以下,用水稀释至 600 mL。

8.4.2 进行酶处理的操作程序

将烘干的残留物移入烧杯,加 300 mL 水,搅匀。加 50 mL 胰酶溶液混合。用磷酸三钠调至 pH8,15 min、45 min 后分别再次调整 pH 值。加 5 滴甲醛溶液,于 37 ℃～40 ℃中消化过夜。冷却后移入收集瓶,加水至 600 mL。

8.5 轻污物的分离

8.5.1 降下收集瓶的搅棒,加 25 mL 石油醚(5.7),快速振摇 1 min,放置 5 min,然后加水至液面升至瓶颈内,放置 30 min,每 5 min 搅拌一次。

8.5.2 旋转橡皮塞除去其上的沉积,将塞子升到烧瓶颈内,一定要使石油醚和水的界面位于塞子以上至少 1 cm 处。安置好塞子,将塞子上收集的液体移入布氏漏斗(6.4),过滤。

8.5.3 向收集瓶的内容物中加 15 mL 石油醚(5.7)。15 min 后重复(8.5.2)中所述操作。如果第二次萃取液中的污物量较多,从烧瓶中倾倒出大部分液体,再加入 15 mL 石油醚(5.7)进行第三次萃取。

8.6 轻污物的显微镜检查

从布氏漏斗上取下载有轻污物的滤纸,放在培养皿上,将培养皿放在 103 ℃烘箱(6.8)中烘30 min。烘干的滤纸应紧紧地贴在培养皿底部。

在反射光下,用放大镜或显微镜检查滤纸整个面积,用解剖针划下检查。

第一次从左到右、从上到下检查,第二次从下到上检查,第三次从上到下检查,如此反复检查。

9 结果表述

9.1 重污物

重污物以质量分数计,数值以%表示,按式(1)计算:

$$X = m_1 \times \frac{100}{m} \qquad \cdots\cdots(1)$$

式中:

X——重污物含量,%;

m_1——重污物(8.3)质量,单位为克(g);

m——试样的质量,单位为克(g)。

9.2 轻污物

分别记录每 25 g 样品中轻污物的种类和数目。

附 录 A
（资料性附录）
胰酶的规格

A.1 概述

胰酶主要含有胰酶、胰蛋白酶和胰脂酶。胰酶可将不低于25倍其质量的NF马铃薯淀粉标准品转化为可溶性糖，将不低于25倍其质量的酪蛋白转化为朊。消化力较强的胰酶与乳糖，与含淀粉不超过3.25%的蔗糖或与消化力较低的胰酶混合均可使其达到此标准。

注：NF即national formulay of U.S.A的缩写。

A.2 特性

胰酶是一种奶油色非晶体状粉末，具有轻微的特殊气味。胰酶可将蛋白质转化为朊和其衍生物，将淀粉转化为糊精和糖类。在中性或弱碱性介质中活性最大；微量的无机酸类或大量的碱性氢氧化物可使其变成惰性。过量的碱性碳酸盐可抑制其活性。

A.3 测定脂肪消化力

将2 g胰酶加入容量为50 mL的烧瓶中，加20 mL乙醚，加塞，放置1 h，不时旋转混合。用导棒将上层乙醚倾倒入直径为7 cm用乙醚预先浸湿的滤纸上，将滤液收集到已称恒重的烧瓶中。向烧瓶内的残留物中再加10 mL乙醚，如前操作，然后加第三份10 mL乙醚，将乙醚和其余的胰酶转移到滤纸上，使乙醚自然挥发干，在105 ℃中烘干残留物2 h。称重脂肪残留物不得超过6 mg(3.0%)。

也可用索氏连续提取器测定脂肪。

A.4 测定淀粉消化力

准确称取500 mg±1 mg的马铃薯淀粉标准品(NF)，于120 ℃中烘干4 h，测定其水分质量分数，取足量水煮沸10 min，冷却至室温，作为稀释用水。

称取相当于375 g干标准品的马铃薯淀粉标准品，加入10 mL水混匀。将此混合物加入55 ℃ 75 mL水(装在已称恒重的250 mL烧杯)中。

用10 mL水将残留下的淀粉冲洗入烧杯。将此混合物加热至沸，在不断搅拌下缓慢煮沸5 min，加足量水使此混合物达到100 g。冷却至40 ℃后，将烧杯放在40 ℃水浴中。向250 mL烧杯中加入5 mL水和150 mg样品，形成悬浮液，而后将其加到淀粉浆糊中。将混合物从一个烧杯倾倒入另一个烧杯30 s混匀。此混合物在40 ℃中准确保温5 min。搅拌。立即将此混合物0.1 mL加到预先配制的溶液[23 ℃～25 ℃ 60 mL水中含0.2 mL碘溶液 $c(1/2\ I_2)=0.1$ mol/L]中，不出现蓝色或紫色。

A.5 测定蛋白消化力

将100 mg酪蛋白粉末加入50 mL容量瓶，加30 mL水，振摇使其形成悬浮液。加0.1 mL氢氧化钠溶液[$c(NaOH)=0.1$ mol/L]，在40 ℃中加热使酪蛋白完全溶解，时间不得超过30 min。冷却后加水稀释至50 mL，将100 mg胰酶样品溶于500 mL水中。将100 mg测定酪蛋白消化力的NF胰酶标准品溶于另一500 mL水中。将1 mL冰乙酸分别与9 mL水、10 mL乙醇混合，2个试管中各加5 mL酪蛋白溶液。于一个试管中加入2 mL胰酶溶液，于另一试管中加入2 mL标准品溶液。各管中加入3 mL水，轻轻搅拌混匀，立即将两个试管浸入40 ℃水浴中保温1 h，然后从水浴中取出试管，各滴加

3滴乙酸混合液。

装有胰酶样品溶液的试管中的浑浊程度不得超过装标准品溶液的试管中的浑浊程度。

A.6 包装和贮存

胰酶应保存在密封容器中，温度为10 ℃左右，在任何情况下不得超过30 ℃。

ICS 21.220.10
G 42

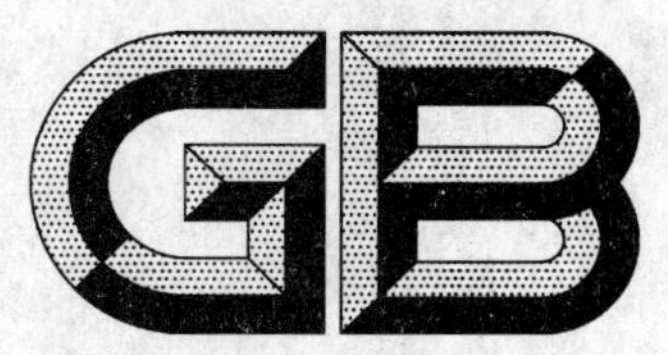

中华人民共和国国家标准

GB/T 12730—2008
代替 GB/T 12730—2002

一般传动用窄V带

Narrow V-belt for general drive

2008-03-31 发布　　2008-09-01 实施

中华人民共和国国家质量监督检验检疫总局
中国国家标准化管理委员会　发布

前　言

本标准代替 GB/T 12730—2002《一般用窄 V 带》。

本标准与 GB/T 12730—2002 相比主要变化如下：

——提高了窄 V 带线绳粘合强度要求(2002 年版的 4.2,本版的 5.2)；

——增加切边窄 V 带的结构图(见图 1)；

——增加包边窄 V 带和切边窄 V 带布与顶胶间粘合强度要求(见 5.3)；

——修订窄 V 带疲劳试验测试方法，由无扭距试验方法改为有扭距试验方法(2002 年版的附录 A，本版的 6.5)。

本标准由中国石油和化学工业协会提出。

本标准由化学工业胶带标准化技术归口单位归口。

本标准起草单位：浙江三力士橡胶股份有限公司、浙江三维橡胶制品有限公司、浙江紫金港胶带有限公司、马鞍山锐生工贸有限公司、无锡市中惠橡胶科技有限公司、青岛橡胶工业研究所。

本标准主要起草人：石水祥、张国方、郑有灿、朱六生、朱树生、韩德深、许喆。

本标准所代替标准的历次版本发布情况为：

——GB 12730—1991、GB/T 12730—2002。

一般传动用窄 V 带

1 范围

本标准规定了一般传动用窄 V 带(以下简称窄 V 带)的分类、结构、要求、试验方法及标志、标签、包装、贮存和运输。

本标准规定的窄 V 带适用于高速及大动力的机械传动,也适用于一般的动力传递。

2 规范性引用文件

下列文件中的条款通过本标准的引用而成为本标准的条款。凡是注日期的引用文件,其随后所有的修改单(不包括勘误的内容)或修订版均不适用于本标准,然而,鼓励根据本标准达成协议的各方研究是否可使用这些文件的最新版本。凡是不注日期的引用文件,其最新版本适用于本标准。

GB/T 3686 V 带拉伸强度和伸长率试验方法

GB/T 3688 V 带线绳粘合强度试验方法

GB/T 11544 普通 V 带和窄 V 带尺寸(GB/T 11544—1997,neq ISO 4184:1992)

GB/T 14562 V 带疲劳试验方法 有扭矩法

HG/T 3864 V 带的层间粘合强度试验方法

3 分类

3.1 型式

窄 V 带的型式根据其结构分为包边窄 V 带、切边窄 V 带两类,分为包边窄 V 带、普通切边窄V 带、有齿切边窄 V 带和底胶夹布切边窄 V 带等四种。

3.2 规格系列

窄 V 带的规格系列、截面尺寸、长度及极限偏差、同组长度允差均按 GB/T 11544 进行。

3.3 标记

窄 V 带的标记示例:

4 结构

窄 V 带由胶帆布、顶胶、缓冲胶、芯绳、底胶等组成(见图 1)。

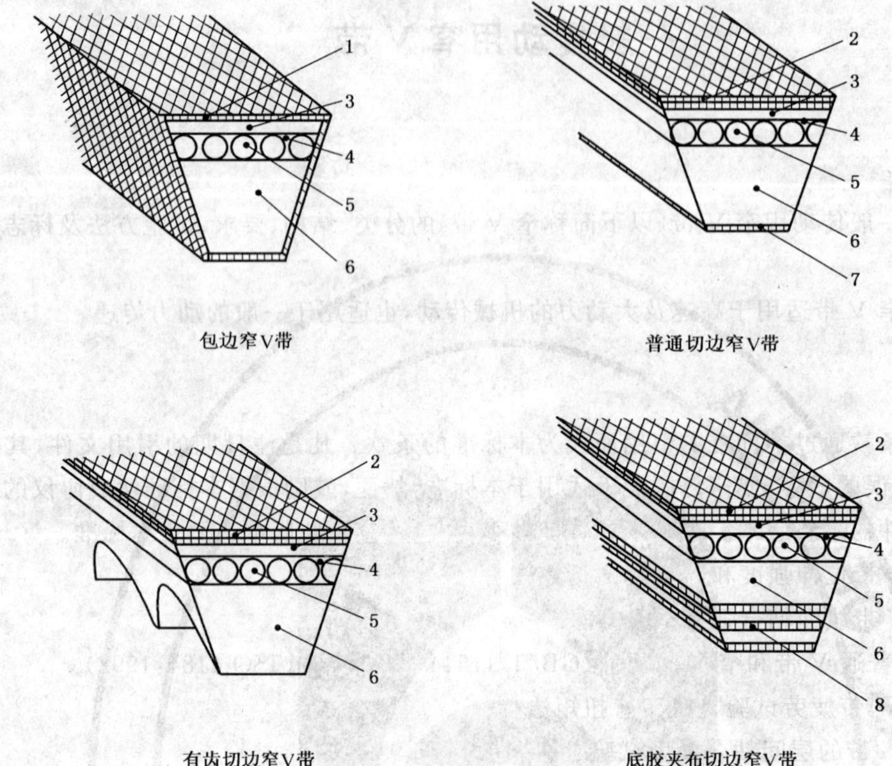

1——胶帆布；
2——顶布；
3——顶胶；
4——缓冲胶；
5——芯绳；
6——底胶；
7——底布；
8——底胶夹布。

图 1　窄 V 带结构(示意图)

5　要求

5.1　外观质量

窄 V 带的外观质量应符合表 1 的规定。

表 1　窄 V 带外观质量要求

V 带类别	缺陷名称	要求
包边窄 V 带	工作面凸起	SPZ、9N 型不允许有；SPA、SPB、15N 型此缺陷高度不得超过 0.5 mm；SPC、25N 型允许高度不超过 1 mm
	包布破损	SPZ、9N 型不允许有；SPA、SPB、15N、SPC、25N 型外包布破损总长度不得超过带长的 25%，内包布不允许有
	包布搭缝脱开	SPZ、9N 型不允许有；SPA、SPB、15N、SPC、25N 型此缺陷只允许有一处且不得超过 30 mm 长和 3 mm 宽
	海绵	不允许有

表 1（续）

<table>
<tr><th>V 带类别</th><th>缺 陷 名 称</th><th>要 求</th></tr>
<tr><td rowspan="6">切边
窄 V 带</td><td>飞边</td><td>顶面单侧飞边不得超过 0.5 mm</td></tr>
<tr><td>鼓泡</td><td rowspan="5">不允许有</td></tr>
<tr><td>带偏</td></tr>
<tr><td>开裂</td></tr>
<tr><td>角度不对称</td></tr>
<tr><td>海绵</td></tr>
</table>

5.2 物理机械性能

窄 V 带的物理性能应符合表 2 的规定。

表 2 窄 V 带的物理性能

<table>
<tr><th rowspan="2">型号</th><th rowspan="2">拉伸强度/kN
≥</th><th colspan="2">参考力伸长率/%
≤</th><th colspan="2">线绳粘合强度/(kN/m)
≥</th><th rowspan="2">布与顶胶间
粘合强度/(kN/m)
≥</th></tr>
<tr><th>包边 V 带</th><th>切边 V 带</th><th>包边 V 带</th><th>切边 V 带</th></tr>
<tr><td>SPZ、9N</td><td>2.3</td><td rowspan="3">4.0</td><td rowspan="3">3.0</td><td>13.0</td><td>20.0</td><td rowspan="2">—</td></tr>
<tr><td>SPA</td><td>3.0</td><td>17.0</td><td>25.0</td></tr>
<tr><td>SPB、15N</td><td>5.4</td><td>21.0</td><td>28.0</td><td rowspan="3">2.0</td></tr>
<tr><td>SPC</td><td>9.8</td><td rowspan="2">5.0</td><td rowspan="2">4.0</td><td>27.0</td><td>35.0</td></tr>
<tr><td>25N</td><td>12.7</td><td>31.0</td><td>—</td></tr>
</table>

5.3 疲劳性能

窄 V 带的疲劳性能应符合表 3 的规定。

表 3 窄 V 带的疲劳性能

型 号	疲劳寿命/h ≥	
	包边式窄 V 带	切边式窄 V 带
SPZ、SPA、SPB	60.0	100.0

6 试验方法

6.1 窄 V 带的长度、截面尺寸按 GB/T 11544 规定进行测量。

6.2 窄 V 带的全截面拉伸强度和参考力伸长率按 GB/T 3686 规定进行试验。参考力按表 4 的规定。

表 4 参考力参数

截型	SPZ、9N	SPA	SPB、15N	SPC	25N
参考力/kN	0.8	1.1	2.0	3.9	5.0

6.3 窄 V 带的线绳粘合强度按 GB/T 3688 规定进行试验。

6.4 窄 V 带的布与顶胶间粘合强度按 HG/T 3864 规定进行试验。

6.5 窄 V 带有扭矩疲劳寿命按 GB/T 14562 规定进行试验。

7 检验规则

7.1 出厂检验

7.1.1 产品应有制造厂的质检部门进行验收。

7.1.2 窄V带的出厂检验项目包括长度、外观质量和物理机械性能。

7.1.3 产品应逐条进行长度和外观质量检查。

7.1.4 每批产品不得多于50 000条，在每批产品中抽取足够试样进行各项物理机械性能检查，每月不得少于一次。

7.2 型式检验

7.2.1 窄V带的型式检验每半年至少进行一次。

7.2.2 窄V带的型式检验时，应检验本标准第3章和第5章中的全部项目。

7.3 不合格品的判定

7.3.1 若窄V带尺寸和物理机械性能检验中有一项不符合本标准要求，应在该批产品中另取双倍试样对不合格项目进行复试，若其中一个复试结果仍不符合本标准要求，则该批产品为不合格品。

7.3.2 对同样型号同种材质的窄V带每次试验应抽取一条试样进行疲劳试验。若试验结果不符合本标准合格品要求，则应该在该批产品中另取二条试样进行复试，如所得结果中有一个仍不符合标准要求，则该批产品为不合格品。

8 标志、标签、包装、贮存和运输

8.1 标志

每条窄V带应有水洗不掉的明显标志，包括下述内容：

a) 制造厂名和商标；

b) 标记；

c) 配组代号；

d) 制造年、月。

8.2 标签和包装

窄V带按型号捆扎。每捆中窄V带的标记和配组代号应相同，并采用合适的方式对产品进行包装，在包装物内应附有标签，其上应包括以下内容：

a) 制造厂名和商标；

b) 标记和带芯材质；

c) 包装物内V带的条数；

d) 质检部门合格章；

e) 窄V带使用和保养条件。

8.3 贮存和运输

8.3.1 窄V带在贮存和运输中，应避免阳光直射或雨雪浸淋，保持清洁；防止与酸、碱、油类及有机溶剂等影响V带质量的物质接触；防止机械损伤，并距发热装置1 m以外。

8.3.2 贮存时，库房内温度保持在−18℃～+40℃之间，相对湿度宜保持在50%～80%之间。

8.3.3 贮存期间应避免使V带承受过大重量而变形，最好将窄V带悬挂在月牙形的架子上或平整地放在货架上。

8.3.4 在上述条件下贮存期不超过一年时，制造方保证产品自制造日起在不超过一年的贮存期内，其性能仍符合本标准规定。

ICS 83.140.01
G 42

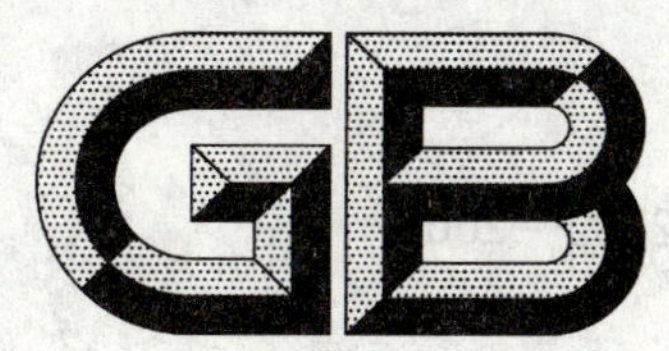

中华人民共和国国家标准

GB 12732—2008
代替 GB 12732—1996

汽车V带

Automotive V-belts

2008-04-01 发布　　2008-10-01 实施

中华人民共和国国家质量监督检验检疫总局
中国国家标准化管理委员会　发布

前　言

本标准 5.3.4 为强制性的，其余为推荐性的。

本标准对应于日本汽车协会标准 JASO E 107—88《汽车 V 带》，与 JASO E 107—88 一致性程度为非等效。

本标准代替 GB 12732—1996《汽车 V 带》。

本标准与 JASO E 107—88 主要差异如下：

——删去 V 带疲劳试验方法，采用 ISO 5287《带传动　汽车工业用窄 V 带　疲劳实验方法》，不足部分由 JASO E 107 予以补充；即 GB/T 11545 引用之；

——删去 V 带尺寸与测长带轮尺寸，采用 ISO 2790《带传动　汽车工业用 V 带及其带轮　尺寸》，不足部分由 JASO E 107 予以补充；即 GB/T 13352 引用之；

——增加 AV15 型号汽车 V 带。

本标准与 GB 12732—1996 相比主要变化如下：

——删除 V 带合格品原疲劳寿命要求(1996 年版的 4.6.1)，将原一级品要求代替之，取消一级品；

——删除玻璃纤维绳 V 带合格品疲劳寿命试验的张紧力(1996 年版的 6.5.2)；

——增加了切边式 V 带外观质量要求(本版的 5.1)。

本标准由中国石油和化学工业协会提出。

本标准由化学工业胶带标准化技术归口单位归口。

本标准起草单位：浙江紫金港胶带有限公司、浙江三力士橡胶股份有限公司、贵州大众橡胶有限公司、浙江三维橡胶制品有限公司、西北工业大学、河南省尉氏县中原橡胶有限公司、青岛橡胶工业研究所。

本标准主要起草人：庞长志、郑有灿、石水祥，项雪薇、马文康 、李树军、张清俊、韩德深。

本标准所代替标准的历次版本发布情况为：

——GB 12732—1991，GB 12732—1996。

汽 车 V 带

1 范围

本标准规定了汽车V带(以下简称V带)产品的分类、材料、要求、抽样、试验方法及标志、标签、包装、贮存和运输的规则。

本标准适用于驱动汽车内燃机的辅助设备(例如:风扇、发电机、水泵、压缩机、动力转向泵等)的汽车V带。

2 规范性引用文件

下列文件中的条款通过本标准的引用而成为本标准的条款。凡是注日期的引用文件,其随后所有的修改单(不包括勘误的内容)或修订版均不适用于本标准,然而,鼓励根据本标准达成协议的各方研究是否可使用这些文件的最新版本。凡是不注日期的引用文件,其最新版本适用于本标准。

GB/T 3686 V带拉伸强度和伸长率试验方法

GB/T 11545 汽车V带疲劳试验方法(GB/T 11545—1996,eqv ISO 5287:1985)

GB/T 13352 汽车V带尺寸(GB/T 13352—1996,neq ISO 2790:1989)

3 分类

3.1 型式

V带的型式根据其结构分为包边V带和切边V带两种。切边V带又分为:普通切边V带、有齿切边V带和底胶夹布切边V带等三种型式(见图1)。

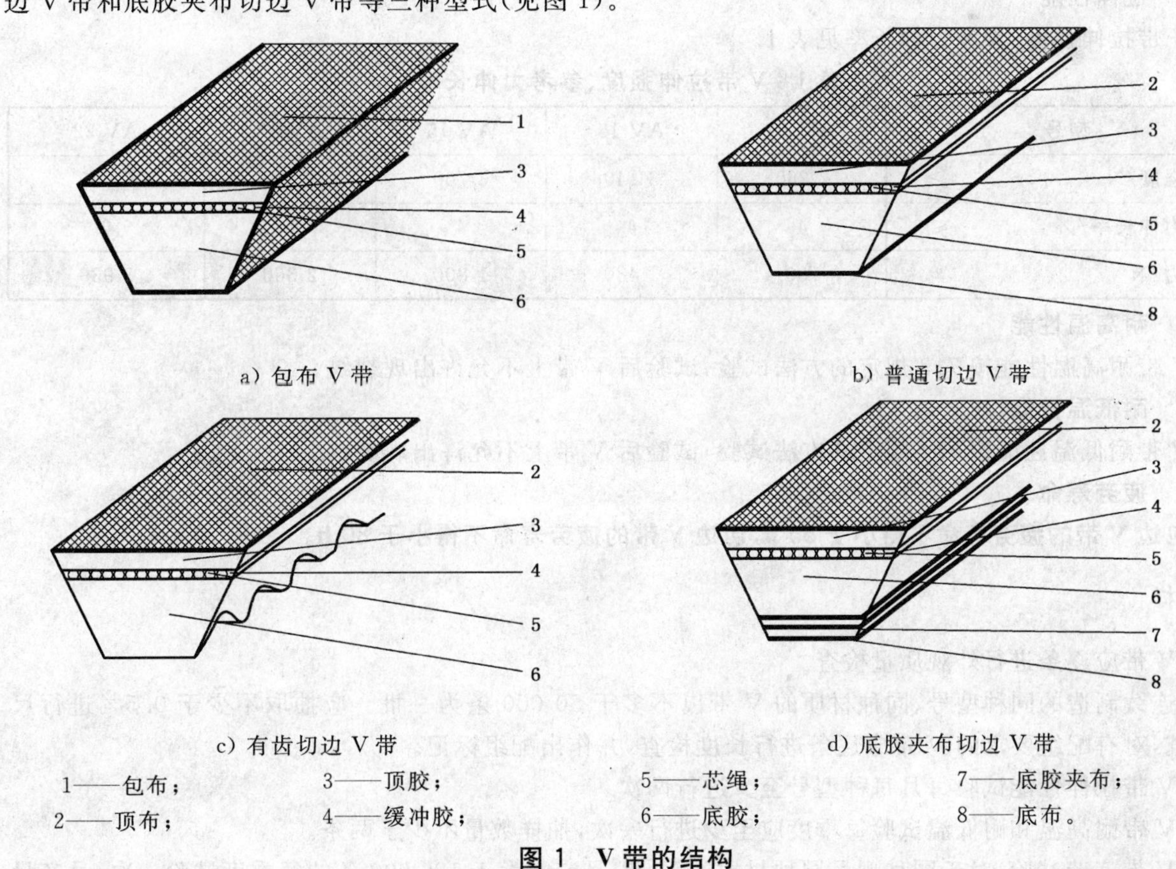

a) 包布V带　　b) 普通切边V带

c) 有齿切边V带　　d) 底胶夹布切边V带

1——包布;
2——顶布;
3——顶胶;
4——缓冲胶;
5——芯绳;
6——底胶;
7——底胶夹布;
8——底布。

图1 V带的结构

3.2 型号

V带应具有对称的梯形横截面,其型号根据V带的顶宽分为AV 10、AV 13、AV 15、AV 17、AV 22等五种。

4 材料

4.1 橡胶

顶胶、缓冲胶、底胶的组成应均匀,其性能应适合各自应有的性能。

4.2 织物

包布、顶布、底布及底胶夹布应是棉纤维或合成纤维织成的布,其经线和纬线的密度应均匀,其纱线和织物不得有残缺、扭曲等影响品质的疵点。

4.3 芯绳

芯绳应是聚酯纤维等高性能纤维制成的线绳,其捻度应均匀。

5 要求

5.1 外观质量

V带的外观不应有任何明显可见且影响使用的扭曲、开裂、气孔、气泡和嵌有物等缺陷。包边式V带顶面单侧飞边宽度不得超过0.5 mm,修剪不得损伤内包布。切边式V带两侧面及顶面不允许有切割的重边,不允许有分层、顶布搭缝脱开和线绳明显弯曲等缺陷。

5.2 尺寸

V带尺寸及其偏差应符合GB/T 13352的规定。

5.3 物理性能

5.3.1 拉伸性能

V带拉伸强度、参考力伸长率见表1。

表1 V带拉伸强度、参考力伸长率

型号		AV 10	AV 13	AV 15	AV 17	AV 22
拉伸强度/N	≥	2 260	3 140	3 700	4 420	7 060
参考力伸长率/%	≤	4	4	4	6	6
参考力/N		790	1 480	1 800	2 360	3 930

5.3.2 耐高温性能

V带耐高温性能按7.3规定的方法试验,试验后V带上不允许出现裂纹。

5.3.3 耐低温性能

V带耐低温性能按7.4规定的方法试验,试验后V带上不允许出现裂纹。

5.3.4 疲劳寿命

包边V带的疲劳寿命不得小于55 h,切边V带的疲劳寿命不得小于80 h。

6 抽样

6.1 V带应逐条进行外观质量检查。

6.2 连续制造的同种型号、同种材质的V带以不多于50 000条为一批。应抽取不少于0.5%进行尺寸检查,对有配组要求的V带应逐条进行长度检查,并作出配组标记。

6.3 V带拉伸性能试验每月每种型号至少进行两次。

6.4 V带耐高温和耐低温试验每季度应至少进行一次,抽样数量不少于两条。

6.5 V带疲劳试验,对于同种型号同种材质的V带,月产量大于120 000条的每季度试验一次,月产量不足120 000条的每半年试验一次。每次试验抽样至少两条。在试验中若有一条(或两条)不合格时，应取不合格V带条数双倍数量的样带进行复试。如有一条复试样带仍不合格，则该批产品为不合格品。并应进行其他批次的带试验。

6.6 在6.3～6.4所述各试验项目中有不合格项目时，应在该批V带中另取双倍试样，对不合格项目进行复试，若试验结果中有一项仍不合格，则该批产品为不合格产品。

7 试验方法

7.1 尺寸

V带的长度、露出高度、中心距变化量按GB/T 13352规定进行测量。

7.2 拉伸试验

V带的拉伸强度和参考力伸长率按GB/T 3686规定进行试验。

7.3 高温试验

从试验样品上切取长约250 mm的试样，置于100℃±1℃的温度下，连续试验70^{+5}_{0} h，然后在室温下冷却至少2 h，将冷却后的试样在具有表2规定直径的管或棒上按带的正常弯曲方向弯曲，观察试样上是否出现裂纹。

表2 管棒直径

单位为毫米

型号	AV 10	AV 13	AV 15	AV 17	AV 22
管棒直径	45	50	50	55	60

7.4 低温试验

将已进行过7.3的高温试验的试样，置于－30℃±1℃的温度下70^{+2}_{0} h后，立即在具有表2规定直径的管棒上正常弯曲方向弯曲，观察试样上是否出现裂纹。

7.5 疲劳寿命试验

V带疲劳寿命按GB/T 11545规定进行试验。

8 标志、标签、包装、贮存和运输

8.1 标志

8.1.1 每条V带上应有水洗不掉的明显标志，包括下述内容：

a) 制造厂名和商标；

b) 规格(标记)；

c) 制造年、月或批号。

8.1.2 配组带应在其包装或其他位置上标有配组标志。

8.2 标签

V带按型号和有效长度捆扎。每捆中V带的标记和配组代号应相同，并采用合适的包装袋或包装箱对产品进行包装。在袋和箱中应有标签，其上应包括以下内容：

a) 制造厂名和商标；

b) 标记；

c) 袋或箱内V带的条数；

d) 制造年、月；

e) 质检部门合格章；

f) V带使用和保养条件。

8.3 贮存和运输

8.3.1 V带在运输和贮存中，应避免阳光直射或雨雪浸淋，保持清洁，防止与酸、碱、油及有机溶剂等影响V带质量的物质接触。防止机械损伤，并距发热装置1 m以上。

8.3.2 贮存时，库房温度应保持在－18℃～＋40℃之间，相对湿度不得超过80%以上。

8.3.3 贮存期间应避免使V带承受过大重量而变形，最好将V带悬挂在月牙形的架子上或平整地放在货架上。

8.4 在遵守本标准8.3的条件下，制造方保证产品自制造日起，在不超过二年贮存期内，其物理机械性能仍符合本标准规定。

ICS 71.040.40
G 10

中华人民共和国国家标准

GB/T 12737—2008/ISO 6228:1980
代替 GB/T 12737—1991

工业用化工产品中以硫酸根表示的痕量硫化合物测定的通用方法 还原和滴定法

Chemical products for industrial use—General method for determination of traces of sulphur compounds, as sulphate, by reduction and titrimetry

(ISO 6228:1980, IDT)

2008-04-01 发布　　2008-09-01 实施

中华人民共和国国家质量监督检验检疫总局
中国国家标准化管理委员会　发布

前　言

本标准等同采用国际标准 ISO 6228:1980(E)《工业用化工产品　以硫酸根表示的痕量硫化合物测定的通用方法　还原和滴定法》。

本标准与国际标准 ISO 6228:1980(E)在技术内容上相同，但包含下述的编辑性修改：

——用小数点“.”代替“,”；

——用“本标准”代替“本国际标准”；

——用“L”(升)代替“l”；

——为明确操作，在 4.4 中将“该试剂”后加“(还原液)”；

——将试剂中的浓度百分数(m/m)改为质量分数。

本标准代替 GB/T 12737—1991《化工产品中痕量硫酸盐测定的通用方法　还原滴定法》。

本标准与 GB/T 12737—1991 相比，主要变化如下：

——为尊重 ISO 原文，制备还原液时使用的氢碘酸的质量分数由大于 55%改为约 57%，浓盐酸改为 38%(本版 4.4,1991 年版 3.6)；

——删除了乙酸汞标准滴定溶液或硝酸汞标准滴定溶液浓度的计算公式(本版 4.4,1991 年版 3.6)；

——删除了硫酸盐(以 SO_4 计)含量的计算公式(本版 4.4,1991 年版 3.6)；

——调整了部分干扰离子的最大允许限量(本版附录 B,1991 年版附录 A)；

——删除了甲酸、草酸样品的前处理方法(本版附录 A,1991 年版附录 B)；

——删除了氢碘酸的提纯方法(1991 年版附录 C)。

本标准的附录 A、附录 B 和附录 C 均为资料性附录。

本标准由中国石油和化学工业协会提出。

本标准由全国化学标准化技术委员会无机化工分会(SAC/TC 63/SC 1)归口。

本标准主要起草单位：山东出入境检验检疫局、天津出入境检验检疫局、天津化工研究设计院。

本标准主要起草人：刘幽若、赵祖亮、刘绍从、陆思伟。

本标准于 1991 年首次发布。

ISO 前言

ISO(国际标准化组织)是各国国家标准化机构(ISO 成员团体)共同组织的世界性联合机构。国际标准的制定工作是由 ISO 各技术委员会进行的。每一成员团体都有权派代表参加其所关心课题的技术委员会。各政府性或非政府性的国际组织,凡与 ISO 有联系的,也都参加这项工作。

技术委员会通过的国际标准,在 ISO 理事会采纳为国际标准以前,先分发给各成员团体征求意见。

国家标准 ISO 6228 是由 ISO/TC 47 化学委员会于 1978 年 11 月制定并分发给各成员。

本标准由以下国家成员同意:

澳大利亚	匈牙利	罗马尼亚
奥地利	印度	南非
比利时	意大利	瑞士
巴西	韩国	泰国
中国	荷兰	英国
捷克斯洛伐克	菲律宾	苏联
法国	波兰	南斯拉夫
德国	葡萄牙	

没有成员反对本标准。

本国际标准也被国际纯粹与应用化学联合会(IUPAC)认可。

工业用化工产品中以硫酸根表示的痕量硫化合物测定的通用方法 还原和滴定法

1 范围

本标准规定了工业用化工产品中以硫酸根表示的痕量硫化合物测定的通用方法——还原和滴定法。

在可采用本方法的化工产品标准中应规定处理试料的方法，以使硫化合物转变为硫酸盐，必要时可对通用操作步骤进行可能需要的任何改进。

2 应用范围

本方法适用于测定溶液中或在某些情况下直接测定的试料中硫酸根(SO_4^{2-})的含量范围为4.5 μg～450 μg。为进行测定而取的试验溶液中水的含量不应超过2 mL。试料中干扰元素含量不应超过容许限量，此限量按采用本方法的有关化工产品的标准中所作的规定。

产品中的硫化合物应以硫酸根形式存在，对于含其他硫化合物的样品应进行适当的预处理以得到含硫酸根的试液。

本方法预期的精密度为±5%。

注：以盐酸代替还原溶液，可以在其他硫化合物存在下测定硫化物(但非多硫化物)。

3 原理

如需要，先将试料中的硫化合物转变成硫酸根，再在盐酸存在下使用碘氢酸和次膦酸(次磷酸)的混合物将硫酸根离子还原为硫化氢。用氮气流将硫化氢带出并用氢氧化钠的丙酮溶液吸收。以1,5-二苯基-3-硫代卡巴腙(双硫腙)为指示剂，用乙酸汞或硝酸汞标准滴定溶液滴定硫离子。

4 试剂

分析中，仅使用分析纯级试剂和蒸馏水或相应纯度的水。

4.1 丙酮。

4.2 氮气，不含氧气。

4.3 氢氧化钠：40 g/L溶液。

4.4 还原溶液：

在配有球形回流冷凝器的1 000 mL磨口三口烧瓶中(如图1)，在通氮气(4.2)的情况下，依次加入：

——100 mL ρ(密度)近1.71 g/mL，约57%质量分数的氢碘酸溶液；

——25 mL ρ(密度)近1.21 g/mL，约50%质量分数的次磷酸(H_3PO_2)溶液；

——100 mL ρ(密度)近1.19 g/mL，约38%质量分数的盐酸溶液。

装好回流冷凝器，慢慢将氮气(4.2)吹入混合物中，沸腾回流约4 h。

在保持氮气流下冷却到室温。

该试剂(还原液)置于带磨口玻璃塞的暗色玻璃瓶中避光保存，玻璃瓶需预先用氮气(4.2)吹除原来的空气而保持氮气气氛。

该溶液可稳定数星期。

注：该试剂(还原液)应在通风橱中制备，以排去释放的氯化氢。

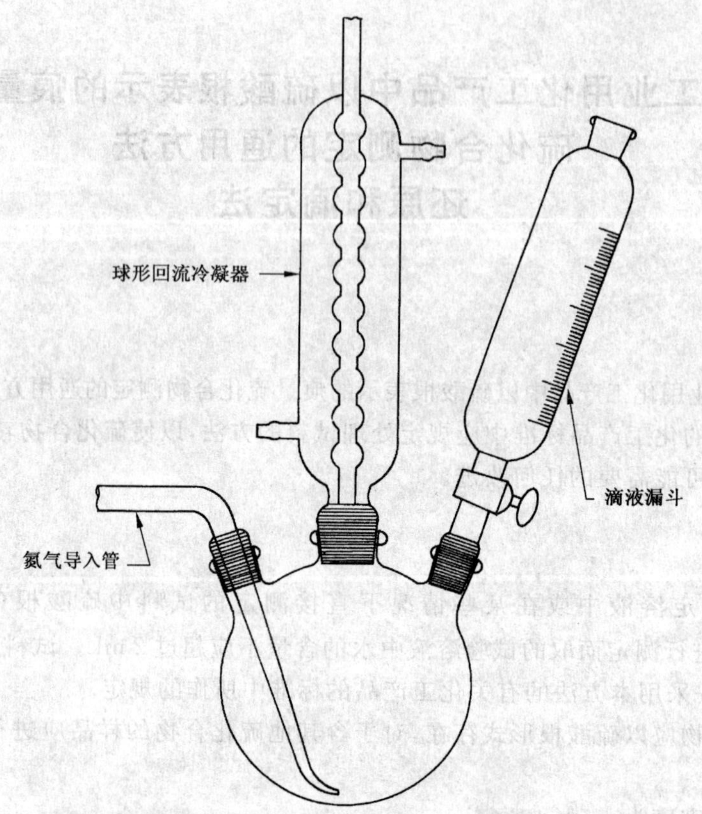

图 1　制备还原溶液的装置

4.5　硫酸钠标准参比溶液：$c(Na_2SO_4)$：0.001 mol/L。

称取于110℃下预先干燥2 h，并在干燥器中冷却后的无水硫酸钠0.142 0 g，精确至0.000 1 g。溶于约100 mL水中并全部转移到1 000 mL容量瓶中，稀释至刻度，混匀。

1 mL该标准溶液含96 μg SO_4^{2-}。

4.6　硫酸钠标准参比溶液：$c(Na_2SO_4)$＝0.000 1 mol/L。

移取100.0 mL硫酸钠标准参比溶液(4.5)，置于1 000 mL容量瓶中，稀释至刻度，并混匀。

1 mL该标准溶液含9.6 μgSO_4^{2-}。

此溶液现用现配。

4.7　乙酸汞(Ⅱ)标准滴定溶液：$c[Hg(CH_3COO)_2]$＝0.001 mol/L。

称取0.318 7 g乙酸汞(Ⅱ)$[Hg(CH_3COO)_2]$，精确至0.000 1 g，溶于约100 mL水中，全部转移到1 000 mL容量瓶中，稀释至刻度，混匀。

也可使用下述溶液代替。

4.7.1　硝酸汞(Ⅱ)标准滴定溶液：$c[Hg(NO_3)_2]$＝0.001 mol/L 。

称取10.83±0.01 g氧化汞(Ⅱ)(HgO)，放在容量适宜的烧杯(如100 mL)中，加10 mL约68%(质量分数)的硝酸溶解(ρ约为1.40 g/mL)。稀释此溶液，全部转移到1 000 mL容量瓶中，稀释到刻度，混匀。

注：此溶液也可称取17.13 g一水硝酸汞(Ⅱ)$[Hg(NO_3)_2 \cdot H_2O]$，溶于以1 mL的硝酸(ρ约为1.40 g/mL)酸化的水中进行配制。

移取20.00 mL此溶液，置于1 000 mL容量瓶中，稀释至刻度，混匀。

后一溶液在用时配制。

4.8　乙酸汞(Ⅱ)标准滴定溶液：$c[Hg(CH_3COO)_2]$＝0.000 1 mol/L。

移取 100.0 mL 乙酸汞(Ⅱ)溶液(4.7),置于 1 000 mL 容量瓶中,稀释至刻度,混匀。

此溶液现用现配。

也可使用下述溶液代替。

4.8.1 硝酸汞(Ⅱ)标准滴定溶液:$c[Hg(NO_3)_2]=0.000\ 1$ mol/L。

移取 100.0 mL 硝酸汞(Ⅱ)溶液(4.7.1),置于 1 000 mL 容量瓶中,稀释到刻度,混匀。

此溶液现用现配。

注:考虑到被测硫酸根离子的含量很低,所配溶液(4.7、4.7.1、4.8 和 4.8.1)的浓度已足够精确,因而不需再标定。

4.9 1,5-二苯基-3-硫代卡巴腙(双硫腙):0.5 g/L 丙酮(4.1)溶液。

使用期限为两周。

5 仪器设备

一般实验室仪器和下述仪器。

5.1 还原和分离设备(如图 2 所示类型),除软连接接头外,所有部件均用磨砂玻璃接口连接。

5.2 微量滴定管,分度值 0.01 mL。

单位为毫米

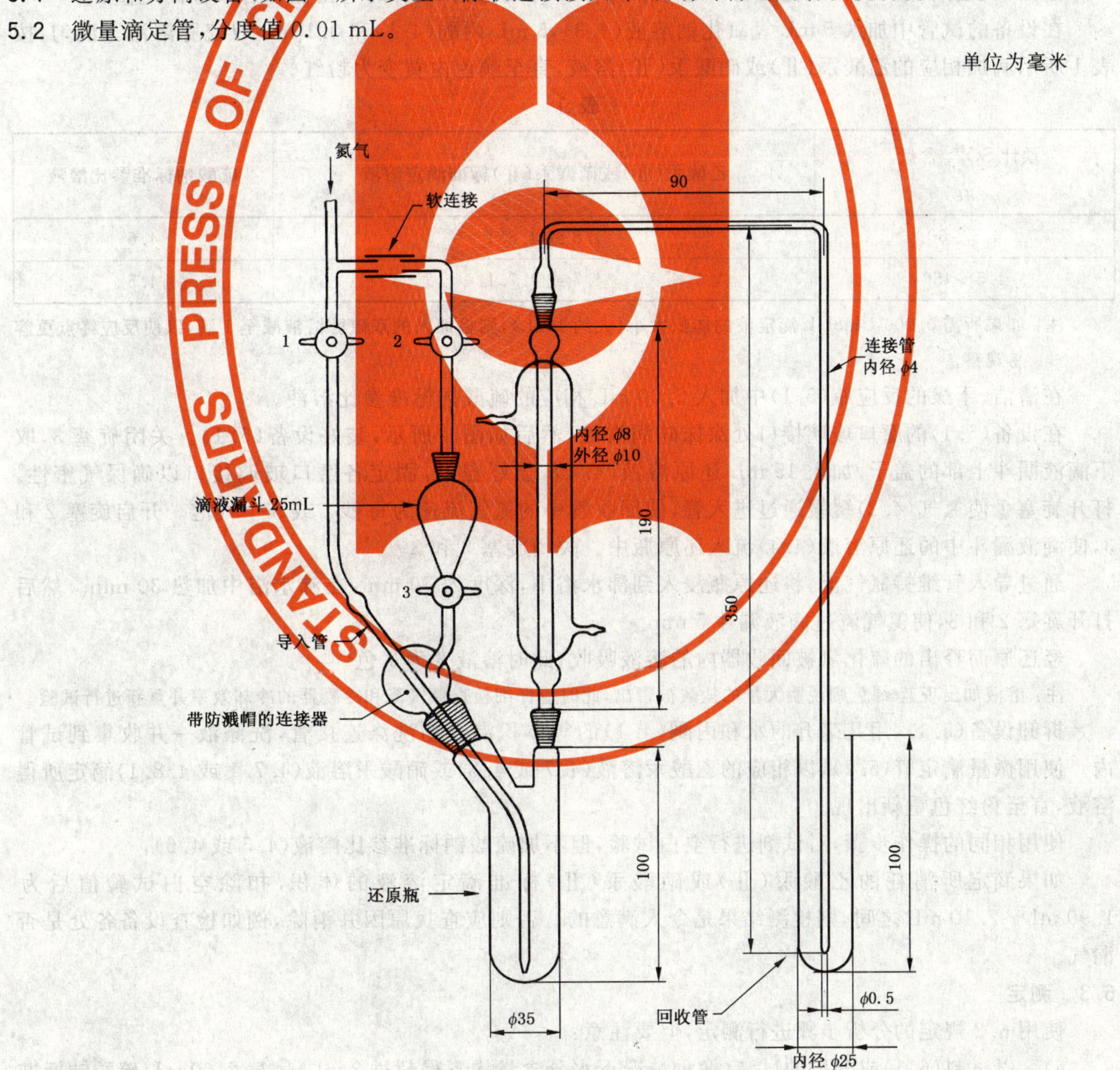

图 2 还原和附带装置

6 分析步骤

注意事项：汞的化合物有毒，必须小心处理。滴定所得残液应贮存起来，按附录 C 的规定处理，以避免汞污染废水。

6.1 试料和试液的制备

按照有关产品标准所规定的步骤称取一定量的试样并配制试液。试液应满足下列要求：

a) 在试液的总体积中或在测定所取试液体积中，水的含量不得超过 2 mL，硫酸根离子(SO_4^{2-})含量应在 4.5 μg～450 μg 之间。

b) 试液应符合附录 B 规定的干扰限量或经处理已消除它们的影响。

注：如果产品是液体或是可溶于酸的固体，同时试料中硫酸根离子的含量预计在 4.5 μg～450 μg 之间，则试料可直接放在设备(5.1)的还原烧瓶中。

6.2 检查试验

按如下步骤检查设备(硫化合物的还原和将释出的硫化氢回收)的气密性和有效性的定量。

在设备的试管中加入 5 mL 氢氧化钠溶液(4.3)，5 mL 丙酮(4.1)和 0.1 mL 双硫腙溶液。混匀，按表 1 所示滴加相应的乙酸汞(Ⅱ)或硝酸汞(Ⅱ)溶液，直至颜色由黄变为粉红。

表 1

预计 SO_4^{2-} 含量/μg	乙酸汞(Ⅱ)或硝酸汞(Ⅱ)标准滴定溶液	硫酸钠标准参比溶液
4.5～60	4.8 或 4.8.1	4.6
4.5～450	4.7 或 4.7.1	4.5

注：如果所需 0.000 1 mol/L 滴定液的体积太小(大约 1 mL)，则将加入的双硫腙溶液减至 1 滴，以使反应终点更容易观察。

在清洁、干燥的反应瓶(5.1)中加入 2.00 mL 相应的硫酸钠标准参比溶液。

在设备(5.1)的磨口玻璃接口处涂抹硅润滑油，然后如图 1 所示，装好设备(5.1)。关闭旋塞 3，取下滴液漏斗上部的盖子，加入 15 mL 还原溶液(4.4)，盖好盖子，固定各磨口玻璃接口以确保气密性。打开旋塞 1 使氮气(4.2)缓缓通过进入管，使回收管中的氮气流速为每秒 2 或 3 个气泡。开启旋塞 2 和 3，使滴液漏斗中的还原溶液(4.4)流入还原瓶中。关闭旋塞 2 和 3。

通过导入管维持氮气流，将还原瓶浸入到沸水浴中，深度约 70 mm，在沸水浴中加热 30 min。然后打开旋塞 2 和 3，使氮气流过滴液漏斗 5 min。

经还原而释出的硫化氢被回收器内的溶液吸收，此时溶液变为黄色。

注：溶液如出现蓝-绿色则说明大量的盐酸被带出，此时应仔细检查氮气流和冷凝器的冷却效率并重新进行试验。

拆卸设备(5.1)，用几毫升的水和丙酮(4.1)的等体积混合物洗涤连接管，洗涤液一并收集到试管内。使用微量滴定管(5.2)，以相应的乙酸汞溶液(4.7 或 4.8)或硝酸汞溶液(4.7.1 或 4.8.1)滴定所得溶液，直至粉红色重新出现。

使用相同的操作步骤，对试剂进行空白试验，但不加硫酸钠标准参比溶液(4.5 或 4.6)。

如果滴定所消耗的乙酸汞(Ⅱ)或硝酸汞(Ⅱ)标准滴定溶液的体积，扣除空白试验值后为 1.90 mL～2.10 mL 之间，则检测结果是令人满意的。否则应查找原因并消除，例如检查设备各处是否漏气。

6.3 测定

使用 6.2 规定的分析步骤进行测定，但要注意：

a) 以试料(6.1)或分取的试液(两种情况下水分含量均不得超过 2 mL)代替 2.00 mL 硫酸钠标准参比溶液；

b) 在沸水浴上加热还原瓶的时间应按被分析产品的相应标准所规定，以保证硫酸根离子全部转化为硫化氢。

6.4 空白试验

使用与测定相同的试剂(包括配制试液所用试剂)按照相同的操作步骤进行空白试验，但不加试料(6.1)。

7 结果的表述

所分析产品的标准中给出计算所用的公式。

8 试验报告

试验报告应包括下列部分：

a) 样品的鉴别；

b) 所参考的通用方法和被分析产品的相关标准；

c) 结果和所用的表示方法；

d) 测定中观察到的任何异常现象；

e) 本标准或被分析产品标准以外的任何操作，或自选的操作。

附 录 A
（资料性附录）
测定有机物的矿化物质中低含量硫的方法

A.1 本附录是不全面的。下述方法适于将有机物制成试验溶液。

A.2 在格罗特(Grote)装置内燃烧。该装置由配有两个石英盘的石英管和一块1/3(面积)穿孔的板组成。管的一端与装有多孔板的吸收瓶连接。燃烧是由通入的空气和氧气完成的。

此方法通用于所有的有机产品，尤其是液态或气态化合物。

A.3 在维克勃尔德(Wickbold)装置中燃烧。该装置由配有冷凝器和吸收器的石英管组成。它应配有防止逆燃的安全设备以及氧气和氢气的流量计。

此方法适用于挥发性液体和气态化合物。

A.4 在装有过氧化钠的氧弹[帕尔(Parr)氧弹或等效的设备]中燃烧。用此方法时试样限于约200 mg～300 mg。

此方法适用于非挥发性液体或固态化合物。

A.5 有机液体或固体在贝特洛-马勒-克罗克(Berthelot-Mahler-Kroecker)弹式量热计中，通压缩氧气燃烧。

此方法适用于液体或固体化合物。

A.6 试样与无水碳酸钠在铂坩埚或铂皿中熔融。

此方法适用于非挥发性化合物。

A.7 试样与埃斯卡(EschKa)混合物熔融。

此方法适用于非挥发性化合物。

A.8 在舒恩尼格(Schoeniger)瓶中，通氧气燃烧。用此方法时，试料的量很受限制。

此方法适用于固体化合物，借助胶囊也可适用于液体化合物。

方法的选择取决于有机物的性质和它的物理状态(固、液或气态)。此外，被矿化的试料量取决于试样中预计的硫含量。

所有的处理方法应与测定所用的滴定方法相互协调，因此，应避免引进氧化剂。如果已经有氧化剂存在，就必须在还原步骤前破坏掉，尤其是应避免硝酸或过氧化氢的存在。

在溶解被矿化的产品时，在测定的试液中，硫酸根离子(SO_4^{2-})的含量在4.5 μg～450 μg之间。

附 录 B
(资料性附录)
干 扰

本附录是不全面的,对于能产生的干扰应经常进行检查,因此,本处理方法很难包括所有可能的情况(见表B.1)。

表 B.1

干扰物质	测定用试液中的允许量	超过容许量时允许处理方法
过氧化物	无	在碱性溶液中长时间沸腾并加入氯化亚锡溶液
Cr^{6+}	无	在酸性介质中加入氯化亚锡溶液
NO_3^-	无	在盐酸介质中重复蒸发
NO_2^-	无	在盐酸介质中重复蒸发
普通氧化剂	无	用氯化亚锡溶液还原
有机物	—	见附录A
Fe^{3+}	0.1 g	在酸性介质中用氯化亚锡溶液还原
Cu^{2+}	1 mg	在碱性介质中用氢氧化钠或碳酸钠沉淀,随后过滤出氧化铜
水	2 mL	在碱性介质中蒸发掉水
Mo	—	钼酸盐的存在会使还原程度降低,降低的程度直接决定于钼含量。在200 mg氯化亚锡存在下,可完全还原
Hg、Cd、Bi		不干扰
Pb、Sn、Sb、As	1 mg	超过1 mg时的干扰,未检查过

附　录　C
（资料性附录）
废液中汞的处理

将滴定所得的废液和所有其他含汞溶液收集到适当容量的容器中。

在碱性介质中用过量硫化钠沉淀汞。

用过氧化氢氧化过量硫化钠，以防止汞生成多硫化物而溶解。

倾析并过滤不含汞的溶液，排入污水中。

将残留的不溶物转移到贮存容器中，以便其后由专设机构进行汞的回收。

ICS 77.140.65
H 49

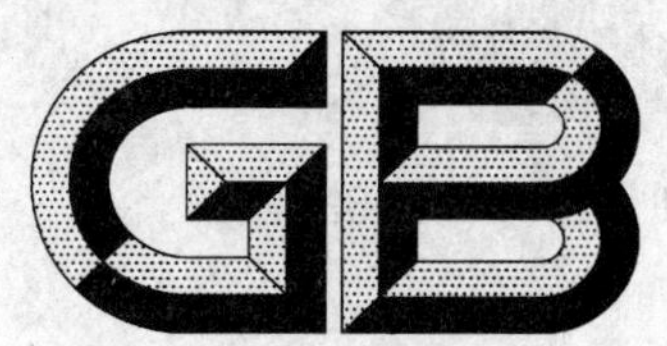

中华人民共和国国家标准

GB/T 12753—2008
代替 GB/T 12753—2002

输送带用钢丝绳

Steel wire ropes for conveyer belts

2008-08-19 发布

2009-04-01 实施

中华人民共和国国家质量监督检验检疫总局
中国国家标准化管理委员会
发布

前言

本标准代替GB/T 12753—2002《输送带用钢丝绳》，本标准与GB/T 12753—2002相比作了如下修改：

——修改了钢丝绳的结构表示方法；

——取消了原6×7+IWS、6×19+IWS和6×19W+IWS标准式结构。增加了经供需双方协商，也可供应其他结构的钢丝绳规定；

——增加了钢丝绳直径，6×7-WSC结构的直径范围改为2.5 mm～5.9 mm，6×19-WSC范围改为4.5 mm～15.0 mm，6×19W-WSC范围改为5.0 mm～15.0 mm，钢丝绳公称直径用“D”表示；

——钢丝绳的抗拉强度级调整为普通强度级、高强度级和特高强度级三种；

——增加了H级(80×d)的钢丝锌层重量级别，钢丝直径用“d”表示；

——将钢丝绳按捻法分类改为按捻向分类，分为右捻(Z)和左捻(S)二种；

——增加了组成钢丝绳的同种钢丝直径的最大值和最小值之差的规定；

——取消了标记示例；

——钢丝绳用盘条的规定作了调整；

——钢丝绳中的钢丝打结拉伸规定做了适当调整；

——增加了钢丝电接的规定；

——增加了中心股钢丝和外层股中心钢丝的直径应适当加大的规定；

——股外层钢丝的捻距改为应不大于股径的17倍；

——增加了有其他特殊要求(如钢丝绳与橡胶的粘合强度)的试验项目，由供需双方协商的规定；

——增加了钢丝绳与橡胶的粘合强度的测定方法标准；

——取消了中心股钢丝和外层股中心钢丝不作锌层重量试验的规定；

——增加了工字轮盘面应有放线方向箭头标志的规定；

——取消了钢桶包装方式；

——增加了放置干燥剂的规定；

——增加了工字轮外缠绕塑料薄膜的方式；

——缠绕输送带用钢丝绳的工字轮尺寸做了调整。

本标准附录A为资料性附录。

本标准由中国钢铁工业协会提出。

本标准由全国钢标准化技术委员会归口。

本标准起草单位：法尔胜集团公司、冶金工业信息标准研究院。

本标准主要起草人：周江、唐福如、王玲君、邵永清、冯平、朱维军、张春雷、戴石锋。

本标准所代替标准的历次版本发布情况为：

——GB/T 12753—1991、GB/T 12753—2002。

输送带用钢丝绳

1 范围

本标准规定了输送带用钢丝绳的分类、订货内容、技术要求、试验方法、检验规则、包装、标志及质量证明书。

本标准适用于钢丝绳芯输送带骨架增强材料用镀锌钢丝绳(以下简称钢丝绳)。

2 规范性引用文件

下列文件中的条款通过本标准的引用而成为本标准的条款。凡是注日期的引用文件,其随后所有的修改单(不包括勘误的内容)或修订版均不适用于本标准。然而,鼓励根据本标准达成协议的各方研究是否可使用这些文件的最新版本。凡是不注日期的引用文件,其新版本适用本标准。

GB/T 228 金属材料 室温拉伸试验方法(GB/T 228—2002,eqv ISO 6892:1998)

GB/T 239 金属线材扭转试验方法(GB/T 239—1999,eqv ISO 7800:1984、ISO 9649:1990)

GB/T 2104 钢丝绳包装、标志及质量证明书的一般规定

GB/T 1839 钢产品镀锌层质量试验方法(GB/T 1839—2003,ISO 1460:1992,MOD)

GB/T 4354 优质碳素钢热轧盘条

GB/T 5755 钢丝绳芯输送带钢丝绳粘合强度的测定(GB/T 5755—2000,eqv ISO 7623:1996)

GB/T 8358 钢丝绳破断拉伸试验方法(GB/T 8358—2006,ISO 3108:1974,NEQ)

3 定义

下列术语和定义适用于本标准。

3.1

开放式结构钢丝绳 open type steel wire ropes

股中同一层钢丝之间及绳中外层股之间有一定均匀间隙结构的钢丝绳。

4 钢丝绳订货内容

按本标准订货的合同应包括以下主要内容:

a) 本标准号;

b) 产品名称;

c) 结构(标记代号);

d) 公称直径;

e) 数量(长度);

f) 钢丝绳的抗拉强度级别;

g) 捻向;

h) 锌层重量级别;

i) 工字轮型号和包装方式;

j) 需方提出的其他特殊要求,如钢丝绳与橡胶的粘合强度的试验。

5 分类

5.1 钢丝绳均为开放式结构,按其结构分为 6×7-WSC、6×19-WSC 和 6×19W-WSC 三种,见表 6～

表 8。经供需双方协商,也可供应其他结构的钢丝绳。

5.2 钢丝绳按抗拉强度分为普通强度级、高强度级和特高强度级三种。

5.3 钢丝绳按钢丝锌层重量级分为 H 级、A 级和 B 级三种,见表 1。供应 H 级和 A 级锌层钢丝绳时,需经供需双方协议并在合同中注明。

表 1 最小锌层重量

钢丝公称直径 d/mm	最小锌层重量/(g/m^2)		
	H 级	A 级	B 级
0.20～1.30	$80\times d$	$60\times d$	$30\times d$

5.4 钢丝绳按捻向分为右捻(Z)和左捻(S)二种。交货时一般应按左、右捻各半,也可根据用户订货需求。钢丝绳的捻法为交互捻。

6 尺寸、外形、重量

6.1 组成钢丝绳的同种钢丝直径的最大值和最小值之差、钢丝不圆度应符合表 2 的规定。

表 2 钢丝直径及不圆度

单位为毫米

钢丝公称直径 d	不圆度 不大于	最大值和最小值之差 不大于
0.20～0.50	0.01	0.02
>0.50～0.95	0.02	0.04
>0.95～1.30	0.03	0.06

6.2 钢丝绳的截面形状见表 6 图、表 7 图、表 8 图。

6.3 钢丝绳公称直径 D 及允许偏差应符合表 6～表 8 中的规定。经供需双方协商,也可以供应其他公称直径的钢丝绳。

6.4 表中所列的每 100 m 长度的理论重量仅供参考,计算钢丝绳理论重量时钢的密度为 7.85 kg/dm^3。

6.5 钢丝绳的长度及允许偏差应符合表 3 的规定。在每 50 盘交货的钢丝绳中允许有 1 盘钢丝绳用胶布连接成定尺长度。每个工字轮上只允许一个接头,其单根钢丝绳的最小长度要大于 70 m。在缠绕该钢丝绳的工字轮上应注明标记。

表 3 钢丝绳的长度

单位为米

钢丝绳的长度	长度允许偏差
≤1 000	+10
>1 000～2 000	+15
>2 000	+20

7 技术要求

7.1 钢丝绳中钢丝

7.1.1 材料

钢丝用盘条应符合 GB/T 4354 的规定,牌号由制造厂选择,但其硫、磷含量各不应大于 0.030%。

7.1.2 抗拉强度

钢丝的公称抗拉强度分为 1 960 MPa、2 060 MPa、2 160 MPa、2 260 MPa、2 360 MPa 和 2 460 MPa

六种。

钢丝绳应使用表4中规定的公称抗拉强度级的钢丝捻制。钢丝实测抗拉强度应不低于公称抗拉强度的95%。

表4 钢丝绳中钢丝的公称抗拉强度级

钢丝直径 d/mm	钢丝公称抗拉强度/MPa		
	普通强度级	高强度级	特高强度级
0.20～0.40	2 260	2 360	2 460
>0.40～0.60	2 160	2 260	2 360
>0.60～0.95	2 060	2 160	2 260
>0.95～1.30	1 960	2 060	2 160

7.1.3 扭转

直径大于或等于0.50 mm的钢丝应做扭转试验,钢丝的最小扭转次数应符合表5的规定。

表5 钢丝的最小扭转次数

钢丝直径 d/mm	最小扭转次数(次/360°,$L_0=100d$)		
	普通强度级	高强度级	特高强度级
$0.50\leqslant d<0.60$	29	28	27
$0.60\leqslant d<0.70$	28	27	26
$0.70\leqslant d<0.80$	27	26	25
$0.80\leqslant d<0.90$	26	25	24
$0.90\leqslant d<0.95$	25	24	23
$0.95\leqslant d<1.30$	24	23	22

7.1.4 打结拉伸试验

对于公称直径小于0.50 mm的钢丝,用打结拉伸试验代替扭转试验。钢丝进行打结拉伸试验时,结应打在试样中间,所能承受的拉力应不低于其公称破断力的55%。

7.1.5 锌层

7.1.5.1 锌层重量

钢丝绳应用同一锌层重量级别的钢丝捻制,钢丝的锌层重量应符合表1的规定。

7.1.5.2 锌层质量

钢丝镀锌层应牢固、连续、均匀,无裂纹和剥落现象。但锌层表面允许有少量不影响与橡胶粘合的闪光点及白色薄层。

7.1.6 表面质量

钢丝表面应无油、无水、无污,并不得有裂纹、竹节、起刺、锈蚀和伤痕。

7.2 钢丝绳

7.2.1 捻制质量

7.2.1.1 钢丝绳应平直、柔顺,残余扭转小。

7.2.1.2 绳中各股及股中各钢丝均应松紧一致,不应有叠痕、折断及压伤的钢丝。钢丝绳的中心股钢丝和外层股中心钢丝的直径应适当加大。

7.2.1.3　钢丝绳中不允许有单股接头，钢丝的接头也应尽量减少。在捻制中不应不连接钢丝时，钢丝允许插接或电接。插接的钢丝端头应密封在绳股内部，不允许露在外面。插接处的钢丝允许有局部交叉。同一股中钢丝接头间距应不小于 100 m。

7.2.1.4　钢丝绳中股的捻距和股中钢丝的捻距，在其全长上应均匀。钢丝绳的捻距应为绳径的 6.5 倍～8.5 倍，股外层钢丝的捻距应不大于股径的 17 倍。

7.2.1.5　钢丝绳应预变形良好、不松散。

7.2.2　钢丝绳的最小破断拉力应符合表 6～表 8 中的规定。

7.2.3　钢丝绳的表面应无油、无水、无污和其他杂质，钢丝不得有刮伤、压扁、硬弯和锈蚀等缺陷。

7.2.4　经供需双方协商，可进行钢丝绳与橡胶的粘合性能试验。有其他特殊要求的试验项目，由供需双方协商。

8　试验方法

8.1　钢丝试验

8.1.1　外观质量用手感和目测检查。

8.1.2　钢丝直径：在试样上不少于 3 处，每处相互垂直方向用千分尺各测量 1 次，分别取平均值，以其最小平均值作为钢丝直径，其最大值和最小值之差、不圆度应符合表 2 的规定。

8.1.3　拉伸试验按 GB/T 228 的规定进行。

8.1.4　锌层重量按 GB/T 1839 的规定进行，仲裁试验时应采用重量法。

8.1.5　扭转试验按 GB/T 239 的规定进行。

8.2　钢丝绳试验

8.2.1　外观质量用手感和目测检查。

8.2.2　最小破断拉力试验按 GB/T 8358 的规定进行。

8.2.3　钢丝绳的直径应用千分尺或游标卡尺进行测量。测量应在无张力情况下，距钢丝绳端头至少 1.5 m 外的直线部位上进行，在相距至少 1 m 两个截面上，并在同一截面相互垂直的方向上各测量一个直径。钳口的宽度要足以跨越两个相邻的股。四次测量结果的平均值作为钢丝绳的实测直径，实测直径应符合表 6～表 8 规定的允许偏差。

8.2.4　将钢丝绳的任一端分别解开相对的两个股，约有两个捻距长。当这两个股重新恢复原位后，不自行散开，即为钢丝绳不松散。

8.2.5　去掉绳头 1 000 mm～2 000 mm 后，在距绳头约 50 mm 处弯成一个约 90°角，紧捏住此弯头以避免在拉出 6 000 mm 长(不从盘上剪断)的样品时钢丝绳旋转。然后将钢丝绳自由段放开，让其在没有张力的情况下自由旋转，其旋转数不得超过 4 转(r)，即为钢丝绳残余扭转小。

8.2.6　在不施加张力的情况下，将 6 m 长的钢丝绳(不从盘上剪断)，放置在距离为 75 mm 的两根平行直线之间的平面上，除绳端 500 mm 外，钢丝绳不与任何一根平行直线相碰，即为钢丝绳平直。

8.2.7　钢丝绳与橡胶的粘合强度的测定方法参考 GB/T 5755 的规定进行。

9　检验规则

9.1　检查和验收

钢丝绳的检查和验收由供方质量技术监督部门进行。

9.2　组批规则

钢丝绳应按批验收，每批应由同一结构、同一直径、同一强度级、同一锌层重量级的钢丝绳组成。

9.3　取样数量

9.3.1　每盘钢丝绳都应进行外观、结构、直径、捻法和捻制质量的检查。

9.3.2 在按本标准9.3.1检查合格的盘中，每20盘或不足20盘抽取1盘，从该盘上截取2根试样进行下列试验。

9.3.2.1 一根试样做钢丝绳的最小破断拉力试验。

9.3.2.2 从另一根试样中任拆3股分别做钢丝直径测量、锌层重量试验、拉伸试验和扭转试验，其中中心股钢丝和外层股中心钢丝不作力学性能试验。

9.3.3 当一条钢丝绳截成数条交货时，其数条亦作为一盘按9.3.1及9.3.2进行检测。

9.3.4 钢丝绳与橡胶的粘合强度的试验每批任取一根试样进行试验。

9.4 复验

经过试验的钢丝绳，如果其中某项试验不合格时，则该盘判为不合格产品。另从该批剩余盘中抽取双倍数量的盘截取试样，复试其中不合格项目。若复试仍不合格，该批判为不合格产品。

10 包装、质量保证期、运输、贮存、标志和质量证明书

10.1 包装

10.1.1 缠绕钢丝绳用工字轮应用优质、耐用的材料制成，型号应在合同中注明。盘面应有放线方向箭头标志。主要型号的工字轮尺寸见附录A。

10.1.2 卷绳前，轮芯和内侧应衬一层中性防潮纸或塑料薄膜。卷绳时，钢丝绳应均匀平整地缠绕在工字轮上。卷绳后，应将绳头用胶布缠绕固定好，然后在外层钢丝绳上包上一层中性防潮纸，并用胶布紧贴封闭。

10.1.3 外包装

10.1.3.1 铝塑复合包装袋

在钢丝绳中性防潮纸外周围放置适量干燥剂袋，并用塑料薄膜将工字轮两盘之间缠绕密封起来。包装好的钢丝绳工字轮排列叠放在铝塑复合包装袋内，抽气封口后用打包带将工字轮和包装袋紧固于木托架上。

10.1.3.2 塑料薄膜缠绕包装

在钢丝绳中性防潮纸外周围放置适量干燥剂袋，并用塑料薄膜将工字轮整个缠绕密封起来。包装好的钢丝绳工字轮排列叠放在木托架上，再用打包带将工字轮紧固于木托架上。

10.2 质量保证期

从出厂之日算起，在没有打开完好包装的情况下，钢丝绳的质量保证期为1年。

10.3 贮存

钢丝绳应贮存在干燥通风的室内。

10.4 运输

在运输过程中应防止钢丝绳包装件被撞击损坏，并加盖防雨油布扎紧运输。

10.5 标志和质量证明书

钢丝绳的标志和质量证明书应符合GB/T 2104中的要求。外包装的表面还应注有明显的防雨、防潮、防撞击标记。

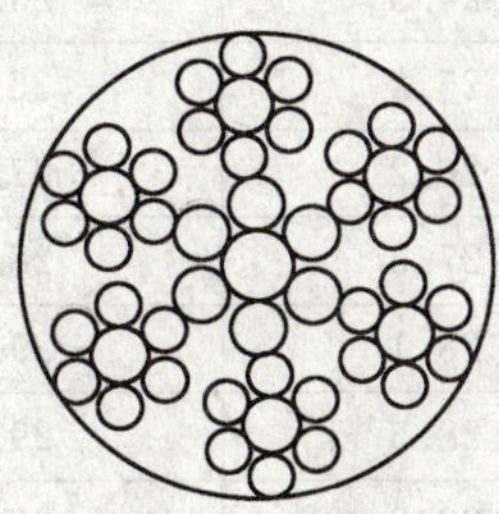

表6 结构图

钢丝绳结构：6×7-WSC

表6　力学性能

钢丝绳直径		钢丝绳最小破断拉力/kN			参考重量/(kg/100 m)
公称直径 D/mm	允许偏差/%	普通强度级	高强度级	特高强度级	
2.50	+5 −2	5.3	5.5	5.8	2.4
2.60		5.5	6.0	6.5	2.7
2.70		6.4	6.7	7.0	2.9
2.80		6.8	7.2	7.6	3.2
2.90		7.5	7.7	8.0	3.4
3.00		8.0	8.5	9.0	3.7
3.10		8.8	9.5	10.0	3.9
3.20		9.5	10.0	10.5	4.1
3.30		10.3	10.8	11.4	4.4
3.40		10.6	11.1	12.0	4.6
3.50		11.4	12.0	12.8	4.9
3.60		12.0	12.7	13.2	5.3
3.70		12.7	13.2	14.2	5.5
3.80		13.7	14.3	15.0	6.0
3.90		14.0	14.8	15.8	6.3
4.00		14.5	15.2	16.3	6.5
4.10		15.3	16.2	17.4	6.8
4.20		15.9	16.6	17.8	7.1
4.30		16.8	17.8	19.0	7.5
4.40		17.5	18.5	19.7	7.7
4.50		18.2	19.3	20.7	8.1
4.60		19.2	20.1	21.3	8.4
4.70		19.6	20.8	22.5	8.7
4.80		20.4	21.5	23.2	9.2
4.90		21.5	22.7	24.1	9.5
5.00		22.2	23.3	24.9	9.8
5.10		23.4	24.2	25.7	10.4
5.20		24.5	25.6	26.7	10.6
5.30		25.2	26.1	27.5	11.1
5.40		26.2	27.5	28.7	11.5
5.50		27.5	28.5	29.7	12.1
5.60		28.1	29.0	30.1	12.5
5.70		28.5	29.6	30.8	13.0
5.80		29.2	30.7	31.3	13.4
5.90		30.0	31.7	32.5	14.1

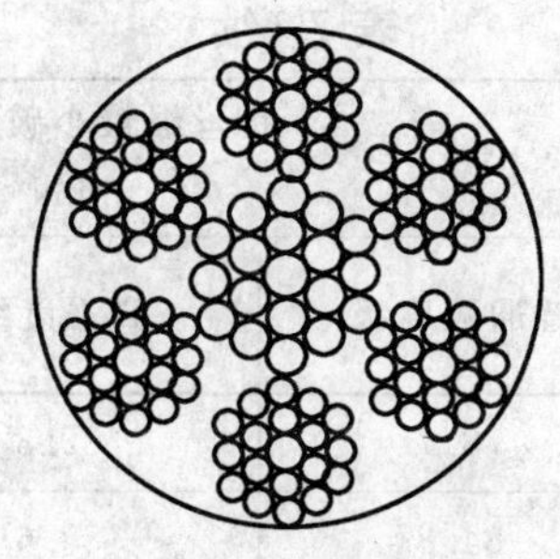

表 7　结构图

钢丝绳结构：6×19-WSC

表 7　力学性能

钢丝绳直径		钢丝绳最小破断拉力/kN			参考重量/(kg/100 m)
公称直径 D/mm	允许偏差/%	普通强度级	高强度级	特高强度级	
4.5	+5 −2	18.2	18.6	19.3	7.8
4.8		20.0	20.7	21.2	8.7
5.0		22.5	23.2	23.9	9.8
5.4		25.2	26.1	27.0	11.2
5.6		27.5	28.7	29.9	12.1
5.8		29.6	31.0	31.6	13.2
6.0		31.0	32.3	33.3	13.9
6.2		33.1	34.4	35.7	14.8
6.4		34.5	36.2	37.4	15.7
6.8		39.3	41.0	42.7	18.0
7.2		43.0	45.0	47.1	19.9
7.6		48.8	51.0	53.0	22.5
8.0		53.2	55.3	57.2	24.4
8.4		56.4	59.0	62.4	26.7
8.8		63.2	66.2	68.3	29.4
9.0		65.0	68.0	71.0	30.8
9.2		67.8	71.1	73.9	32.1
9.6		73.6	77.2	79.7	34.8

表 7（续）

钢丝绳直径		钢丝绳最小破断拉力/kN			参考重量/(kg/100 m)
公称直径 D/mm	允许偏差/%	普通强度级	高强度级	特高强度级	
10.0	$^{+4}_{-2}$	78.7	82.3	86.3	37.8
10.4		84.8	88.6	92.5	40.5
10.8		90.0	94.0	97.7	43.1
11.2		98.3	101	104	46.4
11.6		104	108	112	50.8
12.0		110	114	118	53.4
12.2		112	116	121	54.0
12.4		116	121	126	55.9
12.6		121	125	130	58.1
12.8		124	129	135	58.9
13.0		128	133	139	62.0
13.2		132	137	143	64.0
13.4		135	140	146	65.5
13.6		141	146	152	68.0
13.8		145	150	155	70.0
14.0		148	154	160	71.5
14.5		156	162	168	76.1
15.0		165	172	180	81.3

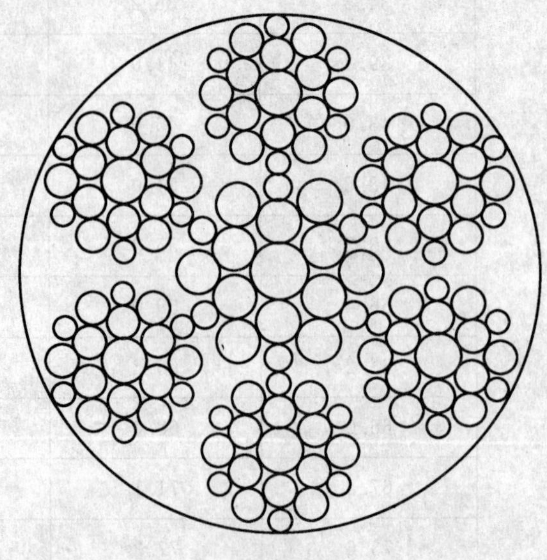

表 8　结构图

钢丝绳结构：6×19W-WSC

表 8　力学性能

钢丝绳直径		钢丝绳最小破断拉力/kN			参考重量/(kg/100 m)
公称直径 D/mm	允许偏差/%	普通强度级	高强度级	特高强度级	
5.0	$^{+5}_{-2}$	23.0	23.7	24.5	10.3
5.6		30.0	30.8	31.5	13.3
6.0		33.2	34.3	34.8	14.9
6.6		39.6	41.2	41.8	17.7
7.0		44.7	46.5	47.0	19.9
7.2		47.2	49.1	49.5	20.8
7.6		52.8	55.0	55.5	23.6
8.0		57.2	59.3	60.0	26.7
8.3		60.0	62.3	63.0	28.4
8.7		66.3	69.0	70.0	31.0
9.1		73.0	76.3	77.0	33.7
10.0		84.0	87.5	88.3	38.9
10.5	$^{+4}_{-2}$	91.5	95.2	96.5	42.9
11.0		101	104	106	47.1
11.5		105	109	112	51.5
12.0		114	118	120	56.1
12.5		122	127	132	60.2
13.0		131	138	143	65.3
13.5		140	146	154	70.2
14.0		150	157	164	73.9
14.5		154	162	170	79.5
15.0		167	175	184	86.0

附　录　A
（资料性附录）
缠绕输送带用钢丝绳的工字轮

A.1　缠绕输送带用钢丝绳的工字轮示意图。图 A.1 中的代号所表示的内容见表 A.1。

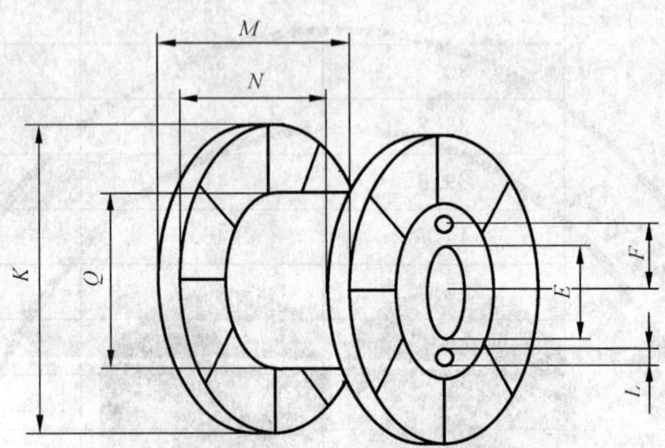

图 A.1　工字轮示意图

A.2　缠绕输送带用钢丝绳的工字轮型号及各部分尺寸见表 A.1。

表 A.1　工字轮型号及尺寸

代号	各部分名称	工字轮型号/mm			
		JG-A 型	JD-A 型	JG-B 型	JD-B 型
K	工字轮外径	550	550	550	550
Q	工字轮内径	230	230	270	270
M	工字轮外宽	260	390	260	390
N	工字轮内宽	220	350	220	350
E	工字轮轮芯孔径	55	55	55	55
F	定位孔和芯孔间的中心距	70	70	115	115
L	定位孔直径(mm)×个数	35×2	35×2	35×2	35×2
空工字轮参考重量/kg		10	12	11	13
注：工字轮外径尺寸 K 可根据钢丝绳的长度进行放大或缩小，其他尺寸保持不变。					

ICS 77.140.50
H 46

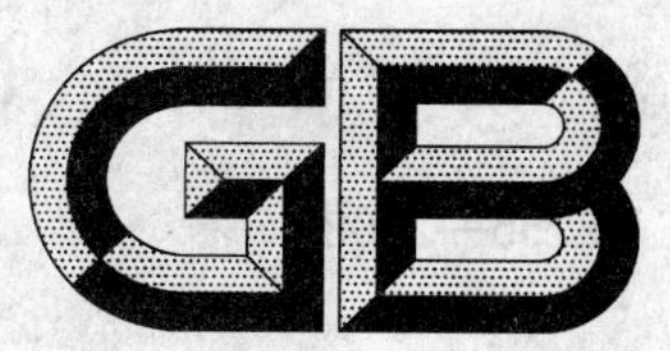

中华人民共和国国家标准

GB/T 12755—2008
代替 GB/T 12755—1991

建筑用压型钢板

Profiled steel sheet for building

2008-12-06 发布　　2009-10-01 实施

中华人民共和国国家质量监督检验检疫总局
中国国家标准化管理委员会　发布

前　言

本标准代替 GB/T 12755—1991《建筑用压型钢板》。

本标准与 GB/T 12755—1991 相比，主要变化如下：

——增加了术语内容与定义；

——增加了分类与型号，规定了压型钢板按屋面、墙面、楼盖等用途的分类与型号表示方法；

——增加了板型与构造内容，提出了典型板型与主要构造要求；

——按现行 GB 50205《钢结构工程施工质量验收规范》修改补充了质量检验与允许偏差等内容；

——对技术要求作了重要补充、修改，明确提出了选材要求、材性要求、镀层与涂层要求、公差要求等；

——增加了订货信息，明确了订货合同中应包括的内容；

——增加了附录 A 热镀锌、热镀铝锌基板的化学成分与力学性能；

——增加了附录 B 热镀锌、热镀铝锌基板厚度的允许偏差；

——增加了附录 C 热镀基板彩涂板的镀层重量与涂层耐久性试验；

——增加了附录 D 外界条件对冷弯薄壁型钢结构的侵蚀作用分类；

——增加了附录 E 涂层板的牌号、用途及分类与代号；

——增加了附录 F 彩涂板使用环境腐蚀性的等级。

本标准附录 A～附录 D 为规范性附录，附录 E、附录 F 为资料性附录。

本标准由中国钢铁工业协会提出。

本标准由全国钢标准化技术委员会归口。

本标准起草单位：中冶集团建筑研究总院、冶金工业信息标准研究院、中国钢结构协会、中国京冶工程技术有限公司、长江精工钢结构(集团)股份有限公司、浙江杭萧钢结构股份有限公司、上海宝冶建设有限公司、鞍山东方钢结构有限公司、浙江东南网架股份有限公司、首都钢铁公司、马鞍山钢铁股份有限公司、北京多维轻钢板材(集团)有限公司。

本标准主要起草人：吴明超、柴昶、蔡昭昀、徐寅、王晓虎、赵荣招、陈友泉、朱卫军、周观根、尹晓东、杨瑞枫、林莉、王宝强、奚铁。

本标准所替代标准的历次版本发布情况为：

GB/T 12755—1991。

建筑用压型钢板

1 范围

本标准规定了各类建筑用压型钢板的分类、代号、板型和构造要求、截面形状尺寸、技术要求、质量检验和允许偏差、包装、标志、质量证明书等。

本标准适用于在连续式机组上经辊压冷弯成型的建筑用压型钢板，包括用于屋面、墙面与楼盖等部位的各类型板。

2 规范性引用文件

下列文件中的条款通过本标准的引用而成为本标准的条款。凡是注日期的引用文件，其随后所有的修改单(不包括勘误的内容)或修订版均不适用于本标准，然而，鼓励根据本标准达成协议的各方研究是否可使用这些文件的最新版本。凡是不注日期的引用文件，其最新版本适用于本标准。

GB/T 708 冷轧钢板和钢带的尺寸、外形、重量及允许偏差

GB/T 709 热轧钢板和钢带的尺寸、外形、重量及允许偏差

GB/T 1766—1995 色漆和清漆 涂层老化的评级方法

GB/T 1839 钢产品镀锌层质量试验方法(GB/T 1839—2003,ISO 1460:1992, MOD)

GB/T 2518 连续热镀锌钢板及钢带

GB/T 12754 彩色涂层钢板及钢带

GB/T 13448 彩色涂层钢板及钢带试验方法

GB/T 14978 连续热镀铝锌合金镀层钢板及钢带

GB 50018 冷弯薄壁型钢结构技术规范

GB 50205 钢结构工程施工质量验收规范

3 订货内容

按本标准订货的合同或订单应包括下列内容：

a) 本标准编号；

b) 产品名称、类别；

c) 镀层板的牌号、热镀层的种类(锌、铝锌、锌铝、锌铁)、镀层重量、板厚、材质与性能要求；

d) 彩色涂层的涂层结构、涂层厚度与涂层表面状态；

e) 面漆种类和颜色；

f) 包装方式；

g) 规格(产品型号、厚度、长度)；

h) 数量；

i) 其他附加要求。

4 术语和定义

下列术语和定义适用于本标准。

4.1

压型钢板 profiled steel sheet

将涂层板或镀层板经辊压冷弯，沿板宽方向形成波形截面的成型钢板。

4.2

建筑用压型钢板　profiled steel sheet for building

用于建筑物围护结构(屋面、墙面)及组合楼盖并独立使用的压型钢板。

4.3

原板　base steel sheet

用于制作镀层板的各类薄钢板或钢带。

4.4

基板(镀层板)　steel substrate

有表面镀层的薄钢板或钢带,包括热镀锌板、热镀铝锌合金板、热镀锌铝合金板等。

4.5

涂层板　prepainted steel sheet

在经过表面预处理的基板(镀层板)上连续涂覆有机涂料(正面至少为二层),然后进行烘烤固化而成的涂层(彩涂层)钢板产品。

4.6

正面　top side

镀层板及涂层板的上表面或压型钢板的外表面。

4.7

反面　bottom side

镀层板及涂层板的下表面或压型钢板的内表面。

4.8

搭接板　overlapping adjacent panel

成型板纵向边为可相互搭合的压型边,板与板自然搭接后通过紧固件与结构连接的压型钢板。

4.9

咬合板　standing seam roof panel

成型板纵向边为可相互搭接的压型边,板与板自然搭接后,经专用机具沿长度方向咬合(180°或360°)并通过固定支架与结构连接的压型钢板。

4.10

扣合板　clip-lock panel

成型板纵向边为可相互搭接的压型边,板与板安装时经扣压结合并通过固定支架与结构连接的压型钢板。

4.11

覆盖宽度　covered width

压型钢板的有效利用宽度。

5　分类和型号

5.1　建筑用压型钢板分类及代号

5.1.1　建筑用压型钢板分为屋面用板、墙面用板与楼盖用板三类,其型号由压型代号、用途代号与板型特征代号三部分组成。

5.1.2　压型代号以“压”字汉语拼音的第一个字母“Y”表示。

5.1.3　用途代号如下表示:

a)　屋面板用途代号以“屋”字汉语拼音的第一个字母“W”表示;

b) 墙面板用途代号以“墙”字汉语拼音的第一个字母“Q”表示；

c) 楼盖板用途代号以“楼”字汉语拼音的第一个字母“L”表示。

5.1.4 板型特征代号由压型钢板的波高尺寸(mm)与覆盖宽度(mm)组合表示。

5.2 压型钢板型号表示示例

a) 波高 51 mm、覆盖宽度 760 mm 的屋面用压型钢板，其代号为 YW51-760；

b) 波高 35 mm、覆盖宽度 750 mm 的墙面用压型钢板，其代号为 YQ35-750；

c) 波高 50 mm、覆盖宽度 600 mm 的楼盖用压型钢板，其代号为 YL50-600。

6 板型与构造

6.1 压型钢板典型板型示意(见图 1)

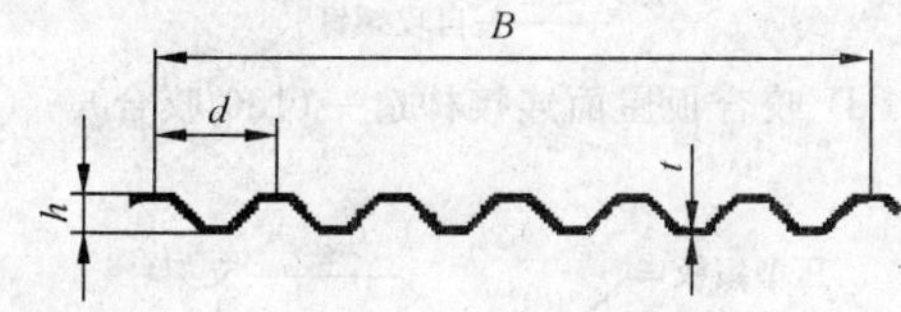

a) 搭接型屋面板

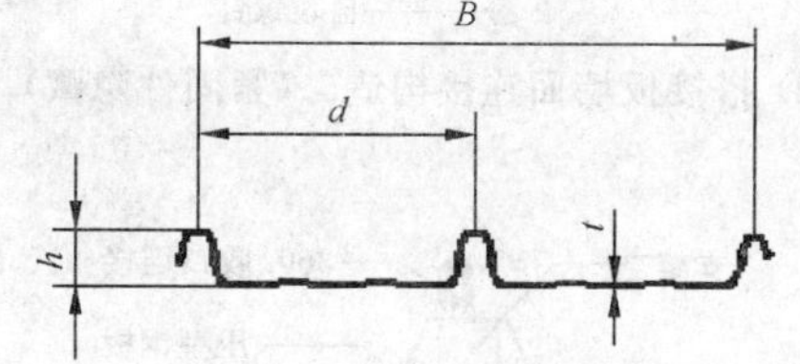

b) 扣合型屋面板

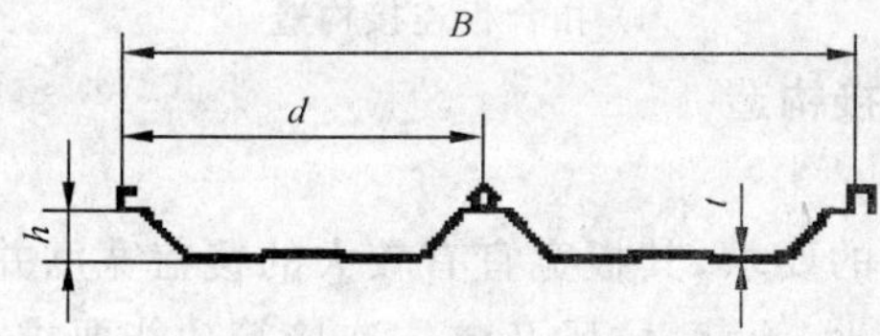

c) 咬合型屋面板(180°)

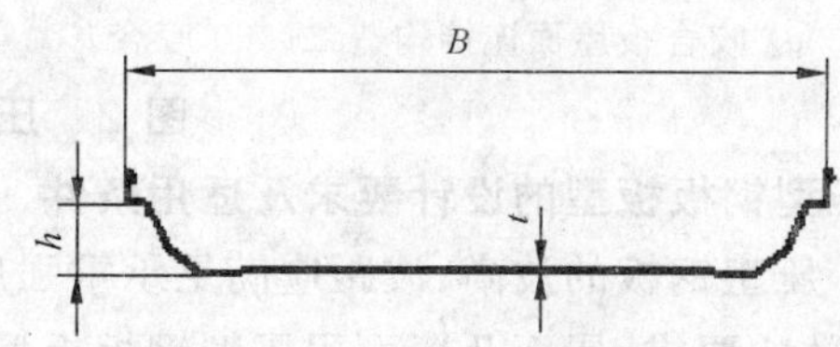

d) 咬合型屋面板(360°)

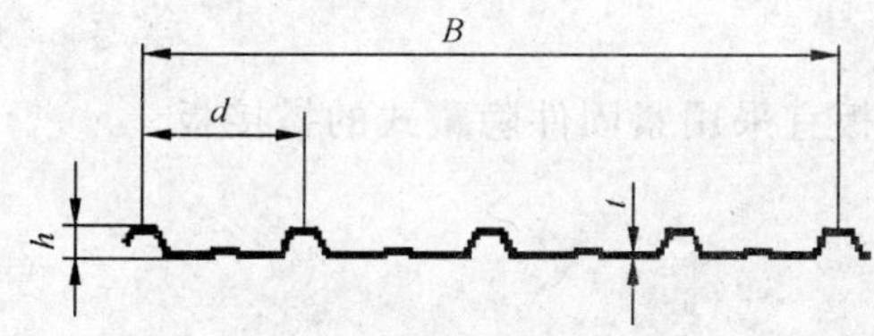

e) 搭接型墙面板(紧固件外露)

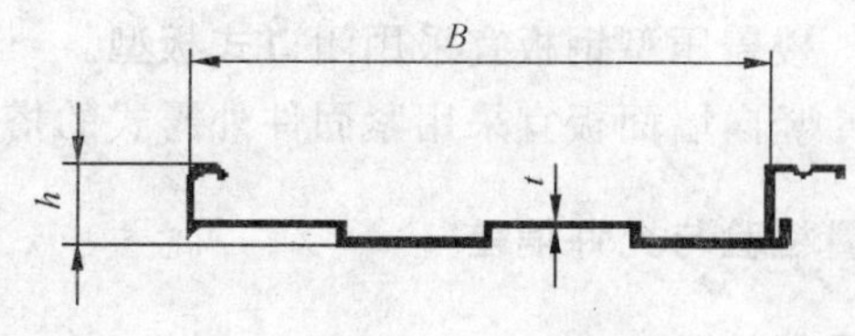

f) 搭接型墙面板(紧固件隐藏)

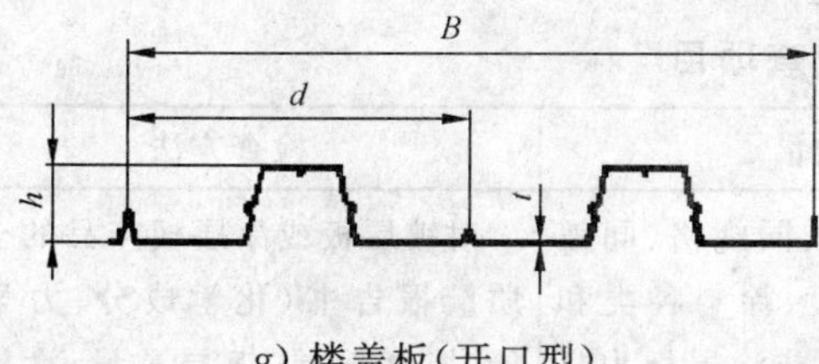

g) 楼盖板(开口型)

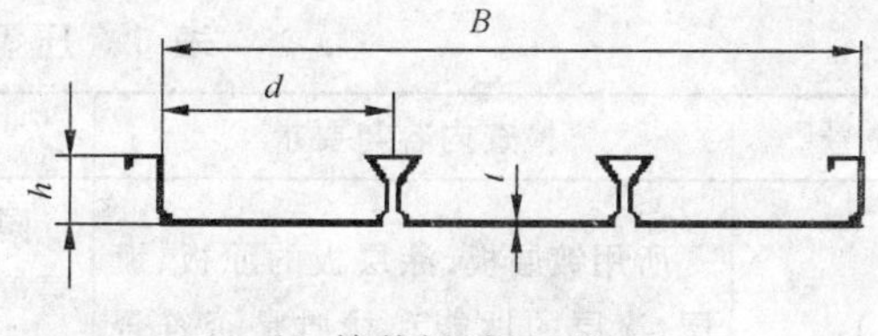

h) 楼盖板(闭口型)

B——板宽；
d——波距；
h——波高；
t——板厚。

图 1 压型钢板典型板型

6.2 压型钢板典型连接构造示意(见图 2)

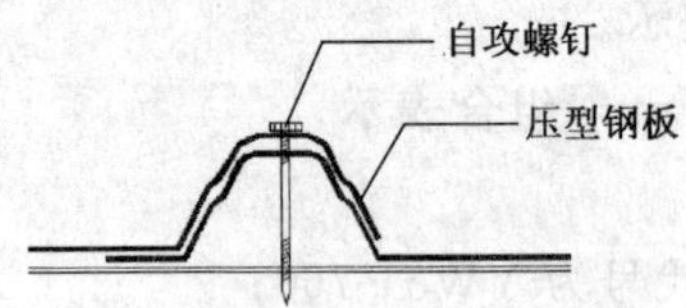

a) 搭接板屋面连接构造(带防水空腔,紧固件外露)

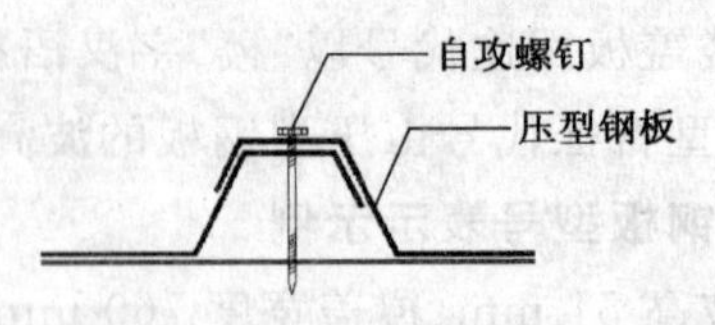

b) 搭接板墙面连接构造一(紧固件外露)

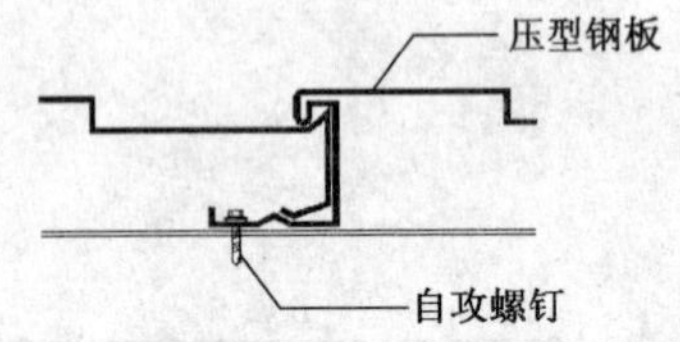

c) 搭接板墙面连接构造二(紧固件隐藏)

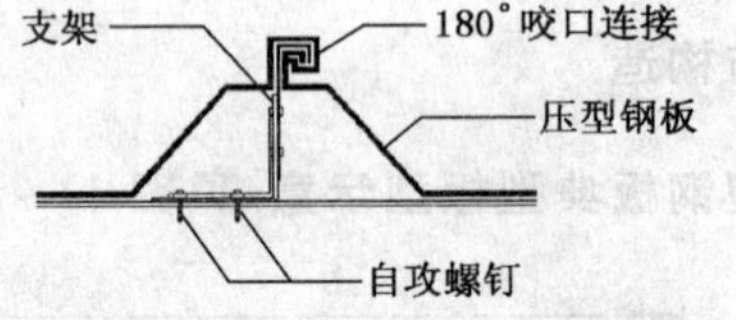

d) 咬合板屋面连接构造一(180°咬合)

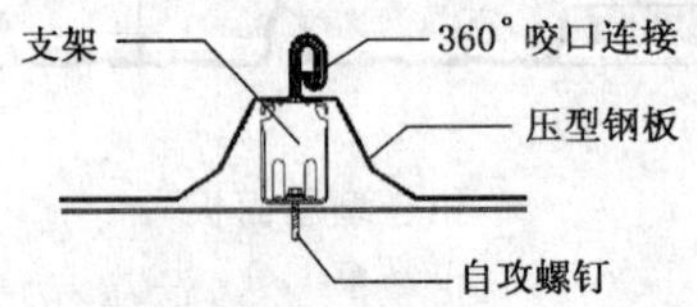

e) 咬合板屋面连接构造二(360°咬合)

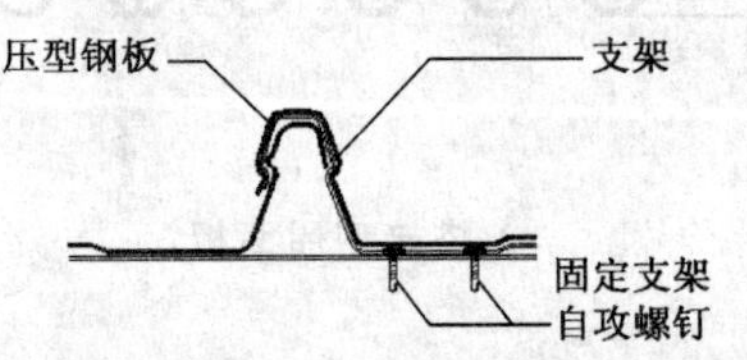

f) 扣合板连接构造

图 2 压型钢板典型连接构造

6.3 压型钢板板型的设计要求及适用条件

6.3.1 压型钢板的波高、波距应满足承重强度、稳定与刚度的要求,其板宽宜有较大的覆盖宽度并符合建筑模数的要求;屋面及墙面用压型钢板板型设计应满足防水、承载、抗风及整体连接等功能要求。

6.3.2 屋面压型钢板宜采用紧固件隐藏的咬合板或扣合板,当采用紧固件外露的搭接板时,其搭接板边形状宜形成防水空腔式构造(图 2a)。

6.3.3 楼盖压型钢板宜采用闭口式板型。

6.3.4 竖向墙面板宜采用紧固件外露式的搭接板;横向墙板宜采用紧固件隐藏式的搭接板。

7 质量检验与允许偏差

7.1 质量检验

7.1.1 压型钢板的质量检查与验收要求应符合本标准及国家标准 GB 50205 的规定。

7.1.2 压型钢板质量检查的项目与方法应符合表 1 的规定。

表 1 压型钢板质量检查项目

序号	检查内容与要求	检查数量	检查方法
1	所用镀层板、涂层板的原板、镀层、涂层的性能和材质是否符合相应材料标准	同牌号、同板型、同规格、同镀层重量及涂层厚度、涂料种类和颜色相同的镀层板或涂层板为一批,每批重量不超过 30 t	对镀层板或涂层板产品的全部质量报告书(化学成分、力学性能、厚度偏差、镀层重量、涂层厚度等)进行检查
2	压型板成型部位的基板不应有裂纹	按计件数抽查 5%,且不应少于 10 件	观察和用 10 倍放大镜检查
3	压型钢板成型后,涂层、镀层不应有肉眼可见的裂纹,剥落和擦痕等缺陷		观察检查

表 1（续）

序号	检查内容与要求	检查数量	检查方法
4	压型板成型后，应板面平直，无明显翘曲；表面清洁，无油污、无明显划痕、磕伤等。切口平直，切面整齐，板边无明显翘角、凹凸与波浪型，并不应有皱褶	按计件数抽查 5%，且不应少于 10 件	观察检查
5	压型板尺寸允许偏差应符合表 2 的要求		用拉线和钢尺检查
			用钢尺、角尺检查

7.2 允许偏差

7.2.1 压型钢板制作的允许偏差应符合表 2 的规定。

表 2 压型钢板制作的允许偏差

单位为毫米

项目		允许偏差
波高	截面高度≤70	±1.5
	截面高度＞70	±2.0
覆盖宽度	截面高度≤70	+10.0 −2.0
	截面高度＞70	+6.0 −2.0
板长		+9.0 −0.0
波距		±2.0
横向剪切偏差(沿截面全宽)		1/100 或 6.0
侧向弯曲	在测量长度 L_1 范围内	20.0
注：L_1 为测量长度，指板长扣除两端各 0.5 m 后的实际长度(小于 10 m)或扣除后任选的 10 m 长度。		

7.2.2 当板型复杂或精度要求较高时，可针对单项工程补充制定相应的允许偏差。

8 技术要求

8.1 原板

8.1.1 原板应采用冷轧、热轧板或钢带。其尺寸外形及允许偏差应符合 GB/T 708 或 GB/T 709 的规定。

8.1.2 压型钢板板型的展开宽度(基板宽度)宜符合 600 mm、1 000 mm 或 1 200 mm 系列基本尺寸的要求。常用宽度尺寸宜为 1 000 mm。

8.2 基板与涂层板

8.2.1 基板与涂层板均可直接辊压成型为压型钢板使用。热镀锌基板与热镀铝锌基板的化学成分与力学性能应符合附录 A 的规定。

8.2.2 基板钢材按屈服强度级别宜选用 250 级(MPa)与 350 级(MPa)结构级钢。其强度设计值等计算指标可参照 GB 50018 的规定取值。当有技术经济依据时，压型钢板基板钢材可采用更高强度的钢材。

8.2.3 工程中墙面压型钢板基板的公称厚度不宜小于 0.5 mm，屋面压型钢板基板的公称厚度不宜小于 0.6 mm，楼盖压型钢板基板的公称厚度不宜小于 0.8 mm。基板厚度(包括镀层厚度在内)的允许偏差应符合附录 B 的规定，负偏差大于附录 B 规定的板段不得用于加工压型钢板。

8.2.4 基板的镀层（锌、锌铝、铝锌）应采用热浸镀方法，镀层重量应按需方要求作为供货条件予以保证，并在订货合同中注明。当需方无要求时，镀层重量（双面）应分别不小于 90/90 g/m^2（热镀锌基板）、50/50 g/m^2（镀铝锌合金基板）及 65/65 g/m^2（镀锌铝合金基板）。不同腐蚀介质环境中应用时推荐镀层重量可见附录 C，环境腐蚀条件的分类可见附录 D。

8.3 涂层板

8.3.1 压型钢板用涂层板的涂层类别、性能、质量等技术要求及检验方法均应符合国家标准 GB/T 12754的规定。彩涂板的牌号、用途及分类与代号可见附录 E，其镀层、涂层与耐久性试验应符合附录 C 的规定。

8.3.2 压型钢板用涂层板的涂层种类与涂层结构均应按需方要求作为供货条件予以保证，并在订货合同中约定与明示。当需方无要求时，涂层结构可按面漆正面二层、反面一层的做法交货。

8.4 其他

8.4.1 建筑用压型钢板不应采用电镀锌钢板或无任何镀层与涂层的钢板（带）。

8.4.2 组合楼盖用压型钢板应采用热镀锌钢板。

8.4.3 压型钢板复合屋面的下板为穿孔吸声板时，其孔径、孔距等应专门设计确定。

8.4.4 同一屋面工程或同一墙面工程的压型钢板，宜按同一批号彩涂板订货与供货，以避免色差。

9 包装、标志、运输、贮存及质量证明书

9.1 包装

9.1.1 应将压型钢板成叠后，用打包带或钢带包装捆扎，每捆包装重量不宜大于 10 t。捆扎时需用木板或泡沫块隔垫，不得损伤压型钢板。包装应能防雨。

9.1.2 压型钢板长度宜按使用与运输条件妥善确定，不大于 3 m 者捆扎不得少于 2 道；长度为（3～6）m者捆扎不得少于 3 道；长度大于 6 m 者捆扎不宜少于 4 道。

9.1.3 一个包装件内容宜为同型号、同长度的压型钢板。如混装时应分隔标记，以易于识别和取用。

9.1.4 根据需方要求，经供需双方协议可进行精包装，其包装方法由供需双方协议商定。

9.2 标志

9.2.1 每捆成叠包装捆扎的压型钢板，应在包装外皮上有明显标志。

9.2.2 标志上应注明标准号、供方名称或厂标、原材料牌号、色彩、厚度、产品型号、批号、长度、张数及捆号等。

9.3 运输

9.3.1 产品可以用汽车、火车、船舶或集装箱运输，汽车可以捆装运输，其他运输工具只能箱装运输。

9.3.2 运输过程中，应有可靠的支垫与固定措施，并避免受压、机械损伤和雨淋受潮。

9.4 贮存

9.4.1 原材料与成品应在干燥、通风的仓库内贮存，贮存时，应远离热源，不得与化学药品或有污染的物品接触，短期露天贮存时需采取可靠的防雨防潮措施。

9.4.2 贮存场地应坚实、平整、不易积水；散装堆放高度不应使压型钢板变形，底部应用木条铺垫，垫木间距不宜过大。

9.5 质量证明书

每批交货的压型钢板必须附有证明该批压型钢板符合标准要求及订货合同的质量证明书。质量证明书应包括以下内容：

a） 标准编号；

b） 供方名称（或厂标）；

c） 工程名称、合同号、批号；

d） 规格(产品型号、厚度、长度)、数量；

e） 原材料标准号及牌号、镀层、涂层种类及颜色(涂层板)以及相应的质量证明(含化学成分与力学性能)；

f） 供方技术监督部门印记或产品合格证；

g） 发货日期。

附 录 A
（规范性附录）
热镀锌、热镀铝锌基板的化学成分与力学性能
（根据 GB/T 2518、GB/T 14978）

A.1 热镀锌、铝锌基板的化学成分（熔炼分析）应符合表 A.1 的规定。

表 A.1 化学成分

钢种	化学成分（质量分数）/%，不大于			
	C	Mn	P[a]	S
结构级钢	0.25	1.7	0.05	0.035

[a] 350 以上级别的磷含量不应大于 0.2%。

A.2 热镀锌、铝锌基板的力学性能应符合表 A.2 的规定。

表 A.2 力学性能[a]

结构钢强度级别/MPa	上屈服强度[b](R_{eH})/MPa 不小于	抗拉强度(R_m)/MPa 不小于	断后伸长率(L_a=80 mm,b=20 mm)/%，不小于 公称厚度/mm	
			≤0.70	>0.70
250	250	330	17	19
280	280	360	16	18
320	320	390	15	17
350	350	420	14	16
550	550	560	—	—

[a] 拉伸试验样的方向为纵向（延轧制方向）。

[b] 屈服现象不明显时采用 $R_{p0.2}$。

附 录 B
（规范性附录）
热镀锌、热镀铝锌基板厚度的允许偏差
（根据 GB/T 2518、GB/T 14978）

B.1 热镀锌基板的厚度允许偏差应符合表 B.1 的规定。

表 B.1 热镀锌基板的厚度允许偏差[a] 单位为毫米

公称宽度	公称厚度							
	≤0.6	>0.6 ≤0.8	>0.8 ≤1.0	>1.0 ≤1.2	>1.2 ≤1.6	>1.6 ≤2.0	>2.0 ≤2.5	>2.5 ≤3.0
≤1 200	±0.05	±0.06	±0.07	±0.08	±0.11	±0.14	±0.16	±0.19
>1 200 ≤1 500	±0.06	±0.07	±0.08	±0.09	±0.13	±0.15	±0.17	±0.20
>1 500	±0.07	±0.08	±0.09	±0.11	±0.14	±0.16	±0.18	±0.20

[a] 成卷供货钢带的头、尾总长度 30 m 内的厚度偏差允许比表中规定值大 50%，焊缝区 15 m 内的厚度允许偏差允许比表中规定值大 60%。

B.2 热镀铝锌基板的厚度允许偏差应符合表 B.2 的规定。

表 B.2 热镀铝锌基板的厚度允许偏差[a] 单位为毫米

公称宽度	公称厚度							
	≤0.6	>0.6 ≤0.8	>0.8 ≤1.0	>1.0 ≤1.2	>1.2 ≤1.6	>1.6 ≤2.0	>2.0 ≤2.5	>2.5 ≤3.0
≤1 200	±0.05	±0.06	±0.07	±0.08	±0.11	±0.14	±0.16	±0.19
>1 200 ≤1 500	±0.06	±0.07	±0.08	±0.09	±0.13	±0.15	±0.17	±0.20
>1 500	±0.07	±0.08	±0.09	±0.11	±0.14	±0.16	±0.18	±0.20

[a] 成卷供货钢带的头、尾总长度 30 m 内的厚度偏差允许比表中规定值大 50%，焊缝区 15 m 内的厚度允许偏差允许比表中规定值大 60%。

附　录　C
(规范性附录)
热镀基板彩涂板的镀层重量与涂层耐久性试验
(根据 GB/T 12754)

C.1　热镀基板在各类侵蚀性环境中推荐使用的最小公称镀层重量按符合 C.1 的规定。

表 C.1

单位为克/平方米

基板类型	公称镀层重量		
	使用环境的腐蚀性		
	低	中	高
热镀锌基板	90/90	125/125	140/140
热镀锌铁合金基板	60/60	75/75	90/90
热镀铝锌合金基板	50/50	60/60	75/75
热镀锌铝合金基板	65/65	90/90	110/110

注 1：使用环境的侵蚀程度分类可参照附录 D 和附录 F。

注 2：表中分子、分母值分别表示正面、反面的镀层重量。

注 3：使用环境的腐蚀性很低和很高时，镀层重量由供需双方在订货时协商。

C.2　涂层耐中性盐雾试验时限符合表 C.2 的规定。

表 C.2

单位为小时

面漆种类	耐中性盐雾试验时间，不小于
聚酯(PE)	480
硅改性聚酯(SMP)	600
高耐久性聚酯(HDP)	720
聚偏氟乙烯(PVDF)	960

注 1：耐中性盐雾试验三个试样值均应符合表值的相应规定。

注 2：在表中规定的时间内，试样起泡密度等级和起泡大小等级应不大于 GB/T 1766 中规定的 3 级，但不允许起泡密度等级和起泡大小等级同时为 3 级。

C.3　紫外灯老化试验时限应符合表 C.3 的规定。

表 C.3

单位为小时

面漆的种类	实验时间，不小于	
	UVA-340	UVB-313
聚酯	600	400
硅改性聚酯	720	480
高耐久性聚酯	960	600
聚偏氟乙烯	1 800	1 000

注 1：紫外灯加速老化试验三个试样均值应符合表值的相应规定。

注 2：在表中的规定的时间内，试样应无起泡、开裂，粉化应不大于 GB/T 1766 中规定的 1 级。

注 3：面漆为聚酯和硅改性聚酯时通常用 UVA-340 进行评价，如用 UVB-313 进行评价应在订货时说明。面漆为高耐久性聚酯和聚偏氟乙烯时通常用 UVB-313 进行评价，如用 UVA-340 进行评价应在订货时说明。

附 录 D
（规范性附录）
外界条件对冷弯薄壁型钢结构的侵蚀作用分类
（根据 GB 50018）

D.1 外界条件对冷弯薄壁型钢结构的侵蚀作用分类按表 D.1 的规定。

表 D.1

序号	地　区	相对湿度/%	对结构的侵蚀作用分类		
			室内（采暖房屋）	市内（非采暖房屋）	露天
1	农村、一般城市的商业区及住宅	干燥，＜60	无侵蚀性	无侵蚀性	弱侵蚀性
2		普通，60～75	无侵蚀性	弱侵蚀性	中等侵蚀性
3		潮湿，＞75	弱侵蚀性	弱侵蚀性	中等侵蚀性
4	工业区、沿海地区	干燥，＜60	弱侵蚀性	中等侵蚀性	中等侵蚀性
5		普通，60～75	弱侵蚀性	中等侵蚀性	中等侵蚀性
6		潮湿，＞75	中等侵蚀性	中等侵蚀性	中等侵蚀性

注 1：表中的相对湿度系指当地的年平均相对湿度，对于恒温恒湿或有相对湿度指标的建筑物，则按室内相对湿度采用。

注 2：一般城市的商业区及住宅区泛指无侵蚀性介质的地区，工业区是包括受侵蚀介质影响及散发轻微侵蚀性介质的地区。

附 录 E
（资料性附录）
涂层板的牌号、用途及分类与代号
（根据 GB/T 12754）

E.1 涂层板的牌号及用途见表 E.1。

表 E.1 涂层板的牌号及用途

涂层板的牌号					用 途
热镀锌基板	热镀锌铁合金基板	热镀铝锌合金基板	热镀锌铝合金基板	电镀锌基板	
TDC51D+Z	TDC51D+ZF	TDC51D+AZ	TDC51D+ZA	TDC01+ZE	一般用
TDC52D+Z	TDC52D+ZF	TDC52D+AZ	TDC52D+ZA	TDC03+ZE	冲压用
TDC53D+Z	TDC53D+ZF	TDC53D+AZ	TDC53D+ZA	TDC04+ZE	深冲压用
TDC54D+Z	TDC54D+ZF	TDC54D+AZ	TDC54D+ZA	—	特深冲压用
TS250GD+Z	TS250GD+ZF	TS250GD+AZ	TS250GD+ZA	—	结构用
TS280GD+Z	TS280GD+ZF	TS280GD+AZ	TS280GD+ZA	—	
—	—	TS300GD+AZ	—	—	
TS320GD+Z	TS320GD+ZF	TS320GD+AZ	TS320GD+ZA	—	
TS350GD+Z	TS350GD+ZF	TS350GD+AZ	TS350GD+ZA	—	
TS550GD+Z	TS550GD+ZF	TS550GD+AZ	TS550GD+ZA	—	

注：结构板牌号中 250、280、320、350、550 分别表示其屈服强度的级别；Z、ZF、AZ、ZA 分别表示镀层种类为锌、锌铁、铝锌与锌铝。

E.2 涂层板的分类及代号参见表 E.2。

表 E.2 涂层板的分类及代号

分 类	项 目	代 号
用途	建筑外用	JW
	建筑内用	JN
	家电	JD
	其他	QT
基板类型	热镀锌基板	Z
	热镀锌铁合金基板	ZF
	热镀铝锌合金基板	AZ
	热镀锌铝合金基板	ZA
	电镀锌基板	ZE
涂层表面状态	涂层板	TC
	压花板	YA
	印花板	YI

表 E.2（续）

分　　类	项　　目	代　　号
面漆种类	聚酯	PE
	硅改性聚酯	SMP
	高耐久性聚酯	HDP
	聚偏氟乙烯	PVDF
涂层结构	正面二层、反面一层	2/1
	正面二层、反面二层	2/2
热镀锌基板表面结构	光整小锌花	MS
	光整无锌花	FS

附　录　F
（资料性附录）
彩涂板使用环境腐蚀性的等级
（根据 GB/T 12754）

F.1　彩涂板使用环境腐蚀性的等级分类见表 F.1。

表 F.1

腐蚀性	腐蚀性等级	典型大气环境示例	典型内部气氛示例
很低	C1	—	干燥清洁的室内场所，如办公室、学校、住宅、宾馆
低	C2	大部分乡村地区、污染较轻的城市	室内体育场、超级市场、剧院
中	C3	污染较重的城市、一般工业区、低盐度海滨地区	厨房、浴室、面包烘烤房
高	C4	污染较重的工业区、中等盐度滨海地区	游泳池、洗衣房、酿酒车间、海鲜加工车间、蘑菇栽培场
很高	C5	高湿度和腐蚀性工业区、高盐度海滨地区	酸洗车间、电镀车间、造纸车间、制革车间、染房

ICS 67.200.10
X 04

中华人民共和国国家标准

GB/T 12766—2008
代替 GB/T 12766—1991

动物油脂 熔点测定

Animal fat and oil—Determination of melting point

2008-05-27 发布 2008-10-01 实施

中华人民共和国国家质量监督检验检疫总局
中国国家标准化管理委员会 发布

前　言

本标准代替 GB/T 12766—1991《动物油脂　熔点测定》。

本标准与 GB/T 12766—1991 相比主要变化如下：

——在样品处理方法中，用电热源代替酒精灯；

——在使用全浸式温度计时，增加使用辅助温度计，并进行校正步骤；

——试验方法调整为一根毛细玻管进行观察，三组平行试验求平均值；

——按照 GB/T 2001.4—2001《标准编写规则　第 4 部分：化学分析方法》对原标准的结构进行了修改。

本标准的附录 A 为规范性附录。

本标准由中华人民共和国商务部提出并归口。

本标准起草单位：商务部屠宰技术鉴定中心、江苏雨润食品产业集团有限公司。

本标准主要起草人：闵成军、樊成艳、方春宁、张新玲、胡新颖。

本标准所代替标准的历次版本发布情况为：

——GB/T 12766—1991。

动物油脂 熔点测定

1 范围

本标准规定了在常温下凝固的动物油脂熔点的测定方法。

本标准适用于在常温下凝固的动物油脂的熔点测定。

2 规范性引用文件

下列文件中的条款通过本标准的引用而成为本标准的条款。凡是注日期的引用文件，其随后所有的修改单(不包括勘误的内容)或修订版均不适用于本标准，然而，鼓励根据本标准达成协议的各方研究是否可使用这些文件的最新版本。凡是不注日期的引用文件，其最新版本适用于本标准。

GB/T 9695.19 肉与肉制品 取样方法

ISO 661:1980 动植物油脂 试样的制备

3 术语和定义

下列术语和定义适用于本标准。

3.1

熔点 melting point

在规定条件下，在一根两端开口毛细玻管内的脂肪柱开始上升时的温度。

3.2

实验室样品 laboratory sample

实验室采收的处于待制备状态的样品。

3.3

试验样品 testing sample

用于分析的，已制备过的样品。

3.4

全浸式温度计 whole immerse type thermometer

水银柱全浸于被测系统时设定温度刻度的温度计。

3.5

局浸式温度计 bureau immerses type thermometer

水银球插入被测系统内而部分水银柱漏在系统之外时设定温度刻度的温度计。

4 原理

在规定条件下，将含有一已凝固的脂肪柱的毛细玻管浸入一规定深度的水中，按规定速率加温，观察毛细玻管内脂肪柱开始上升时的温度，该温度即为熔点。

5 仪器和设备

5.1 毛细玻管

均质薄壁且两端开口，内径 1.0 mm～1.2 mm，外径 1.3 mm～1.6 mm，壁厚 0.15 mm～0.2 mm，长度 50 mm～60 mm。新的毛细玻管在使用前，需依次用铬酸洗液、水和丙酮彻底清洗，然后在烘箱中干燥。

5.2 精密温度计

经校正，分刻度为0.1℃或0.2℃。

5.3 辅助温度计

0℃～100℃或0℃～50℃，分刻度为1℃。

5.4 冷却装置

5.4.1 4℃～10℃的恒温冷水浴或冰箱。

5.4.2 用盐水或其他非凝固的液体注入，恒温在－12℃～－10℃，或用碎冰和盐混合达到该温度。

5.5 电热源

可调节升温速率的加热磁力搅拌装置。

6 试样准备

6.1 按GB/T 9695.19取样。

6.2 按附录A进行试验样品的制备。

7 分析步骤

7.1 毛细玻管装样

取部分试样(见第6章)于容器中，在高于样品熔点5℃～10℃的温度使之尽快融化。取一根毛细玻管，吸取已融化的试样，高度达10 mm±2 mm。迅速擦去粘附在毛细玻管外表面的脂肪后，立即把毛细玻管靠在冰块上，使脂肪凝固。然后把毛细玻管放入4℃～10℃冷水浴或冰箱中放置约16 h，或放入－12℃～－10℃的冰盐水(见5.4.2)冷却5 min。

7.2 测定

7.2.1 将已冷却好的装有试样的毛细玻管和精密温度计固定在一起，使靠近毛细玻管底部的脂肪柱与水银球相平。

7.2.2 在500 mL烧杯中，注入半杯预先煮沸并已冷却到15℃的水，然后将固定好毛细玻管的温度计悬挂在水中，使水银球底部距离水面30 mm。

7.2.3 调节电热源的起始温度至28℃(预计熔点以下)，用搅拌器缓缓搅拌，以使温度均匀，控制水温上升，使开始加热时升温为3℃/min～4℃/min，临近熔点时，升温减缓为0.5℃/min。

7.2.4 继续加热，直至毛细玻管内油脂柱开始上升，观察开始上升时的温度，该温度即为试样的熔点。同时做三个平行试验，当分析结果符合允许差的要求时，其平均值为试样熔点的报告值，结果精确到0.1℃。

8 校正

8.1 使用局浸式温度计测定，在接近熔点时，须调整温度计的浸没深度，使其浸没线恰与加热后的传热介质液面齐平。

8.2 使用全浸式温度计测定时须附加辅助温度计，辅助温度计的水银球贴近全浸式温度计外露传热介质部分的水银柱中部(即自传热介质液面至预计熔点的中间)，在记录熔点的同时，记录辅助温度计的温度。

使用全浸式温度计测定时应按式(1)进行校正：

$$t = t_1 + 0.000\,16(t_1 - t_2) \times h \quad \cdots\cdots(1)$$

式中：

t——校正后的熔点温度，单位为摄氏度(℃)；

t_1——精密温度计的读数，单位为摄氏度(℃)；

t_2——辅助温度计的读数，单位为摄氏度(℃)；

h——辅助温度计外露传热介质液面的水银柱度数，单位为摄氏度(℃)。

使用局浸式温度计测定时，通常此项校正值可忽略不计。

9 允许差

由同一分析者同时或相继进行的两次测定结果之差不得超过0.5℃。

附 录 A
（规范性附录）
动物油脂 试样的制备[1)]

A.1 范围

本附录规定了从动物油脂的实验室样品中制备试验样品的程序。

本附录适用于动物油脂的试样制备。

本附录不适用于乳化脂肪，如黄油、人造黄油、蛋黄油等等。

A.2 原理

摇动脂肪状物质，使样品均匀成为液体，必要时，在适当温度下加热。需要时，过滤以分离不溶物，用无水硫酸钠进行干燥以除去水分。

A.3 试剂

无水硫酸钠。

A.4 仪器和设备

A.4.1 实验室常规仪器和设备。

A.4.2 带温度调节的电烘箱。

A.5 操作程序

A.5.1 澄清无沉积物的液态样品

将样品混匀，假如样品中含有水，会影响测定的结果，必须首先干燥样品，干燥时要小心，防止氧化。为此，可按每 10 g 油或脂肪加 1 g～2 g 无水硫酸钠，在调至高于熔点 10℃，但不超过 50℃的烘箱中，用力搅拌并过滤。将滤液作为试验样品。

A.5.2 混浊或带有沉积物的液态样品

将实验室样品放入调至 50℃的烘箱中，使样品温度上升到该温度，然后按 A.5.1 所示进行操作。如果加热和搅拌后，样品还不完全透明，应将油置烘箱中保持 50℃并用滤纸进行过滤，滤液必须完全澄清。将滤液作为试验样品。

A.5.3 固态样品

将固态实验室样品在烘箱中加热，至高于脂肪熔点 10℃，使之融化。如果加热后样品清澈，则按 A.5.1 中所示方法进行操作，如果混浊或含有沉积物，则按 A.5.2 中所示方法进行操作。

---

1) 本方法依据 ISO 661:1980《动植物油脂 试样的制备》制定，内容与 ISO 661:1980 一致。

ICS 77.140.75
H 48

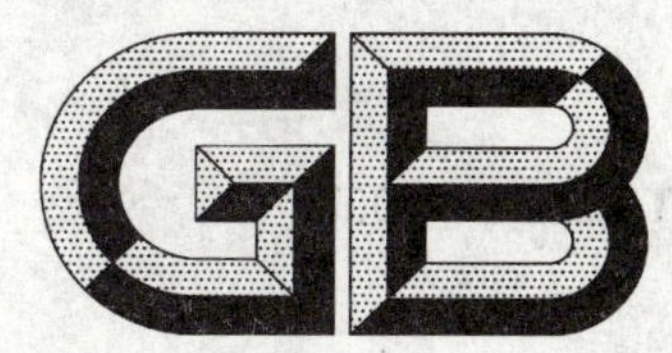

中华人民共和国国家标准

GB/T 12771—2008
代替 GB/T 12771—2000

流体输送用不锈钢焊接钢管

Welded stainless steel pipes for liquid delivery

2008-05-13 发布 2008-11-01 实施

中华人民共和国国家质量监督检验检疫总局
中国国家标准化管理委员会 发布

前言

本标准代替GB/T 12771—2000《流体输送用不锈钢焊接钢管》。本标准与GB/T 12771—2000相比,主要变化如下:

——修改了适用范围;

——尺寸规格直接引用焊接钢管通用标准;

——修改了钢的牌号及化学成分;

——修改了钢管的尺寸允许偏差;

——增加了钢管不圆度规定;

——对焊接制造方法进行了规定;

——修改了外径不小于200 mm钢管的压扁试验规定;

——增加了外径不小于219 mm钢管的焊缝横向弯曲试验;

——修改了焊缝余高规定;

——取消了展平试验。

本标准由中国钢铁工业协会提出。

本标准由全国钢标准化技术委员会归口。

本标准主要起草单位:太原钢铁(集团)不锈钢管制品有限公司、浙江久立特材科技股份有限公司、江苏武进不锈钢管厂集团有限公司。

本标准主要起草人:李长毅、陆凤辉、田晓青、邵羽、宋建新、虞元、弓建忠。

本标准所代替标准的历次发布情况为:

——GB/T 12771—1991,GB/T 12771—2000。

流体输送用不锈钢焊接钢管

1 范围

本标准规定了流体输送用不锈钢焊接钢管的分类及代号、尺寸、外形、重量、技术要求、试验方法、检验规则、包装、标志及质量证明书。

本标准适用于流体输送用耐蚀不锈钢焊接钢管(以下简称钢管)。

2 规范性引用文件

下列文件中的条款通过本标准的引用而成为本标准的条款。凡是注日期的引用文件,其随后所有的修改单(不包括勘误的内容)或修订版均不适用于本标准,然而,鼓励根据本标准达成协议的各方研究是否可使用这些文件的最新版本。凡是不注日期的引用文件,其最新版本适用于本标准。

GB/T 223.10 钢铁及合金化学分析方法 铜铁试剂分离-铬天青S光度法测定铝含量

GB/T 223.11 钢铁及合金化学分析方法 过硫酸铵氧化容量法测定铬量

GB/T 223.16 钢铁及合金化学分析方法 变色酸光度法测定钛量

GB/T 223.25 钢铁及合金化学分析方法 丁二酮肟重量法测定镍量

GB/T 223.28 钢铁及合金化学分析方法 α-安息香肟重量法测定钼量

GB/T 223.30 钢铁及合金化学分析方法 对-溴苦杏仁酸沉淀分离-偶氮胂Ⅲ分光光度法测定锆量

GB/T 223.37 钢铁及合金化学分析方法 蒸馏分离-靛酚蓝光度法测定氮量

GB/T 223.40 钢铁及合金 铌含量的测定 氯磺酚分光光度法

GB/T 223.60 钢铁及合金化学分析方法 高氯酸脱水重量法测定硅含量

GB/T 223.62 钢铁及合金化学分析方法 乙酸丁酯萃取光度法测定磷量

GB/T 223.63 钢铁及合金化学分析方法 重碘酸钠(钾)光度法测定锰量

GB/T 223.68 钢铁及合金化学分析方法 管式炉内燃烧后碘酸钾滴定法测定硫含量

GB/T 228 金属材料 室温拉伸试验方法(GB/T 228—2002, eqv ISO 6892:1998)

GB/T 232 金属材料 弯曲试验方法(GB/T 232—1999,eqv ISO 7438:1985)

GB/T 241 金属管 液压试验方法

GB/T 245 金属管 卷边试验方法(GB/T 245—1997,eqv ISO 8494:1986)

GB/T 246 金属管 压扁试验方法(GB/T 246—2007,ISO 8492:1998,IDT)

GB/T 2102 钢管的验收、包装、标志及质量证明书

GB/T 2650 焊接接头冲击试验方法

GB/T 2975 钢及钢产品力学性能试验取样位置及试样制备(GB/T 2975—1998,eqv ISO 377:1997)

GB/T 3323 钢熔化焊对接接头射线照相和质量分级

GB/T 4334.5 不锈钢硫酸-硫酸铜腐蚀试验方法

GB/T 6394 金属平均晶粒度测定方法

GB/T 7735 钢管涡流探伤检验方法(GB/T 7735—2004,ISO 9304:1989,MOD)

GB/T 11170 不锈钢的光电发射光谱分析方法

GB/T 20066 钢和铁 化学成分测定用试样的取样和制样方法(GB/T 20066—2006,ISO 14284:1996,IDT)

GB/T 20123 钢铁 总碳硫含量的测定 高频感应炉燃烧后红外吸收法(常规方法)(GB/T 20123—2006,ISO 15350:2000,IDT)

GB/T 20124 钢铁 氮含量的测定 惰性气体熔融热导法(常规方法)(GB/T 20124—2006,ISO 15351:1999,IDT)

GB/T 21835 焊接钢管尺寸及单位长度重量(GB/T 21835—2008,ISO 1127:1992、ISO 4200:1991,NEQ)

3 分类及代号

3.1 钢管按制造类别分为以下六类:

Ⅰ类——钢管采用双面自动焊接方法制造,且焊缝 100%全长射线探伤;

Ⅱ类——钢管采用单面自动焊接方法制造,且焊缝 100%全长射线探伤;

Ⅲ类——钢管采用双面自动焊接方法制造,且焊缝局部射线探伤;

Ⅳ类——钢管采用单面自动焊接方法制造,且焊缝局部射线探伤;

Ⅴ类——钢管采用双面自动焊接方法制造,且焊缝不做射线探伤;

Ⅵ类——钢管采用单面自动焊接方法制造,且焊缝不做射线探伤。

3.2 钢管按供货状态分为以下四类:

a) 焊接状态 H;

b) 热处理状态 T;

c) 冷拔(轧)状态 WC;

d) 磨(抛)光状态 SP。

4 订货内容

按本标准订购钢管的合同或订单应至少包括下列内容:

a) 标准号;

b) 产品名称;

c) 钢的牌号;

d) 尺寸规格(外径×壁厚,单位为毫米);

e) 订购的数量(总重量或总长度);

f) 交货状态;

g) 制造类别;

h) 其他特殊要求。

5 尺寸及单位长度重量

5.1 外径和壁厚

钢管的外径(D)和壁厚(S)应符合 GB/T 21835 的规定。根据需方要求,经供需双方协商,可供应其他外径和壁厚的钢管。

5.2 外径和壁厚的允许偏差

钢管外径和壁厚的允许偏差应符合表 1、表 2 的规定。根据需方的要求,经供需双方协商,并在合同中注明,可供应表 1 和表 2 规定以外尺寸允许偏差的钢管。

当合同未注明钢管尺寸允许偏差级别时，钢管外径和壁厚的允许偏差按普通级交货。

表 1　钢管外径的允许偏差

单位为毫米

类　别	外　径 D	允许偏差 较高级(A)	允许偏差 普通级(B)
焊接状态	全部尺寸	±0.5%D 或±0.20，两者取较大值	±0.75%D 或±0.30，两者取较大值
热处理状态	<40	±0.20	±0.30
	≥40～<65	±0.30	±0.40
	≥65～<90	±0.40	±0.50
	≥90～<168.3	±0.80	±1.00
	≥168.3～<325	±0.75%D	±1.0%D
	≥325～<610	±0.6%D	±1.0%D
	≥610	±0.6%D	±0.7%D 或±10，两者取较小值
冷拔(轧)状态 磨(抛)光状态	<40	±0.15	±0.20
	≥40～<60	±0.20	±0.30
	≥60～<100	±0.30	±0.40
	≥100～<200	±0.4%D	±0.5%D
	≥200	±0.5%D	±0.75%D

表 2　钢管壁厚的允许偏差

单位为毫米

壁厚 S	壁厚允许偏差
≤0.5	±0.10
>0.5～1.0	±0.15
>1.0～2.0	±0.20
>2.0～4.0	±0.30
>4.0	±10%S

5.3　不圆度

钢管的不圆度应不超过外径允许公差，对于薄壁管(薄壁管是指壁厚与外径之比不大于 3% 的钢管)任一截面上实测外径的最大值与最小值之差不超过公称外径的 1.5%。

5.4　弯曲度

钢管的弯曲度应符合表 3 的规定。

表 3　钢管的弯曲度

钢管外径/mm	弯曲度/(mm/m)
≤108	≤1.5
>108～325	≤2.0
>325	≤2.5

5.5　长度

5.5.1　钢管的通常长度为 3 000 mm～9 000 mm。

5.5.2　根据需方要求，经供需双方协商，并在合同中注明，钢管可按定尺长度或倍尺长度交货。钢管的定尺长度或倍尺总长度应在通常范围内，其全长允许偏差为$^{+20}_{0}$ mm。每个倍尺长度应留 5 mm～10 mm 的切口余量。

5.5.3　经供需双方协商，并在合同中注明，外径不小于 508 mm 的钢管允许有双纵缝或与纵向焊缝相同质量的环缝接头。

5.6　端头外形

钢管的两端面应与钢管轴线垂直，切口毛刺应予清除。

根据需方要求，经供需双方协商，并在合同中注明，钢管两端可加工坡口，坡口角度按协议执行。

5.7　重量

钢管按理论重量交货，亦可按实际重量交货。按理论重量交货时，理论重量的计算按公式(1)。

$$W = \frac{\pi}{1\,000} S(D-S)\rho \qquad \cdots\cdots(1)$$

式中：

W——钢管的理论重量，单位为千克每米(kg/m)；

π——圆周率，取 3.141 6；

S——钢管的公称壁厚，单位为毫米(mm)；

D——钢管的公称外径，单位为毫米(mm)；

ρ——钢的密度，单位为千克每立方分米(kg/dm^3)，各牌号钢的密度见表 4。

表 4　钢的密度和理论重量计算公式

序号	新牌号	旧牌号	密度/(kg/dm^3)	换算后的公式(1)
1	12Cr18Ni9	1Cr18Ni9	7.93	$W=0.024\,91S(D-S)$
2	06Cr19Ni10	0Cr18Ni9		
3	022Cr19Ni10	00Cr19Ni10	7.90	$W=0.024\,82S(D-S)$
4	06Cr18Ni11Ti	0Cr18Ni10Ti	8.03	$W=0.025\,23S(D-S)$
5	06Cr25Ni20	0Cr25Ni20	7.98	$W=0.025\,07S(D-S)$
6	06Cr17Ni12Mo2	0Cr17Ni12Mo2	8.00	$W=0.025\,13S(D-S)$
7	022Cr17Ni12Mo2	00Cr17Ni14Mo2		
8	06Cr18Ni11Nb	0Cr18Ni11Nb	8.03	$W=0.025\,23S(D-S)$
9	022Cr18Ti	00Cr17	7.70	$W=0.024\,19S(D-S)$
10	022Cr11Ti	—	7.75	$W=0.024\,35S(D-S)$
11	06Cr13Al	0Cr13Al		
12	019Cr19Mo2NbTi	00Cr18Mo2		
13	022Cr12Ni	—		
14	06Cr13	0Cr13		

6　技术要求

6.1　钢的牌号和化学成分

6.1.1　钢的牌号和化学成分(熔炼分析)应符合表 5 的规定。

表 5 钢的牌号和化学成分(熔炼分析)

序号	类型	统一数字代号	新牌号	旧牌号	化学成分(质量分数)/%									
					C	Si	Mn	P	S	Ni	Cr	Mo	N	其他元素
1	奥氏体型	S30210	12Cr18Ni9	1Cr18Ni9	≤0.15	≤0.75	≤2.00	≤0.040	≤0.030	8.00~10.00	17.00~19.00	—	≤0.10	—
2		S30408	06Cr19Ni10	0Cr18Ni9	≤0.08	≤0.75	≤2.00	≤0.040	≤0.030	8.00~11.00	18.00~20.00	—	—	—
3		S30403	022Cr19Ni10	00Cr19Ni10	≤0.030	≤0.75	≤2.00	≤0.040	≤0.030	8.00~12.00	18.00~20.00	—	—	—
4		S31008	06Cr25Ni20	0Cr25Ni20	≤0.08	≤1.50	≤2.00	≤0.040	≤0.030	19.00~22.00	24.00~26.00	—	—	—
5		S31608	06Cr17Ni12Mo2	0Cr17Ni12Mo2	≤0.08	≤0.75	≤2.00	≤0.040	≤0.030	10.00~14.00	16.00~18.00	2.00~3.00	—	—
6		S31603	022Cr17Ni12Mo2	00Cr17Ni14Mo2	≤0.030	≤0.75	≤2.00	≤0.040	≤0.030	10.00~14.00	16.00~18.00	2.00~3.00	—	—
7		S32168	06Cr18Ni11Ti	0Cr18Ni10Ti	≤0.08	≤0.75	≤2.00	≤0.040	≤0.030	9.00~12.00	17.00~19.00	—	—	Ti 5×C~0.70
8		S34778	06Cr18Ni11Nb	0Cr18Ni11Nb	≤0.08	≤0.75	≤2.00	≤0.040	≤0.030	9.00~12.00	17.00~19.00	—	—	Nb 10×C~1.10
9	铁素体型	S11863	022Cr18Ti	00Cr17	≤0.030	≤0.75	≤1.00	≤0.040	≤0.030	(0.60)	16.00~19.00	—	—	Ti 或 Nb 0.10~1.00
10		S11972	019Cr19Mo2NbTi	00Cr18Mo2	≤0.025	≤0.75	≤1.00	≤0.040	≤0.030	1.00	17.50~19.50	1.75~2.50	≤0.035	(Ti+Nb) [0.20+4(C+N)] ~0.80
11		S11348	06Cr13Al	0Cr13Al	≤0.08	≤0.75	≤1.00	≤0.040	≤0.030	(0.60)	11.50~14.50	—	—	Al 0.10~0.30
12		S11163	022Cr11Ti	—	≤0.030	≤0.75	≤1.00	≤0.040	≤0.020	(0.60)	10.50~11.70	—	≤0.030	Ti≥8(C+N), Ti 0.15~0.50, Nb 0.10
13		S11213	022Cr12Ni	—	≤0.030	≤0.75	≤1.50	≤0.040	≤0.015	0.30~1.00	10.50~12.50	—	≤0.030	
14	马氏体型	S41008	06Cr13	0Cr13	≤0.08	≤0.75	≤1.00	≤0.040	≤0.030	(0.60)	11.50~13.50	—	—	—

6.2 制造方法

6.2.1 钢的冶炼方法

钢应采用电弧炉加炉外精炼方法冶炼。经供需双方协商，并在合同中注明，也可采用能满足本标准要求的其他冶炼方法。

6.2.2 钢管的制造方法

钢管应采用添加或不添加填充金属的单面自动电弧焊接方法或双面自动电弧焊接方法制造。具体的制造方法应经供需双方协商，并在合同中注明。

当钢管制造过程中添加了填充金属材料时，其填充金属材料的合金成分应不低于母材。

6.3 交货状态

钢管应以热处理并酸洗状态交货，热处理时须采用连续式或周期式炉全长热处理。钢管的推荐热处理制度见表6。

根据需方要求，经供需双方协议，也可按其他状态交货。

表6 钢管的热处理制度

序号	类型	新牌号	旧牌号	推荐的热处理制度[a]	
1	奥氏体型	12Cr18Ni9	1Cr18Ni9	固熔处理	1 010℃～1 150℃快冷
2		06Cr19Ni10	0Cr18Ni9		1 010 ℃～1 150℃快冷
3		022Cr19Ni10	00Cr19Ni10		1 010℃～1 150℃快冷
4		06Cr25Ni20	0Cr25Ni20		1 030℃～1 180℃快冷
5		06Cr17Ni12Mo2	0Cr17Ni12Mo2		1 010℃～1 150℃快冷
6		022Cr17Ni12Mo2	00Cr17Ni14Mo2		1 010℃～1 150℃快冷
7		06Cr18Ni11Ti	0Cr18Ni10Ti		920℃～1 150℃快冷
8		06Cr18Ni11Nb	0Cr18Ni11Nb		980℃～1 150℃快冷
9	铁素体型	022Cr18Ti	00Cr17	退火处理	780℃～950℃快冷或缓冷
10		019Cr19Mo2NbTi	00Cr18Mo2		800℃～1 050℃快冷
11		06Cr13Al	0Cr13Al		780℃～830℃快冷或缓冷
12		022Cr11Ti	—		830℃～950℃快冷
13		022Cr12Ni	—		830℃～950℃快冷
14	马氏体型	06Cr13	0Cr13		750℃快冷或800℃～900℃缓冷

[a] 对06Cr18Ni11Ti、06Cr18Ni11Nb，需方规定在固熔热处理后需进行稳定化热处理时，稳定化热处理制度为850℃～930℃快冷。

6.4 力学性能

钢管的力学性能应符合表7的规定。其中非比例延伸强度 $R_{p0.2}$ 仅在需方要求，合同中注明时才给予保证。

表 7 钢管的力学性能

<table>
<tr><th rowspan="3">序号</th><th rowspan="3">新牌号</th><th rowspan="3">旧牌号</th><th>规定非比例延伸强度
$R_{p0.2}$/
MPa</th><th>抗拉强度
R_m/
MPa</th><th colspan="2">断后伸长率
A/
%</th></tr>
<tr><th></th><th></th><th>热处理状态</th><th>非热处理状态</th></tr>
<tr><th colspan="4">不小于</th></tr>
<tr><td>1</td><td>12Cr18Ni9</td><td>1Cr18Ni9</td><td>210</td><td>520</td><td rowspan="8">35</td><td rowspan="8">25</td></tr>
<tr><td>2</td><td>06Cr19Ni10</td><td>0Cr18Ni9</td><td>210</td><td>520</td></tr>
<tr><td>3</td><td>022Cr19Ni10</td><td>00Cr19Ni10</td><td>180</td><td>480</td></tr>
<tr><td>4</td><td>06Cr25Ni20</td><td>0Cr25Ni20</td><td>210</td><td>520</td></tr>
<tr><td>5</td><td>06Cr17Ni12Mo2</td><td>0Cr17Ni12Mo2</td><td>210</td><td>520</td></tr>
<tr><td>6</td><td>022Cr17Ni12Mo2</td><td>00Cr17Ni14Mo2</td><td>180</td><td>480</td></tr>
<tr><td>7</td><td>06Cr18Ni11Ti</td><td>0Cr18Ni10Ti</td><td>210</td><td>520</td></tr>
<tr><td>8</td><td>06Cr18Ni11Nb</td><td>0Cr18Ni11Nb</td><td>210</td><td>520</td></tr>
<tr><td>9</td><td>022Cr18Ti</td><td>00Cr17</td><td>180</td><td>360</td><td rowspan="3">20</td><td rowspan="3">—</td></tr>
<tr><td>10</td><td>019Cr19Mo2NbTi</td><td>00Cr18Mo2</td><td>240</td><td>410</td></tr>
<tr><td>11</td><td>06Cr13Al</td><td>0Cr13Al</td><td>177</td><td>410</td></tr>
<tr><td>12</td><td>022Cr11Ti</td><td>—</td><td>275</td><td>400</td><td>18</td><td>—</td></tr>
<tr><td>13</td><td>022Cr12Ni</td><td>—</td><td>275</td><td>400</td><td>18</td><td>—</td></tr>
<tr><td>14</td><td>06Cr13</td><td>0Cr13</td><td>210</td><td>410</td><td>20</td><td>—</td></tr>
</table>

6.5 工艺性能

6.5.1 液压试验

钢管应逐根进行液压试验。液压试验压力按公式(2)计算，最高试验压力应不大于 10 MPa。在试验压力下，稳压时间应不少于 5 s，钢管不允许出现渗漏现象。

$$P = 2SR/D \qquad \cdots\cdots\cdots\cdots (2)$$

式中：

P——试验压力，单位为兆帕(MPa)；

R——允许应力，取规定非比例延伸强度的 50%，单位为兆帕(MPa)；

S——钢管的公称壁厚，单位为毫米(mm)；

D——钢管的公称外径，单位为毫米(mm)。

供方可用涡流探伤代替液压试验。涡流探伤时，对比样管人工缺陷应符合 GB/T 7735 中验收等级 A 的规定。

经供需双方协商，并在合同中注明，供方也可用其他无损探伤代替液压试验。

6.5.2 压扁试验

外径不大于 219.1 mm 的钢管应进行压扁试验。外径不大于 50 mm 的钢管取环状压扁试样；外径大于 50 mm 但不大于 219.1 mm 的钢管取 C 形压扁试样。试验时，焊缝应位于受力方向 90°的位置。经热处理的钢管，试样应压至钢管外径的 1/3；未经热处理的钢管，试样应压至钢管外径的 2/3。压扁后，试样不允许出现裂缝和裂口。

6.5.3 焊缝横向弯曲试验

6.5.3.1 外径大于 219.1 mm 的钢管应做焊缝横向弯曲试验。弯曲试样应从钢管或焊接试板上截取，焊接试板应与钢管同一材质、同一炉号、同一热处理制度以及同一焊接工艺。一组弯曲试验应包括一个正弯试验，一个背弯试验(即钢管外焊缝和内焊缝分别处于最大弯曲表面)。

6.5.3.2　弯曲试验时，弯芯直径为三倍试样厚度，弯曲角度为180°。弯曲后试样焊缝区域不允许出现裂缝和裂口。

6.5.4　晶间腐蚀试验

奥氏体型钢管应按GB/T 4334.5的规定进行晶间腐蚀试验。

根据需方要求，经供需双方协商，并在合同中注明，也可采用其他耐腐蚀试验方法。

6.6　无损检验

6.6.1　对采用Ⅰ类、Ⅱ类方法制造的钢管，应对焊缝全长进行100%射线探伤，射线检验合格级别应符合GB/T 3323中Ⅱ级的规定。

6.6.2　对采用Ⅲ类、Ⅳ类方法制造的钢管，应对焊缝不低于全长20%的比例进行射线探伤，射线检验合格级别应符合GB/T 3323中Ⅲ级的规定。

6.7　表面质量

6.7.1　钢管的内外表面应光滑，不允许有分层、裂纹、折叠、重皮、扭曲、过酸洗、残留氧化铁皮及其他妨碍使用的缺陷。上述缺陷应完全清除掉，清除处剩余壁厚应不小于壁厚允许的负偏差。深度不超过壁厚负偏差的轻微划伤、压坑、麻点允许存在；错边、咬边、凸起、凹陷等缺陷应不大于壁厚允许偏差。

6.7.2　焊缝缺陷允许修补，但修补后应重新进行液压试验，以热处理状态交货的钢管还应重新进行热处理。

6.7.3　采用双面自动焊接方法制造的钢管，其内、外焊缝任一侧的余高应与母材齐平或有不超过2 mm的均匀余高。

采用单面自动焊接方法制造的钢管，其外焊缝的余高应与母材齐平且圆滑过渡，其内焊缝余高应符合如下规定：

a)　外径小于133 mm的钢管，焊缝内侧余高不大于10%S。

b)　外径不小于133 mm但不大于325 mm的钢管，焊缝内侧余高不大于15%S。

c)　外径大于325 mm的钢管，焊缝内侧余高不大于20%S，但最大为3 mm。

6.8　特殊要求

根据需方要求，经供需双方协议，并在合同中注明，可增加下列检验项目：

a)　钢管卷边试验；

b)　测试奥氏体晶粒度；

c)　焊接接头冲击试验。

7　试验方法

7.1　钢管的尺寸和外形应采用符合精度要求的量具逐根测量。

7.2　钢管的内外表面质量应在充分照明条件下逐根目视检查，焊缝余高应采用符合精度要求的量具测量。

7.3　钢管各项检验的取样方法和试验方法应符合表8的规定。

表8　钢管各项检验的取样方法和试验方法

序号	试验项目	取样数量	取样方法	试验方法
1	化学成分	每炉取1个试样	GB/T 20066	GB/T 223、GB/T 11170 GB/T 20123、GB/T 20124
2	拉伸试验	每批在两根钢管上各取1个试样	GB/T 2975	GB/T 228

表 8（续）

序号	试验项目	取样数量	取样方法	试验方法
3	液压试验	逐根	—	GB/T 241
4	涡流探伤	逐根	—	GB/T 7735
5	压扁试验	每批在一根钢管上取 1 个试样	GB/T 246	GB/T 246
6	焊缝横向弯曲试验	每批在一根钢管上取 1 组试样	GB/T 232	GB/T 232
7	晶间腐蚀试验	每批在一根钢管上取 1 组试样	GB/T 4334.5	GB/T 4334.5
8	射线探伤	6.6 条	—	GB/T 3323
9	卷边试验	每批在一根钢管上取 1 个试样	GB/T 245	GB/T 245
10	奥氏体晶粒度	每批在一根钢管上取 1 个试样	GB/T 6394	GB/T 6394
11	焊缝接头冲击试验	协商	GB/T 2650	GB/T 2650

8 检验规则

8.1 检查和验收

钢管的检查与验收由供方技术质量监督部门进行。

8.2 组批规则

钢管应按批进行检查和验收。每批应由同一牌号、同一炉号、同一尺寸、同一焊接工艺和同一热处理制度的钢管组成。每批钢管的数量应不超过以下规定：

a） 外径不大于 57 mm，400 根；

b） 外径大于 57 但不大于 219.1 mm，200 根；

c） 外径大于 219.1 mm，100 根。

8.3 取样数量

钢管各项检验的取样数量应符合表 8 的规定。

8.4 复验与判定规则

钢管的复验与判定规则应符合 GB/T 2102 的规定。

9 包装、标志及质量证明书

钢管的标志应包括技术要求类别，其余应符合 GB/T 2102 的规定。

钢管的包装及质量证明书应符合 GB/T 2102 的规定。